Ergänzende Unterlagen zum Buch bieten wir Ihnen unter **www.schaeffer-poeschel.de/webcode** zum Download an.

Für den Zugriff auf die Daten verwenden Sie bitte Ihre E-Mail-Adresse und Ihren persönlichen Webcode. Bitte achten Sie bei der Eingabe des Webcodes auf eine korrekte Groß- und Kleinschreibung.

Ihr persönlicher Webcode:　　　**3234-fLnkh**

SCHÄFFER
POESCHEL

Dominik Ruisinger / Oliver Jorzik

Public Relations

Leitfaden für ein modernes Kommunikationsmanagement

2., überarbeitete und aktualisierte Auflage

2013

Schäffer-Poeschel Verlag Stuttgart

Gedruckt auf chlorfrei gebleichtem, säurefreiem und alterungsbeständigem Papier

Bibliografische Information der Deutschen Nationalbibliothek
Die Deutsche Nationalbibliothek verzeichnet diese Publikation in der Deutschen
Nationalbibliografie; detaillierte bibliografische Daten sind im Internet
über http://dnb.d-nb.de abrufbar.

ISBN 978-3-7910-3234-4

© 2013 Schäffer-Poeschel Verlag für Wirtschaft · Steuern · Recht GmbH
www.schaeffer-poeschel.de
info@schaeffer-poeschel.de

Einbandgestaltung: Willy Löffelhardt/Melanie Frasch (Foto: Shutterstock.com)
Satz: Johanna Boy, Brennberg
Druck und Bindung: Kösel, Krugzell · www.koeselbuch.de

Printed in Germany
März 2013

Schäffer-Poeschel Verlag Stuttgart
Ein Tochterunternehmen der Verlagsgruppe Handelsblatt

Ergänzende Unterlagen zum Download

Für dieses Buch bieten wir ergänzende Unterlagen zum Download an. Den zum Abruf der Daten notwendigen Webcode finden Sie auf der ersten Seite des Buches. Mit diesem Webcode können Sie sich in Kombination mit Ihrer E-Mail-Adresse einloggen und die Daten abrufen.

Im Downloadbereich finden Sie aktuelle Fachbeiträge zu neuen Instrumenten, Trends, Best Practices und Studienergebnissen. Die Aktualisierung erfolgt zweimal pro Jahr, jeweils zum 1. März und zum 1. September.

Inhaltsverzeichnis

1 Kommunikation zwischen Markt und Marke

Die Kommunikation von Unternehmen verändert sich. Konnte sich vor 30 Jahren ein Hersteller noch darauf verlassen, mit entsprechendem Werbemitteleinsatz seine Produkte fest im Bewusstsein der Konsumenten zu verankern, sieht er sich heute einer zunehmend fragmentierten und individualisierten Käuferschaft gegenüber, in der der einzelne Kunde selbstbewusst bestimmt, ob ein Produkt für ihn interessant ist oder nicht. Er entscheidet, was im Trend liegt. Er hebt und senkt den Daumen zu Gunsten oder zu Ungunsten eines Produkts. Die Auswahl ist groß, und zu jedem Produkt gibt es spannende Alternativen, auf die er sofort zugreifen kann.

Bei der Kaufentscheidung spielen nach wie vor eigene Einkaufsgewohnheiten, das Preis-Leistungsgefälle und die Qualität eine wichtige Rolle. Aufgeklärte Kunden hinterfragen zudem den Nutzen eines Produkts. Ist das Produkt komfortabel zu bedienen? Besitzt es neue technische Features, die das Leben erleichtern oder mehr Sicherheit geben? Was halten andere Nutzer von dem Produkt? Je komplexer ein Produkt wird, desto kritischer kann die Prüfung durch den Käufer ausfallen. Dabei ist er durchaus bereit, mehr Geld auszugeben, wenn er von den Vorteilen überzeugt ist und wenn die dahinter stehende Marke mit ihrem Image Prestigegewinn verspricht. Wie stark diese Faszination des Produkts und die Kraft der Marke sind, zeigt das Erfolgsbeispiel iPad. Darüber hinaus fragen informierte Kunden zunehmend kritisch nach dem Ursprung der Produkte: Unter welchen Arbeitsbedingungen wurden sie hergestellt? Wie sieht die Ökobilanz aus? Wie verhält sich das Unternehmen in der Öffentlichkeit? Sind dessen Werte durch unternehmerisches Handeln glaubwürdig belegt?

Die Beantwortung dieser Fragen ist Aufgabe einer entwickelten Kommunikationsstrategie, die sowohl das Unternehmen als Vertrauensabsender (»Corporate Communications«) stärken als auch Produkte und Dienstleistungen markt- und medienfähig (»Marketing Communications«) machen muss[1]. PR- und Marketing-Profis stehen heute vor der großen Herausforderung, den Überblick über den immer besser informierten und mit anderen im Austausch stehenden Konsumenten zu behalten und die eigene Kommunikation auf die tatsächlichen Bedürfnisse der Käufer abzustimmen. Auf einem unsicherer gewordenen Fundament kämpft die Absatzkommunikation einen schwierigen Kampf, um in gesättigten Märkten Aufmerksamkeit zu gewinnen und der schwindenden Markenbindung Herr zu werden. Es gilt, die komplexer gewordenen Erwartungen der Konsumenten an Produkte zu erfassen und in schlüssige Kommunikationsstrategien zu bündeln.

Unübersichtliche Medienvielfalt

Mit dem Internet und den Social-Web-Anwendungen hat sich die Zahl der Kommunikationskanäle exponentiell erhöht. Für Unternehmen wird es zunehmend schwieriger, den Überblick zu behalten und sich für das richtige Medienangebot zu entscheiden: Welches Medium passt am besten zu meinen Kommunikationszielen? Setze ich vorrangig auf Leitmedien oder entscheide ich mich für das Medium, das in der spezifischen Zielgruppe die höchste Reichweite hat? Konzentriere ich mich auf Online- oder Offline-, Fach- oder Publikumsmedien? Wie sieht der beste Kommunikationsmix aus? Funktionieren meine Botschaften in den jeweiligen Medienkanälen überhaupt?

---

1 Zur genaueren Unterscheidung siehe Abb. 6 in Kapitel 2.2.2

1964 noch beschrieb der deutsche PR-Pionier Albert Oeckl Öffentlichkeitsarbeit als »Arbeit mit der Öffentlichkeit, Arbeit für die Öffentlichkeit, Arbeit in der Öffentlichkeit.«[2] Diese massenmedial geprägte Öffentlichkeit, die für Albert Oeckl noch den Fixstern der PR-Kommunikation bildete, verschwindet zusehends. An ihre Stelle tritt eine zersplitterte Öffentlichkeit, in der sich Meinungsbildungsprozesse in die Blogosphäre, in Foren oder Social Communities verlagern und dort verbreiten. Ob ein Format wie »Germany's Next Topmodel« »in« oder »out« ist, entscheidet sich nicht mehr in BILD oder Bravo, sondern in Social Networks wie Facebook oder via Microblogging-Services wie Twitter.

Gerade unter den jüngeren Käuferschichten hat sich das Mediennutzungsverhalten gravierend verändert. Wer heute auf einen Fünfzehnjährigen schaut, sieht weder den künftigen Tageszeitungsleser noch den gemütlichen »Wetten dass«-Zuschauer vor sich. Seine Musik tauscht er vielmehr mit Freunden via Smartphone. Klassisches Radio wird – wenn überhaupt – nur noch im Auto der Eltern gehört. Für ihn ist das Internet sein neues Leitmedium, über das er sich informiert, mit anderen Freunden kommuniziert oder sich die neuen Mode-Styles zieht. Mit welchen Mitteln erreicht man diese Zielgruppe, die heute Adidas gut findet, morgen Puma und danach K-Swiss, Vans, DC oder Adio? Marken, die Kindern und Jugendlichen so geläufig sind, wie das 1x1 in der Schule und bei deren Aufzählung sich die Eltern angestrengt fragen: »Woher wissen die das?«

24 Stunden Dauerkommunikation

Die Hersteller sorgen sich verstärkt um den guten Ruf ihres Unternehmens und ihrer Marken. Denn im Zeitalter des Internets brodelt die Online-Gerüchteküche täglich. Die Kommunikationsabteilungen sehen sich einer tausendstimmigen Kakophonie an Online-Meinungen gegenüber, die sich in Blogs und Social Communities wiederfinden. Der klassische Medienrezipient ist in der Web-2.0-Welt längst zum Content-Provider, vom Consumer zum Prosumer geworden, der permanent im sozialen Austausch steht und täglich neu darüber entscheidet, ob sich eine Marke oder ein Unternehmen noch im persönlichen Wertefokus befindet.

Wer sich als Konsumgüterhersteller heute nicht mehr dafür interessiert, ob der berühmte Sack Reis in China umfällt oder nicht, geht ein großes Risiko ein: Vielleicht steht der Sack vor der eigenen Fertigungshalle in Zentralchina und verletzt gerade eine 21-jährige Arbeiterin schwer, die an 6 Tagen in der Woche 12 Stunden am Tag für einen Monatslohn von 40 Euro arbeitet. Was beim Management schnell als »unglücklicher Zufall« abgehakt ist, beschäftigt intensiv weltweit agierende Nonprofit-Organisation wie ATTAC und mit ihr Tausende von meinungsfreudigen Mitgliedern. Ein Vertreter von ATTAC hört von dem Unglück, berichtet darüber auf der eigenen Website. Sofort fließt von dort die Information in zahlreiche Blogs und Online-Communities. Die Süddeutsche Zeitung greift das Thema auf und setzt ihren Korrespondenten auf die Mädchengeschichte mit dem Reissack an. Und schon ist aus dem »unglücklichen Zufall« eine richtige Story rund um die Themen Sklavenarbeit, Arbeitsschutz, Mindestlöhne und ethische Verantwortung von Firmen geworden. Für Unternehmen bedeutet das: Die eigenen Organisationsstrukturen müssen so gelegt sein, dass Themen rund um die Uhr beobachtet und Entscheidungen bei Kommunikationskrisen schnell gefällt werden.

---

2   Oeckl, Albert: Handbuch der Public Relations, München, 1964, S. 36.

Diskussionen um so genannte LOHAS[3] (Lifestyle of Health and Sustainability), also Menschen, die auf Konsumgenuss nicht verzichten wollen, diesen Konsum aber mit ethischen Themen und Nachhaltigkeitsaspekten verbinden, zeigen, dass die »Moralisierung der Märkte«[4] voranschreitet. Unternehmen müssen sich an veränderte Umfeldbedingungen anpassen, wollen sie ihren Kunden ethisch morgen noch auf Augenhöhe begegnen. Gerade große Kapitalgesellschaften versuchen, durch die Einhaltung von Corporate-Governance- und CSR-Richtlinien eine größere Transparenz ins eigene Handeln zu bringen und die Ziele nicht nur am Unternehmenswert, sondern auch an ethischen Werten zu orientieren.

Dynamisierung der Märkte
Nicht nur die Kaufgewohnheiten haben sich verändert. Auch die Märkte entwickeln sich dynamisch – und mit der Vielfalt der Produkte und Dienstleistungen der Wettbewerbsdruck unter den Herstellern. In gesättigten Märkten konkurrieren Originale mit Nachahmerprodukten, deren Qualität, Beschaffenheit und technische Ausstattung sich kaum von denen großer Markenhersteller unterscheiden. Positiv-Beispiele wie der Partikelrußfilter bei Diesel-Pkw oder der Hybridantrieb, die Unternehmen wie Peugeot und Toyota lange Jahre echte Verkaufsvorteile bieten, bilden die Ausnahme. Mit dem Verschwinden des Verkaufsvorteils, kommt es der Produkt- und Marken-Kommunikation zu, den einzigartigen Kommunikationsvorteil immer wieder neu zu finden, um Produkten oder Unternehmen in der Wahrnehmung der Kunden unverwechselbare Eigenschaften, Qualitäten und Stimmungsbilder zu verleihen. Diese ständige Selbsterfindung und Selbstinszenierung muss gleichzeitig mit dem Markenkern des Produkts oder Unternehmens verbunden sein, damit die Wiedererkennbarkeit der Marke gesichert bleibt.

Mit der Globalisierung der Märkte müssen sich auch die Branchenriesen in den westlichen Industrienationen mit neuen Marktakteuren auseinandersetzen, die auf die heimischen Märkte drängen und mit attraktiven Preisangeboten Marktanteile streitig machen. So sind die Erfolge südkoreanischer Hersteller wie Samsung oder Kia auf dem deutschen Markt mehr als bemerkenswert. Und wer kennt schon chinesische Hersteller wie SAIC, Geely, FAW oder Brilliance, die in wenigen Jahren ebenfalls auf den Märkten Europas punkten wollen?

Mit wachsendem Wettbewerb konstatieren die Hersteller immer kürzere Produktlebenszyklen. Der technische Fortschritt zwingt sie, sich permanent auf veränderte Kundenwünsche einzustellen und in immer schnelleren Zeitzyklen neue Produkte auf den Markt zu werfen. Ist jedoch ein neues Produkt auf den Markt gebracht, dauert es nur kurze Zeit, bis ein Konkurrent ein gleichwertiges nachlegt. Die Innovationsspirale beginnt von neuem. Zugleich steigen mit jedem Produktlaunch die Kosten für die Kommunikation. Schließlich entscheidet gerade die professionelle Produktkommunikation darüber, ob ein Produkt überhaupt die Chance hat, in den Wahrnehmungsfokus der Konsumenten zu gelangen.

Bedeutung der Kommunikation wächst
Das bedeutet: Wenn der Wettbewerb nicht mehr rein über Preis und Qualität entschieden wird, gewinnt die professionelle Unternehmens- und Produktkommunikation an Bedeutung. Viele Unternehmen haben dazu ein komplexes und ausdifferenziertes Setting an

---

3   Wenzel, Eike; Rauch, Christian; Kririg, Anja: Greenomics: Wie der grüne Lifestyle die Märkte erobert, München, 2007.
4   Stehr, Nico: Die Moralisierung der Märkte – Eine Gesellschaftstheorie, Frankfurt a.M., 2007.

Instrumenten entwickelt. Sie nutzen offensiv alle ihnen zur Verfügung stehenden Kommunikationskanäle, um in die Wahrnehmung der Kunden zu gelangen und sich dort fest zu verankern. Wenn sich jedoch ein Produkt nicht mehr über seine originären Eigenschaften verkaufen lässt, muss es mit zusätzlichen Attributen – glaubhaft – aufgeladen werden, um für den Kunden attraktiv zu sein.

Es wird damit zur Aufgabe der Unternehmenskommunikation, das eigene Selbstbild mit der Vorstellungswelt der Kunden zu verknüpfen. Imageaufbau und kontinuierliche Imagepflege werden folglich in der Kommunikation zu zentralen Erfolgsfaktoren. Das bedeutet: Es geht nicht mehr nur darum, die eigenen Produkte unverwechselbar und einzigartig zu machen, um sie in der Vorstellungswelt der Verbraucher zu verankern. Viel wichtiger ist es, dass Kunden, Investoren, Mitarbeiter und Journalisten die Informationen, die sie vom Unternehmen und aus den Medien erhalten, nicht nur verstehen, sondern auch als glaubwürdig bewerten. Dazu ist die inhaltliche Konsistenz von Botschaften ebenso wichtig wie die Konstanz ihrer Verbreitung: Regelmäßig, zuverlässig, umfassend – und innovativ. Schließlich ist der Wettbewerb am Meinungsmarkt immer auch ein Wettbewerb der besten Informationen.

Der Vertrauenserwerb bei den Kunden ist jedoch ein hochemotionaler Prozess. Kunden möchten eine Marke wertschätzen und sich mit ihr identifizieren, bevor sie sich an sie binden. Sie wollen die unterschiedlichen Seiten ihrer Persönlichkeit kennen lernen, mit ihr kommunizieren und sie anfassen. Je technischer die Welt wird, umso wichtiger werden persönliche Ansprache und individuelles Erleben. Eine zeitgemäße Unternehmenskommunikation muss also nicht nur informieren und Unterscheidungen herausarbeiten: Sie muss emotionalisieren, um dauerhaft die Loyalität der Kunden zu sichern – und dies am Besten im Dialog mit den Kunden und Multiplikatoren.

In den Unternehmen sorgt die Dynamisierung der Märkte ebenfalls für tief greifende kommunikative Friktionen. Gerade bei Fusionen und Übernahmen müssen neue Unternehmenskulturen integriert und die Mitarbeiter in komplizierte Change-Management-Prozesse eingebunden werden. Unter dem Stichwort »Employer Branding« arbeiten viele bereits heute intensiv an Programmen, um sich als »Arbeitgebermarke« attraktiv für junge High-Potentials zu machen, die kritisch bewerten, ob ein Unternehmen eine attraktive Zukunftsperspektive bietet und einen guten Ruf besitzt. Dazu muss das Unternehmen nicht nur echte Vorzüge besitzen: Es muss diese Vorzüge ganzheitlich und professionell nach innen und außen vermitteln können.

Darum dieses Buch

Um den Herausforderungen einer sich immer schneller drehenden Gesellschaft zu begegnen, kommt es auf die passenden Kommunikationsintrumente an. Genau bei dieser Auswahl und Bewertung der richtigen Tools soll dieses Buch ansetzen. Dabei haben wir den Anspruch, dass »Public Relations – Leitfaden für ein modernes Kommunikationsmanagement« diese Kerninstrumente für eine moderne Unternehmenskommunikation nicht nur kompakt vorstellt, sondern sie mit der nun vorliegenden zweiten, vollständig überarbeiteten Ausgabe aus heutiger Sicht (Anfang 2013) in ihrer Bedeutung und ihren Einsatzchancen bewertet. Dass wir bei solch einem wachsenden Arbeitsfeld nicht allen Instrumenten ausreichend Platz einräumen können, ist mit dem begrenzten Umfang eines Buches zu begründen, das keine Enzyklopädie für das Bücherregal, sondern ein Leitfaden für die Praxis sein will. Gegenüber der ersten Auflage wurden besonders die Kapitel Presse- und Medienarbeit sowie Online Relations neu verfasst, da sie in den vergangenen Jahren enorme Veränderungsprozesse durchlaufen haben. Zudem wurde mit Nonprofit-PR ein neues Kapitel integriert, da dieser Bereich in der öffentlichen Aufmerksamkeit zunehmend an

Bedeutung gewinnt und mit einigen Besonderheiten aufwartet. Auch alle Gastbeiträge sind neu hinzugekommen.

Es ist uns durchaus bewusst, dass wir hier ein Buch vorlegen, das auch in der zweiten Auflage einen gewagten Spagat vollführt: Auf der einen Seite taucht es tief in die Themenfelder der PR ein, um ein Verständnis für Inhalte und Aufgaben zu erzeugen und um Werkzeuge in ihrer Bedeutung einzuordnen; auf der anderen Seite ist es ein Leitfaden für die Praxis, um die eigenen PR-Aktivitäten professionell und nachhaltig zu initiieren oder zu optimieren. Wir sind der Überzeugung, dass dieser Spagat eine wichtige, unabdingbare Voraussetzung für ein modernes, professionelles Kommunikationsmanagement ist. Ob uns dieser Spagat in dieser Buch-Neuauflage erneut gelungen ist, müssen Sie als Leserinnen und Leser entscheiden.

In diesem Kontext wollen wir uns bei allen Beteiligten dieses Buches bedanken: Allen voran bei unseren 12 Autorinnen und Autoren, die trotz ihrer hohen beruflichen Belastung erneut mit hervorragenden Praxisbeiträgen zum Gelingen der Neuauflage beigetragen haben, sowie bei Stefan Brückner vom Schäffer-Poeschel Verlag für die erneut reibungslose und befruchtende Zusammenarbeit. Allen ein großes Dankeschön sagen

Dominik Ruisinger & Oliver Jorzik

2 Grundlagen der Public Relations

2.1 PR zwischen Werbung, Marketing und Vertrieb

2.1.1 Grundverständnis moderner PR

Public Relations sind eine Disziplin, die nach wie vor auf der Suche nach einer eigenen Positionsbestimmung ist. Der amerikanische PR-Wissenschaftler Rex Harlow zählte in einer Untersuchung aus dem Jahr 1976 mehr als 470 unterschiedliche Definitionen, die die unterschiedlichen Aspekte, Dimensionen und Aufgabenfelder von PR beschreiben. Dabei konkurrieren bis heute theoretisch aufgeladene Ansätze, die eher fragen, was PR darf oder soll, mit pragmatischen Ansätzen, die schlicht und einfach fragen: »PR, wie geht das?«

Die Gesellschaft der Public Relations Agenturen (GPRA) versteht ihre Tätigkeit als Lotsenfunktion, um die verschiedenen Spezialdisziplinen wie beispielsweise Reputation Management, Krisenkommunikation, Change Kommunikation oder vertriebsnahe Public Relations sowie die unterschiedlichen »Kommunikationsdisziplinen zu managen und dabei Qualität und Effizienz zu garantieren«. Die PR-Lotsen »führen und managen Dialoge – innerhalb von Organisationen genauso wie in der Öffentlichkeit. (...) Gerade in sich wandelnden, offenen Umfeldern ist die Kommunikation im Dialog für die Meinungsbildung in der Öffentlichkeit und die kommunikative Interaktion zwischen Stakeholdern wirkungsvoll. Der Dialog ist eine der zentralen Kompetenzen der Public Relations.« Für den PR-Lotsen kommt es darauf an, »seinem Kunden Sicherheit zu geben. Sicherheit geben beim Befahren für den Kunden unbekannter Gewässer. Sicherheit geben, wenn das Umfeld stürmisch und kritisch wird. Der Lotse muss wissen, mit welchen Instrumenten man neue Gewässer ausloten und sich erfolgreich in sie hinein wagen kann. Er begleitet seinen Kunden und managt ggf. den Prozess – auch dann wenn weitere Fachleute an Bord geholt werden. Dann ist er der Experte für das Funktionieren der Schnittstellen zwischen diesen Fachleuten.« Dazu vereint er »genau diese Kompetenzen, alle Disziplinen und Instrumente zu bewerten, neue Kommunikationswege beschreiten zu können, kritische Situationen zu begleiten, Kommunikation auf höchstem Qualitätsniveau zu besetzen und sie dabei stets zu optimieren.«[5] Dabei ist Vertrauen die »wichtigste kommunikative Währung«.

Damit sind schon einige zentrale Grundaussagen für PR getroffen, die ein modernes Selbstverständnis für Öffentlichkeitsarbeit ausmachen:
- PR ist das Management von Kommunikation;
- PR ist Auftragskommunikation für Unternehmen und Organisationen;
- PR organisiert den Dialog von Organisationen mit ihren Öffentlichkeiten;
- PR informiert transparent und offen;
- PR ist eine Führungsfunktion, die eng mit der Unternehmensleitung zusammenarbeitet;
- PR zielt darauf, Vertrauen aufzubauen und zu stärken;
- PR-Strategien sind immer langfristig angelegt.

---

5 http://www.gpra.de/fileadmin/user_upload/Dokumente/PDF/Thesen_zur_Strategie_der_GPRA_2011. pdf

Ist damit PR die Königsdisziplin der Kommunikation, die die kommunikativen Beziehungen eines Unternehmens mit seinen Öffentlichkeiten managt? Dieser Anspruch, der durch die amerikanischen Wissenschaftler James Grunig und Todd Hunt 1984[6] erstmals in dieser Deutlichkeit formuliert wurde, scheint für eine noch relativ junge Disziplin auf den ersten Blick vermessen. Gerade gestandene Werber und Marketingleute, die PR vor allem in ihrer Dienstleistungsfunktion für die Absatzkommunikation sehen, würden diesen Anspruch nicht teilen. Die Leistungskraft der PR wird jedoch sichtbar, wenn man sich das komplexe Zielgruppensystem genauer betrachtet. Grundaufgabe der PR ist es, alle relevanten Bezugsgruppen einer Organisation zu erreichen – intern wie extern. Dazu zählen die Mitarbeiter genauso wie Kunden, Lieferanten, Händler, Medien, Kapitalgeber, Gesetzgeber, politische Interessengruppen. All diesen Bezugsgruppen gegenüber muss PR das Verhalten und Handeln der eigenen Organisation erklären, ihre Identität vermitteln sowie Vertrauen in die Leistungen aufbauen.

Langfristig stabile Beziehungen zu den Stakeholdern können jedoch nur dann entstehen, wenn das Unternehmen bei der Durchsetzung seiner Ziele deren normative und kulturelle Werte berücksichtigt. Eine Unternehmenskommunikation muss daher die Erwartungshaltung und Einstellungsmuster der Stakeholder frühzeitig erkennen und das eigene Verhalten daran anpassen. Durch den integrierten Einsatz des PR-Instrumentariums und das systematisch geplante Zusammenspiel mit anderen Kommunikationsdisziplinen wie Werbung, Direktmarketing oder Promotion kann das PR-Management einen wesentlichen Beitrag für den Erhalt einer Organisation leisten, indem sie Handlungsspielräume für eine Organisation vermisst und systematisch erweitert.

AUSFLUG 1

Wichtige Informationen zum Berufsfeld in Deutschland

1. **Berufs- und Branchenverbände**
   - Deutsche Public Relations Gesellschaft e.V. (DPRG): Ältester Berufsverband mit über 3.000 Mitgliedern (08/12); www.dprg.de
   - Gesellschaft der Public Relations Agenturen e.V. (GPRA): Zusammenschluss größerer PR-Agenturen in Deutschland mit 31 Mitgliedern (08/12); www.gpra.de
   - Bundesverband deutscher Pressesprecher (BdP): Verband mit knapp 4.200 Mitgliedern (08/12) aus Unternehmen, Institutionen und Behörden; www.pressesprecherverband.de

2. **Ethische Kontrollinstanzen**
   - Deutscher Presserat: Einhaltung des Pressekodex, www.presserat.de
   - Deutscher Werberat: Einhaltung freiwilliger Verhaltensregeln, z. B. Werbung mit und vor Kindern, Werbung für Alkohol, unfallriskanten Bildmotiven u. a.; www.werberat.de
   - Deutscher Rat für Public Relations: Einhaltung von PR-Codes wie Code d'Athène, Code de Lisbone, Code de Bordeaux; Deutscher Kommunikations-Kodex u. a.; www.drpr-online.de

3. **Institute für PR-Ausbildung**
   - Universitäre Ausbildungsgänge: u. a. in Leipzig, Hannover, Lüneburg, Stuttgart-Hohenheim, Mainz, Bamberg, Pforzheim, Osnabrück/Lingen, Potsdam
   - Private Bildungsträger: Bayerische Akademie für Werbung und Marketing (www.baw-online.de), Deutsche Akademie für Public Relations (www.dapr.de), Deutsche Presse-

---

6   Grunig, James E; Hunt, Todd T.: Managing Public Relations, London, 1984.

akademie (www.depak.de), PR Plus (www.prplus.de), Com+plus (www.complus-net-work.de), Evangelische Medienakademie (www.evangelische-medienakademie.de) u. a.
- Seminaranbieter: Deutsches Institut für Public Relations (www.dipr.de), Akademie für Führung und Kommunikation (www.afk-online.de), newsaktuell (www.newsaktuell.de), u. a.

PR als Kommunikationsmanagement

Den Kommunikationsmanagern fällt dabei die Aufgabe zu, nicht nur die PR-Instrumente nach konzeptionellen Gesichtspunkten einzusetzen (siehe Kapitel 3) und sich um deren Umsetzung zu kümmern, sondern das Unternehmen und die Geschäftsführung in allen relevanten Fragen zu beraten. Um diese Prozesse steuern zu können, muss die PR als Stabsfunktion in alle kommunikativen Entscheidungsprozesse eingebunden sein.

Ein so geartetes PR-Management ist nach empirischen Untersuchungen bereits heute in 30 bis 40 Prozent aller Unternehmen[7] entweder als eigenständige Stabsstelle neben der Geschäftsleitung oder als eigenständige Fachabteilung mit zentraler Weisungsbefugnis direkt unterhalb der Geschäftsführung angesiedelt. Besitzt die Unternehmenskommunikation den Status einer Stabsstelle, hat sie in der Regel neben der Finanzabteilung, Personal- und Rechtsabteilung einen direkten Zugang zur Geschäftsführung, um den Informationsfluss intern und extern so reibungslos wie möglich zu gestalten. Die Unternehmenskommunikation ist damit stets in betriebliche Entscheidungsprozesse eingebunden, um frühzeitig die passende Kommunikationsstrategie zu entwickeln. Diese wichtige Rolle geht in vielen Fällen schon dahin, dass die Unternehmenskommunikation die wesentlichen Leitlinien der Kommunikation vorgibt und auch die Marketingaktivitäten des Unternehmens daraufhin überprüft, ob sie im Einklang mit dem eigenen Selbstverständnis stattfinden.

Vom Kommunikationsmanager zum Reparaturbetrieb

Ganz anders stellt sich das Kommunikationsmanagement in vielen kleinen und mittelständischen Unternehmen dar. Dort ist die Kommunikationsabteilung als Gemeinschaftsfunktion von Marketing und PR zusammengeführt und deckt die gesamte Palette der Unternehmenskommunikation ab: Pressearbeit, Planung des Werbe- und Messeauftritts, Erstellung von Broschüren, Website-Pflege, Kunden- und Mitarbeiterevents, interne Kommunikation. Die Rolle des Kommunikationsmanagers trifft hier auf die Rolle des Kommunikationstechnikers, der nicht nur die Einhaltung der strategischen Leitlinien überwacht, sondern gleichzeitig die qualitative Umsetzung von Maßnahmen sichert.

Auch wenn dabei eine Fülle von Aufgaben zeitgleich erledigt werden muss, ist die Kommunikationsabteilung unmittelbar bei der Geschäftsführung angebunden. Gerade zentrale Projekte, die für die Unternehmensstrategie eine hohe Bedeutung haben, wie die Implementierung von Corporate-Identity- und Change-Management-Prozessen, Entwicklung von Leitbildern, politische Kommunikation, bleiben klar im Blick der Geschäftsführung. Gleichzeitig kann es dabei zu Rollendiffusionen kommen. Trifft die Kommunikationsabteilung auf ein marketing- oder vertriebsgetriebenes Management, spiegelt sich dies oft in der Qualität der eigenen Öffentlichkeitsarbeit wieder, die rein nach absatzpolitischen

---

7 Je nach Untersuchung variieren die Ergebnisse. Siehe dazu u. a. Röttger, 2000, S. 215; Bruckner/Drössler, 2003; Guery weist für Großunternehmen sogar einen Anteil von 75 % Stabsstellen in Unternehmen aus; dies bedeutet auch, dass die Ansiedlung einer Stabsstelle stark von der Unternehmensgröße abhängig ist.

Zielen ausgerichtet wird und in der Folge keine umfassende Wirkungskraft nach innen und außen entfalten kann. Wichtige Zielgruppen wie Medien, Mitarbeiter, Kooperationspartner, Kapitalgeber werden nicht oder zu wenig beachtet.

In vielen Unternehmen hingegen ist PR keine eigenständige Stabsstelle, sondern arbeitet als Linienfunktion unterhalb des Marketings. Sie ist klar den Marketing-Zielen der Organisation unterworfen und wird als eine Kommunikationsdisziplin neben Werbung, Verkaufsförderung, Direktmarketing gesehen. PR hat hier die Funktion, die Pressearbeit zu organisieren, das heißt, das Unternehmen und seine Produkte vertriebswirksam in die Medien zu bringen. Die Schwierigkeit: Produkt- oder Marken-PR stehen im Vordergrund der Arbeit, wichtige Themenbereiche werden nicht oder stiefmütterlich behandelt. Hinzu kommt: PR wird häufig mit der Rolle der Kommunikationsfeuerwehr identifiziert, die zu Hilfe gerufen wird, wenn die Krise droht. Dieser Hilferuf verkennt die grundsätzlichen Funktionsweisen von PR: Vertrauenserwerb ist immer ein langfristiger Prozess der kontinuierlichen Meinungsbildung und Meinungsprägung.

Vertrauenserwerb funktioniert nur langfristig

Wie der Soziologe Niklas Luhmann bereits 1968 beschrieb[8], ist Vertrauen eine »riskante Vorleistung«, die in der Vergangenheit geschaffen und erworben wurde und zur Strukturierung der Zukunft eingesetzt werden kann. Allein die Beziehung zu den Medien zeigt, wie schwer dieser Vertrauenserwerb ist. In der Regel muss sich ein Unternehmen über Jahre hinweg einen Vertrauensvorschuss erarbeiten, um als verlässlicher, verbindlicher und glaubwürdiger Akteur von Seiten der Journalisten wahrgenommen zu werden. Vielfach herrscht auf Seiten des Managements der Irrglaube, man könne Leitmedien einfach steuern, indem man Journalisten mit informativen Versatzstücken bediene. Eine solche Arbeitsweise erzeugt nur eine höhere Nachfrage nach belegbaren und schlüssigen Informationen. Umgekehrt gilt: Ist das Vertrauenskapital erst einmal verspielt, weil ein Unternehmen den Dialog mit den Journalisten verweigert oder seine Informationspolitik in den Verdacht der Täuschung gerät, verlangt es von der Öffentlichkeitsarbeit große Anstrengungen, das Stigma des unzuverlässigen Informationslieferanten wieder loszuwerden.

Strategisches Kommunikationsmanagement ist immer auch strategisches Informationsmanagement. Und auch Meinungsträger wie Investoren, Mitarbeiter, Kunden sind auf verlässliche und verständliche Informationen angewiesen. Reduziert sich der strategische Blick dagegen einseitig auf das Organisationsinteresse, handelt die Informationspolitik (»Welche Information wird wann, warum, an wen weitergegeben«) fahrlässig. Insbesondere Journalisten lassen sich nicht so schnell hinters Licht führen, auch wenn Unternehmen glauben, sie besäßen den eigentlichen Informationsvorsprung.[9]

AUSFLUG 2

Absatzorientierte versus gesellschaftsorientierte PR

Während sich absatzorientierte PR als fester Bestandteil der Marketingkommunikation versteht und sich die Ziele der PR unmittelbar aus den Marketingzielen ableiten, bedeutet

---

8 Vgl. Luhmann, Niklas, 2000, S. 31.
9 Auf die Vergeblichkeit eines solchen informationstaktischen Verhaltens weist der frühere Chefredakteur der Nachrichtenagentur ddp (heute dapd), Joachim Widmann, hin: »Wir sind Profis genug, um zu merken, dass uns jemand an der Nase herumführen will.« In: Graf, Johannes, S. 45.

gesellschaftsorientierte PR, dass das Unternehmen über die reinen absatzpolitischen Ziele hinaus seine gesellschaftliche Verantwortung anerkennt, daraus entsprechende Maßnahmen ableitet und seine gesellschaftlichen Aktivitäten mit Hilfe der PR öffentlich sichtbar macht. Durch dieses Engagement will das Unternehmen seine Akzeptanz erhöhen und das eigene Image verbessern – und damit indirekt seine Erträge steigern.

Absatzorientierte PR stößt bei der Presse- und Medienarbeit schnell an ihre Grenzen, da besonders im öffentlich-rechtlichen Rundfunk die Sensibilisierung gegenüber jeder Form von Schleichwerbung stark ausgeprägt ist. Strenge Redaktionsstatute sorgen dafür, dass Unternehmen in einem Beitrag nicht häufiger als ein oder zweimal genannt werden, dass über Organisationen maximal dreimal im Jahr berichtet wird oder dass Werbung auch im Rahmen von Produktinformationen im redaktionellen Teil des Mediums nicht stattfinden darf. Gesellschaftsorientierte PR versucht gerade in diesem Bereich die strengen Redaktionsregelungen zu umgehen und Themenanlässe jenseits der Produktkommunikation zu bieten. Auch im Marketing ist heute vielfach vom gesellschaftsorientierten Marketing die Rede, das sich nicht nur an potenzielle oder tatsächliche Abnehmer von Produkten richtet, sondern an sämtliche Stakeholder eines Unternehmens. Gesellschaftsorientiertes Marketing orientiert sich dabei stark an veränderten Werthaltungen, Wertorientierungen und sozialen Anforderungen an das Unternehmen.

2.1.2 Entwicklung der Unternehmenskommunikation bis heute

Nach Manfred Bruhn[10] lässt sich die Entwicklung der Unternehmenskommunikation in Deutschland nach Ende des Zweiten Weltkrieges in sieben Phasen unterteilen:

- **Phase 1: Die unsystematische Kommunikation**: Die 1950er-Jahre waren durch eine starke Käufernachfrage geprägt, so dass die Absatzkommunikation dementsprechend relativ unbedeutend war. Viele Firmen konnten an »alte« Marken anknüpfen und diese mit einfachen werblichen Mitteln kommunizieren. Dementsprechend unbedeutend war eine systematische Unternehmenskommunikation.

- **Phase 2: Die Produktkommunikation**: In den 1960er-Jahren mussten sich Unternehmen stärker gegenüber der Konkurrenz behaupten. Die Kommunikation diente jedoch vor allem dazu, den Vertrieb zu unterstützen und den Verkauf zu steigern. Marketinginstrumente wie Media, Verkaufsförderung und persönlicher Verkauf bestimmten den Kommunikations-Mix.

- **Phase 3: Die Zielgruppenkommunikation**: Die 1970er-Jahre waren durch eine Segmentierung der Märkte gekennzeichnet. Die Kommunikation musste stärker kundenorientiert arbeiten. Auf Basis der Markt- und Meinungsforschung wurde der Nutzen einzelnen Marktsegmenten zugeordnet und Instrumente zielgruppenspezifisch eingesetzt.

- **Phase 4: Die Wettbewerbskommunikation**: In den 1980er-Jahren mussten die Unternehmen ihre Wettbewerbvorteile auf- und ausbauen. Der USP (Unique Selling Proposition) musste gesucht und kommuniziert werden. Neben dem Produkt wurde nun auch das Unternehmen kommuniziert. Corporate-Identity-Konzepte waren gefragt, um eine widerspruchsfreie Kommunikation zu sichern. Neue Instrumente wie Direkt-Marketing, Sponsoring und Eventmarketing führten zu einem Wettbewerb der Disziplinen.

---

10 Vgl. Bruhn, Manfred, 2009, S. 6.

- **Phase 5: Der Kommunikationswettbewerb und die integrierte Kommunikation**: Seit den 1990er-Jahren mussten die Unternehmen das gesellschaftliche Umfeld und den sichtbar gewordenen Wertewandel (Ökologie, Technik, Politik) in der Unternehmenskommunikation berücksichtigen. Diese hatte die Aufgabe, ein glaubwürdiges und stimmiges Bild bei den verschiedenen Zielgruppen – und über den Konsumentenkreis hinaus – zu schaffen. Dazu sind alle Kommunikationsinstrumente in ein ganzheitliches Konzept zu integrieren.

- **Phase 6: Die Dialogkommunikation**: Mit der Zunahme interaktiver Medien erhöht sich die Anspruchshaltung der Konsumenten bei gleichzeitig sinkender Loyalität gegenüber Unternehmen. Ziel der modernen Unternehmenskommunikation ist es daher, nicht mittels einseitiger Kommunikation Kaufentscheidungen zu beeinflussen, sondern durch zweiseitige Kommunikation in einen langfristigen Dialog mit den relevanten Zielgruppen aufzubauen.

- **Phase 7: Die Netzwerkkommunikation** (ab 2010): Web-2.0-Anwendungen treiben die Interaktivität weiter voran. Unternehmen sehen sich daher zunehmend vor der Herausforderung, Netzwerkkommunikation auf den zentralen Kommunikationsplattformen zu betreiben und ihre Communities aufzubauen und zu pflegen, um im Kommunikationswettbewerb weiterhin zu bestehen.

Und wo befindet sich die Unternehmenskommunikation heute?

Laut einer aktuellen Studie unter knapp 2.200 Kommunikationsverantwortlichen in Europa stellen die digitale Revolution und das Social Web die größten Herausforderungen für die Unternehmenskommunikation dar.[11]

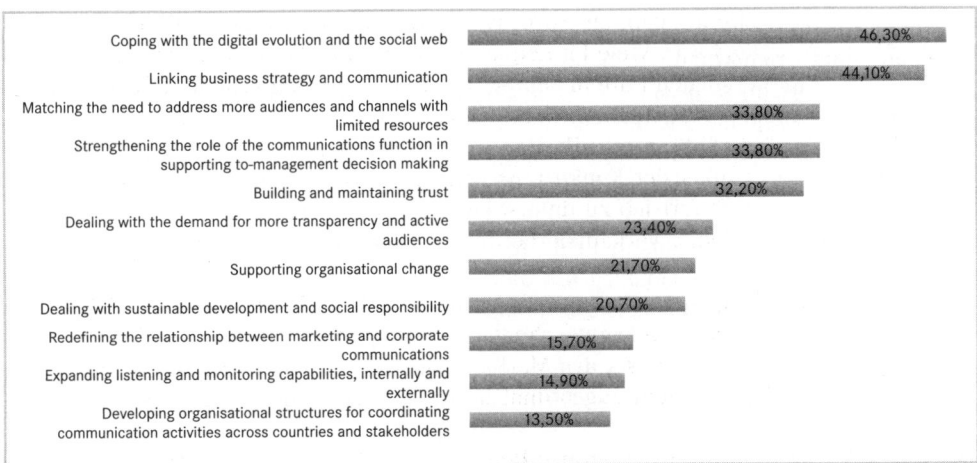

Abb. 1: Die wichtigsten Herausforderungen für die Unternehmenskommunikation bis 2015

Für die Unternehmen und ihre Kommunikationsabteilungen wird es darüber hinaus zunehmend wichtiger, ihre Geschäfts- und Unternehmensstrategie besser miteinander zu verbinden. Gleichzeitig müssen mit begrenzten Ressourcen in den Abteilungen immer

---

11 European Communication Monitor 2012, http://www.communicationmonitor.eu

heterogenere Zielgruppen über immer neue Kanäle angesprochen werden. Insgesamt gibt es viel mehr kommunikative Touchpoints mit dem eigenen Publikum als noch vor sieben oder acht Jahren, und die Komplexität der Kommunikation ist insgesamt gewachsen. Damit einhergehend ist es schwieriger geworden, den eigenen Stakeholdern ein einheitliches Bild der eigenen Organisation zu vermitteln. Vielleicht geht es künftig sogar eher darum, sich vom Konzept eines konsistenten Erscheinungsbildes zu verabschieden und sich auf unterschiedliche Zielgruppen mit differenzierten Kommunikationsinhalten und Botschaften einzustellen. Für die PR der Zukunft geht es darum, die Rolle der Kommunikation gegenüber dem eigenen Management zu stärken, Vertrauen aufzubauen und zu erhalten und den gestiegenen Transparenzanforderungen des Publikums gerecht zu werden. Aber auch intern muss der Wandel der eigenen Organisation im Rahmen der Change Communication vermehrt begleitet und die Großthemen »gesellschaftliche Verantwortung« und »Nachhaltigkeit« verstärkt kommuniziert werden.

Welche Aufgaben muss ein zeitgemäßes Kommunikationsmanagement erfüllen?
Heute wird der Kommunikationswettbewerb global ausgetragen. Über das Internet sind die Märkte kommunikativ 24 Stunden am Tag miteinander verbunden. Parallel haben die Web-2.0-Anwendungen die Macht der Konsumenten deutlich gestärkt. Für Unternehmen bedeutet das: Sie stehen permanent unter Beobachtung. Eine große Herausforderung wird darin bestehen, die Meinungsbildungsprozesse zu begleiten. Unternehmen müssen die Meinungstendenzen beobachten und sich kritischen Berichten oder Gerüchten stellen. Dies macht die einheitliche Kommunikation zu einer echten Herkulesaufgabe.

Neben den weit reichenden Konsequenzen, die sich aus dem Aufstieg der Online-Kommunikation ergeben, muss das Kommunikationsmanagement den Dialog mit den wichtigen Stakeholdern steuern. Ziel des eigenen Themenmanagements muss es sein, die Unternehmens- und Produktmarken glaubwürdig und aufmerksamkeitsstark nach innen und außen zu vermitteln, so dass sich der Bekanntheitsgrad der Marken steigert, gleichzeitig aber auch die Akzeptanz und das Vertrauen in die Marken erhöhen. Ein Unternehmen, das sich eine starke Reputation erarbeitet hat, wird auch in schwierigen Situationen mit der Unterstützung von Aktionären, Kunden, Mitarbeitern, Gewerkschaften und Medien rechnen können.

Kommunikationsmanagement heißt demnach nicht nur, dass die eigene Kommunikation so gut wie möglich gemanagt wird. Ganz besonders die Geschäftsführung muss durch ihre eigenen Kommunikationsleistungen das Unternehmen so gut wie möglich nach innen und außen repräsentieren. Die Unternehmenskommunikation kann hierbei unterstützen, beraten und immer wieder auf mögliche Fallstricke und negative Konsequenzen hinweisen. Den letzten Beweis der Glaubwürdigkeit der Kommunikation muss aber das Unternehmen als Ganzes antreten.

2.1.3 Grundlagen der Marketing-Kommunikation

Für prominente Autoren wie Heribert Meffert oder Philip Kotler[12] ist Marketing ein ganzheitlicher Ansatz markt- und umweltorientierter Unternehmensführung. Marketing gelei-

---

12 Siehe Meffert, Heribert, 2011.

tete Unternehmen orientieren sich streng an den Problemen, Bedürfnissen und Erwartungen ihrer aktuellen wie potenziellen Kunden. Sie beobachten und analysieren kontinuierlich relevante Umweltschichten (Käufer, Handel, Lieferanten, Konkurrenten, politische Institutionen u. a.) sowie Marktentwicklungen, die das Verhalten eines Unternehmens mittelbar oder unmittelbar beeinflussen können.

Auf Basis der zur Verfügung stehenden Ressourcen und einer genauen Analyse von Stärken und Schwächen, Chancen und Risiken entwickelt das Marketing Strategien, um die Position des Unternehmens in den eigenen Märkten zu erhalten und zu verbessern sowie neue Märkte zu identifizieren und zu besetzen. Dabei sind die Märkte keine homogenen Einheiten. Vielmehr wird der Gesamtmarkt in Untergruppen (Marktsegmente) unterteilt, die differenziert angesprochen und bearbeitet werden, um unterschiedliche Kundenerwartungen und Kundenbedürfnisse (Preis- und Qualitätsvorstellungen, Serviceansprüche, Informationsbedürfnisse u. ä.) adäquat zu befriedigen.

Nach Meffert sind für die Marketing-Konzeption sieben Aspekte charakteristisch:[13]

- Philosophieaspekt: Die bewusste Orientierung aller Unternehmensbereiche auf die Probleme, Wünsche und Bedürfnisse aktueller und potenzieller Kunden;
- Verhaltensaspekt: Die Beobachtung der relevanten Umweltschichten (Käufer, Absatzmittler, Konkurrenten, Staat) zur Analyse ihrer Verhaltensmuster;
- Informationsaspekt: Die planmäßige Erforschung des Marktes;
- Aktionsaspekt: der zieladäquate Einsatz aller Instrumente des Marketing-Mix;
- Segmentierungsaspekt: Die bewusste Marktdifferenzierung als Basis für die Marktbearbeitung;
- Koordinations- und Organisationsaspekt: Die organisatorische Verankerung des Konzepts in der Unternehmensorganisation und die Koordination aller marktgerichteten Aktivitäten;
- Sozialaspekt: Die Einordnung der Marketingentscheidungen in größere soziale Systeme.

AUSFLUG 3

Aktuelle Trends im Marketing

Zeitgemäßes Marketing beschäftigt sich nicht nur mit der systematischen Eroberung neuer Märkte. Vielmehr will es überraschen, tradierte Erwartungen aufbrechen und Kunden auf allen Sinnesebenen ansprechen. Neben dem viel diskutierten Mobile Marketing sind folgende Trends spannend:

Unter dem Schlagwort **Ambush Marketing** (Marketing aus dem Hinterhalt) versuchen Unternehmen, von der großen Medienpräsenz bei Groß-Events zu profitieren. Adidas oder Nike setzen beispielsweise auf Einzelsportler oder Teams, um mit Logo-Präsenz das offizielle Sponsorship eines Konkurrenten zu unterlaufen. Andere starten große Werbekampagnen im Umfeld von Wettkampfstätten, um die Zuschauer auf ihrem Weg von und ins Stadion zu begleiten, initiieren unter ihrem Namen Medientreffs, auf denen Journalisten mit Sportlern sprechen können oder benutzen Programmsponsoring, um sich jenseits eines offiziellen Sponsorships Präsenz zu sichern.

Mit der kreativen Umsetzung einer Werbebotschaft unkonventionell zu überraschen und so auf die eigenen Produkte aufmerksam zu machen, das ist das Ziel des **Guerilla Marketings**. Den gleichen Weg beschreitet auch das **Ambient Marketing**, das innovative Wer-

---

13 Siehe Meffert, Heribert, 2011, S. 8 f.

beformate verwendet und diese im direkten Lebensumfeld der Zielgruppe platziert: Boden-werbung im Flughafen, Spind-Werbung im Fitness-Center oder der Aufdruck auf einer Pizza-Schachtel – Werbung zeigt sich meist etwas versteckt überall dort, wo sich Menschen aufhalten oder bewegen. **Virales Marketing** setzt dafür auf Social Web-Anwendungen wie Facebook und Youtube, um die Aufmerksamkeit auf Produkte und Marken zu lenken. Es will für Gesprächsstoff sorgen, damit sich eine Botschaft per Mund-zu-Mund-Propaganda in sozialen Gruppen und über diese hinweg reichweitenstark verbreitet.

Das **Neuro-Marketing** ist darauf fokussiert, im Mikrobereich des Gehirns die Faktoren ausfindig zu machen, die zu einer Kaufentscheidung führen. Dazu spricht es meist mit einer inszenierten Choreographie die Sinnesebenen an. Ein Beispiel: Studien zeigen, dass amerikanische Konsumenten dreimal häufiger französischen Wein kaufen, wenn im Hintergrund französische Musik läuft. **Ethno-Marketing** geht wiederum davon aus, dass ethnische Zielgruppen auf individuelle Art und Weise angesprochen werden müssen. So werden im Rahmen von Ethno-Marketing Werbeanzeigen oder spezielle Beratungs- und Dienstleistungsangebote mehrsprachig angeboten.

Kundenbindung und Kundendialog

Jenseits dieser eher allgemeinen Beschreibungen von Marketingaufgaben und -funktionen hat sich in den vergangen Jahren ein deutlicher Trend entwickelt – weg vom kurzfristigen Denken klassischer Absatzkommunikation und der permanenten Entwicklung neuer Zielmärkte, hin zum Aufbau langjähriger Kundenbeziehungen. Dieser Paradigmenwechsel ist Folge einer einfachen rechnerischen Überlegung, dass die Gewinnung neuer Kunden in der Regel wesentlich teurer als die Pflege bereits bestehender Kundenkontakte ist. Auf Basis einer ausgeprägten Kundenbindung, etablierter Kundenbeziehungen, einer hohen Kundenzufriedenheit und eines positiven Kundenimages soll Relationship Marketing die Kunden zu festen Partnern machen. Durch »Customer Integration« – in der Onlinekommunikation oft mit Crowdsourcing »übersetzt« – soll der Kunde bereits frühzeitig bei der Entwicklung von Produkten mitwirken, ihre Markttauglichkeit bewerten und bereits in der Planungsphase Hinweise zur Verbesserung geben. Der Hersteller profitiert von den Erfahrungen seiner Kunden, der Kunde erhält genau das Produkt, das seinen Bedürfnissen entspricht. Das Ergebnis ist also eine klassische Win-win-Situation, die beiden Seiten nützt.

Wenn es um den Dialog mit dem Kunden geht, wird im Relationship Marketing häufig vom One-to-One-Marketing gesprochen: Der personalisierte Zuschnitt von Kommunikationsmaßnahmen auf die individuellen Bedürfnisse. Dem Kunden soll auf Basis umfangreicher Kundenprofile, die das Unternehmen zugekauft oder durch systematisches Data Mining generiert hat, individuelle Produkt- und Informationsangebote gemacht werden. Er soll nur dann angesprochen werden, wenn auf Basis der Kundendaten erwartet werden kann, dass das Angebot für ihn interessant ist und Nutzwert bietet.

Im klassischen Marketing erfolgt die Marktsegmentierung in der Regel nach:

- Geographischen Merkmalen: Region, Größe des Gebietes, Bevölkerungsdichte;
- Demographischen Merkmalen: Alter, Geschlecht, familiärer Status, Einkommen, Beruf, Bildungsstand, Religion, soziale Schicht;
- Psychographischen Merkmalen: Lebensstil (niveauvoll, konventionell, aufgeschlossen, trendy), Persönlichkeitsstruktur (gesellig, autoritär, ehrgeizig);
- Verhaltensbezogenen Merkmalen: Kaufmotivation (regelmäßig, besonderer Anlass), gesuchte Vorteile (z.B. Prestige, Bequemlichkeit, Wirtschaftlichkeit), Verwenderstatus (Nicht-, ehemaliger, potenzieller, regelmäßiger Verwender), Verwendungsrate (gering,

mittel, stark), Markentreue (keine, mittel, stark, absolut), Stadium der Kaufbereitschaft.[14]

Die 4 P's im Marketing

Auf Basis der festgelegten Unternehmensziele und der Marktanalyse leitet sich die Marketingstrategie ab, die in Form des koordinierten Einsatzes der Instrumente im Marketing-Mix umgesetzt werden soll. In diesem Mix geht es darum, die optimale Kombination der folgenden vier Leistungsbereiche zu bestimmen, um die definierten Marketingziele zu erreichen:[15]

- Produktpolitik: Produktqualität, Produktgestaltung, Produktprogramm-Gestaltung;
- Distributionspolitik: Gestaltung der Absatzwege, Logistik;
- Preispolitik: Produktpreis, Zugabepolitik, Kredite;
- Kommunikationspolitik: Werbung, Verkaufsförderung, Direktverkauf, PR, Sponsoring, Messen, Events, Merchandising.[16]

AUSFLUG 4

Gesellschaftliche Trends und ihre kommunikativen Folgen[17]

1. **Alternde Gesellschaft**: Angesichts einer wachsenden 50+-Generation müssen künftige Informationsangebote den besonderen Nutzen der Produkte für diese ältere Zielgruppe herausarbeiten. Da die Senioren jedoch immer aktiver werden, darf die Kommunikation nicht alt wirken, sondern muss vielmehr ein frisches Lebensgefühl für einen weiteren Lebensabschnitt vermitteln.

2. **Schrumpfende Mittelschicht**: Die Zahl der Me-too- und Nachahmerprodukte wird weiter ansteigen, die Markenbindung nimmt ab. Mit steigender Preissensibilisierung rückt auch die Preisargumentation stärker in den Mittelpunkt. Wenn die Kommunikation sich jedoch nur über den Preis definiert, wird auch die Kommunikation austauschbar.

3. **Zunehmender Anteil kinderloser Ehepaare**: Hochwertige Angebote im oberen Preissegment haben ihre feste Käuferschaft. Die Qualitätsanforderungen an diese Produkte schlagen sich auch in einer Premium-Kommunikation wieder, die anspruchsvoll und intelligent sein und die Lebenswelt der kinderlosen Ehepaare positiv widerspiegeln muss.

4. **Selbstbewusste Kaufentscheiderinnen**: In der Arbeitswelt sind gut gebildete Frauen mit wachsendem Einkommen auf dem Vormarsch. Die Kommunikation von Produkten und Marken muss die Bedürfnisse dieser selbstbewussten Käuferinnen erreichen, die selbst entscheiden, was für sie gut ist.

---

14 Für die PR besonders relevant ist das Mediennutzungsverhalten. Handelt es sich beispielsweise um regelmäßige, gelegentliche oder selektive Leser, Zuschauer oder Zuhörer eines Mediums?

15 Häufig wird auch die englische Variante beschrieben: Product, Price, Place und Promotion. Diese werden heute oft durch die P's Personal, Process und Physics ergänzt.

16 Für PR-Leute interessant: Der Marketing-Mix eines Unternehmens liefert wichtige Hinweise für Themen, die je nach Breitenrelevanz für die Medienarbeit verwendet werden können. Dazu gehören Produktinnovationen und Neueinführungen genauso wie besondere Beratungsangebote und Services, die für Kunden einen interessanten Mehrwert liefern.

17 Siehe u. a. auch die Studie des Zukunftsinstituts: Lebensstile 2020.

5. **Frühes Markenbewusstsein:** Kinder- und Jugendliche sind zielgruppenspezifisch anzusprechen – mit dem Internet als Leitmedium. Jugendspezifische Informationsangebote, Aktionen und Events werden somit an Bedeutung weiter gewinnen.

6. **Zunehmende Zukunftsängste:** Die Angst vor Arbeitsplatz- und Statusverlust nimmt stark zu. Die Innenwelt wird räumlich (»Cocooning«), körperlich (Yoga, Wellness) wie seelisch (innere Balance finden) immer wichtiger. Aufgabe der Kommunikation ist es, die Angst vor der Zukunft zu nehmen und positive Stimmungen und Emotionen zu vermitteln.

7. **Sehnsucht nach der Kindheit:** Retro-Produkte werden immer beliebter. Die Konsumenten suchen nach den Marken ihrer Kindheit, die ihnen Stabilität in der Gegenwart geben. Vergessene Marken leben auf, Neuprodukte suchen Anknüpfungspunkte an einen Markenmythos (Fiat 500, Mini Cooper etc.).

8. **Veränderte Mediennutzung:** Die Erwartung an Medien und der Umgang mit Medien werden sich gravierend verändern. Die klassische One-to-Many-Kommunikation wird immer mehr an Bedeutung verlieren, Nutzer werden sich künftig in Communities und Foren austauschen. Mit diesen aktiven Usern müssen Werbung und PR verstärkt den Dialog suchen.[18]

2.1.4 Angrenzende Kommunikationsdisziplinen

PR und Werbung

Ist die PR laut vieler Lehrmeinungen vorrangig mit der Aufgabe betraut, ein positives und glaubwürdiges Image aufzubauen und Vertrauen bei den relevanten Zielgruppen zu erzeugen, zielt die Werbung direkt auf die Absatzförderung. Für die Werbeplanung steht seit mehr als 100 Jahren die so genannte AIDA-Formel Pate, die die verschiedenen Stufen beschreibt, die ein Kunde durchlaufen soll, um letztlich zur Kaufentscheidung zu kommen:

- A für Attention und die Erzeugung von Aufmerksamkeit durch Eye- oder Ear-Catcher;
- I für Interest und das Wecken von Interesse an der Werbebotschaft;
- D für Desire und das rationale wie emotionale Verlangen nach dem Produkt;
- A für Action und die Kaufhandlung, die erleichtert, ausgelöst und herbeigeführt werden soll.

Dieses einfachste Modell der Werbewirkungsforschung wurde im Laufe der Zeit vielfach ergänzt und erweitert. Beispielsweise stellte die AIDCA-Formel noch den Aspekt der Vertrauensgewinnung (confidence) vor die eigentliche Kaufhandlung, während die so genannte DAGMAR-Formel (»Defining Advertising Goals for Measured Advertising Results«) in die verschiedenen Stufen der Werbeansprache auch die Faktoren comprehension (Einsicht in den Produktnutzen) integriert. Um beispielsweise bei der Markteinführung eines neuen Produktes den Kunden vom Kauf zu überzeugen, muss das Produkt Bekanntheit erlangen (awareness), der Kunde muss seinen Nutzen verstehen (comprehension) und der Kunden muss überzeugt sein (conviction), dass er mit seiner Kaufhandlung (action) genau auf dieses Produkt zurückgreifen muss, wenn er sein Kaufbedürfnis befriedigen will.[19]

---

18 Auf diese Veränderungen wird in Kapitel 5.1 näher eingegangen.
19 Definition DAGMAR-Formel in: Ohlsen, Dirk: Marketing-Lexikon, 2005, S. 19. Download unter: www.marketing-lexikon-online.de/print/version%20100.pdf.

Neuere Modelle der Werbewirkungsforschung gehen weit über das einfache Reiz-Reaktionsmuster hinaus, wie es noch der AIDA-Formel zugrunde liegt. So geht das »Recency Planning« davon aus, dass Werbung vor allem dann wirkt, wenn der Kunde bereits unmittelbar vor der Kaufentscheidung steht.[20] Gesucht wird also derjenige Konsument, der sich als potenzieller Käufer auf dem Markt bewegt und konkret auf der Suche nach Produkten ist. Bei diesem Kunden ist das Wahrnehmensfenster für die Werbereize bereits geöffnet, der Konsument ist empfänglich für Werbebotschaften. Dies hat enorme Auswirkungen gerade auf die Mediaplanung. So muss ein Unternehmen mit seinen Produkten kontinuierlich auf dem Markt präsent sein, um eine möglichst hohe Kontaktchance auch zu Selektivnutzern herzustellen, die ein Medium nur unregelmäßig oder sporadisch nutzen.

Die Rolle der Mediadaten beim Werbeeinsatz

Werbung ist primär ein Instrument der persuasiven Kommunikation, das nicht nur überzeugen, sondern auch überreden und einen unmittelbaren, schnell wirkenden Kaufanstoß bewirken soll. Dafür stehen unterschiedliche Kommunikations- oder Werbemittel zur Verfügung wie zum Beispiel Werbespots (TV, Hörfunk, Kino), Printanzeigen, Außenwerbung, Online-Werbung, Werbeartikel.

Um Werbekunden die Wahl des Mediums zu erleichtern, analysieren die Medien ihre eigene Nutzerschaft regelmäßig nach soziodemographischen (Alter, Bildungsstand, Kaufkraft, Haushaltseinkommen, Geschlecht u. a.) und psychologischen Kriterien (Themenaffinität, Einstellungsmuster u. a.) und fassen diese Informationen in den so genannten Mediadaten zusammen. Diese geben darüber hinaus Auskunft über die Reichweite eines Mediums, die durch die regelmäßigen Messungen der IVW (Informationsgemeinschaft zur Feststellung der Verbreitung von Werbeträgern e.V.), der Mediaanalyse der ag.ma (Arbeitsgemeinschaft Media-Analyse e.V.), die Messungen der GfK (Gesellschaft für Konsumforschung) oder der AWA (Allensbacher Werbeträger Analyse) festgestellt werden.

Die Mediadaten sind wiederum für PR-Leute durchaus relevant, wenn es um die Auswahl der Medien für die eigene Pressearbeit und den Aufbau des Presseverteilers geht. Dazu werden die Zielgruppen des Unternehmens an Hand der Mediadaten in Bezug zu relevanten Medien gesetzt, die für die Verbreitung der eigenen PR-Botschaft besonderes Gewicht haben. Darüber hinaus bilden die Mediadaten eine wichtige Grundlage für Erfolgsbewertung einer PR-Maßnahme oder PR-Kampagne durch die Ermittlung des so genannten Anzeigenäquivalenzwerts[21]. Durch den Anzeigenäquivalenzwert wird der Umfang der Berichterstattung über ein Unternehmen in Bezug zu den klassischen Mediapreisen gesetzt.

AUSFLUG 5

Die Bewertung per PR-Wert

Im Unterschied zum Anzeigenäquivalenzwert wird mit dem PR-Wert der Inhalt eines redaktionellen Beitrags nach quantitativen und qualitativen Kriterien bewertet. Dazu wird die Wahrnehmungswahrscheinlichkeit als wichtiger Koeffizient hinzugerechnet, die sich

---

20 ARD-Werbung/ZDF Werbefernsehen, 2005, S. 2 ff.
21 Auf den Anzeigenäquivalenzwert geht Jörg Wassink in seinem Beitrag »Kopfentscheidung statt Bauchgefühl« näher ein.

beispielsweise durch eine Erwähnung des Unternehmens in der Headline oder durch einen zusätzlichen Bildabdruck ergibt. Der Beitrag wird daraufhin überprüft, ob die Inhalte mit den gewünschten PR-Botschaften des Unternehmens übereinstimmen. Zusätzlich wird der Adressatenkreis in Bezug zur Nutzerschaft des Mediums gesetzt, um zu überprüfen, ob und wie beide Adressatengruppen zusammenpassen. Weiterhin zeigt der PR-Wert auf, ob innerhalb der Berichterstattung auch ein Alleinstellungsmerkmal des Unternehmens sichtbar wird.

Chance durch Advertorials und Infomercials

Im Zusammenspiel der Kommunikationsdisziplinen macht sich PR längst die Vorzüge der Werbung (Timing, Intensität) zu Nutzen. Gerade im Zuge von Kampagnen setzen PR-Abteilungen beispielsweise zunehmend auf Advertorials in Print- und Online-Medien, um

Anzeigen-Sonderveröffentlichung

ECCO WALKATHON

ECCO spendet 1 Euro für jeden zurückgelegten Kilometer

Gehen für den guten Zweck – am 23. September

Wer mit den Füßen spenden möchte, der ist beim ECCO Walkathon an der richtigen Adresse: Am 23. September startet am Großen Stern zum vierten Mal in Berlin der Spaziergang über sechs oder zehn Kilometer – jeder Schritt für den guten Zweck. Denn für jeden von einem Teilnehmer zurückgelegten Kilometer spendet das dänische Unternehmen ECCO 1 Euro an anerkannte karitative Organisationen – für Straßenkids in Kenia, herzkranke Kinder aus Krisengebieten oder die Re-

genwaldhilfe des WWF. Seit ECCO den Walkathon 1999 in Kopenhagen zum ersten Mal veranstaltet hat, sind so mehr als 1,7 Millionen Euro an Spenden zusammengekommen: Hilfe aus Stockholm, Tokio, Warschau oder Amsterdam und Berlin, wo die Walkathons mit Unterstützung des Schuhauses Leiser stattfinden. So hat sich die Idee eines skandinavischen Unternehmens, das sich seit seiner Gründung vor 40 Jahren ethisch und sozial engagiert, zu einer echten, weltweiten Charity-Bewegung

entwickelt. In Berlin, wo der gemeinsame Spaziergang zum vierten Mal stattfindet, werden 10 000 Teilnehmer erwartet, die den Tiergarten und die historische Mitte der Hauptstadt durchqueren. Ein großes Fest begleitet den Start ab 10 Uhr – mit Aufwärmtraining, Zirkusprogramm und Live-Bands.

Weitere Informationen und Anmeldung auch unter www.eccowalkathon.de, in den Filialen von Leiser oder direkt am Start

Seit 2004 starten auch die Berliner zum jährlichen Walkathon für eine gute Sache. Diesmal werden 10 000 Teilnehmer erwartet

Street Work in Kenia

In Kenia herrschen extreme Arbeitslosigkeit, Armut und Aids. Die kanadische Hilfsorganisation Street Kids International hat für Straßenkinder ein Ausbildungsprogramm entwickelt. Bis 2010 werden Jugendliche u.a. mit Minikrediten unterstützt.

Brücke für kranke Kinder

Seit 1998 ermöglicht das Deutsche Herzzentrum Berlin Kindern aus Krisengebieten lebensrettende Operationen, Transplantationen oder Kunstherzeinsatz. Der ECCO Walkathon unterstützt diese wichtige „Brücke für herzkranke Kinder" seit vier Jahren.

Regenwald in Zentralafrika

Das Kongobecken ist eines der wichtigsten Regenwaldgebiete. Illegale Abholzung, Wilderei und starker Abbau von Bodenschätzen bedrohen die Ureinwohner, Tierarten und Wälder. Der WWF versucht diesen lebenswichtigen Raum nachhaltig zu schützen.

Impressum Eine Anzeigen-Sonderveröffentlichung von ECCO Walkathon **Verantwortlich für den Inhalt:** Birte Krause. Eine Produktion der Redaktion Sonderthemen für die Berliner Morgenpost
Anzeigen-Kontakt: Silvana Puchar (verantw.), Matthias Keppel

Abb. 2: Advertorial zum Spendenspaziergang ECCO Walkathon in der Berliner Morgenpost

Themen zu setzen oder ausführlicher über ein Produkt oder eine Aktion zu informieren. Bei diesem Kunstwort aus Advertising (Werbung) und Editorial (redaktioneller Beitrag) handelt es sich um eine Werbeanzeige, die aber die optische und inhaltliche Anmutung eines redaktionellen Beitrags besitzt. Zwar muss sie als Anzeige oder Sonderveröffentlichung gekennzeichnet sein und wird wie eine Anzeige berechnet. Gleichzeitig fügt sie sich fast unbemerkt in das gewohnte redaktionelle Umfeld und das Look & Feel des Mediums ein.

Advertorials etablieren sich auch zunehmend im Online-Bereich – in Form von separaten Microsites, auf die der User über gesponserte Teaser-Texte oder Links gelenkt wird und die die Anmutung eines redaktionellen Beitrags besitzen. Der Werbetreibende kann die Inhalte der Microsite komplett bestimmen, sofern sie den rechtlichen Rahmenbedingungen

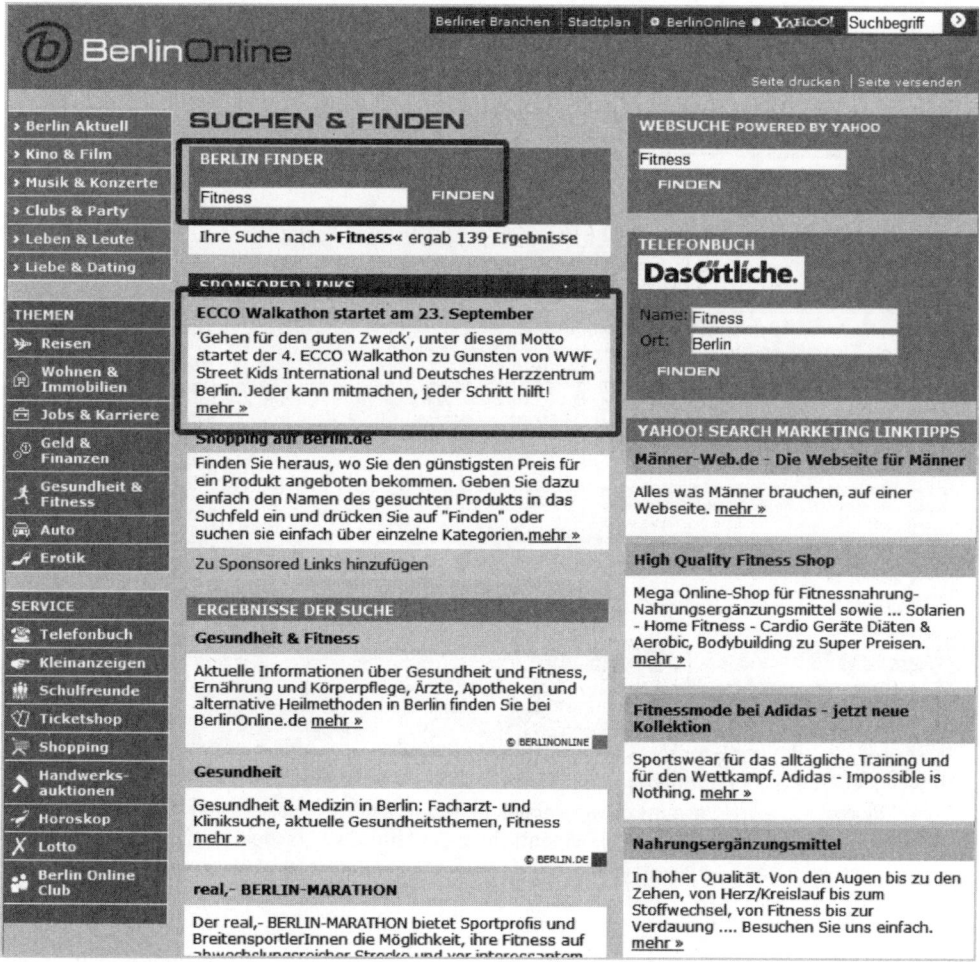

Abb. 3: Gesponsorter Teasertext für den Spendenspaziergang ECCO Walkathon auf www.berlinonline.de. Der Link führt zu einer hinterlegten Microsite, die ausführlich über die Veranstaltung informiert. Der Teasertext fügt sich wie die Microsite in das redaktionelle Umfeld der Seite ein.

entsprechen, die sich aus dem Presserecht oder den werberechtlichen Bestimmungen ableiten.

Auch bei Beilagen ist zunehmend der Trend sichtbar, PR-Inhalte im Erscheinungsbild des Printmediums zu publizieren. Oftmals bieten es die Verlage selbst an, auf Basis der zur Verfügung gestellten Inhalte und Bildmaterialien eine Sonderveröffentlichung zu erstellen und einer Ausgabe beizulegen. In Zusammenarbeit mit einer hauseigenen Sonderredaktion wird diese Beilage dazu optisch wie auch in ihrer sprachlichen Tonalität auf das Trägermedium abgestimmt.

Im TV-Bereich sind ebenfalls Tendenzen zu beobachten, PR-geprägte Informationsinhalte und Werbung zu so genannten Infomercials zu verbinden. So informiert die Sparda-Bank West in einem 15-minütigen Infomercial auf dem Online-Portal mypott.de unter dem Motto »Kaufen statt mieten« über Baufinanzierungsmöglichkeiten der Bank, über den 19. Sparda-Bank-Brückenlauf in Düsseldorf sowie über die Kunstförderung der hauseigenen Stiftung. Ein redaktionell geprägter Newsticker rund um verschiedene Sparda-Aktivitäten in der Region NRW und ein TV-Gewinnspiel runden das Infomercial-Paket ab.

Abb. 4: Video-Still aus dem Sparda-Bank-Infomercial. Die Sendung auf dem regionalen Ruhrgebiets-Portal mypott.de wird präsentiert von einer professionellen TV-Moderatorin und erscheint als redaktionell aufgemachter Content. Das Erscheinungsbild der Bank prägt auch das Erscheinungsbild des Sparda-Infomercials; http://www.mypott.de

Weitere Einsatzmöglichkeiten von PR im Rahmen klassischer Werbung bieten sich im gesamten Bereich des Corporate Advertising an. Gerade in Krisensituationen verwenden Unternehmen häufig Info-Anzeigen, um mit einem großen Text-Anteil die Situation aus ihrer Sicht aufzuklären und Meinungsbilder zu korrigieren. So schaltete der Discounter Lidl nach Bekanntgabe der Bespitzelungsvorwürfe gegenüber seinen Mitarbeitern durch das Magazin Stern halbseitige Info-Anzeigen in Tageszeitungen, in denen sich die Unternehmensleitung in einem offenen Brief bei seinen Kunden entschuldigte und gleichzeitig über die Schadenshöhe informierte, die für Lidl jährlich durch den Warendiebstahl in seinen Filialen entsteht.

PR und Direktmarketing

Ein weiterer wichtiger Bereich der Marketing-Kommunikation ist die Direktwerbung bzw. das Direktmarketing, auch Dialogmarketing genannt. Das Ziel: Durch individuelle, persönliche Ansprache den direkten Dialog zwischen Anbieter und Mitgliedern einer Zielgruppe herzustellen, um bestehende Kunden zu binden, neue zu gewinnen und die Kaufmotivation zu erhöhen. Das Direktmarketing richtet sich dabei ebenso an Endverbraucher wie an Handelsunternehmen und Großkunden.

Nach Angabe des Deutschen Dialogmarketing-Verbands geben die Unternehmen hierzulande fast 30 Milliarden Euro pro Jahr (Stand 2011) für Dialogmarketing im engeren Sinne aus[22]. Dazu zählen adressierte Werbesendungen (Mailings), Haushaltsdirektwerbung wie Prospekte, Kataloge und Postwurfsendungen, teiladressierte Werbesendungen sowie Telefonmarketing. Aber auch interaktive digitale Kundendialogelemente im Internet – E-Mailings, Online-Games – können zum Direktmarketing gezählt werden. Dialogmarketing ist auch in den klassischen Medien wie Zeitschriften und Fernsehen möglich, wenn Anzeigen und Beilagen, Funk- und Fernsehwerbung, Plakat- und Außenwerbung mit Response-Elementen kombiniert werden.

Wie wichtig das Instrument im Kommunikations-Mix – trotz des manchmal schlechten Images – tatsächlich ist, zeigt der hohe Anteil des Direktmarketings am Gesamtmarketing-Etat. So verwenden allein die Dienstleistungsunternehmen in Deutschland im Schnitt knapp 40 Prozent ihres Gesamtbudgets für Dialogmarketing-Maßnahmen, auch da es ihnen wichtige Vorteile bietet[23]: Geringe Streuverluste bei hoher Adressqualität, schnelle Messbarkeit des Erfolges, direkte Erreichbarkeit des Empfängers ohne weitere Werbeeinflüsse von außen. Direktmarketing wird heute oft auch in Kombination mit PR-Instrumenten eingesetzt. So lässt sich beispielsweise ein Tag der offenen Tür schnell und einfach durch Direktmarketing begleiten, indem über Info-Briefe an die Haushalte im Unternehmensumfeld auf diesen Event hingewiesen wird.

PR und Verkaufsförderung

Bei Verkaufsförderung – auch Sales Promotion genannt – handelt es sich um ein eher kurzfristig angelegtes Instrumentarium innerhalb des Kommunikations-Mix, das vorrangig zur Unterstützung, Information und Motivation der am Absatzprozess beteiligten Akteure (Außendienst, Groß- und Einzelhandel) dient. Dieses Instrument zielt darauf, mit Hilfe des eigenen Vertriebes den direkten Verkauf am Verkaufsort (Point of Sale/PoS) bzw. am Einkaufsort (Point of Purchase/PoP) zu erhöhen und Verkaufsanreize zu schaffen. Generell unterscheidet man heute drei Bereiche von Sales Promotion:

- Staff Promotion (Verkaufspromotion) – durch eigene, gut geschulte Vertriebsmitarbeiter beim Kunden;
- Dealer Promotion (Händlerpromotion) – durch unmittelbare Präsenz und Präsentation der Ware im Geschäft;

---

22 Vgl. Deutscher Dialogmarketing Verband e.V., www.ddv.de.
23 Vgl. Deutscher Dialogmarketing Verband e.V., www.ddv.de.

- Consumer Promotion (Verbraucherpromotion) – durch direkte Ansprache des Endverbrauchers am Point of Sale.

Gerade in Krisensituationen kann das Zusammenspiel von Promotion und PR eine sehr wirkungsvolle Kombination sein. Im Zuge der BSE-Krise entschlossen sich beispielsweise mehrere Wurstwarenhersteller, direkt in den Supermärkten über die Qualität, Herkunft und Verarbeitung der eigenen Produkte zu informieren. Damit wollten sie die Kunden direkt am Point of Sale zurückgewinnen und größere Umsatzeinbrüche vermeiden. Diese Info-Kampagnen wurden mittels Pressearbeit aktiv begleitet, so dass die lokalen Medien die Verbraucher vor Ort auf die Informationsangebote in den Supermärkten hinweisen konnten.

Product- und Themen-Placement

Ein sehr umstrittener Bereich des Marketings ist das Product- und Themen-Placement, also die werbewirksame entgeltliche Integration von Produkten, Dienstleistungen und Themen in Kino-, Video-, Fernseh- und Hörfunkprogrammen. Beim Betrachter eines Kino- oder Fernsehfilms ist die Platzierung eines Markenartikels oft nicht oder nicht sofort erkennbar, da die Produkte scheinbar beiläufig in eine spannende oder unterhaltsame Gesamthandlung eingebunden sind. In der Regel handelt es sich beim Product-Placement um ein klares Geschäft auf Gegenseitigkeit zwischen den Produzenten eines Medienproduktes und einem Hersteller. Das Spektrum der Leistung aus Sicht des Product-Placement-Betreibenden kann sich von der kostenlosen Überlassung der Produkte über die freie Gewährung von Dienstleistungen bis hin zur Zahlung von Geldbeträgen zur Platzierung eines Produkts im Medium Film oder Fernsehen erstrecken.

Probleme ergeben sich genau dann, wenn das Product-Placement in den Ruf der Schleichwerbung gerät. Das heißt, wenn ein Unternehmen versucht, sich eine messbare Medialeistung durch Erwähnung oder sichtbare Platzierung eines Produkts oder einer Marke in einem redaktionellen fiktiven Sendeformat zu erschleichen. Dem gegenüber stehen beispielsweise die Landespressegesetze, die eine deutliche Trennung von redaktionellem Teil und Werbung verbindlich regeln.

In der jüngeren Vergangenheit gab es immer wieder Fälle, dass es Unternehmen und Verbänden entgegen geltenden Rechts gelungen ist, durch Zahlungen an TV-Produktionsgesellschaften Produkte oder Themen in Sendungen des öffentlich-rechtlichen Rundfunks zu platzieren. Dies hat zu einer starken Sensibilisierung von öffentlich-rechtlichen Sendern gegenüber jedem Versuch geführt, ein Unternehmen oder ein Produkt nicht nur in fiktionalen Formaten, sondern auch im Zusammenhang mit redaktioneller Berichterstattung zu erwähnen. Dies bedeutet aber nicht, dass Unternehmen keine Strategien hätten, diese Probleme zu umgehen: Beispielsweise werden beim Sport-Sponsoring Logos groß und medienwirksam auf Trikots gebracht oder Veranstaltungen und Fußballarenen umfirmiert (»Veltins-Arena«, »Allianz-Arena«, »real Marathon«), so dass die Namenspatronage leicht von den Kameras erfasst oder in der Übertragung aus dem »Signal Iduna Park« mündlich genannt wird.

Merchandising und Licensing

Im deutschen Sprachraum werden die Begriffe Licensing und Merchandising vielfach synonym verwendet. Licensing umfasst die verkaufsfördernden Maßnahmen, die durch die kommerzielle Nutzung der Popularität einer Marke auf Basis einer markenrechtlich relevanten Lizenzvergabe entsteht und die eine profitable Einnahmequelle für den Lizenzgeber darstellen kann. Dabei profitiert der Lizenznehmer vom hochwertigen Produktimage des

Lizenzgebers. Er verschafft sich mit der Aufwertung durch das andere Produktimage einen unter Umständen marktentscheidenden Kommunikationsvorteil und erhöht das Prestige des eigenen Produkts.

Auch für den Lizenzgeber ergeben sich Vorteile: Wenn der Qualitätsstandard des Lizenznehmers hoch ist, verbessert sich das Image seiner Marke. Er kann diese in einem neuen Kontext präsentieren und weitere Zielgruppen erschließen. Ein schönes Beispiel für gelungenes Licensing ist das Tigerenten-Fahrrad der Marke Kettler. Die schwarz-gelbe Farbgebung und ein entsprechender Aufdruck auf dem Fahrrad stellen sofort die Assoziation zur beliebten Janosch-Comicfigur her. Aus einem normalen Kinderfahrrad wird ein sympathisches Fortbewegungsmittel, mit dem sich Groß und Klein identifizieren.

Auch Merchandising folgt der Idee des Licensing, Logos, Marken, Formate und Charaktere auf Produkte und Accessoires zu übertragen. Im Gegensatz zum Licensing liegt das finanzielle Risiko primär beim Rechteinhaber einer Marke. Oftmals werden Merchandising-Artikel auch als einfache Give-Aways vertrieben, um kleine Aufmerksamkeitsreize zu schaffen oder die Erinnerung an einen Event oder eine Marke zu erhalten.[24]

Inhalt gegen Werbezeit beim Bartering

Bartering (engl. Tauschhandel) ist im klassischen Sinne der Austausch von vorproduzierten Fernsehinhalten gegen Werbezeit. Im Bartering stellt ein auf Werbung zielendes Unternehmen einem Sender ein vorproduziertes Programm zur Verfügung und erhält dafür ein Kontingent an Werbezeit im Umfeld der bereits vorproduzierten Sendung. Der Vorteil für Werbetreibende liegt nicht so sehr im Imageaufbau und in der Imagepflege, sondern darin, seine Werbung in einem für ihn optimalen Programmumfeld unter Ausschaltung der Konkurrenz zu platzieren.

In der heutigen Kommunikationspraxis ist Bartering vielfach der gegenseitige Austausch von monetär messbaren Media- und Sponsoring-Leistungen. Ein Beispiel dazu: Ein großes Nutzfahrzeugportal engagierte sich beim Truck Grand Prix auf dem Nürburgring. Der Veranstalter stellte dem Portal klar definierte Media-Leistungen wie Logo-Präsentation auf der Homepage der Veranstaltung, auf Eintrittstickets und Plakaten zur Verfügung. Im Gegenzug wurde die Veranstaltung auf der stark besuchten Homepage des Portals kontinuierlich über einen längeren Zeitraum beworben. Dabei wird der Wert der Präsenz auf der Portalseite mit den Leistungen des Veranstalters verrechnet. Oftmals findet Bartering direkt zwischen den Marketing-Abteilungen von Unternehmen und den Anzeigenabteilungen der Medien statt, um bei diesem »Naturaltausch« das eigene Marketing-Budget zu schonen: Das Unternehmen stiftet einen Preis (Reise, Übernachtung, Konzertkarten) und erhält im Gegenzug Werbefläche oder wird als Sponsor genannt.

Weitere Bereiche des Kommunikations-Mix sind Sponsoring, Event- und Messe-Kommunikation sowie Online Relations, die alle in den weiteren Kapiteln des Buches noch ausführlich beschrieben werden.

---

24 Brem, Christian: Merchandising und Licensing in Rundfunkunternehmen, Institut für Rundfunkökonomie an der Universität Köln, Heft 157, Köln, 2002, S.1 f., http://rundfunkoek.uni-koeln.de/institut/pdfs/15702.pdf.

2.2   Von der Corporate Identity zur Unternehmensreputation

Seit Anfang der 70er Jahre beschäftigen sich Unternehmen damit, wie sie sich auf Basis eines Unternehmensleitbildes eine unverwechselbare und überzeugende Firmenpersönlichkeit geben können, um am Markt als einheitlicher Akteur wahrgenommen zu werden. Dieser Zwang zur Vereinheitlichung von Unternehmenskommunikation, Unternehmensverhalten und Unternehmenskultur hat mehrere Ursachen:

■ In vielen Unternehmen fehlen mittlerweile die Gründer, die Identität stiftend wirken, ein Unternehmensleitbild vorleben und damit Orientierung geben;

■ Einst mittelständisch geprägte Unternehmen haben sich zu Konglomeraten mit unterschiedlichsten Geschäftsbereichen und Standorten entwickelt. Die Identifikation der Mitarbeiter mit dem Unternehmen findet – wenn überhaupt – nur noch in Abteilungen statt;

■ Unternehmen fusionieren oder werden übernommen. Die Mitarbeiter sollen sich mit dem umfirmierten Unternehmen identifizieren und sich in einer neuen Kultur zurechtfinden. Oft wirken sie jedoch wie Parallelgesellschaften mit eigenen Verhaltenskodizes;

■ Für Kunden wird es schwieriger, Unternehmen zu überblicken: Ansprechpartner wechseln, Bereiche werden zusammengelegt oder verkauft, neue Produkte kommen hinzu. Damit lösen sich etablierte Handelsbeziehungen auf;

■ Märkte verändern sich. In gesättigten Märkten herrscht ein harter Wettbewerb um Marktanteile. Für viele Unternehmen wird es zur Überlebensfrage, ob die Kunden das Vertrauen in die Produkte behalten;

■ Der Wertekatalog in der Gesellschaft ändert sich. Themenfelder entstehen (Ökologie, gesellschaftliches Engagement) und damit verbunden neue Lebensstile. Die Unternehmen müssen immer schneller den Anschluss an veränderte Wertesysteme finden, um für die Kunden attraktiv zu bleiben. Dies stellt hohe Anforderungen an die Unternehmenskultur.

■ Imagekampagnen funktionieren nur, wenn sie durch das Verhalten der Mitarbeiter eines Unternehmens gestützt werden. Schlecht motivierte Mitarbeiter konterkarieren dagegen schnell das schillernde Design einer offensiven Kommunikationskampagne.

Auf diese Veränderungsprozesse versucht ein Corporate-Identity-Konzept Antworten zu finden, um die Identität einer Organisation herauszuarbeiten, sich an ein verändertes Umfeld anzupassen, den kulturellen Wandel von Organisationen zu begleiten und diese mit einem einheitlichen Gesicht und einer einheitlichen Stimme nach innen und nach außen sichtbar zu machen.

2.2.1 Die Rolle der Corporate Identity

Die Corporate Identity setzt sich aus einer Vielzahl an Komponenten zusammen: Dem Verhalten eines Unternehmens am Markt (Corporate Behavior), seiner Kommunikation mit internen und externen Zielgruppen (Corporate Communications) sowie dem Erscheinungsbild des Unternehmens und der von ihm angebotenen Produkte (Corporate Design). Dieses einheitliche Erscheinungsbild soll sich in all seinen Publikationen, Informations- und Werbematerialien widerspiegeln (Corporate Publishing), die Werte und das Selbstverständnis auch in einer zeitgemäßen Gebäudearchitektur (Corporate Architecture, siehe Abb. 5) niederschlagen, die ein Unternehmen nach außen hin erlebbar macht.

Abb. 5: Herausragendes Beispiel für zeitgemäße Corporate Architecture: Der »Glass Cube« als Showroom für die Marke Leonardo in Bad Driburg (Bildquelle: www.3deluxe.de). Das Gebäude spiegelt die zentralen Werte der Marke Leonardo wieder: Inspiration, Emotion und Qualität. Mehr Infos zum Gebäude unter www.glass-cube.de.

Mit ihrer Corporate Identity und der einheitlichen Ausrichtung aller Kommunikationsaktivitäten auf die Unternehmensidentität geben Firmen ihren wichtigen Stakeholdern Orientierung, Sicherheit und Verlässlichkeit. Sie muss mit seiner Unternehmensphilosophie (Corporate Philosophy), seiner Unternehmenskultur (Corporate Culture) und den von ihm gelebten Werten (Corporate Values) am Markt überzeugen. Dazu gehört, dass gerade Kunden diese Werte im persönlichen Kontakt mit dem Unternehmen im wahrsten Sinne des Wortes erleben. Dazu muss das Unternehmen die eigenen Bezugsgruppen mit einer einheitlichen Sprache (Corporate Wording) genau und glaubwürdig über die eigenen Leistungen und Stärken informieren und dabei mit einer Stimme (One Voice Policy) sprechen.

Weiteres Element: Der Außenauftritt muss einheitlich und unverwechselbar sein, um auf Basis des eigenen Selbstverständnisses ein möglichst einheitliches Unternehmensimage nach innen und außen zu transportieren (Corporate Image). Corporate Identity ist dabei immer eine strategische Managementaufgabe, die alle zentralen Organisationsbereiche eines Unternehmens umfasst – von der Produktentwicklung, über das Personalmanagement bis hin zum Vertrieb der Produkte. Das macht die Initiierung von Corporate-Identity-Prozessen so kompliziert, langwierig und nicht zuletzt teuer. Die Folge: In vielen Unternehmen verlagern sich diese Prozesse schnell auf die reine Designebene, da diese noch am einfachsten zu kontrollieren sind (Logo, Internetauftritt, Geschäftsausstattung, Werbemittel). Wird die Corporate Identity zu einem einheitlichen Markenauftritt weiterentwickelt, spricht man auch von Corporate Branding, bei dem es um die Etablierung eines konsistenten und stabilen Markenimages bei Mitarbeitern, Kunden, Anteilseignern, Lieferanten geht.

2.2.2 Integrierte Unternehmenskommunikation

In den letzten 15 bis 20 Jahren kam es in der Fachdiskussion zu einem Paradigmenwechsel. Spricht man heute von der Vereinheitlichung der Kommunikation und dem besseren Zusammenwirken der Kommunikationsdisziplinen, fällt schnell der Begriff der »integrierten Kommunikation« bzw. der »integrierten Unternehmenskommunikation«. Anstieg der Kommunikationskosten, Zunahme der Instrumente, Verlust der Markenwiedererkennung in der Werbeflut, verkürzte Produktzyklen haben zu diesem Paradigmenwechsel geführt. In den Chefetagen erkannte man, warum es notwendig ist, die unterschiedlichen Kommunikationsdisziplinen einer einheitlichen Strategie unterzuordnen:

- Eine effizientere Kommunikation sollte Streuverluste weitgehend vermeiden;
- Vernetzte Maßnahmen sollten das Wirkungspotenzial der verbundenen Maßnahmen erhöhen;
- Höhere Kommunikationsbudgets erforderten bessere Nachweise der Erfolgsmessung;
- Ein einheitlicher Kommunikationsauftritt sollte dem Unternehmen Prägnanz, Vertrauen, Aufmerksamkeit und Unverwechselbarkeit verleihen;
- Eine integrierte Kommunikation sollte auch nach innen wirken, eine ehrliche und transparente Unternehmenskultur fördern und die Mitarbeiter so zu wichtigen Botschaftern machen.

Doch wie wird integriert? Manfred Bruhn unterscheidet drei Ebenen der Integration:[25]
1. Inhaltliche Integration: Alle Kommunikationsmittel müssen inhaltlich miteinander verbunden sein, um eine Konsistenz im Außenauftritt zu schaffen. Als Negativ-Beispiel nennt Bruhn die Deutsche Bank, die seit 1994 acht Kampagnenslogans verwendet hat und auf der Unternehmensebene bei Deutsche Bank24 und dem Geschäftsbereich Private Banking drei- bzw. viermal den Slogan änderte;
2. Formale Integration: Formale Gestaltungsprinzipien müssen eingehalten sein, um ein einheitliches und leicht wiedererkennbares Erscheinungsbild (Corporate Design) zu erreichen;
3. Zeitliche Integration: Alle Kommunikationsinstrumente müssen zeitlich so aufeinander abgestimmt sein, damit sich beim parallelen Einsatz verschiedener Instrumente maximale Wirkungen ergeben, gleichzeitig aber auch eine Kontinuität bewahrt wird.

Weiterhin müssen diejenigen Kommunikationsinstrumente aufeinander abgestimmt werden, die auf einer Marktstufe eingesetzt werden (Konsumenten, Händler, Zulieferer, Mitarbeiter). Das heißt: Die Aufgabe besteht darin, Gemeinsamkeiten in der Ansprache zu finden, um Botschaften widerspruchsfrei zu übermitteln (horizontale Integration). Die vertikale Integration findet bei der mehrstufigen Bearbeitung von Märkten statt, wenn von der Zentrale bis zum Kundenbetreuer vor Ort eine einheitliche Kundenansprache gewährleistet werden soll. Weiterhin müssen die einzelnen Kommunikationsinstrumente miteinander vernetzt werden (instrumentelle Integration), wobei ihre Rolle innerhalb des Kommunikations-Mix klar definiert sein muss (funktionale Integration). Letztlich müssen alle Kommunikationsaktivitäten ein Leitbild als Bezugssystem besitzen. Gerade wenn diese zersplittert und umfangreich sind, ist ein übergreifendes Dach- oder Leitthema ein fester Orientierungsanker, an dem sich alle Instrumente ausrichten können.

---

25 Bruhn, Manfred 2010, S. 87 ff.

Schwierigkeiten der integrierten Kommunikation

Ungeachtet des beschriebenen Nutzens tun sich viele Organisationen mit integrierter Kommunikation deshalb so schwer, weil die Entscheidung für einen neuen kommunikativen Ansatz ein komplettes Umdenken verlangt. Plötzlich müssen Ressorts miteinander arbeiten, die bislang im rasanten Tagesgeschäft eher wenig miteinander zu tun hatten. Dies verursacht unter Umständen wiederum höhere Kosten, weil der interne Abstimmungsbedarf steigt. Außerdem verlangt dieser Ansatz von Abteilungen und Mitarbeitern die Bereitschaft, integrierte Unternehmenskommunikation als übergreifenden Teil der eigenen Unternehmenskultur zu verstehen. Neben speziellen Anreizsystemen kann hier auch die Qualifizierung von Mitarbeitern einen wichtigen Beitrag leisten, damit diese die Folgen und Chancen von integrierten Kommunikationsprozessen besser abschätzen können.

Integrierte Kommunikation benötigt eine langfristige strategische Entwicklungsperspektive innerhalb der Organisation und der Kommunikation selbst. Dazu muss sie einer klaren Richtung folgen. Denn wenn die Positionierung des Unternehmens oder einer Marke fehlt, wenn die Kernbotschaften nicht mit den Werten eines Unternehmens verbunden sind oder keinem klaren Leitbild folgen, wenn es an Kernaussagen fehlt, wird es immer zu Unsicherheiten bei der Umsetzung kommen. Die Folge: Die Ideen – und seien sie noch so gut – bleiben letztlich unverbunden nebeneinander stehen.

Stattdessen muss sich das Unternehmen vielmehr entscheiden, wofür es künftig steht und wie es wahrgenommen werden will. Ist diese Entscheidung einmal gefallen, braucht es Standfestigkeit und eine immer neue Selbstverständigung, um aus dem in Worten formulierten Unternehmensleitbild tatsächlich eine gelebte und für Stakeholder täglich neu erfahrbare Unternehmenskultur werden zu lassen.

Die höchste Stufe der Integration ist dann erreicht, wenn die Kunden die Kommunikation als einen Fluss von Informationen von undifferenzierbaren Quellen erleben: »Die vier wichtigsten Quellen für Markenbotschaften sind die Produkte selbst, die Serviceleistungen, die geplanten und ungeplanten Botschaften. (...). Es geht um die Wiedererkennung der übergeordneten Idee, der Markenpositionierung, des Kundennutzens und weniger um die Wiedererkennung eines visuellen Auftritts.«[26] Für Manfred Bruhn liegt das Hauptproblem der integrierten Kommunikation nicht in einem Mangel an strategischen Ansätzen, sondern in einer defizitären Organisationsstruktur: »In vielen Unternehmen scheitert die Umsetzung trotz überzeugender Strategien bislang daran, dass kein adäquates Organisationsmodell für die integrierte Kommunikation vorliegt.«[27] Dazu gehören flache Hierarchien, klar definierte Abläufe zur Steuerung der Abstimmungsabläufe, und nicht zuletzt ein übergeordneter Kommunikationsmanager.

Dieses Leitbild des Kommunikationsmanagers stellt die Unternehmen wiederum vor große Herausforderungen. Denn wer im Unternehmen besitzt die Kompetenz, zeitgleich den Erfolg einer Direktmarketing-Kampagne zu bewerten, die Wirksamkeit von Medienthemen zu beurteilen, das Suchmaschinenmarketing voranzutreiben, die Händlerpräsentation der neuen Software-Applikation und die Erstellung der neuen Mitarbeiterzeitung redaktionell zu begleiten? Viele Unternehmen stehen angesichts der Komplexität von Kommunikationsprozessen vor der echten Herausforderung, ihre Kommunikationsaktivitäten zu bündeln und zusammenzufassen, Kerninstrumente und Schwerpunktmaßnahmen klar zu definie-

---

26 Schwarz, Torsten; Braun, Gabriele, 2006, S. 13.
27 Vgl. Selbach, David: Abstimmungs-Logistik, in: prmagazin, 2/2008, S. 38.

ren, Kommunikationshighlights und -lowlights strikt voneinander zu trennen und die Leitlinien der Kommunikation deutlich sichtbar zu machen.

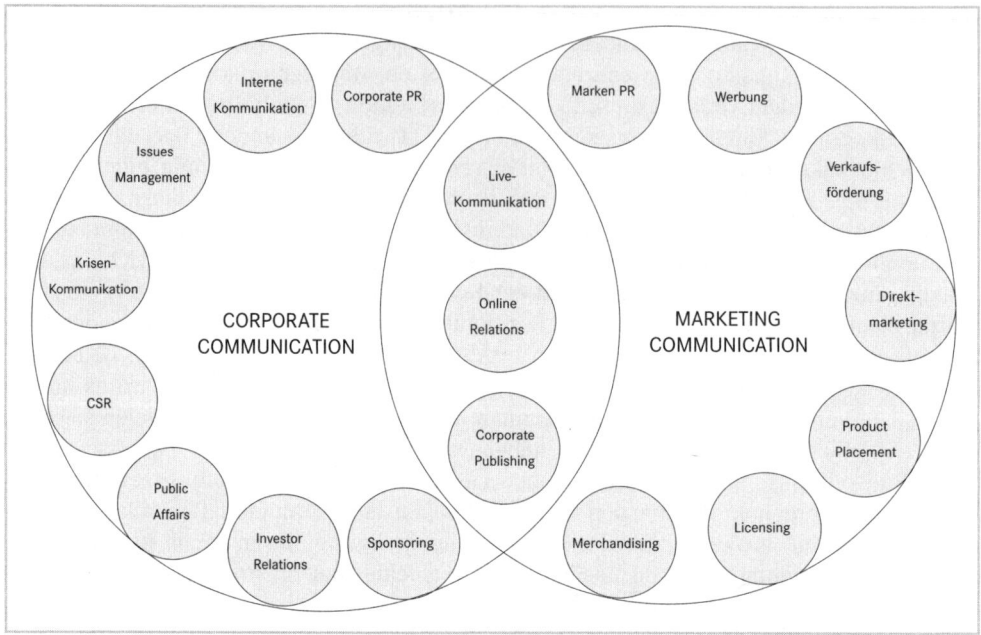

Abb. 6: Die Wählscheibe der integrierten Kommunikation von Ruisinger/Jorzik: Zusammenspiel der Instrumente ausgerichtet auf Unternehmens- und Produktkommunikation.

Abbildung 6 zeigt die Heterogenität an Instrumenten, die in einem integrierten Kommunikationsmanagement möglichst harmonisch zusammenspielen müssen. Auf der einen Seite der Wählscheibe steht die Corporate Communication, die mit ihren kommunikativen Instrumenten das Unternehmen als Ganzes repräsentiert. Auf der anderen Seite die Marketingkommunikation, die mit ihren klassischen Bereichen Werbung, Verkaufsförderung, Promotion den Absatz der Produkte stimuliert. Verbunden sind beide Kommunikationsfelder durch die Online-, die Live-Kommunikation und das Corporate Publishing, die je nach Aufgabenstellung die kommunikativen Ziele des Gesamtunternehmens oder einzelner Produkte und Marken verfolgen. Ein Messeauftritt beispielsweise dient sowohl der Absatzkommunikation als auch der Information. Zudem stellt sich dort das Unternehmen als ganzheitliche Organisation gegenüber Kapitalgebern, Lieferanten, Medien u.a. vor. Gleiches gilt für den Online-Auftritt, der ein Schaufenster für das Unternehmen wie für seine Produkte ist, sowie für den Gesamtbereich Corporate Publishing, der neben Printprodukten für das Unternehmen auch Produktflyer, -broschüren u.ä. beinhaltet.

Chancen für PR

Welche Rolle kann die PR beim Aufbau einer integrierten Kommunikation einnehmen? Sind die PR-Profis die viel beschworenen Kommunikationsmanager, die mit strategischem Weitblick und unter Beachtung aller relevanten Zielgruppen ein Unternehmen, eine Marke oder ein Produkt am Markt glaubhaft und trotzdem aufmerksamkeitsstark positionieren können? Macht eine Frage, die eine Disziplin über andere Disziplinen (Werbung, Marketing) stellt, im Zeitalter eines integrierten Kommunikationsmanagements noch Sinn? Momentan bilden sich an vielen Universitäten und Fachhochschulen eigenständige Studiengänge heraus, die sich dem Leitbild des integrierten Kommunikationsmanagements verschrieben haben und die unterschiedlichen Fachdisziplinen unter einem gemeinsamen Dach zusammenfassen. Es spricht einiges dafür, dass PR in diesem Prozess der Neudefinition von Kommunikation eine wichtige Führungsaufgabe zukommt:

- Themensicher: Public Relations ist es gewohnt, inhaltlich zu arbeiten. PR-Leute entwickeln Themen so, dass sie für Medien interessant sind – und damit auch für Leser, Hörer und Zuschauer.
- Umsichtig: Gute PR-Verantwortliche bewegen sich mit einem 360°-Blick durch ihre Unternehmensumwelt, da für sie die interne Sicht genauso wichtig wie der externe Blick ist. Diese Doppelperspektive hilft, ein Unternehmen ganzheitlich zu betrachten, Botschaften langfristig auf ihre Wirkungen intern und extern zu beurteilen und Kommunikationsstrategien darauf hin zu beurteilen, ob sie zum Unternehmen und seiner langfristigen Positionierung am Meinungsmarkt passen.
- Komplex: PR-Strategien zielen darauf ab, sowohl die direkte Zielgruppenansprache als auch die indirekte Kommunikation – vermittelt über die Medien – zu berücksichtigen. Gut durchdachte PR-Kampagnen besitzen daher einen hohen Komplexitätsgrad, bezogen auf den abgestimmten Einsatz unterschiedlichster Instrumente.
- Akzeptiert: Public Relations hat sich in den vergangenen Jahren einen vorderen Platz in der Unternehmenskommunikation erobert. Da PR in hohem Maße auf die Glaubwürdigkeit von Unternehmen einwirkt, sind sie die zentrale Kommunikationsdisziplin, wenn es um das positive Image und die Reputation von Organisationen geht.

2.2.3 Image und Unternehmensreputation

Wie ist das Image meines Unternehmens oder meiner Marke? Wie kann ich dieses erhalten oder sogar noch verbessern? Warum hat mein Hauptkonkurrent ein besseres Image? Was ist sein Geheimnis? Mit diesen Fragen beschäftigen sich täglich Tausende von Kommunikationsprofis in PR- und Werbeagenturen, in Marketingabteilungen und Kommunikationsstäben. Warum ist das Image für jede Organisation so wichtig, ja lebenswichtig? Das Image gibt Auskunft darüber, was Mitarbeiter, Kunden, Lieferanten, aber auch Investoren oder Analysten von einem Unternehmen oder einer Non-Profit-Organisation denken. Images sind damit die prägenden Vorstellungsbilder, die eine Bezugsgruppe gegenüber einem Meinungsgegenstand besitzt. Images können genauso Organisationen (UNICEF) betreffen wie Einzelpersonen (Lady Gaga). Sie können sich gegenüber Produktionsverfahren (Herstellung von Atomstrom), politischen Ereignissen (US-Truppen marschieren in Afghanistan ein) oder aktuellen gesellschaftlichen Themen (Mindestlohn, Kinderarmut) bilden. Heute ist unbestritten, dass das Image eines Unternehmens, einer Marke oder eines Produkts immer mehr zu einem zentralen Erfolgsfaktor der Kommunikation wird. Vor allem gerade dann, wenn sich ein Produkt neben dem eines Mitkonkurrenten behaupten muss, von dem es sich nur noch in kleinen Nuancen unterscheidet.

Das Image – gleich ob es nun positiv oder negativ ausfällt – setzt sich aus der Summe von bewerteten Einzelinformationen zusammen, die jeder von uns täglich als Konsument, politisch interessierter Bürger, Arbeitnehmer oder Aktionär in persönlichen Gesprächen oder via Tageszeitung, Radio, Hörfunk und Internet sammelt. Diese Einzelmeinungen bilden in ihrer Summe das Vorstellungsbild gegenüber dem Meinungsgegenstand ab. Das Image basiert also auf vorhandenem Wissen sowie aus Einschätzungen und subjektiven Bewertungen, die jeder vornimmt, wenn er etwas Neues über ein Unternehmen liest, ein Skandal öffentlich wird oder er begeistert von einem neuen Automodell ist, das gerade in der aktuellen Ausgabe der ADAC Motorwelt vorgestellt wird. Aber nicht nur der Wissens- und Informationsstand, auch Vorurteile und vorhandene Einstellungsmuster können ihren Niederschlag in einem positiven oder negativen Image finden (Anti-Raucher, Anti-Atom-kraft, gentechnisch manipulierte Lebensmittel).

Auch wenn es sich oftmals um selektive Eindrücke oder Momentaufnahmen handelt, können sie das Image eines Unternehmens nachhaltig prägen. Gerade in Krisensituationen wird schnell deutlich, dass ein positives Image zwar nur langsam entsteht, aber durch ein Einzelereignis nachhaltig beschädigt werden kann. Eine Automarke, mit der ein Kunde schlechte Erfahrungen gemacht hat, weil die Bordelektronik öfters gestreikt hat oder die Kupplung bereits nach 50.000 Kilometern defekt war, wird es in Zukunft schwerer haben, diesen Kunden zu begeistern. Der Konsument behält seine negativen Erfahrungen jedoch nicht nur bei sich. Er erzählt sie weiter und beeinflusst als Multiplikator die Kaufentscheidungen anderer. Wenn ein Unternehmen diesen Kunden wieder gewinnen will, muss es in der Regel große Anstrengungen unternehmen und einen langen Atem haben, um ihn mit einer neuen Produktstrategie oder Unternehmenskultur zu überzeugen.

AUSFLUG 6

Imagewandel am Beispiel AUDI

Ein prominentes Positiv-Beispiel für einen nachhaltigen Imagewandel liefert die Marke AUDI. Innerhalb von rund 15 Jahren hat AUDI sich von einer krisengeschüttelten Automarke mit einer schmalen Modellpalette und technisch keineswegs herausragenden Fahrzeugen zu einem Premium-Hersteller mit breitem Fuhrparkangebot entwickelt, dessen Claim »Vorsprung durch Technik« glaubwürdig ist und dessen Imagewerte neben denen von Mercedes-Benz, Porsche oder BMW heute bestehen können.

Was hat das Unternehmen gemacht? Es hat seinen Claim »Vorsprung durch Technik« ernst genommen und seine gesamte Unternehmenskultur und Produktphilosophie darauf ausgerichtet. So hat es große Anstrengungen im Bereich Forschung und Entwicklung unternommen und mit wichtigen Produktinnovationen überzeugt (4-Rad-Antrieb, vollverzinkte Fahrzeugkarosserie, TDI), die beim Käufer gut ankamen. Stufenweise wurden die Produktinnovationen auf alle wichtigen Marktsegmente ausgeweitet, um jeden Kundenwunsch erfüllen zu können. Die Fahrzeuge erhielten ein einheitliches Design, so dass ein AUDI heute sofort als solcher erkennbar ist. Im Design wurden systematisch die wichtigen Kerneigenschaften Sportlichkeit, Dynamik, Souveränität und Charakterstärke sichtbar gemacht. Darüber hinaus wurde das Händlernetz ausgeweitet und die Autohäuser durch eine gehobene Ausstattung auf Exklusivität getrimmt. Die Händlerkommunikation insgesamt wurde intensiviert, sodass die Händler zu positiven Multiplikatoren wurden. Und nicht zuletzt wurde im Dialog mit dem Endkunden und mit vielen aufwändigen Werbekampagnen eine starke Emotionalisierung der Marke erreicht, die die hochwertigen Merkmale der Premium-Fahrzeuge und das Selbstbewusstsein der Marke mit einem erkennbaren Markenleitbild und einer klaren Markenidentität vereint. Das Ergebnis all dieser Bemühungen hat zu einem Imagewechsel von einer konturlosen Marke mit langweiligen Produkten hin zu einer dynamischen Premium-Marke mit hervorragendem Markenimage geführt.

Unterschiedliche Arten von Images

Imagewechsel, Imageaufbau und Imageerhalt sind im Idealfall das Ergebnis einer umfassenden Auseinandersetzung mit der eigenen Marke oder dem eigenen Unternehmen und die kontinuierliche Kommunikation dieser Anstrengungen nach innen wie nach außen. Dabei gibt es sehr unterschiedliche Arten von Images, die sich einzeln analysieren lassen:

- Markenimage: Das Bild, das die Öffentlichkeit von einer Marke hat;
- Unternehmensimage: Das Bild, das die Öffentlichkeit von einem Unternehmen hat;
- Produktimage: Das Bild, das die Öffentlichkeit von einem bestimmten Produkt hat;
- Branchenimage: Das Vorstellungsbild, das in der eigenen Fachöffentlichkeit herrscht;
- Medienimage: Das Bild, das über die Medien verbreitet wird;
- Selbstimage: Das Eigenbild einer Organisation von sich selbst;
- Fremdimage: Das Fremdbild, das andere von der Organisation haben.

Betreibt ein Unternehmen eine erfolgreiche Kommunikation, weichen Selbstbild und Fremdbild in der Regel nicht stark voneinander ab. Das Unternehmen wird von außen genauso wahrgenommen, wie es die Mitarbeitern oder das Management sehen. Leider kommt es oft vor, dass diese Perspektiven von innen bzw. von außen auf das Unternehmen stark differieren. In diesem Fall steigt die Gefahr, dass das Unternehmen falsche Themen für die Kundenansprache wählt, nicht auf die richtigen Kommunikationskanäle setzt oder die Tonalität der Ansprache nicht den Erwartungen der Kunden entspricht. Im schlimmsten Fall verstört das Unternehmen mit einer falsch gewählten PR- und Werbestrategie seine Kunden nachhaltig, dass sie sich in dieser Kommunikation nicht (mehr) wieder finden und ihr Interesse am Unternehmen oder seinen Produkten erlahmt.

Sach- und Beziehungsebene

Hinzu kommt, dass die Verbraucher bei der Wahrnehmung einer Organisation und den von ihr getroffenen Aussagen sensibler geworden sind. Handelt ein Unternehmen anders, als es sich den Anschein geben will, wird es schnell unglaubhaft. Dabei muss sich das Unternehmen immer sowohl auf der Sach- als auch auf der Beziehungsebene mit seiner Bezugsgruppe auseinandersetzen, was folgende Aufgaben und Ziele beinhaltet:

Sachebene
- Die bereit gestellten Informationen sind aktuell;
- Die Informationen sind verständlich, glaubwürdig und nachprüfbar;
- Die Informationen stellen das Unternehmen umfassend dar;
- Informationen sind über alle Informationskanäle abrufbar;
- Themen sind spannend und machen neugierig.

Beziehungsebene
- Die Marke bzw. das Unternehmen wirken sympathisch;
- Das Unternehmen macht einen kompetenten Eindruck;
- Die Produkte des Unternehmens sind erlebbar;
- Qualität und Service überzeugen, die Kunden sind zufrieden;
- Das Unternehmen sucht den Dialog mit seinen Zielgruppen;
- Die Kommunikation erzeugt Gefühle (positiv, provokant, seriös);
- Das Unternehmen engagiert sich für gesellschaftliche Belange;
- Die Produkte setzen neue Trends;
- Das Unternehmen ist erfolgreich und schafft Arbeitsplätze.

Imagefaktoren als Gradmesser

In das Image fließen eine Vielzahl an Faktoren ein, aus deren positiver oder negativer Bewertung sich das Gesamtbild eines Unternehmens oder einer Marke ergibt (Markenimage). Dabei können für Unternehmen oder für einen Verband, für Kunden oder für den Vertriebsprofi andere Imagefaktoren relevant sein. Das manager magazin befragt beispielsweise regelmäßig Manager, Geschäftsführer und leitende Angestellten nach der Wichtigkeit von Imagefaktoren von Unternehmen.[28] Dabei werden die Faktoren hervorgehoben, die aus Sicht der Befragten das Bewertungssystem für das Fremdbild ausmachen.

Ausgangspunkt einer Imageanalyse ist demnach die Frage, welche Imagefaktoren für die jeweilige Zielgruppe relevant sind und welche Imagefaktoren dazu beitragen, die Kundenzufriedenheit bzw. die Bindung an die Organisation zu verbessern und die Bereitschaft zum Kauf bzw. zur Weiterempfehlung zu erhöhen. Jede Organisation muss dazu für sich selbst definieren, was untersucht werden soll: Geht es eher um das allgemeine Image der Organisation, um einzelne Bereiche oder um Leistungsbestandteile? Dass die Bedeutungszumessung von Imagefaktoren stark von der Unternehmensgröße abhängig ist und im Mittelstand andere Imagefaktoren besonderes Gewicht haben als bei Großunternehmen, zeigt Abbildung 7. Dazu wurden Geschäftsführer befragt, die jeweilige Bedeutung von Imagefaktoren für ihr Unternehmen zu bewerten.

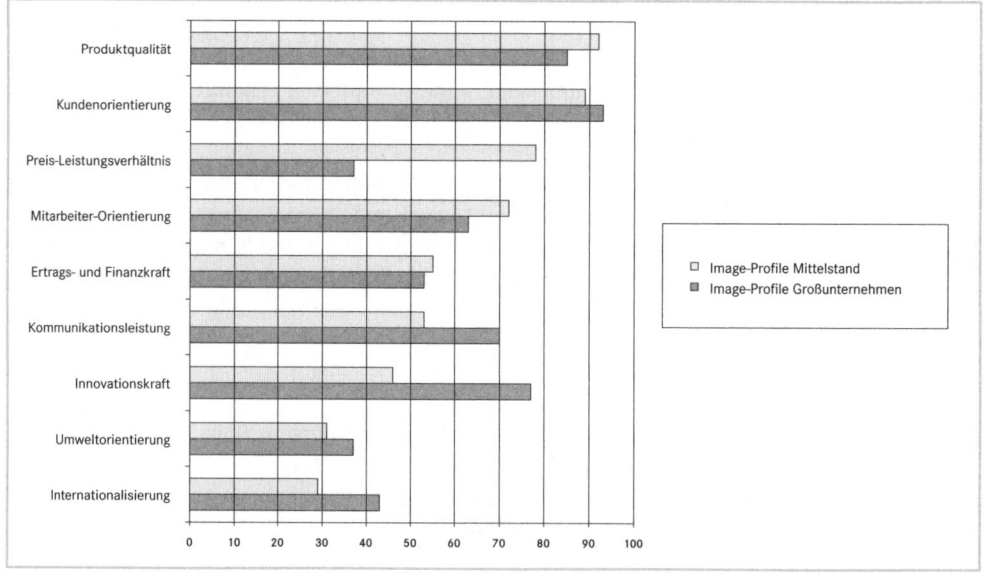

Abb. 7: Die Image-Profile in Mittelstand und Großunternehmen; Quelle: Kurt Behrens: Image als steuernde Größe für den Unternehmenserfolg, in: Ratio 3 – Image als Marktfaktor für den Mittelstand, Stuttgart, 2001, S. 10.

---

28 Siehe www.manager-magazin.de/unternehmen/imageprofile.

Die Rolle des Imagetransfers

Images können in vielfältiger Weise beeinflusst werden: Durch die Verbreitung von Sach- und nutzwertorientierten Service-Informationen, durch Events, besondere Dialogangebote online und offline, durch Empfehlung. Eine wichtige Rolle spielt auch der Imagetransfer, bei dem bestimmte Imagebestandteile von einem Produkt oder einer Organisationen auf ein anderes Produkt oder einen anderen Firmennamen übertragen werden. Dieser Image- oder Markentransfer findet dann statt, wenn beispielsweise im Rahmen von Line Extensions die positiven Eigenschaften und Kompetenzen einer Dachmarke oder einer starken Produktmarke auf Unterprodukte abstrahlen sollen. Die Dachmarke wird dabei zum zentralen Vertrauensanker, der die individuelle Kaufentscheidung erleichtert. Gerade im Bereich der Konsumgüter werden Line Extensions regelmäßig genutzt, um neue Produkte am Markt einzuführen (Coca Cola > Coca Cola Light > Coca-Cola Light plus Green Tea). Werden zusätzliche Produktfelder mit einer Marke verbunden, spricht man auch von Markendehnung (Nivea: Creme, Deo, Shampoo, Rasierer).

Der Imagetransfer in einem Unternehmen kann aber auch von unten nach oben funktionieren. So hatte der iPod wesentlich dazu beigetragen, die Bekanntheit der Dachmarke Apple zu erhöhen, indem das Produkt jenseits der damals etablierten Gemeinschaft der Mac-User (Architekten, Designer, Graphiker) neue Zielgruppenpotenziale für das Unternehmen erschlossen hat. Die Erhöhung des Bekanntheitsgrades, das positive Produktimage und die Kultassoziation, die der iPod hervorrief, konnte Apple wiederum für neue Line Extensions positiv nutzen. So konnte das iPad mit einem ähnlichen Kultversprechen im Markt platziert werden und war damit nicht nur für Mac-User attraktiv.

Aber nicht nur Marken- und Marketingexperten nutzen das Thema Imagetransfer offensiv: PR-Strategen haben erkannt, dass sich Produkte immer weniger allein auf der Basis von tatsächlich messbaren Qualitätsunterschieden differenzieren lassen. Sie versuchen, durch den Einsatz und die Konfigurierung von PR-Maßnahmen eine emotionale Produkt- oder Themendifferenz herzustellen und sich so von der Konkurrenz abzuheben. Beispielsweise setzen Non-Profit-Organisationen wie UNICEF, Greenpeace oder die »Aktion Mensch« offensiv Prominente und Stars als Testimonials oder als Botschafter ein, um als Spendenorganisationen für sich sprechen zu lassen.

AUSFLUG 7

Markenbotschafter in der Kommunikation

Zunehmend setzen Unternehmen auf Markenbotschafter, um Markenwerte mit – häufig prominenten – Personen zu verbinden. So tritt BVB-Trainer Jürgen Klopp offiziell als Markenbotschafter für Opel auf, Franz Beckenbauer für Mercedes-Benz und DJ David Guetta für Renault. Aber auch die eigenen Mitarbeiter werden zunehmend als Markenbotschafter für das eigene Unternehmen offiziell in der Werbekommunikation eingesetzt, wie das Beispiel OBI zeigt. Dabei geht es neben einer erhöhten Aufmerksamkeit in der Öffentlichkeit sehr häufig um einen Imagetransfer. So äußert sich der stellvertretende Opel-Vorstandsvorsitzende Thomas Sedran zum Engagement des BVB-Trainers: »Seine offene und authentische Art passt sehr gut zu Opel. Jürgen Klopp verkörpert zentrale Markenwerte wie Leidenschaft und Leistung.«[29] In der Regel werden diese prominenten Testimonials nicht nur für Werbezwecke eingekauft, in den Verträgen sind häufig genaue Auftrittstermine

29 http://www.sueddeutsche.de/wirtschaft/autobauer-sponsert-borussia-dortmund-opel-zieht-es-in-die-champions-league-1.1417311

für PR-Zwecke integriert. Dies kann die Präsenz bei einer Produktpräsentation oder einem Messeauftritt sein, bei einer Shop-Eröffnung, auf einer Charity-Veranstaltung, bei einem Mitarbeiter-Event oder beim Tag der offenen Tür. Der Nutzen für das Unternehmen und die Marke liegt neben dem Imagetransfer auch in einem erhöhten Erinnerungswert. So kann der Konsument bekannte Gesichter bis zu 15-mal besser erinnern und »den Inhalt der Werbebotschaft wiedergeben, als wenn mit irgendeinem Fotomodell gearbeitet wird. Deshalb versprechen Promis mehr Beachtung und Erfolg«, so der Schweizer Kommunikationsexperte Peter Marti.[30] Doch das Geschäft mit Prominenten birgt auch erhebliche Risiken, wenn beispielsweise der sportliche Erfolg ausbleibt oder vermeintliche Verfehlungen bekannt werden. So kündigten AT&T, Accenture und Gatorade in Windeseile ihre Verträge mit dem Golfstar Tiger Woods, nachdem eine Vielzahl an Sexaffären bekannt wurde.

Der entscheidende Unterschied: Reputation

Unternehmen müssen sich aus ihren tradierten Rollen als reine Hersteller von Produkten befreien. In einer globalisierten Welt erwartet der Konsument nicht nur technisch und qualitativ perfekte Produkte. Er nimmt Unternehmen und Marken als lebendige Akteure wahr, die in den eigenen Wertekatalog eingepasst werden. Wer in diesem Wahrnehmungswettbewerb um gesellschaftliche Anerkennung nicht bestehen kann, fällt als ernst zu nehmender Player heraus. Viele Unternehmen haben die Notwendigkeit begriffen, sich über gesellschaftliche Aktivitäten am Meinungsmarkt offensiv als »Good Citizen« zu positionieren und arbeiten seit Jahren an umfangreichen Corporate-Citizenship- und Corporate-Social-Responsibility-Programmen, um ihr gesellschaftliches Engagement offensiv nach außen darzustellen.[31]

In aktuellen Fachdiskussionen taucht in diesem Kontext regelmäßig der Begriff »Reputation« und »Reputationsaufbau« auf. Das sich daraus ableitende Reputationsmanagement geht auf den amerikanischen Managementprofessor Charles Fombrun zurück, der einen eigenen methodischen Ansatz entwickelt hat, um das Image eines Unternehmens als immateriellen Vermögenswert sichtbar und in Form eines »Reputation Quotient« messbar zu machen.[32] Für Fombrun ist die Unternehmensreputation ähnlich wie beim Image die Summe der Wahrnehmungen aller Leistungen, Produkte, Dienstleistungen und Personen eines Unternehmens und die sich daraus ergebende Achtung, die die Stakeholder entgegenbringen. Von der Achtung und dem Prestige von Seiten seiner Kunden, Kapitalgeber, Lieferanten, Händler, profitiert es in vielfacher Weise[33], wie Abbildung 8 verdeutlicht:

Dieser von Fombrun identifizierte Reputation Quotient als Summe aller messbaren Reputationsfaktoren – Glaubwürdigkeit, Zuverlässigkeit, Vertrauenswürdigkeit, Verantwortungsbewusstsein – geht über die klassische Imagemessung hinaus, da Reputationswerte als materieller Wert für das Unternehmen sichtbar gemacht werden. Als Messgrößen für die Reputation kann der ermittelte Markenwert eines Unternehmens genauso dienen, wie die Begeisterung der Kunden für Produkte und Dienstleistungen. Zur Reputation zählen die finanzielle Leistungsfähigkeit eines Unternehmens, seine Profitabilität, Führungsqualitäten, Wachstumsperspektiven, eventuell vorhandene Risiken oder die Frage, ob es über klare Zukunftsvorstellungen verfügt. Darüber hinaus macht sich die Reputation an der

---

30 http://www.bilanz.ch/luxus/markenbotschafter-geld-fuer-glamour
31 Auf das Thema Corporate Social Responsibility wird in Kapitel 8.5 noch näher eingegangen.
32 Siehe dazu: Fombrun, Charles, 1995.
33 Siehe auch: Schwalbach, Joachim, 2001.

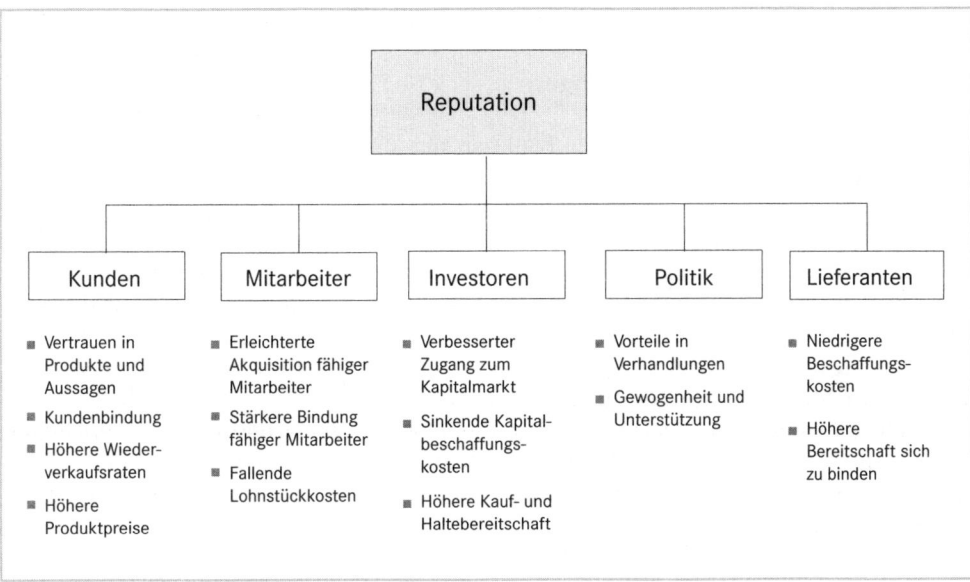

Abb. 8: Reputation wirkt positiv auf alle Stakeholdergruppen; nach: Prof. Dr. Manfred
Schwaiger: Reputation wirkt positiv auf alle Stakeholdergruppen. Vortrag
Reputationsmanagement – Immaterielle Firmenwerte schaffen, sichern und messen,
München, 2007.

Mitarbeiterzufriedenheit sowie an der Qualität der Mitarbeiter und der Arbeitsplätze fest.
Und nicht zuletzt misst sie sich an der Verantwortung, die ein Unternehmen übernimmt:
Vom Umweltengagement über die Behandlung von Lieferanten bis zur emotionalen Aus-
strahlung.

In allen von Fombrun untersuchten Fällen zeigt sich ein direkter Zusammenhang zwi-
schen der Reputation eines Unternehmens und seinem betriebswirtschaftlichen Erfolg.
Aufgabe eines modernen Reputationsmanagements muss es daher sein, Steuerungs- und
Kontrollgrößen zu identifizieren, die den Erfolg quantifizierbar machen – wie Umfragen,
Medienresonanz, Kundenloyalität – und damit zu einer echten Bilanzgröße werden lassen.
Es bildet damit einen wichtigen methodischen Ansatz für das Kommunikationsmanage-
ment, um die betriebswirtschaftliche Wirkungsebene von PR zu verdeutlichen.[34]

---

34 Siehe dazu auch Kapitel 3.4.3.

2.3 PR im Rahmen der Markenkommunikation

2.3.1 Grundsätzliche Überlegungen

Aus Sicht der Markenhersteller ist die Funktion von Marken klar definiert: Sie sollen dem Verbraucher in der Masse der verfügbaren Konsumgüter Orientierung geben und die alltägliche Kaufentscheidung erleichtern. Marken informieren den Käufer über die Produkteigenschaften, sie geben auf Grund ihrer konstanten Qualität Verlässlichkeit im Gebrauch. Sie minimieren durch die Einhaltung eines definierten Leistungsversprechens das Risiko eines Fehlkaufs, da Markenprodukte in der Regel nach hohen Produktionsstandards gefertigt sind. Und: Markenprodukte verleihen ihrem Besitzer Prestige und einen höheren gesellschaftlichen Status, da sie ihn als Eigentümer eines Premium-Produkts ausweisen. Markenbildung ist also immer auch ein emotionaler Prozess. Marken werden von den Konsumenten subjektiv erlebt. Dies gilt für Produktmarken genauso wie für Corporate Brands, die als positive Absender für Unternehmensbotschaften wahrgenommen werden.

Leistungsstarke Marken können zum Träger eines Lebensgefühls werden, das Identifikation stiftet und den regelmäßigen Verwender einer Marke zu einem treuen Gefährten macht, der einer Marke vertraut, sie verehrt und ihr Sympathie entgegenbringt. Diese Treue zu einer Marke macht sie für Unternehmen so wertvoll. Schätzungen zufolge existieren heute weltweit über 1 Million eingetragene Marken. Je nach Bewertungsverfahren schätzen Studien den Anteil des Markenwerts (Brand Value) am tatsächlichen Unternehmenswert auf bis zu 60 Prozent.[35] Bei manchen Unternehmen übersteigt der Markenwert sogar den Börsenwert. Für Mega-Marken wie Coca-Cola, Levis, Apple oder Microsoft bildet der Markenwert das konstante Grundkapital des Unternehmens, das sich viel leichter konjunkturellen Schwankungen entzieht, als ein Blick auf das tägliche Börsenbarometer vermuten lässt.

Dementsprechend unternehmen die Markenhersteller große rechtliche Anstrengungen, ihre Marken zu schützen. Noch teurer als die rechtliche Verteidigung der Marke sind die finanziellen Anstrengungen, die ein Hersteller unternehmen muss, um mittels einer professionellen Markenkommunikation seine Marke frisch und lebendig zu halten. Diese hohen Aufwendungen in Markenaufbau, Markenführung und Markenpflege werden zunehmend kritisch hinterfragt. Vielfach ist bereits von einer Krise der Marke die Rede. Es gibt mehrere Indizien, die für diese These sprechen:

- Immer neue Marken drängen auf den Markt;
- Produktdifferenzierungen sind kaum noch möglich;
- Der Wettbewerb mit No-Name-Produkte, Handelsmarken und Discounter nimmt zu;
- Die Märkte sind gesättigt, der Bedarf beim Verbraucher ist gedeckt;
- Die Markentreue der Käufer nimmt ab;
- Markenartikler vertreiben eigene Produkte unter anderem Namen zum günstigeren Preis;
- Aggressive Preisaktionen führen zur Verramschung von Marken;
- Verbraucherportale und Blogs beeinflussen stärker als Werbung und PR den Konsum.

---

35 Laut PricewaterhouseCoopers (PwC) liegt der Anteil des Markenwertes einer Firma am Unternehmenswert zwischen 18 Prozent (bei Industriegütern) und 62 Prozent (bei Konsumgütern). Den höchsten Markenwert weltweit hatte im Jahre 2011 das Lifestyle-Unternehmen Apple, dessen Wert sich auf 153,28 Milliarden Dollar belief; http://www.punktmagazin.ch/investierbares/erfolgsfaktor-markenwert

Problem Führung

Nach Ansicht des renommierten Marketingexperten Professor Franz-Rudolf Esch schwächeln die meisten Marken, »weil sie von den Managern in den Unternehmen nicht wirksam aufgebaut oder zerstört werden. So kommt es zu unklaren Identitäten (...).« Durch den ständigen Wechsel der Positionierung und des kommunikativen Auftritts zersplittert die Marke. Die Bekenntnisse der Unternehmensführung zu einer Marke seien oft reine Lippenbekenntnisse, denn »in vielen Unternehmen spielen das Marketing und die Markenführung eine untergeordnete Rolle«. Da die wahre Unternehmensführung oft beim Controlling liegt und die Manager selber keine persönliche Langzeitperspektive mit dem Unternehmen verbinden, schadet dies der Marke, deren Aufbau und Pflege immer langfristig geschehen muss.[36] Eine weitere Ursache, so Esch: »Nur rund ein Viertel der Vorstände in den deutschen Unternehmen weisen von ihrer beruflichen Biographie her einen Marken-Hintergrund auf. Der Rest kommt aus fachfremden Disziplinen. Wenn jedoch Juristen, Chemiker, Ingenieure über Marken nachdenken, setzen sie andere Schwerpunkte als Marketing-Fachleute – das ist Fakt und keinesfalls abwertend gemeint.«[37]

Markenkommunikation in der Krise

Gute Markenkommunikation, die viele Kommunikations- und Medienkanäle abdecken will, ist in der Regel für die Markenartikler teuer – sowohl was den finanziellen Einsatz bei der Herstellung von Werbemitteln betrifft als auch die Kosten für Schaltung. Doch gerade Premium-Marken werben mit aufwändigen TV- und Kinospots beim Verbraucher um das knappe Gut Aufmerksamkeit. Werbeschaltungen und Programm-Sponsoring finden in der Regel in der teuren Prime-Time statt, während der die höchsten Reichweiten zu erzielen sind. Um einen intensiven Werbedruck zu erzeugen, die Präsenz konstant zu halten, den Bekanntheitsgrad der Marke beim Verbraucher zu erhalten und damit nicht zuletzt den Abverkauf der Produkte zu halten bzw. zu steigern, fallen bei großen Marken schnell Kosten im zweistelligen Millionenbereich an.

In Anbetracht der hohen Kosten für die Markenpflege herrscht in der Kommunikationsbranche eine große Unsicherheit. Etats stehen permanent auf dem Prüfstand. Immer häufiger wird bei großen Kampagnen kritisch hinterfragt, ob sich der finanzielle Einsatz wirklich lohnt.[38] Controller fordern den klaren Wirkungsnachweis, ob eine doppelseitige Anzeige oder eine teure Außenwerbung wirklich mehr Kunden und damit mehr Umsatz bringen. Auch wenn sich die Werbeumsätze seit 2008 wieder etwas stabilisiert haben und klassische Werbeträger wie das Fernsehen wieder moderate Zuwächse verbuchen[39], suchen Verlage, Medienhäuser, TV- und Radiosender intensiv nach neuen Erlösmodellen, insbesondere durch den Ausbau ihrer Online-Aktivitäten.

---

36 Vgl. Esch, Franz-Rudolf; Thommes, Joachim ‚2007: »Der Chef muss die Marke leben«, in: Horizont, Sonderausgabe zum 42. Kongress der Deutschen Marktforschung, S. 10 ff.

37 http://www.markant.com/dynasite.cfm?dsmid=14071&dspaid=68512

38 Laut einer Umfrage der Unternehmensberatung Peakom unter mehr als 200 Geschäftsführern und Kommunikationsverantwortlichen wird die Bedeutung von Werbung wegen des schlechten Input-Output-Verhältnisses weiter sinken, während die Relevanz der Pressearbeit, des Internets und der Mitarbeiterkommunikation überproportional ansteigen; vgl. Peakom/Handelsblatt, 2007.

39 Vgl. Zentralverband der deutschen Werbewirtschaft, 2012, www.zaw.de.

Gerade im Fernsehbereich setzen sich die verantwortlichen Werbeverkäufer mit der Werbereaktanz der Zuschauer auseinander.[40] Viele Zuschauer empfinden Werbeinseln im laufenden Programm als störend, schalten weg oder nutzen die Werbezeit, um noch einige Handgriffe im Haushalt zu erledigen. Printmedien, Fernseh- und Radiosender behaupten sich immer weniger als Stand-Alone-Lösungen am Markt, sondern unternehmen große Anstrengungen, um für ihre Kunden möglichst wirksame Werbekombinationen zu finden. Damit reagieren die Mediaabteilungen auf veränderte Kundenwünsche von Seiten der Werbewirtschaft, die zunehmend auf zielgruppenspezifische Werbeangebote und integrierte Crossmedia-Kampagnen setzen als auf den reinen Werbesport oder nur die klassische Werbeanzeige.

Ein Grundproblem bleibt: Viele Werbespots und Anzeigen ähneln sich. Sie arbeiten mit gleichen Werbeargumenten, Markeninhalten, Markenbotschaften, mit der gleichartigen Werbeästhetik, sogar oft mit denselben Werbesprechern. Auch bei der Kreativität können sich nur absolute Spitzenspots aus der Masse abheben. Das Gros der Werbeanstrengungen geht dagegen unter oder entfaltet nur bei extrem hohem Werbedruck eine wirklich messbare Wirkung. Je lauter aber die Marken, um die Gunst der Käufer buhlen, desto stärker überlagern sich die Marken. Der Konsument steht vor der unlösbaren Aufgabe, die verschiedenen Werbetöne zu unterscheiden und tatsächlich die eine Markenbotschaft unbeeinflusst von anderen Marken wahrzunehmen.

2.3.2 Auswege aus dem Kommunikationsdilemma

In der klassischen Marketingkommunikation ist die Rolle von PR klar definiert. Sie ist als Teil der Kommunikationspolitik irgendwo rechts unten im Organigramm angesiedelt, eingezwängt zwischen den anderen Kommunikationsdisziplinen wie Werbung, Direktmarketing, Sponsoring, Messen oder Events. Das Schlagwort Marken-PR folgt jedoch einer anderen Richtung. Seitdem die Etats nicht mehr automatisch steigen, ist man auf der Suche nach wirkungsvollen Alternativen zur teuren Werbung. Dass bei dieser Suche das Augenmerk auf PR fällt, ist fast Ironie. Denn schon immer hatte die Öffentlichkeitsarbeit mit dem Vorurteil zu kämpfen, sie sei die billigere Form der Werbung. Auch viele PR-Leute schüren dieses Vorurteil als Rechtfertigungsakt, um sich gegenüber der scheinbar übermächtigen Werbung und dem Aufstieg anderer Kommunikationsformen wie Events und Online Relations zu behaupten. Gerade als im Zuge der Börsenkrise Ende der 90er Jahre die Geldquellen für umfangreiche Werbekampagnen nicht mehr so einfach flossen und die Wirkung von Werbung kritisch hinterfragt wurde, erinnerte man sich plötzlich auf Marketingseite an diese preisgünstige Alternative. Diese Erinnerungsleistung wurde wiederum von den PR-Leuten gefördert, die die eigene Ausgangsposition vor dem Hintergrund knapper Etats mit dem Preisargument zu verbessern suchten.

Kritische Publikationen wie »PR ist die bessere Werbung« der amerikanischen Marketing-Experten Al und Laura Ries knüpften an diese Diskussion an, indem sie konstatieren:

---

40 Nach den Untersuchungen des B.A.T.-Freizeitforschungsinstituts zum Fernsehkonsum ist seit Anfang der 1990er-Jahre zu beobachten, dass im selben Maße, wie sich Werbeblöcke ausweiten, die Wirkungsqualität der TV-Werbung sinken könnte, weil sich viele Zuschauer entmündigt fühlen und entsprechend aggressiv zur Wehr setzen würden. Das heißt, sie ›knallen‹ dann die TV-Werbung per Zapping einfach ›ab‹; http://www.medialine.de/deutsch/wissen/medialexikon.php?snr=6281

»Nicht Werbung baut Marken auf, das tut die Öffentlichkeitsarbeit.«[41] Sie erkannten einen grundsätzlichen Paradigmenwechsel, in dem die PR der Werbung nicht mehr untergeordnet ist, sondern vielfach selbst das Steuer der Marketingkommunikation übernommen hat. Nach Meinung der beiden Autoren sind der Aufstieg vieler Marken – wie Starbucks, Body Shop, Amazon, Yahoo!, ebay, Google, Linux, Playstation, Intel, Wal Mart, SAP in den vergangenen Jahren in Wirklichkeit PR-Erfolge und keine Werbeerfolge. Riesige Marken sind entstanden und das beinahe ohne den Einsatz klassischer Werbemittel. Diese PR-Erfolgsstory hat viele Ursachen.

■ Informationsüberflutung: Die Werbeflut steigt permanent an. Fast 1 Million eingetragene Marken allein in Deutschland wetteifern um die Gunst der Bundesbürger.

■ Werbemüdigkeit: Für die Markenpflege ist Werbung wichtig. In einer werbeüberfluteten Welt jedoch tut sich der einzelne Spot schwer, einen emotionalen Prozess auszulösen. Geht es um Vertrauen und Glaubwürdigkeit, muss die Kommunikation weitere Instrumente integrieren.

■ Glaubwürdigkeitsverlust: Starke Werbebotschaften müssen mit ästhetischen Mitteln (über-) reizen und emotionalisieren. Dies schafft zwar Aufmerksamkeit, aber keine Glaubwürdigkeit. Damit Werbung glaubwürdig ist, braucht sie wiederum die PR.

■ Kostenanstieg: Die Kosten zur Produktion von Werbemitteln sowie zur Platzierung von Spots sind enorm gestiegen. Vielfach ist das Verhältnis zwischen Geld-Input und Werbe-Output aus dem Gleichgewicht geraten – mit PR als Alternative.

■ Sprachsackgasse: Werbung lebt von der Vereinfachung der Botschaft, reduziert das Produkt auf einen einzigen Vorteil, der zur Botschaft gemacht wird. Wird das Produkt dadurch glaubwürdiger? Gerade wenn man davon ausgeht, dass der heutige Kunde mehr Warenkenntnis und mehr Recherchequellen besitzt und zudem im Umgang mit Waren wesentlich kritischer ist, scheint dieser Werbeweg in die Sackgasse zu führen.

■ Mündigkeit: Durch das Social Web lassen sich viele Werbeaussagen schnell überprüfen. Fehlaussagen werden entlarvt und zudem mit anderen geteilt.

Angesichts dieser Problematik suchen Marketingstrategen nach Ausweichstrategien in Form von Sponsoring, Product Placement, Promotion, Direktmarketing, aufwändigen Events und Social Media, um der zunehmenden Werbeverweigerung zu entgehen. Mit diesen Ausweichstrategien eng verbunden, ist der Aufstieg der Marken-PR. Ihr großes Kapital: Aus Sicht des Verbrauchers stammt die Information über eine Marke oder ein Produkt aus einer neutralen Quelle – den Medien. Diese Neutralität ist besonders wichtig, denn vielfach gilt: Produkte, die es in die Medien schaffen, müssen zuvor von Journalisten geprüft und für gut befunden worden sein. In diesem Fall ist das Medium der Vertrauensabsender, von dessen positivem Image und der Glaubwürdigkeit der Markenbotschafter profitiert. Die (sozialen) Medien sorgen damit nicht für eine reichweitenstarke Verbreitung von Informationen – womit die PR in Punkto Verbreitungsgrad der Werbung durchaus ebenbürtig ist. Darüber hinaus kann sich in einem Print- oder Onlinebeitrag die Vielfalt einer Marke viel stärker abbilden und für Neugier sorgen. Dafür muss Marken-PR die Voraussetzungen schaffen: Spannende Stories, Hintergrundinformationen oder interessante Persönlichkeiten präsentieren, die für die Geschichte einer Marke, eines Unternehmens oder eines Produkts stehen.

---

41 Ries, Al; Ries, Laura, 2003, S. 16 f.

Erschließung neuer Kommunikationswege

Der Markenaufbau beginnt stets in den Köpfen der Zielgruppe. Eine erfolgreiche Kommunikation setzt daher auf der Empfängerseite und den Erwartungen an eine Marke an: Welches Qualitätsverständnis hat die Zielgruppe? Handelt es sich bei ihr um Trendsetter oder Innovatoren? Soll die Kommunikation vor allem gut gebildete Kaufentscheider erreichen? Ist die Zielgruppe an hochwertiger Unterhaltung interessiert oder erwartet sie eher seriöse Informationen? Sucht sie den Dialog mit der Marke?

Eine erfolgreiche Markenkommunikation hat zugleich die Absenderseite im Blick – sprich den Markenabsender, der jene Werte definiert, die künftig im Zentrum der Kommunikation stehen sollen. Diese Werte bilden die Identität einer Marke ab und zeigen ihre Eigenschaften, ihre Ziele, ihre Qualitäten an. An diese Werte muss eine professionelle Markenkommunikation anknüpfen und alle Themen, Aktionen, Events und Dialogangebote auf diese auszurichten. Ein Beispiel für ausformulierte Markenwerte liefert die zur spanischen Telefonica gehörende Marke O_2. So heißt es zu den Markenwerten auf der Homepage des Unternehmens:

»Die Welt steckt voller Möglichkeiten für unsere Kunden. Mit unseren Services machen wir es ihnen leicht, sie zu nutzen. Wir stellen den Kunden in den Mittelpunkt all dessen, was wir tun. Dabei sind wir erfrischend anders. Unser Ziel ist es, die Wünsche und Bedürfnisse unserer Kunden zu verstehen und Ihnen Kommunikationslösungen zu bieten, die sie brauchen und schätzen. So bauen wir eine dauerhafte Beziehung zu unseren Kunden auf. Diese kennen die Marke O_2 seit mehr als fünf Jahren. Seitdem leben wir die O_2-Markenwerte »offen«, »vertrauenswürdig«, »ehrgeizig« und »klar««:[42]

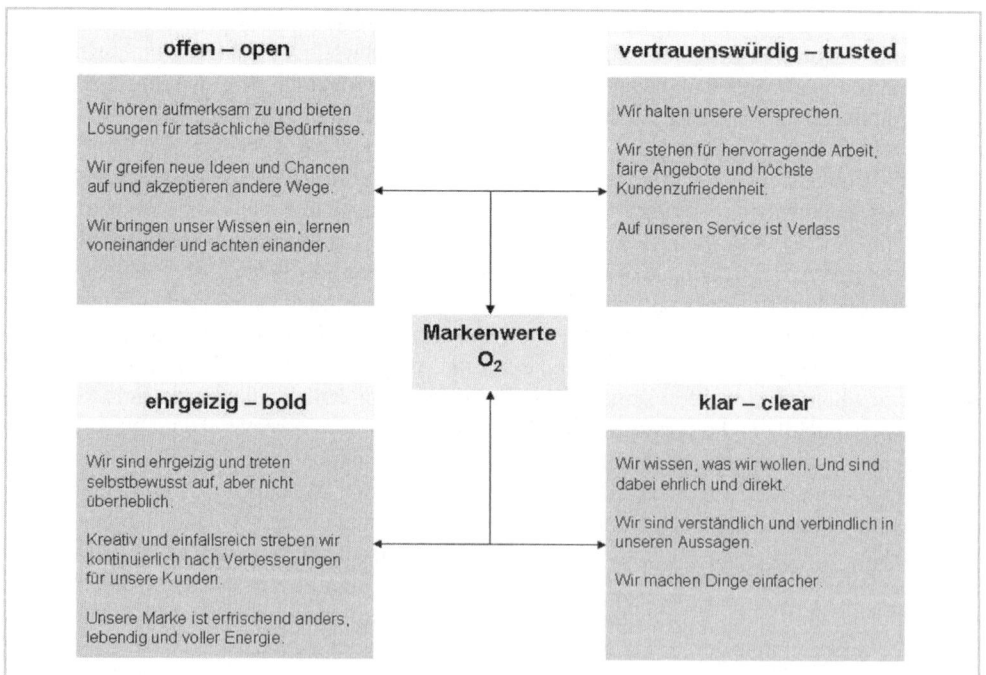

Abb. 9: Zentrale Markenwerte bei O_2

---

42 http://www.telefonica.de/page/7452/markenwerte.html

Die vier zentralen Markenwerte von O_2 sollen als Markenkern verlässliche Orientierungsgrößen für unternehmerisches und kommunikatives Handeln geben, um die eigenen Stakeholder, insbesondere Kunden, aber auch Mitarbeiter positiv anzusprechen. Sie dienen der Abgrenzung gegenüber der Konkurrenz, sind gleichzeitig ein Leistungsversprechen, um den Käufern von O_2-Produkten Verlässlichkeit und Verbindlichkeit zu signalisieren.

Um die Flut an Produkt-, und Unternehmensinformationen zu durchbrechen, sind konstante Markenbotschaften notwendig, die sich unmittelbar aus den Markenwerten ableiten und mit klaren, verlässlichen und nachprüfbaren Aussagen sowie kreativen und zugkräftigen Ideen verbunden werden, um Botschaften zu transportieren. Zur Verbreitung dieser Markenbotschaften stehen der PR zwei grundsätzliche Bewegungsrichtungen zur Verfügung: Der direkte Dialog mit Kunden, Meinungsbildnern und der Öffentlichkeit sowie die indirekte Kommunikation über Medien.

2.3.3 Der Aufbau eines Marken-Dialogs

Dialogorientierte Unternehmenskommunikation beschreibt den unmittelbaren Dialog mit den wichtigen Bezugsgruppen eines Unternehmens. Instrumentenwahl wie Ausgestaltung der Maßnahmen sind einem strategischen Ziel untergeordnet: Aufbau sowie Pflege eines kontinuierlichen Informations- und Erkenntnisaustausches zwischen Unternehmen und Zielgruppen. Dies bedeutet: Der Dialog darf sich nicht darauf beschränken, einen Kommunikationsimpuls zu setzen, damit die Käufer ihr Feedback über Coupon-Anzeigen oder ein Call-Center vermitteln. Marken-Dialog ist weit mehr. Er liefert spannende und ungewöhnliche Anlässe für die Berichterstattung in den Medien, lädt die Kunden in eine Markenwelt oder eine Brand-Community ein, in der sie sich gleichzeitig untereinander austauschen und mit dem Unternehmen kommunizieren können. Der Marken-Dialog macht damit das Unternehmen und die Marke zu einem Thema in der Öffentlichkeit, über das und mit dem man gerne spricht.

Viele Hersteller setzen heute für Aufbau und Pflege ihrer Markenwelt auf innovative Elemente, die über die gängigen Formen des Massenmarketings weit hinausgehen. Einige Beispiele:

- Markenmuseum: Große Automobilhersteller wie Mercedes, BMW oder Porsche besitzen spektakuläre Museen, in denen der Konsument in die Markenwelt eintauchen und die Faszination der Markengeschichte multimedial erleben kann.
- Marken-Communities: Unternehmen setzen verstärkt auf Markengemeinschaften, deren Mitglieder sich durch eine große Identifizierung mit der Marke auszeichnen. Ein gutes Beispiel ist der dänische Spielzeughersteller Lego, der seine Fangemeinde nicht nur über die Ausstellungsareale im Legoland einbindet, in denen die Marke live erlebt werden kann. Im Internet gibt es zudem einen Lego-Club, in dem die Mitglieder ihre eigenen Kreationen zeigen und an Wettbewerben teilnehmen können. Sie erfahren die neuesten Termine zu Lego-Meisterschaften, erhalten Bauideen, schmökern im Lego-Magazin und tauschen sich im Forum mit anderen Fans aus. Vorteil für das Unternehmen: Es kann diese Community dafür nutzen, neue Produktentwicklungen zu testen bzw. Ideen zur Diskussion zu stellen. Die Lego-Fans werden damit zu Multiplikatoren in ihren eigenen sozialen Gruppen.
- Themenwelten: Große Marken kreieren systematisch eigene Themenwelten, in denen sie ihre Produkte präsentieren. So gestaltete Karstadt 2007 seine Kaufhäuser unter dem Motto »Die Stadt wird exotisch« zu attraktiven Marktplätzen um, in denen Waren-

gruppen entlang von Trendthemen und fremder Lebenswelten effektvoll inszeniert wurden. Die Themenwochen wurden breit kommuniziert: Über TV-Spots, City-Light-Poster, Fassadeninszenierungen, Beihefter in Publikumsmedien, über Kundenmagazine und natürlich auf der Webseite sowie in den Social-Media-Kanälen.

■ Branded Entertainment: Branded Entertainment ist Produktion, Finanzierung oder Sponsoring von Unterhaltungsprodukten durch Marken wie beispielsweise Filme, Videos, Musik, Spiele: DJ David Guetta schuf gemeinsam mit Renault das erste interaktive Musikvideo zu seinem Song »The Alphabeat« für das Renault-Elektroauto »Twizy«. Das Video zeigt den DJ und Twizy auf einer futuristischen Party. Drei Millionen Viewer verfolgten den Launch des Videos online. Besonderer Clou für die Guetta-Generation: Fans können ihre persönliche Version des »Alphabeat«-Videos erstellen, selbst digital auf der Party erscheinen und dies via Facebook verbreiten.[43]

Abb. 10: Ergebnis der Kooperation zwischen David Guetta und Renault. Das neue Werbevideo zum Produktlaunch als Branded Entertainment, in dem die Besucher einer Guetta-Party den neuen Twizy mit ihrer »positiven Energie« elektrisch aufladen.[44]

■ Branded Content: Dies bezeichnet Inhalte, die von einer Marke erstellt werden und den Medien als Lizenzprodukt, als bezahlte Werbung oder zur freien Verwendung überlassen werden. Zunehmend bauen Großmarken wie Louis Vuitton ihre YouTube- und Facebook-Kanäle zu eigenen multimedialen Content-Kanälen auf, um Shop-Eröffnungen zu begleiten oder die neuesten Modekollektionen zu präsentieren. Angereicht werden die erfolgreichen Kanäle bei Louis Vuitton durch User Generated Content. So schreibt der Luxushersteller regelmäßig einen Journeys Award auf, bei dem die Nutzer über von anderen Nutzern hergestellte Videos abstimmen dürfen.

---

43 http://www.renault.de/renault-welt/umwelt/renault-ze/twizy-jetzt-bestellbar/
44 http://www.youtube.com/watch?v=HjCjywAbqis

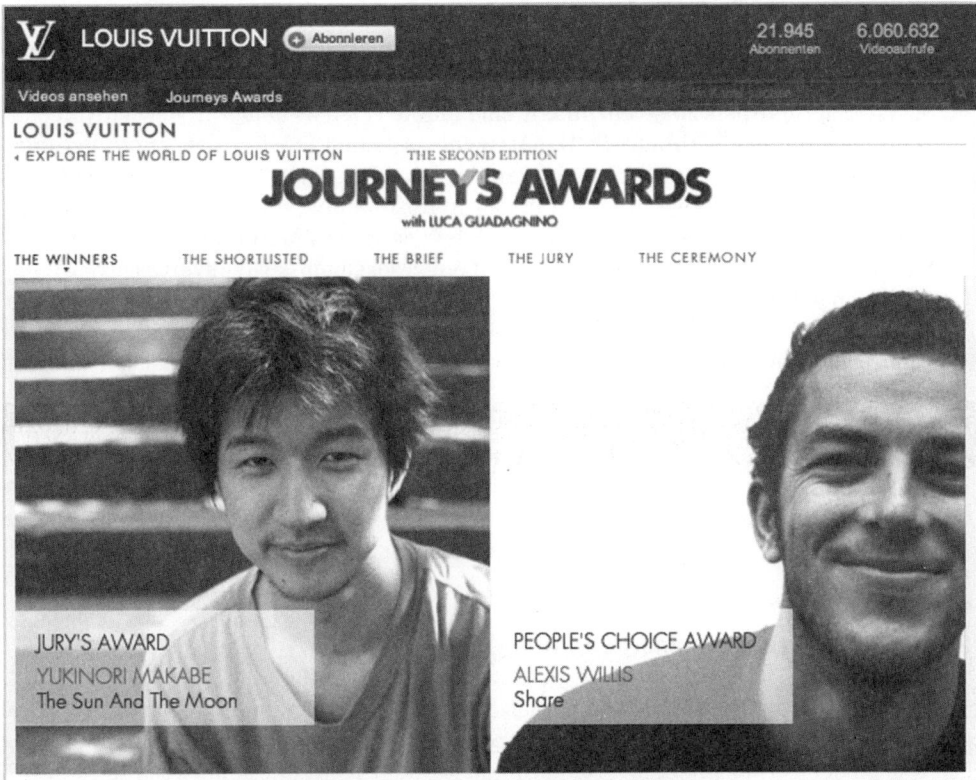

Abb. 11: Die Journeys Awards 2012 von Louis Vuitton auf dem markeneigenen YouTube-Kanal unter http://www.youtube.com/user/LOUISVUITTON/JourneysAwards. Mit User Generated Content werden die eigenen Marken-TV-Kanäle angereichert, um das Involvement und die Bindung an die Marke durch anspruchsvollen Content zu steigern.

Diese Beispiele zeigen das starke Bemühen, den Dialog mit den Kunden zu initiieren und mit neuen Ideen und Angeboten aufrecht zu halten. Der Kunde soll nicht erschreckt und verschreckt, sondern immer wieder aufs Neue in die Markenwelt gezogen und im Idealfall Teil einer Marken-Community werden. Junge Trendsetter sollen die Markenbotschaft annehmen und adaptieren und sie als Multiplikator in ihre jeweiligen sozialen Gruppen tragen. Die Marken-PR muss dabei so beschaffen sein, dass sie dem Kunden immer wieder signalisiert, dass sie sich auf seine individuellen Kundenwünsche einstellen will. Im Idealfall wird das Feedback der Konsumenten direkt von der Marken-PR aufgegriffen und bei Weiterentwicklung der Marke eingesetzt. Dabei folgt die Marken-PR – PR im Dienste der Marke – den Erfolgsrezepten klassischer Öffentlichkeitsarbeit:

- Sie ist langfristig angelegt: Erst die kontinuierliche Präsenz in den Medien und der ständige intensive Dialog mit den Kunden insbesondere über die Kanäle des Social Web schaffen Sympathie und Vertrauen.
- Sie achtet auf Glaubwürdigkeit: Gerade weil Kunden der Werbung skeptisch gegenüber stehen und sich Informationen heute leichter überprüfen lassen, müssen inhaltliche wie emotionale Aspekte einer Kampagne zur Marke passen und glaubwürdig das Markenimage stärken.

- Sie liefert Nutzwert: Die bereit gestellten Informationen müssen für den Nutzer einen erkennbaren Nutzwert besitzen. Er erhält Problemlösungen an die Hand, die ihm das Leben erleichtern.
- Sie ist zielgruppenspezifisch definiert: Eine Marke entsteht immer in der individuellen Wahrnehmung der Verbraucher. Die Markenbotschaften müssen daher mit den Informations- und Unterhaltungsbedürfnissen der jeweiligen Zielgruppe übereinstimmen.
- Sie ist integrativ: Marken-PR erfolgt immer in Abstimmung mit allen Kommunikationsinstrumenten, um die Markenbotschaft einheitlich in den Markt zu tragen.
- Sie ist originell: Starke Marken sind darauf angewiesen, dass sie unverwechselbar sind und ihren authentischen Charakter bewahren. Damit eine Marke dynamisch und lebendig bleibt, müssen die PR-Maßnahmen einen hohen Grad an Originalität besitzen. Geklaute oder nachgeahmte Ideen werden dagegen vom Konsumenten belacht und verachtet.
- Sie achtet auf Konstanz: Jede Markenpersönlichkeit hat ihren Markendreiklang, der aus Markenbekanntheit, Sympathie und Verwendung durch den Verbraucher besteht. Marken-PR muss sich dafür einsetzen, dass jedes Thema und jede Inszenierung im Dienste dieses Markendreiklangs steht und die Markenpersönlichkeit stärkt. Verlässt eine Marke dieses aufgebaute Fundament, macht sie sich schnell unglaubwürdig.

2.3.4 Die Funktion der Marken-PR

Welche Funktion kann PR im Rahmen der Markenkommunikation einnehmen? Während klassische Werbung traditionell darauf angelegt ist, möglichst prägnante Botschaften in den Köpfen der Verbraucher zu verankern und kurzfristige Kaufstimuli zu erzeugen, will die Marken-PR Hintergründe zu Produkten und zum Unternehmen darstellen und das Wissen fördern. Sie geht davon aus, dass sich durch eine sachliche und transparente Informationspolitik mittelfristig die Einstellung zu einer Marke positiv gestaltet. Sie knüpft an das Authentische einer Marke an und verbindet dieses Echte und Ursprüngliche mit belegbaren und verlässlichen Erzählungen (Storytelling[45]) und Informationen. Der Verbraucher sammelt somit seine Erfahrungen mit der Marke, indem er im wahrsten Sinne des Wortes etwas über sie erfährt. Die Informationen geben ihm Orientierung und Sicherheit im Umgang mit der Marke. Und sie geben ihm Stoff für eigene Erzählungen. Marken-PR ist daher nicht nur Ausgangspunkt für einfache Kaufhandlungen, sondern liefert gleichzeitig Interpretationen im unmittelbaren Umgang mit dem Produkt und seinen Anwendungsmöglichkeiten. Diese bilden dann die Ausgangsbasis für einen langfristigen Dialog mit dem Käufer.

Marken-PR liefert nicht nur die Kommunikationsinhalte. Sie ist zudem für die Medien und für Kommunikationsformate verantwortlich, über die der Dialog mit dem Kunden stattfindet. Um sich ins Gespräch zu bringen, können Dialogveranstaltungen und Events genauso genutzt werden, wie Online-Foren, Soziale Netzwerke oder Blogs. Das Unternehmen muss jedoch darauf vorbereitet sein, dass jedes Dialogangebot seine Nutzer findet. Nimmt das Unternehmen den Dialog an, ergeben sich daraus echte Vorteile: Das Unternehmen erhält Informationen und Anregungen, die es für die eigene Markenführung nutzen kann

---

45 Empfehlenswerte Werke zum Thema Storytelling sind das Buch »Storymanagement« von Michael Loebbert sowie »Storytelling« von Dieter Herbst.

oder die den Ausgangspunkt für eine Weiterentwicklung der Marke bilden. Jenseits von aufwändigen Marktforschungs-Tools lässt sich dieser vernetzte Marken-Dialog also hervorragend zur Trend- und Konsumentenbeobachtung nutzen.

AUSFLUG 9

PR in der B2B-Kommunikation

Bei allen Kommunikationsaktivitäten muss das Unternehmen immer genau im Blick haben, auf welchen Zielmärkten es sich bewegt und wie es sich dort positioniert. Ein Unternehmen, das sich rein auf B2B-Märkten (Business-to-Business) konzentriert, muss darauf achten, welches Verhalten und welche Kommunikationsstandards seine Partner von ihm erwarten. Es ist immer wieder erschreckend zu sehen, wie echte »Hidden Champions« mit hochinnovativen Produkten ihre Positionsbestimmung und die sich daraus ableitende Außenkommunikation vernachlässigen: Der Online-Auftritt wirkt so, als wäre seit zehn Jahren nichts mehr daran getan worden. Die Marktstellung als internationaler Lieferant von Spitzentechnologien wird in einem hausbackenen Design präsentiert und natürlich nur in deutscher Sprache. Die Imagematerialien wirken so, als hätte sie der Praktikant erstellt, die abgebildeten Fotos haben die Qualität von Fotohandy-Aufnahmen. Die Materialien geben keine Auskunft über Leitideen oder über das Selbstverständnis, mit dem das Unternehmen gegenüber seinen Kunden agiert. Jeder muss sich bewusst sein, dass er so wesentliche Marktpotenziale vergibt.

Bewegt sich ein Unternehmen auf dem B2B-Markt, ist die Art der Kommunikation in der Regel stark informationsbasiert. Aber viele Unternehmen haben in rasanter Geschwindigkeit dazu gelernt. Wer sich heute auf einer Fachmesse wie der IAA Nutzfahrzeuge umsieht, kann sehr gut beobachten, wie ein mittelständischer Anbieter von Lkw-Aufliegern wie das Unternehmen Schmitz-Cargobull den Messeauftritt vertrieblich perfekt nutzt, die eigene Marke und die Produktvielfalt auf einem mehrere 100 Quadratmeter großen Areal spektakulär zu visualisieren, zu inszenieren und damit auch die eigene Unternehmensmarke zu emotionalisieren. Das macht die Marke für neue Kunden interessant und bestätigt bestehende auch in ihren Beziehungen. Durch diese moderne Darstellung spricht Schmitz-Cargobull nicht nur seine Mitarbeiter emotional an, sondern macht sich auch attraktiv für mögliche neue Mitarbeiter.

Zusammenarbeit mit den Medien

Die sachliche Ausrichtung der Kommunikationsinhalte ist auch der Ausgangspunkt für den Dialog mit den Medien. Gerade Nachrichten mit News-Wert, die zu den jeweiligen Medien passen, eröffnen einer Marke den Zugang zu den Mediennutzern. Jedoch haben die Journalisten ein feines Gespür dafür, ob der Absender einer Markenbotschaft das eigene Thema nur unter Marketingaspekten behandelt, oder ob es Nutzwert für Leser, Hörer oder Zuschauer oder die Gesellschaft insgesamt liefert. Daher geht es nicht darum, einseitig die Vorzüge eines Produkts anzupreisen. Gerade Journalisten verlangen nach einer differenzierten Darstellung gerade im Vergleich zu den Produkten anderer Hersteller, nach einem exakten Beleg für die behaupteten Leistungen und nach genauen Beweisen und Detailinformationen für die erfolgreiche Anwendung der Produkte.

Zudem muss für den Journalisten die Relevanz des Themas für seine Leser, Zuschauer oder Hörer sofort erkennbar sein. Je nach Mediengattung muss die PR-Kommunikation dazu das Thema einer Kampagne medienadäquat anpassen. Schließlich erwartet die Journalistin eines Modemagazins oder eines Reiseblogs andere Inhalte als der Journalist eines

Wirtschaftsmediums. Damit kommt es darauf an, die Themen so aufzubereiten, dass sie sowohl Träger der Markenbotschaft als auch gleichzeitig interessant für die spezifischen Zielgruppen sind: Sie müssen Aufmerksamkeit erregen, zum Dialog einladen, Diskussionen erzeugen und Gesprächsstoff für weitere Auseinandersetzung schaffen – gleich ob es sich dabei um Endkonsumenten oder um Journalisten und Multiplikatoren handelt.

Mit einer durchdachten Medienarbeit bietet sich für Marken die Chance, einer breiteren Öffentlichkeit bekannt zu werden. Dabei muss das Unternehmen mit seiner Pressearbeit darauf achten, dass die eigenen Informationen immer mit der Lebenswelt der Medienrezipienten verbunden sind. Ein guter Journalist wird immer stellvertretend für seine Leser, Zuschauer oder Hörer bewerten, ob ein Thema wirklichen Mehrwert bietet, sprich interessant ist. Erarbeitet sich ein Unternehmen aber das Vertrauen des Journalisten, profitiert es in starkem Maße von dieser Medienakzeptanz: Es kann das Medium als echten Multiplikator für die Meinungsbildung in der (Fach-) Öffentlichkeit nutzen, die wiederum der dargestellten Information durch die neutrale Quelle eine hohe Glaubwürdigkeit zumisst.

TIPP 1

So überprüfen Sie die Themenwahl bei der Marken-PR
- *Welche Anlässe bieten sich für die Berichterstattung an?*
- *Korrespondieren die Anlässe mit der eigenen Markenpersönlichkeit?*
- *Unterstützt das Thema die eigene Markenbotschaft?*
- *Steht das Thema im Widerspruch zur eigenen Markenbotschaft?*
- *Steht das Thema im Widerspruch zu früheren Aussagen?*
- *Unterstützt das Thema die übrigen Kommunikationsaktivitäten?*
- *Ist das Thema glaubwürdig und nachvollziehbar?*
- *Ist das Thema wirklich neu oder wurde es bereits von einem Medium verarbeitet?*
- *Hebt sich das eigene Thema von den Mitbewerbern ab?*
- *Trifft das Thema die Erwartungshaltung der Zielgruppe?*
- *Passt das Thema zu früher kommunizierten Themen?*

Grenzen der Marken-PR

Jeder PR-Mitarbeiter ist irgendwann in seiner Laufbahn mit folgender Art von Aufträgen konfrontiert: »Bringen Sie unser Unternehmen in die Medien.« Oder: »In drei Monaten starten wir mit unserer neuen Produktlinie. Sorgen Sie dafür, dass Lifestylemedien oder Frauenzeitschriften und Modeblogs darüber berichten – und das bitteschön positiv.« Diese Auftragshaltung zeugt von einer tiefen Medien-Unkenntnis. Es ist nicht Aufgabe der PR darüber zu entscheiden, über was, wann, wie berichtet wird. Das ist Aufgabe der Medien. Die PR muss vielmehr die Informationsqualität erhöhen, die Journalisten professionell ansprechen – und nicht nerven – und Anlässe mit Berichtswert schaffen, damit sich die Chance auf Berichterstattung erhöht.

Wie über das Produkt berichtet wird, entscheidet stets die Redaktion, auch wenn die PR-Leute die Produktvorteile noch so sehr herausarbeiten. Der Journalist wie auch der Blogger schaut sich das Produkt an, und entweder spricht es ihn emotional an und er ist von seinem Aussehen begeistert. Oder das eine oder andere technische Feature findet er bemerkenswert. Damit geht der Journalist an das Produkt heran wie jeder normale Verbraucher. Im zweiten Schritt setzt er sich inhaltlich mit dem Produkt auseinander und fragt sich nach dem Nutzen für die Verbraucher. Was ist neu? Was hat das Produkt, was andere Produkte nicht haben? Für welche Käufer ist das Produkt interessant? Wie groß ist der Käuferkreis? Wie ist das Preis-Leistungsverhältnis? Wie ist die Verarbeitungsqualität? Ist es komfortabel zu bedienen? Sind andere Produkte auf dem Markt leistungsstärker? Oder günstiger? All diese Fragen müssen vom Unternehmen beantwortet werden können. Die letzte Entscheidung über die Berichterstattung trifft jedoch weiterhin – meist – der Journalist.

2.3.5 Fazit: Die Rolle der PR in einer integrierten Markenkommunikation

Gibt es den ultimativen Lösungsweg? Die Pragmatiker antworten darauf, dass die Frage, wer wichtiger für den Aufbau einer Marke sei – PR oder Werbung – letztlich nicht entscheidend ist. Vielmehr kommt es darauf, die Stärken beider Disziplinen nicht gegeneinander auszuspielen, sondern sie intelligent und ausgewogen miteinander zu kombinieren. Nur wenn die Stärken aller Kommunikationsdisziplinen intelligent vernetzt sind, kann von einer integrierten Markenkommunikation gesprochen werden. Denn eines ist klar: Markenführung ist komplizierter geworden. Die Loyalität der Verbraucher gegenüber Marken insgesamt ist gesunken, Trendmarken kommen und gehen, Dialogoptionen zwischen Verbrauchern sind größer geworden, Nachahmerprodukte, Handelsmarken und »No-Names« sind beim preisbewussten Verbraucher zunehmend akzeptiert. Und die Krise der klassischen Werbung tut ihr Übriges, um die Unternehmen zum Nachdenken zu zwingen. Aus diesem Dilemma gibt es unter Kommunikationsgesichtspunkten zwei Auswege:

- Die Unternehmen erhöhen weiter ihre Kommunikationsbudgets, um die Dauerpräsenz auf allen Kanälen und damit den Platz in der Wahrnehmung der Konsumenten zu sichern;
- Die Unternehmen legen stärker als bisher Wert auf die Kommunikationsinhalte selbst. Eine lebendige Marke muss in den Dialog mit dem Verbraucher treten und mit für diesen relevanten Themen von sich reden machen.

Viele aktuelle Kampagnen, die zur Imageverbesserung dienen oder Produkt-Launches begleiten, zeigen, dass die Trennung der Kommunikationsdisziplinen in Werbung, Promotion und PR keinen Sinn macht, wenn es um die Effizienz der Kampagnen geht. Gerade komplexe Kommunikationsstrategien müssen darauf achten, auf Basis einer tragfähigen einheitlichen Gesamtstrategie für jede Einzeldisziplin Themen zu entwickeln, um bei den unterschiedlichen Zielgruppen Akzeptanz zu finden. Dafür braucht sie stets ein gemeinsames Dach, ein Leitthema, das die einzelnen Bereiche Below- und Above the Line inhaltlich zusammenhält.

Diese Ausrichtung der Kommunikationsaktivitäten auf einen starken inhaltlichen Fixpunkt bietet für die PR die Chance, sich im Rahmen der integrierten Markenkommunikation zu einer Leitdisziplin zu entwickeln. Dieser Anspruch ist nicht vermessen: Bereits heute kann sie auf einen reichhaltigen Erfahrungsschatz beim Aufbau von Unternehmenspersönlichkeiten zurückgreifen. Dieser Schatz kann verfügbar gemacht werden, wenn nutzwertorientierte Informationen für spezifische Konsumentenbedürfnisse im Dialog mit dem Verbraucher entwickelt werden müssen und diese mit einer langfristigen Perspektive zur Entwicklung von Markenpersönlichkeiten verbunden sind.

PR ist eine Kommunikationsdisziplin, die ihren Blick traditionell auf die interne und externe Kommunikation eines Unternehmens gleichermaßen wirft. Damit unterscheidet sie sich deutlich von allen anderen Kommunikationsdisziplinen. Dieser ganzheitliche Ansatz eines integrierten Kommunikationsmanagements, der in der geschichtlichen Entwicklung der PR tief verankert ist, erlaubt es, auf die Informations- und Dialogbedürfnisse unterschiedlicher Anspruchsgruppen individuell einzugehen. Hinzu kommt: Heute werden erfolgreiche Marken nicht mehr über den reinen Produktnutzen verkauft – dazu ähneln sich die Produkte zu sehr. Im Gegensatz zur früheren Orientierung am USP kommt es vielmehr darauf an, über zusätzliche Informationsangebote die Wahrnehmung einer Marke nachhaltig zu prägen.

Natürlich unterscheiden sich die Informationsbedürfnisse von Medien, Multiplikatoren, Anteilseignern, Mitarbeitern oder Endkunden. Trotzdem muss die Markenbotschaft, die an diese unterschiedliche Anspruchsgruppen herangetragen wird, im Gleichklang erfolgen, damit die Marke und der Wert der Produkte für unterschiedliche Bezugsgruppen im gleichen Maße erkennbar bleibt. PR kann hier einen wertvollen Beitrag leisten, in dem sie

- bereits bei der frühzeitigen Formulierung der Markenbotschaft hilft, die unterschiedlichen Erwartungen der Stakeholder an die Marke in die eigene Markenbotschaft zu integrieren;
- eine starke Leitidee entwickelt, die eine Kampagne über eine längere Dauer hinweg tragen kann;
- bei der Kommunikation der Markenbotschaften diese genau so übersetzt, dass sie von einem 20-jährigen kritischen Konsumenten, der möglicherweise gleichzeitig ein interessanter Mitarbeiter für das Unternehmen wäre, genauso verstanden und geglaubt werden wie von einem TV-Journalisten, einem politischen Entscheider am Produktionsstandort, einer lokalen Bürgerinitiative oder den eigenen Mitarbeitern, die ihre Erfahrungen mit dem Unternehmen nach außen tragen und damit wesentlich das Unternehmens- und Markenimage beeinflussen.

Corporate Design –
Hidden Champion in der Unternehmenskommunikation

Von Priska Wollein

Corporate Design (CD) oder Unternehmens-Erscheinungsbild bezeichnet den visuellen Auftritt eines Wirtschaftsunternehmens, einer Organisation oder Institution. Seine vorrangige Funktion liegt in der Außenwahrnehmung, und zwar sowohl im Wiedererkennen des Absenders an sich und der Steigerung des Bekanntheitsgrades, als auch dem Vermitteln von Unternehmenswerten und -zielen. In seiner Innenwahrnehmung kann das CD ebenfalls eine wichtige Rolle spielen, beispielsweise, wenn es um das Zusammengehörigkeitsgefühl von hunderten Mitarbeitern in vielen Ländern geht oder wenn eine neue strategische Ausrichtung visuell begleitet werden soll.

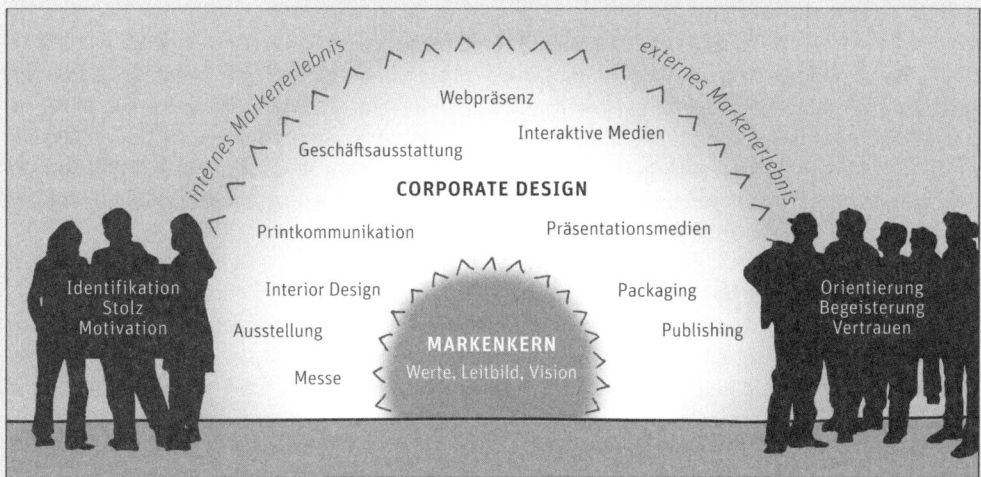

Abb. 1: Internes und externes Markenerlebnis werden durch den visuellen Auftritt vermittelt und verstärkt. Quelle: M8 GmbH

Der visuelle Auftritt erstreckt sich in der Regel auf alle Anwendungen des Firmenlogos, auf die Geschäftsausstattung, die Kommunikationsmittel, Werbemaßnahmen, Produkte und Verpackungen, Messeauftritte, Onlinemedien, ja sogar auf Gebäude, Kleidung u.v.m.

Die Tatsache, dass seit Peter Behrens' Entwicklung des ersten umfänglichen Erscheinungsbildes für die Allgemeinen Elektrizitäts Werke (AEG) Anfang des letzten Jahrhunderts der Begriff Corporate Design noch heute unverändert im Einsatz ist, mag für seinen Stellenwert und seine Wertbeständigkeit sprechen. Denn andere Begriffe wie Werbung, Marketing, Identity, Image oder Branding verändern ihre Bedeutung und ihre Bedeutsamkeit kontinuierlich, entsprechend dem Bedürfnis der Branche, sich fortwährend neu zu erfinden. Corporate Design stellt also DIE Konstante der visuellen Kommunikation dar und hat den längsten Lebenszyklus, mit durchschnittlich fünf bis acht Jahren. Damit rentieren sich zweifellos auch aufwändige Entwicklungs- und Implementierungskosten. Das Wissen um die Bedeutung von

Corporate Identity ist heute in vielen Unternehmen angekommen: Über 60 Prozent begreifen Corporate Identity als strategisches Führungsinstrument, und mit 80 Prozent wird der CI ein hoher bzw. sehr hoher Stellenwert für den Unternehmenserfolg zugeschrieben, so eine Umfrage des CI-Institutes Mainz im Jahre 2008.

Kommunikationsdesigner sind Menschen, die ständig Informationen in sich aufnehmen, auswerten, etwas Neues daraus formen. Das rationale Analysieren von Prozessen, das Beobachten von Phänomenen, aber auch das Verarbeiten von Gefühlen gehören dazu, damit bekannte Dinge neu gefasst, neu erklärt oder einfach verbessert werden. Ein gutes Corporate Design wird also nie nach »Schema F« erstellt werden; es muss quasi auf den Kunden maßgeschneidert werden, um seine Persönlichkeit und die Unternehmenskultur im Wortsinn anschaulich zu machen. Wie Barack Obama (bei der »2010 National Design Awards« winners reception) treffend formulierte: »design is about people, not things«. Dies gilt gerade auch für Corporate Design – es wird also mit und für die Menschen, die es nutzen, gemacht und kann bestenfalls ihre Visionen und ihren Anspruch zum Ausdruck bringen. Damit das gelingt, stellen wir im Dialog mit unserem Auftraggeber folgende Fragen:

1. Für wen entwerfen wir?
Was banal klingt, ist oft nicht auf Anhieb klar erkennbar. Steht das Wohl des gesamten Unternehmens im Fokus, oder entwerfen wir für die Profilierung der Geschäftsleitung? Zählt vornehmlich die Außenwahrnehmung, oder ist es ebenso relevant, von Mitarbeitern und Personal akzeptiert und »gelebt« zu werden? Sind diese mit ihrer Wahrnehmung und ihrer Erfahrung in den Gestaltungsprozess eingebunden? Diese Fragen kann ein Workshop klären, und die Teilnehmer geben uns bereits Aufschlüsse über die Unternehmenskultur, den Stellenwert des Themas sowie die spätere Akzeptanz des neuen Designs.

2. Welches Leitbild hat das Unternehmen?
Idealerweise wird im Unternehmen selbst ein Leitbild als Zielvorstellung formuliert, die den Rahmen für Strategien, Ziele und operatives Handeln bildet. Es beantwortet die Fragen »Wofür stehen wir als Gemeinschaft?«, »Was wollen wir erreichen?« und »Welche Werte und Prinzipien leiten uns dabei?«. Der Designer kann sich an diesem Leitbild im Entwurfsprozess orientieren und seine Strategien daran überprüfen. Damit gibt es auch ein Bewertungskriterium für das neue CD: Es sollte dem Leitbild mit visuellen Mitteln entsprechen und optisch-sinnlich erfahrbar machen.

3. In welchem Umfeld soll sich das CD behaupten?
Wir analysieren die existierenden und potentiellen Wettbewerber und vergleichen sie in Bezug auf den Unternehmens- und Markenauftritt. Wo liegen die Unterschiede, wo sind sie sich ähnlich bzw. gar verwechselbar? Wie weit sollen wir gehen, um mit unserem Neuauftritt deutlich wahrgenommen zu werden, ohne andere zu imitieren? Aus strategischer Sicht kann man betonen, wie wichtig die optische Differenzierung vom Marktumfeld ist. Eine eigene Markenposition zu besetzen und visuell unique zu sein, kann einen wichtigen Beitrag zum Unternehmenserfolg leisten – unternehmerischen Mut und Selbstbewusstsein vorausgesetzt.

Beispielsweise würden wir einem Unternehmen der Luftfahrtbranche davon abraten, Blau als Hausfarbe zu verwenden – die Austauschbarkeit ist einfach zu groß, da Blau generell für Luft und Himmel steht und von den allermeisten Konkurrenten im Erscheinungsbild verwendet wird. Auch enthält das Bildmaterial große Blauanteile, wodurch sich jede andere Farbe besser abheben wird. Ein kräftiges Rot im Logo kann in diesem Umfeld beispielsweise bereits ein starkes Differenzierungsmerkmal bieten.

Auch wenn die Konkurrenzanalyse wichtige Erkenntnisse zum Marktumfeld und der Positionierung der Branche bringt, sind die eigenen Zielvorstellungen vorrangig. Die klare Vision eines Firmengründers kann uns dazu bringen, uns über alle Analyse-Ergebnisse hinwegzusetzen, indem wir mit dem CD eine unerwartete, selbstbewusste Position besetzen, die die Menschen bewegen wird, sich für uns zu begeistern.

4. Welchen Stellenwert hat das neue Design im Unternehmen?

Ein gutes Corporate Design macht viele Aspekte des Unternehmens sichtbar, die häufig nur unscharf wahrgenommen werden: Kultur, Werte, die Unternehmensziele und die Marktposition. Es hängt nun wesentlich davon ab, welchen Stellenwert der Auftraggeber dem CD gibt, damit es sich intern und extern durchsetzen kann; damit es langfristig auf die Unternehmensmarke einzahlt; und damit es einen positiven Beitrag zur Unternehmenskommunikation leisten kann. Wir versuchen also, unseren Auftraggebern bewusst zu machen, wie wertvoll das CD (das sie aus ihrer Sicht teuer bezahlen...) für den gesamten Organismus ist.

Nicht selten erlebt man, dass die Implementierung eines CD zögerlich, ja beinahe ängstlich angegangen wird; die Mitarbeiter könnten sich am Neuen stoßen, das in die Hand genommene Geld als verschwendet angesehen werden, die veränderten Prozesse würden den Arbeitsalltag stören, die Kunden könnten einen nicht mehr finden – und das Gegenteil trat ein: Mitarbeiter waren stolz auf das neue Image, dankbar über vereinfachte Prozesse und besseren Datenzugriff sowie die vorbereiteten Templates; und trieben selbst den Prozess schneller voran als geplant. Kunden nahmen positiv wahr, dass das Unternehmen augenscheinlich prosperierend und zuversichtlich in die Zukunft blickte. Die Ängste vor dem »Neuen« sind eben oft nur in den Köpfen unserer Auftraggeber vorhanden.

Und schließlich:

5. Wie soll das CD im Unternehmen betreut und durchgesetzt werden?

Mit der Entwicklung eines CD geht immer auch der Dialog mit den Mitarbeitern einher, die es zu verantworten haben. Sie sind mitverantwortlich für das Eruieren des Bedarfs, der Schwachstellen des bisherigen Designs, der Anforderungen bezüglich der technischen Anwendung, des relevanten Umfeldes. Eine die Einführung begleitende Kommunikationsstrategie hilft schließlich bei der Akzeptanz, und es braucht dauerhaft einen Verantwortlichen im Unternehmen, der sich dem Thema verpflichtet fühlt und über ein angemessenes Budget zur Durchsetzung verfügt.

Damit der Bekanntheitsgrad des CD kontinuierlich steigt und das CD auf allen Kanälen geschlossen kommuniziert wird, braucht es ein geeignetes Markenmanagement. Das CIM (Corporate Identity Management) umfasst als Strategieinstrument auch das strategische und operative Führen von Corporate Design. Häufig ist in Zeiten oszillierender Finanzmärkte und anderer, oft hausgemachter Krisen die sichtbare Marke quasi der Stein in der Brandung. Der konsequente Einsatz des CD wird dabei in der Öffentlichkeit positiv wahrgenommen. Gerade traditionelle mittelständische Firmen besitzen häufig sehr wertvolle Marken (wer kennt nicht Schiesser, Märklin, Steiff, Möve) mit einem internationalen Bekanntheitsgrad – und selbst wenn solch ein Unternehmen verkauft oder neu aufgestellt wird, erscheint eine strenge Markenführung rund um das Logo als Konstante immanent wichtig.

Eine Grundregel bei der Entwicklung und dem Redesign des Erscheinungsbildes ist das Zusammenspiel von »Konstanten« und »Variablen«:

1. Konstanten definieren

Damit ein Erscheinungsbild kontinuierlich auf das Image einzahlt, müssen Grundbausteine entwickelt werden, die festen Regeln unterliegen. Dazu gehören ein meist in Form, Farbe und Schrift definiertes Logo (Wortmarke oder Signet bzw. eine Kombination beider), die Hausfarbe(n) samt ergänzendem Farbspektrum, eine oder mehrere Hausschriften und deren Anwendung (die Typografie) sowie eine Bilderwelt. Weiter garantieren die Vermaßung aller Elemente für Standard-Drucksachen, Flächenteilung, Raster sowie Regeln für digitale Anwendungen den wiedererkennbaren Auftritt. Zusätzliche Konstanten wie geometrische Formen, dekorative Elemente, Strukturen etc. können beliebig festgelegt werden; sie bestimmen oft in herausragender Weise die schnelle Wiedererkennung des Absenders.

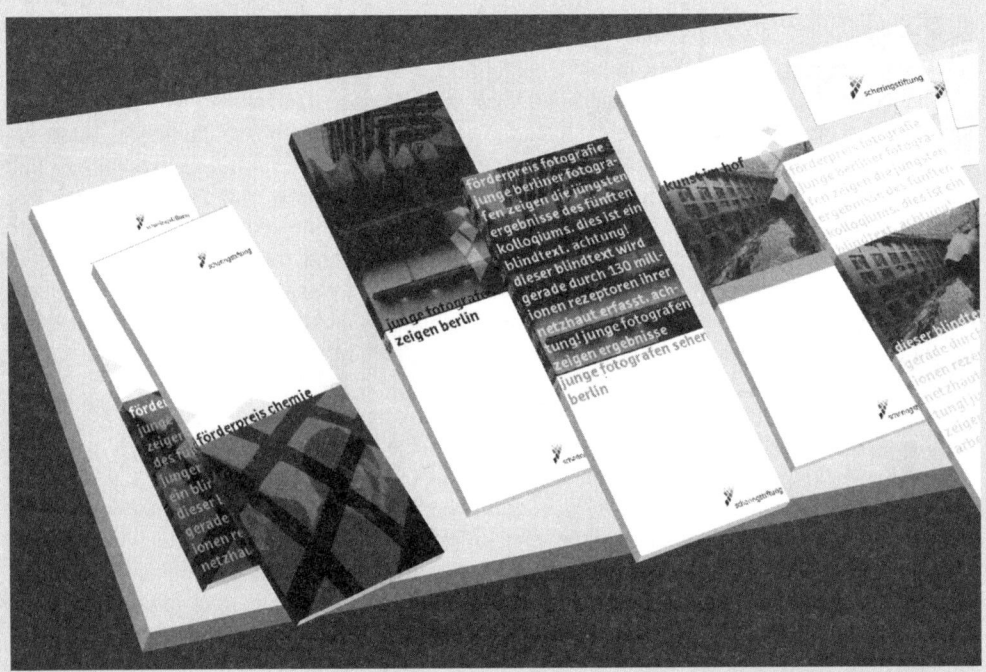

Abb. 2: CD-Entwurf für die ScheringStiftung; die strikte Flächenteilung mit einem durchgängigen Farbcode ist auf den ersten Blick noch leichter wiederzuerkennen als das Logo selbst. Quelle: M8 GmbH

Das Ganze ist mehr als die Summe seiner Teile – dies gilt auch für ein Corporate Design. Denn hier ist vor allem das Zusammenspiel der Elemente entscheidend für die Wirkung. Die Basiskomponenten des Designs werden einerseits fest definiert, andererseits sind sie auch in unterschiedlichen Anteilen miteinander kombinierbar – und damit wird eine hohe Flexibilität bei gleichzeitiger Konstanz erreicht. So können beispielsweise in der Geschäftsausstattung Logo, Farbe und Typografie bestimmend sein, während in Anzeigen lediglich die Bilderwelt und das Logo dominieren.

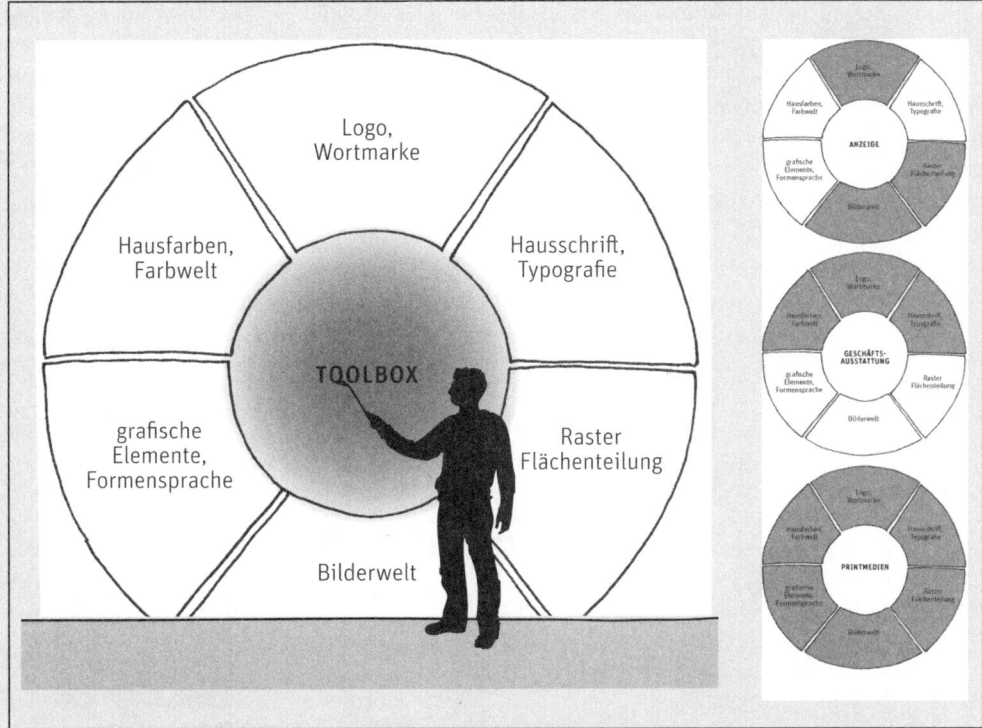

Abb. 3: Eine »Toolbox«, die das grafische Repertoire auf einen Blick zeigt, veranschaulicht das Zusammenspiel der Basiskomponenten und ihre Gesamtwirkung. Quelle: M8 GmbH

2. Gestaltungsfreiräume definieren

Nicht nur das Einhalten von »unumstößlichen« Gestaltungsregeln gehört zu den Aufgaben eines Corporate Designs, ebenso wichtig ist die Definition von Gestaltungsspielräumen, innerhalb deren sich das neue Design bewegen kann und soll. Diese Variablen ermöglichen insbesondere, das Markenimage über längere Zeiträume aktuell und zeitgemäß zu halten, sowie den unterschiedlichsten Anforderungen der heutigen Medien (Bewegtbild, Internet, Social Media, E-Letter, Point-of-Sale etc.) zu genügen. Die Kernwerte bleiben dabei erhalten.

Vergleichen wir Corporate Design einmal mit dem ausgeprägten Kleidungsstil einer Person: Diese wird eher selten immer das gleiche anhaben, ist aber jederzeit an ihrem Stil wieder erkennbar, ohne ›langweilig‹ zu wirken. Das sollte das Erscheinungsbild eines Unternehmens auch leisten. Ein zeitlicher Wandel, die Anpassung an besondere Umstände und Ereignisse sollen vom grafischen Repertoire mitgetragen werden, ohne dass das Basisdesign eine statische oder gar störende Wirkung entfaltet.

Variablen können an jeder Stelle des CD definiert werden. Zum Beispiel kann das Logo sich farblich verändern oder gar seine Form innerhalb bestimmter Kriterien verändern; selbst die Logoschrift könnte sich bei jedem Einsatz ändern, sofern andere Merkmale die Erkennbarkeit garantieren. Schön ist auch, wenn die Veränderung einem logischen Prinzip unterliegt. Beispielsweise entstand das CD des Springer-Wissenschaftverlags aus dem Prinzip des »Pferdchensprungs« beim Schachspiel, ist jedoch offen genug angelegt, dass jede Publikation sich neu und unterschiedlich präsentiert.

Ein weiteres Beispiel ist das CD des Landes Berlin (siehe Abb. 4). Hierfür wurden wenige, aber markante Elemente festgelegt. Das Design sollte eine hohe Flexibilität aufweisen, dabei jedoch möglichst einfach in der Anwendung sein. Ein Element mit hohem Wiedererkennungswert ist die eigens entworfene Hausschrift in zwei Versionen. Als Hausfarbe blieb das seit Jahren eingeführte heraldische Rot erhalten und wurde durch ein Zusatzfarbspektrum ergänzt. Das Logo von Berlin wurde »aufgeladen« durch den Zusatz »be«. Als wichtiges Identifikationsmerkmal dient der rote »Dialograhmen«: er ist in seiner grafischen Reduktion auf vielfältigste Art einsetzbar und prägt eindrücklich alle Medien. Im Ergebnis erzielt man einen lebendigen, zeitgemäßen Auftritt mit einer stets erkennbaren und auf die Marke einzahlenden Bilderwelt.

Abb. 4: Neues CD des Landes Berlin

Die norwegische Stadt Nordkyn entschied sich für ein mutiges Erscheinungsbild: das »lebendige« Logo. Das Logo wird generativ erzeugt, indem es ständig Form und Farbe wechselt, abhängig von Windrichtung, -stärke und Temperatur. Die Daten hierfür werden vom Norwegischen Meteorologischen Institut abgerufen.

Abb. 5: Das »lebendige« Logo der Stadt Nordkyn, Design Neue
Design Studio, Oslo, Quelle: M8 GmbH

Letztendlich sei gesagt: Man kann auch als »Regelbrecher« großartige Konzepte erstellen. Es kommt dabei jedoch immanent auf Sorgfalt in der Umsetzung und auf die Betreuung des Prozesses an; ein enthusiastischer Kunde mit Mut und Weitsicht ist Voraussetzung. Und sicher ist solch ein Konzept mit komplexen Richtlinien nicht für durchschnittlich aufgestellte Unternehmen anwendbar – hierzu sind oft die Strukturen im Unternehmen, die Prozesse oder Ressourcen nicht ausgelegt. Doch für alle gilt: Wer für ein Unternehmen Zukunft finden will, muss es auch visuell (er)finden.

3 Strategische Public Relations

3.1 Bausteine der Kommunikationsplanung

Kann man Kommunikation überhaupt planen? Viele Kommunikationsprofis winken bei dieser Frage müde ab. Zu vielfältig und komplex sind die Prozesse, denen ein Unternehmen unterworfen ist. Zu viele Unwägbarkeiten bestimmen das Tagesgeschäft, als dass man mit einem festen – und damit auch starren – Konzept diesen Herausforderungen flexibel genug begegnen könnte. Gleichzeitig ist es unbestritten, dass es auf Seiten der Unternehmenskommunikation ein wachsendes Bewusstsein zur notwendigen Systematisierung der eigenen Arbeit gibt, um komplexe Kommunikationsprozesse zu steuern und diese am Ende eines PR-Jahres entsprechend zu evaluieren. Dies erfordert eine genaue Planung, um die Leitlinien der eigenen Kommunikationsstrategie zu entwickeln und entlang dieser die Kommunikationsinstrumente abgestimmt einzusetzen.

Die Verlässlichkeit einer Kommunikationsstrategie entscheidet sich an der Frage, ob sie es schafft, die Komplexität des Umfeldes adäquat zu erfassen und die Folgen der Kommunikation für das Unternehmen richtig einzuschätzen. Stets muss bewusst sein: Mit dem eigenen Handeln beeinflusst das Unternehmen das Handeln anderer (Kunden, Partner, Konkurrenz). Umgekehrt wird das eigene Handeln in nicht unwesentlichem Maße durch Gesetze, Kundenakzeptanz, Konkurrenzprodukte, Medienberichterstattung bestimmt. Auch eine noch so gute Strategie wird niemals alle Folgen der eigenen Kommunikationsaktivitäten abschätzen können. Die Strategie muss aber auf einem so starken Fundament stehen, dass sie bei Störungen eine sichere Orientierungsbasis für das eigene Kommunikationsverhalten bietet. Und sie muss so flexibel sein, dass das Unternehmen schnell reagieren kann, ohne die eingeschlagene Richtung aus den Augen zu verlieren.

Bei der Planung von Produkt-Launches oder umfassenden PR-Kampagnen verlassen sich die Auftraggeber längst nicht mehr auf das reine Bauchgefühl. Die vorgestellten PR-Lösungsansätze müssen zur Unternehmensstrategie passen. Sie müssen auf einer nachvollziehbaren Analyse gründen und mit starken Argumenten unterfüttert sein, damit das Unternehmen bereit ist, finanzielle und personelle Ressourcen an eine PR-Aktion zu binden. Viele Geschäftsführer fragen durchaus berechtigt: Was habe ich davon? Gewinne ich durch die PR-Maßnahmen neue Kunden? Lenke ich dadurch die Aufmerksamkeit stärker auf meine Produkte? Diese Fragen muss ein Konzept beantworten, um sich erst dann der Kür zu widmen: der Entwicklung unverbrauchter, kreativer Lösungsansätze, die durch ihren Ideenreichtum auffallen.

Gleichzeitig muss der Erfolg eines PR-Jahres stets durch Evaluation messbar sein. Der zunehmende Druck aus dem Controlling zwingt die PR zu einer systematischen Arbeitsweise, die exakt Auskunft darüber geben muss, ob sich die umgesetzten Maßnahmen gelohnt haben. Vor diesem betriebswirtschaftlichen Hintergrund müssen sich PR-Leute immer öfter für das legitimieren, was sie vorschlagen. Sie müssen konkrete Leistungsversprechen abgeben und diese mit evaluierbaren Kennziffern und Zielsetzungen verbinden.

Kernbausteine einer PR-Konzeption

In der PR-Fachliteratur finden sich zahlreiche methodische Ansätze[46], um ein tragfähiges Planungsraster für die Konzeptionslehre zu entwickeln. So unterschiedlich diese Ansätze im Detail sind, alle basieren auf den vier festen Kernbausteinen einer PR-Konzeption: Situationsanalyse, strategische Planung, Maßnahmen, Evaluation, die im Verlauf dieses Kapitels noch ausführlich beschrieben werden. Nahezu jedes PR-Konzept baut auf dieser Schrittfolge auf. Variationen sind – je nach Selbstverständnis und eigener Arbeitsweise – möglich. Wichtig ist nur, dass die Funktion des jeweiligen Konzeptionsteils erhalten bleibt und keine Lücke in der Planung entsteht.

Am Ende eines Konzeptionsprozesses muss ein schlüssiges Planungs- und Handlungspapier stehen, das auf einer klar erkennbaren Methodik basiert und für ein Unternehmen inhaltlich nachvollziehbare, logisch aufeinander aufbauende, zum Unternehmen passende und nicht zuletzt kreative Lösungen bereithält. Passend heißt: In Übereinstimmung mit Unternehmensgeschichte, Unternehmenskultur, Unternehmensleitbild, Erscheinungsbild, Unternehmenszielen, Markenpositionierung und der Erwartungshaltung von Kunden, Lieferanten, Kapitalgebern, Mitarbeitern und Medien. Das Konzept sollte darüber hinaus das vergangene interne und externe Kommunikationsverhalten kritisch reflektieren, mögliche Handlungsoptionen bewerten und konkrete Ansatzpunkte liefern, wie sich finanzielle und personelle Ressourcen effizient einsetzen lassen.

Gerade in der Zusammenarbeit zwischen einem Unternehmen und einer externen PR-Agentur bildet das PR-Konzept nicht nur eine wichtige Grundlage für die Vertragsbeziehung beider Partner und die exakte Definition des Leistungsgegenstands und Umfangs – dazu später mehr. Sie stellt zudem eine wichtige Orientierungsmarke dar, an der sich beide Seiten immer wieder ausrichten und den gegenwärtigen Stand überprüfen können.

TIPP 2

Anforderungen an eine gelungene PR-Konzeption

- *Verständlich: Das Konzept muss sprachlich so klar sein, dass es vom Auftraggeber oder der eigenen Geschäftsführung verstanden wird.*

- *Fundiert: Wird von der PR-Konzeption die Ist-Situation eines Unternehmens nicht fundiert erfasst, passen die Lösungsvorschläge in der Regel nicht.*

- *Fokussiert: Kreative Vorschläge für klar definierte Ziele und Zielgruppen bei fixierten Ressourcen – Konzepte sollten einen klaren strategischen Fokus besitzen.*

- *Kreativ: Jedes PR-Konzept sollte durch originelle und originäre Ideen überzeugen. Eine lebendige und frische Leitidee kann eine gesamte Kommunikationsstrategie tragen.*

- *Realistisch: Das PR-Konzept sollte realistisch geplant und umsetzbar sein – in Abstimmung mit den zeitlich, finanziell und personell vorhandenen Ressourcen.*

- *Messbar: PR-Ziele sollten so formuliert werden, dass sie im Nachgang einer Kampagne durch Evaluationsmaßnahmen auf ihren Erfolg hin überprüft werden können.*

---

46 Siehe dazu: Dörrbecker/Fissenewert-Gossmann: Wie Profis PR-Konzeptionen entwickeln, 2001; Schmidbauer/Knödler-Bunte: Das Kommunikationskonzept, 2004; Hansen/Schmidt: Konzeptionspraxis, 2006; Mast: Unternehmenskommunikation, 2010.

3.2   Von der Analyse zur Strategie

3.2.1 Das Briefing

Wenn man die Planungsprozesse in Marketing- und PR-Abteilungen betrachtet, so steht am Anfang jeder strategischen Überlegung eine genaue Beschreibung der Aufgabenstellung und der Ausgangssituation eines Unternehmens. Per Briefing (engl. Lagebesprechung, Einsatzbesprechung), das meist schriftlich vorliegt, vermittelt der Auftraggeber der Agentur einen wichtigen Einblick. Dieses liefert in erster Linie die interne Sicht auf das eigene Unternehmen und die damit verbundene kommunikative Aufgabenstellung. Es gibt aus der Perspektive des Auftraggebers die zentralen Fragestellungen und die Anforderungen an eine Agentur wieder.

Das Briefing sollte besonders aufmerksam gelesen werden, verstecken sich bisweilen die wirklich wichtigen Informationen zwischen den Zeilen. Auch ist es die Grundlage für einen umfassenden Fragenkatalog, der sich an den Auftraggeber richtet und in dem alle wichtigen Fragen zum Unternehmen und zur Kommunikationssituation gestellt werden. Das Problem: Viele Unternehmen besitzen keine genaue Kenntnis darüber, was PR ist und was PR kann. Dementsprechend unklar sind die formulierten Ziele und Anforderungen an das Konzept. In diesen Fällen ist es besonders wichtig, die zentralen Fragestellungen in enger Abstimmung mit dem Auftraggeber zu definieren. Manchmal sind die Auftraggeber auch sehr zurückhaltend mit den angeforderten Informationen. In solchen Fällen ist die Gefahr groß, dass die vorgeschlagene Lösung in eine falsche Richtung läuft. Manche Unternehmen benutzen die Agenturen auch nur, um an neue kreative Ideen zu kommen, die dann kostengünstig inhouse umgesetzt werden. Auch dazu später mehr.

Das mündliche Briefing-Gespräch
Selbst wenn der Briefing-Katalog, der dem Unternehmen vor dem mündlichen Briefingtermin vorgelegt wird, noch so gut ist: Erst im Gespräch mit dem Auftraggeber erfährt man meist die wichtigen Informationen zu Hintergründen und zu den PR-Motiven. Manchmal überschüttet der Auftraggeber die Agentur mit einer Vielzahl an Fakten, die dann erst strukturiert und systematisiert werden müssen. Ein besonderes Augenmerk sollte man beim Briefing darauf legen, ob das Unternehmen mit einer Stimme spricht. Solche Konfliktlinien stellen eine Agentur vor besondere Herausforderungen: Denn offizieller Auftraggeber ist die Geschäftsführung, die Agentur arbeitet jedoch meist ausschließlich mit den Marketing- oder PR-Verantwortlichen zusammen.

In der Regel wird das mündliche Briefing-Gespräch protokolliert, damit sich Auftraggeber wie Auftragnehmer nach dem Gespräch auf einem einheitlichen Informationsstand befinden. Alle Beteiligten haben damit umfangreiche Informationen über das Unternehmen eingeholt, die nun weiter vertieft werden müssen. In vielen Fällen ergeben sich im Verlauf der Faktenrecherche neue Fragestellungen an das Unternehmen, die nach Möglichkeit in einem Re-Briefing gemeinsam mit dem Unternehmen besprochen werden müssen. In jedem Fall sollte die Agentur die Möglichkeit eines Re-Briefings erfragen, besonders dann wenn sich Aussagen des Unternehmens eklatant von eigenen Erkenntnissen unterscheiden, die die Agentur im Rahmen ihrer Faktenrecherche herausgefunden hat.

3.2.2 Die Faktenrecherche und der Faktenspiegel

Da die Faktenrecherche in der Regel ein aufwändiger Prozess ist, sollte auf Basis des Briefings zunächst genau definiert werden, mit welchen Recherchemethoden und -zielen die vorhandene Faktenbasis ergänzt werden muss. Um ein Unternehmen mit seinen spezifischen Kommunikationsproblemen, seinen Stärken und den Marktbedingungen, unter denen es agiert, genau kennen zu lernen, helfen folgende Fragen:

Unternehmen
- Wie ist das Unternehmen aufgebaut? Rechtsform, Geschichte, Unternehmensziele, Standorte, Mitarbeiterzahl, Umsatzzahlen, Gewinnentwicklung, Mitarbeiterstruktur, Mitarbeiterfluktuation, Image des Unternehmens bei den Mitarbeitern;
- Wie ist die Unternehmenskommunikation aufgebaut? Personelle Ressourcen, Ansprechpartner, Verantwortlichkeiten, Abstimmungswege;
- Mit welchem Unternehmensleitbild wird gearbeitet? Selbstverständnis, Unternehmenskultur, Führungskultur, Unternehmensphilosophie;
- Schlägt sich die Unternehmenskultur in konkreten Maßnahmen nieder? CSR-Programm, Mitarbeitermotivation, Nachhaltigkeitsberichte, Umweltberichte, Incentives.

Markt und Kunden
- Wie stellt sich der Markt dar? Marktanalysen, Marktdaten, Marktanteile, Kernmärkte, Positionierungsanalyse, Alleinstellungsmerkmale;
- Was bietet das Unternehmen an? Portfolio, Kernprodukte, Neuprodukte, Innovationen, Alleinstellungsmerkmale, Zusatzservices, Qualitätsmerkmale;
- Wer und wie stark sind die Wettbewerber? Branchen-, Wettbewerbs-, Benchmark-Analysen;
- Wie sehen die Kunden aus? Kundenanalyse, Kundenstruktur, Kundenpotenziale, Bekanntheitsgrad, Kundenzufriedenheit;
- Welche Stakeholder sind für das Unternehmen wichtig? Stakeholder-Analyse, Image-Analysen, Meinungsführer-Analyse.

Kommunikation
- Wie hoch ist der Bekanntheitsgrad?
- Wie und mit welchen Botschaften positioniert sich das Unternehmen bisher am Markt?
- Wie ist das Unternehmens- oder Markenimage?
- Welche Marketing- und Kommunikationsziele verfolgt das Unternehmen intern und extern?
- Welche Zielgruppen sollen erschlossen, verstärkt angesprochen, gepflegt werden?
- Wie informieren sich die Zielgruppen intern und extern?
- Welche Kommunikationsinstrumente setzt es ein?
- Mit welchen Themen arbeitet das Unternehmen und wie werden sie medial angenommen?
- Welche relevanten Fachmedien, Tagesmedien, Publikumsmedien kennen das Unternehmen?
- Wie sind Medienimage und Medienresonanz (auch im Verhältnis zum Wettbewerb)?
- Haben in der Vergangenheit Krisensituationen das Image belastet?
- Welche Medien sollen künftig verstärkt angesprochen werden?
- Sollen auch Soziale Medien eingebunden werden. Und wenn ja, wie intensiv? Existieren dazu die fachlichen, zeitlichen und personellen Ressourcen?

- Welche Instrumente werden zur internen Kommunikation eingesetzt?
- Mit welchen Instrumenten wird der Erfolg der Maßnahmen beurteilt?
- Wie ist das Budget auf die einzelnen Kommunikationsbereiche verteilt?

Unternehmenszukunft
- Welche neuen Märkte will das Unternehmen künftig erschließen?
- Welche Marktanforderungen kommen auf das Unternehmen zu?
- Welche Themen könnten für das Unternehmen an Bedeutung gewinnen?
- Gibt es Trends und konkrete Entwicklungen in Wirtschaft, Gesellschaft, Politik und Medien, die für das Unternehmen relevant sind (z.B. neue Gesetze oder Umweltbestimmungen)?
- Wo lauern Krisenpotenziale und Kommunikationsrisiken für das Unternehmen?
- Welches Kommunikationsverhalten erwarten die Stakeholder künftig?

Aufgaben
- Wo liegt genau die kommunikative Herausforderung?
- Gibt es Spielraum und Variationsmöglichkeiten?
- Welche gestalterischen Vorgaben müssen beachtet werden?
- Welche Maßnahmen sind gesetzt und müssen realisiert werden?

Rahmenbedingungen
- Gibt es bereits genaue Terminvorstellungen?
- Gibt es feste Etatvorgaben?
- Gibt es gesetzliche oder politische Restriktionen?
- Gibt es Beschränkungen, die sich aus Wertesystem und Selbstverständnis ergeben?
- Wo liegen die Medienschwerpunkte? B2B, B2C, Fachöffentlichkeit, regionale PR?

Zwei Wege der Recherche
Grundsätzlich gibt es zwei Wege, die eigene Recherche zu starten (siehe Abb. 12): Der einfachere Weg ist die Sekundärrecherche, bei der auf Informationen aus bereits vorliegenden externen Quellen zurückgegriffen wird. Dazu zählt eine Online-Recherche wie die Auswertung vorliegender Presseausschnitte, Hintergrundberichte aus Fachzeitschriften, Studien oder Datenbankeinträgen. Meinungsbilder lassen sich ebenso in Blogs, Foren und Social Networks erfassen, in denen sich Käufer von Produkten oder interessierte Konsumenten über die Beschaffenheit von Waren oder über das Verhalten einzelner Unternehmen teils kritisch austauschen. Jede dieser Aussagen sollte dabei unbedingt durch eine zweite unabhängige Quelle bestätigt oder falsifiziert werden.

Um Einzelmeinungen leichter in eine Gesamtheit einzuordnen, wird per Primärrecherche Wissen aus erster Hand generiert: Dazu zählen Interviews und Gespräche mit Fachexperten ebenso wie Stichprobeninterviews mit Käufern, Mitarbeitern, Journalisten und wichtigen Multiplikatoren. Auch repräsentative Umfragen, die ein Unternehmen oder eine Agentur im Rahmen der Situationsanalyse durchführt, liefern wichtige Primärdaten. Wichtig: Die Recherche sollte immer entlang der Aufgabenerstellung erfolgen. Dazu müssen wichtige von unwichtigen Daten getrennt (Datenselektion) und wichtige Daten auf ihre Kernaussagen reduziert werden (Datenreduktion), so dass sich aus der Komplexität der verfügbaren Daten handhabbare Ansatzpunkte für eine genauere Analyse der Ist-Situation herausfiltern lassen.

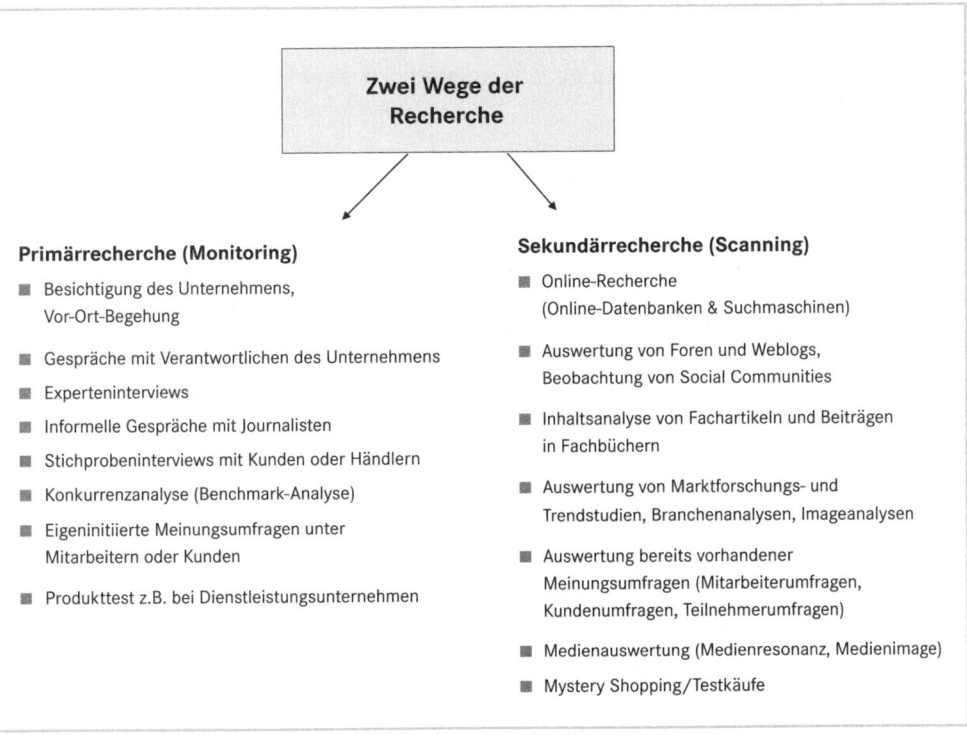

Abb. 12: Zwei Wege der Recherche: Primärrecherche und Sekundärrecherche

Im Faktenspiegel werden dann die gewichteten Aussagen zusammengefasst, so dass aus den wichtigen Informationen ein klarer Überblick über die zentralen Recherchefelder entsteht: Auftraggeber, Produkte, Dienstleistungen und Angebote, Image, Branche, Markt, vorhandene Ressourcen, Konkurrenzsituation, relevante Zielgruppen, Medienresonanz. Diese komprimierte Ergebnisdokumentation, die am Ende des Rechercheprozesses nur wenige Seiten Text umfasst, dient als Grundlage für den weiteren analytischen Prozess und die Einordnung der Daten in ein Stärken-Schwächen- sowie Chancen-Risiken-Profil.

3.2.3 Die SWOT-Analyse

Die SWOT-Analyse – engl. Akronym für Strengths (Stärken), Weaknesses (Schwächen), Opportunities (Chancen) und Threats (Risiken) – hat sich auch in der Öffentlichkeitsarbeit zu einem akzeptierten Werkzeug entwickelt, um Recherchedaten zu bewerten und zu gewichten. Bei dieser Analyse handelt es sich um eine Vier-Felder-Matrix, in der die Stärken den Schwächen gegenübergestellt werden. Dabei richten sich beide immer auf Bereiche, die im engeren Sinne dem Unternehmen oder Produkt zugeordnet werden und vom Unternehmen beeinflusst werden können.

Überwiegen bei einem Unternehmen die Stärken, ist die kommunikative Ausgangsposition als grundsätzlich günstig einzuschätzen. Überwiegen die Schwächen, so ist dies ein Indiz für großen Handlungsbedarf, der bis in die Organisationsstruktur eines Unternehmens hinein reichen kann. Gleichzeitig kann es durchaus sein, dass ausgeprägte Stärken eines Unternehmens für die Lösung eines Kommunikationsproblems eine wesentlich größere Bedeutung haben können als die aufgezeigten Schwächen, auch wenn diese zahlenmäßig überwiegen.

Stärken	Schwächen
■ Umweltfreundliche Technik ■ Spart Geld (20qm = 800 € p.a.) ■ Innovationsprestige ■ Absolut zuverlässig ■ Lange Lebensdauer	■ Nicht jedes Haus geeignet ■ Hoher Anschaffungspreis (ab 4000 €) ■ Zusätzliche Wartungskosten ■ Genehmigungsrecht (Größe, Fassaden, Freiflächen, Denkmalschutz) ■ Unterschiedliche Montagearten
Chancen	Risiken
■ Steigende Strompreise (Spartrend) ■ Gute Fördermöglichkeiten (KfW-Kredite) ■ Medien offen für das Thema ■ Kaufpotenzial Immobilienwirtschaft ■ Kaufpotenzial Wohnungsbaugesellschaften	■ Leistungskraft Solarzellen wächst (wann einsteigen?) ■ Ängste, Vorurteile (ausgereifte Technik?) ■ Verwechslungsgefahr (Solarthermik) ■ Geringer Informationsstand ■ Bezugsquellen nicht bekannt ■ Sinkendes Umweltbewusstsein ■ Schwindende politische Unterstützung

Abb. 13: Beispiel einer SWOT-Analyse zum Thema Photovoltaikanlagen und Solarstrom. Eigenes Beispiel.

Bei der Bewertung der Chancen und Risiken sollte der externe (Meinungs-) Markt und das Umfeld eines Unternehmens im Blickfeld sein. Die Leitfragen dazu heißen: Bieten sich im Umfeld Chancen für eine erfolgreiche Kommunikation? Oder umgekehrt: Verbergen sich besondere Risiken, welche die Kommunikation erschweren oder den Erfolg behindern? So wird es sich beim Launch eines aromatisierten Mineralwassers als günstig erweisen, wenn es sich um ein Trendprodukt handelt, das nicht nur kaufkräftige Kunden anspricht, sondern sich auch in Lifestyle-Medien gut platzieren lässt.

Aus Schwächen Stärken machen
Stärken und Schwächen können je nach Aufgabenstellung und Faktenlage miteinander kombiniert werden, woraus sich Ableitungen für die Entwicklung einer Kommunikationsstrategie treffen lassen:
1. Kombination von Stärken und Chancen: Über welche besonderen Stärken verfügt das Unternehmen? Können diese ausgebaut werden? Wie lassen sich diese einsetzen, um bestehende Chancen zu nutzen?
2. Kombination von Stärken und Risiken: Über welche Stärken verfügt das Unternehmen? Gibt es Risiken am Markt, die verhindern, dass das Unternehmen seine Stärken ausspielen kann? Lassen sich die Stärken nutzen, um Risiken zu minimieren?
3. Kombination von Schwächen und Chancen: Wo besitzt das Unternehmen besondere Schwächen? Lassen sich die Schwächen reduzieren oder sogar mit Chancen verbinden?

4. Kombination von Schwächen und Risiken: Wo hat das Unternehmen Schwächen? Welche Risiken lauern, wenn das Unternehmen diese nicht abbauen kann? Für welche Risiken ist das Unternehmen besonders anfällig und wie kann sich das Unternehmen davor schützen?

Eine PR-Strategie muss besonders die Stärken eines Unternehmens im Blick haben und diese so einzusetzen wissen, dass sich die Chancen am Markt erhöhen. Gleichzeitig können sich die Schwächen und die Risiken zu einem besonderen Bedrohungsszenario entwickeln, wenn das Unternehmen seine ausgeprägten Schwächen nicht durch echte Stärken kompensieren kann.

AUSFLUG 10

Weitere Analyse-Tools für die PR-Konzeption

PEST-Analyse

Die PEST-Analyse ist ein einfaches Analyse-Tool, um das politische (political), wirtschaftliche (enonomic), soziokulturelle (sociocultural) oder technologische (technological) Umfeld eines Unternehmens zu untersuchen. In der neueren Diskussion werden diese um rechtliche (legal) und ökologische (ecological) Faktoren ergänzt. In die PEST-Analyse werden meist nur Faktoren aufgenommen, die im externen Umfeld eines Unternehmens liegen, auf die es keinen direkten Einfluss hat, die es aber in seinem Wirkungsradius beeinflussen. Parallel soll die PEST-Analyse Orientierungspunkte für die künftige Entwicklung des Unternehmens geben.

Ist-Soll-Analyse

Die Ist-Soll-Analyse beschreibt ein Verfahren, um die Differenz zwischen den im Vorjahr formulierten Zielen und dem im abgelaufenen Geschäftsjahr tatsächlich Erreichtem festzustellen. In der Regel funktioniert die Ist-Soll Analyse – oder Gap-Analyse – nur dann, wenn konkret definierte, quantitativ messbare Größen miteinander verglichen werden. Sollte beispielsweise im Vergleich zum vergangenen Jahr das Clipping-Aufkommen in den Fachmedien von 100 auf 110 gesteigert werden, lässt sich an Hand der Medienresonanz klar feststellen, ob das Unternehmen dieses Ziel erreicht hat.

Eigen-/Fremdbild-Analyse

Beim Vergleich von Eigen- und Fremdbild wird die Imagebewertung von außen dem eigenen Selbstbild gegenübergestellt. Die verschiedenen Image-Items, die miteinander verglichen werden, können dabei z.B. in Form eines Polaritätsprofils erstellt werden. Während sich das Eigenbild durch eine Befragung der Geschäftsführung oder auch der Mitarbeiter messen lässt, wird das Fremdbild in der Regel durch Händler- oder Kundenumfragen eingeholt. Wichtig dabei ist, dass die Imagemerkmale intern und extern nach der gleichen Methodik abgefragt werden.

Konkurrenzanalyse/Benchmark-Analyse

In der Konkurrenzanalyse – durch Eigenanalyse oder Marktforschungsstudie – werden Leistungsmerkmale, Wachstumspotenziale, Stärken und Schwächen, Produkt-/Unternehmensimage mit denen der wichtigsten Mitbewerber verglichen. Die Schwächen eines Mitkonkurrenten liefern Ansatzpunkte für die Entwicklung der eigenen Kommunikationsstrategie und der Positionierung, indem künftig bestimmte Leistungsmerkmale besonders betont oder noch freie Marktnischen besetzt werden. Die Stärken eines Konkurrenten wiederum zeigen den eigenen Optimierungsbedarf auf. Wichtig für eine eigene Benchmark-Analyse unter PR-Gesichtspunkten ist die Bewertung von Leitungsmerkmalen wie Medienresonanz, Themen-Setting, PR-Erfolge und -Misserfolge sowie Qualität der Instrumente.

Positionierungsanalyse

Ähnlich wie bei der Konkurrenzanalyse wird bei der Positionierungsanalyse die Wahrnehmung des eigenen Unternehmens bei relevanten Kundengruppen mit der Wahrnehmung der Konkurrenz verglichen. Die Eigenschaften müssen so ermittelt werden, dass entweder rational nachvollziehbare Leistungen (Preis, Qualität, Garantie) miteinander verglichen werden oder Bedürfnisstruktur, Anforderungen und Erwartungshaltungen der Kunden rational und emotional widerspiegeln. Dies kann per Marktforschungsstudie geschehen, bei der den Befragten zur Beurteilung eine Liste kaufrelevanter Eigenschaftskriterien vorgegeben wird oder Folge einer qualitativen Medienresonanzanalyse sein, in der die Themen, Aussagen und Botschaften der eigenen Positionierung mit denen der Konkurrenz verglichen werden.

Zielgruppenanalyse

Entlang der Methodik der Konsumenten- oder Marktforschung wird untersucht, wie die Zielgruppenstruktur eines Unternehmens beschaffen ist. Die Marketingforschung konzentriert sich rein auf die Konsumentenforschung und untersucht das Informationsverhalten, soziodemographische Merkmale, Persönlichkeitsstruktur oder Lebensstile der Kunden. Unter PR-Gesichtspunkten sollte eine Zielgruppenanalyse den Zufriedenheitsgrad sowie Stärken und Schwächen des eigenen Kommunikationsverhaltens herausfiltern. Zudem soll sie neue Zielgruppenpotenziale inklusive Erwartungshaltungen, Ängsten und Risiken entdecken. Zusätzlich analysiert die PR-Forschung wichtige Mittler- und Multiplikatorengruppen, die beispielsweise als »Pressure-Groups« (Interessenverbände, Lobbyisten) ein Thema weiter tragen oder auch behindern können.

Das Fazit der Analyse

Am Ende des analytischen Teils einer PR-Konzeption steht das Fazit. Darin werden die inhaltlichen Ergebnisse präzise und verständlich zusammengefasst, die Auswirkungen auf die Aufgabenstellung sichtbar gemacht und Schlussfolgerungen auf die kommunikativen Herausforderungen gezogen, vor denen das Unternehmen steht. Sollte die Analyse besondere Schwächen und Risiken sichtbar gemacht haben, wird im Fazit darauf hingewiesen – verknüpft mit ersten Lösungsansätzen, um Schaden abzuwenden. Darüber hinaus sollte dem Unternehmen aufgezeigt werden, an welchen Eckpunkten die Kommunikation künftig ansetzen muss.

In diesem Sinne bildet das Fazit das methodische Scharnier zwischen der Analyse und dem strategischen Teil einer Konzeption.

3.3   Strategie und Kreativität

3.3.1 Strategiebegriff und Strategiearten

Wie viele Begriffe aus dem Management kommen auch die beiden wichtigsten Grundbegriffe der Kommunikationsplanung aus dem militärischen Wortschatz: Strategie und Taktik. Die Strategie (griech. Stratos = Heer, agein = führen) ist die Wissenschaft der Heerführung zur Vorbereitung, Planung und Durchführung von Feldzügen. Die Taktik wiederum (griech. Taktike = Kunst der Aufstellung eines Heeres) steht für die koordinierte Anwendung von militärischen Mitteln nach Raum, Kraft und Zeit zum Zweck des Gefechts. Taktik ist im militärischen Jargon also die Gefechtslehre, die das Verhalten der Armee beschreibt.

Dies bedeutet letztendlich: Die Strategie gibt die grundsätzliche Bewegungsrichtung vor (»Was wollen wir erreichen«), während die Taktik das situative Verhalten beschreibt, um das anvisierte Ziel zu erreichen (»Wie wollen wir das erreichen?«). So wird in der Kommunikationsplanung immer zwischen einem strategischen Teil, der die Richtung vorgibt und der taktischen Maßnahmenplanung, also der Planung, Ausgestaltung und Umsetzung von Maßnahmen zur Erreichung der Kommunikationsziele unterschieden. Die Strategie ist stets mittel- bis langfristig ausgelegt, die Maßnahmenplanung kurz- bis mittelfristig.

Warum ist die Strategie so wichtig? Die Notwendigkeit strategischer Überlegungen folgt in der Regel einer Veränderung des Umfeldes, dessen sich das Unternehmen gegenübersieht und an die es sich immer wieder anpassen und damit neu erfinden muss. Eine klare Strategie hilft, das Risiko von Fehlentscheidungen zu minimieren, Handlungsspielräume zu schaffen, Entscheidungen in einen Gesamtplan einzupassen und feste kommunikative Orientierungspunkte zu liefern. Die Strategie setzt dabei immer an den Stärken an, die sich aus der SWOT-Analyse ergeben haben, versucht diese auszubauen und gleichzeitig die Risiken zu minimieren. Dazu benennt sie nicht nur die direkten und indirekten Zielgruppen, sondern definiert auch die Informationswege, die Maßnahmenbereiche und die Schrittfolge, in der diese Maßnahmen aufeinander aufbauen.

Unterschiedliche Strategiearten

In der Kommunikationsplanung gibt es zahlreiche strategische Grundüberlegungen, die die weitere Lösungsrichtung vorgeben. Einige Beispiele, die das Wesen dieser Strategien verdeutlichen:[47]

- Bekanntmachungsstrategie: Einführung eines Neufahrzeuges;
- Informationsstrategie: Neue Preistarife bei einem Stromanbieter;
- Imageprofilierungsstrategie: Imagekampagnen z.B. »be berlin«;
- Konkurrenzabgrenzungsstrategie: »Geiz ist geil«, beste Qualität, bester Service;
- Zielgruppenerschließungsstrategie: Spezielle Zielgruppenansprache z.B. von Schülern;
- Top-down-/Bottom-up-Strategie: Kommunikation von oben nach unten z.B. bei CI-Prozessen;
- Kontaktanbahnungsstrategie: Neue Zielgruppen erschließen z.B. durch soziales Engagement;
- Beziehungspflegestrategie: Besondere Pflege wichtiger Zielgruppen z.B. in Form von Events;
- Multiplikatorenstrategie: Strategischer Fokus auf Ansprache wichtiger Multiplikatoren;
- Kooperationsstrategie: Einbeziehung von Partnern, Pressure Groups und Netzwerken;
- Testimonialstrategie: Einsatz von Prominenten und VIPs z.B. in der Werbung;
- Emotionalisierungsstrategie: Erlebbarmachung von Produkten z.B. auf Consumer Messen;
- Antizipationsstrategie: Proaktive Identifizierung von Problemfeldern und Dialogsuche;
- Widerstandsstrategie: Erhaltung des Status quo, z.B. Partikelfilterpflicht bei Dieselmotoren.

Dabei muss man immer beachten: Jede dieser Strategien hat ihre Vor- und Nachteile. Eine Multiplikatorenstrategie kann dann sinnvoll sein, wenn sich ein Unternehmen vorrangig in einem umweltsensiblen Bereich bewegt. Setzt das Unternehmen jedoch dann rein auf

---

47 Erweiterte Übersicht entstanden auf Basis von Bruhn, Manfred, 2007, S.231 ff.

die Ansprache von Kooperationspartnern, kann es Gefahr laufen, weitere Zielgruppen im direkten Umfeld zu vernachlässigen. Möglicherweise hat die Analyse sogar ergeben, dass ein hoher Informationsbedarf vorliegt, weil es an einem Standort Bürgerproteste wegen zunehmender Geruchsbelästigung gab. Um die Schwächen der einen durch die Stärken der anderen Strategie auszugleichen, kann es daher durchaus Sinn machen, die beiden Ansätze sinnvoll miteinander zu verknüpfen.

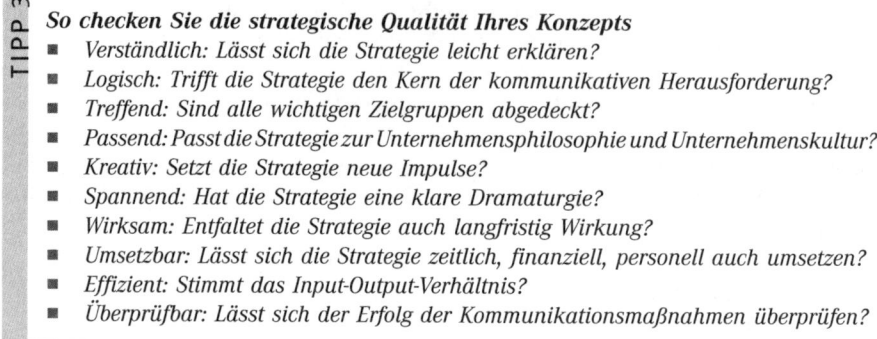

So checken Sie die strategische Qualität Ihres Konzepts
- *Verständlich: Lässt sich die Strategie leicht erklären?*
- *Logisch: Trifft die Strategie den Kern der kommunikativen Herausforderung?*
- *Treffend: Sind alle wichtigen Zielgruppen abgedeckt?*
- *Passend: Passt die Strategie zur Unternehmensphilosophie und Unternehmenskultur?*
- *Kreativ: Setzt die Strategie neue Impulse?*
- *Spannend: Hat die Strategie eine klare Dramaturgie?*
- *Wirksam: Entfaltet die Strategie auch langfristig Wirkung?*
- *Umsetzbar: Lässt sich die Strategie zeitlich, finanziell, personell auch umsetzen?*
- *Effizient: Stimmt das Input-Output-Verhältnis?*
- *Überprüfbar: Lässt sich der Erfolg der Kommunikationsmaßnahmen überprüfen?*

3.3.2 Zielgruppenbestimmung

Sucht man innerhalb der PR-Konzeptionslehre für die Beschreibung der Zielgruppen die richtigen Begriffe, muss man sich durch ein undurchdringliches Dickicht kämpfen. Wie Abb. 13 zeigt, tauchen Worte auf wie Bezugsgruppen, Anspruchsgruppen, Teilöffentlichkeiten, Stakeholder, Zielgruppen, Interessengruppen, Publikumsgruppen oder Dialoggruppen.

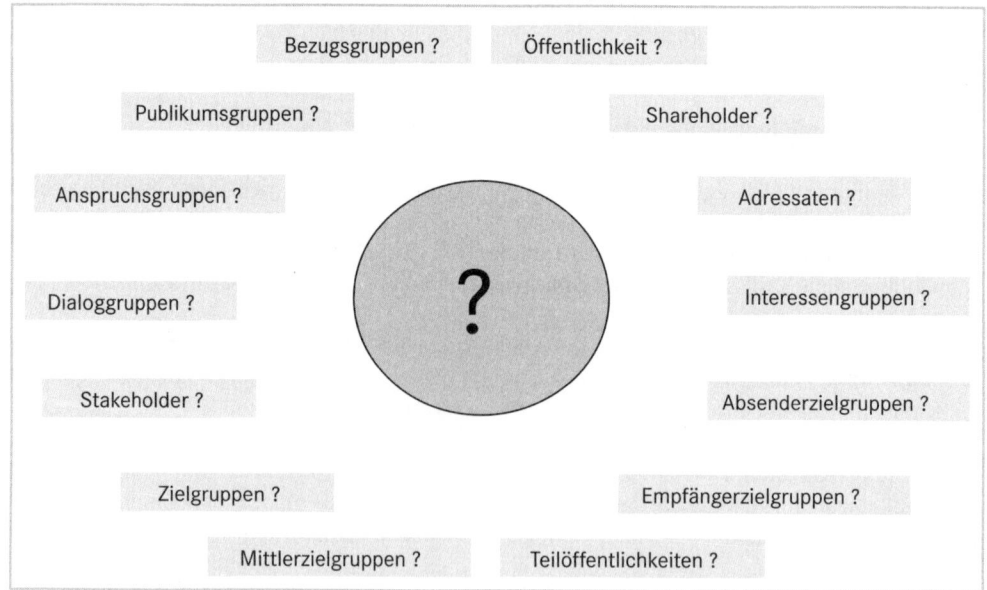

Abb. 13: Zielgruppen der Kommunikation – Die richtige Begrifflichkeit. Eigene Abbildung.

Am gängigsten ist der Begriff der Zielgruppe, die sich aus der Marketinglehre ableitet. Der Berliner Konzeptionsplaner Klaus Schmidbauer hat diesen Zielgruppenbegriff noch erweitert. Dabei unterscheidet er Zielgruppen in:

- Empfängerzielgruppen: Kundenstamm, Gelegenheitskunden, Kundenpotenzial;
- Mittlerzielgruppen: Medien, Meinungsbildner, Absatzmittler;
- Absenderzielgruppen: Führungskräfte, Mitarbeiter, Aufsichtsrat, Personalrat.

Für Schmidbauer sind die Empfänger die Schlüsselzielgruppe der Kommunikation. Sie müssen dazu bewegt werden, die gestellte Kommunikationsaufgabe zu lösen und die anvisierten Ziele zu erreichen. Die Mittlerzielgruppen stehen zwischen den Absendern einer Botschaft und deren Empfängern. Sie spielen innerhalb der Kommunikation eine tragende Rolle, gerade wenn der persönliche Kontakt zwischen Absendern und Empfängern nicht möglich ist. Zu den Absendern zählen alle offiziellen Vertreter und Mitarbeiter einer Organisation, die mit ihrem Verhalten die Glaubwürdigkeit einer Kommunikationskampagne entscheidend prägen.[48]

Teilöffentlichkeiten

Andere Konzeptionsansätze gehen eher von einem inhaltlichen Bezug aus, den Personen oder eine Gruppe zu einer Organisation haben. So wird eine Teilöffentlichkeit durch die Thematisierung bestimmt, die sie in der Öffentlichkeit darstellt. Da es in einer Mediendemokratie viele heterogene Öffentlichkeiten gibt, formieren sich Personen in Sachfragen teils sehr meinungsstark zu Teilöffentlichkeiten, um eine öffentliche Debatte zu initiieren. Diese bestehen aus Personen, die einem ähnlichen Problem gegenüberstehen, die an einer Lösung des Problems interessiert sind und dazu sogar bereit sind, sich zu organisieren. Teilöffentlichkeiten lassen sich unterscheiden in:[49]

- Nicht bewusste Teilöffentlichkeiten oder Nicht-Teilöffentlichkeiten: Diese Teilöffentlichkeit ist an den Themen eines Unternehmens oder einer Branche nicht interessiert und kommuniziert eher wenig darüber (apathische Teilöffentlichkeiten);
- Latente Teilöffentlichkeiten: Das Problem wird noch nicht erkannt, kann aber beispielsweise durch eine intensive Medienberichterstattung zu einem bewussten Problem werden;
- Bewusste Teilöffentlichkeiten: Das Thema wird bereits als problematisch erkannt, die Teilöffentlichkeit ist aber noch nicht aktiv;
- Aktive Teilöffentlichkeiten: Die Personen sind an einer Lösung des Themas interessiert. Sie organisieren sich, um das Problem anzugehen und artikulieren ihre Meinung lautstark und öffentlichkeits- und medienwirksam. Hierbei handelt es sich um aktiv Betroffene oder auch um Personen, die sich regelmäßig in gesellschaftliche Debatten einschalten.

Bezugs- und Dialoggruppen

Bezugsgruppen sind in der Sozialpsychologie Gruppen, deren Wertmaßstäbe und Normen mit denen eines einzelnen Individuums übereinstimmen, für das die Bezugsgruppe eine wichtige Orientierung darstellt. Das Individuum identifiziert sich mit den Werten einer

---

48 Schmidbauer/Knödler-Bunte, 2004, S. 151 ff.
49 Vgl. Szyszka, Peter: PR-Praxis und ihre theoretischen Grundlagen; in: Martini, Bernd-Jürgen, 1997, S. 12 ff.

Bezugsgruppe und übernimmt sie. Es folgt den Rollenerwartungen und passt sich dem daraus ergebenden Verhalten an. Eine Bezugsgruppe kann eine physische Gruppe von Menschen oder eine virtuelle Bezugsgruppe sein, die gemeinsam gegen vermutete oder tatsächlich vorhandene Missstände vorgehen. Gerade virtuelle Bezugsgruppen sind in der Lage, medienwirksam Meinungsbildungsprozesse zu initiieren, indem sie polarisieren und die Richtung der Meinungsbildung vorgeben. Ein Beispiel für die Macht dieser Bezugsgruppen ist der massenhafte nationale und internationale Online-Protest gegen das Anti-Produktpiraterie-Handelsabkommen ACTA zwischen den USA und der Europäischen Union in den Jahren 2011 und 2012.

In der Fachliteratur wird teilweise auch der Begriff der Dialoggruppen verwendet. Dies sind Gruppen, mit denen ein Unternehmen bereits einen intensiven Dialog führt (reale Dialoggruppe) oder einen Dialog aufbauen will (potenzielle Dialoggruppe). Der Dialogbegriff impliziert, dass es bei der Kommunikation mit diesen Gruppen nicht nur um die einseitige Weitergabe von Informationen geht, sondern dass das Unternehmen die Absicht verfolgt, eine wechselseitige Beziehung mit den Dialoggruppen aufzubauen.

Stakeholder-Ansatz

Ein weiteres Modell der Zielgruppen-Definition bietet der Stakeholder-Ansatz. Dieser definiert diejenigen Gruppen, die Ansprüche an ein Unternehmen stellen oder künftig stellen könnten. Im Gegensatz zum Shareholder-Modell, das die einseitige Ausrichtung der Unternehmensstrategie auf die Bedürfnisse und Erwartungen der Eigentümer betont, bildet das Stakeholder-Konzept das gesamte sozioökonomische Umfeld eines Unternehmens ab. Folgende Stakeholder mit ihren Ansprüchen lassen sich definieren:

- Eigentümer oder Shareholder: Anspruch auf Rendite und Dividende sowie auf Informationen;
- Kapitalgeber: Anspruch auf Zinsen und Kreditrückzahlung sowie auf Informationen;
- Mitarbeiter: Anspruch auf Beschäftigung, sichere Arbeitsbedingungen, Entlohnung;
- Kunden: Anspruch auf Qualität, Lieferzuverlässigkeit, Rückgabe, Umtausch;
- Händler: Anspruch auf Qualität, Lieferung, Informationen, Vermarktungsunterstützung;
- Lieferanten: Anspruch auf Produktabnahme, pünktliche Bezahlung;
- Staat und öffentliche Institutionen: Anspruch auf Steuerzahlung, Einhaltung von Gesetzen;
- Medien: Anspruch auf Berichterstattung (Pressefreiheit) und auf Informationen;
- Allgemeine Öffentlichkeit (Parteien, Gewerkschaften, Kirchen, Vereine, Verbände): Anspruch auf gesellschaftliches Engagement, Mitgliederbeiträge sowie auf Informationen.

Es gibt Anspruchsgruppen, die eher indirekt mit dem Unternehmen verbunden sind (Anwohner, Bürgerinitiativen, Verbraucherschutzorganisationen), die jedoch das Meinungs- und Handlungsumfeld empfindlich beeinträchtigen können. Wählt man bei der Zielgruppendefinition den Stakeholder-Ansatz als Ausgangsmethode, sollten meinungsstarke Gruppen in das eigene Stakeholder-Raster integriert werden. Regelmäßige Dialoge beispielsweise mit Umwelt- und Verbraucherorganisationen wie Greenpeace, WWF, Food Watch können dem Unternehmen wichtige Anhaltspunkte liefern.

Die Gewichtung von Zielgruppen

Unabhängig von der Begrifflichkeit: Je genauer und differenzierter die Zielgruppen, Teilöffentlichkeiten oder Dialoggruppen in einem PR-Konzept beschrieben sind, desto besser können die Maßnahmen, Botschaften und Kommunikationsinhalte daraufhin abgestimmt werden und desto größer ist die Chance, die anvisierte Zielgruppe mit ihre speziellen Informationsbedürfnissen, Einstellungsmustern, Kommunikationsverhalten auch tatsächlich zu erreichen.

Die Zielgruppenauswahl sollte immer so erfolgen, dass die Personen und Gruppen erhalten bleiben, die bereits an das Unternehmen gebunden sind. Parallel dazu werden systematisch neue Zielgruppen angesprochen, die zur Erreichung der Kommunikationsziele dienen. Wichtig: Wer einen echten Dialog mit seinen Zielgruppen aufbauen und langfristige Meinungs-, Einstellungs- und Verhaltensänderungen bewirken will, muss kontinuierlich Präsenz zeigen. Gleichzeitig sollte das Unternehmen bei der Auswahl der Zielgruppen immer entlang der vorhandenen Ressourcen entscheiden, welche Zielgruppen wie intensiv bedient werden können. Der Prozess erfolgt dazu in sechs Stufen:

Stufe 1: Grobselektion der Zielgruppenfelder: nach Kunden, Handel, Medien, Mitarbeitern;

Stufe 2: Feinselektion: nach demografischen, geografischen, verhaltensorientierten Merkmalen;

Stufe 3: Gewichtung nach kommunikativer Relevanz: Haupt- und Kern-, Neben- und Unterzielgruppen;

Stufe 4: Beschreibung der Zielgruppen: anschaulich, detailliert, eindeutig;

Stufe 5: Zielgruppen-Check: praktikable Struktur, ausreichende Ressourcen;

Stufe 6: Ziel-Zielgruppen-Check: Überprüfung der Zielgruppe auf Erreichung der fixierten Ziele.

Bei der Zielgruppenauswahl können Unternehmen verschiedene strategische Annahmen verfolgen:[50]

- Strategie des geringsten Widerstandes: Ansprache derjenigen Bezugsgruppen, die laut Analyse die größtmögliche Offenheit für die Kommunikationsinhalte erkennen ließen;
- Strategie der dicksten Bretter: Konzentration auf meinungsmächtige Zielgruppen, deren vermuteter Widerstand besonders groß ist;
- Top-down-Strategie: Durchsetzung der Strategie in einem hierarchischen Umfeld von oben nach unten: Von der Klinikleitung zur Krankenschwester, vom Leitmedium Spiegel zur Regionalzeitung Main Post;
- Bottom-up-Strategie: Vertrauen auf informelle Informationswege und Mund-zu-Mund-Propaganda um die Diskussion in Meinungsmilieus von unten nach oben zu beeinflussen;
- First-Things-First-Strategie: Pragmatischer Fokus auf Zielgruppen, die mit dem geringsten Vorlauf und dem geringsten Ressourceneinsatz am schnellsten zu erreichen sind;
- Agenda-Setting-Power: Orientierung an Bezugsgruppen, die Diskussionen zum betreffenden Thema prägen, Themen akzentuieren oder ein Thema zuspitzen können;
- Entscheidungskontrolle: Ansprache vor allem der Bezugsgruppen, die als Gesetzgeber, politische Entscheider oder finanzielle Anteilseigner ein Themenumfeld kontrollieren.

---

50 Vgl. auch Schmidbauer/Knödler-Bunte, 2004, S. 156 ff.

Kernzielgruppen im Überblick

Kapitalgeber

- Gremien der Anteilseigner: Aufsichtsrat, Beirat, Stiftungsrat, Mitglieder;
- Gläubiger: Banken, Lieferanten, externe Dienstleister, Mitarbeiter;
- Kapitalgeber: Aktionäre, Investoren (potenziell, real), Analysten;
- Sonstige Kapitalgeber: Sponsoren, Mäzene, Spender, Stiftungen.

Unternehmens- und Betriebsebene

- Betriebsrat: Gesamtbetriebsrat, einzelne Mitglieder, Gewerkschaften, Vertrauensleute;
- Mitarbeiter: Aktuelle, neue, potenzielle Mitarbeiter, Zeitarbeiter, Angehörige;
- Leitungsebene: Management-Mitglieder, Bereichsleiter, Abteilungsleiter, Teamleiter;
- Externe Berater: Kommunikationsexperten, Unternehmensberater, sonstige Fachleute.

Kunden/Händler/Lieferanten

- Großkunden: Großabnehmer, Einzelhandel, Zulieferbetriebe, Endproduzenten;
- Privatkunden: Potenzielle Kunden, Neukunden, Bestandskunden, ehemalige Kunden;
- Lieferanten: Zulieferbetriebe, externe Dienstleister.

Politik/Institutionen/Organisationen

- Behörden: Wirtschaft, Kultur, Umwelt – lokal, regional, national, international;
- Politik: Parteien, Ministerien, Gemeindevertretungen, Bürgermeister;
- Wirtschafts- und Branchenvertreter: IHK, Wirtschaftsverbände, Branchenverbände, Fachverbände, internationale Wirtschaftsorganisationen, Unternehmerinitiativen;
- Sonstige Organisationen: Verbraucher- und Umweltverbände, Bürger- und Stadtteilinitiativen, Kirchen und Glaubensgemeinschaften.

Medien

- Printmedien: Tageszeitungen, Publikumszeitschriften, Fachzeitschriften, Anzeigenblätter, Amtsblätter, Kunden- und Mitarbeiterzeitungen;
- Hörfunk und TV: Öffentlich-rechtliche Sender, Privatsender, Produktionsgesellschaften, Lokalsender, Korrespondenten;
- Internet: Online-Medien, Nachrichtenportale, Online-Pressedienste, Foren, Blogs, Social Communities;
- Agenturen: Nachrichtenagenturen, Presse- und Bilderdienste, Fotoagenturen;
- Freelancer: Freie Journalisten, freie Korrespondenten, freie Fotografen;
- Presseclubs: Wirtschaftspresse-Treffs, Medien-Round-Tables, Jours-Fixes.

3.3.3 Zieldefinition

Die Zielformulierung ist erfahrungsgemäß das größte Problem innerhalb der Konzeptionslehre. Viele PR-Konzeptioner weigern sich gegenüber ihren Kunden, quantitative Ziele wie eine Abdruckgarantie festzuschreiben, da ihrer Meinung nach Public Relations niemals die Gewähr bieten könne, messbare Ziele auch tatsächlich zu erreichen. Gleichzeitig lassen sich zur Beurteilung der PR-Maßnahmen nur Ziele messen, die im Vorfeld konkret formuliert wurden. Wer also den Erfolg seiner PR-Maßnahmen feststellen will, ist darauf angewiesen, seine Ziele SMART zu formulieren. Das heißt:

- **S** = spezifisch: sind auf die Kommunikationsaufgabe bezogen;
- **M** = messbar: haben klare Kennziffern, die einen Vergleich ermöglichen;
- **A** = akzeptiert: sind allen Beteiligten bekannt und von ihnen akzeptiert;
- **R** = realistisch: lassen sich tatsächlich verwirklichen;
- **T** = terminiert: geben einen klaren Zeithorizont vor.

Diese Ziele sollen dazu dienen, auf Basis der IST-Situation die eigene Position zu definieren und die Fortschritte zu dokumentieren, die künftig erreicht werden sollen. Die Zielformulierungen orientieren sich dabei in der Hauptsache an den Stärken eines Unternehmens, eines Produkts und den einzelnen Kommunikationsdisziplinen. Kommunikationsziele sind damit eine klare Orientierungs- und Richtgröße für den Entscheider. Sie sind ein Koordinationsinstrument während der Umsetzung, das darüber hinaus die Erfolgsmessung am Ende einer Kampagne oder eines PR-Jahres ermöglicht.

Wahrnehmung – Einstellung – Verhalten

Kommunikationsziele unterscheidet man in Haupt- und Nebenziele. Das heißt: Die Ziele werden entlang ihres Gewichts zur Lösung der Kommunikationsaufgabe sortiert. Darüber hinaus lassen sie sich nach zeitlichen Dimensionen in kurz-, mittel- und langfristige Ziele sowie anhand der definierten Zielgruppen strukturieren. Eine gängige Unterscheidung ist auch die Unterteilung in:
- Kognitive Ziele (Wahrnehmung): Aufmerksamkeit, Bekanntheit, Informationsgrad, Wiedererkennung;
- Emotionale Ziele (Einstellung): Akzeptanz, Sympathie, Image;
- Aktivierende Ziele (Verhaltens- oder Handlungsziele): Kaufreiz, Kontaktaufnahme, Service- und Informationsnutzung, Veranstaltungsbesuch, Response, Berichterstattung (Journalisten), Handlungsverweigerung (z. B. Protest, Boykott), Verhaltenskorrektur.

Kognitive Ziele liegen bei entsprechendem Mitteleinsatz (Werbedruck, Informationsdichte) eher in einem kurzfristigen Zeithorizont, während sich Einstellungsziele nur langfristig erreichen lassen. Dabei geht man vielfach von einem Wirkungszusammenhang aus, nach dem sich Verhaltensziele erst dann erreichen lassen, wenn das Angebot bekannt ist und als positiv bewertet worden ist. Gleichzeitig kann es durchaus vorkommen, dass ein Angebot spontan genutzt wird, weil der Verwender auf dieses in einem günstigen Moment aufmerksam geworden ist. Daraus lässt sich jedoch nicht ableiten, dass er eine grundsätzliche Sympathie gegenüber einem Absender (Marke, Unternehmen) hat. Unbestritten aber ist: Ein Angebot muss erst bekannt sein, damit es überhaupt eine Chance auf Nutzung erhält. Ob es dann auch genutzt wird, hängt von der Qualität des Angebots und der Kommunikation ab, wie von der Erwartungshaltung des Empfängers einer Botschaft.

Die Verbindung von Unternehmens- und PR-Zielen

Bei einer systematischen Zielplanung leiten sich die PR-Ziele aus den Unternehmens- und Marketingzielen ab, wie auch der folgende Überblick zeigt. Aus den formulierten PR-Zielen wiederum leiten sich dann einzelne Kampagnen, Maßnahmen oder Projektziele ab. Jedoch sollte sich ein Unternehmen nicht zu viele Ziele setzen, damit die Umsetzung durch bestehende Budget- oder Personalrestriktionen nicht gefährdet wird.

Unternehmensziel	PR-Ziel
■ Verbesserung der Wirtschaftlichkeit, bessere Auslastung	■ Erhöhung der Mitarbeitermotivation ■ Verbesserung der internen Kommunikation ■ Verbesserung der Kundenkommunikation
■ Gewinnerhöhung, Prestigesteigerung	■ Verbesserung des Produkt-, Marken- oder Unternehmensimages ■ Verbesserung der Kundenkommunikation
■ Marktanteilsvergrößerung	■ Erhöhung des Bekanntheitsgrads ■ Akzeptanzsteigerung
■ Erfolgreiche Produkteinführung	■ Schaffung von Bekanntheit

Diese allgemein formulierten PR-Ziele müssen dann noch »SMART« gemacht werden. Das Ergebnis könnte wie folgt aussehen:

- Erhöhung des Bekanntheitsgrads bei Frauen zwischen 30 und 50 Jahren um 20 Prozent innerhalb der nächsten 12 Monate;
- Aufbau eines Bekanntheitsgrads (gestützte Bekanntheit) in der Region Berlin-Brandenburg von 10 Prozent bei 13- bis 16-jährigen Jugendlichen während der nächsten 6 Monate;
- Verbesserung des Medienaufkommens in Publikumszeitschriften um 25 Prozent in den nächsten 18 Monaten;
- Erreichung der positiven Imagewerte »verlässlicher Arbeitgeber«, »gutes Betriebsklima« und »verantwortungsvolle Unternehmenskultur« bei den Mitarbeitern in den nächsten 12 Monaten.

3.3.4 Die Positionierung

Die nächste wichtige Soll Größe innerhalb des strategischen Teils ist die Positionierung eines Unternehmens, eines Produkts oder einer Marke. Die Produktkommunikation will mit der Positionierung erreichen, das eigene Produkt auf Basis eines einzigartigen Verkaufsvorteils (Unique Selling Proposition/USP) von der Konkurrenz stark abzugrenzen. Dazu werden positive Leistungsmerkmale und Eigenschaften gesucht, die entweder nur dem Produkt zuzuschreiben sind (z. B. Hybrid-Motor beim Toyota Prius) oder die das Produkt durch eine besonders starke Ausprägung einer Eigenschaft als besondere Stärke erscheinen lassen (z. B. Sicherheitskonzept von Volvo). Wichtige Positionierungsmerkmale könnten auch der Preis, spezielle Services eines Unternehmens oder ein besonderes Design sein, das die Beschaffenheit prägt (z. B. Coca-Cola-Flasche, iPhone).

Vom USP zum UCP

Ist ein USP gefunden, ergibt sich daraus für die Kommunikation ein strategischer Vorteil. So lässt sich der einzigartige Produktvorteil auch als kommunikatives Alleinstellungsmerkmal nutzen, dem Unique Communication Proposition (UCP). Während der USP das Ziel hat, das Produkt gegenüber der Konkurrenz erfolgreich am Markt zu platzieren, soll mit dem UCP ein Unternehmen, Thema oder Produkt am Meinungsmarkt und im Bewusstsein der Konsumenten erfolgreich verankert werden. Dazu muss es sich in einem von Themen-konkurrenz geprägten Meinungsumfeld durchsetzen und im optimalen Fall sogar als The-menführer (»Erster Produzent von ...«) etablieren.

In gesättigten Märkten besteht häufig das Problem, dass ein echter USP nur schwer zu finden ist, weil zu viele Konkurrenten mit ähnlichen (Nachahmer-) Produkten und ver-gleichbaren Leistungsmerkmalen in einem begrenzten Marktsegment um Anteile kämp-fen. So hat sich die Softies-Tüchertasche (»Himmelweiche Softies – in der Tüchertasche«) nur ein halbes Jahr gehalten, bis andere Hersteller die Idee übernahmen, ihre Taschentü-cher in verschließbaren Packungen anzubieten.

Dies verdeutlicht: Gerade wenn der Lebenszyklus eines Produkts bereits vorangeschrit-ten ist, kann man zumeist davon ausgehen, dass der USP durch Konkurrenzprodukte auf-gebraucht ist und der sich daraus ergebende Kommunikationsvorteil ebenfalls nicht mehr funktioniert. Fehlt aber der UCP, der ein Thema oder ein Angebot stark macht und die Marktstellung begründet, wird es schwer, das Thema oder Produkt überhaupt ins Bewusst-sein von Medienrezipienten und Konsumenten zu bringen, geschweige denn dauerhaft zu verankern. Der UCP muss daher fragen:

- Welche Themen und Aussagen existieren für die kommunikative Positionierung?
- Passen die getroffenen Aussagen zur Unternehmensstrategie und -philosophie?
- Setzt uns die kommunikative Positionierung deutlich von der Konkurrenz ab?
- Ist die kommunikative Positionierung für die Zielgruppe nutzenrelevant?
- Ist die Positionierung so tragfähig, dass sie sich nicht schnell verschleißt?
- Liefert sie dem Empfänger einen echten Mehrwert?
- Sind die Aussagen für die Zielgruppe nachvollziehbar, verständlich und nachprüfbar?

TIPP 5

Wo rechtliche Fallstricke lauern
Bei der Positionierung lauern rechtliche Fallstricke. Behauptet eine Firma, sie sei das größte Schuh-Handelsunternehmen Deutschlands, müssen diese Aussagen mit Fakten belegbar sein. Ist dies nicht möglich, kann ein Konkurrent schnell eine Unterlassungs-klage erwirken, die diese Verbreitung verbietet. Das Gesetz gegen den unlauteren Wett-bewerb (UWG) bietet dazu die rechtliche Basis. Diese Problematik führt wiederum dazu, dass viele Positionierungen weichgespült wirken. So wird aus der selbstbewuss-ten Behauptung »Größtes Schuh-Handelsunternehmen Deutschlands« letztendlich nur »Eines der größten Schuh-Handelsunternehmen Deutschlands« – eine Aussage, die weder als USP noch als UCP wirklich hilfreich und wirksam ist.

Je nach Marktstellung und strategischer Zielrichtung kann die Richtung der Positionierung völlig unterschiedlich sein. So will sich das eine Unternehmen besonders stark von der Konkurrenz abheben. Ein anderes Unternehmen will sich kommunikativ dem Marktführer annähern. Das dritte Unternehmen möchte sich so positionieren, dass es so nah wie mög-lich an das Wunschbild seiner Kunden herankommt.

FALLBEISPIEL

Positionierung bei Sennheiser

Nachfolgend findet sich in Auszügen ein Positionierungsbeispiel des bekannten Kopfhörer- und Mikrophon-Herstellers Sennheiser, ein mittelständisches Unternehmen mit weltweit mehr als 2.000 Mitarbeitern und einem Jahresumsatz von 531,4 Millionen Euro (2011).

»Discover true sound«

»Seit mehr als 65 Jahren steht unser Name für Qualitätsprodukte, echten Klang und maß-geschneiderte Lösungen, wenn es um Aufnahme, Übertragung und Klangwiedergabe geht. Wir wollen nicht nur, dass die Menschen in jeder Hinsicht außergewöhnlichen Klang hö-ren, wir wollen auch, dass sie ihn fühlen können. Dank deutscher Ingenieurskunst, jahr-zehntelanger Erfahrung im Profigeschäft und innovativer Wissenschaft, bleiben wir dem unverfälschten Klang treu und setzen neue Maßstäbe im Bereich Kopfhörer, Headsets, Mikrophone und Integrated Systems.

Wir gestalten heute die Audiowelt von morgen – das ist der Anspruch, den wir täglich an uns und unser Unternehmen stellen. Diese Vision beschreibt, was wir gemeinsam er-reichen wollen. Das Fundament dafür bilden unsere Geschichte, unsere Innovationskultur und unsere Leidenschaft für Exzellenz. (...)

Unsere Kopfhörer, Mikrofone und Audiokomplettlösungen, der zuverlässige Service und unsere engagierten Mitarbeiter begeistern unsere Kunden in der ganzen Welt. Ganz gleich, ob es Künstler, Discjockeys, Piloten, Wissenschaftler, Tontechniker oder anspruchsvolle Musikhörer sind – der Name Sennheiser steht immer für Premiumprodukte, höchste Klangqualität und unverfälschten Hörgenuss. Aus dieser Begeisterung schöpfen wir unse-re Leidenschaft für Exzellenz. Sie treibt uns jeden Tag aufs Neue an, unsere Mission zu erfüllen: Töne und Klänge in ein perfektes Sounderlebnis zu verwandeln.« [51]

Bei dieser Beschreibung handelt es sich um eine sehr umfangreiche Positionierung mit Leitbildcharakter, die das Selbstverständnis eines B2C-Unternehmens durchaus emotional so beschreibt, dass dadurch Produkte und Produkteigenschaften für den Rezipienten er-lebbar werden. Schließlich soll die Positionierung gegenüber einer breiten Käuferschicht Aufmerksamkeit erzeugen. Nach Möglichkeit sollte die Positionierung auf abgenutzte Be-griffe wie »innovativ« oder »serviceorientiert« verzichten – sofern der Innovationsgrad des Unternehmens nicht diese besondere Betonung verdient und sogar notwendig macht. Das Beispiel Sennheiser zeigt, wie es funktioniert, wenn man den Begriff intelligent kombi-niert, etwa zu »innovativer Wissenschaft« oder »Innovationskultur.« Bei einem Unterneh-men, das sich vorrangig in B2B-Märkten bewegt, kann die Positionierung durchaus sach-orientiert erfolgen und kompakt die Entwicklung des Unternehmens beschreiben, Auskunft über das eigene Selbstverständnis geben sowie Märkte und Angebote skizzieren, mit denen es die Kunden überzeugen will.

Beim Einsatz der Positionierung in der Außenkommunikation sollte das Unternehmen darauf achten, die eigene Wiedererkennbarkeit durch eine gewisse »Konstanz im Einsatz« zu sichern und nicht ständig die Positionierung zu verändern. Dazu ein Beispiel: Eine ver-kürzte Variante der Positionierung findet sich häufig im Footer/Abbinder, der sich am Ende von Pressemitteilungen befindet und das Unternehmen in zwei bis drei Sätzen kom-pakt charakterisiert. Wie würde es auf einen aufmerksamen Journalisten wirken, wenn sich diese Aussagen in jeder Pressemitteilung verändern? Es ist daher ein Akt der Ver-trauensbildung, am Rad der Positionierung nicht immer wieder neu zu drehen. Die Posi-tionierung muss stattdessen so tragfähig sein, dass ein konstanter Einsatz über einen längeren Zeitraum möglich ist.

---

51 http://de-de.sennheiser.com/ueber-sennheiser/auf-einen-blick/

3.3.5 Kommunikationsbotschaften und kreative Leitidee

Während die Positionierung eines Unternehmens gerade bei B2B-Unternehmen häufig defensiv in die Öffentlichkeit getragen wird und eher das interne Bezugs- und Orientierungssystem einer Organisation darstellt, legen die strategischen Kommunikationsaussagen die Argumente fest, die im Außenauftritt verwendet werden und sich in den Köpfen der Zielgruppe zu einem festen Bild über die Organisation zusammensetzen sollen. Strategische Botschaften müssen daher – wie die Positionierung – Substanzielles über die Organisation aussagen. Sie sind nicht zu verwechseln mit PR-Schlagzeilen oder einem Aktions-Motto, das in Regel eine wesentlich kürzere Halbwertszeit besitzt. Schauen wir uns zwei ausgewählte Kernbotschaften an, mit denen Sennheiser nach außen auftritt[52]:

1. »Wir verstehen Kunden: »Wir entwickeln Sennheiser strategisch und operativ weiter ganz im Sinne unserer Kunden.«
   Unsere Kunden erwarten erstklassige Technik, Topservice, umfassendes Know-how und Unterstützung vor Ort. Deshalb haben wir uns neu organisiert: Mit drei eigenständigen Geschäftsbereichen Consumer Division, Professional Division, Integrated Systems Division fokussieren wir uns auf die unterschiedlichen Kunden- und Marktanforderungen.«
2. »Wir gestalten Zukunft: »Wir formen die Märkte von heute und morgen aktiv mit und setzen durch unsere innovativen Leistungen neue Standards.«
   Sennheiser, das heißt Trends setzen und ausbauen. Nicht reagieren, sondern die Zukunft immer wieder neu erfinden. (...) So haben die bahnbrechenden Ideen unserer Entwickler Sennheiser-Produkte weltweit bekannt gemacht und die Audiowelt immer wieder aufs Neue begeistert. Dafür haben wir viele internationale Auszeichnungen erhalten: Zwei Innovationspreise der deutschen Wirtschaft, den »technischen Oscar« (Scientific and Engineering Award), einen Grammy-Musikpreis sowie den bedeutendsten Fernsehpreis der USA, den Emmy Award.«[53]

Das Unternehmen liefert nicht nur prägnante Kernaussagen, sondern verbindet mit der Kernbotschaft die passende Begründung, wie das Unternehmen zu dieser Behauptung kommt. Zudem zeigt uns Sennheiser auch den »Reason Why«, also den Nutzen, der sich aus der begründeten Aussage für den Kunden ergibt. Das bedeutet: Eine gute Botschaft sollte immer diesem Dreiklang folgen: Eine inhaltliche Aussage, die Begründung und der konkrete Nutzen für den Anwender. Warum? Je öfter eine Botschaft über eine neutrale Quelle transportiert wird (Medien, Journalisten, Experten, Multiplikatoren), desto glaubwürdiger wird sie. Damit sie jedoch von diesen Primärquellen akzeptiert wird, muss die Botschaft auf einer nachvollziehbaren Argumentation fußen. Fehlt die Begründung für die Behauptung, sinkt die Chance erheblich, dass ein kritischer Journalist, Blogger oder auch ein sonstiger Marktmultiplikator sich mit einer Botschaft überhaupt auseinandersetzt.

Die Verbindung von Kern- und Teilbotschaften

Je mehr Zielgruppen ein Unternehmen besitzt, desto unterschiedlicher müssen die Teil- oder Nebenbotschaften sein, die alle wiederum von einer tragfähigen Kern- oder Dachbotschaft als Klammer zusammengehalten werden. Die Teilbotschaften dürfen sich nicht widersprechen und müssen eng an die Positionierung des Unternehmens gebunden sein. Sie

---

52 http://de-de.sennheiser.com/ueber-sennheiser/auf-einen-blick/
53 http://de-de.sennheiser.com/ueber-sennheiser/auf-einen-blick/

müssen dem Empfänger Vertrauen vermitteln und das eigene Verständnis selbstbewusst ausdrücken. Sie können im Idealfall eine emotionale Dimension besitzen, um beim Botschaftsempfänger ein Bild entstehen zu lassen, das er nicht nur auf kognitiver Ebene versteht, sondern das bei ihm zudem positive Gefühle auslöst.

Da sich die Kernbotschaften in einer durch und durch medialisierten Welt behaupten müssen, sollten sie so gewählt sein, dass sich aus ihnen moderne Bilderwelten und Visualisierungen ableiten lassen. Sie müssen zum Corporate Design passen – und umgekehrt. Dies bedeutet aber auch: Wenn Kommunikationsbotschaften die Modernität eines Unternehmens demonstrieren wollen, dessen Corporate Design diesem Ansatz nicht gerecht wird, würde automatisch eine Wahrnehmungslücke entstehen, die schnell geschlossen werden müsste.

Die kreative Leitidee

Kreativität in der Kommunikationsplanung wird immer wichtiger. Dabei kommt es nicht alleine darauf an, durch eine schnelle Idee zu überzeugen. Jede gute Idee muss sich am Faktenhintergrund einer Organisation orientieren. Sie muss vom Rezipienten schnell erfassbar, direkt mit Produkten und Unternehmen verbunden sein und in einem gemeinsamen Assoziationsfeld mit der Positionierung eines Unternehmens liegen. Sie muss genauso unverwechselbar und stabil sein wie die Positionierung, sodass sie eine Kampagne oder ein Unternehmen über eine längere Zeit begleiten kann, ohne sich schnell zu verschleißen. Dies ist umso wichtiger, als sich aus einer kreativen Leitidee viele gestalterische Ableitungen für einen Unternehmensauftritt oder eine Produktpräsentation ergeben.

Das heißt: Jede kreative Leitidee muss vor ihrer Verwendung genau auf ihre Wirkung, Akzeptanz und ihren Erinnerungswert hin geprüft werden. Diese Anforderungen spiegeln sich auch bei Planung und Umsetzung der Maßnahmen wider. So muss jedes Motto einer Veranstaltung, die Ausgestaltung eines Tages der offenen Tür oder ein Messeauftritt mit der übergeordneten Leitidee verbunden sein, damit die Handschrift des Unternehmens erkennbar bleibt.

Die Verbindung von Namen und Kernaussage

Doch was genau ist eine kreative Leitidee? Im Alltag begegnen uns die kreativen Leitideen häufig in wenigen Worten oder kurzen Sätzen als Claims oder Slogans, also als verdichtetes, plakatives Surrogat der Positionierung und der Kernbotschaft. So umgab sich die AEG über viele Jahre mit dem starken Slogan »Aus Erfahrung Gut«, der die enge Verbindung von Namen und Programmatik symbolisieren sollte.[54] Jeder erkennt sofort den »Guten Stern auf allen Straßen«, »die Freude am Fahren« »Vorsprung durch Technik« oder »Ich bin doch nicht blöd«. Solche Leitsätze können die kreative Leitidee unmittelbar ausdrücken.

Eine Leitidee im engeren Sinne ist jedoch mehr. Dazu ein aktuelles Beispiel: Der krisengeschüttelte Autohersteller Opel wirbt seit 2009 mit einem überarbeiten Logo, das um einen neuen Claim ergänzt worden ist: »Wir leben Autos«. Dieser löste den alten Leitspruch »Entdecke Opel« ab. Mitten in der Krise des Rüsselsheimer Autobauer sollte damit ein offensives Signal gesetzt und ein selbstbewusstes Statement der Traditionsschmiede in den Markt getragen werden. Beim Logo wurde der Blitz abgeändert, so dass das neue Logo

---

54 Zum Vergleich: Heute wirbt AEG mit dem eher unspezifischen Slogan »Perfekt in Form und Funktion«.

dreidimensional und dadurch plastischer wirkt. Zusätzlich wurde in den Blitz der Firmenname Opel integriert, der bis dato eigenständig unter dem Signet geführt wurde.

Abb. 14: Visueller Wandel im Markenauftritt von Opel[55]

Die kreative Leitidee ist also die enge Verbindung von Namen und Kernaussage, das Logo sein unmittelbarer Ausdruck. Jetzt kann man darüber streiten, ob der Slogan »Wir leben Autos« gut gewählt ist; denn natürlich konterkariert er die schwierige Absatzsituation des Autobauers. Macht er dies glaubwürdig? Auch gibt es eine gewisse Verwechslungsgefahr mit dem langjährigen EDEKA-Leitspruch »Wir lieben Lebensmittel«. Es lässt sich aber kaum bestreiten: Der Claim hat Erinnerungswert, er ist kurz und prägnant. Und er verbindet die guten Zeiten der Vergangenheit mit den hoffentlich wiederkehrenden Unternehmenserfolgen, er bezieht sich somit direkt auf das Unternehmen. Und er soll eine vertrauensvolle Wirkung gegenüber Kunden wie Mitarbeitern entfalten und emotionalisierend wirken, eine wichtige Funktion kreativer Leitideen. Oftmals erscheinen Leitideen viel zu unspezifisch, beliebig und austauschbar. Jeder kennt den Claim: »Ford – die tun was!«. Wie hoch aber ist wohl der Bekanntheitsgrad von »Feel the difference«, dem aktuellen Claim des amerikanischen Autobauers? Die große Herausforderung: Die Claims so zu entwickeln, dass sie das Unternehmen wiedergeben und mit einem tragfähigen Leitsatz seinen Stakeholdern Orientierung geben. Opel ist in 20 Jahren mit fünf verschiedenen Claims seinen Kunden gegenübergetreten. Damit schafft man im schlimmsten Falle mehr Verwirrung als Vertrauen.

Wie jedoch lässt sich eine gute Idee entwickeln? Einige Techniken und ihre Einsätze:

- Zuspitzung: Brill-Rasenmäher:»Die Evolution beginnt in Ihrem Garten«, Pro Sieben-Sat1 Media AG:»The Power of Television«
- Bewusste Brechung: Sixt:»Verdammt ich hab nix«, Adidas:»Impossible is nothing«, Deutsche Bank:»Wir freuen uns grün«
- Perspektivwechsel: Microsoft Deutschland:»Ihr Potenzial. Unser Antrieb«
- Emotionalisierung: BMW:»Aus Freude am Fahren«; Gesobau:»Ihre Wohnfühl-Experten«
- Provokation: MediaMarkt:»Ich bin doch nicht blöd«, Saturn:»Wir hassen teuer«
- Vergleiche, Metaphern, Bilder: Zukunft Kino Marketing:»Raubkopierer sind Verbrecher«

---

55 http://www.logolook.de/2009/09/neues-logo-und-neuer-claim-fur-opel/

TIPP 6 *Den Claim schützen lassen*

Claims sind auf Grund ihrer Originalität und ihrer kreativen Wortzusammensetzung grundsätzlich markenrechtlich schützbar. Daher sollte jede kreative Leitidee über das Deutsche Marken- und Patentamt darauf überprüft werden, ob der Claim – gerade weil er dem Namen eines Unternehmens eine grundlegende kommunikative Bedeutung verleiht – nicht bereits markenrechtlich besetzt ist. Umgekehrt sollte ein Claim markenrechtlich geschützt werden, um Nachahmereffekte auszuschließen.

3.3.6 Strategische Umsetzung

Die strategische Umsetzung bildet das Verbindungsglied zwischen dem strategischen Teil einer PR-Konzeption und der taktischen Maßnahmenplanung. Hier werden die Art der Kampagne oder die Strategie festgelegt (z. B. Informationskampagne, Dialogkampagne, Multiplikatorenstrategie) sowie die zentralen Maßnahmenbereiche definiert, innerhalb der sich die Kampagne bewegen wird. Dazu werden folgende Fragen gestellt:

- Kommt bei der kommunikativen Lösung der Presse- und Medienarbeit eine besonders hohe Bedeutung zu, der klassischen Werbung oder einem anderen Instrumentarium wie Sponsoring oder Online-Marketing?
- Geht es darum, Informationsformate zu entwickeln (Kampagnen-Website, Social-Media-Kanäle, Info-Tage), oder handelt es sich um einen Event getriebenen Ansatz, bei dem neben dem Informationsaspekt die emotionale Ansprache der Zielgruppe hohe Bedeutung hat?
- Ist es ein offensiver Ansatz, bei dem die Zielgruppen durch direkte Ansprache erreicht werden sollen (Promotion, Werbung, Events, Dialogkanäle), oder liegt der Schwerpunkt auf indirekter Kommunikation in Form von Pressearbeit, Medienkooperationen, Einsatz von Prominenten? Oder ist es das Ziel, mit hochwertigen Themen, mit Studien oder mit der Teilnahme an Messen und Fachkongressen kontinuierlich Präsenz zu zeigen?

Entwicklung einer Dramaturgie

Zentrale Bedeutung besitzt die Frage, wie die Dramaturgie eines PR-Jahres oder einer Kampagne aussieht: Soll beispielsweise bereits zu Beginn ein hoher Kommunikationsdruck erzeugt werden, der dann in eine kontinuierliche Begleitkommunikation und weitere akzentuierte Zwischenhöhepunkte mündet? Oder geht es eher darum, das Thema langsam aufzubauen und zielgerichtet die Informationsangebote bekannt zu machen, um am Ende der Kampagne durch eine spannende Event-Reihe oder eine große Abschlussveranstaltung die Emotionen anzusprechen? Soll die Kampagne mit geplanten Überraschungseffekten arbeiten (Guerilla-Marketing), oder sind alle Maßnahmen eher symmetrisch und exakt aufeinander abzustimmen, damit ein einheitlicher Kommunikationsklang ertönt? Arbeitet die Kampagne mit regelmäßigen monatlichen Höhepunkten, oder setzt sie vielmehr auf wenige kommunikative Leuchtfeuer pro Jahr, um die herum sich die Begleitmaßnahmen gruppieren? Orientiert sich das Timing am Jahreszeitenzyklus, an festlichen Höhepunkten, an wichtigen Branchen-Events oder am Verkaufszyklus eines Produkts?

Zusätzlich muss die Tonalität der Ansprache beachtet werden. Soll sie eher konservativ, seriös und zurückhaltend verlaufen, weil sich das Unternehmen ausschließlich innerhalb eines geschlossenen B2B-Markts bewegt oder sich die Produkte vorrangig an eine ältere

Zielgruppe richten? Oder geht es eher darum, die eigene Botschaft jung und dynamisch zu vermitteln, weil sich die Marke an ein Szene-Publikum im Alter zwischen 18 und 25 Jahren richtet? Will die Marke provozieren und öffentliche Diskussionen erzeugen, oder soll sie als sympathische, lebendige Marke wirken, die jeder anfassen kann und sich mit ihr identifizieren kann? Welche Stimmung und Atmosphäre soll erzeugt werden? Exotisch, edel, technisch, kühl, avantgardistisch oder doch familiär?

Das richtige Themen-Setting

Und letztlich geht es bei der strategischen Umsetzung auch darum, die wichtigen Schwerpunkt-Themen sowie die Themenstrategie vorzustellen, die den Anker für die Kommunikation bilden.

- Gibt es beispielsweise Kernthemen, die das Unternehmen unbedingt setzen will, weil es damit seine Kompetenz besonders darstellen kann (Umfragen, Studien, Marktanalysen)?
- Will das Unternehmen mit Service-Themen punkten, weil es sich so von der Konkurrenz abheben und Anwendern einen hohen Nutzwert bieten kann (Anwendungen, Ratgeber- und Verbraucherinformationen, Umfragen, Trendanalysen)?
- Ist das Themen-Sample durch die öffentliche Diskussion bereits vorgegeben, auf das das Unternehmen mit seiner Lösungskompetenz in der öffentlichen Diskussion reagieren muss?
- Lassen sich aus dem jeweiligen Themen-Sample Ideen ableiten, die besonders für Fachjournalisten interessant sind oder für die Wissenschafts- und Ratgeberseiten von Tageszeitungen und Wirtschaftsmagazinen?
- Welche Bedeutung hat die Themenauswahl, das Timing (d.h. ihre öffentliche Verbreitung) und die Präsentation (Pressekonferenz, Messe, Roadshow, Journalistenreise, Werbekampagne) für die Gesamtstrategie?
- Gibt es Key-Medien, die für die Themen-Platzierung eine besonders hohe Bedeutung haben? Und existieren bei der Ansprache der Journalisten bestimmte Do's and Don'ts die unbedingt beachtet werden müssen, da sich das Key-Medium dazu besonders kritisch verhält?
- Existieren bestimmte Social-Web-Plattformen wie Facebook, Twitter, Pinterest, YouTube, auf die ein besonderer Schwerpunkt in der Außenkommunikation gelegt werden soll?
- Gibt es unter den Themen echte Highlights, die in den Folgejahren wieder verwendet werden können und durch deren kontinuierlichem Einsatz sich die Akzeptanz bei Journalisten erhöht (Jahreskonferenz, Medien-Event, Frühjahrsstudie, Herbstbarometer). Und lassen sich diese Themen mehrfach verwenden – für Pressemitteilung, im Kundenmagazin, auf der Homepage, beim Messeauftritt, im Vertrieb?

Wenn all diese Fragen schlüssig beantwortet sind, kann man allmählich von einer tragfähigen Kommunikationsstrategie sprechen. Damit die Kommunikationsstrategie jedoch wirklich greifbar wird, müssen sich die strategischen Ableitungen, die das Konzept bis jetzt getroffen hat, in jeder einzelnen Maßnahme auch wirklich wiederfinden.

3.4   Von der Maßnahmenplanung zur Evaluation

3.4.1 Maßnahmenplanung

Erst die Maßnahmen erwecken ein Konzept zum Leben. Dazu hält die Maßnahmenplanung fest, wie der Kommunikationsprozess in Gang gesetzt werden soll, wie die Maßnahmen zeitlich und inhaltlich aufeinander aufbauen, welche Zielgruppen und Ziele mit den einzelnen Maßnahmen erreicht und welche Botschaften transportiert werden.

Die Maßnahmen dürfen dabei nicht nur für sich stehen, sondern müssen sichtbar an die bereits formulierte kreative Leitidee angebunden sein, die sich im Motto, in den Gestaltungselementen, bei Aktionen wiederfindet. Dazu müssen sie inhaltlich wie dramaturgisch exakt aufeinander abgestimmt und miteinander vernetzt sein, dass in jeder einzelnen Maßnahme die Positionierung eines Unternehmens oder einer Marke widerspruchsfrei erkennbar ist. Und nicht zuletzt muss jede Maßnahme so ausgestaltet sein, dass ihr Erfolg am Ende auch durch geeignete Evaluationsparameter überprüfbar ist.

Bei der Planung einer integrierten Kampagne sollten zudem weitere Kommunikationsinstrumente, die der Kommunikations-Mix (siehe Abb. 15) zur Verfügung stellt, integriert werden, die mehr oder weniger stark dosiert eingesetzt, unterstützend beigefügt oder als wichtiger Treiber eine besonders exponierte Stellung einnehmen können. Naturgemäß wird von einem PR-Konzept verlangt, dass es seinen Aufgabenfokus klar auf den PR-Bereich ausrichtet. Gleichzeitig können bei einer Kampagne die echten Highlight-Maßnahmen auch im Online- oder Event-Bereich (Kampagnen-Website, Aktionstag, Infotag) liegen, die dann wiederum durch PR-Begleitmaßnahmen (Pressearbeit, Medienkooperationen, Social-Media-Aktivitäten, interne Kommunikation, Kundenmedien, Testimonials, Multiplikatoren, Info-Center) flankiert werden.

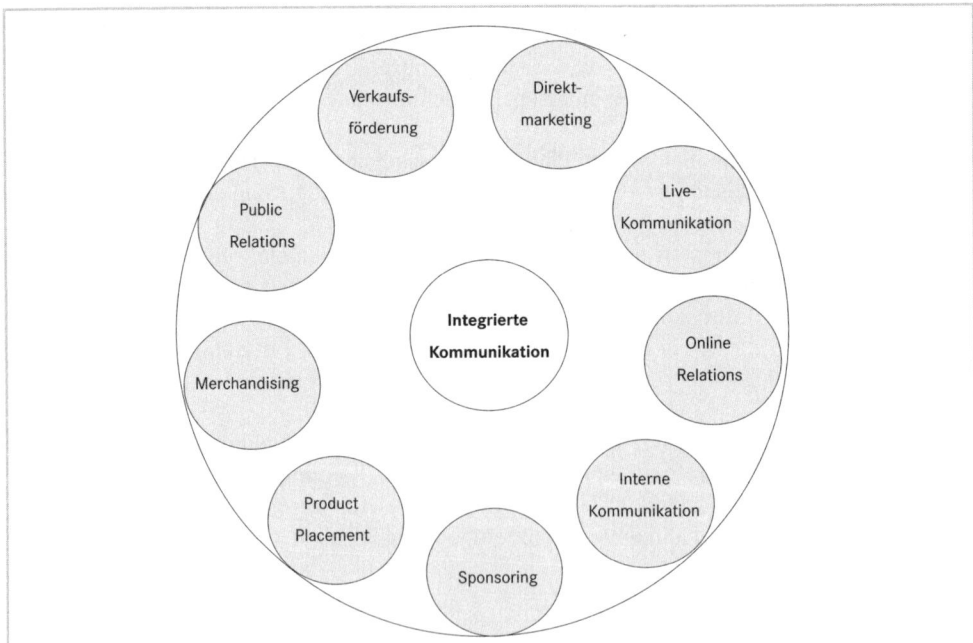

Abb. 15: Der Kommunikations-Mix in der integrierten Kommunikation. Eigene Abbildung.

Detaillierte Maßnahmenbeschreibung

Die Gliederung der Maßnahmen kann entlang der einzelnen Maßnahmenkomplexe (Medienarbeit, Event- und Live-Kommunikation, Online Relations u. a.), entlang des zeitlichen Verlaufs der Maßnahmen und einzelner Kommunikationsphasen oder entlang der formulierten Ziele und Zielgruppen erfolgen. Idealerweise gliedert sich die Beschreibung einer Maßnahme in folgende Bereiche: Titel/Motto, Idee und Dramaturgie, Ziele und Zielgruppen, vermittelte Botschaften, Vernetzung und Einbindung in die Gesamtstrategie, Zeit-, Budgetplan sowie begleitende Evaluation. Besonders muss darauf geachtet werden, dass mit diesen Maßnahmen wirklich alle relevanten Zielgruppen und Ziele erreicht werden und sich dies auch in der Wertigkeit der Maßnahmen und der Verteilung des Gesamtbudgets widerspiegelt.

Zwar sollten alle Maßnahmen einen gewissen Grad an Neuigkeit oder Originalität aufweisen. Doch gerade in der B2B-Kommunikation kommt es viel stärker darauf an, dass sie nicht nur zum Unternehmen, sondern auch zur Erwartungshaltung der Kunden passen. Hier ist oftmals nicht »Kreativität um jeden Preis« gefragt, sondern die Entwicklung von Instrumenten, die das Unternehmen langfristig einsetzen und die eine besonders große Expertise an Kompetenz, Qualitätsansprüchen, Verlässlichkeit oder Innovationskraft liefern. Das können regelmäßige Studien oder Umfragen sein, Branchen-Events, Experten-Foren, Messeauftritte, Tage der offenen Tür o.Ä., aus denen sich wiederum Berichtsanlässe für die Medienberichterstattung ableiten lassen.

3.4.2 Zeit- und Budgetplan

Am Ende der Maßnahmenplanung steht ein Projektplan, in dem alle Maßnahmen entlang der Zeitachse übersichtlich aufgeführt sind. Je komplexer eine Kampagne ist, desto eher empfiehlt es sich, Kern- und Begleitmaßnahmen thematisch eng beieinander abzubilden, damit die Vernetzung der einzelnen Maßnahmen direkt im Zeitplan sichtbar wird. Bei der Planung eines »Tages der offenen Tür« könnte dies wie folgt aussehen:

Step 1: Erstellung/Aktualisierung Presseverteiler
Step 2: Planung und Gestaltung des Programms
Step 3: Erstellung der Pressematerialien
Step 4: Erstellung eines Mediaplans
Step 5: Produktion der Werbemittel (Plakate, Spots)
Step 6: Durchführung von Promotion-Aktivitäten
Step 7: Einladung von Mitarbeitern mit Angehörigen
Step 9: Einladung Unternehmenspartner und lokale Prominenz
Step 10: Schaltung der Werbemittel
Step 11: Versand der Pressemitteilung etc.

Der Zeitplan – oft noch detailliert aufgeteilt in Vorbereitungsphase, Umsetzungsphase und Nachbereitung/Evaluation – lässt sich nicht nur dazu nutzen, einen genauen Überblick zu bewahren und klare Verantwortlichkeiten festzulegen. Abschließend lässt sich auch nochmals das Verhältnis der Maßnahmen zu Zielen und Zielgruppen checken.

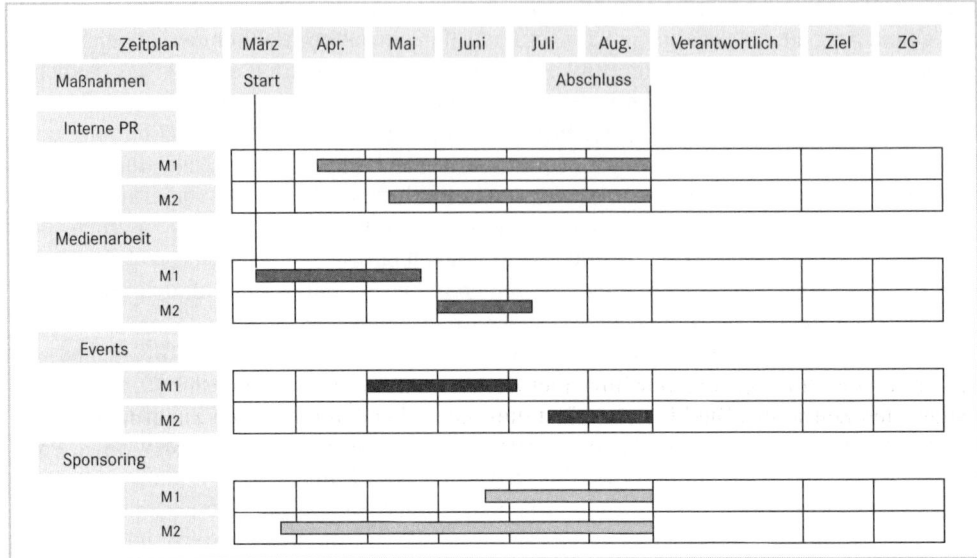

Abb. 16: Modellhafte Darstellung eines Maßnahmen-Zeitplans. Eigene Darstellung.

Methoden der Budgetierung

Jede PR-Maßnahme muss einzeln budgetiert werden. Die Maßnahmen werden dabei zuerst in einem Grobbudget zusammengefasst, das dann mit einer detaillierten Kostenaufschlüsselung unterfüttert wird. Dieser Budgetplan muss extern anfallende Kosten für Agentur, Druckkosten, Schaltungen etc. ebenso realistisch wiedergeben wie die internen Kosten, die für das Projektmanagement veranschlagt werden. Zu diesen muss gerechnet werden:

- Personalkosten: Eigene PR-Abteilung, weitere Abteilungen (Werbung, Event ...);
- Finanzielle Ressourcen: Interne Produktionskosten, Bürokosten;
- Materielle Kosten: Kompensationsgeschäfte, z.B. Bartering;
- Zeitkosten: Verfügbares Zeitbudget für definierte Aufgaben (z.B. Vorbereitung Pressekonferenz, Texterstellung Flyer, Pflege Social-Media-Kanäle).

Zur besseren Steuerung der Kosten im Jahresverlauf sollte ein Kostenverlaufsplan implementiert werden, der nicht nur die definierten Soll-Kosten aus dem Detailkostenplan und die Gesamtkostenübersicht beinhaltet, sondern der zusätzlich eine Übersicht über die aktuellen Ist-Kosten entlang der einzelnen Projekte ermöglicht. Anhand des Kostenverlaufsplans kann das Unternehmen jederzeit beurteilen, ob sich die Einzelprojekte noch im Budgetplan befinden. Der Kostenverlaufsplan bildet damit auch die Grundlage für die monats- oder quartalsbezogene Zuweisung weiterer Mittel.

> **TIPP 7**
>
> *Budget für PR-Evaluation berücksichtigen*
> *Jeder PR-Jahresbudgetplan sollte ein festes Budget für die PR-Evaluation einplanen. Dieses wird jedoch oftmals viel zu niedrig eingesetzt, sodass eine systematische Wirkungs- und Erfolgskontrolle nicht möglich ist. Während unsere Erfahrungen von rund 10 Prozent des PR-Jahresbudgets ausgehen, wenden viele Unternehmen nur 1–5 Prozent ihres Jahresbudgets für die PR-Evaluation auf – und dies zumeist für einfache Clippingauswertungen.*

Um das PR-Budget festzulegen, gibt es vier verschiedene Möglichkeiten:

- Die umsatz- oder gewinnorientierte Methode, die das Budget abhängig vom Unternehmensgewinn definiert;
- Die finanzmittelorientierte Methode, die das PR-Budget streng limitiert;
- Die wettbewerbsorientierte Methode, die die Budgethöhe an der Konkurrenz orientiert;
- Die zielorientierte Methode, die alle Maßnahmen definiert, addiert und daraus das dafür erforderliche Budget bildet.

Die letzte Option ist die modernste Budgetierungsmethode. Sie richtet sich klar an den künftigen Wert- und Umsatzsteigerungszielen aus – und damit nicht zuletzt auch an den Unternehmenszielen. Wenn beispielsweise ein Unternehmen die Neueinführung eines Produktes plant, so ist dies mit klaren, übergreifenden Marketingzielen verbunden: Erfolgreiche Produkteinführung und Gewinn einer definierten Anzahl an Käufern innerhalb eines festgelegten Zeitraums. Die PR unterstützt dies damit, bei den relevanten Zielgruppen einen möglichst hohen Bekanntheitsgrad zu schaffen. Sie setzt dazu Produktinformationen, Pressearbeit, Messe-PR und weitere Instrumente ein. Diese PR-Investition orientiert sich also weniger an aktuellen Budgets, sondern vielmehr an den definierten Unternehmenszielen.

TIPP 8

So sparen Sie Kosten

- *Holen Sie sich mehrere Angebote ein, vergleichen Sie, und verhandeln Sie nach;*
- *Entlasten Sie das Budget durch Bartering durch Sponsoren und Partner;*
- *Achten Sie darauf, dass alle Kostenposten den richtigen Budgets zugeordnet sind;*
- *Verteilen Sie Ihren Etat gleichmäßig über das Jahr, um »Spitzenzeiten« zu vermeiden.*

Unterschiedliche Kostenarten beachten

Gerade jungen Unternehmen fehlt häufig die Erfahrung, um Kosten realitätsnah einschätzen zu können. Die häufige Folge: Die Produktion von Materialien wird viel teurer als ursprünglich kalkuliert. Damit dies nicht passiert, soll die folgende Liste ein Gefühl dafür geben, welche Kostenarten und Budgetposten berücksichtigt werden müssen:

- Honorarkosten: Beratungskosten (Betreuung, Dokumentation, Marktforschung), Kreativkosten (Konzept, Text- und Autorenhonorare, Sprecherhonorare, Fotohonorare, Grafik, Storybord), Fremdhonorare (Künstlerhonorare, Promotionhonorare, Standpersonal, Messeteam, technisches Personal);
- Produktionskosten: Printmedien (Montagekosten, Scankosten, Proofkosten, Druckkosten), Elektronische Medien (Kamera, Aufnahmegeräte, Studiokosten, Schnitt, Nachbearbeitung), Online-Medien (Installation, Gestaltung, Hosting);
- Dokumentation und Marktforschung: Clippingdienst, Medienresonanzanalyse, Mitarbeiter- und Kundenumfragen, Image- und Wettbewerbsanalysen, Studien, kostenpflichtige Datenbanken;
- Verwaltungskosten: Bürokosten (Porto, Telefon, Computer, Internetanschluss, Kopien, Büromaterial, Geschäftsausstattung, Fachbücher), Personal(neben)kosten, Rechtsberatung, Verbandsmitgliedschaften;
- Veranstaltungskosten: Mietkosten (Raum für Pressekonferenz, Messestand, Zelte, Tribüne, Toiletten, Bühne, Möbel, Dekoration, technisches Equipment), Catering, Infrastruk-

tur (Strom, Wasser, Reinigung, Entsorgung), Gebühren (GEMA, Künstlersozialkasse, Haftpflichtversicherung, Umweltamt, Polizei, Feuerwehr);

- Distributionskosten: Versandkosten (z. B. Kundenmagazin, Post-Mailings), Einsatz von Presseservices, Schaltungskosten (Print, TV, Hörfunk, Online, Plakate), Systemdistribution (Postkarten), Handverteilung (Flyer);
- Sonderkosten: Fahrtkosten, Transportkosten, Reisekosten, Bewirtungskosten, Übernachtungskosten, Spesen, Geschenke, Give-Aways, Product Placement, Sponsoring;
- Direktmarketing: Adresskauf, Direktverteilung, Postwurfsendungen, Telefonmarketing, Mailings;
- Verkaufsförderung: Gewinnspiele, Wettbewerbe, Preise, Promotions, Rabatte, Personaleinsatz.

TIPP 9

Hilfsmittel für die PR-Budgetierung
- *Etatkalkulator der creativ collection Verlag GmbH (www.ccvision.de)*
- *Honorarleitfaden der Deutsche Public Relations Gesellschaft e. V. (www.dprg.de)*
- *Honorarempfehlungen des Deutschen Journalisten-Verbandes (DJV) (www.djv.de)*
- *Honorarempfehlungen der Deutschen Journalisten Union (dju.verdi.de)*
- *Bildhonorarordnung der Mittelstandsgemeinschaft Foto-Marketing (www.mittelstandsgemeinschaft-foto-marketing.de)*

3.4.3 Controlling: Erfolge messen und bewerten

Jede Evaluation bindet Zeitbudgets und finanzielle Ressourcen. Und doch bildet die PR-Evaluation für eine PR-Agentur wie für die PR-Abteilung eines Unternehmens die zentrale Basis, um eine Kampagne oder ein PR-Jahr abschließend zu beurteilen. Dazu wirft die PR-Evaluation immer den Blick zurück und fragt: Was lief gut, welche Ziele wurden erreicht, was hätte besser laufen können und was muss künftig verbessert werden. Gerade zum Abschluss eines PR-Jahres bietet eine systematische PR-Erfolgskontrolle zahlreiche Ansatzpunkte, um

- die Qualität und das Basis-Setting der Maßnahmen weiter zu verbessern,
- neue Zielgruppenpotenziale zu identifizieren,
- die Maßnahmen noch stärker auf die Bedürfnisse der Zielgruppen auszurichten,
- die Effizienz künftig weiter zu steigern (Input-/Output-Verhältnis),
- die PR-Budgets realistisch im Vorfeld zu kalkulieren und
- die Wirkungen der PR-Aktivitäten für die Wertsteigerung eines Unternehmens zu beurteilen.

Doch natürlich geht es bei der Evaluation nicht nur um die Post-Erfolgsermessung nach Ablauf einer Kampagne. Vielmehr müssen Tools definiert und eingesetzt werden, die während einer Kampagne kontinuierlich das Kommunikationsverhalten beobachten und analysieren, das Prozess-Controlling unterstützen, um so gegebenenfalls nachsteuern zu können. Wie Abb. 17 aufzeigt, werden hierbei grundsätzlich vier Ebenen der PR-Evaluation unterschieden, die auf den kommenden Seiten weiter spezifiziert werden:

1. Ermittlung der Medienresonanz;
2. Direkte Zielgruppenwirkung;
3. Indirekte Zielgruppenwirkung;
4. Betriebswirtschaftliche Wirkungsebene.

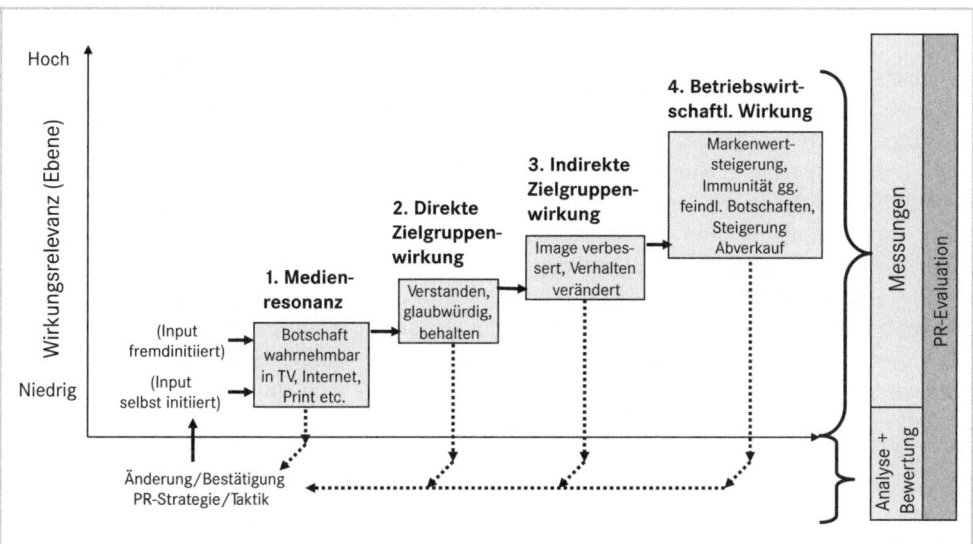

Abb. 17: Ebenen der PR-Evaluation; DPRG, 2001, S.7

Die Medienresonanzanalyse[56]

Die Ermittlung der Medienresonanz ist die Grundlage jeder PR-Evaluation. Sie ermöglicht als einfache Output-Analyse eine zeitliche und quantitative Zuordnung von Meldungen zu konkreten Kommunikationsaktivitäten oder Kommunikationsanlässen (Pressemitteilung, Pressekonferenz, Pressereise). Dadurch erhält das Unternehmen einen schnellen Überblick über den Erfolg einzelner Maßnahmen sowie über das Verhältnis von eigens initiierten (Aktivität geht vom Unternehmen aus) und fremd initiierter Berichterstattung (Aktivität geht vom Medium aus). Jedes Thema lässt sich zudem den Distributionswegen zuordnen, über die die Medieninformationen an die Medien herangetragen wurden (eigener Presseverteiler, Einsatz von Presseservices, Medien-Events, Materndienste).

Intern ermöglicht die Medienresonanz jedoch nicht nur eine Zuordnung der PR-Aktivität auf einzelne Maßnahmen, sondern sogar auf einzelne Abteilungen. So lässt sich beurteilen, welche Themen (Geschäftsentwicklung, Studien, Sponsoring, Wettbewerbe, Events, Interview, Expertenmeinung) besonders erfolgreich waren und welche Bereiche innerhalb des Unternehmens explizite Themenerfolge erzielen konnten (Unternehmenskommunikation, Produkt-PR, Standort-PR). Zudem kann das Unternehmen entlang von Zitaten, Berichten, Interviews und Erwähnungen exakt beurteilen, welche Personen innerhalb des Unternehmens eine besonders große Imagewirkung entfalten konnten (CEO,

---

56 Medienresonanzanalyse behandelt ausführlich auch Jörg Wassink in seinem Expertenbeitrag.

Pressesprecher, Aufsichtsrat, Betriebsrat, Forschung und Entwicklung, externe Experten und Multiplikatoren).

Quantitativ und qualitativ

In vielen Unternehmen beschränkt sich die PR-Evaluation auf die reine quantitative Medienresonanzanalyse, ohne die Chancen einer qualitativen Analyse zu berücksichtigen. Doch werfen wir einen genaueren Blick auf beide Instrumente. Die Ausgangsbasis für beide Analyseformen sind die Publikationen (Clippings), die im Zusammenhang mit einer durchgeführten PR-Maßnahme in den Medien bzw. auch in Social-Media-Kanälen erschienen sind. Bei der quantitativen Medienresonanzanalyse werden diese gesammelt, gezählt und in Auflagensummen (Leser-, Zuschauer-, Hörerkontakte) umgerechnet. Dabei werden Aufmerksamkeitswerte wie Bild-Text-Relation, Seitenplatzierung, Rubrik, Zeilenzahl, Headlines berücksichtigt. Anhand der Medien und ihrer Nutzer wird zudem analysiert, wie genau die Leser, Hörer, Zuschauer, Online-User dieser Publikationen der erwünschten Zielgruppe entsprechen.

Die qualitative Medienresonanzanalyse geht noch einen Schritt weiter. So werden die Medienbeiträge nach unternehmensrelevanten Aussagen inhaltlich ausgewertet: Wie wird das Unternehmen bewertet, kommen die Botschaften der Kampagnen in den Publikationen vor, werden die Kernaussagen von Unternehmensvertretern auch wiedergegeben? Dies bedeutet: Es kann durchaus sein, dass nach quantitativen Gesichtspunkten – und der Anzahl der Publikationen – eine PR-Maßnahme ein großer Erfolg war, bei der qualitativen Analyse jedoch festgestellt wird, dass die Kernaussagen nur unklar oder sogar falsch in diesen – vielen – Publikationen vorkamen und somit ein falsches Bild vom Unternehmen in der Öffentlichkeit gezeichnet haben.

AUSFLUG 11

Wichtige Kennziffern der Medienresonanzanalyse

Verbreitungskennziffern
- Verteilungswert: Aufschlüsselung der regionalen Medienpräsenz;
- Durchdringungsindex: Häufigkeit der Nennung eines Themas, Begriffs, Akteurs oder Produkts in spezifischen Mediensegmenten (Print, TV, Hörfunk, Online);
- Resonanzquote: Verteilung der Anzahl von Presseausschnitten auf Medien;
- Anzeigenäquivalenzwert (gewichtet/ungewichtet): Monetäre Bewertung der Medienresonanz durch den direkten Vergleich mit den Mediapreisen.

Inhaltliche Kennziffern
- Initiativquotient: Verhältnis von selbst- und fremdinitiierten Beiträgen;
- Akzeptanzquotient: Verhältnis von positiven, neutralen und negativen Berichten;
- Fairnesswert: Abgleich der Berichterstattung mit kritischen journalistischen Fairnesskriterien (z.B. Ausgewogenheit der Darstellung, Transparenz, Glaubwürdigkeit der Quelle).

Die Medienresonanzanalyse sollte jedoch weit über die reine Publikationsanalyse hinausgehen. So besitzt heute fast jedes Unternehmen weitere Informationsmedien und Distributionskanäle, die Aufschluss über erreichte Kontakte mit den Zielgruppen geben. Auch hauseigene PR-Medien wie Newsletter, Mitarbeiterzeitung, Kundenmagazin, Internet-Auftritt lassen sich quantitativ wie qualitativ auswerten, um die Akzeptanz von Maßnahmen und Themen zu bewerten.

Direkte und indirekte Zielgruppenwirkung

In der Regel gibt die Medienresonanzanalyse zwar Auskunft über die Akzeptanz von Themen bei Medien und Journalisten. Sie ermöglicht es auch beurteilen zu können, ob mittels der erreichten Medien und deren Nutzerstruktur die in der PR-Konzeption definierten Zielgruppen erreicht wurden. Eine Vielzahl von PR-Maßnahmen zielt jedoch nicht nur auf indirekte Zielgruppenwirkungen, sondern spricht die Zielgruppen bei Events oder auf Messen direkt an. Daher sind Fragen, ob eine Botschaft von den Rezipienten verstanden wurde, welche Medien und Aktivitäten dazu wirklich relevant waren, ob er die Botschaften behalten und als glaubwürdig bewertet hat, mindestens genauso wichtig wie die Messung der Medienberichterstattung selbst. Dazu ein kleines Beispiel: Bei einem Tag der offenen Tür kann das Unternehmen nicht nur untersuchen, ob und wie darüber in den Medien berichtet worden ist. Es kann auch am Veranstaltungstag selbst die direkte Wirkungsebene untersuchen:

- Besucherumfrage: Per Fragebogen und mit kleinen Teams lassen sich Besucher direkt befragen, wie ihnen der Event gefällt und welche Programmpunkte sie als besondere Highlights empfinden. Parallel lassen sich demografische Angaben, der persönliche Bezug zur Firma, das Besuchsmotiv sowie die persönliche Informationsquelle aufnehmen. Um eine möglichst große Resonanzquote und einen hohen Grad an wahren Antworten zu erhalten, ist es durchaus sinnvoll, diese Befragung mit einem Gewinnspiel oder einem ähnlichen Anreiz zu verbinden. Diese Befragung kann systematisch wie stichprobenmäßig, schriftlich wie mündlich erfolgen.
- Besucherbeobachtung: Die absolute Zahl der Teilnehmer, deren Verweildauer, die Häufigkeit von Standgesprächen, die Besuchsintensität bei Produktpräsentationen sind weitere Indikatoren, die für den Erfolg oder Misserfolg einer Maßnahme sprechen.
- Materialabfluss: Am »Absatz« von Give-Aways, Informationsmaterialien, Imagebroschüren sowie auch von Pressemappen lässt sich die Attraktion einer Veranstaltung und ihrer Medien beurteilen.
- Teilnahmegrad: Durchaus relevante Ergebnisse kann die Analyse ergeben, welche Angebote besonders angenommen und genutzt wurden bzw. wie stark sich die Besucher an Gewinnspielen und Wettbewerben aktiv beteiligt haben.
- Verkaufszahlen: Ein letzter – sehr entscheidender – Faktor – ist die Entwicklung der Produktverkäufe, Verkaufsanbahnungen und auch der Verkaufsgespräche, die bei der Veranstaltung stattfanden.

Parallel lässt sich auch bei Informations- und -Imagebroschüren, bei Flyern oder Kundenzeitschriften die direkte Wirkung der Maßnahmen durch Pre-Tests, den Einsatz von Feedback-Instrumenten, die Messung von Rücklaufquoten bei Preisausschreiben, Coupon-Anzeigen und Wettbewerben sowie mit weiteren Instrumenten messen.

AUSFLUG 12

Ausgewählte Instrumente der Markt- und Meinungsforschung von A–Z

Assoziationstest: Assoziative Verfahren zielen darauf ab, spontan zu erfassen, welche Gefühle mit bestimmten Reizen verknüpft sind (z. B. »Was kommt Ihnen bei dem Namen dieses Produktes spontan in den Sinn?«). So werden assoziative Verfahren beispielsweise eingesetzt, das wirkliche Image von Marken zu erforschen.

Beobachtung: Die Beobachtung kann offen/verdeckt oder teilnehmend/nicht-teilnehmend durchgeführt werden. Sie dient insbesondere dazu, um möglichst unbeeinflusst die Verhaltensweisen von Personen festzustellen, wenn sich Befragte zu einem Meinungsgegenstand nicht äußern wollen.

CAPI- und CATI-Befragung: Beim »Computer Assisted Personal Interview (CAPI) werden die Befragungsdaten nicht handschriftlich mitgeschrieben, sondern direkt in den Computer eingegeben. Die Daten liegen unmittelbar nach der Befragung digital vor. Ähnlich funktioniert das »Computer Assisted Telephone Interview« (CATI), bei dem telefonisch eingeholte Daten ebenfalls sofort digital eingegeben und dementsprechend schnell ausgewertet werden können.

Conjoint-Analyse: Mit dieser Analyse lassen sich Präferenzen und Einstellungen untersuchen, um so Kaufabsichten zu prognostizieren. Dazu werden ausgewählte Produkte in unterschiedlichen Varianten zur Bewertung vorgelegt und Einzelurteile zu Einzelmerkmalen (Farbe, Form, Geschmack) abgefragt.

Delphi-Methode: Im Rahmen einer Expertenbefragung wird ein definierter Kreis von Experten in mehreren Befragungsrunden anonym befragt. Die Ergebnisse der jeweiligen Befragungsrunden werden den Experten vorgelegt und fließen in die nächste Beurteilungsrunde ein, so dass am Ende ein einheitlicher Konsens hergestellt werden soll (einheitliche Expertenmeinung). Eine Expertenbefragung kann aber auch einmalig stattfinden, um Prognosen, Trends und Tendenzen herauszuarbeiten.

Experiment: Bei einem Experiment werden Werbemaßnahmen oder Kundenbindungsprogramme auf ihre Wirksamkeit hin überprüft, indem die Ergebnisse einer Experimentiergruppe und einer Kontrollgruppe direkt miteinander verglichen werden.

Fokusgruppenbefragung: Unter Anleitung eines Moderators wird eine speziell ausgewählte Fokusgruppe (6–12 Personen), deren Mitglieder die gleichen Merkmale aufweisen (Geschlecht, Einkommen etc.) oder ein gemeinsames Interesse haben, im Rahmen einer Gruppendiskussion befragt. Die Ergebnisse werden im Rahmen einer Inhaltsanalyse ausgewertet.

Inhaltsanalyse: Mit der Inhaltsanalyse wird die inhaltliche Bedeutung von Texten oder Aussagen ausgewertet, beispielsweise nach Häufigkeit von Begriffen oder Themen (Frequenzanalyse) oder durch die Verbindung von Begriffen und Themen mit anderen Themenbereichen (Kontingenzanalyse).

Kundenumfrage: Wenn Kunden regelmäßig (alle 1–2 Jahre) befragt werden, lassen sich Änderungen in Erwartung und Zufriedenheit rechtzeitig feststellen. Zugleich ist die Kundenumfrage ein wichtiges PR-Instrument, merkt der Kunde doch, dass sich das Unternehmen um seine Belange sorgt. Prinzipiell gilt: Je größer das Sample der Befragten, desto größer der Aussagewert für das Unternehmen. Ein Fragebogen muss dazu so aufgebaut sein, dass die Zuverlässigkeit gesichert ist, das heißt, dass ein gleiches Messverfahren auch gleiche Ergebnisse hervorbringt. Gleichzeitig muss das Ergebnis valide und die Befragung selbst objektiv sein, d.h. unabhängig von der Meinung oder Einfluss des Beobachters sein. Um Fehler bei der Planung, Umsetzung oder Auswertung zu vermeiden, empfiehlt es sich bei aufwändigen Umfragen, mit Marktforschungsunternehmen zusammenzuarbeiten.

Leitfadeninterview: Beim Leitfadeninterview geht es darum, aufbauend auf einer gemachten Beobachtung besondere Verhaltens- oder Erlebnisweisen vertiefend aufzugreifen, zu bewerten oder interpretieren zu lassen (»Was haben Sie dabei gedacht? Was haben Sie dabei empfunden?«). Das Leitfadeninterview kann offen erfolgen oder halbstandardisiert.

Mystery-Shopping: Dabei begibt sich ein geschulter Testkäufer anonym in eine reale Kauf- oder Beratungssituation und liefert hinterher entlang seiner Beobachtung und objektiver Kriterien eine Bewertung. Parallel zum Mystery-Shopping gibt es das Mystery-Calling, bei dem per Telefon die Qualität von Beratungen oder von Verkaufsgesprächen getestet wird.

Omnibusbefragung: Diese auch Mehrthemen- oder Busbefragung genannte Methode ist eine kostengünstige Variante zu einer individuell beauftragten Exklusivumfrage. Dazu werden die Fragen der eigenen Umfrage an eine bereits geplante andere Umfrage angehängt.

Warenkorbanalyse: Um beispielsweise Kundenprofile und Kaufgewohnheiten festzustellen oder um die Kaufwahrscheinlichkeit für das eigene Produkt zu errechnen, kann über einen definierten Zeitraum hinweg die Anzahl und Art der Produkte gezählt werden, um die Kaufwahrscheinlichkeit für das eigene Produkt zu errechnen.

Werbemittel-Pretest: Bevor eine Werbeanzeige, Imageanzeige oder ein Spot eingesetzt wird, wird die Wirkung in einem Vortest mit potenziellen Zielgruppen überprüft. Wichtige Kriterien sind z. B. Sympathie, Aufmerksamkeitsstärke oder Erinnerungswert.

Die betriebswirtschaftliche Wirkungsebene

Die Frage nach der Bedeutung der PR für die betriebswirtschaftliche Wirkungsebene hat in den vergangenen Jahren verstärkt die Fachdiskussion bestimmt. Es gibt mehrere Gründe für diesen Bedeutungszuwachs. In Zeiten eines verstärkten Unternehmenscontrollings muss sich auch die PR der Frage stellen, welchen Anteil sie zum Unternehmenserfolg beiträgt. Sie muss darüber hinaus den Nachweis erbringen, dass sie effizient ist und das Input-Output-Verhältnis stimmt. Zudem muss sich in Zeiten eines immer wichtiger werdenden Unternehmenscontrollings auch das Kommunikationsmanagement darauf einstellen, dass nur diejenigen Aktivitäten und Kommunikationsziele akzeptiert werden, die zur Verwirklichung der strategischen und wirtschaftlichen Unternehmensziele beitragen. Das heißt konkret: Die PR muss den Nachweis erbringen, welchen Beitrag sie zur Wertsteigerung eines Unternehmens liefert, welchen Beitrag sie zur Wertsteigerung beträgt und wie sich ihr »Return on Investment« (ROI) gestaltet.

Hinzu kommt, dass auch von der Kommunikation der Einsatz von Methoden erwartet wird, die von den existierenden Controlling-Systemen in den Unternehmen übernommen werden können. Dazu muss das Kommunikationscontrolling harte Kennziffern entwickeln, die die Leistungen dieser »weichen Disziplin Public Relations« transparent und vergleichbar machen. Es gibt beispielsweise klare Wirkungszusammenhänge zwischen der Führungskultur eines Unternehmens, der Qualität der Mitarbeiterinformation und der Motivation der Mitarbeiter auf die Servicequalität, Kundenzufriedenheit, Kundenbindung und Kundengewinnung, auf das Unternehmensimage und damit nicht zuletzt auf den Markterfolg eines Unternehmens. Die PR-Aktivitäten müssen dazu in die verschiedenen Wirkungsprozesse eingepasst, der Aktivitätsgrad mit klaren Kennziffern und Steuerungsgrößen unterfüttert werden. Andere Wirkungsbeziehungen bestehen bei der Finanzkommunikation, die Auswirkungen auf die Bewertung von Analysten oder Kapitalgebern hat. Oder man betrachtet die Qualität der Medienarbeit, die ein Unternehmen besonders in Krisensituationen weniger anfällig macht. Ähnliches gilt für die Produktkommunikation, die nicht nur dafür sorgt, den Bekanntheitsgrad von Produkten zu erhöhen, sondern aktiv Kaufimpulse setzt und damit Werttreiber der Unternehmensentwicklung ist.

Die Gesellschaft der Public Relations Agenturen (GPRA) empfiehlt in dem von ihr entwickelten und markenrechtlich geschützten »Communication Value System« folgendes Vorgehen, das Mirko Lange in einem Beitrag verfasst hat und das hier in gekürzter Version vorgestellt wird:[57]

---

57 Vgl. Lange, Mirko: Das Communications Value System der GPRA, in: Pfannenberg/Zerfaß, 2005.

1. Schritt: Selektion der Unternehmensziele nach Kommunikationsrelevanz

Entlang der definierten strategischen Unternehmensziele wird untersucht, welches Unternehmensziel durch strategische Kommunikation erreicht oder unterstützt werden kann. Die Kommunikationsrelevanz und die Verteilung von zeitlichen und finanziellen Budgets werden dabei eng am Stellenwert und an der Bedeutung des Unternehmensziels ausgerichtet.

2. Schritt: Bezug der Unternehmensziele auf die Stakeholder

Für jedes Unternehmensziel wird definiert, welche Stakeholder bzw. Dialoggruppen angesprochen, integriert, aktiviert oder gegebenenfalls neutralisiert werden müssen, damit das Ziel erreicht werden kann. Die Dialoggruppen müssen problemlösungsrelevant, zielsetzungsbezogen, identifizierbar und erreichbar sein. »Problemlösungsrelevant« heißt, dass sich das Problem ohne sie nicht lösen lässt – sei es auch nur indirekt, weil die Dialoggruppe über Ressourcen verfügt, die wesentlich zur Lösung des Problems sind. »Zielsetzungsbezogen« heißt, dass (nur) die Dialoggruppen mit einbezogen werden, auf die sich die Ziele beziehen. Für spätere Analysen werden die Ziele in drei Gruppen gewichtet: A-Ziele sind Ziele, deren Erfolg unmittelbar von der Lösung einer Kommunikationsaufgabe abhängt; B-Ziele sind solche, die bei unvollständiger Lösung der Aufgabe stark behindert würden; C-Ziele sind jene, deren Erfolg durch Kommunikation optimiert würde.

3. Schritt: Entwicklung betriebswirtschaftlicher Wirkungsziele

Nun wird definiert, welche betriebswirtschaftlichen Wirkungen durch das Unterstützungspotenzial der Dialoggruppe für das Ziel eintreten (z.B. Gesamtimage, Markenwertsteigerung).

4. Schritt: Entwicklung kommunikationsbezogener Wirkungsziele

Für jede »Ziel-Dialoggruppen-Kombination« werden kommunikationsbezogene Ziele definiert. Der Schritt »Kommunikationswirkung« fragt nach dem für die Zielerreichung notwendigen Wissen, dem Verhalten und den Einstellungen der Stakeholder bzw. Dialoggruppen. Weiter wird definiert, welche direkte Wirkung die Kommunikation mit der Dialoggruppe haben soll. Die Fragestellung lautet: Was müssen die Dialoggruppen kennen, behalten, wissen, verstehen, annehmen, erwarten, meinen oder fühlen (und weiteres), damit sie mit hoher Wahrscheinlichkeit die angestrebte Einstellungs- oder Verhaltensänderung vollziehen?

5. Schritt: Entwicklung unterstützender Ziele

Als unterstützende Ziele werden beispielsweise »Kommunikationsergebnis« sowie »Prozesse« und »Potenziale« definiert. Die Kernfrage lautet hier: Welche unterstützenden Ziele (beispielsweise Anzahl der Kontakte zur Dialoggruppe sowie etwaige auf die Kommunikationsfunktion bezogene interne Prozess-, Entwicklungs- und Lernziele) müssen zur Erreichung der Kommunikationsziele gesetzt werden? Das »Kommunikationsergebnis« (Kontakte, Output) legt fest, in welcher Quantität und Qualität der Dialoggruppe Informationen bereit stehen müssen.

6. Schritt: Festlegung von Messgrößen und Kennzahlen

Für jedes Ziel wird nun gefragt: Woran erkennen wir, ob bzw. in welchem Umfang wir das Ziel erreicht haben? Darauf bezogene Messgrößen sollten so beschaffen sein, dass sie quantitative Ist- und Sollwerte ermöglichen. Bei der Definition der Zielwerte muss beachtet werden, dass eine realistische Datengrundlage vorhanden ist. Häufig ist die Erhebung dieser Daten nicht einmal mit Kosten verbunden. Denn in vielen Fällen sind relevante Daten in verschiedenen Unternehmensbereichen bereits vorhanden und müssen nur abgerufen werden. Ob intern recherchiert oder extern beauftragt – in jedem Fall bleiben die Evaluationsdaten nicht mehr kommunikationsintern, sondern fließen in ein Bewertungssystem ein, in dem am Schluss eine betriebswirtschaftlich relevante Zahl steht.

Schritt 7: Zusammenführung in einer Gesamt-Scorecard

Im letzten Schritt werden die für jede einzelne Ziel-Dialoggruppen-Kombination durchgeführten Operationalisierungen in einer Scorecard zusammengeführt. Die Grundfrage ist jetzt: Mit welchen strategischen Zielen unterstützt Kommunikation die Unternehmensstrategie effizient und effektiv? Die von den Unternehmenszielen linear abgeleiteten Zielvorgaben auf verschiedenen Wirkungsstufen werden auf der Kontaktebene mit einer neuen Intention aufgefangen: Je nach Art der festgelegten kommunikationsbezogenen Ziele werden zunächst typische Hauptinstrumente wie Werbung oder Medienarbeit zugeordnet (»Kräfteeinsatz«). Diese Clusterbildung orientiert sich vor allem an der notwendigen Quantität und Intensität des Kontakts – beispielsweise über Medienarbeit, Werbung oder Dialogkommunikation.

Vor- und Nachteile von Scorecard-Modellen

Das vorgestellte Beispiel der GPRA zeigt stellvertretend für viele andere Modelle (u.a. Rolke, Zerfass[58]) den hohen Grad der betrieblichen Komplexität, mit denen sich Modelle der Reputationsermittlung, der Markenwertermittlung oder Balanced Scorecard[59] auseinandersetzen müssen. Für viele kleine und mittelständischen Unternehmen dürften so komplexe Modelle der betriebswirtschaftlichen Wirkungsforschung kaum oder nur in abgeschwächter Form in Frage kommen. Zudem zeigt sich in der Praxis, dass Kennzahlen nicht immer die Qualität der Kommunikationsprozesse, z.B. ihre emotionale Wirkung bei der Zielgruppe, identisch abbilden können.

Auch bedeutet die Implementierung von Kennzahlen im Unternehmen immer einen zusätzlichen Aufwand für die Mitarbeiter, die methodisch geschult und von der Sinnhaftigkeit der Scorecard-Modelle überzeugt werden müssen. Zudem leben wie alle Erhebungsverfahren auch die Scorecard-Modelle letztlich von der kontinuierlichen Pflege und Dokumentation der Daten, die immer auch von der Motivation der Mitarbeiter abhängig ist. Und letztlich machen die Modelle nur dann Sinn, wenn das Unternehmen bereits auf der betriebswirtschaftlichen Ebene mit einem Scorecard-Modell arbeitet, das dann mit den Messergebnissen der eigenen Kommunikationserfolge verbunden werden kann.

Allerdings haben die Modelle den großen Vorteil, dass sie – einmal implementiert – eine bessere Anbindung der Kommunikationsstrategie in die Unternehmensstrategie gewährleisten, klare Erfolgsparameter für die PR definieren und dadurch den Legitimationsgrad der PR im Unternehmen insgesamt erhöhen. Nicht zuletzt werden dadurch die jährlichen Leistungen, die PR erbringt, vergleichbar gemacht: In der Prozesssteuerung bei der konkreten Umsetzung von Maßnahmen herrscht mehr Transparenz, da wesentlich

---

58 Siehe auch: Rolke, Lothar, in: Trimedia Topics, 2004, S.2–8 sowie: Zerfaß, Ansgar: Integration von Unternehmenszielen und Kommunikation: Die Corporate Communications Scorecard, in: Pfannenberg/Zerfaß, 2005, S. 102–112.

59 Die Balanced Scorecard (BSC) ist ein strategisch-operatives Kennzahlensystem, das zur Verbesserung der Leistungen und zum Erfolg eines Unternehmens beitragen soll. Konzipiert wurde sie zu Beginn der neunziger Jahre von Robert S. Kaplan und David P. Norton, siehe Kaplan/Norton, 1997.

schneller der Zielerreichungsgrad einzelner PR-Aufgaben gemessen werden und bei Zielabweichungen sofort reagiert werden kann. Dabei macht es auch für kleinere und mittelständische Unternehmen durchaus Sinn, Ursache- und Wirkungsbeziehungen zwischen Kommunikationsaktivitäten, Kommunikationszielen und Unternehmenserfolg herzustellen, wie die folgende Tabelle verdeutlicht.

Meinungs-, Einstellungs-, Verhaltensänderungen	Unternehmenserfolg
■ Erhöhung des Bekanntheitsgrads	■ Erhöhung des Marktanteils
■ Verbesserung des Image	■ Steigerung des Markenwerts
■ Erhöhung des Bekanntheitsgrads ■ Erhöhung der Kundenbindung ■ Gewinnung neuer Kunden	■ Erhöhung des Umsatzes ■ Vergrößerung des Marktanteils
■ Verbesserung der Mitarbeiterkommunikation ■ Stärkung der Mitarbeitermotivation	■ Steigerung der Produktivität ■ Senkung der Personalkosten
■ Steigerung des gesellschaftlichen Engagements	■ Risikominimierung im Krisenfall
■ Verbesserung der Finanzmarktkommunikation	■ Bessere Analysenbewertung, bessere Kreditkonditionen, bessere Aktienkurse

Im Folgenden sind einige Beispiele für mögliche Kennziffern einer Communication- oder PR-Scorecard aufgeführt, die eine konkrete Messung von PR-Erfolgen zulassen:
- Interne Kommunikation: Mitarbeiterzufriedenheit, Mitarbeiterqualifikation, Mitarbeiterentwicklung, Anzahl der Krankheitstage, Personalfluktuation, Innovationszyklen;
- PR-Finanz-Controlling: Eingehaltene Maßnahmen- und Projektbudgets, Kostenreduktion;
- PR-Organisation: Personalentwicklung der PR-Abteilung, Einhaltung der vereinbarten Prozesse, Nutzung von Synergien, Sicherung des internen Informationsflusses;
- Projekt-Management: Einhaltung von Zeitplänen und Budgetrahmen, Ergebnisqualität, Akzeptanz bei den Zielgruppen, Anteil von Prozessverzögerungen;
- Kundenkommunikation: Zahl neuer Kundenkontakte, Intensivierung bestehender Kontakte, Zufriedenheit, Kundenimage, Steigerung des Bekanntheitsgrads, Absatz von Kundenmedien, Beteiligung bei Events, Anzahl von Beschwerden und Reklamationen;
- Finanzmarktkommunikation: Analystenimage, Vergrößerung des Analysten-Netzwerks, Verbreiterung der Aktionärsbasis, Resonanz der Finanzberichterstattung, Beteiligung an Analystenkonferenzen und Investoren-Roadshows;
- Medienarbeit: Anzahl der Clippings und Mitschnitte (Print, Online, TV, HF) im Vergleich zum Vorjahr, Anzahl qualifizierter Journalistenkontakte, Anzahl neuer Journalistenkontakte, Anzahl erreichter Blogger, Präsenz in Sozialen Medien, Themenakzeptanz, Themendurchdringung, Tenor der Berichterstattung, Bild-/Text-Relation, Entwicklung Anzeigenäquivalenzwert und PR-Wert;
- PR-Erfolgsindex: Verhältnis von eingesetzten Ressourcen (Personalkosten, finanzielles Budget) zu erzielten PR-Ergebnissen, Vergleich von Input-/Output entlang einzelner Maßnahmen.

Dokumentation

Am Ende einer jeden PR-Kampagne oder eines PR-Jahres steht die Dokumentation, in der Bilanz gezogen wird. Je mehr Daten zur Verfügung stehen, die einen Ist-Soll-Abgleich und einen direkten Vergleich mit den Erfolgen des Vorjahrs ermöglichen, umso mehr empirischen Gehalt hat die Dokumentation und umso konkretere Ansatzpunkte ergeben sich für die Entwicklung der Kommunikationsstrategie im Folgejahr.

Die Bewertung des PR-Erfolgs darf jedoch nicht nur dabei stehen bleiben, das Gesamtverhältnis von Input- und Output zu überprüfen. Vielmehr muss innerhalb der Kommunikationsstrategie der Erfolg der einzelnen Maßnahmen auf den Prüfstand gestellt werden: Welchen Anteil am PR-Gesamterfolg hatten Tage der offenen Tür, Messeauftritt, Sponsoring, Unternehmensnachrichten, Personality-Meldungen, Produktinszenierungen/-Kick-Offs? Je aufwändiger die einzelnen Maßnahmen ausgestaltet wurden und je größer ihr Anteil am PR-Gesamtbudget ist, desto mehr Aufmerksamkeit muss auf die kritische Auswertung des PR-Erfolgs Wert gelegt werden.

3.5 Exkurs: Die Auswahl einer PR-Agentur

Entschließt sich ein Unternehmen zur Zusammenarbeit mit einem externen PR-Dienstleister, sollte die Agentur verschiedene Kriterien erfüllen, um die Erfolgschancen der eigenen PR-Arbeit zu sichern. Zunächst sollte das Unternehmen genau definieren, um welche Kommunikationsaufgabe es sich genau handelt. Natürlich gibt es große Full-Service-Agenturen (z.B. aus dem Netzwerk der Gesellschaft der Public Relations Agenturen e.V.), die sich auf Grund ihrer Unternehmensgröße und ihres breiten Produktportfolios zur Lösung komplexer und personalintensiver Kampagnen und Kommunikationsaufgaben anbieten. Es sollte aber immer an Hand der Referenzen der Agentur genau geprüft werden, ob die Agentur sich beispielsweise wirklich für den Relaunch einer Unternehmens-Website, die Organisation eines großen Events, die Lancierung eines Produkts in einer Spezialbranche oder die Planung einer Kampagne mit integrierten Werbe- und Promotionmaßnahmen eignet.

Da einige Agenturen nicht inhouse über all die von ihr angebotenen Spezialkenntnisse verfügen, sondern mit einem Stamm an weiteren Dienstleistern (Agenturen wie Freelancer) zusammenarbeiten, sollten auch hier Referenzen und Umsetzungsbeispiele abgefragt werden. Manchmal lohnt es sich, den Blick zusätzlich auf kleine Spezialagenturen zu werfen, die für die Lösung einer Kommunikationsaufgabe ebenfalls sehr gute Referenzen besitzen können. Vorteil für den Kunden: Auf Grund des geringeren Repräsentationsaufwands und der niedrigeren Büro- und Personalkosten kann das finanzielle Angebot einer kleinen Agentur durchaus attraktiver sein.

Harte Fakten und die persönliche Chemie

Da in vielen PR-Agenturen der Mitarbeiterstamm vor allem im technisch operativen Bereich regelmäßig wechselt, sollte das Unternehmen genau betrachten, ob die Agentur in der Lage ist, ihre Mitarbeiter zu binden. Dies ist insbesondere wichtig, da ein Unternehmen zwar auf der strategischen Ebene häufig mit der Geschäftsführung der Agentur und der Senior Consultant-Ebene zusammenarbeitet, bei der technischen Vorbereitung einer Pressekonferenz häufig aber »nur« mit Juniorberatern und Volontären zu tun hat. Ein häufiger Personalwechsel führt zwangsläufig dazu, dass sich die neuen Mitarbeiter ständig neu in das Thema und die Organisation einarbeiten müssen, was zu einem höheren Erklärungsaufwand führt. Auch sollte sich der Auftraggeber einen genauen Überblick über das Qualifikationsniveau der betreuenden Agentur-Mitarbeiter machen. Gerade jungen Mitarbeitern fehlt es bei dem sensiblen Umgang mit Medien oft an der nötigen Erfahrung sowie an Branchenkenntnissen, um beispielsweise Finanz-Journalisten auf Augenhöhe zu begegnen.

Weitere Auswahlkriterien sind neben der Kundenstruktur der Agentur, der Zahl der Neuzugänge und -abgänge, der Länge der bereits bestehenden Kundenbeziehungen auch die Eigendarstellung der Agentur. Eine Agentur, die professionelle Kommunikationsdienstleistungen verkauft, sollte selbst über einen modernen und aussagekräftigen Unternehmensauftritt verfügen. Dies wird sowohl in der visuellen Gestaltung als auch in der Textqualität des Agenturauftritts sichtbar.

Manche PR-Agenturen werben gerade damit, dass sie innerhalb einzelner Branchen (Healthcare, Automotive, Finance, IT) über ausgezeichnete und langjährige Medienkontakte verfügen. Dies sollte an Hand konkreter Fragestellungen an die Agentur überprüft werden. Gerade auf Grund des häufigen Personalwechsels, den es auf Agentur- wie auf Medienseite gibt, sind langjährige Journalistenkontakte nicht mehr so selbstverständlich wie vor 10 oder 15 Jahren.

Die feste Verankerung einer Agentur innerhalb einer Branche kann aber auch einen Verweis darauf geben, dass es zu möglichen Interessenkollisionen mit anderen Kunden kommen kann. Das Unternehmen sollte daher genau überprüfen, ob die Agentur bereits für einen direkten Mitbewerber tätig ist. Schließlich werden in der Zusammenarbeit zwischen Unternehmen und Agentur auch sensible Firmen- und Branchendaten ausgetauscht. Konflikte mit anderen Agenturen sind am besten dadurch auszuschließen, dass der Konkurrenzausschluss vertraglich fixiert wird.

Letztlich kommt es auf die Chemie zwischen dem Berater-Team und den verantwortlichen Personen im Unternehmen an. Wenn es in der täglichen Zusammenarbeit ständig zu Reibereien, Missverständnissen und persönlichem Kompetenzgerangel kommt, sollte das Unternehmen mittelfristig auf jeden Fall überlegen, ob es sich nicht besser eine Agentur sucht, mit der die Zusammenarbeit einfacher verläuft. Das heißt nicht, dass die Ursache für Unzufriedenheit immer auf Agenturseite liegt. Oftmals fehlen auch auf Unternehmensseite das nötige Fachwissen und die Erfahrung, um eine Agentur nicht nur als bloße Umsetzer zu sehen, die auf Knopfdruck Anweisungen zu erfüllen hat. Durch eine solche Herangehensweise beispielsweise vergibt sich das Unternehmen die Chance, vom Knowhow der Agentur zu profitieren.

Die Wettbewerbspräsentation

Hat das Unternehmen mehrere Agenturen gefunden, die sich für die Lösung einer Qualifikationsaufgabe qualifiziert haben, kann es zu einer Wettbewerbspräsentation (»Pitch«) einladen, um den geeigneten Partner herauszufinden. Um sich den eigenen Ruf in der Kommunikations-Branche nicht zu verderben, sollte das Unternehmen nur dann pitchen lassen, wenn es ihm mit der Beauftragung der PR-Agentur wirklich ernst ist. Manche Unternehmen erlauben sich auf Grund ihrer Größe einen unorthodoxen Umgang mit externen Dienstleistern. Sie laden zwar zur Wettbewerbspräsentation ein, wollen aber nur neue Ideen einsammeln. Dieser Form des offenen Ideenklaus begegnen die Agenturen zunehmend damit, dass sie ihre Präsentationsunterlagen beim Notar hinterlegen, um den zeitlichen Nachweis der Urheberschaft einer kreativen Idee oder eines neuen visuellen Designs zu erbringen.

Um eine Agentur bei der Präsentationsvorbereitung zu unterstützen, kann das Unternehmen neben den Briefingunterlagen auch die Auswahlkriterien offen legen, nach denen es den Pitch entscheiden wird. Die Agentur weiß dann nicht nur, welche Kriterien relevant sind. Sie weiß auch, dass die Auswahl nach vergleichbaren Kriterien erfolgt und nicht nur nach dem Bauchgefühl des Geschäftsführers oder Kommunikationschefs. Natürlich muss sich die Agentur entlang der oben genannten formalen Kriterien (Rechtsform, Größe, Leistungsspektrum, Kundenportfolio, Referenzen, Arbeitsbeispiele u.a.) selbst vorstellen. Und letztlich muss sie in der Präsentation überzeugen.

Wenn ein Unternehmen zur Wettbewerbspräsentation einlädt, sollte es dafür ein – zumindest kleines – Präsentationshonorar zu Verfügung stellen. Damit würdigt es wenigstens begrenzt den Aufwand, den die Erstellung der Präsentationsunterlagen der Agentur gekostet hat. Leider hat es sich in den letzten Jahren zunehmend eingebürgert, dass in den Briefingunterlagen explizit die Klausel zu finden ist: »Ein Honorar wird nicht gezahlt.« Die Folge: Die 3–5 Agenturen, die zum Pitch eingeladen worden sind, müssen ihre Präsentation umsonst und ohne Entschädigung erstellen – oder auf den Pitch und die damit verbundene Chance von vornherein verzichten.

Die Zusammenarbeit zwischen Agentur und Unternehmen

Hat das Unternehmen eine Agentur ausgewählt, sollte gerade in der Startphase vertraglich genau definiert sein, welche Anforderungen sich aus der Zusammenarbeit mit der Agentur ergeben, wie hoch der Leistungsumfang ist und wie die Leistungen der Agentur vergütet werden. Dazu haben alle PR-Agenturen Standardverträge, die an die jeweilige Kommunikationsaufgabe angepasst werden. Das Leistungsangebot sollte in jedem Falle genau auf mögliche versteckte Kosten hin geprüft werden und mit den tatsächlich anfallenden Aufgaben verglichen werden. Die Zusammenarbeit sollte regelmäßig evaluiert werden.

Bei der Vergütung gibt es zwei grundsätzliche Modelle: Die Zahlung eines monatlichen Grundhonorars (»Retainer«), mit dem regelmäßig wiederkehrende Tätigkeiten vergütet werden. Oftmals sind im Retainer auch Fremdkostenpauschalen enthalten (Telefonkosten, Portokosten), um die Rechnungslegung zu vereinfachen. Die andere Variante ist das Projekthonorar, um einzelne Maßnahmen pauschal oder nach zeitlichem und personellem Aufwand zu vergüten. Oftmals wird auch mit Mix-Modellen aus pauschaler Vergütung und Projekthonorar gearbeitet. Grundsätzlich werden folgende Kostenarten unterschieden:

- **Eigenleistungen**: Alle Leistungen, die eine Agentur erbringt. Die Eigenleistungen werden nach gestaffelten Stundensätzen abgerechnet (Sekretariat, Volontär, Juniorberater, Berater, Senior-Berater, Geschäftsführer). Dazu verfügen die Agenturen über eigene Honorartabellen, die ein Auftraggeber abrufen kann.
- **Fremdleistungen**: Leistungen von Seiten Dritter (Zulieferer oder Dienstleister), die von der Agentur beauftragt werden. Dazu gehören beispielsweise Caterer, freie Fotografen, Texter oder Grafiker. Diese Fremdkosten werden oft von der Agentur erst übernommen und dem Unternehmen später in Rechnung gestellt.
- **Auslagen**: Alle Auslagen, die auf Seiten der Agentur für Telefonate, Kuriere, Porto, Kopien, Reisekosten u.Ä. anfallen. Die Vergütung der Auslagen kann mit Einzelnachweisen oder als pauschale Auslagenvergütung erfolgen.

TIPP 10

Achtung Künstler!

Beschäftigt ein Unternehmen freie PR-Berater, Graphiker, Texter, Designer oder Foto-grafen, so muss es für diese kreative Leistungen Abgaben an die Künstlersozialkasse zahlen. Dies gilt nicht für beauftragte Kapitalgesellschaften (GmbH, Ltd., AG). Weitere Informationen auch zu den aktuellen KSK-Abgabesätzen sind unter www.kuenstlerso-zialkasse.de zu finden.

Internationale Public Relations

Von Prof. Dr. Dieter Georg Herbst

Weltweit einheitliche Anzeigen, Broschüren, Websites – wer aufmerksam die Massenmedien verfolgt, könnte glauben, dass dies heute schon Alltag in deutschen PR-Abteilungen wäre. Tatsächlich zeigt sich seit einigen Jahren, dass Standardisierung ein Wunschtraum bleibt: Viele Kampagnen sind gescheitert, viele Aktionen bleiben wirkungslos, weil sie zu wenig die Besonderheiten der Ländermärkte berücksichtigen. Folge: Volle Rolle rückwärts. Die Unternehmen berücksichtigen immer stärker die Anforderungen von Bezugsgruppen in den Ländern. Auch die internationalen Public Relations erkennen dies zunehmend.

Kennzeichen internationaler PR

Was sind internationale PR überhaupt? Und worin unterscheiden sie sich von den nationalen PR? International bedeutet zunächst die Kommunikation über Ländergrenzen hinweg. Als Besonderheiten der internationalen PR nennen Experten deren größere Komplexität, höheres Risiko und erhöhten Informationsbedarf. Jedoch ist auch nationale Kommunikation aufwändig, risikoreich und komplex. Was also ist das Besondere? Antwort: Internationale PR müssen Rückkoppelungen managen. Was das bedeutet?

Grundsätzlich könnte jedes Land seine eigenständige PR gestalten – so wie es die Besonderheiten des Landes erfordern. Aber was geschieht, wenn ein Land etwas kommuniziert, das sich auf ein anderes Land oder die Zentrale auswirken könnte? In diesem Fall sollte die Kommunikation koordiniert erfolgen; sie sollte inhaltlich, zeitlich und formal widerspruchsfrei ausgerichtet sein, um Gemeinsamkeiten zu nutzen und Widersprüche zu vermeiden. Einige Beispiele:

- **Arbeitsplatzverlagerung:** Ein Mittelständler entscheidet sich, seine Produktion von Deutschland nach Ungarn zu verlagern. Aus deutscher Sicht ist dies keine gute Nachricht, weil Arbeitsplätze verloren gehen; ungarische Journalisten greifen diese Nachricht gern positiv auf.
- **Krisenkommunikation:** Was geschieht im Unternehmen, wenn eine Krise ausbricht? Wen wird der lokale Journalist anrufen? Und wen der Journalist des Nachbarlandes? Gibt es überhaupt einen lokalen PR-Vertreter, ist oft nicht sichergestellt, dass sich dieser mit der Zentrale und der anderen Landesgesellschaften abstimmt. Immer wieder geschieht es, dass ein Landesvertreter keine Auskunft über die Krise gibt, aber ein anderes Land bereitwillig Auskunft gibt.
- **Internet:** Ein Geldgeber möchte sich im Internet über Unternehmen informieren. Unterschiedliche Aussagen über das Unternehmen und sogar unterschiedliche Produktpreise sind auf vielen Internetseiten von mittelständischen Unternehmen noch immer zu finden.

Die drei Beispiele zeigen, wie wichtig koordiniertes Vorgehen und das Management von Rückkoppelungen in den internationalen PR sind.

Chancen und Potenziale der internationalen PR

Internationale Koordination ist notwendig, aber sie eröffnet auch Potenziale, die nationale Public Relations allein so nicht bieten. Einige Beispiele:

- **Unternehmensweite und lokale Images:** Möchte ein Unternehmen eine neue Gesellschaft in einem Land gründen, könnte die Zentrale im Vorfeld beginnen, das neue Unternehmen im Land bekannt zu machen und ein Unternehmensimage aufzubauen. Die neue Gesellschaft kann anknüpfen und die direkte Kommunikation mit den Bezugsgruppen im Land weiterführen. Die neue lokale Gesellschaft wird profitieren, wenn das Unternehmen bereits international über Bekanntheit und Image in der Branche verfügt. Vorteilhaft ist auch, wenn das Unternehmen schon im Nachbarland vertreten ist.
- **Unternehmensgeschichten:** PR-Manager können den Journalisten Geschichten über das Unternehmen und seine Produkte erzählen, die durch mehrere Länder führen — und dies sogar mit einer Pressereise verknüpfen. Ein Thema könnte der Lebenslauf eines Produktes sein, von Forschung und Entwicklung in einem Land, über die Produktion in einem anderen, bis hin zur Anwendung in einem weiteren. PUMA könnte viele gute Geschichten erzählen, wie durch seine Kompetenzzentren in Deutschland, USA und Hongkong Höchstleistungen entstehen.
- **Erfahrungstransfer:** Gibt es Wissen in einem Land, das auch die anderen Länder nutzen können? Gibt es Projekte im Unternehmen oder auch PR-Kampagnen, die bewährt sind? Bestehen Erfahrungen in der internationalen Zusammenarbeit, zum Beispiel in internationalen Projektteams?
- **Gegenseitige Nutzung von Unternehmensthemen und lokalen Themen**: Welche Themen gibt es in der Zentrale, die auch Landesgesellschaften nutzen können, zum Beispiel in der Pressearbeit? Welche Themen hat die Landesgesellschaft, die die Zentrale oder die anderen Landesgesellschaften nutzen können?

PR zwischen Standardisierung und Differenzierung

Internationale PR wollen die Gemeinsamkeiten der einzelnen Länder erkennen und diese zur Grundlage für die weltweite Kommunikationsarbeit machen; sie wollen aber auch erkennen, ob und wie sich die einzelnen Länder unterscheiden und wie sich dies auf die Kommunikation auswirkt.

- Durch **Standardisierung** will ein Unternehmen seine PR über Ländergrenzen hinweg so einheitlich wie möglich gestalten, zum Beispiel eine Imageanzeige. Standardisierung soll ermöglichen, international einheitlich aufzutreten und ein einheitliches Unternehmensimage zu erzeugen. Die Grenzen liegen auf der Hand: eine ist die unterschiedliche Mediennutzung der Bezugsgruppen; eine andere, dass regionale oder lokale kulturelle Besonderheiten kaum berücksichtigt sind.
- Durch **Differenzierung** versucht das Unternehmen, nationale Besonderheiten zu berücksichtigen und Bezugsgruppen genauer anzusprechen. Eine Imageanzeige würde in jedem Land anders aussehen – Bild, Texte, Symbole, Episoden, Farben, Formen würden sich an der Kultur der Bevölkerung ausrichten.

Standardisierung und Differenzierung sind als Pole zu verstehen. In der Praxis bewährt haben sich Mischformen nach dem Grundsatz: So viel Standardisierung wie möglich, so viel Differenzierung wie möglich. Ein globales Strategiedach wird lokal angepasst. Dies ermöglicht Handlungsspielraum mit gemeinsamen Leitplanken.

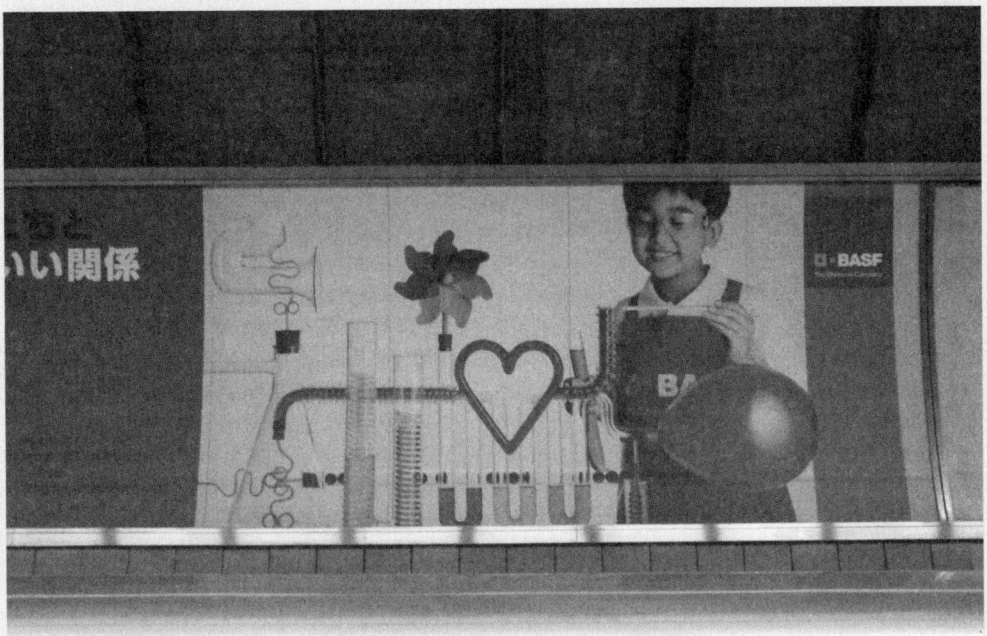

Abb. 1: Internationaler Unternehmensauftritt zwischen Standardisierung und Differenzierung am Beispiel der BASF in Asien, Foto: D. G. Herbst

Besonderheiten in der internationalen PR

Auf die PR können Besonderheiten wirken wie das politisch-rechtliche System, ökonomische, technologische und soziokulturelle Einflussfaktoren sowie der Entwicklungsstand eines Landes. Zum Beispiel wirkt sich die Politik in Indien durch die starke Macht der Staatsorgane so aus, dass Lobbying eine wichtige Rolle spielt, um die einflussreichen Entscheidungsträger des Staates für das Unternehmen zu gewinnen. Zur Technologie gehört die Verbreitung von Internet oder TV. Soziokulturelle Einflüsse beziehen sich auf Werte, Normen, Mentalitäten und Kultur des Landes. Zum Beispiel bilden sich besonders in westlichen, pluralistisch geprägten Gesellschaften zunehmend aktive, kritische oder aktivistische Interessensgruppen. Diese vernetzen sich über Ländergrenzen hinweg, vor allem im Internet und bilden neue Bezugsgruppen für internationale Unternehmen.

Unterschiede in Sprachen, Mentalitäten und in der Wahrnehmung zeigen sich in der Gestaltung von Printmedien: Deutsche und französische Geschäftsberichte sind doppelt so umfangreich wie britische oder amerikanische. Deutsche Geschäftsberichte sind strenger im Satz, sie enthalten mehr Texte, Tabellen und Zahlen; dagegen sind amerikanische und britische Geschäftsberichte deutlich schlanker und linearer aufgebaut, sie haben viele Fotos.

Sprachunterschiede können erhebliche Barrieren für die internationalen PR darstellen. In der Europäischen Union gibt es über 60 Sprachen. Rund die Hälfte der Einwohner der EU-Staaten spricht neben ihrer Muttersprache keine weitere Sprache. Rund die Hälfte spricht Englisch, davon 16 Prozent als Muttersprache. In Deutschland steht die kulturell gelernte Bedeutung der Farbe weiß für Reinheit, in China verbinden die Menschen damit Trauer – also eher keine weißen Blumen und keine Geschenke in weißem Papier beim Geschäftstreffen. Der weiße Rahmen um ein Gesicht, wie es derzeit viele Agenturen einsetzen, hätte in China die Bedeutung einer Todesanzeige.

Wichtige Themen der internationalen PR

Unternehmen sollten in ihrer PR die Gemeinsamkeiten der Länder nutzen und dort differenzieren, wo dies sinnvoll und machbar ist. Dies hat zu einer Aufteilung zwischen übergreifenden Strategien und lokaler Umsetzung geführt. Die übergeordneten und für die Landesgesellschaften verbindlichen Spielregeln heißen zum Beispiel »Global Business Principles«. Unternehmen wie Shell, Kraft Foods und Henkel haben sie. Lokale Aufgaben sind dort zu finden, wo die persönliche Kommunikation im Vordergrund steht – sei es mit Mitarbeitenden, Kunden, Journalisten, Politikern, Nachbarschaft.

- **Interne Kommunikation:** Probleme mit den Mitarbeitenden im Heimatland entstehen dadurch, dass sich meist über viele Jahre oder gar Jahrzehnte das Selbstverständnis als deutsches Unternehmen gefestigt hat, das jetzt um die internationale Perspektive erweitert werden muss. International herausfordernd ist, aus allen Mitarbeitenden eine Gemeinschaft zu bilden. Aufgabe der internen internationalen PR ist daher, den Landesgesellschaften zu vermitteln, dass diese einen wichtigen Beitrag in ihrem jeweiligen Land beziehungsweise ihrer Region leisten, dass sie aber Teil vom Unternehmen sind.
- **Investor Relations:** Kenntnisse der internationalen Finanzmärkte sind essenziell, aber auch der Umgang mit lokalen Financial Communities und eine an nationale Gegebenheiten angepasste Medienarbeit. Die Kommunikation mit den internationalen Kapital- und Finanzmärkten ist globalisiert wie kaum ein anderer Bereich in den PR.
- **Issue Management:** Konkret geht es darum, aufkommende Themen früh zu erkennen und darauf reagieren oder selbst in die öffentliche Diskussion zu bringen. Da sich Issues international ausbreiten können, ist es wichtig, Issues global zu erkennen und dann lokal zu handeln.
- **Internet:** Das Internet hat sich zum Leitmedium der internationalen PR entwickelt: Journalisten schätzen es, auf Informationen aus aller Welt zugreifen zu können. Stellenbewerber sehen sich auf dem internationalen Stellenmarkt um, Aktionäre bewerten das Unternehmen im internationalen Vergleich. Websitebesucher sollten das Unternehmen stets widerspruchsfrei wahrnehmen, egal, welche Website sie weltweit anklicken.
- **Medienbeobachtung:** Wer international widerspruchsfrei kommunizieren will, sollte sich einen Überblick darüber verschaffen, was in den Massenmedien und im Internet erscheint. So kann es wichtig sein, für ein Nachbarland die Ergebnisse der Medienbeobachtung bereit zu stellen, wenn sich die Berichte in den Massenmedien auch dort auswirken und zu Anfragen von Journalisten führen können.

Das Beispiel Medienarbeit: Allein in Europa ist die Situation unterschiedlich, wie die Praxis in Deutschland, England, Frankreich und Polen zeigen. Redaktionsbesuche finden in Deutschland in Redaktionsräumen statt, in der Schweiz und in Österreich eher auf neutralem Boden.

- **Es gibt kaum international relevante Medien:** So erreicht die Financial Times weniger als ein Viertel der Manager europäischer Großunternehmen. Der Gegentrend zeigt sich bei CNN mit Regionalstrategie, FAZ steuert englische Übersetzungen zur International Herald Tribune bei, Handelsblatt und Wall Street Journal Europa kooperieren und die National Geographic hat 17 Länderausgaben.
- **Die Bedingungen an die Inhalte in den Ländern sind höchst unterschiedlich:** In Lateinamerika etwa dominiert das Lobbying, da der öffentlichen Meinung eine geringere Rolle zukommt als den einflussreichen Politikern. In Indien wollen die Massenmedien

große Zahlen hören. Investitionen von wenigen Millionen Euro wecken dort kaum Interesse. Die deutschen Medien greifen vor allem schlechte Neuigkeiten auf nach dem Motto: »Only bad news are good news«, in den USA dagegen berichteten die Medien deutlich ausgeglichener sowohl gute als auch über Negativmeldungen. Die schlechten Nachrichten haben hierbei einen deutlich geringeren Anteil an der gesamten untersuchten Medienberichterstattung.

■ **Die Bedingungen an die Form der Kommunikation sind höchst unterschiedlich:** Persönlich geprägte Medienarbeit ist zum Beispiel in Frankreich, Japan und Südkorea essenziell. Die Presseinformation spielt in Deutschland eine wichtigere Rolle als in Frankreich, wo sie zudem in französischer Sprache abgefasst sein muss. In Großbritannien haben Messen nur eine geringe Bedeutung für Journalisten.

■ **Das Selbstverständnis unterscheidet sich:** Der anglo-amerikanische Journalismus ist durch eine kritisch-distanzierte Haltung gegenüber Unternehmen gekennzeichnet. Die dortigen Journalisten sind oft sehr gut informiert und stark an Fakten orientiert. Die Freigabe des Artikels vor dem Erscheinen ist unüblich. Der mediterrane Journalismus ist eher kommentierend. In den Niederlande, Schweden, Belgien ist das Verhältnis zu den Journalisten eher partnerschaftlich. In Ländern, in denen bis vor kurzem noch autoritäre Strukturen herrschten, ist auch im Journalismus immer noch die Bereitschaft zu finden, Informationen ohne eigene Recherche und sogar mitunter gegen Geld zu veröffentlichen.

■ **Die kulturellen Gepflogenheiten unterscheiden sich enorm:** Chinesische Massenmedien sind, soweit sich das so verallgemeinernd sagen lässt, weniger hartnäckig und neugierig als die westlichen Medien. Sie nehmen mehr die makroökonomische Sicht ein und geben technischen Details mehr Raum. Sie brauchen die Presseeinformation, und die persönliche Beziehung ist sehr wichtig.

■ **Die Mediensysteme unterscheiden sich enorm:** Das Beispiel China: Über TV sind 1,3 Milliarden Menschen zu erreichen. In China gibt es rund 8.700 Magazine, 2.200 Zeitungen, 3.600 Fernsehstationen und zwei Nachrichtenagenturen. Der chinesische Markt ist mit 85 Millionen verkaufter Exemplare täglich der größte Zeitungsmarkt der Welt. An zweiter Stelle steht Japan (70 Millionen), es folgen die USA, Indien und Deutschland. In Indien gibt es 44.000 Zeitungen in über 100 Sprachen.

Unterschiedlich sind schon Feiertage und Uhrzeiten. Einige Länder haben sogar einen anderen Kalender. Sie wollen eine Pressekonferenz in Shanghai veranstalten: Wo wollen Sie diese stattfinden lassen? Wäre ein Hotel oder das Unternehmen angemessen? Für welches Hotel sollen Sie sich entscheiden? Welche Kriterien ziehen Sie für Ihre Entscheidung heran?

Organisation der internationalen Kommunikation
Die internationalen PR sollten systematisch geplant sein und koordiniert erfolgen, um das widerspruchsfreie Vorstellungsbild vom Unternehmen zu erzeugen. Die Abstimmung der Kommunikation umfasst mehrere Dimensionen:

■ **Inhaltlich:** PR ist thematisch abgestimmt. Abstimmung meint nicht, dass alle Ländervertreter exakt die gleichen Botschaften geben müssen; wichtig ist, dass sie einen Überblick haben, welche Botschaften welche Länder vermitteln, damit sich diese nicht widersprechen.

■ **Formal**: Welche Gestaltungsrichtlinien gelten international? Dies beinhaltet die bestehenden formalen Unternehmenskennzeichen wie Name und Logo.

■ **Zeitlich:** Maßnahmen sollten zeitlich abgestimmt sein, damit ein Land nicht Informationen vermittelt, die ein anderes noch zurückhält, um einen günstigen Zeitpunkt abzuwarten.

- **Instrumentell:** Welche Maßnahmen setzen die Länder international ein? Ergänzen sich diese Maßnahmen?
- **Objekt:** Sind Länderauftritte und Einzelleistungen aufeinander abgestimmt?
- **Partnerintegration:** Sind die eigenen PR abgestimmt mit jener der Wirtschaftspartner, Lieferanten, Unternehmen mit Handelsaufgaben, etc.?
- **Personell und organisatorisch:** Aus einem gemeinsamen PR-Konzept, das auch die Organisation der Beteiligten regelt, leiten alle Beteiligten ihre Entscheidungen und ihr Handeln ab.

Die angemessene PR-Organisation stellt sicher, dass sich alle Beteiligten angemessen austauschen und abstimmen können – interdisziplinäre Teams, Projektmanagement und Netzwerke spielen hierbei eine wichtige Rolle. Geeignete Prozesse müssen die gezielte Koordination und Kontrolle ermöglichen und übergreifendes Zusammenarbeiten stärken. Alle Beteiligte sollten auf das PR-Konzept sowie Leitbilder und Material zugreifen können.

Literatur

Backhaus, K. et al.: Internationales Marketing. Stuttgart 1996

Berndt, R.; Fantapié Altobelli, C.; Sander, M.: Internationales Marketing Management. 3. Auflage. Berlin 2002

Blom, H.; Meier, H.: Interkulturelles Management. Herne/Berlin 2002

Hans-Bredow-Institut (Hrsg.): Internationales Handbuch Medien 2004/2005, 27. Auflage 2004

Herbst, D.: Internationale Werbung und PR. Berlin 2008

Klein, H.-M.: Cross Culture – Benimm im Ausland. Berlin 2004

Kumbier, D.; Schulz von Thun, F. (Hrsg.): Interkulturelle Kommunikation. Methoden, Modelle, Beispiele. Hamburg 2006

Lewis, R.D.: Handbuch internationale Kompetenz. Mehr Erfolg durch den richtigen Umgang mit Geschäftspartnern weltweit. Frankfurt am Main/New York 1999

Meckel, M. et al.: Internationale Kommunikation. Opladen 1997

Modena, I.: Globale Märkte und lokale Strukturen. Eine soziologische Analyse. Hamburg 2005

Podsiadlowski, A.: Interkulturelle Kommunikation und Zusammenarbeit. München 2004

Rapaille, C.: Der Kultur-Code. München 2006

Thieme, W.M.: Interkulturelle Kommunikation und Internationales Marketing. Frankfurt am Main et al. 2000

4 Professionelle Medienarbeit

4.1 Die Grundlagen der Pressearbeit

Eine aktive Medienarbeit zählt zu den Kernhandlungsfeldern jedes PR-Tätigen. Schließlich hat er die Aufgabe, vertrauensvolle Beziehungen zu Journalisten als Gatekeeper der Öffentlichkeit aufzubauen. Für die heutigen Anforderungen stehen ihm vielfältige Instrumente zur Verfügung, um auf die Meinungsbildung und Einstellung der Medienvertreter aktiv Einfluss zu nehmen und mit ihnen in einen kontinuierlichen Dialog zu treten wie u. a.

- Information von Medienvertretern durch Pressemitteilungen;
- Vermittlung von Gesprächen und Interviews;
- Positionierung von Expertenbeiträgen in Medien;
- Durchführung von Pressekonferenzen und Pressegesprächen;
- Organisation von Informationsveranstaltungen, von Messen und Events;
- Koordination der Medienarbeit mit weiteren Kommunikationsinstrumenten.

Gleichzeitig haben Internet und Soziale Medien die konventionelle Presse- und Öffentlichkeitsarbeit deutlich verändert. Mit ihnen kam ein weiterer Kanal hinzu, dem Kommunikationsverantwortliche in Unternehmen, Institutionen wie Agenturen besondere Aufmerksamkeit schenken müssen. Sie bieten erweiterte Möglichkeiten, Journalisten als Kernzielgruppe anzusprechen und mit diesen in einen kontinuierlichen Dialog zu treten. Die Kombination aus Push- und Pull-Medien – die wechselseitige Zusendung und Bereitstellung von Informationen – eröffnete vielfältige Wege der kontinuierlichen Medienansprache. Internet-Pressebereich, E-Mail-Versand, Online-Pressekonferenz, Social Media Newsroom sind nur einige der Schlagworte, die den modernen Dialog heute prägen.

Gleichzeitig zeigte beispielsweise die jährliche Digital-Journalism-Studie[60], zu der das internationale Oriella-PR-Netzwerk im Frühjahr 2012 613 internationale Journalisten befragte, dass die Bedeutung von Pressemitteilungen als erste Informationsquelle für die Recherche von 22 auf 11 Prozent deutlich zurückgegangen ist. Pressemitteilungen stehen hinter Interviews mit Unternehmensvertretern und Agenturen-News nur noch an dritter Stelle. Parallel hat das Vertrauen in Social-Media-Quellen zugenommen: Gaben noch im Jahre 2011 knapp die Hälfte der befragten Journalisten an, dass sie sowohl bei der Recherche als auch bei der Faktenprüfung auf Branchenexperten aus dem Social Web vertrauen, ist dieser Anteil im Jahre 2012 auf über 60 Prozent angestiegen.

Auf diese Erfordernisse hat eine moderne Pressearbeit ebenfalls zu reagieren, um bislang unausgeschöpfte Potenziale zu nutzen. Denn der Trend zur digitalen Kommunikation wird sich fortsetzen, der Stellenwert von Online-Medien nimmt weiter zu. Doch wie wird eine professionelle Medienarbeit aufgebaut? Wie lassen sich vertrauenswürdige Beziehungen zu ausgewählten Journalisten gestalten? Wie berücksichtigt man die Bedürfnisse der Journalisten optimal? Und gibt es generelle Grundregeln für eine erfolgreiche Kommunikation?

---

60 http://www.slideshare.net/FFPR/studie-digital-journalism-2012

Klare Medienstrategie: Glaubwürdigkeit, Kontinuität, Kontakt

Die Grundlage für erfolgreiche Beziehungen ist ein vertrauensvolles Verhältnis untereinander, die Basis erfolgreicher Medienarbeit die Kontinuität. Dies gilt für die Kommunikation mit Journalisten wie für den Dialog mit anderen Stakeholdern. Nur so lassen sich Kontakte herstellen und Kommunikationsbeziehungen in einem Dialog pflegen, der auf Glaubwürdigkeit, auf Newswert, auf Sorgfältigkeit, aber auch auf Schnelligkeit basiert:

- Vertrauensvolle Beziehungen: Glaubwürdigkeit, Ehrlichkeit und Offenheit sind die Voraussetzung für den Aufbau einer vertrauensvollen Beziehung. Dazu hat eine moderne Medienarbeit Themen faktenorientiert aufzubereiten, um das Profil des eigenen Unternehmens klar darzustellen. Wer dagegen Informationen verschleiert oder verfälscht, wird Beziehungen zerstören, bevor sie überhaupt aufgebaut sind.
- Vermittlung von Nachrichtenwert: Wer nur Pressemitteilung versendet, um Pressemitteilungen zu versenden, baut keine Kontakte auf. Medienvertreter erwarten Informationen mit hohem Newsgehalt. Erst Werte wie Neuheit, Success Story, Fortschritt, Human Touch, Prominenz machen aus Informationen wirkliche News – und helfen Beziehungen aufzubauen.
- Kontinuierlicher Kontaktaufbau: Medienarbeit beginnt keineswegs erst in einem konkreten Fall. Ebenso kann niemand sich erhoffen, von der Öffentlichkeit wahrgenommen zu werden, wenn er eher sporadisch Meldungen streut und alles weitere dem Zufall überlässt. Vielmehr sind eine strategische Planung und eine regelmäßige Kontaktpflege unerlässlich, um den Bekanntheitsgrad des Unternehmens zu erhöhen und ein positives Image in der Öffentlichkeit aufzubauen. Dazu müssen die richtigen Kontakte und ein funktionierendes Netzwerk langfristig auf- und ausgebaut werden. Nur Kontinuität kann dazu beitragen, dass auch Medienvertreter von sich aus mit Wissens-Fragen, Interview-Wünschen, Fachautor-Anfragen auf das Unternehmen zukommen. Erst damit zeigt sich, dass es als kompetenter Dialogpartner wahrgenommen und anerkannt ist.
- Exklusive Pflege: Journalisten, zu denen ein regelmäßiger Kontakt gepflegt wird, wollen belohnt werden – nicht mit Geschenken, sondern mit guten, exklusiven Geschichten. Jedes Medium lebt von exklusiven Themen und Stories; sie sind eine Währung, die die Bedeutung des Mediums erhöhen, wenn diese als Quelle hervorgehoben wird, wenn andere Medien – »Laut Spiegel Online sollen bereits morgen ...« – daraus zitieren. Diese Vorgehensweise der exklusiven Themenpositionierung verspricht oft einen größeren PR-Erfolg als eine per Pressemitteilung und Medien-Service breit gestreute Nachricht.
- Schnelle Reaktion: Die Schnelligkeit der Online-Medien stellt ebenso hohe Anforderungen an die PR-Seite: Journalisten sehen es als einen Vorteil der E-Mail-Kommunikation an, Pressemitteilungen schnell zu erhalten und den Versender direkt zu kontaktieren. Von Medienseite wird erwartet, dass die PR-Seite bei Rückfragen stets erreichbar ist und auch schnell reagiert. Kann er diese Schnelligkeit nicht leisten, werden die neuen Chancen der Online-Pressearbeit vergeben.

Hinzu kommt: Immer stärker setzen und verbreiten Nicht-Journalisten Themen über Blogs, Social Networks und auf Social Sharing Plattformen. Sie publizieren fast unkontrolliert, dafür umso besser vernetzt. Sie informieren sich in Online-Pressebereichen und auf Webseiten, stoßen über Suchmaschinen, Online-PR-Portale und Social-Media-Plattformen auf Materialien und Stories. Führte einst der Weg einer Presseinformation vom Unternehmen über den Journalisten und dessen Publikationen zu den Endzielgruppen, werden diese neuen Nutzer immer stärker zu den eigentlichen Distributoren und Multiplikatoren von

Informationen, Images, Marken, Produkten. Ob textlich gekürzt, inhaltlich vertieft oder angereichert mit Fotos, Videos, Links – die Distribution der Inhalte übernehmen sie selbst. Und je spannender ein Produkt, eine Story, ein Thema ist, desto intensiver greifen die Multiplikatoren diese auf. Eine moderne Online-Pressearbeit muss sie daher kontinuierlich beobachten, um Entwicklungen frühzeitig zu erkennen und schnell darauf zu reagieren.

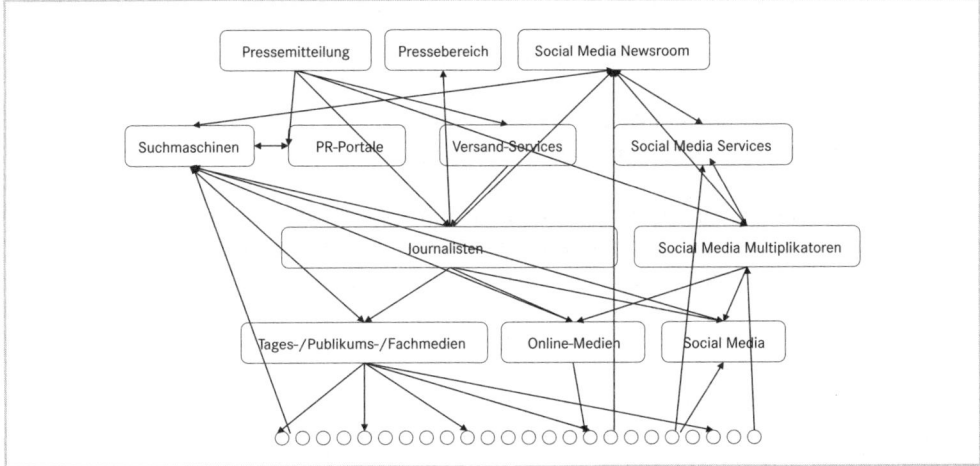

Abb. 18: Von der Institutional Control zur User Control: Der mediale Informationsfluss gestern und heute; eigene Darstellung

AUSFLUG 13

Die Kombination der Push- und Pull-Kommunikation

Die klassische Pressearbeit besteht aus reiner Push-Kommunikation. Regelmäßig werden Medieninformationen simultan an einen festen Empfängerkreis versendet. Damit werden auch Empfänger mit Informationen versorgt, die für diese keine oder momentan keine Verwendung haben. Zudem erhalten meist alle Journalisten die Informationen im selben Umfang. Eine professionelle Online-Pressearbeit basiert – unabhängig vom Social Web – auf einer zusätzlichen Kommunikationsform: Dem Pull-Ansatz. Dazu werden Informationen für den individuellen Abruf auf der Webseite ohne Zugangsbeschränkung zur Verfügung gestellt. Medienvertreter können das Text-, Bild-, Audio- oder Videomaterial in der gewünschten Informationstiefe und Darstellungsform auswählen und nutzen. Dieser Ansatz hat durch RSS, Social Media Newsroom, Fachblogs neuen Schwung und stärkere Bedeutung bekommen. Auch wenn die meisten Journalisten bislang noch nicht selbst per RSS aktiv werden, sondern noch die Zusendung von Pressemitteilungen per E-Mail erwarten: Schon heute gilt es, beide Ansätze zu kombinieren und eng miteinander zu vernetzen.

Die Medienlandschaft in Deutschland

Die hiesige Medienlandschaft zählt zu den vielfältigsten weltweit. Kaum ein Thema, kaum eine Zielgruppe, kaum eine Mode, die nicht ihr eigenes Magazin, ihren eigenen Sender, ihre eigene Online-Plattform besitzt. Diese Publikationen sind in einer sorgfältigen Pressearbeit zu berücksichtigen, da sie in der jeweiligen Zielgruppe meist ein hohes Interesse generieren. Doch blicken wir genauer auf die Medienlandschaft und einige Tendenzen, auf die wiederum eine Medienarbeit reagieren muss:

- **Der Zeitungsmarkt:** Der deutsche Zeitungsmarkt ist der größte Europas und der fünftgrößte weltweit. In Deutschland lasen im Jahre 2011 48 Millionen Deutsche über 14 Jahren (68,4 Prozent) täglich eine Zeitung – laut dem Bundesverband Deutscher Zeitungsverleger[61]. Nicht überraschend: Die höchste Reichweite (70 bis 81 Prozent) erzielten die Tageszeitungen bei den 40- bis 69-jährigen Lesern. Dazu stehen ihnen 367 Tageszeitungen und Sonntagszeitungen sowie 20 Wochenzeitungen zur Auswahl. Gleichzeitig sind die Auflagenzahlen seit Jahren rückläufig[62]: Laut IVW[63] wurden im 2. Quartal des Jahres 2012 täglich noch 21,50 Millionen Tageszeitungen inklusive Sonntagszeitungen verkauft, ein Minus von 2,8 Prozent im Vergleich zum Vorjahr. Hinzu kommen 20 Wochenzeitungen mit einer Auflage von 1,75 Millionen. ePaper-Verkäufe spielten laut IVW dagegen nur eine geringe Rolle. In Zahlen nicht exakt festzumachen ist der riesige Markt an Anzeigenblättern (ca. 1.400), Vereinsblättern und kommunalen Amtsblättern.
Gleichzeitig haben die Tagesmedien schwer unter rückläufigen Anzeigenmärkten und sinkenden Abonnenten- und Käuferzahlen zu leiden, wie beispielsweise auch die Einstellung der Financial Times Deutschland gezeigt hat. Als Reaktion versuchen Verlage, sich neue Einnahmequellen zu erschließen: Zu diesen Erlösmodellen zählen kostenpflichtiger Content auf der Website (»Paywall«) wie unter anderen der Springer Verlag und zudem Line Extension (»One brand all media«) wie beispielsweise bei der ZEIT oder der Süddeutschen Zeitung, welche eigene Buch- Film- und CD-Reihen sowie Ableger wie ZEITCampus, ZEITWissen unter ihrem Brand verkaufen.

- **Der Zeitschriftenmarkt:** Auch der Zeitschriftenmarkt in Deutschland ist äußerst heterogen: Laut Verband Deutscher Zeitschriftenverleger (VDZ) und der Deutschen Fachpresse gibt es ca. 1.600 Publikumszeitschriften- und knapp 3.700 Fachzeitschriften-Titel verschiedener Zielgruppen und Branchen (Stand 2011). Ein Titelwachstum bei gleichzeitiger Stagnation der Werbeeinnahmen führte in den vergangenen Jahren zu einem starken Verdrängungswettbewerb, zu Verkäufen zu Sonderpreisen, zu kurzlebigen Titeln und zu rückläufigen Auflagenzahlen[64]. Gleichzeitig fanden Nischenprodukte wie Mare, brand eins, ART, Cicero, Landlust sowie eine große Anzahl an Wissensmagazinen ihre treue Leserschaft.

- **Der Fernsehmarkt:** Die TV-Senderdatenbank der Medienanstalten[65] weist 23 öffentlich-rechtliche und damit gebühren- und zusätzlich oft werbefinanzierte Fernsehsender sowie 218 private, rein werbefinanzierte Sender aus. Diese lassen sich einerseits unterteilen in Sparten-, Teleshopping und Vollprogramme, andererseits in nationale Programme, regionale Programme, transnationale Programme wie DW-TV, digitale Programme wie ZDFneo oder Bürgerfernsehen. Auf dem TV-Markt ist ein harter Kampf um die Aufmerksamkeit der Zuschauer entbrannt. Das Ergebnis: Ein Mix aus Format-TV wie Talk-Formate, Krankenhaus-Serien, Wohlfühlprogramme wie Kochsendungen, aber auch TV-Provokationen (»Ich bin ein Star«), Quiz-Shows (»Wer wird Millionär«), Reality-Spiel-Shows (»Diät-Duell«), Casting-Shows (»Germany's Nest Topmodell«, »Popstars«, »Der Bachelor«) sowie »Reality-Soaps« (»Gute Zeiten Schlechte Zeiten«) sollen Zuseher in der gewünschten Marketingzielgruppe vor den Fernseher holen und den Sendern einen großen Teil des Werbekuchens einbringen.

---

61 http://bit.ly/PGDHKy
62 Siehe http://www.ivw.de/index.php?menuid=37
63 http://www.ivw.de/index.php?menuid=52&reporeid=324
64 http://www.ivw.de/index.php?menuid=37
65 http://www.die-medienanstalten.de/service/datenbanken/tv-senderdatenbank.html

Neue Formate können nicht darüber hinwegtäuschen, dass Fernsehen gerade bei der jüngeren Generation ein Begleitmedium ist. Neue technische Möglichkeiten wie TV on demand, IPTV sind die nächste Herausforderung: Immer mehr Zuschauer wollen unabhängig von Ort und Zeit das gewünschte TV-Format sehen. Darauf haben die Sender verstärkt reagiert und stellen seitdem ausgewählte Sendungen eine Woche lang ganz oder in Ausschnitten zum Abruf online. In der noch stärkeren Verbindung mit Sozialen Medien als Interaktionskanal wartet schon die nächste Zukunftaufgabe.

- **Der Radio-Markt**: Hörfunk zählt zu den meist genutzten Mediengattungen. Laut der Arbeitsgemeinschaft Media-Analyse (ma 2012 Radio II) hören täglich gut 80 Prozent der Deutschen Radio – und dies im Schnitt 3 Stunden und 19 Minuten.[66] Diese Zahl hat sich seit zweieinhalb Jahren nicht verändert, wobei sich diese Konstanz der Radionutzung durch alle Altersstufen zieht. In den vergangenen Jahren haben viele Sender gleichzeitig ihre Radio-On-Air- und Internet-Angebote verschränkt sowie Sendungen als Podcasts angeboten, um eine zeitunabhängige Nutzung zu bieten.

  Die Hörfunkmedien teilen sich auf in 62 öffentlich-rechtliche, 224 private Sender – bundesweite, landesweite, lokale und regionale Angebote – sowie 84 sonstige Sender wie Digitalradio-Anbieter. Gleichzeitig ist zu berücksichtigen, dass das Radio ein klassisches Begleitmedium ist und nur schwer als Alleinmedium zur Markenpositionierung oder zur Produkteinführung dient. Als Teil innerhalb des Kommunikations- und Medienmixes spielt es weiterhin aber eine zentrale Rolle.

- **Der Online-Markt**: Dieser nimmt immer weiter an Macht zu. Einerseits haben sich in den vergangenen Jahren die Online-Angebote vieler Zeitungen positiv entwickelt, wie die Allensbacher Computer- und Technik-Analyse ACTA[67] zeigt. Ableger von klassischen Medien wie Spiegel, Bild oder Die Zeit haben sich zu Branchen-Leitmedien auch im Online-Bereich herausgebildet, die von Nutzern unabhängig des Alters und unabhängig des Endgerätes – PC, Laptop, Tablet aber auch Smartphone – stark konsumiert werden. Andererseits haben sich in einzelnen Branchen – Politik, Sport, Fashion – verstärkt Blogs und teils Social Communities herausgebildet, die die Informations- und Meinungsvermittlung verstärkt übernommen haben.

- **Der Agentur-Markt**: Weitere zentrale Protagonisten jeder Medienarbeit sind die deutschen und internationalen Nachrichtenagenturen wie dpa, dapd, AP, APA, AFP, Reuters, sid, epd sowie Wirtschaftsdienste wie vwd und Bloomberg. Täglich bestimmen sie die deutsche Medienlandschaft mit ihren News stark mit. Wichtig: Diese Agenturen und ihre – falls vorhanden – lokalen Studios spielen eine zentrale Rolle in jeder Presse- und Öffentlichkeitsarbeit, um Themen über diese als Multiplikator effektiv in die herkömmlichen wie in die Online-Medien zu platzieren.

4.2 Das Verhältnis Journalismus – Public Relations

Das Verhältnis zwischen PR-Leuten und Journalisten ist nicht unproblematisch. Beide Seiten arbeiten mit Öffentlichkeiten; beider Aufgabe liegt darin, relevante Vorgänge und Informationen öffentlich zu machen. Dies ist die gemeinsame Schnittmenge. Und doch finden

---

66 http://www.agma-mmc.de/files/PM_ma_2012_Radio_II.pdf
67 http://www.ifd-allensbach.de/acta/

sie sich auf der jeweils anderen Seite wieder. Beide sind sie in unterschiedlichen Aufträgen unterwegs, schaffen Öffentlichkeit, aber in unterschiedlichen Interessenslagen:

- Journalisten vertreten das Interesse des Publikums an einem umfassenden Informationsangebot. Sie sind ihrem grundgesetzlich verbrieften Auftrag des Berichtens verpflichtet, ihren Lesern, Hörern, Zuschauern, aber auch Verlegern, die hohe Auflagen und Einschaltquoten sowie wachsende Klickraten erwarten. Dazu sammeln und sichten sie Informationen zur Klärung von Sachverhalten. Sie sind Übersetzer von Informationen in mediengerechte Formate, die sie teils von PR-Profis als Vorproduzenten erhalten. Damit fungieren die Journalisten als Gatekeeper, die über die Informationsauswahl entscheiden, indem sie Themen auswählen, zurückhalten oder aussortieren. Dass Journalisten ihre alleinige Gatekeeper-Rolle im Social-Web-Zeitalter verloren haben, ist ein wichtiges Thema von Kapitel 5.
- PR-Mitarbeiter schaffen Öffentlichkeit für ihr Unternehmen, ihre Institution bzw. für deren Projekte, Produkte und sonstigen Anliegen. Sie kommunizieren mit Journalisten und vermehrt auch Social-Media-Multiplikatoren, um im Interesse ihrer Organisation Medienkontakte für eine erfolgreiche Platzierung von Themen aufzubauen. Dabei sind sie stets ihren Auftrag- oder Arbeitgebern verpflichtet.

Diese enge Nachbarschaft bei gleichzeitig verteilten Rollen begründet den Rollenkonflikt. »Die Beziehung zwischen Journalisten und dem Unternehmen können Sie mit Marktbedingungen vergleichen«, schreibt Dieter Georg Herbst zu Recht: »Ziel des Austauschs ist der Ausbau und die kontinuierliche Gestaltung der Beziehung zwischen Unternehmen und Journalisten, die durch Vertrauen gekennzeichnet ist.«[68]

Zunahme von PR-Einflüssen

Hinzu kommt, dass sich das Zahlenverhältnis in den vergangenen Jahren stark verschoben hat. Die Zahl der Journalisten ist zurückgegangen: Die Zahl der Festangestellten wurde in den Redaktionen ausgedünnt, die der Freien wuchs. Ihre Aufgaben sind dagegen gleich geblieben oder haben sich speziell auch durch die Herausforderungen im Social Web weiter erhöht. Die für Recherchen zur Verfügung stehende Zeit wird damit immer knapper. Dieser schrumpfenden Menge an Journalisten steht eine immer größere Phalanx an PR-Beratern gegenüber. Dass so der PR-Einfluss auf journalistische Medien in den vergangenen Jahren stark zugenommen hat, kann niemand bestreiten.

Kein Wunder also, dass die Beziehungen zwischen Medienvertretern und PR-Profis nicht rundum harmonisch sind. Viele Journalisten befürchten, von der PR-Übermacht instrumentalisiert zu werden. Sie beklagen den wachsenden Einfluss von Public Relations auf den Journalismus als versuchte Manipulation – und sehen sich in der Funktion als neutrale Informationsvermittler gefährdet: PR würden direkt wie indirekt immer stärker das Agenda-Setting der Redaktionen beeinflussen. Die zunehmende Veröffentlichung von PR-Texten als redaktionelle Beiträge sei dabei für Leser nicht erkennbar.

An diesem schwierigen Verhältnis ist auch die PR-Branche mitschuldig: Androhung von Anzeigenboykotts, Übernahme von Redaktionsteilen, Beschenkung von Medienvertretern, Anzeigen-gegen-Beiträge-Pakete – diese fragwürdigen Praktiken haben dem Ruf der Branche insgesamt geschadet.

---

68 Herbst, Dieter, 2003, S.233.

Ungenutzte Potenziale im Online-Bereich

Viele Potenziale bleiben ungenutzt, werden Bedürfnisse von Journalisten nur ungenügend berücksichtigt. Die Kritik von Journalistenseite ist vielfältig: Pressemitteilungen werden ohne wirkliche Inhalte versandt, der Online-Auftritt ist nicht aktuell, der Online-Pressebereich erst nach langer Suche erreichbar, das Bildmaterial nicht druckbar, Kontaktdaten der Ansprechpartner unauffindbar. Die Reaktionen auf Anfragen erfolgen zu langsam, ungefragt landen Medienmailings mit Megabyte großen Anhängen in den E-Mail-Postfächern. Schade um diese vergebenen Chancen auf eine erfolgreiche Online-Beziehung.

Parallel haben sich auf vielen Themenfeldern und in vielen Branchen – Automotive, Fashion, Sport, Politik, Food etc. – Blogger etabliert, die direkte Zielgruppen jeglicher Kommunikation sind. Als Meinungsmacher und Kommunikationsvermittler bestimmen und beeinflussen sie den Zugang zu ihrer Community, innerhalb der sie bestimmte Interessen vertreten und Themen kommunizieren. Sie wirken als Multiplikatoren und Opinion Leader, gerade wenn sie ein bekanntes, beliebtes und belebtes Blog mit einer unternehmensrelevanten Community betreiben. Sie unterstützen ihre Leser, in dem sie für sich und die Gruppe Wichtiges von Unwichtigem trennen, ihnen als Curator einen Weg durch die Informationsfluten bahnen.

Beispielsweise in der Automobil-Branche haben dies Hersteller mittlerweile erkannt und fördern aktiv den Kontakt mit Bloggern. Neben Journalisten laden sie wie selbstverständlich auch Blogger ein, neue Modelle zu testen, um über diese weitere Zielgruppen zu erreichen. Damit dies funktioniert, sind professionelle Blogger Relations notwendig.[69] So sollten sie Journalisten wie Blogger gleichermaßen mit Respekt begegnen und behandeln. Der bekannte Blogger Robert Basic geht sogar so weit, dass in den Online-Pressebereichen neben Journalisten auch Blogger explizit angesprochen und genannt werden sollten.[70]

TIPP 11

Was bedeuten professionelle Blogger Relations?

Organisationen können auf vielfältige Weise mit Bloggern in Kontakt treten. Die folgenden beiden Wege lassen sich jedoch hervorragend kombinieren:

- *Content-Kontakt: Sie nehmen zu Ihren Themen in Blogs Stellung. Auf diesem Wege schaffen Sie ein Bewusstsein für die eigene Position und etablieren sich als Gesprächspartner. Dazu sollten Sie zuvor das Blog kennengelernt und sich intensiv mit den Inhalten auseinandergesetzt haben. So erfahren Sie mehr über Autor, Motivation und Diskussionsformen, bevor Sie selbst Stellung beziehen.*

- *PR-Kontakt: Bieten Sie Bloggern wertvolle Inhalte: Individueller Content, Insiderberichte, exklusive Geschichten, persönliche Erfahrungen, Interview-Partner. Lesen Sie dazu die Blogger Relations durch, die meist auch den Weg der Kontaktaufnahme beschreiben. Beschäftigen Sie sich zudem im Vorfeld intensiv mit den Inhalten des Blogs – inklusive der vorhandenen Social-Media-Kanäle, um ein genaues Bild zu erhalten, damit Ihre Informationen den Themenschwerpunkten des Blogs entsprechen. Der Kontakt selbst kann schließlich per E-Mail aber auch über die Social-Media-Kontakte erfolgen.*

Für beide Ansätze gilt: Kommunizieren Sie mit offenem Visier. Machen Sie klare Angaben zu Ihrer eigenen Funktion, Ihrer Aufgabe, Ihrem Auftraggeber, Ihrer Verbindung zum Thema. Gehen Sie damit um wie im realen Leben: Verstellen Sie sich nicht, sprechen Sie Absichten offen aus, vermeiden Sie PR- und Marketingsprache, seien Sie menschlich.

---

69   Siehe dazu auch das hervorragende Interview mit dem Berater Daniel Rehn: http://danielrehn.wordpress.com/2012/07/09/interview-blogger-relations/
70   http://www.robertbasic.de/2012/08/presse-bereich-ok-blogger-bereich/

Professionalisierung ist gefragt

Das heißt: PR-Leute und Journalisten sind nicht – wie oft behauptet – zwei Gesichter einer Medaille. Vielmehr sind es – um im Bild zu bleiben – eher zwei Medaillen der gleichen Währung, die sich gemeinsam an die Öffentlichkeit richten, wenn auch von unterschiedlichen Gesichtspunkten aus: Im PR-Bereich vom Unternehmen, im Medienbereich meist von den Lesern, bei regionalen Zeitungen und Zeitschriften öfters auch von den Anzeigenkunden. Wie hieß es doch in der Anzeigenleitung einer großen deutschen Tageszeitung nach einer vereinbarten Medienkooperation: »Von jetzt an können Sie Ihre Pressemitteilungen direkt zu uns schicken.«

Künftig kann nur eine professionelle Medienarbeit dazu beitragen, dieses Misstrauen abzubauen und in einen langfristigen Prozess einzutreten, ein von gegenseitigem Zutrauen geprägtes Verhältnis aufzubauen. Nur eine regelmäßige Kommunikation kann verhindern, dass sich Journalisten weiter instrumentalisiert fühlen. Und nur dann haben beide Seiten etwas davon: Die Unternehmen erreichen eine Präsenz in Publikationen, die Journalisten-Seite finden im Unternehmen eine gute Quelle für wichtige Informationen.

AUSFLUG 14

Die Bedeutung von Codes

Wer Kontakte mit Journalisten pflegt, sollte die folgenden Codes kennen, deren Nicht-Beachtung zu einem großen Vertrauensverlust auf beiden Seiten führt.

- »**Unter 1**«: Wer will, dass seine Sachverhalte frei zugänglich, zu beliebiger Verwendung und mit Namen und Quelle publiziert werden, verwendet die Formulierung »Unter 1«.
- »**Unter 2**«: Können die Inhalte verwendet, Sie als Quelle aber nicht genannt werden, sprechen Sie von »Unter 2«. In diesem Fall werden Sie in Publikationen Formulierungen entdecken wie: »Wie aus Kreisen der .... bekannt wurde, steht der ....«.
- »**Unter 3**«: Wenn Ihre Informationen streng vertraulich und rein als Hintergrund gedacht sind, so verwenden Sie die Formulierung: »Ich sage Ihnen jetzt mal unter drei ....« In diesem Fall wird der Journalist weder über den Sachverhalt noch über Sie als Quelle berichten. Er sieht den Inhalt rein als vertrauliche Hintergrundinformation für die weitere Zusammenarbeit.

4.3 Die Basiswerkzeuge der Medienarbeit

4.3.1 Die Pressemitteilung[71]

Die Pressemitteilung ist eine Information eines Unternehmens, einer Organisation, einer Institution, die zur Veröffentlichung bestimmt ist. Sie informiert die angeschriebenen Medienvertreter schriftlich über Neuigkeiten aus dem Unternehmen. Dazu enthält sie eine Information, die News- und Mehrwert bietet, eindeutig und gut verständlich formuliert ist. Im optimalen Fall ist die Pressemitteilung so geschrieben, dass sie unredigiert abgedruckt

---

71 In der Fachliteratur wird gerne zwischen Presseinformation und Pressemitteilung unterschieden. Diese Unterscheidung wird in diesem Buch nicht vorgenommen. Eine Kurzform beider Begriffe ist die kompakte, maximal 1-seitige Pressemeldung.

werden könnte. Das Problem: Journalisten erhalten täglich zahllose Pressemitteilungen. Damit die eigene Mitteilung überhaupt auf Aufmerksamkeit trifft, muss sie formal, sprachlich wie inhaltlich den journalistischen Anforderungen genügen. Ansonsten landet sie schnell im – heute meist virtuellen – Papierkorb.

Selbst wenn Pressemitteilungen zu den Klassikern unter den PR-Werkzeugen zählen: Ihre Qualität ist sehr wechselhaft. Viele bezeichnen Journalisten als uninteressant, nicht relevant, schlecht geschrieben und nicht auf die Medienvertreter als Informations-Übersetzer und Bindeglied zwischen PR und Lesern zugeschnitten. Dies ist auch das Ergebnis der Studie »PM2006«, die auf Basis von STAMM-Daten erstellt wurde. Danach wandert die Hälfte der eingehenden Pressemitteilungen bei der Mehrheit der deutschen Redakteure direkt in den Papierkorb. 11,3 Prozent der befragten Redakteure bezeichnen 70 bis 90 Prozent der Mitteilungen als »formal schlecht«[72]. Ob sich dies seitdem groß verändert hat, bleibt auch basierend auf eigenen Erfahrungen mehr als fraglich. Um dies zu vermeiden, müssen professionelle Standards erfüllt werden.

Die Formalien

Der Empfänger einer Pressemitteilung sollte auf den ersten Blick den Absender und das Thema der Nachricht erkennen. Bei einem Versand via E-Mail – und dies wird in mehr als 95 Prozent der Fall sein – muss dies bereits aus der Betreffzeile und dem Absender hervorgehen. Auch am Ende der Pressemitteilung wird dieser mit kompletter Anschrift und Ansprechpartner erwähnt. Dazu später mehr. Weiter sind die Bezeichnung »Pressemitteilung« sowie die Angabe des Ortes und Zeitpunktes des Versands für den Ersteindruck wichtig.

Was das Format betrifft, so empfahl man früher eine Länge von maximal einer bis eineinhalb Seiten mit 30 Zeilen pro Seite à 35 bis 45 Anschlägen pro Zeile, einem 1,5-zeiligen Abstand sowie einem breiten Rand (4-5 cm) für Notizen. Diese Angaben sind spätestens seit dem Internet-Zeitalter und mit dem Versand per E-Mail praktisch hinfällig. Ausnahme: Die Pressemitteilung soll beispielsweise auf einer Pressekonferenz ausgelegt bzw. verteilt werden. Wichtig: Jede Pressemitteilung sollte von der Länge so kompakt wie nur möglich sein. Wer ein umfangreiches Thema kommunizieren will, sollte weitere Dokumente besser als Hintergrundmaterialien im Online-Pressebereich bereitstellen.

Die Bedeutung der Überschrift wird leider bis heute oft unterschätzt – die übrigens oft auch in die Betreffzeile der E-Mail gehört. Dabei entscheidet sich schon hier, ob der Journalist weiter liest oder die Nachricht vernichtet. Schließlich muss er schnell entscheiden können, welche der erhaltenen Pressemitteilungen für seine Leser, Hörer oder Zuschauer interessant sind. Daher sollte bereits die Überschrift die Kernaussage der Pressemitteilung kurz und aussagekräftig beinhalten. Bei längeren Pressemitteilungen ergänzt eine prägnante Kopf- oder Unterzeile die Überschrift mit weiteren relevanten Inhalten. Jeder sollte auf unklare Fremdwörter, nichts sagende Formulierungen und austauschbare Begriffe wie innovativ oder kompetent verzichten, sondern stattdessen den Inhalt möglichst konkret, fassbar und klar auf die Zielgruppe hin texten.

Der Aufbau der Pressemitteilung

a) Einstieg: Ein Journalist hat meist wenig Zeit. Anhand der Betreffzeile und der ersten Zeilen entscheidet er, ob die Meldung für ihn interessant ist. Es sind also nur wenige Sekunden Zeit, seine Aufmerksamkeit zu gewinnen. Wenn er nicht aus den ersten zwei

---

72 Vgl. Menkhoff, Christian, PM2006.

Sätzen herauslesen kann, um was es sich exakt dreht, befasst er sich nicht näher mit der Mitteilung. Sie verschwindet im Papierkorb.

Die KISS-Formel bringt kompakt auf den Punkt, wie eine Pressemitteilung geschrieben werden soll: »Keep it short and simple«[73] drückt klar die »Musts« einer Pressemitteilung aus. Daran sollte sich jeder halten: Die wichtigsten Fakten gehören an den Anfang, damit jeder Redakteur nach kurzem Anlesen entscheiden kann, ob die Nachricht für ihn relevant ist. Damit Journalisten den Inhalt schnell begreifen können, müssen PR-Leute die journalistisch elementaren Fragen berücksichtigen. Bereits der erste Absatz – auch Vorspann oder Lead genannt – sollte Antwort auf die wichtigen W-Fragen geben können: Wer, Was, Wann, Wo, Wie, Warum, Woher (Quelle). Die wichtigsten Informationen werden damit auf wenigen Zeilen kompakt bereitgestellt. Enthält dieser Absatz alle relevanten Fakten kann er auch als Vorlage für eine Kurzmeldung dienen.

TIPP 12

Vorsicht mit Sperrfristen
In der Regel sind Pressemitteilungen zur sofortigen Veröffentlichung bestimmt. Es gibt jedoch Ausnahmen, wenn beispielsweise auf der Messe präsentierte Produktneuheiten schon im Vorfeld angekündigt oder auch Redemanuskripte im Vorfeld versandt werden, damit Medienvertreter trotz Vorlaufzeiten zeitgenau berichten können. In diesem Fall sollten Sie ein Sperrfristvermerk anbringen.
Dieses lautet beispielsweise:
– nicht vor dem 9. April 2013, 10 Uhr veröffentlichen
– bitte beachten Sie diese Sperrfrist
Diese Sperrfrist garantiert Ihnen jedoch nicht, dass kein Medium darüber berichtet. Medien und Nachrichtenagenturen sind angehalten, sich daran zu halten – und werden dies auch meist tun. Aber gerade Online-Medien haben in der Vergangenheit oft trotz Sperrfristen über den Inhalt berichtet bzw. diesen online gestellt.

---

b) Dramaturgie: Jede Pressemitteilung ist hierarchisch aufgebaut und sollte eine dramaturgische Linie verfolgen. Dabei hat sie ihren Höhepunkt mit einem aktuellen Einstieg am Anfang. Im zweiten Abschnitt wird der Kontext und die näheren Umstände des Kerns ausgeführt, der dritte Absatz enthält weitere Details und Nebenthemen. So kann jeder Redakteur die Pressemitteilung von hinten kürzen, ohne dass Kernaussagen verloren gehen. Gerade längere Pressemitteilungen sind zudem mit Aufzählungen und eindeutigen Zwischentiteln klar gegliedert, damit sich Texte optisch leichter quer lesen lassen. Auch sollten im heutigen Internet-Zeitalter Informationen mit weiterführenden Hintergrunddetails, Zahlen und Zusatzangaben verlinkt werden, die auf der eigenen Webseite oder im Online-Pressebereich bereitstehen.

c) Sprache: Im Streben um mediale Aufmerksamkeit produzieren viele Unternehmen tägliche Meldungen. Leider bedienen sie sich werblicher Ausdrücke, unverständlicher Fachbegriffe, unnötiger Anglizismen. Sperrige Begriffe behindern die Verständlichkeit, kosten

---

73 Alternativ werden die Bezeichnungen: »Keep it straight and simple« bzw. »Keep it simple and stupid« verwendet.

Journalisten unnötig viel Zeit. Nur wenige machen sich die Mühe, die Meldung in eine mediengerechte und verständliche Sprache zu übersetzen. Mit dieser Art von Pressemitteilung wird jedoch genau das Gegenteil von Medienresonanz erreicht. Dabei sind sie die Visitenkarte eines Unternehmens, das sich an eine Medien-Öffentlichkeit wendet. Und wer sich dort unprofessionell präsentiert, verspielt schnell seinen Ruf.

Texte sind vielmehr auf die journalistischen Bedürfnisse hin zu schreiben. Sie vermitteln kurz und konkret, was beispielsweise die Einzigartigkeit des neuen Produktes ausmacht, was es von der Konkurrenz unterscheidet, für wen es relevant ist und warum es gerade jetzt für die Medien ein Thema ist. Dazu sollten PR-Leute den Informationsgehalt richtig dosieren, um den Medienvertreter zu informieren, ohne ihn mit zu vielen Details zu überfordern. Selbstverständlich behandelt die Pressemitteilung ein Thema, das wirklich aktuell ist und Newswert besitzt und nicht als neu »verkauft« wird. Denn angesichts der vielen Hundert Nachrichten, die ein Journalist täglich erhält, haben nur Pressemitteilungen mit realem Newswert die Chance, auf Interesse zu stoßen.

Stilistisch sind Pressemitteilungen frei von längeren (Schachtel-)Sätzen und Substantivierungen, Rechtschreib- und Grammatikfehlern. Ebenfalls haben weder Superlative, Werbebegriffe, Sprachhülsen noch austauschbare Begriffe wie »einzigartig«, »einmalig«, »innovativ«, »kompetent«, »kundenfreundlich« etwas in der Pressemitteilung verloren. Auch Fachbegriffe sollten – abhängig vom Zielmedium – sparsam eingesetzt werden. Dies gilt ebenfalls für die Nennung des eigenen Produkt- und Firmennamens. Eine klare Gliederung, schlanke Sätze, prägnante Formulierungen mit verständlichen Verben, ein aktiver Sprachstil machen Pressemitteilungen leichter begreifbar. Zitate von der Geschäftsführung, von wichtigen Entwicklern oder insbesondere von unabhängigen Experten machen das Thema lebendig, geben dem Thema ein Gesicht und erhöhen das Publikationspotenzial.

AUSFLUG 15

Chancen per Social Media Release

Es war im Jahre 2006: Tom Foremski, einflussreicher Silicon Valley Journalist, hatte von den vielen ihm zugesandten Pressemitteilungen genug. Er formulierte eine klare Absage mit dem Titel »Die! Press Release! Die! Die! Die!«[74] Konkret schlug er vor, Pressemitteilungen aufzubrechen, Informationen zu verschlagworten, Links zu integrieren. Todd Defren von der Agentur SHIFT Communications baute auf dieser Idee die erste Vorlage für einen Social Media Release (siehe Abb. 19) – und stellte ihn der Community zur Diskussion. Dieser sollte eine Antwort auf die veränderten Beziehungen zu Stakeholdern und Multiplikatoren sein und damit den veränderten Informations-, Medienrezeptions- und Kommunikationsbedingungen im Internet gerecht werden. Trotz vieler Diskussionen hat sich dieses neue Format bis heute nicht durchgesetzt. Während ihre Zahl in den USA und in Großbritannien zugenommen hat, reagiert die hiesige Branche – sowohl auf Seiten der Journalisten als auch der Blogger – eher zurückhaltend auf die Chancen.

---

74 Die genaue Geschichte lässt sich nachlesen unter http://to.pbs.org/awv5PS.

SOCIAL MEDIA PRESS RELEASE
TEMPLATE, VERSION 1.0

CONTACT INFORMATION:	Client contact	Spokesperson	Agency contact
	Phone #/skype	Phone #/skype	Phone #/skype
	Email	Email	Email
	IM address	IM address	IM address
	Web site	Blog/relevant post	Web site

NEWS RELEASE HEADLINE
Subhead

CORE NEWS FACTS
- Bullet-points preferable

LINK & RSS FEED TO PURPOSE-BUILT DEL.ICIO.US PAGE
The purpose-built del.icio.us page offers hyperlinks (*and PR annotation in "notes" fields*) to relevant historical, trend, market, product & competitive content sources, providing context as-needed, and, on-going updates.

PHOTO
e.g., product picture, exec headshot, etc.

MP3 FILE OR PODCAST LINK
e.g., sound bytes by various stakeholders

GRAPHIC
e.g., product schematic; market size graphs; logos

VIDEO
e.g., brief product demo by in-house expert

MORE MULTIMEDIA AVAILABLE BY REQUEST
e.g., "download white paper"

PRE-APPROVED QUOTES FROM CORPORATE EXECUTIVES, ANALYSTS, CUSTOMERS AND/OR PARTNERS
Recommendation: no more than 2 quotes per contact. The PR agency should have additional quotes at-the-ready, "upon request," for journalists who desire exclusive content. This provides opportunity for Agency to add further value to interested media.

LINKS TO RELEVANT COVERAGE TO-DATE (OPTIONAL)
This empowers journalist to "take a different angle," etc.
These links would also be cross-posted to the custom del.icio.us site.

BOILERPLATE STATEMENTS

RSS FEED TO CLIENT'S NEWS RELEASES

"ADD TO DEL.ICIO.US"
Allows readers to use the release as a standalone portal to this news

TECHNORATI TAGS/"DIGG THIS"

Abb. 19: Beispiel für Social Media Press Release der Agentur SHIFT Communications, USA
Quelle: www.shiftcomm.com/downloads/social-media-newsroom-presentation.com

d) Der Abbinder: Fügen Sie am Ende der Pressemitteilung einen Abbinder – auch Footer oder »boiler plate« genannt – an, in dem das Unternehmen kurz vorgestellt wird. Damit hat jeder Medienvertreter die Kerninformationen über das Unternehmen sofort auf einen Blick.

TIPP 13

Bieten Sie Mehrwert

Es ist Ihre Aufgabe, Journalisten möglichst umfassend zu informieren bzw. dazu die Möglichkeit zu eröffnen. Beispielsweise sollten Sie weiteres Hintergrundmaterial auf Ihrer Homepage bereitstellen, auf das Sie in Ihrer Pressemitteilung direkt hin verlinken[75]. Auch sollten Sie in Ihrem Anschreiben auf die Möglichkeit von Hintergrundgesprächen, auf Experteninterviews offensiv hinweisen. Damit erhöhen Sie die Chance, dass Ihr Thema bei Medienvertretern wahrgenommen wird.

---

e) Der Pressekontakt: Damit Journalisten nach Erhalt der Pressemitteilung die Medienvertreter einfach kontaktieren können, findet er am Ende der Pressemitteilung die Adresse des Unternehmens und des Ansprechpartners. Dieser wird mit Name, genauer Funktion sowie mit Telefon-Durchwahl-Nummer, Fax, E-Mail vorgestellt. Hat ein Journalist später Fragen zur erhaltenen Mitteilung, kann er mit ihm sofort und ohne große Recherche Kontakt aufnehmen. Wichtig: Der Ansprechpartner sollte für Rückfragen auch greifbar und nicht nach dem Versand verschwunden sein. Schließlich kann ihm nichts Besseres passieren, als dass sich Medienvertreter für den Inhalt näher interessieren.

TIPP 14

Checken Sie vor dem Versand

Bevor Sie die Pressemitteilung absenden, sollten Sie sich selbstkritisch folgende Fragen stellen:

- *Ist das Thema noch aktuell?*
- *Hat meine Nachricht wirklichen Newswert?*
- *Hat die Mitteilung einen interessanten Aufhänger?*
- *Beantworten die ersten Zeilen die wesentliche Essenz (7 Ws)?*
- *Ist das Thema für das Medium von Interesse?*
- *Ist das Thema im Pressetext auch klar dargestellt?*
- *Ist der Text selbst für Nicht-Experten verständlich?*
- *Ist der Aufbau übersichtlich gestaltet?*
- *Sind die Fakten überprüft und nachprüfbar?*
- *Enthält der Text keine grammatikalischen oder inhaltlichen Fehler?*
- *Steht auf der Pressemitteilung ein Ansprechpartner als Kontaktperson?*

Anlässe für Pressemitteilungen

Wie bereits erwähnt: Pressemitteilungen sind als Instrument dann sinnvoll, wenn es wirklich etwas Neues und Aktuelles zu berichten gibt. Wer dagegen Journalisten täglich mit allgemeinen Informationen ohne Newswert zuschüttet, erreicht das Gegenteil von einer

---

75 Auf diese Möglichkeit der Pressearbeit via E-Mail Footer wird in diesem Kapitel noch später näher eingegangen.

Medienöffentlichkeit. Das bedeutet: Die Pressearbeit muss medienrelevante Anlässe finden und Erklärungen daraufhin formulieren, dass sie Journalisten überzeugen. Genau gesagt muss eine Pressemitteilung die Frage beantworten, warum die eigene Meldung für genau diese Journalisten und dieses Medium von Bedeutung ist und warum sie für deren Leser, Zuschauer, Hörer gerade jetzt interessant ist.

Presseinformationen sind damit stark anlassbezogen. Doch was sind Anlässe? Einige Beispiele:

- Finanzen: Geschäftszahlen und wirtschaftliche Entwicklungen
- Erfolge: Success Stories und spektakuläre Aufträge, Auszeichnungen und Preise, Jubiläen
- Entwicklungen: Relevante Unternehmensentscheidungen, Standortwechsel, neue Filialen
- Kooperationen: Neue Allianzen, relevante Partner, internationale Strategien
- Produkte: Produktneuheiten, neue Forschungsergebnisse
- Personalien: Neue Geschäftsführung, wichtige Mitarbeiter, zusätzliche Arbeitsplätze
- Prominenz: Besuch von Persönlichkeiten, prominente Unterstützer
- Engagement: Neue Ausbildungen und Praktika, soziales, kulturelles, ökologisches Engagement
- Externe Events: Auftritte auf Messen, öffentliche Ausstellungen, Vorträge
- Interne Events: Informationsveranstaltungen, Tage der offenen Tür
- Angebote: Sonderaktionen, Jubiläums- und Jahreszeitenangebote

---

AUSFLUG 16

Chancen per Hörfunk- und TV-PR

Ohne dass wir aus Platzgründen auf das Thema tiefer eingehen können, sollte sich jeder PR-Berater intensive Gedanken über eine wirkungsvolle Hörfunk- und TV-PR machen. Während Hörfunkreporter stets O-Töne von Beteiligten und typische Geräusche benötigen, spielen im TV-Bereich zusätzlich geeignete Bilder die entscheidende Rolle. Nur so lassen sich Themen und Anlässe visualisieren und für Zuschauer übersetzen. Darauf sollten sich PR-Profis einstellen, indem sie relevante Medien-Ansprechpartner wie auch Geschäftsführer durch Medientrainings auf diese Anlässe vorbereiten sowie bereits im Vorfeld adäquates Audio- und Video-Footage vorproduzieren, um dieses Hörfunk- und TV-Kanälen bei Bedarf zur Verfügung zu stellen.

Fazit: So texten Sie gute Pressemitteilungen

- Formulieren Sie kurz, einfach und prägnant!
- Schreiben Sie die Essenz Ihrer Mitteilung gleich in den ersten Absatz!
- Verzichten Sie auf langatmige Einleitungen, sondern kommen Sie direkt zum Thema!
- Streichen Sie überflüssige, schmückende, werbende Adjektive sowie Superlative!
- Ersetzen Sie Schachtelsätze durch kurze, kompakte und verständliche Sätze!
- Drücken Sie Passiv-Konstruktionen aktiv aus!
- Lösen Sie Substantive in Verben auf!
- Setzen Sie den Konjunktiv ein!
- Texten Sie den Inhalt sprachlich auf das Zielmedium hin!
- Fügen Sie die vollständigen Kontaktdaten des Ansprechpartners an!
- Weisen Sie auf vertiefende Hinweise oder Informationen durch Links hin!

- Berücksichtigen Sie Redaktionsfristen und saisonale Themen!
- Versenden Sie nur Pressemitteilungen mit wirklichem Newswert!

AUSFLUG 17

Der Einsatz von Jahres-Themenplänen

Wer seine Pressearbeit professionell gestaltet, sollte einen Themenplan aufbauen, um damit Medienvertreter zielgerichtet und kontinuierlich zu informieren. Dieser fixiert vorausplanend die relevanten und bereits zeitlich terminierten Themen für die jährliche Pressearbeit. Dabei bilden Messeauftritte, eigene Veranstaltungen wie Hausmessen, Tage der offenen Tür, Jahresberichte die Hauptpfeiler. Neben diesen Fixpunkten lassen sich in den Plan laufend neue Themen wie Produktneuheiten und Projektabschlüsse integrieren. Beispielsweise bieten Jahreszeiten zahlreiche Anlässe, um Frühlings-, Sommer-, Herbst- und Winterthemen zu entwickeln und zu setzen. Eine geeignete Ausgangsbasis für den Aufbau ist übrigens der Themenplan des Zimpel-Verlages (www.zimpel.de), der jedes Jahr neu erscheint und über Sonderpublikationen der deutschen Printmedien informiert.

4.3.2 Die Pressemappe

Pressekonferenzen, Messeauftritte, Neuprodukt-Präsentationen sind Anlässe, bei denen Journalisten eine Pressemappe überreichen werden. Die Inhalte solcher Mappen variieren stark bezogen auf die jeweilige Gelegenheit. Generell sollte sie immer einen deutlichen Mehrwert im Vergleich zur reinen Pressemitteilung bieten. Medienvertreter erwarten ergänzende Informationen zum Unternehmen, zum Anlass, zu den Produkten. Die wichtigsten Inhalte auf einen Blick:

- **Pressemitteilung:** Eine aktuelle Pressemitteilung informiert über den Anlass: Den Grund für die Pressekonferenz, das Neuprodukt, die Messepräsenz. Bei umfangreichen Themen macht es Sinn, die kompakte Pressemitteilung noch mit einer ausführlicheren Pressemitteilung oder einem detaillierten Hintergrundbericht zu ergänzen.
- **Unternehmensprofil:** Dieses Kurzportrait ist die Visitenkarte des Unternehmens. Es beschreibt Ziele und Unternehmensphilosophie, Geschäftsfelder und Schwerpunkte, wichtige Produkte und Dienstleistungen und gibt damit einen kompakten Einblick. Auch die Geschichte des Unternehmens ist oft Teil des Profils – oder ein eigenes Datenblatt.
- **Hintergrundmaterialien:** Liegen Produktdatenblätter vor? Ist das Thema der Pressekonferenz der neue Geschäftsbericht? Sind Expertengutachten zum vorgestellten Produkt vorhanden? Hat das Unternehmen eine Studie initiiert? Dann sind diese Dokumente der Pressemappe beizulegen.
- **Fact Sheet:** Das Datenblatt zeigt kurz und kompakt die wichtigsten Daten, Zahlen und Fakten im Überblick: Firmenname mit Anschrift, Gründungsjahr, Management/Geschäftsführung, Mitarbeiterzahl, Standorte und Niederlassungen, Umsätze.
- **Redetexte:** Bei Pressekonferenzen ist es durchaus üblich, den Redetext der Vortragenden der Pressemappe beizulegen. Auf diese Weise müssen Journalisten nicht mitschreiben.
- **Portrait:** Gerade bei Vorträgen oder Pressekonferenzen bietet es sich an, die Redner mit einer kurzen Biografie oder einem kompakten Lebenslauf vorzustellen.

- **Interview:** Ein Interview mit dem Chefentwickler des neuen Produktes, ein Gespräch mit dem Geschäftsführer anlässlich des 10-jährigen Firmenjubiläums, auch dies können Dokumente sein, die für Journalisten bei der Erstellung ihres Beitrages durchaus hilfreich sind.
- **Pressefotos:** Zeitungen und Zeitschriften benötigen Bilder wie auch Diagramme und Schaubilder, um komplizierte Sachverhalte zu verbildlichen. Gerade in Fachmagazinen erhöhen professionelle Bilder durchaus die Publikationschance. Während früher bei Pressekonferenzen Fotos in den Formaten 13x18 oder 18x24 zur Auswahl bereit lagen, sollte heute eine CD-Rom mit digitalen, hoch aufgelösten Bildern (mind. 300 dpi) beigefügt werden. Jedes Bild ist kurz beschrieben, die abgebildeten Personen mit Namen und Funktion sind erwähnt, begleitet vom Namen des Fotografen oder der Agentur sowie dem Hinweis ›Abdruck honorarfrei‹. Dies zeigt dem Journalisten an, dass er das Foto ohne Honorar verwenden kann. Alternativ sollten die Bilder auch online auf die Website gestellt werden, worauf dann in der Pressemappe hingewiesen wird.

TIPP 15

Chancen durch Anwenderberichte

Anwenderberichte sind gute Instrumente, um neue Produkte in der Praxis anhand eines konkreten Beispieles zu beschreiben. Ein positiver Anwenderbericht unterstreicht damit die Kompetenz des Unternehmens und die Wirksamkeit des Produktes. Wichtig: Das Praxisbeispiel sollte klar und leicht verständlich sein, damit sich der Nutzen für den Kunden klar nachweisen lässt.

4.3.3 Die Mediendatenbank

Wer professionelle Presse- und Öffentlichkeitsarbeit betreiben will, muss sich eine eigene Datenbank mit Journalistenkontakten aufbauen. Denn Pressearbeit heißt nicht, möglichst viele Mails an möglichst viele Empfänger zu versenden. Professionelle Pressearbeit heißt, Kontakte und Vertrauen aufzubauen und die richtigen Ansprechpartner bei den jeweils relevanten Medien mit den passenden Themen anzusprechen. Eine Mediendatenbank mit detaillierten, aktuellen und sauber recherchierten Kontakten wird damit zum Herzstück jeder Pressearbeit. Sie schafft erst die Voraussetzung, um schnell und zielgenau mit den richtigen Medien und Journalisten erfolgreich zu kommunizieren.

Es macht wenig Sinn, einen Verteiler von mehreren Hundert Medien aufzubauen, die kaum ein PR-Berater betreuen kann. Vielmehr sollte jeder als ersten Schritt die primären Kernmedien und Redaktionen definieren, die für das eigene Unternehmen besonders relevant sind, die eigenen Bezugsgruppen am besten und ohne größere Streuverluste erreichen. Diesen Top-Medien sollte besondere Achtung geschenkt werden. Zu diesen Journalisten ist ein enges, persönliches und vertrauensvolles Verhältnis aufzubauen, während weitere sekundäre Medien eher parallel bedient werden. Auf dieses Ziel hin ist der Presseverteiler aufzubauen.

Die Angaben des Presseverteilers

Eine gewichtige Rolle spielt die kontinuierliche Aktualisierung und fortlaufende Pflege. Die Fluktuation in der Medienlandschaft ist hoch. Und jede Pressearbeit scheitert am veralteten Verteiler. Dieser sollte für jedes Medium – ob Print, TV, Radio oder Online – zumindest die folgenden Angaben beinhalten:

- Medium mit Name, Verlag, Anschrift, allgemeinen Kontaktdaten und Medium-Typ; zudem sind Profil, Erscheinungsweise, Verbreitungsgebiet, Auflage/Quote, Redaktionstermine, Mediadaten für eine kontinuierliche Zusammenarbeit von Bedeutung;
- Medienvertreter mit Name, persönlicher Anrede, Ressort, Anschrift, Telefon, E-Mail, wenn vorhanden auch Skype, Social Media Accounts; ebenfalls relevant sind Angaben zu Kernthemen und besonderen Interessensgebieten sowie Informationen zu individuellen Wünschen der Redakteure; notiert sollten zudem die letzten Kontakte und versandte Pressemitteilungen jeweils mit Reaktion und Ergebnis. Bei freien Journalisten ist auch eine Liste der Publikationen beizufügen, für die der Journalist tätig ist.

Es bringt wenig, einen Presseverteiler nur mit Chefredakteuren aufzubauen. Diese werden mit Ausnahmen kaum der richtige Ansprechpartner sein. Doch wer ist dann relevant? Ressortleiter und ihre Stellvertreter gehören gerade in kleineren Medien zu den wichtigen Gesprächspartnern. Da sie den Überblick über das gesamte Geschehen in ihrem Ressort haben und maßgebliche Entscheidungen treffen, sollte der Kontakt zu ihnen gesucht und gepflegt werden. Interessant für PR-Fachleute sind vor allem Redakteure in den Ressorts, die in diesem Spezialgebiet schreiben bzw. Beiträge externer Mitarbeiter bearbeiten.

Wenn kein Name recherchierbar ist, so kann die Pressemitteilung an das entsprechende Ressort adressiert werden. Ist auch diese Zuordnung schwierig, sollte man sie parallel an Ressorts schicken, die inhaltlich in Frage kommen – keinesfalls jedoch flächendeckend an alle. Außerdem sollte nicht die wachsende Zahl an freien Journalisten unberücksichtigt bleiben, die Zugang zu interessanten Medien öffnen können. Bei diesem Feinschliff gilt: Je größer die Redaktion eines Mediums ist, desto konkreter sollte der Adressat der Pressemitteilung sein. Meldungen, die allgemein an die Redaktion versandt werden, landen dagegen meist im virtuellen Mülleimer. Und Veröffentlichungschancen? Sehr gering. Noch ein Hinweis: 67 Prozent der Pressemitteilungen werden in Urlaubszeiten nicht weitergeleitet. Dies hatte im Jahre 2009 eine bundesweite Online-Umfrage des Journalistenzentrums Wirtschaft und Verwaltung e.V. und des Instituts für Journalistik der TU Dortmund ergeben. Für die PR bedeutet dies, dass es durchaus sinnvoll sein kann, die Pressemitteilung parallel zu verschicken – an die individuelle E-Mail-Adresse des Redakteurs sowie an die Adresse des Redaktionsressorts wie z.B. kultur@welt.de.

Eine gewichtige Rolle spielen Nachrichtenagenturen. Denn werden Pressemitteilungen von diesen übernommen, erreicht man mit einer Aussendung per News-Ticker viele Redaktionen und Journalisten parallel. Mit den deutschen Nachrichtenagenturen dapd und vor allem dpa erreicht man fast die gesamte deutsche Medienlandschaft – zumindest der Tageszeitungen, der wichtigen Magazine, der Radio- und Fernsehsender. Auch die nationalen Büros der internationalen Nachrichtenagenturen wie AFP, Reuters oder APA sollten demzufolge bei wichtigen Aussendungen mit angeschrieben werden. Denn Informationen, die über Nachrichtenagenturen verbreitet werden – also »über den Ticker laufen« – gelten meist in den Redaktionen als geprüft und für gut befunden.

Quellen zum Aufbau des Presseverteilers

Sowohl in den Medien als auch unter den freien Journalisten müssen die relevanten Medienvertreter recherchiert werden, die sich mit dem Themenbereich bereits beschäftigt haben oder zumindest für ihn zuständig sind. Neben der Recherche im Impressum von

Printmedien sowie in Online-Ausgaben lassen sich diese Adressen über Journalisten-Nachschlagwerke recherchieren. Diese stellen regelmäßig aktualisierte Kontakte kostenpflichtig in den unterschiedlichen Versionen – Test- und Vollversion, Dauerauftrag oder Einmal-Lieferung – bereit und erleichtern damit den Verteileraufbau deutlich. Vor allem sind vier Nachschlagwerke zu berücksichtigen, bei denen sich gegen Gebühr individuelle Fachverteiler konfektionieren lassen:

- Zimpel ist eine Mediendatenbank, die Namen, Anschrift und Ansprechpartner fast aller deutschen Medien enthält. Für 205 Euro monatlich – plus einmaliger Lizenzgebühr (890 Euro) – hat jeder Zugriff auf über 90.000 redaktionelle Kontakte in über 18.000 Medien. Zudem bietet er einen Überblick über 40.000 Sonderthemen und Sonderseiten der Printmedien.[76]
- STAMM ist ebenfalls eine Mediendatenbank. Aus 100.000 Kontakten und Adressen deutscher Medien kann sich jeder ein Verzeichnis zusammenstellen lassen, das er zur Mehrfachnutzung als Excel-Tabelle erhält. Dafür sind pro Adresse zwischen 0,60 und 1,30 Euro fällig.[77]
- Bereits seit 1955 gibt der Kroll-Verlag Pressetaschenbücher zu heute 18 Spezialgebieten wie Motor, Immobilien, Wirtschaft, Touristik, Gesundheit heraus. Jedes Pressetaschenbuch zum Preis von 35 Euro enthält zwischen 8.000 und 15.000 Personenkontakte mit Namen, Adresse, Telefon, Fax, Internet- und E-Mail-Adresse.[78]
- Auch news aktuell von der dpa-Gruppe bietet mit epic relations ein professionelles Adresstool. Damit können über 100.000 Journalistenkontakte individuell recherchiert, exportiert und angeschrieben werden. Die Preise beginnen bei 50 Cent pro Adresse.

Aber Achtung: Alle angefertigten Verteiler können einige Monate später bereits veraltet sein. Der Grund: Journalisten wechseln ihren Arbeitsplatz oder das Ressort – die Adressen sind nicht mehr gültig. Daher empfiehlt es sich, zumindest einmal pro Jahr per Mailing – für Telefonate dieser Art haben Medienvertreter keine Zeit – bei den Ansprechpartnern nachzufragen, ob ihre Daten noch korrekt und sie weiterhin für diesen Bereich zuständig sind. Diese kontinuierliche Pflege muss jeder selbst leisten. Denn trotz großem Zeitaufwand: Diese Angaben bilden die Basis für einen künftigen und zuverlässigen Presseverteiler.

Der Erstkontakt zu Medienvertretern

Vor der Zusendung der ersten Pressemitteilung – heute meist per E-Mail – sollte jeder Versender seine Presse-Ansprechpartner bereits kontaktiert und von ihnen erfahren haben, ob sie mit der Zustellung via E-Mail einverstanden sind. Wer dagegen Journalisten ohne deren Erlaubnis auf den E-Mail-Verteiler setzt, darf sich nicht wundern, wenn die positiven Resultate aus dieser »Beziehung« durchaus gering bleiben. Für die erste Kontaktaufnahme genügt eine kurze E-Mail oder ein Telefonat, in der sich der Versender kurz vorstellt und abklärt, ob der Journalist überhaupt der richtige Ansprechpartner ist und in welcher Form dieser in Zukunft weitere Informationen erhalten will. Diese E-Mail sollte nicht als HTML-Mail, sondern im klassischen Nur-Text-Format verschickt werden, da die E-Mail damit sehr klein, nicht virenanfällig und am wenigsten belästigend wirkt.

---

76 Vgl. http://www.zimpel.de.
77 Vgl. http://www.stamm.de.
78 Vgl. http://www.kroll-verlag.de.

Noch eine Anmerkung: Generell sollten Pressemitteilungen nicht nur an Printmedien, sondern natürlich auch an Online-Medien verschickt werden. Dazu muss der Text online-adäquat aufbereitet sein. Dies bedeutet: Der Text ist prägnant geschrieben und nicht zu lange, erinnert im klaren Stil an Radio-Texte und ist innerhalb des Textes oder am E-Mail-Ende mit Links ergänzt, die zu vertiefenden Informationen und zum Bildmaterial auf der Website führen.

AUSFLUG 18

Der Redaktionsbesuch

Früher ein klassisches PR-Instrument – heute aus der Mode gekommen, doch manchmal noch immer ein gutes Mittel: Der Redaktionsbesuch. Eine Tour durch relevante Redaktionen eignen sich als Persönlichkeits-PR gerade für wichtige Manager oder Prominente, die sich »ihren« Medien vorstellen, ihr neues Werk oder ihr Engagement für die Region präsentieren wollen. Dazu werden meist Schwerpunktmedien ausgewählt, zu denen ein besonders enges Verhältnis aufgebaut werden soll bzw. die für diesen Zweck als wichtig eingeschätzt werden. Redaktionsbesuche können aber auch der erste Schritt zur Medienkooperation sein.

Gerade bei Redakteuren von Tageszeitungen sind diese Redaktionsbesuche wenig beliebt, da sie viel Zeit kosten, die für andere Arbeiten nicht zur Verfügung stellt. Wer daher einen Redaktionsbesuch plant und dafür einen triftigen Grund hat, sollte sich vor allem auf Wochen-, Fach- oder Publikumszeitschriften konzentrieren und zudem diesen Besuch bei den Medien mit zeitlichem Vorlauf ankündigen. Wer dagegen auf Spontanbesuche setzt, wird in den meisten Fällen eher Verärgerung als positive Wahrnehmung provozieren.

4.4 Der Online-Pressebereich

In Redaktionen hat sich das Internet als primäre Recherchequelle längst etabliert. Auch über die Websites von Organisationen recherchieren Journalisten Kontaktadressen, überprüfen Fakten, suchen Hintergrundmaterialien und Kontakte. Dazu legen Medienvertreter viel Wert auf Bilder, Hintergrundinformationen und weiterführende Links, wie die news aktuell-Umfrage zeigte[79]. Nur so wird der Online-Pressebereich zur PR-Plattform, die Medienvertretern und anderen Stakeholdern einen wirklichen Mehrwert bietet und ein Themensetting ermöglicht.

Anders gesagt: Journalisten gehen davon aus, dass ein Unternehmen, das mit Medien in Kontakt treten will, über einen professionellen Pressebereich verfügt. Bei der Beurteilung der Online-Angebote von Unternehmen aus Mediensicht liegen bis heute jedoch Welten zwischen Anspruch und Wirklichkeit. Bis heute nutzen nur wenige die Option, Journalisten detaillierte Informationen zur Verfügung zu stellen. Nach wie vor ist der Anteil gerade bei klein- und mittelständischen Unternehmen gering, Namen und Kontaktdaten des Pressesprechers anzugeben bzw. einen ausgereiften Download-Bereich an Text- und Bildmaterialien anzubieten. In den folgenden Abschnitten wird auf die einzelnen Kriterien näher eingegangen. Dabei spielen – wie auch die IAM-Bernet-Studie[80] aufzeigte – die Funktionen Kontakt, Zahlen, Hintergrundinformationen, Pressemitteilungen (siehe Abb. 20) die Kernrollen.

---

79 Siehe dazu auch http://www.newsaktuell.de/blog/2012/02/15/was-journalisten-wollen-–-ergebnisse-unserer-umfrage-»recherche-2012-–-journalismus-pr-und-multimediale-inhalte«/

80 Vgl. IAM-Bernet-Studie (2009)

Abb. 20: Top10-Anforderungen von Schweizer Journalisten an den Online-Pressebereich; IAM-Bernet-Studie 2009

4.4.1 Professionelle Grundlagen

Wer an der Kommunikation mit Medien interessiert ist, der muss dies klar nach außen kommunizieren. Dazu ist der Online-Pressebereich so zu gestalten, dass sich jeder Journalist oder Blogger leicht orientieren kann und diese die gewünschten Inhalte mediengerecht aufbereitet finden. Vor dem Aufbau des Online-Pressebereiches sollte sich jeder mit den generellen Anforderungen an dieses Bindeglied zwischen Medien und Organisationen auseinandersetzen:

Einfacher Zugang: Für eine nachhaltige Presse- und Öffentlichkeitsarbeit ist ein übersichtlicher Aufbau unerlässlich. Schon auf der Startseite der Internetpräsenz – und damit auf der ersten Ebene – befindet sich ein klar erkennbarer Link ›Presse‹ oder ›Medien‹, der den direkten Weg zum Pressebereich weist. Kein Journalist muss umständlich über die – falls vorhanden – Sitemap danach forschen. Hat der Pressebereich eine eigenständige Adresse wie ihrunternehmen.de/presse bzw. presse.ihrunternehmen.de, lässt er sich künftig einfacher finden, bookmarken und bewerben.

Keine Anmeldepflicht: Die Nutzung des Pressebereichs ist ohne Akkreditierung möglich. Jedes Unternehmen sollte ein Interesse haben, dass Journalisten die gewünschten Informationen prompt finden. Ist der Online-Pressebereich dagegen per Passwort geschützt wie zum Beispiel bei Volkswagen[81], werden sich Journalisten und Meinungsmacher im Zeitalter von Google, Social Media, Stellenabbau und engen Zeitbudgets ihre Inhalte an anderer Stelle suchen. Zudem vermittelt eine verpflichtende Anmeldung das Bild eines Unternehmens nach außen, das mit Journalisten nicht kommunizieren will. Wer dennoch den Zugriff einschränken will, sollte bei der Anmeldung nur notwendige Angaben abfragen

---

81 https://www.volkswagen-media-services.com/

(Datensparsamkeit), Zugangsdaten sofort zusenden und zumindest Pressemitteilungen, Pressekontakt, Hintergrundinformationen sowie ausgewählte Fotos für alle Pressebereich-Besucher freischalten.

Übersichtlicher Aufbau: Das Angebot ist so gestaltet, dass sich Journalisten leicht orientieren können. Zentrale Unterpunkte wie Presseinformation, Kontakt, Pressefotos, Hintergrundinformationen, Services, Social-Media-Kanäle etc. sind auf einen Blick zu erfassen. Alle Dokumente stehen in medienadäquaten Formaten zur Verfügung, die Inhalte sind aktuell, der Ansprechpartner ist sofort ersichtlich und kontaktierbar. Jedes Dokument trägt eine aussagekräftige Beschriftung und eine eindeutige Bezeichnung, um von anderen Quellen direkt darauf verlinken zu können. Bei jedem Download-Link sind das Format und die Größe der Datei angegeben – unabhängig ob Bild, Text, Audio- oder Video-File. Hyperlinks verweisen auf ergänzende Informationen – Hintergründe, Zahlen, Expertenmeinungen, Produkttests, weitere Artikel oder thematische Diskussionsforen. Auch hat jedes Dokument eine eindeutige und inhaltlich aussagekräftige Beschriftung.

Sichtbarer Ansprechpartner: Der Ansprechpartner ist sofort zu finden – inklusive vielfältiger Möglichkeiten, mit ihm Kontakt aufzunehmen. Auch reagiert der Ansprechpartner auf Anfragen innerhalb kürzester Zeit. E-Mails und telefonische Anfragen werden selbst dann beantwortet, wenn der Ansprechpartner abwesend ist und seine E-Mail von einem Mitarbeiter bearbeitet wird.

Aktueller Content: Qualität und Aktualität der angebotenen Inhalte bestimmen maßgeblich den Erfolg eines Pressebereiches. Für PR-Verantwortliche bedeutet dies nicht nur, dass stets aktuelle Pressemitteilungen eingepflegt werden – und dies zeitgleich mit dem Versand einer Pressemitteilung oder der Durchführung einer Pressekonferenz. News, Messe- und Eventtermine, Bilanzzahlen, Unternehmens- und Umweltberichte sind auf dem neuesten Stand zu halten und vergangene Termine aus dem Kalender zu streichen; Fotos bilden zudem den aktuellen Status des Unternehmens und seiner noch aktiven Protagonisten ab.

Journalistischer Aufbau: Die zentralen Informationen werden auf wenigen Zeilen kompakt und prägnant bereitgestellt – pyramidenförmig mit dem Wichtigsten am Anfang. Die Antworten auf die wichtigsten der sieben W-Fragen – wer, was, wann, wo, wie, warum, welche Quelle – werden im Text gegeben. Alle Texte sind mit Aufzählungen und Zwischentiteln klar gegliedert, damit sich Texte quer lesen lassen. Die optimale Lösung wäre es, am Anfang eine Übersicht des Themas zu liefern, von der direkte Links zu späteren Textpassagen abgehen.

Nicht-werbliche Sprache: Die Pressemitteilung ist informativ geschrieben. Werbliche Ausdrücke, Sprachhülsen, Superlative, komplizierte Fachausdrücke und unübliche Fremdwörter haben hier nichts zu suchen. Vielmehr sollte der Text eindeutig, konkret, wenig sperrig und leicht verständlich über die Neuerung informieren und auch durch die Addition von Zahlen und Zitaten zur Berichterstattung anregen.

Individuelle Bezeichnung: Eine Pressemappe beispielsweise zu einer Pressekonferenz sollte im Internet nicht als Gesamtdatei zur Verfügung gestellt werden. Vielmehr sollte jedes Dokument einzeln dem Inhalt entsprechend beschriftet sein. Somit kann sich der Journalist sofort die für ihn relevanten Dokumente heraussuchen und nur diese herunterladen.

Hypertext genutzt: Eine interessante Online-Option, die Dokumente mit weiteren zu verknüpfen, bietet die Hypertextualität, also die Möglichkeit der Verlinkung mit weiteren Seiten. Externe Links können dadurch von der Pressemitteilung zu vertiefenden Informationen führen, damit der Empfänger bei Bedarf noch ausführlicher in das Thema vordringen kann. Dies könnten Hintergrund- und Zahlenmaterialien, Stellungsnahmen von Experten, Studien und Tests sein, ein Interview mit dem Geschäftsführer als Audio-File oder eine Online-Pressekonferenz.

Für Suchmaschinen optimiert: Auch für die Pressearbeit gilt: Suchmaschinen entscheiden mit, welche Informationen auftauchen, sichtbar sind und damit gefunden werden. Was Google mit seinem rund 90 Prozent Anteil am Suchmaschinenmarkt nicht findet, existiert praktisch nicht. Nur wessen Informationen schnell und barrierefrei abzurufen sind, kann Meinungsmacht erlangen. So ist es Aufgabe einer SEO-PR, gerade die Texte im Online-Pressebereich für Suchmaschinen zu optimieren, um sie möglichst hoch und leicht auffindbar zu positionieren. Dazu sind Backlinks auf die eigene Website, Social-Media-Aktivitäten sowie für Suchmaschinen optimierter Content relevant. Dazu sollten für das Unternehmen relevante Begriffe ausgewählt und mit dem Suchverhalten der eigenen Zielgruppe abgelichen werden. Diese Keywords sind an den richtigen Stellen in die Pressemitteilungen und Webtexte einzuflechten. Im Einzelnen heißt dies:

- Festlegung der für das Unternehmen relevanten Keywords;
- Analyse von Häufigkeit und Schreibweise u.a. per Google Keyword Analyse Tool[82];
- Entwicklung eines aussagestarken Titels;
- Einflechten der zentralen Keywords in Titel, Teaser, Bilder, Links;
- Integration wichtiger Keywords in Zwischenüberschriften;
- Hervorhebung von Top-Begriffen innerhalb des Textes;
- Vermeidung von Wortspielen wegen Falschindizierung;
- Integration der Kerndaten sowie Homepage-Link in E-Mail-Abbinder;
- Veröffentlichung des Keyword optimierten Textes im Pressebereich;
- Stete Verlinkung mit PR-Portalen und Social Media Channels.

SEO-PR bedeutet jedoch nicht, Texte nur für Suchmaschinen zu schreiben. Im Gegenteil: Inhaltliche Relevanz und Kompetenz stehen weiterhin an erster Stelle. Jeder Text muss gut lesbar und verständlich bleiben. Wer dagegen Pressetexte mit Keywords überfrachtet oder gar nur Keyword-reiche Texte produziert, darf sich nicht wundern, wenn sie von Medienvertretern und Nutzern nicht wahrgenommen und von Suchmaschinen wegen Manipulationsverdacht (Keyword-Spamming) abgestraft werden.[83]

4.4.2 Die digitale Pressemappe

Der Online-Pressebereich wird ebenso als Pressecenter, Presse-Lounge, Mediencenter bezeichnet. Unabhängig von der Begrifflichkeit sollte er diese Bezeichnungen verdienen. Nur hochwertiges, aktuelles und medial aufbereitetes Material in Text, Grafik, Bild, Audio, Video kann dem Unternehmen helfen, sich als professioneller Ansprech- und Gesprächspartner bei

---

82 https://adwords.google.com/o/KeywordTool
83 Ausführliche Beschreibung in Ruisinger, Dominik (2011), S. 47ff

Medien, weiteren Stakeholdern und Multiplikatoren zu etablieren. Dazu muss sich jeder des Aufwands bei Aufbau und Pflege bewusst sein und die digitale Pressemappe als »Work in Progress« verstehen. So sollte dieser Bereich kontinuierlich auf-, ausgebaut und mit Inhalten gefüllt werden, um Zielgruppen von der Kompetenz des Unternehmens zu überzeugen.[84]

Professionelle Pressemitteilungen

Alle Pressemitteilungen erscheinen nach Datum geordnet, chronologisch in umgekehrter Reihenfolge, mit aussagekräftigem Titel und Untertitel. Die Pressemitteilungen sind auf der Internet-Seite direkt und nicht erst nach Aufruf des PDF-Dokuments einsehbar. Ein

Abb. 21: Kompakt: Pressemitteilung mit Titel und Kurzinformation beim Tourismusmarketing Niedersachsen: http://www.presse-niedersachsen.de/pressemitteilungen

---

84 Bei börsengeführten Firmen wird der Online-Pressebereich durch den Punkt »Investor Relations« ergänzt. Dieser enthält unter anderen ausführliche Details und Charts zur Kursentwicklung, Unternehmenszahlen und Geschäftsberichte, Rating-Informationen und Ad-hoc-Mitteilungen. Auf diese Spezifika wird aus Platzgründen hier nicht weiter eingegangen. Weitere Infos zum Thema Investor Relations auch in Kapitel Finanzmarktkommunikation (8.3).

3- bis 4-zeiliger Leadtext zeigt Journalisten sofort an, welche Inhalte sie erwarten. Ein klar sichtbarer Link führt zur kompletten Pressemitteilung im HTML-Format. Vorbildlich geschieht dies im aufgeräumten Pressebereich des Tourismusmarketing Niedersachsens[85]. Jeder Journalist erkennt am Titel und Leadtext sofort, ob für ihn die Pressemitteilung von Relevanz ist. Über die Navigation kann er auf Bilder, Termine, Ansprechpartner zugreifen, Pressemitteilungen abonnieren oder der Organisation per Presse-Twitter-Kanal folgen.

Auch die Krones AG[86] hat dies gut gelöst: Hier sind die Inhalte sehr gut aufbereitet, so dass der Medienvertreter, Blogger oder Interessent sofort die Zusammenarbeit erkennen kann, ohne sich durch die gesamte Pressemitteilung lesen zu müssen.

Abb. 22: Leichtes Verständnis der Inhalte bei der Krones AG: http://www.krones.com/de/presse/presseinformationen.htm

Das Wichtigste steht am Anfang, der Gesamttext ist mit Aufzählungen, Zwischentiteln klar gegliedert, damit Journalisten Inhalte querlesen können. Der Text lässt sich bei Bedarf drucken bzw. herunterladen. Die Pressemitteilung ist per Hyperlinks mit weiteren Hinter-

---

85 http://www.presse-niedersachsen.de
86 http://www.krones.com/de/presse/presseinformationen.htm

grundmaterialien und Zahlen, mit Video- und Audio-Files, mit Interviews und Experten-meinungen, mit Studien und Produkttests verknüpft, damit jeder noch tiefer in das Thema eindringen kann. Auch ein Ansprechpartner gehört zu einer Pressemitteilung im Netz, damit Journalisten diesen im Nachhinein für Fragen kontaktieren können. Zusatzservices wie Vorlesen etc. sind eher die Kür, ein Abonnement per RSS dagegen die Pflicht.

Chronologisches Pressearchiv

Im Pressearchiv befinden sich bisherige Pressemitteilungen. Chronologisch werden sie mit Titel, Untertitel und thematischem Anriss vorgestellt. Ein Link führt zum Gesamttext. Gleichzeitig ist anzumerken, dass die Bedeutung von Pressearchiven im Google-Zeitalter gering ist und nur wenige Zugriffe auf ältere Pressemitteilungen anfallen werden.

Persönlicher Pressekontakt

Gerade die Recherche nach einem Ansprechpartner ist eine der Hauptfunktionen von On-line-Pressebereichen. Erwartet wird Name, Funktion, Anschrift, Telefon, Mobiltelefon, E-Mail – und optional Skype. Ein Foto trägt zur Kommunikation bei, Links zu Profilen bei XING, LinkedIn, Google+, Twitter oder gar Facebook vermitteln ein persönliches Bild und offerieren zusätzliche Dialogoptionen. Bei größeren Unternehmen kann der Zugriff auf mehrere Ansprechpartner auch durch eine Auswahl-Funktion erleichtert werden, wie es beispielsweise Siemens[87] vorbildlich löst.

Qualitative Bildervielfalt

Hochwertiges Bildmaterial gehört zum Kern jeder Medienarbeit und in jede Presse-Lounge. Wer ein professionelles Bild nach außen abgeben will, sollte sich mit Format, Qualität und Inhalten genau auseinandersetzen.

- **Format**: Alle Pressefotos stehen in einer Auflösung von mindestens 300dpi zur Verfügung. Thumbnails, also Miniaturfotos, zeigen das Bildmaterial als Überblick. Eine Suchfunktion unterstützt bei größeren Fotoangeboten. Jedes Bild ist ergänzt mit Kurz-informationen und Hinweisen zur gewünschten Quellenangabe, Portraits sind mit Na-men, Titel, Aufgabenbereich und kurzer Beschreibung versehen;
- **Vielfalt**: Das Bildmaterial beschränkt sich nicht auf Logos und Portraits der Geschäfts-führung. Medien benötigen Vielfalt: Inszenierte Abbildungen der Produkte, lebhafte Impressionen aus dem Unternehmen, ungewöhnliche Außenaufnahmen der Standorte sind hilfreich. Perfekt demonstriert dies die BEHR GmbH & Co. KG. Rund 200 Bilder stehen in ihrer Bilddatenbank[88] zur Verfügung – sauber geordnet nach Produkten, Menschen, Entwicklungseinrichtungen, Produktion, Standorte etc. rubriziert. Alle sind mit detaillierten Hinweisen zu Inhalt, Quelle und Download ergänzt. Eine Suchfunktion unterstützt das schnelle Finden.
- **Verwendung**: Wenig hilfreich sind Aussagen wie: »Sollten Sie die Fotos verwenden wollen, wenden Sie sich bitte an die Deutsche Bank Presseabteilung.«[89] Damit wird der schnellen Online-Kommunikation ihr Potenzial genommen. Stattdessen sollten alle Bil-der unter Creative-Commons-Lizenzen[90] angeboten werden, das heißt, zur freien, nicht-

---

87 http://www.siemens.com/press/de/pressemitteilungen/index.php
88 http://www.behr-bilddatenbank.de
89 http://www.deutsche-bank.de/medien/de/content/fotoarchiv.htm
90 http://www.creativecommons.org

kommerziellen Weiterverwendung, unter Angabe des Urhebers und ohne inhaltliche Bearbeitung.

Grafiken, Audio und Video

Das visuelle Material sollte sich nicht auf Fotos beschränken. Die Bereitstellung von Grafiken sowie von Audio- und Video-Material stellt weitere Chancen dar, bei Medien als verlässlicher Partner wahrgenommen zu werden. Gut löst dies der Personaldienstleister Randstad: Im Download-Bereich[91] lassen sich Grafiken rund um das Themenfeld Zeitarbeit und Personalführung herunterladen. Jeder Journalist kann sich bedienen oder ebenso die Kompetenz bei der Erstellung von weiteren, thematisch verwandten Grafiken anfragen. Gerade durch das Social Web sowie die Vielzahl an kleineren Hörfunk- und TV-Sendern sollten ebenso Audio- und Video-Materalien zur Gratis-Verwendung angeboten werden. Als Positivbeispiele sind BMW[92] und World Vision[93] hervorzuheben, die fertige Audio- und Videodokumente bzw. O-Töne, Interviews, sonstige Beiträge zur Verfügung stellen.

Rechtlich sauberer Pressespiegel

Der Pressespiegel liefert einen schnellen Überblick über die Publikationen zum Unternehmen. Diese Clippings lassen sich jedoch nur dann auf die Website stellen, wenn eine der drei Möglichkeiten erfüllt ist: Das Unternehmen hat über ein Medienbeobachtungsinstitut oder über den Pressemonitor[94] diese Option gebucht; es hat vom Journalisten die schriftliche Genehmigung erhalten; oder es nutzt das Zitatrecht. So darf jeder Zitate aus Publikationen auf die eigene Website stellen, solange sie ihn betreffen. Dieses Zitatrecht beschränkt sich ausschließlich auf Auszüge. Zudem muss jedes Zitat mit der Quelle versehen werden, aus der eindeutig hervorgeht, aus welchem Beitrag zitiert wird. Ein Hinweis dazu: Pressespiegel werden generell von Medienvertretern als weit weniger wichtig beurteilt als von den Unternehmen selbst, sodass er im Zweifelsfall auch gestrichen werden kann.

Abonnement von Pressemitteilungen

Die Online-Pressearbeit ist darauf ausgelegt, dass Pressemitteilungen nicht nur zugesandt werden, sondern sich ebenfalls abonnieren lassen. Wer im Pressebereich daher ein Formular anbietet, über das sich Journalisten in den Presse-Verteiler aufnehmen – und wieder streichen – lassen können, beschreitet den richtigen Weg. Journalisten sollten entscheiden können, wie sie Pressemitteilungen erhalten: Per E-Mail als HTML- oder Nur-Text-Dokument oder als Alternative per RSS. Übernimmt der Journalist in diesem Fall die angegebene RSS-Adresse in sein Lese-Programm (Feed-Reader), würde er neue Inhalte automatisch erhalten, sobald sie auf die Website gestellt sind.

AUSFLUG 19

Chancen per RSS

Wer mit Blick auf die Zukunft einen guten Service anbieten will, sollte bei vielen Themenschwerpunkten und Pressemitteilungen mehrere inhaltlich ausgerichtete Newsfeeds anbieten. Der Journalist kann selbst die für ihn interessanten Themen bequem per RSS

91 http://www.randstad.de/ueber-randstad/presse-und-aktuelles/pressedownload/grafiken
92 http://www.press.bmwgroup.com
93 http://www.worldvision.de/presse-audio-service.php
94 http://www.pressemonitor.com

abonnieren. Der Vorteil: Von PR-Seite ist davon auszugehen, dass ein Journalist, der Feeds bewusst abonniert, ein deutlich höheres Interesse am Thema im Vergleich zu den meisten Medienvertretern hat, die automatisch Pressemitteilungen erhalten. Trotzdem soll nicht verschwiegen werden, dass RSS erst von rund 15 Prozent der Medienvertreter genutzt wird.

Hintergrundinformationen

Wer den Pressebereich auf Pressemitteilungen, Kontakt und Bildmaterial beschränkt, vergibt Chancen auf relevante Journalistenkontakte und auf ein erfolgreiches Themensetting. Erst wertvolle Hintergrundinformationen machen das Unternehmen zum kompetenten Medienpartner. Diese informieren kompakt über das Unternehmen, verdeutlichen Aktivitäten, Schwerpunkte und Entwicklungsschritte, beinhalten Referenzprojekt und Studien, verweisen auf Vorträge und Präsentationen. Sind diese Dokumente bereits unter »Unternehmensprofil« auf der Webseite erhältlich, sollte dies im Pressebereich erwähnt und auf die Dokumente direkt verlinkt werden.

Zahlen und Fakten

Hoch geschätzt auf Journalistenseite ist der schnelle Zugang zu wesentlichen Zahlen, Fakten, Statistiken zum Unternehmen – und natürlich auch zur Branche. Dazu sind die Kennzahlen am Besten in einer übersichtlichen Tabelle darzustellen, die Medienvertreter beispielsweise in einer Infobox einem Artikel beifügen können. Vorbildlich ist dies beim Bundesverband Solarwirtschaft e.V. zu beobachten.[95] Eine Zeittafel mit den wichtigen Entwicklungsschritten, aktuelle Studien, wichtige Branchen-Links sind weitere hilfreiche Materialien.

Termine und Services

Ein Service für Journalisten ist ein Überblick bzgl. relevanter Medien- und Branchentermine: Hauptversammlungen, Pressekonferenzen, Jubiläen, Messeauftritte, Tage der offenen Tür etc. sollten inhaltlich mit Datum, Kurzinformation, Link zur Website ergänzt sein. Beispielsweise lassen sich im Pressebereich der Deutschen Bank unter »Kalender«[96] Informationen zu vergangenen Finanzterminen samt Online-Pressekonferenzen ansehen oder künftige Termine per Klick in den eigenen Kalender übernehmen. Dieses Service-Angebot lässt sich ausbauen. Warum bietet ein Reifenhersteller im Winter nicht Checklisten mit den Tipps fürs sichere Fahren auf Eis und Schnee an? Und lädt die Journalisten zum Reifen-Test ein? Warum bietet nicht beispielsweise ein Pharmaunternehmen eine Liste mit relevanten Messe- und Event-Terminen zum Kernthema an? Journalisten werden es danken, wiederkehren und diesen Service verlinken. Ein durchweg positives Angebot also.

Social-Media-Aktivitäten

In Zeiten des Social Web zählt auch der Hinweis zu den eigenen Social-Media-Aktivitäten schon zum Standard. So sollte ein Unternehmen im Pressebereich offen seine Aktivitäten auf Twitter, Google+, Facebook, Youtube, Slideshare etc. als Dialogangebote kommunizieren.

---

95 http://www.solarwirtschaft.de/presse-mediathek/marktdaten.html
96 http://www.db.com/medien/de/content/kalender_2012.htm

Diese Aufzählung verdeutlicht, welche wichtige Rolle der Online-Pressebereich heute im Konzert der Medieninstrumente spielt: Er ist das mediale Schaufenster des Unternehmens. Er stellt einen wichtigen Link, aber auch einen Vertrauensanker zwischen PR-Verantwortlichen und Journalisten dar. Hier treffen Erwartungen der Journalisten mit den Interessen des Unternehmens zusammen, werden Wünsche erfüllt oder enttäuscht. Im Online-Pressebereich haben Unternehmen die Chance, Themen zu setzen und sich als vertrauensvoller Gesprächspartner zu etablieren; zumindest dann, wenn sie den Online-Pressebereich als offene Informations- und Dialogplattform anlegen.

4.4.3 Social Media Newsroom als Dialogplattform[97]

Spätestens seit der bereits erwähnten Kritik von Tom Foremski und der Vorlage des Social News Release (siehe Abb. 19) durch Todd Defren war die Diskussion über die künftige Pressearbeit im Social Web eröffnet, die den Online-Pressebereich mit einbezog. Denn im Rahmen der Diskussionen um Social News Releases stellte sich die Frage, ob sich alle Social-Media-Aktivitäten auf einer einzigen Corporate Website bündeln ließen, wie der Social Media Club[98] anregte. Und ließ sich dies mit dem Online-Pressebereich kombinieren? Wieder war es Defren, der den Social Media Newsroom als Informations- und Dialogplattform vorstellte, auf der einerseits Social News Releases gesammelt, archiviert und präsentiert werden, der andererseits die kommunikativen Möglichkeiten des Social Web nutzte.

Seine Vorlage in Abbildung 23 macht deutlich: Auf einen Blick bietet der Social Media Newsroom allen Online-Bezugsgruppen – Journalisten, Multiplikatoren, weiteren Stakeholdern, einfachen Nutzern – eine umfassende, multimediale Recherche- und Kontaktquelle; PR-Ansprechpartner sind nicht nur über herkömmliche Medien, sondern ebenfalls über Skype, Instant Messanger, Xing, Facebook, Twitter zu erreichen; Pressemitteilungen bzw. Social News Releases sind stark mit Links vernetzt und multimedial aufbereitet. Sie lassen sich frei kommentieren und per RSS abonnieren, was den verstärkten Pull-Aspekt moderner Online Relations unterstreicht.

Die Inhalte des Social Media Newsrooms sind getaggt, multimediale Inhalte auf Social-Media-Corporate-Plattformen ausgelagert. Der Social Media Newsroom wird zum Zugang zur kollaborativen Welt der Blogs, der sozialen Netzwerke und Sharing-Plattformen: Videos liegen auf dem YouTube Corporate Channel, Fotos bei Flickr, Präsentationen und Dokumente bei Slideshare.net oder Scribd.com. Für Suchmaschinen optimiert sorgt der Newsroom für eine bestmögliche Sichtbarkeit – sofern der Social Media Newsroom als Lösung in die eigene Webseite integriert ist.

---

[97] Siehe dazu auch »Medienarbeit im Social Media Zeitalter« in: Ruisinger, 2011, S. 92ff sowie darin Wassink, Jörg: Der Social Media Newsroom in der mittelständischen B2B-Kommunikation, S. 108ff sowie die Tipps von Annette Schwindt zu den Möglichkeiten der Umsetzung http://blog.schwindt-pr.com/2012/09/14/newsrooms-sck12/

[98] http://www.socialmediaclub.org

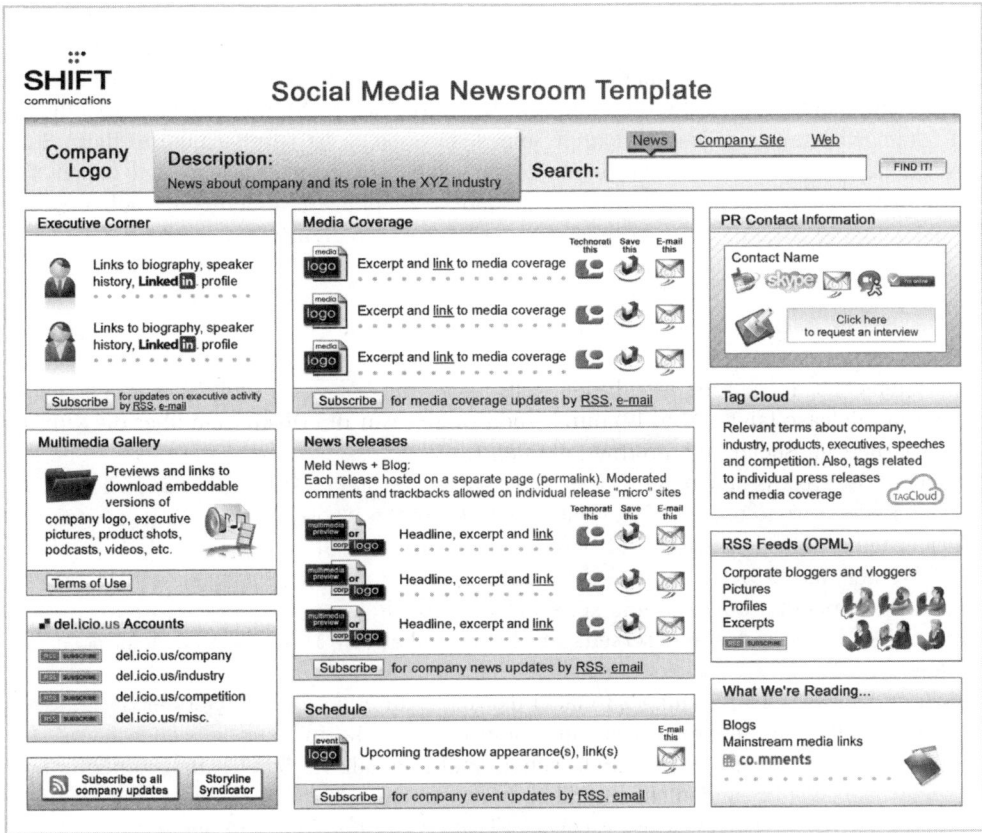

Abb. 23: Die Vorlage zum Social Media Newsroom von SHIFT Communications: http://www.shiftcomm.com/downloads/smnewsroom_template.pdf

Mediales Schaufenster für Organisationen

Der Social Media Newsroom ist damit weit mehr als eine Oberfläche zur Publikation von Social News Releases. Er ist einerseits ein Hub und mediales Schaufenster eines Unternehmens, das Journalisten wie Interessenten einen schnellen Überblick über alle Medien und Social-Media-Aktivitäten liefert. Andererseits ist er eine interaktive und multimediale Dialog-Plattform, das den Dialog mit Stakeholdern und Multiplikatoren, mit Influencern wie Usern aufbauen und fördern hilft. Dazu lässt er sich den individuellen Bedürfnissen anpassen – einen vorgeschriebenen Aufbau gibt es nicht.

Ein interessanter Aspekt: In der Vorlage von Todd Defren wird die Rubrik »News Releases« für Social News Releases bzw. Pressemitteilungen ausgewiesen. In der Praxis fällt auf, dass nur wenige Unternehmen ihre Pressemitteilungen den Social-Web-Gegebenheiten anpassen. In der großen Mehrzahl der Newsrooms sind stattdessen klassische Pressemitteilungen zu finden. Dies unterstreicht nochmals, dass sich Social News Releases zumindest in Deutschland nicht durchgesetzt haben.

Wie das Coca-Cola Beispiel in Abb. 24 veranschaulicht, zeigt der Newsroom als Übersicht den gesamten integrierten Unternehmens-Content: Er aggregiert automatisch die Inhalte aus den Social-Media-Kanälen auf einer einzigen Seite, auch wenn der Dialog auf den

Plattformen stattfindet. Dies bedeutet im Umkehrschluss, dass ein Social Media Newsroom nur dann ein aktuelles Bild des Unternehmens vermittelt und als Kommunikationszentrale funktioniert, wenn die Kanäle regelmäßig mit Inhalten befüllt werden. Ansonsten trägt dieser Hub das Bild eines Unternehmens nach außen, das nicht kommuniziert bzw. nichts zu kommunizieren hat. Die Einrichtung eines Newsrooms ist damit eine erweiterte Stufe für Unternehmen, die einerseits einen professionellen Online-Pressebereich haben und diesen regelmäßig mit Pressemitteilungen und News pflegen, andererseits Social-Media-Kanäle aufgebaut haben und diese kontinuierlich mit Inhalten füllen.

Abb. 24: Social Media Newsroom bei Coca-Cola, http://newsroom.coca-cola-gmbh.de/

Zudem müssen sie bereit sein, ausreichend personelle Ressourcen zur Verfügung stellen, um Kanäle mit aktuellem Content zu füttern und Dialoge zu pflegen. Nur dann können sie aus der Kür per Social Media Newsroom wirklichen Mehrwert generieren. Genau an dieser Stelle kommen viele Unternehmen an ihre finanziellen wie vor allem personellen Ressourcengrenzen. Die Entscheidung für oder gegen einen Social Media Newsroom hängt damit eng mit der generellen Entscheidung hinsichtlich Social Media ab: Passt diese Kommunikation in unsere Unternehmensphilosophie? Und vor allem: Stehen auch mittel- und langfristig genügend personelle Ressourcen zur Verfügung, um diese Kanäle fortan mit aktuellem, kreativem Content zu füttern und Dialoge zu pflegen? Erst wenn diese Vorbedingungen erfüllt und die Grundlagen gelegt sind, kann eine Kür per Newsroom wirklichen Mehrwert bieten.

In Zeiten eines modernen Kommunikationsmanagements wird der Online-Pressebereich weiterhin das Zentrum aller PR-Aktivitäten im Netz bleiben. Der Social Media Newsroom wird den klassischen Pressebereich vorerst nicht verdrängen – aber stark beeinflussen. Er wird sich immer stärker weg von einem exklusiven Bereich für Journalisten als Gatekeeper von Informationen zu einer interaktiven, multimedialen Dialogplattform entwickeln, die für Suchmaschinen optimiert und für jeden schnell und einfach erreichbar den Austausch mit Multiplikatoren erleichtert. Schon heute gibt es in Deutschland weit über 100 Unternehmen[99], die einen Social Media Newsroom einsetzen – meist als Ergänzung zum Online-Pressebereich. Auf jeden Fall ist er schon jetzt ein Symbol: Ein Symbol für das Ende der geschlossenen Online-Pressebereiche. Und damit sind auch die Zeiten der uneingeschränkten Kontrolle von Informationsflüssen endgültig vorüber.

4.5 Das Handwerk der Pressearbeit

Der Online-Pressebereich ist die Basis für zukünftige Beziehungen zu Medienvertretern, doch lange nicht alles. Für den Aufbau wirklicher Beziehungen ist eine aktive Medienarbeit von Nöten, um den eigenen Meldungen Gewicht zu verleihen. Geht es jedoch nach Redakteuren und freien Journalisten, so fehlen vielen PR-Verantwortlichen diese Kenntnisse. Ihre Kritik ist vielfältig: Täglich erreichen sie durchschnittlich 50 Pressemitteilungen. Meist enthalten die E-Mails keinerlei Mehrwert, die Reaktion auf Rückfragen erfolgt langsam, dafür sind oft mehrere Megabyte große Dokumente, Bilder, PowerPoint-Präsentationen, bebilderte Geschäftsberichte oder gar Unternehmens-Videos und O-Töne angehängt – ungefragt, unerwünscht, unbenötigt. Hinzu kommt: Zwei Drittel der Pressemitteilungen passen überhaupt nicht oder nur zum Teil in das Interessenprofil des Empfängers bzw. des Mediums. Die Folge: Journalisten verbringen erheblich Zeit damit, ungeeignete Pressemitteilungen auszusortieren.[100] Schade um die vergebenen Chancen auf eine erfolgreiche Online-Beziehung. Es lohnt sich also durchaus, einen etwas genaueren Blick auf das Handwerk Pressearbeit zu werfen.

4.5.1 Der Presseversand

In den vergangenen Jahren hat sich die E-Mail als Versandweg von Pressemitteilungen durchgesetzt. Beispielsweise ergab im Jahre 2009 eine Online-Umfrage des Journalistenzentrum Wirtschaft und Verwaltung, dass 91 Prozent der Pressemitteilungen per E-Mail versendet werden.[101] Ist der Versandweg also wenig umstritten, so stellen sich der heutigen Pressearbeit andere Probleme:

1: **Das Versand-Format**: Ein Großteil der Presseinformationen wird im gestalteten HTML-Format (.html) versendet. Auf diese Weise lassen sich Textstellen formatieren, Logos oder Bilder integrieren. Dies führt jedoch oft dazu, dass Nachrichten von Mailservern

---

99 Frank Hamm mit guter Übersicht über Social Media Newsrooms; http://www.diigo.com/list/
   fwhamm/social-media-newsrooms
100 Vgl. JWV (2009)
101 JWV (2009), dazu auch IAM-Bernet-Studie (2009)

aus Viren- oder Spam-Verdacht blockiert werden; oder sie werden beim Empfänger nicht korrekt dargestellt – gerade dann, wenn die Pressemitteilungen von Web-Mail-Programmen oder auf mobilen Geräten abgerufen werden. Damit E-Mails sicher und korrekt ankommen, sollten sich PR-Verantwortliche auf das unformatierte Nur-Text-Format (.txt) fokussieren. Journalisten können Pressemitteilungen dann 1-zu-1 in ihr Redaktionssystem kopieren und dort bearbeiten. Auch sollten Pressemitteilungen stets von demselben Absender kommen. Damit ist die E-Mail-Adresse dem System des Empfängers bekannt und wird nicht mehr aussortiert.

2: Die Betreffzeile: PR-Verantwortliche erkennen nicht immer die Bedeutung der Betreffzeile. Nur so lassen sich Betreffzeilen erklären, die nur aus dem Begriff »Pressemitteilung« oder aus dem Begriff »Pressemitteilung« in Verbindung mit dem versendenden Unternehmen oder dem Versanddatum bestehen;[102] diese Information hatte jedoch der Journalist bereits dem E-Mail-Absender entnommen. Dabei ist der Betreff gemeinsam mit dem Absender der Vertrauensanker für die Pressemitteilung. An dieser Stelle gilt es ein aussagekräftiges Sujet zu verwenden, das Journalisten knapp und klar verständlich auf den Grund und den Inhalt der zu erwartenden Information hinweist. Erkennt dieser nicht sofort den Grund und den Inhalt der Pressemitteilung, fällt sie seinem Zeitfilter zum Opfer und endet ungelesen. Gleichzeitig sollte die Betreffzeile kompakt und klar verständlich formuliert sein, was sie von Spam-Mails deutlich unterscheidet.

3: Die Anmoderation: Geht aus der Betreffzeile nicht eindeutig der Inhalt hervor, kann eine kurze Anmoderation hilfreich sein. Diese ermöglicht nicht nur eine persönliche Ansprache der einzelnen Redakteure und schafft die Gelegenheit zu ergänzenden, individuell zugeschnittenen Informationen. Vielmehr lässt sich in ein bis zwei Sätzen darauf eingehen, warum das Thema gerade für dieses Medium von Interesse ist. Außerdem lassen sich Mehrwerte wie das Angebot von Verlosungen, Gewinnspielen, Medienkooperationen sowie ähnliche Anregungen integrieren.

4: Der Text-Anhang: Viele versenden ihre Pressemitteilungen als Attachment, indem sie die Pressemitteilung an die E-Mail anhängen. Damit wollen PR-Verantwortliche das Corporate Design mit Logo und Original-Hausschrift des versendenden Unternehmens wahren. Diese Denkweise ist problematisch: Angesichts der Spam- und Viren-Problematik filtern viele Medien Dokumente mit Anhängen aus. Dies heißt: Diese Pressemitteilungen werden ihre Empfänger nicht immer erreichen. Sollten sie die Systemverwalter überwinden, stellen sie Journalisten vor das nächste Problem: Attachments müssen extra geöffnet werden, um den Inhalt zu beurteilen. Dies ist auch angesichts des verstärkten mobilen Abrufs von E-Mails ein Zeit- und Formatproblem. Wer also an einem problemlosen Empfang interessiert ist, sollte den Text im Nur-Text-Format direkt in die E-Mail setzen. Damit lassen sich die Informationen ohne weitere Klicks sofort lesen und weiterverarbeiten. Falls unbedingt ein Attachment verschickt werden muss, sollte der Journalist davon im Vorfeld wissen. Zudem sollte das angehängte Dokument gekennzeichnet sein – bmw_pm_mini-premiere_20130804.pdf, damit jedes es sofort einordnen und später noch lokalisieren kann. Außerdem sollte natürlich nicht erst im Attachment das Thema der Pressemitteilung ersichtlich sein.

---

102 Weitere Beispiele zu schlechten Betreffzeilen finden sich im Blog »Gedankenspiele«: http://dominikruisinger.wordpress.com/2012/09/19/lektionen-auf-die-betreffzeile-kommt-es-an-eigentlich/

5: Der Bild-Anhang: Dieselbe Attachment-Problematik gilt für Pressemappen, Bilder, Grafiken, Audio- und Videodateien. Auch da besteht die Gefahr, dass beim Presseversand an mehrere Empfänger E-Mails aufgrund der Größe der angehängten Datei(en) ausgefiltert werden. Hinzu kommt: Weiß der Versender im Vorfeld, ob das Medium an einem Foto oder einem Video-File interessiert ist? Welche Art von Fotos es wünscht? In welcher Auflösung? Wer alle diese Bedürfnisse befriedigen wollte, müsste einen Pressetext mit zahllosen Anhängen versenden, der in vielen virtuellen Papierkörben enden würde.

Lösungsansatz: Chancen durch Footer

Anstatt Texte, Bilder, Grafiken, Sound- und Videodateien an eine E-Mail zu hängen, eröffnet das Internet elegantere Lösungen: Die moderne Pressearbeit verbindet die Ansätze Push und Pull durch E-Mail-Footer mit Links. Das heißt: Die Presseinformation wird per E-Mail versendet (Push) und gleichzeitig im Online-Pressebereich oder im multimedialen Social Media Newsroom zum Download (Pull), Fotos im Pressebereich oder alternativ auf einem Flickr- oder Pinterest-Account, Videos auf YouTube-Seiten, Präsentationen auf SlideShare-Angeboten bereit gestellt – gemeinsam mit weiteren Dokumenten. Anhand dieser kann jeder Journalist selbst entscheiden, wie tief er sich über ein Thema informieren will. Voraussetzung dazu ist ein professionell aufbereiteter Online-Pressebereich, in dem – wie oben beschrieben – alle Dokumente sorgfältig einzeln aufgeführt sind.

Diesen Ansatz zeigt Abbildung 25: Journalisten erhalten eine kompakte Pressemitteilung mit Titel, Untertitel, kompaktem Haupttext und Kontakt. Am Ende finden sie ein Verzeichnis an Links, die einen eindeutigen Titel tragen, eine unverwechselbare URL haben und mit Dokumenten auf der Homepage direkt verbunden sind. Dabei sind sie nicht mit einer Startseite verlinkt, sondern die Links sind direkt auf die Dokumente gelegt. In noch stärkerem Maße gilt diese Liaison aus kompakter Pressemitteilung mit Footer und Linkverzeichnis bei der Belieferung von Internetmedien, die eine online-adäquate Ansprache – kurz und kompakt im Stil und mit vielen Links angereichert – erwarten.

Dies verdeutlicht: Pressemitteilungen zu versenden ist einfach, ökonomisch und geht schnell. Wenn aber Fehler begangen werden, haben Presseinformationen keine Chance, beim Empfänger anzukommen, geschweige denn gelesen und als Thema aufgegriffen zu werden.

TIPP 16

Nachtelefonieren oder nicht?
Der Inhalt ist abgestimmt, das Sendeformat fixiert, der Verteiler vorbereitet, die Pressemitteilung versendet. Und jetzt? Selbstverständlich sollte der PR-Verantwortliche für Rückfragen erreichbar bleiben, um Anfragen innerhalb kurzer Zeit zu beantworten. Aber wenn es keinerlei Reaktion auf die Pressemitteilung gibt? Wie ist es mit dem Nachtelefonieren? Hier muss man deutlich unterscheiden: Wer nichts anderes zu fragen hat als »Ist meine Pressemitteilung angekommen?«, sollte dies lassen. Jeder Redakteur wird dies als überflüssige Störung empfinden. Wer dagegen zusätzliche Informationen zur versandten Meldung hat, sollte dieses Telefonat durchaus führen, da es zur Klärung offener Fragen beitragen kann.

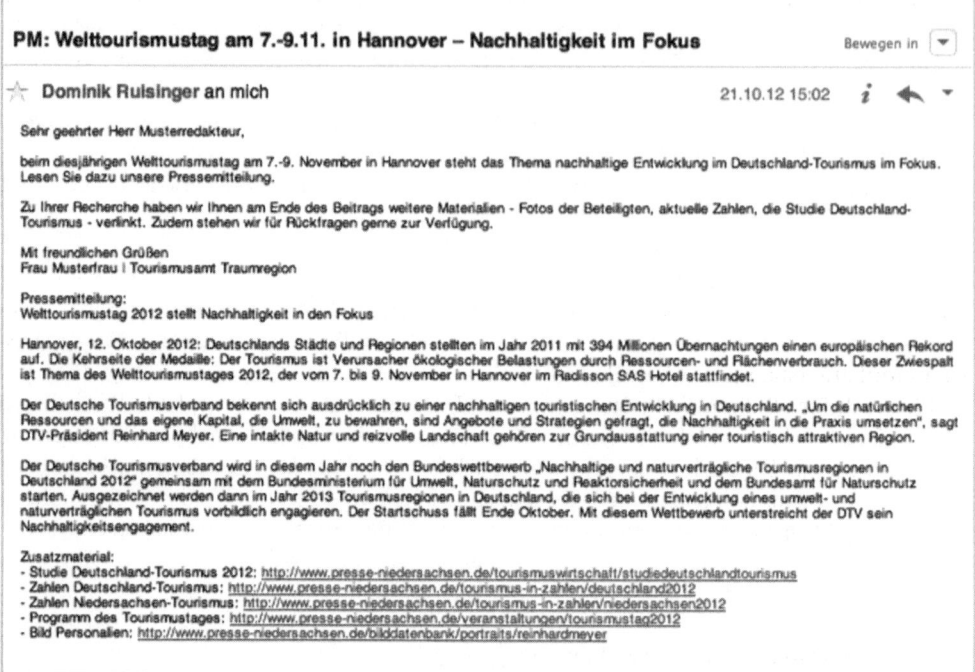

Abb. 25: Pressemitteilung mit Abbinder und Direktlinks zu Einzeldokumenten im Online-Pressebereich

4.5.2 Der Einsatz von PR-Services

Bei der Verbreitung von Pressemitteilungen können Organisationen neben den eigenen Kanälen auf spezialisierte Dienstleister zurückgreifen, um weitere Publikationspotenziale auszuschöpfen und die eigene Präsenz im Internet zu stärken. Über diese lässt sich die eigene Pressemitteilung zusätzlich an einen definierten Empfängerkreis an Medienvertretern versenden bzw. auf Webseiten online stellen. Heutzutage existieren viele Anbieter dieser Presse-Services. Gleichzeitig muss man klar unterscheiden zwischen kostenpflichtigen Presseversand-Services auf der einen Seite und kostenlosen PR- und Publikumsportalen auf der anderen Seite, die Pressemitteilungen online stellen. Inzwischen gibt es auch Mischformen, indem Publikationsportale optional selbst einen E-Mail-Versand an Journalisten oder Abonnenten anbieten.

Presseversand-Services

»Wir erzielen für Ihre Pressemitteilung die größtmögliche Reichweite bei Redaktionen und im Internet. Unser Nachrichtennetzwerk bringt Ihre Meldungen an die Schreibtische der Zeitungsredakteure, auf die Bildschirme der Onlinejournalisten, in Newsportale und in die neuen Kommunikationskanäle im Web. Wir als dpa-Tochter wissen, worauf es in Nachrichtengeschäft und Online-Kommunikation ankommt.«[103] So wie ots (Originaltextservice) die eige-

---

nen Leistungen anpreist, bieten Presseversand-Services grundsätzlich die Chance, zum gewünschten Zeitpunkt die eigene Pressemitteilung zusätzlich per Fax, E-Mail oder Post an ihre spezialisierten Medien- und Fachverteiler zu versenden – an Newsagenturen, TV-, Hörfunk-, Online- und Print-Redaktionen sowie freie Journalisten.

Neben dem Service ots der Deutschen Presse-Agentur (dpa) als führendem Service in Deutschland existieren mit ddp direct und pressetext, dem Hightext-Verlags-Service press1 und dem Technologie-Pressedienst PresseBox[104] weitere Anbieter, die für ihre Versandservices an mehrere zehntausend Empfänger – Journalisten wie Multiplikatoren – werben. Abgesehen von einem zentralen Verteiler bieten sie oft zusätzlich thematische oder regionale Branchenverteiler an, insbesondere um Regional- oder Spezial-Medien aus dem Lifestyle-, Gesundheits- oder Sport-Sektor zu erreichen. Diese Services sind stets kostenpflichtig und für den regelmäßigen Versand von Pressemitteilungen für kleinere Kommunikationsbudgets oft ein Hindernis.

Eines gilt für all diese Verbreitungsservices: Die eigene, strategisch geplante Pressearbeit mit persönlicher Kontaktaufnahme und -pflege ersetzen sie nicht. Vielmehr unterstützen sie darin, das eigene Thema in weitere Kanäle zu lancieren. Gerade wenn für ein Thema eine breite Streuung und Publizität erzielt werden soll, kann dieser Distributionsweg ein durchaus ergänzendes Element sein – auch um sein Ranking in den Suchmaschinen zu verbessern.

TIPP 17

Wichtige Presseversand-Services
Presseversand-Services sind grundsätzlich kostenpflichtig, die Kosten abhängig von Bekanntheit, Verbreitungsgrad und Leistungspaketen. Oft lohnt sich ein genauerer Blick in die jeweiligen Details und Mediaunterlagen. Die folgenden Zahlen und Beschreibungen geben einen ersten Anhaltspunkt:

- *newsaktuell.de (360 Euro pro Aussendung für bis zu 300 Wörter): Mit ots (Originaltextservice) bietet das Tochterunternehmen der Deutschen Presse-Agentur einen Basis-Verteiler. Zudem lassen sich thematische oder regionale Extra-Verteiler individuell hinzubuchen. Neben dem Versand wird die Pressemitteilung auf dem Presseportal www.presseportal.de veröffentlicht.*
- *pressetext.de (330 Euro pro Aussendung): Als Nachrichtenagentur im deutschsprachigen Raum bietet pressetext einen flexiblen Versand von Pressemitteilungen. Dabei gibt es für die Länge der Pressemitteilung keine Einschränkung.*
- *multimediamanager.de (290 Euro pro Aussendung): Einen Versandservice bietet auch die dapd-Tochter ddp direct mit dem MultimediaManager. Über diesen lassen sich nicht nur klassische Pressemitteilungen, Bilder und Infografiken, sondern auch Audio-, Videofiles sowie Social News Releases verteilen.*
- *PresseBox.de (199 Euro pro Aussendung) Pressebox ist ein Online-Presseservice, dessen Einsatz gerade bei Themen der ITK- und Industriebranchen sinnvoll ist, um der Pressemitteilung in diesen Fachmedien zu einer höheren Sichtbarkeit zu verhelfen.*
- *press1.de (125 Euro pro Aussendung): Der Online-Presseservice des High-Text-Verlages lohnt sich speziell für die Branchen IT/Technik, Entertainment und Health Relations.*

---

104 http://www.multimediamanager.de, http://www.pressetext.de, http://www.press1.de, http://www.pressebox.de

Kostenlose Presseportale

In den letzten Jahren ist die Zahl der Online-Presseportale gewachsen.[105] Durch ihre teils hohen Reichweiten bieten sie Unternehmen die zusätzliche Option, Pressemitteilungen zu verbreiten und Endkunden direkt zu erreichen. Im Unterschied zu den oben erwähnten kostenpflichtigen Verbreitungsservices versenden Online-PR-Portale keine Pressemitteilungen aktiv an Medienschaffende – mit Ausnahmen. Stattdessen werden die Pressemitteilungen online gestellt und bei den wichtigen Suchmaschinen automatisch angemeldet. Da auf diesen Portalen täglich zahlreiche Texte publiziert, Inhalte aktualisiert und die Seiten weitläufig verlinkt und intensiv genutzt werden, werden die Inhalte von den Suchmaschinen schnell gefunden, indiziert und die Seiten entsprechend hoch gerankt. Genau von diesem hohen Ranking können Unternehmen direkt profitieren. So ist eine Publikation von Pressemitteilungen über viele externe und dazu zudem gut gerankte Webseiten ein wichtiges Instrument bezogen auf die eigene Off-Page-Optimierung.

Die Online-PR-Portale bilden heute einen relevanten Baustein innerhalb einer aktiven Online-PR. Sie sind weniger ein Instrument, um Journalisten zu erreichen und Medienkontakte aufzubauen. Vielmehr bieten sie eine Art der Direkt-PR mit gleichzeitiger Medienpräsenz: Sie schaffen Unternehmen eine Plattform, Informationen ohne den Publikationsumweg in den Medien im Internet zu publizieren und damit über Suchmaschinen recherchierende Journalisten, Multiplikatoren wie Endkunden direkt zu erreichen. Daher sollten diese Portale eher als Online-Marketing-Tool denn als Presseservice verstanden werden, der auch Unternehmen mit kleinen Budgets eine höhere Reichweite im Internet ermöglicht.

Portale für das Online-Marketing[106]

In den letzten Jahren sind viele unterschiedliche PR-Portale auf den Markt gedrängt – von allgemein orientierten Diensten bis zu speziellen Branchenportalen –, die sich selbst meist über Werbung wie Google AdSense finanzieren. Auch in Bedeutung und Reichweite sind die werbefinanzierten Portale unterschiedlich, abhängig von der Intensität ihrer Nutzung und ihrem Alter. Viele werben zusätzlich mit einer großen Anzahl an akkreditieren Journalisten, Redakteuren oder Newsletter-Abonnenten, auch wenn es sich meist weniger um Medienvertreter denn um »normale« Nutzer handelt. Diese Unterschiede haben zur Folge, dass jeder Interessent im Vorfeld individuell überprüfen sollte, welches Portal stark genutzt wird und für seine Zwecke und Zielgruppen relevant ist. Nur so lässt sich ein wirklicher Vorteil in den Suchmaschinen für die eigene Sichtbarkeit erreichen.

Das derzeit bekannteste Portal in Deutschland ist openPR, das auch verstärkt von Unternehmen genutzt wird, um die Verbreitung ihrer Pressemitteilungen zu erhöhen. In wenigen Schritten lassen sich auf www.openpr.de Pressemitteilungen kostenlos online stellen. Auch News- und Wirtschaftsportale wie businessportal24.de, live-pr.com, offenes-presseportal.de, firmenpresse.de, perspektive-mittelstand.de oder pr-inside.de zählen monatlich zwischen 500.000 bis 1,2 Millionen Besucher und bieten ähnliche Möglichkeiten. Gibt man eine Pressemitteilung in eines dieser Portale ein, so ist der Beitrag bei einer Google-Recherche oft schon bald auf einem der vorderen Plätze zu finden.

---

105 Thematisch zu empfehlen sind auch die Whitepapers zum Thema auf http://www.pr-gateway.de
106 Das Deutsche Institut für Marketing (DIM) hat die Online-Portale verglichen und eine Rangliste der Top100 erstellt, die sich herunterladen lässt: http://www.dim-marketingblog.de/2012/07/13/kostenloser-download-die-100-besten-presseportale/

4.5.3 Medienkooperationen als Chance

Ein wirkungsvolles Instrument der PR sind Medienkooperationen[107]. Viele Unternehmen sehen verstärkt darin die Chance, durch eine enge Kooperation mit Medien der gewünschten Zielgruppe – ob mit TV- und Radio-Sendern, Print- oder auch Online-Publikationen – in deren Berichterstattung eine höhere Präsenz zu erreichen. Gleichzeitig bieten diese die Chance, sich gegenüber der Konkurrenz einen Wettbewerbsvorteil zu erarbeiten, indem man bei einem Medium ein Thema fest besetzt.

Bei einer Medienkooperation wird das unterstützte Thema – ob Event-Reihe, Veranstaltung, Projekt, Studie – meist von Beginn an gemeinsam geplant. Es werden Erwartungen und Leistungen beider Partner definiert, Sonderbeilagen, Haushaltssteckungen, Medienpräsenz und andere Leistungen genau fixiert. Dabei fungiert zumeist das Medium als Multiplikator, während die Inhalte der Partner besteuert. Hierbei gilt es den gesetzlichen Rahmen zu beachten, der eine klare Trennung von Redaktion und Werbung regelt. Beispielsweise müssen alle Publikationen klar als »Anzeige« oder »Sonderveröffentlichung« oder »PR-Advertorial« gekennzeichnet sein. Zudem muss sich jedes Unternehmen bewusst sein, dass kaum eine Medienkooperation kostenlos ist: Medien erwarten einen Produktionskostenzuschuss, dessen Höhe sich je nach Art und Umfang des Themas sowie des eingesetzten Partner-Mediums – Print, Radio, TV, Internet – richtet.

Auch im Online-Bereich haben sich diese Medienkooperationen immer mehr verbreitet. Gerade junge Zielgruppen lassen sich über Kooperationen mit Online-Magazinen, Fachinformationsdiensten, Themenportalen, E-Mail-Newsletter zielgenau ansprechen. Wer beispielsweise eine große Sportveranstaltung in Stuttgart promoten will, für den kommen nicht mehr nur die Tagesmedien Stuttgarter Zeitung und Stuttgarter Nachrichten, öffentliche und private Sender wie SWR, Antenne 1 oder Das Ding mit ihren Informations- oder Sportsendungen als Partner in Frage. Auch große Sportportale wie sport1.de, spox.com, sport.de, 11freunde.de oder regionale Online-Magazine können als Medienpartner dazu beitragen, das Thema stärker bei der gewünschten Bezugsgruppe bekannt zu machen. Zu diesem Zweck lassen sich weitere Online-Elemente wie Gewinnspiele, Wettbewerbe integrieren, um die Aufmerksamkeit zu erhöhen.

---

107 Dieses Themenfeld und die Chancen durch Advertorials, Infomercials wurde auch schon in Kapitel 2.1.4 beschrieben.

4.6 Medien-Events zur Kontaktpflege

4.6.1 Die Pressekonferenz

Über viele Veranstaltungen wie Tage der offenen Tür oder Messen kann ein Unternehmen von der Öffentlichkeit wahrgenommen werden. Die bekannteste und verbreitete Informationsveranstaltung speziell für Journalisten ist die Pressekonferenz. Diese benötigt jedoch einen konkreten, aktuellen und relevanten Anlass. Das heißt: Pressekonferenzen sollten nur dann veranstaltet werden, wenn es etwas zu sagen gibt, wenn Informationen zu komplex für eine Pressemitteilung sind oder wenn Sachverhalte oder Ereignisse Fragen aufwerfen werden, die von öffentlichem Interesse sind. Schließlich kosten Pressekonferenzen Redakteure Zeit – und das ist eine wichtige Ressource. Zudem bindet eine Pressekonferenz auch im Unternehmen Kosten, Personal und Zeit.

TIPP 19

Anlässe für eine Pressekonferenz
- *Präsentation von Jahresbilanzen und Geschäftsberichten*
- *Ankündigung von Börsengängen oder Bauvorhaben*
- *Firmenjubiläen, Einweihungen, Grundsteinlegungen*
- *Vorstellung bedeutender neuer Produkte*
- *Neugründung von Unternehmen oder Tochterunternehmen*
- *Initiierung wichtiger Projekte mit prominenter Unterstützung*

Eine Pressekonferenz bietet nicht nur den Vorteil, ein Thema umfangreicher darzustellen. Selbst der Besuch von wenigen Journalisten führt zu persönlichen Kontakten, die für weitere PR-Maßnahmen relevant sein können. Umso stärker kommt es auf eine sorgfältige Planung und Vorbereitung der Pressekonferenz an, wie die folgenden Schritte zeigen werden.

Der Termin: Die Planung einer Pressekonferenz beginnt schon mit der exakten Terminfindung. Denn sollten am selben Tag zur selben Uhrzeit weitere für die Branche relevante Veranstaltungen stattfinden, so wird sich dies auf die Zahl der Journalisten negativ auswirken. Im Vorfeld sollte daher genau recherchiert werden, ob sich der geplante Zeitpunkt mit anderen Terminen – Messen, Konferenzen, Ferienzeiten, Konkurrenzveranstaltungen – überschneidet. Bei guten PR-Kontakten lässt sich bei dem einen oder anderen Journalisten vorfühlen, wie seine zeitliche Verfügbarkeit aussieht. Außerdem lässt sich beim Bundespresseamt, bei den Presseämtern der Länder oder bei Nachrichtenagenturen nachfragen, ob ihnen zu diesem Termin konkurrierende Themen bekannt sind.

Der Zeitpunkt: Eine Pressekonferenz sollte grundsätzlich nicht vor 10.00 Uhr beginnen und auch nicht am Nachmittag stattfinden, wenn es nur noch wenige Stunden bis Redaktionsschluss sind. Montag (wegen vieler Redaktionskonferenzen) und Freitag gelten wie das Wochenende ebenso als ungünstig. Daher sollte der Zeitpunkt der Pressekonferenz zwischen Dienstag und Donnerstag, zwischen 10 und 13 Uhr fixiert werden. Eine Pressekonferenz dauert in der Regel eine Stunde, oft gefolgt von einer kompakten Produktpräsentation. Viel länger sollte sie nicht sein, um das enge Zeitbudget der Journalisten nicht über Gebühr zu strapazieren.

Der Ort: Die Pressekonferenz sollte an einem leicht zugänglichen Ort stattfinden – gerade wenn überregionale Medien erwartet werden. Hierbei sind Entfernungen, öffentliche Anbindung und die Parkplatzsituation zu berücksichtigen. Ob der Konferenzraum im Unternehmen oder das Ambiente eines Hotels dafür passender ist, lässt sich nur von Fall zu Fall entschieden, wie auch der nächste Punkt zeigen wird. Nur so weit: Sollte das Unternehmen schwer erreichbar sein, ist ein zentraler Ort vorzuziehen.

Der Raum: Der Veranstaltungsraum sollte der Größe der erwarteten Teilnehmer angemessen sein und – wenn möglich – sogar einen thematischen Bezug haben. So muss die Pressekonferenz eines Wasserherstellers nicht unbedingt im Konferenzraum, sondern könnte ebenso in einem Schwimmbad oder Wasserspeicher stattfinden. Der Raum sollte technisch perfekt ausgestaltet und ausgestattet sein. Dazu zählen Verdunklungsmöglichkeiten für die Präsentation ebenso wie Mikrofon, Soundanlage, Beamer, Präsentationsfläche. Auch die Frage nach einem Catering-Partner – falls den Medienvertretern ein Büffet oder ein Imbiss angeboten werden soll – ist früh zu klären.

Einladungsplanung: Eine Pressekonferenz benötigt ausreichend Vorlaufzeit. Je nach Medium und Thema sollten die Einladungsschreiben bis zu zwei Monate, zumindest aber drei bis vier Wochen vor der Veranstaltung an die Pressevertreter gehen. In diesem sind jene lokalen, regionalen und überregionalen Medien, die Fachpresse sowie TV-, Radio- und Online-Medien festgelegt, die mit dieser Pressekonferenz erreicht werden sollen und die sich für diese Informationen interessieren könnten. Damit kann sich jeder Medienvertreter den Termin frühzeitig in seinem Kalender vormerken. Spätestens zehn Tage vor dem anberaumten Termin sollten die Medienvertreter nochmals kontaktiert werden, die noch nicht zugesagt oder abgesagt haben. Dieses Follow-Up sollte per E-Mail geschehen. Zudem ist es sinnvoll, allen angemeldeten Redakteuren wenige Tage vor der Pressekonferenz eine Teilnahmebestätigung mit Anfahrtsskizze zuzusenden. Unternehmen können so in Erfahrung bringen, mit wie vielen Journalisten sie rechnen dürfen. Hierbei ist aber zu bedenken, dass eine Zusage keineswegs das Kommen eines Journalisten garantiert.

Das Einladungsschreiben: Dieses sollte – je nach Anlass – per E-Mail oder per Post zugesandt werden. Darin wird kurz auf den Anlass der Pressekonferenz eingegangen. Der Journalist muss neugierig gemacht werden, ohne ihm zu viel zu verraten, sodass er einen Besuch vor Ort für nicht mehr notwendig erachtet. Die Einladung enthält ein kurzes Anschreiben zum Inhalt, die Agenda mit zeitlichem Ablauf und Rednern sowie eine Anfahrtsskizze.

Die inhaltliche Planung: Strukturell ist eine Pressekonferenz gegliedert in eine kurze Einführung – meist durch den Pressesprecher oder PR-Verantwortlichen –, in einen Hauptteil, in dem das Thema von einem oder mehreren Rednern präsentiert wird und einer abschließenden Frage-und-Antwort-Runde. Inhaltlich sollte das Thema sorgfältig vorbereitet sein – in einem Briefing zwischen PR-Abteilung und Unternehmensleitung. In diesem Briefing sollten die zentralen Botschaften und Kernaussagen definiert werden – und dies möglichst griffig, leicht verständlich und eindeutig. Zu einer minutiösen Planung des Ablaufs zählt auch, dass die Dauer der Kurzvorträge zeitlich beschränkt und die Zeit für Fragen nicht zu eng gemessen ist. Zudem sind die Podiumsteilnehmer zu definieren. Sollte dies für den Unternehmensverantwortlichen die erste öffentliche Präsentation sein, könnte ein vorbereitendes Medientraining hilfreich sein. Wichtig: Mehr als 3–5 Teilnehmer machen das Podium unübersichtlich und erschweren dem Moderator die kommunikative Führung. Zusätzlich sollte fixiert werden, ob weitere externe Experten und relevante Multiplikatoren von Institutionen, Verbänden, Organisationen einzuladen sind, die dem Thema eine höhere Glaubwürdigkeit verleihen.

Die Pressemappe[108]: Stehen Thema, Termin und Redner fest, wird die Pressemappe zusammengestellt. Dieses Press-Kit ist das zentrale Informationsmedium der Pressekonferenz. Es sollte alle Informationen enthalten, die Gegenstand der Pressekonferenz sind. Dazu zählen eine offizielle Pressemitteilung zum Anlass – wahlweise als Kurz- und Langfassung –, ergänzende Informationen wie Statistiken, Studien und Interviews, ein Überblick über die Referenzen mit Name, Funktion und Kurz-Vita, Kopien ihrer Vorträge, ein Unternehmensprofil sowie ein Fact Sheet zum Unternehmen. Eine CD-Rom mit Bildern in hoher Auflösung sowie eine Visitenkarte zur erleichterten Kontaktaufnahme ist ebenfalls Bestandteil der Pressemappe.

Diese Pressemappe sollte übrigens vor Beginn der Pressekonferenz ausgehändigt werden, damit jeder Journalist die Unterlagen grob durchforsten kann, nicht alles mitschreiben muss, sondern sich zu den Mitteilungen eigene Notizen machen und bei fehlenden Details sofort nachfragen kann. Außerdem sollten PR-Vertreter eine Anwesenheitsliste für die Pressekonferenz vorbereiten, damit sie später einen Überblick darüber haben, welche Journalisten wirklich anwesend waren.

Vorbereitung: Wenige Tage vor der Pressekonferenz sollten alle wichtigen Aspekte nochmals analysiert werden. Beispielsweise sollte im Vorfeld des Tages X der Bedarf an Tischen, Stühlen, Technik sowie an Catering geklärt sein. Journalisten – je nach Tageszeit, Anlass und Budget – sollten zumindest Getränke (Kaffee, Tee, Wasser, Saft, kein Alkohol) und Snacks angeboten werden. Außerdem sind Schreibutensilien im eigenen Corporate Design, Give-Aways sowie deutlich lesbare Namensschilder der Podiumsteilnehmer anzufertigen. Wenn der Veranstaltungsort schwer zu erreichen ist, sollte der Ort gut ausgeschildert oder sogar ein Transfer organisiert sein.

Wichtiger Aspekt ist die Generalprobe: Gerade bei anspruchsvollen Pressekonferenzen mit Live- oder Online-Übertragungen sowie bei ungeübten Rednern sollte mehrere Tage vor der Veranstaltung die gesamte Pressekonferenz mit Technik einmal durchgespielt werden. Dabei ist es durchaus sinnvoll, wenn beispielsweise die PR-Verantwortlichen die Rolle von Journalisten einnehmen, um die Redner mit unangenehmen Fragen und kritischen Einwänden zu testen. Diese Generalprobe gibt allen Beteiligten die Chance, die eigene Präsentation zu überprüfen und gemeinsam in einem Re-Briefing die Schwächen im Vorfeld zu diskutieren und zu eliminieren.

Der Tag X: Am Morgen der Pressekonferenz muss der PR-Verantwortliche die letzten Details checken, die für einen reibungslosen Ablauf von Bedeutung sind:
- Sind Anwesenheitsliste, Pressemappen oder Produkt-Testexemplare ausgelegt?
- Liegen Schreibutensilien, Give-Aways auf den Tischen bereit?
- Stehen die Namensschilder auf dem Podium?
- Funktioniert die Medientechnik wie Beamer und Mikrofone?
- Liegen Ersatzbatterien und Reservelampen bereit?

---

108 Siehe Kapitel 4.3.2.

- Stimmen Lichtverhältnisse und Temperatur im Raum?
- Stehen Getränke und Snacks bereit?
- Ist der Veranstaltungsort gut ausgeschildert?
- Sind Parkplätze für die Teilnehmer blockiert und markiert?

Ablauf: Für Journalisten ist die Zeit stets knapp. Dies sollten Unternehmen berücksichtigen, indem sie mit der Pressekonferenz pünktlich beginnen. Zuvor wurden sie vom PR-Verantwortlichen bereits begrüßt, haben die Pressemappe erhalten und sich in die Anwesenheitsliste eingetragen. Der Ablauf selbst hängt zwar vom Anlass und den beteiligten Personen ab – folgt aber stets folgendem Schema:

- Einführung: Begrüßung durch den PR-Verantwortlichen, der kurz in den Anlass der heutigen Pressekonferenz einführt und die Gesprächspartner auf dem Podium vorstellt.
- Hauptteil: Vorträge der Podiumsteilnehmer, die in kompakten Referaten die thematischen Aspekte beleuchten. Dabei können vorbereitete Medienbeiträge eingespielt werden, sofern sie zur Darstellung des Themas relevant und hilfreich sind.
- Schlussteil: Eröffnung der Runde für Fragen und Antworten zwischen Journalisten und Podium.
- Abschluss: Dank an alle Teilnehmer, kurzer Ausblick auf die kommenden Schritte und Beendigung der Pressekonferenz mit dem Hinweis auf die Möglichkeit persönlicher Interviews.
- Anschluss: Chance für individuelle Interviews und O-Töne mit den wichtigen Gesprächspartnern des Unternehmens sowie persönliche Verabschiedung der Medienvertreter durch den PR-Verantwortlichen.

Nacharbeit: Mit Ende der Pressekonferenz ist die Arbeit für den PR-Verantwortlichen keineswegs beendet. Er muss das Büro besetzt halten, um Nachfragen zu beantworten. Außerdem sollte er sich bei den anwesenden Journalisten schriftlich kurz bedanken bzw. den Journalisten, die abgesagt hatten, die Pressemappe nachsenden. Ob auch Journalisten, die auf die Einladung nicht reagiert hatten, ebenfalls eine Pressemappe zugesendet werden sollte, muss von Fall zu Fall je nach Relevanz des Mediums und des Journalisten entschieden werden. Eine weitere Aufgabe des PR-Verantwortlichen ist die Auswertung der Medienresonanz – über Eigenbeobachtung und Ausschnittsdienste[109] – sowie die Erstellung der Abschlussdokumentation.

AUSFLUG 20

Die Funktion von Pressegesprächen

Ein Pressegespräch hat im Vergleich zur meist anonymen Pressekonferenz einen eher vertraulichen Charakter. Im Gegensatz zur Pressekonferenz ist dieses auf einen kleinen Kreis an Teilnehmern beschränkt, die individuell eingeladen werden. Es benötigt nicht unbedingt einen konkreten Anlass, sondern dient vor allem der Kontaktpflege mit relevanten Journalisten und bietet die Chance für einen persönlichen Austausch – und dies in angenehmer Atmosphäre. Mit teils exklusiven Informationen wird dabei versucht, ein Vertrauensverhältnis zu Medienvertretern aufzubauen und auszubauen. Dabei geht es meist darum, quasi inoffiziell bestimmte Sachverhalte im beidseitigen Meinungsaustausch zu

---

109 Auf das Thema Medienmonitoring wird in Kapitel 3.4.3 und in Kapitel 4.7 eingegangen.

ergründen. Hierbei werden teils Informationen weitergegeben, die nicht für die Öffentlichkeit bestimmt sind, sondern Journalisten ein besseres Verständnis für bestimmte Zusammenhänge vermitteln. So kommt es in Pressegesprächen nicht selten vor, dass die Ausführungen des Unternehmensvertreters nur als Hintergrundinformation unter dem Code »Unter 2« oder »Unter 3« zu verstehen sind.[110] Erhält der Journalist auf diesem Wege für ihn wirklich relevante, konkrete Informationen zu Plänen, Vorhaben, Ereignissen, so ist dieses Format durchaus gewünscht. Sollte der Journalist dagegen das Gefühl haben, nicht mehr als allgemeine und frei zugängliche Informationen zu erhalten, wird er diese Pressegespräche eher als zeitraubend und überflüssig einschätzen.

Nicht immer haben Journalisten Zeit, persönlich an einer Pressekonferenz teilzunehmen. Zudem wurden in den vergangenen Jahren die Redaktionsbudgets für Reisen deutlich gekürzt. Insbesondere größere Firmen und Technologieunternehmen übertragen daher ihre Pressekonferenz live im Internet – meist zusätzlich zur Vor-Ort-Veranstaltung. So können Journalisten, Stakeholder und andere Interessenten direkt vom Arbeitsplatz bzw. von jedem Ort aus ohne größeren Aufwand an der Pressekonferenz teilnehmen. Wie das Beispiel Deutsche Bank zeigt[111], steht im Anschluss die Veranstaltung meist online zum Abruf bereit – manchmal in Kombination mit weiteren hypermedial verknüpften Elementen wie Fotos, Texten, Audio- und Video-Elementen.

Wer sich mit dem Gedanken beschäftigt, eine Online-Pressekonferenz durchzuführen, sollte sich im Vorfeld des notwendigen technischen Equipment und des finanziellen Aufwandes bewusst sein. Und verlangt die Relevanz des Themas wirklich nach einer Online-Übertragung? Wie viele Journalisten, Analysten und sonstige Stakeholder lassen sich zusätzlich erreichen? Sollten sich diese im Vorfeld online anmelden, damit Anzahl und Namen bekannt sind? Oder können sie jederzeit und spontan daran teilnehmen? Auch die Frage, ob das Unternehmen auf den persönlichen Kontakt verzichten kann, der durch die Online-Übertragung nur begrenzt möglich ist, sollte diskutiert werden. Schließlich sind Pressekonferenzen dazu da, reale Beziehungen zu Medienvertretern auf- und auszubauen. Zudem wird eine Pressekonferenz nicht einfach online übertragen: Journalisten müssen auf diesen Service wie auf eine klassische Vor-Ort-Pressekonferenz aufmerksam gemacht werden, damit sie sich anmelden und an der Pressekonferenz teilnehmen.

Festzuhalten gilt: Die Übertragung einer Pressekonferenz im Internet lohnt sich generell dann, wenn das Thema von übergeordneter Bedeutung ist, der Veranstalter davon ausgehen kann, dass aus Entfernungsgründen nicht alle Journalisten an der Pressekonferenz teilnehmen können, das Thema einen hohen technologischen Bezug oder das Unternehmen einen breiten Unterstützerkreis im Netz hat. Zwei Beispiele verdeutlichen dies:

Beispiel 1: Ein großer Versicherungskonzern führt seine Bilanz-Pressekonferenz in Frankfurt am Main durch. Diese wird online übertragen. Warum? Einerseits verfügt der Konzern über die notwendige Infrastruktur; andererseits ist das Thema für viele Medienvertreter relevant. Da davon auszugehen ist, dass nicht alle Journalisten zur Pressekonferenz anreisen, bildet die Online-Pressekonferenz eine sinnvolle Ergänzung.

Beispiel 2: Ein internationales Lifestyle-Unternehmen präsentiert ein neues Produkt der Öffentlichkeit. Das Unternehmen genießt ein positives Image – gerade auch unter Social

---

110 Die Rolle der Codes wurde in Ausflug 14 beschrieben.
111 https://www.deutsche-bank.de/medien/de/content/4006.htm

Media Multiplikatoren. In diesem Fall kann die Online-Übertragung der Veranstaltung schon deswegen Sinn machen, damit die treuen Fans die neuesten Nachrichten über ihre eigenen Kanäle sofort weiter kommunizieren und in ihre eigenen Communities hineintragen. In der hoch vernetzten Welt wird die Online-Übertragung damit zu einem wichtigen viralen Social-Media-Faktor.

TIPP 20

7 Schritte auf dem Weg zur Online-PK
1. *Recherche und Miete der Infrastruktur – falls nicht vorhanden.*
2. *Einladung der Journalisten mit Hinweis auf Anmeldung (falls erwünscht).*
3. *Erinnerung der Journalisten an Online-Pressekonferenz kurz vor Veranstaltung.*
4. *Durchführung der Pressekonferenz und Übertragung im Internet.*
5. *Betreuung anschließender Online-Chats, Diskussionsforen, Fachblogs.*
6. *Bereitstellung der Pressekonferenz auf die Website zusammen mit weiteren Materialien.*
7. *Auswertung der Resonanz der Pressekonferenz – vor Ort wie online.*

4.6.2 Die Pressereise

In vielen Branchen – Reise, Automobil, Sport – sind Pressereisen wichtiger Bestandteil der PR-Arbeit, um die Kontakte zu den Medienvertretern zu vertiefen. Wenn man das Beispiel der Pressereise auf die Reisebranche überträgt, so übertreffen sich viele Reise- und Fluganbieter mit reizvollen Angeboten für »ihre« Journalisten. Dabei wird oft nicht bedacht, dass – seriöse – Journalisten keine Vergnügungstour vorhaben. Sie sind auf der Suche nach Informationen, nach einer Story, über die sie beruflich berichten können. Sollten sie diese nicht auf der Reise erhalten, ist für sie die Tour wertlos.

Das bedeutet: Wer als Unternehmen eine Pressereise anbieten will, muss ein Programm so gestalten, dass Medienvertreter in Kontakt mit spannenden Interviewpartnern und zu individuellen Erlebnissen kommen sowie parallel genügend Zeit für eigene Recherchen erhalten. Trotzdem darf eine Reise nicht zu lange sein: Wer eine Journalistenreise über eine Woche plant, wird kaum seriöse Journalisten als Mitreisende finden, da sie sich diese zeitliche Abwesenheit gar nicht leisten können. Eine Reise über zwei bis drei Tage bildet da für viele schon die Obergrenze.

Zudem sind Journalistenreisen oft sehr teuer, will man wirklich neue und aufregende Themen setzen. In der Regel werden vom Veranstalter alle Kosten – Reise, Unterkunft, Essen – übernommen. Immer mehr Redaktionen gerade großer Verlage lehnen dies ab, da sie sich in ihrer journalistischen Unabhängigkeit bedroht fühlen und nicht den Anschein der Bestechlichkeit erwecken wollen. Hinzu kommt, dass der Presserat die Bedingungen der durch eine Pressereise ermöglichten Berichterstattung verschärft hat. So schreibt er vor: »Wenn Journalisten über Pressereisen berichten, zu denen sie eingeladen wurden, machen sie diese Finanzierung kenntlich.«[112]

---

112 Pressekodex, Richtlinie 15.1 »Einladungen und Geschenke«; http://www.presserat.info/inhalt/derpressekodex.

Von »Schwarzen Listen«

Eine weitere Herausforderung ist die ausgewählte Zielgruppe: So sollte eine Pressereise vor allem ausgewählte Medien ansprechen, für die sich dieser finanzielle Aufwand lohnt. Journalistenvertreter, die einzig und allein die Reise mitnehmen, die Vorzüge der Kostenübernahme genießen und aber keine Zeile über das Thema publizieren, sind für Unternehmen – hart gesagt – nur ein Kostenfaktor.

Viele Unternehmen versuchen dies heute dadurch zu unterbinden, indem sie von den mitreisenden Journalisten eine Publikationsgarantie verlangen – und »schwarze Listen« mit Journalisten aufbauen, die dies nicht einhalten. Dies ist der falsche Weg – und zudem wirklichkeitsfremd. Man kann zwar erwarten, dass Journalisten ihr ernsthaftes Interesse bekunden sollten, einen Beitrag zu veröffentlichen. Schließlich ist die Reise mit viel Aufwand verbunden. Aber einerseits vermittelt diese restriktive Vorgehensweise nach außen den Eindruck der Bestechung »Reise gegen Publikation«; andererseits lassen sich bei einer hohen Anzahl an freien Journalisten diese Garantien selten geben. In vielen Redaktionen ist es üblich, dass erst nach Vorlage des Exposés oder selbst des fertigen Artikels über die Publikation entschieden wird. Diese Chance ist mit dieser rigorosen Vorgehensweise aber vergeben.

Wer seine erwünschte Zielgruppe erreichen will, muss zu ihr enge und langfristige Beziehungen aufbauen. Erst kontinuierlichen Public Relations werden auf beiden Seiten zu einem Verhältnis führen, das nicht von Bestechung sondern von Vertrauen geprägt ist. Auf diese Weise erhält der PR-Verantwortliche auch einen Überblick über die für ihn wirklich relevanten Journalisten, die er zu einer Pressereise einladen kann – und die ihm schon im Vorfeld offen und ehrlich mitteilen, ob sie für dieses Thema Verwendung haben oder nicht. Alle anderen Vorgehensweisen wirken wie Schnellschüsse, die mit Sicherheit nach hinten losgehen.

Weitere Medien-Events

Neben der Pressereise gibt es für die Zielgruppe der Journalisten weitere Veranstaltungen: Pressevorführungen – gerade im Kulturbereich – sowie hauseigene Veranstaltungen oder Messen bieten ideale Gelegenheiten für eine professionelle Presse- und Öffentlichkeitsarbeit, da sie einen unmittelbaren, persönlichen Kontakt zu Redakteuren und Journalisten ermöglichen. Auf dieses Thema wird noch ausführlich im Kapitel Live-Kommunikation eingegangen.

Dies alles zeigt: Es gibt zahlreiche Chancen, mit Journalisten in Kontakt zu treten und diesen kontinuierlich zu vertiefen. Der Phantasie sind kaum Grenzen gesetzt. Jedoch müssen jedes Mal im Vorfeld Ziele, Erwartungen und Mitteleinsatz auf der einen Seite, Chancen und Ergebnisse auf der anderen Seite gegenüber gestellt werden. Sollten diese nicht in einem ausgewogenen Verhältnis zueinander stehen, werden sich Presse-Events als teure Fehlinvestitionen erweisen, die als Bumerang auf das Unternehmen zurückkommen. Dies ist vor allem dann der Fall, wenn seitens der Journalisten der Eindruck aufkommt, dass man sie zu »kaufen« versuche.

4.7 Das Medien-Monitoring zur Resonanzkontrolle[113]

Wer Informationen durch Medienarbeit verbreitet, will auch wissen, wie gut ihm das gelingt, ob die Inhalte bei den Medien in der gewünschten Form angekommen sind, welches Bild in den Medien gezeichnet wird. Für diese Einschätzung ist eine qualitative und quantitative Medienbeobachtung erforderlich. Dies umso mehr in einer Zeit, in der die meisten Medien aus Kostengründen von ihrer früher üblichen Gepflogenheit Abstand genommen haben, den Unternehmen oder ihren Agenturen ein Belegexemplar zu schicken, sollte eine Publikation auf Basis einer Pressekonferenz oder Medienmitteilung entstanden sein. Bitten auf Pressemitteilungen wie »Über ein Belegexemplar würden wir uns freuen« oder »Bitte senden Sie uns bei Veröffentlichung ein Belegexemplar zu« werden heute nur noch in Ausnahmefällen berücksichtigt.

Wer den Erfolg seiner Pressearbeit systematisch kontrollieren und dokumentieren will, beauftragt ein Medienbeobachtungsdienst (siehe Tipp 21). Diese Dienste kosten eine monatliche Grundgebühr, der Rest wird je gefundenen Ausschnitt berechnet. Anhand individuell vorgegebener Stichworte beobachten sie die Medien nach Veröffentlichungen, sammeln diese »Clippings«, in denen der gewählte Suchbegriff vorkommt, und geben diese Aus- und Mitschnitte an die Unternehmen weiter. Dieses Medienmonitoring kann sich sowohl auf Printmedien beschränken oder aber auch Hörfunk und Fernsehen, Online-Publikationen, Websites, Blogs und Soziale Netzwerke auswerten. Diese quantitative Medienresonanz ist die erste Stufe der PR-Wirkungstreppe.

TIPP 21	*Die wichtigsten Medienbeobachtungsdienste:* *AUSSCHNITT Medienbeobachtung* *Deutsche Medienbeobachtungs Agentur GmbH* *Cision Germany GmbH* *Landau Media Monitoring AG & Co KG* *pressrelations GmbH	www.pressrelations.de* *Infopaq Deutschland GmbH	www.infopaq.de* *Kantar Media GmbH	www.kantarmedia.de*

Zunehmend wird zusätzlich die quantitative Inhaltsanalyse zur PR-Wirkungskontrolle eingesetzt, um zu analysieren, ob die Ziele der Pressearbeit und die Aussagen des Unternehmens sich in den Publikationen widerspiegeln. Bei dieser qualitativen Analyse sind folgende Faktoren in den Mittelpunkt der Betrachtung zu rücken, die als Kennziffern für die Resonanzanalyse dienen:

- Unterscheidung zwischen positiven, neutralen und negativen Meldungen;
- Unterscheidung zwischen ausgewogener und tendenziöser Berichterstattung;
- Entwicklung der Aufmerksamkeit im Beobachtungszeitraum: steigend, fallend, unverändert;
- Unterscheidung in Medienformen: Print, Radio, TV, Online;

---

113 Siehe dazu auch Kapitel 3.4.3.

- Unterscheidung in Mediensegmenten: Tagespresse, Fachpresse, Publikumspresse;
- Erreichung von Schlüssel-Publikationen;
- Übereinstimmung der Berichterstattung mit lancierten Themen und Inhalten;
- Übereinstimmung der Berichterstattung mit eigenen PR-Zielen;
- Unterscheidung der Darstellungsformen: Meldung, Bericht, Portrait, Kommentar;
- Verhältnis zwischen Text zu Bild;
- Verhältnis zwischen eigens initiierten Beiträgen und »zufälligen« Beiträgen;
- Einordnung in Unternehmens- und in Produktmeldungen;
- Berechnung der Auflagen nach Medienformen.

Chancen durch Web-Monitoring

Auch über das Internet lassen sich – kostenpflichtige wie kostenlose – Instrumente finden, um die Resonanz der eigenen Medienarbeit zumindest zum Teil zu überwachen und zu kontrollieren. Mit diesen E-Tools lässt sich nicht nur die Resonanz auf die eigenen PR-Maßnahmen beobachten. Auch den Wettbewerb kann man auf diese Weise fest im Auge behalten.[114]

Gerade bei kleineren Budgets sind News-Suchmaschinen hilfreiche Instrumente für das Monitoring. Das mächtigste kostenlose Tool ist Google Alerts. Wer auf der Startseite von www.google.de den Button »News« anklickt, dem steht ein Nachrichtenservice zur Verfügung, der News aus 700 deutschsprachigen Quellen zieht. Mit dem »Google Alert« lässt sich ein Benachrichtigungs-Service-Assistent nach eigens definierten Stichworten einrichten. Von dem Moment an überwacht die Suchmaschine die eingegebenen Stichworte im Google-Index, in News, Blogs, Video etc. je nach persönlicher Einstellung. Erfasst sie eine Nachricht oder neue Seite mit dem Begriff, sendet sie an die angegebene Mail-Adresse eine Nachricht. Wer einen Google-Account besitzt, kann diesen News-Service alternativ per RSS abonnieren. Dieses kostenlose – die Medienbeobachtung ergänzende aber nicht ersetzende – Instrument erleichtert es PR-Leuten, Publikationen über das eigene Unternehmen wie auch über Mitbewerber und Konkurrenten im Blick zu behalten. Alternativ kann auch die Paperball Newssuche durchaus hilfreiche Ergebnisse liefern. Diese Online-Monitoring-Services lassen sich auf Blogs ausdehnen, wozu sich neben www.google.de/blogsearch www.technorati.com, www.blogs.de oder www.blog-sucher.de anbieten.

Beispiel: Sie arbeiten für ein großes Reiseunternehmen. Sie legen also Google Alerts[115] für Ihre Marke und eventuelle Untermarken, die wichtigsten Personen im Unternehmen, Ihre Kernprodukte und Kerndestinationen an. Dasselbe wiederholen Sie für Ihre wichtigsten Konkurrenten. Ab sofort erhalten Sie täglich einen Nachrichtenüberblick zu Ihrer Branche. Sie erfahren sofort, wenn Ihre Wettbewerber eine Pressemitteilung veröffentlicht haben oder Sie in Beiträgen, News, Groups oder Blogs genannt werden. Gleichzeitig müssen Sie inmmer bedenken, dass bei weitem nicht alle Publikationen so erfasst werden.

Über einen interessanten, kostenlosen Monitoring-Service verfügt auch die Nachrichtenagentur pressetext. Unter www.pressetext.com/abo lassen sich einzelne Themenfelder, Namen oder Begriffe abonnieren. Wird eine Pressemitteilung zum abonnierten Suchbegriff oder Thema über pressetext.de versandt, landet sofort eine Nachricht im E-Mail-Postfach – bzw. als Feed im eigenen RSS-Newsreader. Auf diese Weise kann sich jeder schnell einen Überblick über ein Themenfeld verschaffen bzw. seine Branche oder Mitbewerber beobachten.

---

114 Weitere Informationen zum Thema Web-Monitoring findet sich im Blog-Kapitel unter Punkt 5.5.2.
115 http://www.google.de/alerts.

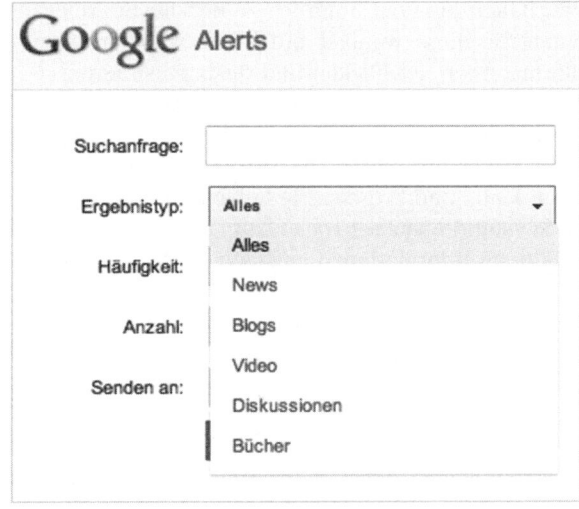

Abb. 26: Einfache Medienbeobachtung
per Google Alert;
www.google.de/alert

4.8   Check: Die Medienarbeit überprüfen

1. Gestalten Sie einen professionellen Online-Pressebereich: Konzipieren und pflegen Sie
    einen Pressebereich, in dem die Wünsche der Journalisten in Erfüllung gehen. Dazu
    zählt ein leichtes Finden, ein übersichtlicher Aufbau sowie eine hochwertige digitale
    Pressemappe mit vielfältigen Download-Materialien in Print, Bild und Audio – natür-
    lich ohne Anmeldung. Diskutieren Sie auch, ob der Aufbau eines Social Media News-
    rooms eine sinnvolle Ergänzung wäre.
2. Seien Sie als Kontakt sichtbar: Vergessen Sie weder im Online-Bereich noch auf Ihren
    Pressemitteilungen die Angabe eines Presse-Ansprechpartners mit allen Koordinaten
    zur erleichterten Kontaktaufnahme.
3. Agieren Sie professionell: Pressemitteilungen sollten nicht nur abrufbar sein, sondern
    ebenso per RSS und E-Mail von Journalisten zu abonnieren sein. Dazu zählt auch, dass
    alle Ihre Informationen aktuell sind und wie sie sich auch wieder leicht abbestellen
    lassen.
4. Denken Sie an Newswert: Als eine der größten Schwäche von Pressemitteilungen be-
    zeichnen Journalisten die fehlende Qualität. Beschränken Sie sich daher auf Presse-
    mitteilungen, die für den Adressaten eine tatsächliche Relevanz haben. Der Journalist
    wird es Ihnen danken, wenn er dies direkt in der Betreffzeile erkennen kann.
5. Reagieren Sie schnell: Journalisten sehen es als einen bedeutenden Vorteil von E-
    Mail – noch verstärkt durch die RSS-Optionen – an, Pressemitteilungen schnell zu
    erhalten und den PR-Verantwortlichen direkt zu kontaktieren. Presseverantwort-
    liche sollten dafür sorgen, dass Presseanfragen kompetent und sofort beantwortet
    werden.
6. Fragen Sie vor dem Erstkontakt: Nicht jeder Journalist will Ihre Informationen. Ver-
    gewissern Sie sich im Vorfeld bei Journalisten, ob sie mit dem Erhalt von Materialien
    per E-Mail einverstanden sind. Und halten Sie Ihren Adress-Verteiler aktuell.

7. Pflegen Sie aktive Blogger Relations. Bauen Sie kontinuierlich zu den für Sie relevanten Branchen-Bloggern auf. Bedienen Sie diese weniger mit klassischen Pressemitteilungen denn mit Hintergrundinformationen, Einblicken und Gesprächsofferten.

8. Kombinieren Sie Push und Pull: Setzen Sie beide Möglichkeiten der neuen Medien ein. Versenden Sie Presseinformationen per E-Mail, und stellen Sie die Pressemitteilung samt ergänzenden Informationen und Bildmaterial exakt beschriftet auf Ihre Website.

9. Setzen Sie auf Links: Vermeiden Sie E-Mails und Pressemitteilungen mit angehängten Texten und Bildern, sondern setzen Sie stattdessen auf Footer mit Links. Dazu müssen Sie in Ihrem Pressebereich die vielfältigen Informationen auch zur Verfügung stellen. Nutzen Sie diese Chance.

10. Planen Sie Pressekonferenzen ein: Führen Sie zu zentralen Themen Pressekonferenzen oder alternativ Pressegespräche durch, sofern der Anlass und das Thema diesen deutlich erhöhten Aufwand rechtfertigen. Machen Sie sich dazu nach Abwägung von Aufwand und Zielen auch Gedanken, ob eine Online-Pressekonferenz Sinn macht.

11. Berücksichtigen Sie Presse-Services: Presseversand-Services wie PR-Portale können Ihre systematische Pressearbeit nicht ersetzen – aber dafür sinnvoll ergänzen und beschleunigen. Nutzen Sie daher gezielt die Angebote der Services, um Ihren Pressemitteilungen zu einer noch größeren Präsenz in den Medien zu verhelfen – sofern Anlass und Thema dies zulassen.

12. Nutzen Sie Monitoring: Beobachten und bewerten Sie regelmäßig die Ergebnisse Ihrer Pressearbeit. Berücksichtigen Sie dazu professionelle Anbieter wie Online-Services, die Ihnen helfen, die Resonanz auf Ihre kommunikativen Aktivitäten zu überprüfen.

Kopfentscheidung statt Bauchgefühl

Die Bedeutung des Kommunikations-Controllings für die strategische PR- und Social Media-Planung der Sage Software GmbH

Von Jörg Wassink

Die zunehmende Komplexität, denen viele PR-Abteilungen durch die Entwicklung neuer Kommunikationskanäle ausgesetzt sind, macht sich im Tagesgeschäft vieler Pressestellen immer stärker bemerkbar. Denn inzwischen setzen sie nicht nur auf klassische Instrumente wie Pressemitteilungen und Journalistengespräche. Immer häufiger nutzen sie auch neue Kommunikationsinstrumente wie Microblogs (Twitter), soziale Netzwerke (Facebook, Xing etc.), Bewegtbild-Kommunikation (YouTube) oder Audio-PR (Podcasts). Es findet eine erhebliche Fragmentierung der Kommunikationskanäle statt, da heute selbst Foren mit wenigen hundert Mitgliedern eine große Bedeutung für Unternehmen haben können, wenn sich dort die relevanten Stakeholder miteinander austauschen. Aus diesem Grund ist auch das Kommunikations-Controlling in den letzten Jahren komplexer geworden und ein erhöhter Aufwand feststellbar, der unter anderem auch daraus resultiert, dass gerade aus dem Bereich der Online-Kommunikation mehr Daten denn je zuvor zur Verfügung stehen.

Durchgängiges Kommunikations-Controlling: ein Stiefkind

Während viel Engagement in die Planung und Durchführung von konkreten PR-Maßnahmen gesteckt wird, ist das Thema Kommunikations-Controlling – wie zahlreiche Studien belegen – häufig noch ein Stiefkind in den PR-Abteilungen. Viele Kommunikationsexperten tun sich schwer, konkrete Kriterien für die Bewertung und damit den »Wert« ihrer Arbeit zu definieren. Im Kern steht immer die Frage nach der »Wertschöpfung durch Kommunikation, also den Beitrag, den die Kommunikation zur Erreichung der strategischen Ziele der Gesamtorganisation leistet«[1] – und dieser Wert ist eben nur relativ schwierig zu ermitteln.

Angesichts des steigenden Kostendrucks wird die Frage nach dem sogenannten Return on Communication (RoC) jedoch zunehmend gestellt. Neben dem reinen Zählen von Veröffentlichungen und Klicks werden Fragen nach der qualitativen und monetären Auswirkung immer wichtiger:

- Welche Qualität und Tonalität hat die Berichterstattung?
- Werden meine Inhalte und Botschaften richtig verstanden?
- Wie wirkt sich meine Kommunikation auf das Image und das Kaufverhalten aus?
- Welchen (monetären) Wert hat die Berichterstattung für das Unternehmen?

Diese und andere Fragen stehen zunehmend im Mittelpunkt der Diskussionen, wenn es darum geht, die Qualität der Kommunikationsarbeit zu bewerten und darzustellen.

---

1   Vgl. Bundesverband deutscher Pressesprecher (Hg.) – »Kommunikationscontrolling – Bedeutung, Handlungsfelder, Implementierungsschritte«, Nr. 11 (2008), S. 7. Download unter: http://pressesprecherverband.de/_files/downloads/servicepapiere_kommunicationskontrolling.pdf.

Von der Theorie zur Praxis

Die Kommunikationswissenschaft schlägt zur Gliederung der verschiedenen Ebenen der Kommunikation das vierstufige Wirkungsmodell von Input, Output, Outcome und Outflow (IOOO-Modell) vor, mittels dessen einzelnen Kommunikationsschritte gesondert betrachtet und bewertet werden können.[2]

1. Die Input-Stufe analysiert die Effizienz beim zeitlichen und finanziellen Einsatz der Kommunikations-Ressourcen. Sie bewertet hauptsächlich interne Prozesse bei der Erstellung der Kommunikationsinstrumente und identifiziert mögliche Schwachstellen, um zu einer höheren Effizienz der Kommunikationsabteilung zu gelangen.

2. Die Output-Stufe gibt Antworten auf die Frage nach der Performance der Kommunikations-Maßnahmen. Dabei wird beim internen Output zum einen die interne Prozesseffizienz und Qualität analysiert. KPI können hier z. B. die Anzahl der erstellten Pressemeldungen und Fachartikel sowie die Anzahl an Journalistenkontakten sein. Beim externen Output wird dann die Reichweite und Qualität der durchgeführten Kommunikationsmaßnahmen bewertet. Dies geschieht etwa in Form von Veröffentlichungs- und Auflagenzahlen, Anzeigenäquivalenzwerten etc. Diese KPI antworten auf die Frage, wann, wo und in welcher Form welche Informationen den relevanten Zielgruppen zugänglich waren.

3. Die Outcome-Stufe untersucht vor allem mittels Befragungen die konkrete Wirkung in den jeweiligen relevanten Zielgruppen und gibt somit Antworten auf die kognitive und emotionale Veränderung, die eine Kommunikationsmaßnahme in der entsprechenden Zielgruppe erreichen konnte. Der direkte Outcome erfasst dabei zunächst, ob eine Botschaft überhaupt wahrgenommen wurde und sie zu einem zielbezogenen Wissen geführt hat. Der indirekte Outcome misst schließlich, ob es mittels der durchgeführten und wahrgenommenen Kommunikation zu einer Veränderung der Einstellungen (Meinung/Image/Emotion) sowie des Verhaltens (Kaufabsichten/Leads, Projektbeteiligungen etc.) geführt hat. Konnte etwa durch die Kommunikation die Informationsbeschaffung, der Besuch eines Events oder die Kaufabsicht angeregt werden?

4. Die Outflow-Stufe fragt schließlich nach der betriebswirtschaftlichen Wirkung der Kommunikation: Konnten mittels der Kommunikationsmaßnahmen Handlungen ausgelöst werden, die einen Einfluss auf strategische und/oder finanzielle Zielgrößen haben? Gab es konkreten Umsatz oder Projektabschlüsse?

Erst wenn alle vier Stufen des IOOO-Modells durch quantifizierbare Kennzahlen erfasst werden, kann – so die Theorie – von einem tatsächlichen Kommunikationscontrolling gesprochen werden. Fraglich bleibt freilich, wie Faktoren der Produktqualität, des Kundenservices oder der Preispolitik des Unternehmens in die Bewertung der Kennzahlen einfließen können. Denn jeder Kommunikator weiß, dass es nicht die Kommunikation allein ist, die den Erfolg eines Unternehmens ausmacht. Unabhängig davon ist es jedoch für jeden Kommunikator wichtig zu wissen, ob seine Kommunikation zu einer kognitiven, emotionalen und konativen Veränderung beim Rezipienten geführt hat und sie das Unternehmen dadurch den strategischen Zielen ein Stück näher bringt.

Key-Performance-Indikatoren für die Kommunikation bei Sage

Dass ein solches Controlling bei aller Komplexität nicht allein Großunternehmen vorbehalten ist, sondern auch von mittelständischen Firmen mit Hilfe pragmatischer Ansätze durchge-

---

2 Vgl. hierzu Bundesverband deutscher Pressesprecher, a.a.O., S. 8.

führt werden kann, soll das Praxisbeispiel der Sage Software GmbH verdeutlichen. Notwendig wurde ein verbessertes Kommunikations-Controlling bei Sage vor allem dadurch, dass sich das Unternehmen in den vergangenen Jahren zu einem wesentlichen Player im deutschen Software-Markt entwickelt hatte: Mit 30 Jahren Erfahrung, 250.000 Kunden und rund 750 Mitarbeitern ist Sage heute einer der Marktführer für betriebswirtschaftliche Software und Services im deutschen Mittelstand. Als Tochterunternehmen der britischen Sage-Gruppe gehört die deutsche Sage Software GmbH zudem zu einem weltweit tätigen Konzern, der mit rund 13.000 Mitarbeitern mehr als sechs Millionen Kunden betreut und der drittgrößte Anbieter von betriebswirtschaftlicher Software und Services in der Welt ist.

In den vergangenen Jahren hat das dreiköpfige PR-Team von Sage in Deutschland daher kontinuierlich an der Evaluation und dem Aufbau so genannter Key Performance Indikatoren (KPI) für die Pressearbeit gearbeitet. Beschränkten sich die Kennzahlen zunächst auf eine klassische qualitative und quantitative Medienresonanzanalyse, so kamen in den letzten Jahren mehr und mehr KPI aus dem Bereich der Online-Kommunikation hinzu, die zukünftig auch eine monetäre Bewertung der Kommunikationsarbeit im Sinne des dargestellten IOOO-Modells möglich machen sollen.

Die Input-Analyse bei Sage
Bei Sage beschränkt sich die Input-Analyse auf die Indikatoren Personaleinsatz und damit verbundene Personalkosten sowie den darüber hinaus gehenden finanziellen Aufwand, z. B. für externe Dienstleister. Bei Sage liegen die Finanzzahlen zum einen in Form des jährlich erstellten Budget-Plans sowie des internen Buchhaltungssystems vor. Zum anderen stehen die Personalkosten in der von Sage selbst eingesetzten Sage HR-Software zur Verfügung. In beiden Systemen können verschiedene Zeiträume miteinander verglichen und Prognosen etwa für den Kostenverlauf der Personalkosten erstellt werden.

Aufwand: Budget-Planung einmal pro Jahr
Kostenpunkt: 0 Euro/Jahr

Die Output-Analyse bei Sage
Der interne Output kann anhand des auf Excel basierenden PR-Planungsdokumentes erstellt werden, das allen Team-Mitgliedern sowie den externen Agenturen innerhalb eines Projekt- und Dokumentenmanagement-Systems zur Verfügung steht. Hier werden alle PR-Maßnahmen nach eingesetztem Instrument (Pressemeldung, Fachartikel, Studie etc.) klassifiziert und um die Angabe des Bearbeitungs-/Fälligkeitsdatums und der verantwortlichen Person ergänzt. So steht ein exaktes Planungsdokument zur Verfügung, mit dem die täglichen Aufgaben gesteuert werden. Zudem kann über diese Datei aber auch im Nachgang der interne Output, also die Anzahl der verfassten Texte, durchgeführten Interviews oder erledigten Aufgaben einfach ausgewertet, evaluiert und verglichen werden.

Aufwand: regelmäßige Pflege von 10-15 Minuten/Tag
Kostenpunkt: 0 Euro/Jahr

Der externe Output muss hingegen wesentlich aufwändiger erfasst werden und wird bei Sage in zwei Bereiche getrennt: Erstens in die klassische Medienresonanzanalyse und zweitens in die Social-Media-Analyse.

1.) Output-Analyse I: Medienresonanzanalyse

Nach einer Sichtung der vorhandenen Monitoring-Anbieter und Analysemethoden entschied sich Sage, ein Verfahren zur Medienresonanzanalyse einzuführen, die arbeitsteilig durch eine externe Agentur sowie interne Ressourcen durchgeführt wird. Hierfür wurde ein eigenes Software-Werkzeug basierend auf einer Access-Datenbank entwickelt. Mit dessen Hilfe können die Clipping-Informationen, die durch die externe Agentur geliefert und intern durch Sage ergänzt werden, inhaltlich sowie grafisch ausgewertet werden. Dieses Vorgehen hat den Vorteil, dass man die Evaluations-Kriterien frei definieren und den entsprechenden Anforderungen und Besonderheiten des Unternehmens besser anpassen konnte, was bei vielen externen Anbietern nicht oder nur sehr eingeschränkt möglich war. Zudem wurde diese Lösung mittelfristig als kostengünstiger bewertet.

Interner Aufwand: ca. 1 Tag/Monat
Kosten für die Programmierung der Access-Datenbank: einmalig ca. 3.000 Euro
Kostenpunkt für Monitoring und Clipping-Analyse: ca. 12.000 Euro/Jahr

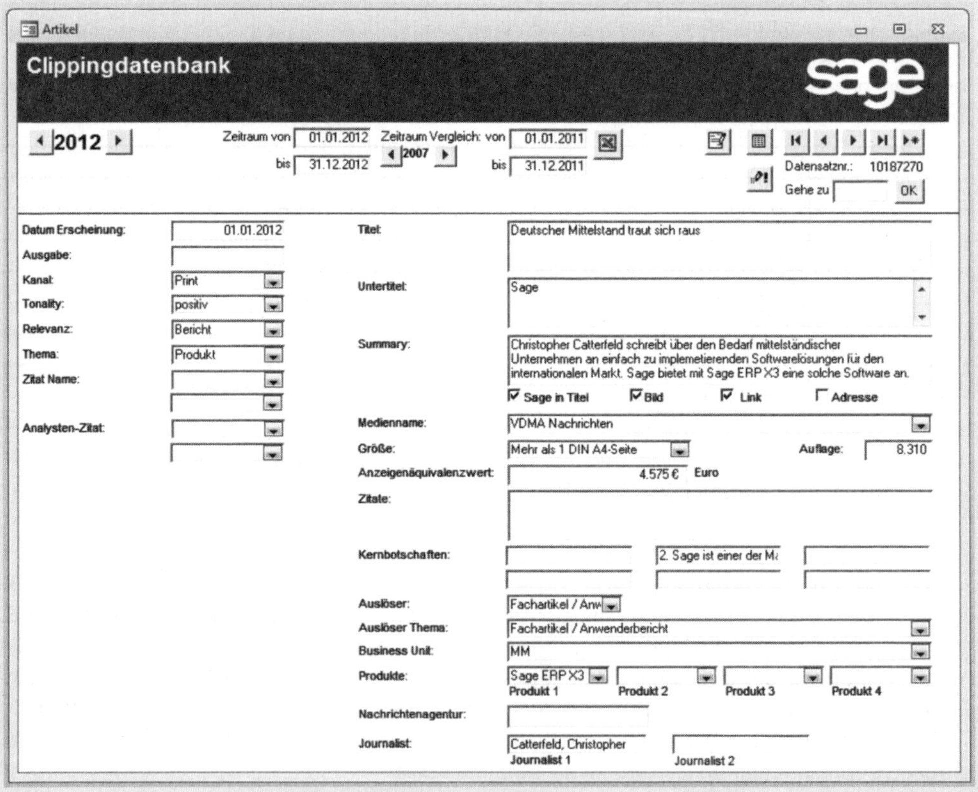

Abb. 1: Screenshot der Oberfläche der PR-Evaluationsdatenbank von Sage.

Die folgenden KPI wurden sowohl mit Blick auf die übergeordneten Unternehmensziele als auch auf die spezielle Struktur der Firma definiert:

■ **Publikationsmerkmale**: Zunächst werden die üblichen Merkmale bei den Veröffentlichungen erfasst, wie Anzahl, Größe, verbreitete Auflage, Tonalität (positiv, neutral, negativ), Medienkanäle (Print, Online, Radio, TV, Nachrichtenagentur) und Bebilderung. Zudem wird die Frage geklärt, ob der Firmen- oder Produktname in der Überschrift eines Beitrages enthalten ist.

- **Anzahl Veröffentlichungen nach Geschäftsbereichen**: Hier wird erfasst, wie viele Veröffentlichungen pro Sage Geschäftsbereich erzielt werden.
- **Medientyp**: Alle Veröffentlichungen werden in drei Hauptkategorien (Wirtschaft, Fachmedium, Multimedia) und zwölf Unterkategorien unterteilt.
- **Top-30-Medien**: Eine sinnvolle Übersicht bietet die Darstellung der 30 am häufigsten berichtenden Medien sowie der Top-30 Journalisten. Hieraus lassen sich wichtige Informationen für die Pflege und den Aufbau von Kontakten entnehmen.
- **Top-Produkt-Nennungen**: Hier werden sämtliche Produktnamen, die innerhalb der Medienberichterstattungen auftauchen, gesammelt und analysiert.
- **Auslöser-Thema**: Diese Bewertung verschafft einen quantitativen Überblick über den Erfolg der einzelnen PR-Aktivität und gibt gleichzeitig einen qualitativen Hinweis darauf, welche Themen besonders gerne von den Journalisten aufgenommen wurden. Hierdurch lässt sich das Issue Management deutlich professionalisieren und z. B. gut funktionierende PR-Kampagnen oder Themen-Ansätze ggf. wiederholen.

	Auslöser Thema	Anzahl
1.	Kontakt zur Pressestelle	76
2.	CeBIT-Kartenverlosung 2012	68
3.	Advertorial	28
4.	Software-Tipps 8/2011	20
5.	Sage bringt führende ERP-Lösung Office Line in die Cloud	18
6.	CeBIT Presseforum 2012	17
7.	Fachartikel/Anwenderbericht	12
8.	Social CRM gewinnt im Mittelstand an Bedeutung	11
9.	Fachartikel / Anwenderbericht	11
10.	Sage Gruppe steigert Umsatz und Gewinn	11

Abb. 2: Welches Thema war besonders häufig in den Medien? Die Analyse nach Auslöser-Themen macht die Bewertung jeder speziellen Kampagne erst möglich.

- **Auslöser-Instrumente**: Hier werden die Veröffentlichungen nach den eigentlichen Auslösern (Tools) wie Pressemitteilung, Pressekonferenz, Interview etc. erfasst. So kann z. B. der Erfolg einzelner Pressekonferenzen nachvollzogen werden und z. B. die Kosten für die Veranstaltung den erzielten Medienäquivalenzwerten gegenübergestellt werden. Gleichzeitig zeigt diese Auswertung auch den sogenannten Initiativquotienten, der das Verhältnis zwischen selbst gesteuerter, aktiver Medienpräsenz und fremd gesteuerter, passiver Medienpräsenz darstellt.
- **Resonanz nach übergeordneten Themen**: Die Analyse unterscheidet Veröffentlichungen nach sieben generellen Themenfeldern: Produkt, Messe, Personalthemen, Finanzmeldungen, Meinungsführerschaft (z. B. Studien und opinion pieces), Events & Veranstaltungen und allgemeine Unternehmensmeldungen.
- **Kernbotschaften**: Im Zuge der Gesamt-PR-Strategie wurden sechs Kernbotschaften definiert, die kontinuierlich über alle Kommunikations-Maßnahmen und -Kanäle gestreut werden. Die qualitative Medienresonanzanalyse durchsucht die Clippings nach den ent-

sprechenden Botschaften und listet ihre Häufigkeit auf. Hieraus wird ersichtlich, ob die Kommunikationsbotschaften von den Medien übernommen wurden. Zudem wird die Key Message Penetration erfasst, die darstellt, wie viel Prozent der Beiträge über das Unternehmen mindestens eine der definierten Kernbotschaften enthält.

- **Anzeigenäquivalenzwert**: Dieser Aspekt wird auch als Werbeäquivalenzwert bezeichnet und beschreibt eine in der Branche durchaus umstrittene Art der Monetarisierung von PR-Ergebnissen. Bei dieser Methode wird zunächst die Größe des Beitrages gemessen sowie weitere qualitative Aspekte wie die Farbigkeit, Platzierung etc. festgestellt. Der »Wert« des Beitrags entspricht dann dem Wert, den man für eine geschaltete Anzeige an der gleichen Stelle und in gleicher Größe bezahlen würden: Kostet zum Beispiel eine farbige DIN A4-Anzeige in einem Medium 8.000 Euro, so ist dies der Wert, der einem gleichgroßen PR-Beitrag »gutgeschrieben« wird.

- **Zitierte Personen**: Das Analysewerkzeug von Sage enthält auch genaue Angaben über die in den Beiträgen zitierten Personen, um analysieren zu können, ob Aussagen der entsprechenden Wortführer (»Spokesperson«) des Unternehmens in den Medien aufgegriffen wurden. Zudem werden alle Statements von Dritten, wie Markt- oder Finanzanalysen oder IT-Experten, ausgewertet. Dieses Monitoring erlaubt das Erfassen wichtiger externer Meinungsführer, die sich öffentlich über das Unternehmen äußern und verbessert so die Kontaktpflege zu bekannten oder neuen Multiplikatoren.

- **Priorität**: Jedes Medium wird entsprechend seiner Bedeutung für die Pressearbeit von Sage in fünf Stufen unterteilt: von Prio 1 (sehr wichtig, z. B. überregionale Tageszeitung, TV Sender, wichtige Fachmedien) bis Prio 5 (unwichtig, z. B. freie Presseportale etc.).

Der Sage PR-Index – Um die verschiedenen Informationen zu verdichten, werden die sieben wichtigsten Kennzahlen zu einem Index zusammengefasst. Dafür werden den KPI jeweils definierte Werte zugeordnet. Enthält ein Artikel z. B. ein Zitat bekommt er 0,5 Punkte, enthält er Sage in der Überschrift gibt es weitere 0,5 Punkte etc. Ist dieser Artikel in einem Prio 1 Medium erschienen bekommt er den Wert 4, ist er in einem Prio 5 Medium erschienen erhält er den Wert 0,1 usw. Ist seine Tonalität positiv, bekommt er den Wert +1, ist er neutral den Wert +0,5, ist er negativ den Wert -1. Verrechnet werden nun all diese Werte mit der folgenden Formel zu einer einzigen Kennziffer:

Sage PR-Index = (Nennung in Überschrift + Zitat + Kernbotschaften + Größe + Produktnennungen) x Tonalität x Priorität

---

Durch diese (zunächst willkürliche) Zuordnung von Werten für die verschiedenen KPI entsteht eine PR-Kennziffer, die den Vergleich der Qualität der verschiedenen Merkmale aller Veröffentlichungen im Jahresvergleich ermöglicht. Damit ist auch das Ziel der Pressearbeit klar definiert: Mehr und größere, positive Veröffentlichungen in den wesentlichen Prio-Medien zu erzielen, die zudem wesentliche Botschaften, Produktinformationen und Zitate enthalten und so den PR-Index im Jahresvergleich zu steigern.

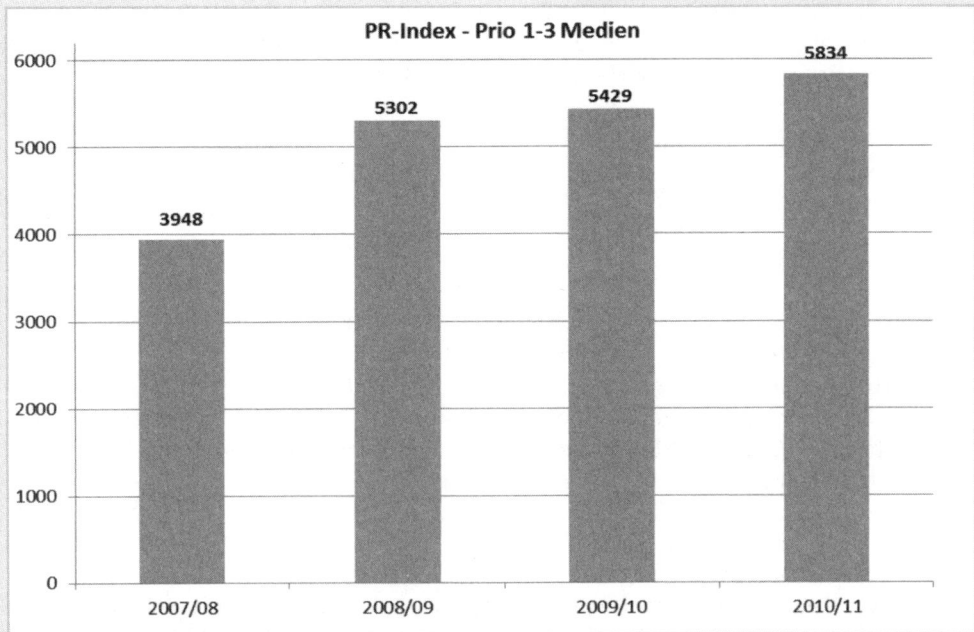

Abb. 3: Der PR-Index von Sage verdichtet eine Vielzahl unterschiedlicher Kennzahlen aus der qualitativen Medienresonanzanalyse zu einer einzigen Kennzahl.

2.) Output-Analyse II: Social Media

Für die Erfassung der wichtigsten Social-Media-Kennzahlen bei der Output-Analyse setzt das Sage PR-Team vier Werkzeuge ein:

1. Zum einen werden alle Beiträge in Blogs, Foren, auf Twitter, YouTube und Facebook über einen Monitoring-Dienstleister gesucht und in entsprechenden Dashboards dargestellt.
2. Zum anderen setzt Sage für seine Facebook- und Twitter-Aktivitäten den Social-Media-Dienst SproutSocial ein, der neben dem leichteren Verwalten der diversen Accounts auch zahlreiche KPI aus den verschiedenen Quellen aggregiert und aufbereitet.
3. Zum anderen nutzt das PR-Team die vorhandenen Statistik-Funktionen der sozialen Netzwerke und Plattformen wie Facebook oder YouTube, um Reports zu generieren. So stellt beispielsweise Facebook sehr umfangreiche Statistiken zur Verfügung.
4. Darüber hinaus geben die Statistiken aus Google Analytics eine Vielzahl von Aufschlüssen darüber, wie viele Besucher etwa aus Social Networks auf die Webseite von Sage gelangen.

Ein paar Beispiele der ausgewerteten KPI, die für die Sage Social-Media-Analyse herangezogen werden, sind:

- Anzahl Fans (Twitter), Follower (Facebook), Abonnenten (YouTube, Xing);
- Anzahl Interaktionen/Likes etc. (Facebook, YouTube) oder Tweets/Retweets (Twitter);
- Anzahl Seitenaufrufe (Facebook, Xing, Sage Social Media Newsroom) oder Views (YouTube, Kununu);
- Anzahl Blog- und Forenbeiträge;
- Anzahl der referring links/back links auf Sage Seiten;
- Wichtigste Influencer auf Twitter mit der höchsten Reichweite.

Es könnte noch eine Vielzahl weiterer KPI ausgewertet werden, allerdings reduzieren wir die Anzahl stark, um nur die wichtigsten Kennzahlen übersichtlich in Form eines zweiseitigen Dashboards darstellen zu können.

Interner Aufwand: ca. 1 Tag/Monat
Kostenpunkt: ca. 2.500 Euro/Jahr

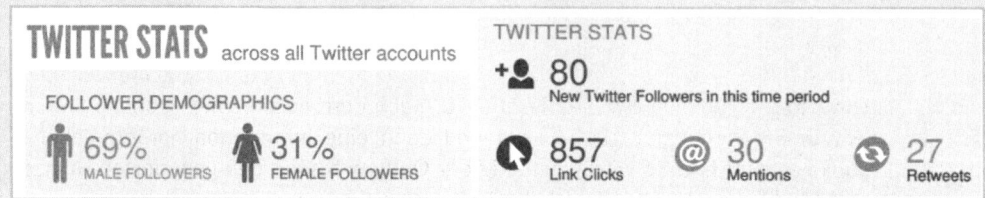

Abb. 4: Wie entwickelt sich die Anzahl neuer Follower auf Twitter? Das Social Media Dashboard gibt die Antwort.

Die Outcome-Analyse bei Sage

Um die kognitive oder emotionale Veränderung der Wahrnehmung und der Einstellung bei den Bezugsgruppen zu messen, setzt Sage auf klassische Marktforschungsverfahren und führt entweder eigene Kundenbefragungen durch oder setzt auf Dienstleistungen professioneller Marktforschungsunternehmen, um Aspekte wie die Markenbekanntheit (gestützt/ungestützt), Image oder Leistungsfähigkeit abzufragen. Dabei bedient man sich sowohl online-gestützter als auch telefonischer Befragungsmethoden. Zukünftig sollen diese Befragungen um weitere kommunikationsrelevante Fragen ergänzt werden, um die Auswirkung der Kommunikation, die Durchdringung mit Kernbotschaften etc. messen zu können. Diese Aspekte werden bislang noch nicht erfragt.

Weitere KPI, die Hinweise zur Verhaltensänderung durch Kommunikation und einen direkten Nachweis für die Wertsteigerung durch Kommunikation geben können, sind bei Sage aktuell

- Anzahl Teilnehmer bei Veranstaltungen, die über PR akquiriert werden;
- Anzahl Besucher und Downloads von Broschüren, Whitepapers etc.;
- Anzahl der Webseitenbesucher, Verweildauer, Absprungraten etc., die über externe Webseiten (Medienseiten, soziale Netzwerke etc.) auf Sage-Webseiten zugreifen;
- Anzahl eingehende Telefonanrufe auf eine spezielle Telefonnummer, die nur von PR-Seite verwendet wird.

Es könnten sicherlich noch eine ganze Menge mehr Daten erhoben werden. Allerdings geben die genannten KPI bereits Aufschluss über Teileffekte, die die Kommunikationsmaßnahmen für den Unternehmenserfolg haben.

Interner Aufwand: ca. 1 Woche/Jahr
Kostenpunkt: ca. 25.000 Euro/Jahr

Die Outflow-Analyse bei Sage

Um den Wertbeitrag messen zu können, den die PR- und Social-Media-Kommunikation bei Sage zum Unternehmenserfolg beiträgt, werden erste Kennzahlen erhoben, die zwar noch keine quantifizierbaren Rückschlüsse auf den wirtschaftlichen Erfolg der Kommunikation zulassen. Dennoch geben sie Hinweise auf die Anzahl der generierten Kontakte. So gibt etwa die Anzahl der Webseiten-Besucher, die durch verweisende Links von Medienseiten oder Social-Media-Plattformen stammen, Hinweise darauf, wie hoch der Anteil der Kommunikation an der Lead-Generierung auf der Website ist. Dabei wird angenommen, dass der Anteil der Besucher, die aufgrund von Kommunikationsmaßnahmen auf die Sage Website gelangen, eben dem Anteil der Umsätze entspricht, der von diesen Besuchern über die Webseite generiert wird: »X% der Besucher aus Kommunikationsmaßnahmen = X% des Umsatzes«.

Zukünftig werden alle in Kommunikationsmaßnahmen eingesetzten Links zudem mit sogenannten Action-Codes versehen. Dadurch wird es möglich, im Kundenmanagement-System (CRM) nachzuverfolgen, ob sich ein Interessent z. B. nach dem Lesen einer Facebook-Nachricht in einem Online-Formular registriert hat und dann eine Information heruntergeladen oder ein Produkt gekauft hat. So wird langfristig der Outflow bis auf den generierten Umsatz pro Kunde und Medienkanal (zumindest teilweise) auswertbar sein.

Selbstverständlich können mit den genannten Methoden jeweils nur Hinweise darüber gegeben werden, wie Kommunikation wirkt und welchen Wert sie für den wirtschaftlichen Erfolg eines Unternehmens hat. Eine monokausale Beziehung zwischen einer Kommunikationsmaßnahme und der kognitiven, emotionalen und konativen Auswirkung derselben herzustellen, ist sicherlich nicht statthaft. Dafür spielen zu viele weitere Kriterien wie Produktqualität, Preis, Corporate Design, Qualität des Supports/Vertriebs sowie Zwischenmenschliches beim Kontakt zwischen Interessent/Kunde und Mitarbeiter eine Rolle.

Hier könnte nur die jeweils persönliche Befragung des einzelnen Kunden darüber Auskunft geben, ob eine Handlung aufgrund einer diversen Kommunikationsmaßnahme durchgeführt wurde oder ob es vielleicht bereits andere Auslöser gab, die etwa zu einer Kaufentscheidung führten. Angesichts der Vielzahl an Kunden und Kontakten ist ein solches Vorgehen bei Sage jedoch nicht realisierbar.

Interner Aufwand: ca. 1 Woche/Jahr
Kostenpunkt: ca. 0 Euro/Jahr

Fazit und Ausblick

Insgesamt befindet sich das Kommunikations-Controlling in einem starken Wandel. Neue Kennzahlen aus Online-Kommunikation und Social Media haben Eingang in die Bewertung des Kommunikationserfolgs gefunden. Nun müssen intelligente Verfahren gefunden werden, um diese Messgrößen mit begrenztem Aufwand erfassen, analysieren und bewerten zu können.

Das IOOO-Modell gibt einen recht einfachen Überblick über die wichtigsten Controlling-Messpunkte eines Unternehmens. Bei Sage ist in den vergangenen Jahren bereits viel geschehen, um einen besseren Überblick darüber zu bekommen, welchen Anteil Kommunikation an der Wertschöpfung des Unternehmens hat. In nächster Zeit sollen diese Prozesse weiter optimiert und ausgebaut werden. Die zunehmende Bedeutung der Online-Medien im Vergleich zu den »alten« Offline-Medien hilft dabei, nahezu in Echtzeit Informationen darüber zu bekommen, wie Kommunikation wirkt.

Abschließend bleibt zu hoffen, dass sich auch Kommunikations-Agenturen und -Dienstleister dieses Themas stärker annehmen, um gemeinsam mit den Unternehmen zu einer stärkeren Professionalisierung und Operationalisierung des Themas Kommunikations-Controlling zu gelangen. Indem sie den Kommunikationsverantwortlichen in den Unternehmen ganzheitliche Konzepte anbieten, die ihnen dabei helfen, den Return on Communications darzustellen, können sie einen echten Mehrwert zum Thema liefern. Bisher ist hier leider erst wenig geschehen, und es obliegt dem Engagement des einzelnen Kommunikators, zu weiteren Fortschritten in dieser Hinsicht zu kommen.

Weiterführende Literatur:

Blanchard, Olivier: Social Media ROI: Messen Sie den Erfolg Ihrer Marketing-Kampagne, München 2011.

Bundesverband deutscher Pressesprecher (Hg.) – »Kommunikationscontrolling – Bedeutung, Handlungsfelder, Implementierungsschritte«, Nr. 11 (2008), S. 7. Download: http://pressesprecherverband.de/_files/downloads/servicepapiere_kommunicationskontrolling.pdf

Deutsche Public Relations Gesellschaft e.V.: Wertschöpfung durch Kommunikation, Arbeitskreis, www.dprg.de/Profile/Wertschoepfung-durch-Kommunikation/31

Friedrichsen, Mike; Hennecke, Martha J. (Hrsg.): Wertschöpfung durch Unternehmenskommunikation: Integrierte Kommunikation mit Social Media, Baden-Baden 2012.

Hering, Ralf; Schuppener, Bernd; Sommerhalder, Mark: Die Communication Scorecard, Eine neue Methode des Kommunikationsmanagements, Bern 2004.

Pfannenberg, Jörg; Zerfass Ansgar: Wertschöpfung durch Kommunikation: Kommunikations-Controlling in der Unternehmenspraxis, Frankfurt am Main 2011.

Piewinger, Manfred: Kommunikationscontrolling: Kommunikation und Information quantifizieren und finanziell bewerten, Wiesbaden 2005.

Thomas, Tim: Kommunikations-Controlling, Eine Analyse zur Steuerung und Messung des Beitrags der Unternehmenskommunikation zum Unternehmenswert, Saarbrücken 2012.

5 Online Relations

5.1 Grundlagen der Kommunikation im Netz

Kaum ein anderer Bereich wurde vom Internet-Zeitalter so stark verändert wie der Kommunikationssektor. Das Internet und die verbundenen Mediendienste schaffen beständig neue Instrumente für Öffentlichkeitsarbeiter und Kommunikationsmanager. Technologische Entwicklungen, leistungsstärkere Datennetze und mobile Anwendungen eröffnen vielfältige Wege des wechselseitigen Austausches mit Stakeholdern.

Gerade das seit dem Jahre 2006 verstärkt diskutierte Thema Social Web symbolisiert die rasante Weiterentwicklung. Schrittweise dehnte sich die vorwiegend passive Nutzung auf interaktive Plattformen aus, für die der amerikanische Verleger Tim O'Reilly 2004 den Begriff »Web 2.0«[116] miterfunden hatte – als Titel einer Konferenz über Veränderungen im Internet. Dieser Titel skizzierte die entscheidende Neuerung dieser Evolution im Netz: Das veränderte Nutzerverhalten. Waren Mediennutzer zuvor als Leser, Zuhörer, Zuseher reine Konsumenten von Informationen, beteiligen sie sich nun aktiv an den Inhalten. Dies bedeutet den allmählichen Abschied vom Few-to-Many-Prinzip als Basis klassischer Medien: User werden zu Akteuren, die inhaltlichen Mehrwert generieren – »User Generated Content« –, sich an Diskussionen beteiligen, die auf Mitmach-Angebote zugreifen, die Produkte bewerten und die sich mit anderen Gleichgesinnten aktiv zum Netzwerk verbinden.

Immer deutlicher wird das Internet zur Meinungsplattform, auf der sich eine wachsende Zahl an Akteuren als Informationsrezipienten wie -produzenten bewegt. In einer fließenden Bewegung gestalten und konsumieren sie Inhalte, vernetzen sich und erhöhen beständig ihren Einfluss – beruflich wie privat. Und dies mit einer wachsenden Anzahl an Tools. Damit wird schrittweise die Losung wahr, die David Weinberger mit anderen Vordenkern im Jahre 1999 im Cluetrain Manifest[117] formulierte: »Märkte sind Gespräche« betonte die Emanzipation des Verbrauchers im Zeitalter des Internets. Sie forderte die Unternehmen auf, sich den veränderten Bedingungen anzupassen und mit ihren Kunden echte Gespräche zu führen – abseits einer monologischen Marketingkommunikation. Willkommen bei Online Relations.

In einem Video des britischen Presseversandservices RealWire »Online-PR is all about community«[118] werden die Erfolgsfaktoren künftiger Online Relations[119] mit dem Verhalten auf einer Party verglichen: Erst zuhören, Interessen abgleichen, dann eigene Ideen einbringen, einen Freundeskreis aufbauen und diesen zur eigenen Party einladen. Glaubwürdigkeit, Nachhaltigkeit, Langfristigkeit, Offenheit bekommen in diesem Vergleich eine gewichtige Bedeutung. Doch sind diese Begriffe auf Online Relations oder das Social Web

---

116 Der Zusatz »2.0« bezieht sich auf die Benennung von Software-Versionen und den meist klaren Sprung von einer Version zur nächsten; auf das Internet übertragen weist dieser Begriff damit auf einen tief greifenden Wandel hin.

117 http://www.cluetrain.org

118 http://www.youtube.com/watch?v=FOzylUcfUeQ

119 Der Ausdruck Online Relations wird in diesem Buch als erweiterte Form der Online-PR verstanden, indem dieser Begriff auch Maßnahmen einschließt, die über das klassische PR-Verständnis hinausgehen und benachbarte Disziplinen mit einschließen. Zur Online-PR-Definition siehe auch Zerfaß/Pfeil: Strategische Kommunikation im Internet und Social Web, S. 47 ff. in: Zerfaß/Pfeil, 2012.

beschränkt? Keineswegs. Alle diese sind kommunikative Merkmale, die jede ernsthafte PR, jede reale Beziehungspflege auszeichnen sollten. Nur erhält das Beziehungsmanagement heute eine besonders hohe Relevanz – durch stärkere Vernetzung und dauerhafte Sichtbarkeit.

AUSFLUG 21

Die Kommunikationsansätze Push und Pull
Bei der Kommunikation über Online-Medien stehen zwei verschiedene Ansätze zur Verfügung, die sich kombinieren lassen: Beim Push-Ansatz werden Informationen simultan an einen definierten Empfängerkreis verschickt wie E-Mail-Newsletter, Pressemitteilungen, Mailings. Das Problem: Auch Empfänger werden mit Informationen versorgt, die für diese (im Moment) keine Verwendung haben. Zudem setzt dies voraus, dass die Empfänger dem Erhalt zugestimmt haben. Beim Pull-Ansatz werden Informationen für den individuellen Abruf auf der Webseite bereitgestellt. Der Nutzer kann diese auswählen, abrufen, per E-Mail oder RSS abonnieren. Dazu muss er aber selbst aktiv werden. Dieser Ansatz hat durch Social Web neuen Schwung bekommen.

5.2 Die heutige Medienwirklichkeit

Für eine richtige Einschätzung der aktuellen Entwicklungen in der Online-Welt ist eine Analyse des Nutzungsverhaltens aus PR-Sicht durchaus hilfreich. Einige Merkmale:

1: Internet ist das neue Leitmedium: Laut der monatlichen Markt-Media-Studie internet facts der Arbeitsgemeinschaft Online-Forschung (AGOF)[120] nutzen über 75 Prozent der Bevölkerung über 14 Jahren das Internet. Tageszeitungen, Publikums- und Fachschriften haben hingegen deutlich an Auflagen eingebüßt;[121] Fernsehen und Radio fungieren als Nebenbei-Medien, die von der Online-Nutzung stärker ergänzt werden. Das Internet wird so zum Leitmedium – und dies nicht nur für die Generation der Digital Natives, die mit dem Internet aufgewachsen ist.

2: »Silver Surfer« erobern das Netz: Während der Markt bei jüngeren Internet-Usern zu fast 100 Prozent gesättigt ist, finden ältere Menschen verstärkt den Weg ins Netz. Gerade die Zielgruppe 50plus, die die Technik aus dem Job kennt, deren Vorteile privat nutzt, eine hohe Bildung und gutes Einkommen hat, wächst enorm. Der digitale Graben zwischen Onlinern und Offlinern hat sich nach hinten verschoben. Dies gilt auch für soziale Netzwerke.

3: Digitale Gesellschaft ist noch begrenzt: Auch wenn 75 Prozent der Deutschen online sind, in der digitalen Gesellschaft sind sie erst zum Teil angekommen. Dies belegt die Studie »Digitale Gesellschaft in Deutschland – Sechs Nutzertypen im Vergleich« der Initiative D21, zu der TNS Infratest über 1.000 Personen befragt hatte[122]: Erst gut ein Drittel

---

120 http://www.agof.de/internet-facts.987.de.html
121 http://www.ivw.de/index.php?menuid=37&reporeid=10#tageszeitungen
122 http://www.digitale-gesellschaft.info

(38%) sind im digitalen Alltag angekommen und nutzen die digitalen Möglichkeiten. Dagegen zählen 26 bzw. 28 Prozent der Deutschen zu den »Digitalen Außenseitern« bzw. »Gelegenheitsnutzern«. Trotz Google, Facebook, Wikipedia und Co. partizipiert die Mehrheit nicht oder nur bedingt an den Möglichkeiten – und sind mit Online Relations-Maßnahmen schwer erreichbar.

4: Instrument E-Mail bleibt dominant: Die E-Mail hat ihre Position als wichtige Online-Anwendung behalten. Laut ARD-ZDF-Onlinestudie 2012 steht nach wie vor der Einsatz von Suchmaschinen (83%) und das Senden und Empfangen von E-Mails (79%) an erster Stelle. Die Nutzung von Online-Communities (36%) bzw. Gesprächsforen (26%) kommen dagegen erst auf den Plätzen 5 und 7.[123] Trotz der Konkurrenz durch die Social-Media-Plattformen ist damit die Nachfrage nach dem Instrument E-Mail ungebrochen.

5: Neue Meinungsmacher sind wichtige Multiplikatoren: Gerade in Blogs, aber auch unter Twitterern haben sich Meinungsmacher herausgebildet, die in ihren Themen wachsenden Einfluss gewinnen. Sie publizieren gut vernetzt und erweisen sich als wichtige Multiplikatoren. Eine moderne Unternehmenskommunikation muss die für sie relevanten Opinion Leader finden, sie ernst nehmen, in ihre Aktivitäten integrieren, kontinuierlich beobachten, um Entwicklungen frühzeitig zu erkennen und schnell darauf zu reagieren.

6: Soziale Netzwerke sind eine neue Heimat: Gerade soziale Netzwerke haben den Fluss von Informationen grundlegend verändert. Schließlich bedienen sie einen Grundtrieb von Menschen, miteinander zu kommunizieren und ihre Erfahrungen zu teilen. Im Jahre 2012 wurden täglich 400 Millionen Tweets, über 1 Milliarde Facebook-Posts versendet und jede Minute 72 Stunden Video auf YouTube hochgeladen und 4 Milliarden Videos pro Tag angesehen[124]. Dies verdeutlicht diese Macht. Und die Tendenz ist weiter wachsend.

7: Verbraucher emanzipieren sich: Unternehmen haben es mit gut informierten Prosumern[125] statt mit passiven Informationsrezipienten zu tun. Diese lassen sich immer schwerer von Botschaften erreichen, wenn sie und ihr eigenes Online-Umfeld nicht wirklich überzeugt sind. Sie verstehen sich immer stärker als Mitspieler, die von Unternehmen den aktiven Dialog fordern. Wird dieser verweigert, schlägt sich dies in negativen Bewertungen in Portalen und in Netzwerken nieder.

8: Medien verlieren Deutungshoheit: Der Systemtheoretiker Niklas Luhmann schrieb in seinem Grundlagenwerk »Die Realität der Massenmedien«: »Was wir über unsere Gesellschaft, ja über die Welt, in der wir leben, wissen, wissen wir durch die Massenmedien«. Der Satz gilt in absoluter Form nicht mehr. Medien haben ihre alleinige Deutungshoheit verloren. Nutzer beschaffen sich immer stärker Informationen von gleichgestellten Dritten, ein Phänomen, für das die Forscher Charlene Li und Josh Bernoff 2008 den Begriff »Groundswell« wählten. Der Dialog unter Verbrauchern hat den Medien ihren Alleinanspruch als Gatekeeper geraubt. PR-Verantwortliche müssen sich den neuen Multiplikatoren

---

123 http://www.ard-zdf-onlinestudie.de/index.php?id=onlinenutzunganwend0
124 http://www.socialmediastatistik.de/zum-7-geburtstag-von-youtube-72-stunden-videomaterial-werden-pro-stunde-hochgeladen/
125 Kofferwort aus Produzent und Konsument

stellen, klassische PR mit Social Media Relations kombinieren, wie Studien[126] prognostizieren.

9: Social Web als Themenfinder: Die klassische Medienarbeit vollzieht im Zeitalter der verstärkten sozialen Online-Kommunikation einen Wandel: Online-Tools wie Soziale Netzwerke und Videoplattformen werden immer stärker zum Ideengeber von Journalisten. Dies macht deutlich, wie stark das klassische Verhältnis zwischen PR-Branche und Journalisten sowie der Weg von Unternehmensinformationen im Umbruch begriffen ist. PR-Arbeit findet heute auf deutlich erweiterten Kanälen als noch vor wenigen Jahren statt.

10: Authentische Stimme als Erfolgsfaktor: Über Blogs, Podcasts, Twitter, Social wie Business Networks erhalten Unternehmen eine eigene Stimme nach außen – ohne zwischengeschaltete Massenmedien als Gatekeeper. Sie können den direkten Dialog mit einzelnen Zielgruppen sowie der breiten Öffentlichkeit herstellen. Wenn sie es wollen.

AUSFLUG 22

Die kommunikativen Wege
Bei der Online-Kommunikation werden drei Kommunikationswege bzw. -richtungen unterschieden: Die »One-to-One-Kommunikation« beschreibt den Informationsaustausch zweier Individuen wie beim E-Mail-Verkehr. »One-to-Many« bezeichnet die Kommunikation von einer Person mit mehreren wie beim E-Mail-Newsletter. Die komplexeste Form ist die »Many-to-Many-Kommunikation«, bei der in Netzwerken viele mit vielen kommunizieren.

Ein Zwischenfazit
Der Kommunikationsraum Internet stellt Kommunikationsfachleute vor stetig neue Anforderungen. Schließlich haben sie es nicht mit einem gefestigten Raum zu tun, sondern mit einem, der einem ständigen Wandel unterliegt. Die Entwicklungen zur veränderten Mediennutzung und -wahrnehmung machen deutlich, dass es sich einerseits von einer Habitualisierung der Online- und Social-Media-Plattformen sprechen lässt. Andererseits muss betont werden: Die Welt der Online Relations lässt sich keineswegs von den Instrumenten der klassischen Kommunikation trennen bzw. als eigenständiger Kommunikationsraum sehen. Online Relations können nur dann ein mächtiges Instrument sein, wenn sie als integrativer und integrierender Bestandteil der Gesamtkommunikation, als wirklicher Bestandteil der Corporate Communications, verstanden werden und in sie eingebettet sind.

5.3 Die Corporate Website als Kommunikationszentrale

5.3.1 Die Konzeption der Online-Präsenz

Selbst für kleine Unternehmen zählt der Internet-Auftritt zu den Basics der kommunikativen Aktivitäten. Schließlich bildet die Corporate Website meist das strategische Zentrum,

---

126 U.a. European Communication Monitor 2012: http://www.communicationmonitor.eu

das alle Informations- und Kommunikationskanäle zusammenführt und zudem den Ausgangspunkt zu unternehmenseigenen Blogs, Foren, Twitter-Accounts, Social-Networking-Seiten bildet. Sie wird zur Schaltzentrale der Gesamtkommunikation mit der Öffentlichkeit. Dies funktioniert nur dann, wenn sie schnell erreichbar, intuitiv bedienbar und verständlich aufgebaut ist.

Diese Chancenvielfalt bedeutet nicht, dass Unternehmen mit diesem Instrument der Online-Kommunikation perfekt umgehen. Selten wird die Chance ergriffen, ein funktionierendes Beziehungsmanagement mit den Stakeholdern aufzubauen und einen wirklichen Dialog zu pflegen. Viele Unternehmen scheinen sich nicht bewusst zu sein, dass der Internet-Auftritt das eigene Schaufenster ist, sich eine schlechte Webseite negativ auf das Image der Firma auswirkt. Doch wie wird die Corporate Website zum wirklichen Kommunikationsinstrument?[127]

Die Ausgangsanalyse: Der erste Schritt ist eine ausführliche Analyse der kommunikativen Ausgangslage. Sie bildet die Grundlage für die Konzeption zum (Re-)Launch einer Webseite. Nur auf dieser Basis lassen sich konkrete Aufgaben formulieren und Streuverluste bei der Zielgruppenansprache reduzieren. Dazu sollten Organisationen sich fragen,

- wie sie auf ihrem bzw. auf dem für sie relevanten Markt positioniert sind;
- wo sie mit ihren bisherigen Kommunikationsaktivitäten stehen;
- welche Instrumente die Konkurrenz vorwiegend einsetzt;
- welche Erwartungen, Informationsbedürfnisse, Online-Affinität die Zielgruppe hat;
- welchen Mehrwert die eigene Webseite den Nutzern bieten könnte;
- welche Ressourcen an Personal, Finanzen, Technik bereit stehen;
- wie sich die Präsenz mit bestehenden Kommunikationsaktivitäten verbinden lässt.

Die Zieldefinition: Die Analyse hat Anhaltspunkte geliefert, wie gut das Unternehmen die Voraussetzungen für eine künftige Online-Kommunikation erfüllt. In Abstimmung mit den übergeordneten Unternehmenszielen werden die zentralen Ziele formuliert, die künftig mit der Website bei der definierten Zielgruppe erreicht werden sollen. Dabei ist darauf zu achten, dass die Ziele präzise formuliert und zeitlich definiert sind, damit sie messbar bleiben. Dies gilt für die Hauptziele sowie für die davon abgeleiteten Teilziele.

Die Zielgruppen: Der Erfolg einer Online-Präsenz steigt und fällt mit dem Erreichen der Zielgruppen. Diesen soll eine Corporate Website gleichsam Antworten auf ihren Informationsbedarf geben. Dazu ist es wichtig, zwischen Hauptzielgruppen (für den Erfolg essentiell) und Nebenzielgruppen (wichtig mit Potenzial nach oben) zu unterscheiden. Gleichzeitig stellt sich das Problem, dass eine große Vielfalt an möglichen Zielgruppen auf eine Unternehmens-Website zugreift. Für Unternehmen bedeutet dies:

- Customer Relations zu bestehenden und möglichen Neukunden;
- Internal Relations zu eigenen Mitarbeitern;
- Media Relations zu Journalisten, Bloggern, Medienpartnern;
- Human Relations zu Bewerbern, Praktikanten, Volontären, Auszubildenden;
- Investor Relations zu Geldgebern, Shareholdern, Finanzjournalisten;
- Multiplier Relations zu Politik, Wirtschaft, Institutionen, Verbänden, Kritikern.

---

127 Ausführlicher in Ruisinger: Online Relations (2011) S. 30 ff

Die Strategie: Die Strategie gibt die prinzipielle Richtung vor. In ihr wird fixiert, welche unternehmerischen Inhalte und Botschaften mit welchen Instrumenten kommuniziert werden. Da Strategien eher mittel- und langfristig angelegt sind, sind ebenfalls die wichtigsten Meilensteine innerhalb des anvisierten Zeitraums und die Art und Weise festzulegen, wie der Dialog geführt werden soll. Eine statische Webseite reicht dazu meist nicht aus, um wirklich wahrgenommen zu werden. Auch die Social-Web-Aktivitäten müssen auf der Webseite zusammenfließen, um ein vielfältiges Bild von der Organisation abzubilden.

5.3.2 Der Content: Information, Service, Unterhaltung, Dialog

Information, Service, Unterhaltung, Dialog – mit diesen Oberbegriffen lassen sich die Vorgaben für den Content charakterisieren. Sie fassen Inhalte zusammen, die Nutzer auf der Website erwarten und lassen sich beliebig kombinieren – abhängig vom Storyboard des Internet-Auftritts, das den Besucher-Nutzen definiert. Die Content-Qualität ist ein entscheidender Faktor: Jeder Nutzer wird eine Website, die ihm hilfreiche Informationen liefert, bei ähnlichen Themen bevorzugt ansteuern. Außerdem: Guter Content hat Einfluss auf das Suchmaschinenmarketing: Je hochwertiger die platzierten Informationen sind, desto höher ist Nutzung und Verlinkung durch andere Nutzer und damit das Ranking.

Informations-Ebene: Auf dieser Ebene werden generelle Informationen bereitgestellt. Buttons wie »Firmenprofil«, »Leistungen/Produkte«, »Kontakt« weisen auf die Inhalte hin. Da Nutzer oft gezielt nach diesen Informationen suchen, sollten diese Menüpunkte auf keiner Corporate Website fehlen. Folgende Inhalte lassen sich bereitstellen:

- Unternehmen: Profil, Leitbild, Geschichte, Links zu vertiefenden Dokumenten;
- Produkte/Leistungen: Produkte, Services, Spezialisierung, Fact Sheets;
- News: Neue Entwicklungen und Kooperationen, Neuigkeiten aus Forschung und Entwicklung, wichtige Reden und Gesetzesänderungen;
- Zahlen und Fakten: Mitarbeiter-, Auftrags- und Umsatzentwicklung, Wirtschafts- und Finanzkennzahlen, Geschäfts- und Umweltberichte;
- Team: Vorstand, Geschäftsführer, Gründer, wichtige Teammitarbeiter;
- Referenzen: Referenzprojekte, Case Studies, aktuelle Kundenprojekte;
- Jobs: Stellenangebote für Mitarbeiter und Auszubildende, Praktikanten- und Studentenjobs, Bereitstellung von Bewerbungsformularen, Tipps zur richtigen Bewerbung und Links zu Bewerber- und Jobmessen;
- Kontakt: Angaben zu Firma und Ansprechpartnern inkl. Anfahrtsskizze;
- Standort: Bilder und Texte zum Sitz, zu Niederlassungen und Produktionsstätten;
- Presse[128]: Pressemitteilungen, Pressespiegel, Ansprechpartner, Bildmaterial, Fakten, Background, Abo per E-Mail oder RSS, Investor Relations bei Börsenunternehmen.

---

128 Der Online-Pressebereich wurde in Kapitel 4.4 beschrieben.

TIPP 22 *Impressumspflicht*

Jeder geschäftsmäßige Dienst im Internet muss ein Impressum enthalten. Dienstean-
bieter haben diese Angaben »leicht erkennbar, unmittelbar erreichbar und ständig
verfügbar zu halten« (§ 5 Abs. 1 TMG[129], § 55 RStV). Danach müssen die Betreiber
der Internet-Angebote bestimmte Angaben machen, die sich nach Beruf und Rechts-
form richten. Bei fehlerhaften Angaben drohen Bußgelder bzw. Abmahnungen durch
Mitbewerber. Als Hilfstools sind der Webimpressums-Assistent auf www.digi-info.de/
de/netlaw/webimpressum und der Leitfaden zur Impressumspflicht auf www.bmj.de/
musterimpressum zu empfehlen.

Service-Ebene: Eine wirkliche Nutzerbindung geht weit über den informativen (Pflicht-)
Teil hinaus. Wer sich bei Zielgruppen profilieren und diese binden will, muss mehrwert-
haltige Services bieten und wirkliches Wissen vermitteln. Einige Beispiele:

- Termine: Tag der offenen Tür, Branchen- und Messekalender, Inhouse-Events;
- Publikationen: Mitarbeiter- und Kundenzeitschrift, Newsletter, Studien, Vorträge, Prä-
  sentationen;
- Newsletter[130]: Häufigkeit, Inhaltsfokus, Archiv, Registrierung per E-Mail/RSS;
- Recherche: Branchenlinks, Fachliteratur, Studienarchiv, Begriffslexikon;
- Support: Handbücher, Produktblätter, technische Daten, Videoeinführungen, Hinweis
  zu Produktschulungen, Zugang zu Marken- oder Fach-Communities, Software-Updates.

Unterhaltungs-Ebene: Sorgfältig konzipiert und gepflegt können unterhaltende Elemente
Besucher an die Website – und damit das Unternehmen – binden. Folgende Bereiche lassen sich integrieren:

- Meinungsumfrage: Aktuelle »Frage der Woche« mit Chance auf hochwertige Gewinne;
- Gewinnspiele: Freitickets zu Veranstaltungen oder der Test von neuen Produkten;
- Gimmicks: Spiele und Spielereien, E-Cards und Screensaver;
- Online-Events: Live-Übertragung von Events, Auktionen, Pressekonferenzen.

Dialog-Ebene: Erfolgreiche Präsenz im Netz heißt immer Beziehungspflege. So sind alle
Kommunikationskanäle in das Internet-Angebot fest zu integrieren. Das heißt:

- Hotline: Telefonische Beratungs-Hotline, E-Mail-Accounts von Support-Ansprechpart-
  nern oder Services per Twitter/Facebook;
- Interaktion: Diskussionsforum, interaktive Fragestunden, Chats;
- Kulissenblick: Blogs und Podcasts von Geschäftsführern oder Chefentwicklern;
- Social Media: Offensive Einbindung der Social-Media-Kanäle als Dialogoption.

AUSFLUG 22

Erfolgreiches Community-Building

Community-Building ist ein wertvolles Instrument, Nutzer emotional an die eigene Marke
zu binden. Denn eine starke, langfristige aufgebaute Community hilft auch in Krisenzeiten. Wie bereits an anderer Stelle erwähnt bindet der Kinderspielzeughersteller LEGO

---

129 http://www.gesetze-im-internet.de/tmg/__5.html
130 Der Newsletter wird in Kapitel 5.4 behandelt.

seine Fangemeinde nicht nur über die Ausstellungsareale im LEGOLAND an seine Marke. Auf www.lego.de gibt es neben einem Shop einen Bauwettbewerb, ein moderiertes Forum sowie einen exklusiven Club, wo Mitglieder Tipps zu Veranstaltungen, Bautipps und Anleitungen erhalten, Modelle mit anderen vergleichen, an Wettbewerben teilnehmen und durch das Club-Magazin der Marke blättern können. So werden Fans zu Multiplikatoren in ihren eigenen Communities gemacht.

5.3.3 Die Bausteine des Erfolges

Die Ansprache der Zielgruppen stellt Organisationen vor große Herausforderungen. Denn so heterogen die Zielgruppen, so heterogen sind auch deren Interessen, Erwartungen, Vorwissen, Informationsbedürfnisse. Innerhalb nur weniger Sekunden entscheiden sie, ob sie auf der Website das Gewünschte finden oder sie sofort wieder verlassen. Die folgenden Faktoren helfen, dass sich die Corporate Website zum Unternehmensschaufenster entwickelt.

Aussagekräftige Startseite: Die Startseite muss die zentralen W-Fragen beantworten: Wer bietet hier wem was wo auf welche Weise. Diese Antwort muss in kürzester Zeit erfolgen. Kommt der Besucher über eine Suchmaschine, wird er nur kurz auf der Website verweilen, um die Relevanz seines Ergebnisses einzuschätzen. Aussagekräftige Bilder, klare Aussagen, kompakte Texte, einfache Navigation vermitteln, welcher Mehrwert ihn erwartet.

Einfache Orientierung: Von der Startseite aus muss eine klare Navigation dem Besucher die Orientierung im Gesamtangebot so einfach wie möglich machen. Dazu zählen eine leicht verständliche Hauptnavigation mit Unternavigation sowie Suchfunktion und Sitemap als Orientierungshilfe. Dabei ist zu berücksichtigen, dass die Website divergierende Wünsche, Ziele, Erfahrungen, Kenntnisse und (mobile) Plattformen gleichzeitig bedienen muss.

Benutzerfreundliche Gestaltung: Angesichts der wachsenden Informationsfülle hat das Thema Usability starke Relevanz. Nach Jakob Nielsen beschreibt Usability die Effektivität, Effizienz und Zufriedenheit, mit der eine Website von Usern genutzt werden kann.[131] Webseiten müssen also User binden bzw. zu einer Rückkehr bewegen. Dies lässt sich mit klarem Seitenaufbau, verständlichem Layout, sich automatisch an Monitorgrößen anpassendem Design, verständlicher Sprache, strukturierten Inhalten übersetzen.

Frei von Barrieren: Seit mehreren Jahren hat sich Begriff Barrierefreiheit[132] in der Online-Welt verbreitet, selbst wenn er missverständlich ist: ›Barrierefreiheit‹ ist die Übersetzung des englischen Begriffes ›Accessibility‹, was sich mit »Zugänglichkeit im Internet« übersetzen lässt. Nicht-barrierefreie Internet-Auftritte schließen einen Teil der Bevölkerung von wichtigen Entwicklungen aus. Dies betrifft nicht nur blinde, körperlich Behinderte oder Menschen mit Rot-Grün-Blindheit. Ebenso wird Älteren mit eingeschränkten Seh- und Hör-

---

131 http://www.useit.com/alertbox/20030825.html
132 Gute Hinweise und Beispiele zu barrierefreiem Webdesign finden sich u.a. bei der Initiative der Aktion Mensch »EinfachfürAlle« (http://www.einfach-fuer-alle.de); internationale Richtlinien für Zugänglichkeit von Webinhalten auf http://www.w3c.de/Trans/WAI/webinhalt.html; Wettbewerb zur barrierefreien Webgestaltung auf http://www.biene-award.de.

funktionen der Zugang erschwert. Zur hohen Accessibility zählen variable Grundschriften, kontrastreiche Farben, kurze Texte, mit Text hinterlegte Bilder und Grafiken, großzügige Suchfunktion, eindeutige Links und Seitentitel. Über barrierefreie Seiten mit geringer Ladezeit freuen sich zudem Besitzer von Smartphones, Tablets sowie Suchmaschinen.

Integration weiterer Dialog-Kanäle: Damit Corporate Websites erfolgreich sind, müssen sie eng mit weiteren Plattformen vernetzt sein. Auf einen Blick haben Besucher aktuelle Tweets, Facebook- und Google+-Diskussionen, YouTube-Videos, SlideShare-Präsentationen. Eine perfekte Integration der Kanäle zeigt Samsung USA[133], das den Content aus den eigenen Social-Media-Plattformen auf der Startseite zusammenführt und gleichzeitig User zu einer authentischen Kommunikation mit dem Unternehmen offensiv einlädt. Auch Coca-Cola zeigt mit seiner Journey (coca-colacompany.com), wie hochwertiger eigener Content, User generated Content und Inhalte aus weiteren Plattformen ein digitales Magazin, eine Art Infotainment-Portal schaffen, das die klassische Unternehmenswebseite ersetzt.

Kontinuierliche Evaluation: Jeder Prozess wird geplant, umgesetzt und zum Schluss bewertet, ob die Ziele erreicht sind, noch erreicht werden oder nicht zu erreichen sind. Gerade bei Internet-Auftritten ist leicht erkennbar, wie intensiv das Angebot angenommen wird, wie häufig es besucht wird und welche Bereiche vor allem genutzt werden:

- Feedback-Auswertung: Aus E-Mails, Foren, Blogs, Networks, Bewertungsplattformen;
- Online-Befragungen: Angebot kommentieren, Verbesserungsvorschläge einbringen;
- Website-Analyse: Detaillierte Daten zum Nutzerverhalten per Tracking Software wie Google Analytics oder etracker[134]; Alexa-Toolbar[135] zeigt Beliebtheit der Website;
- Trend-Analysen: Themenentwicklung innerhalb Zeitraum mit Trendsuchmaschinen[136];
- Technik-Check: Analyse der Website nach Technikkriterien mit zahlreichen Tools[137];
- SEO-Relevanz: Aussagekräftige SEO-Parameter per Firefox-Plugin SeoQuake[138];
- Vernetzung: Darstellung der Social-Media-Vernetzung mit Social Website Analyzer[139];
- Usability-Tests: Zeitlich wie finanziell aufwändige Labortests zur Auswertung von Reaktion, Sehwegen und Klickverhalten von Probanten.

5.3.4 Chancen durch Suchmaschinenmarketing

Täglich sind Millionen von Menschen im Internet unterwegs. Viele mittels Suchmaschinen, die in der Kommunikation des 21. Jahrhunderts eine tragende Rolle als zentrales Leitsystem und eine Art Gatekeeper-Rolle für Nutzer haben. Viele nehmen nur die ersten Ergebnisse wahr. Daher muss jede Organisation aktiv werden, um die Aufmerksamkeit der Zielgruppen auf die Website zu lenken. Eine zentrale Rolle spielt das Suchmaschinenmarketing. Darunter lassen sich alle Maßnahmen subsumieren, die für eine möglichst hohe

133 http://www.samsung.com/us
134 http://www.google.de/analytics; http://www.etracker.com
135 http://www.alexa.com/toolbar
136 http://www.google.com/trends
137 http://www.seitwert.de; http://www.qualidator.com
138 http://www.seoquake.com
139 http://www.socialwebsiteanalyzer.com

Position einer Website in Suchmaschinen sorgen, um bei Nutzer-Abfragen oben in der Verweisliste zu erscheinen.

Dabei ist zu unterscheiden zwischen organischen Ergebnissen (organic listings) durch die Optimierung der eigenen Website für eine prominente Position im Suchmaschinen-Index, was als Search Engine Optimization (SEO)[140] bezeichnet wird; sowie bezahlter Keyword-Werbung (paid listings), bei der für Suchbegriffe Textanzeigen gebucht werden, die zur Suchanfrage passend eingeblendet werden, sogenanntes Search Engine Advertising (SEA). Natürlich muss jede Organisation selbst entscheiden, wie weit sie sich Maßnahmen anpassen will bzw. wie weit sie auf Suchmaschinen wie Google und ihre Nutzer verzichten kann.

SEO: Von der OnPage- zur OffPage-Optimierung

Bei der Suchmaschinenoptimierung ist zu differenzieren zwischen Maßnahmen der OnPage-Optimierung auf der eigenen Webseite und externen Faktoren (OffPage-Kriterien), die den bedeutenderen Einfluss auf das Ranking moderner Suchmaschinen haben. Die folgenden Maßnahmen sind nur einige Anregungen unter einer Vielzahl von Faktoren, die die Position einer Website in Suchmaschinen bestimmen. Und Achtung: Suchmaschinen bestrafen Fehler und versuchten Betrug hart – mit der Verbannung einer Website aus dem Index.[141] Gleichzeitig muss man die Bedeutung einschränken: Wer die Regeln für nutzerfreundliches Webdesign einhält, hochwertige, einmalige Inhalte anbietet, sich mit anderen Websites erfolgreich verlinkt, der wird von den Suchmaschinen-Crawlern meist bald Besuch erhalten.

Basis-Maßnahmen: Für den Einstieg lassen sich folgende Maßnahmen einfach realisieren. Darunter auch Maßnahmen, die eine Suchmaschinenoptimierung positiv begleiten, ohne als Rankingfaktor direkten Einfluss zu haben: [142]

- Domain-Klarheit: Die Grundvoraussetzung für das leichte Finden einer Website ist ein möglichst einfacher Domain-Name. Schon zum Schutz des eigenen Unternehmens vor Domain-Grabbern sollte der Firmennamen sowie die Namen der wichtigen Marken und Produkte in allen Varianten reserviert werden[143]. Dazu zählen auch eigene Slogans;
- Domain-Alter: Ältere Domains, die schon lange registriert sind, erhalten von Suchmaschinen einen Bonus. So sollten erfolgreiche Domains nicht aufgegeben werden;
- Sprechende URLs: Adressen wie www.buecher.de/dvd/stieglarsson/verdammnis/ sorgen für höhere Klickraten auf den Suchergebnisseiten.

OnPage = Keyword-Integration: Die OnPage-Maßnahmen[144] umfassen alle Schritte, die sich zur Verbesserung der Suchmaschinen-Position vom Website-Betreiber durchführen lassen. Sie bilden gleichzeitig die Basis für eine die Optimierung bei OffPage-Faktoren. Dazu

---

140 Google hat ein gutes Dokument zur Suchmaschinenoptimierung bereit gestellt. http://bit.ly/b8R2Uv.

141 Unter http://www.google.de/intl/de/webmasters/guidelines.html finden sich die Richtlinien, die bei einer Suchmaschinen-Optimierung bei Google zu berücksichtigen sind.

142 Online-Medien unterliegen einem ständigen Wandel. Dies gilt auch für die Maßnahmen der Website-Vermarktung. So kann es durchaus passieren, dass Maßnahmen, die heute als sinnvoll vorgeschlagen werden, in kurzer Zeit nicht mehr funktionieren. Daher sollen diese Tipps in erster Linie ein Gefühl für die Chancen der Website-Vermarktung vermitteln.

143 Genau Beschreibung zum Nachlesen: http://www.denic.de/domains/registrierung-und-aktualisierung.html

144 Detaillierte Anleitung zur OnPage-Optimierung: http://www.ranking-check.de/blog/onpage-in-die-fresse/

müssen Keywords gefunden und mit dem realen User-Suchverhalten verglichen werden.[145]
Keywords sind vor allem an folgenden Stellen auf der Webseite zu integrieren:

- In den »title«-Tag als wichtigstem OnPage-Rankingfaktor, der wenige, dafür aussagekräftige Keywords zur jeweiligen Seite beinhalten sollte;
- in den »description«-Tag, der in Suchmaschinen teils als Ergänzung zur Überschrift angezeigt wird, Auswirkungen auf die Klickrate hat und daher in ein bis zwei Sätzen den Inhalt mit den wichtigsten Keywords beschreiben sollte;
- in Keywords, auch wenn sie ihre frühere Bedeutung verloren haben;
- in Haupt- und Zwischentitel, damit Suchmaschinen die Website als wichtig einstufen;
- in Textlink- und Bildtexte.

Weiter sollte Wert gelegt werden auf einmalige Inhalte, da diese User länger an die Seite bindet, wodurch die Seite als relevant eingestuft wird; sowie auf aktuelle Inhalte, werden regelmäßig aktualisierte Webseiten von den Crawlern der Suchmaschinen häufiger besucht, wodurch sich wiederum neue Inhalte in deren Index platzieren lassen.

OffPage: Aufbau einer Backlink-Struktur: OffPage bezeichnet alle Maßnahmen der Suchmaschinenoptimierung, die außerhalb der eigenen Webseite liegen. Im Mittelpunkt der OffPage-Optimierung steht der Aufbau einer starken Backlinkstruktur.

- PageRank[146]: Auch wenn der PageRank viel von der Dominanz verloren hat, hat ein Link von einer Website mit höherem PageRank eine positive Wirkung auf die verlinkte Seite;
- Themenrelevanz: Suchmaschinen bewerten nicht nur die Häufigkeit der Verlinkung, sondern auch die thematische Relevanz, aus welcher der Link stammt. Links von Seiten, die thematisch mit der verlinkten Seite verwandt sind, werden besser gewichtet;
- Linkstruktur: Google legt besonderen Wert auf eine natürlich gewachsene Linkstruktur. Verzeichnet dagegen eine Website plötzlich durch den Gewinn vieler Partner in kurzer Zeit deutlich mehr Links, so kann dies als Manipulationsversuch eingeschätzt werden;
- Linktexte: Suchmaschinen werten aus, mit welchen Begriffen ein Link auf eine Website gesetzt wird. Kommen die wichtigsten Keywords in den Links vor, so wirkt sich dies positiv auf das eigene Ranking aus;
- Linkalter: Suchmaschinen beziehen auch das Alter der Links in ihre Bewertungen ein. Damit soll verhindert werden, dass starke Links kurzzeitig gemietet werden.

Paid Listing: Werbung in Suchmaschinen

Wenn eine Suchmaschine in der Lage ist, den Nutzern genau die Ergebnisse anzuzeigen, die ihnen am wichtigsten sind, dann weiß die Suchmaschine auch, was die Nutzer in diesem Moment wollen. Was lag näher, Nutzern auf ihre Suchanfragen abgestimmte kommerzielle Angebote einzublenden. Die Idee für Paid Listings, bezahlte Keyword-Werbung, war geboren. Dazu werden Textanzeigen mit den Ergebnissen der Suchanfrage eingeblendet – mit dem Wort »Anzeige« markiert. Beim König der Suchmaschinen heißt dieses Tool

---

145 Dies lässt sich mit folgenden Keyword-Tool überprüfen https://adwords.google.com/o/KeywordTool
146 Ein PageRank von Seiten lässt sich zum Beispiel hiermit überprüfen: http://www.gaijin.at/
   olsgprank.php

»Google AdWords«[147]. Anzeigen werden zusätzlich zu den Ergebnis-Seiten auf Google-Partnerseiten eingeblendet, deren Betreiber das Google AdSense-Programm nutzen. Bei jedem Klick auf die Anzeigen auf den Websites verdienen die Inhaber der Webseiten mit.

Werbetreibende können Begriffe buchen. Dabei hat sich ein Gebührensystem durchgesetzt, das bei allen Anbietern praktisch identisch ist: »Cost per Click«. Das heißt: Wenn ein Besucher die Anzeige anklickt und auf die Website des Werbetreibenden geleitet wird, fallen Kosten für den Werbetreibenden an. Dieses erfolgsabhängige Modell bietet selbst kleineren Unternehmen eine finanziell machbare Lösung, für sich in Suchmaschinen zu werben. Bezahlte Suchmaschinenwerbung hat sich im Verlauf der letzten Jahre zum Top-Instrument im Online-Marketing-Mix der Unternehmen entwickelt. Experten gehen davon aus, dass die Bedeutung bezahlter Suchmaschinenwerbung weiter ansteigen wird. Laut Prognose des Online-Vermarkterkreises (OVK) im Bundesverband Digitale Wirtschaft (BVDW)[148] belaufen sich 2012 die Ausgaben für die Suchwort-Vermarktung auf 2.284 Millionen Euro – und damit um 10 Prozent höher als im Jahre 2011.

TIPP 23

Hinweise für eine erfolgreiche AdWords-Kampagne
- *Texten Sie genau auf ein hohes Klick-Abschluss-Verhältnis hin;*
- *Suchen Sie sich auch Nischenbegriffe, um Kosten pro Klicks zu sparen;*
- *Experimentieren Sie mit Begriffen und Keyword-Optionen bei überschaubarem Risiko;*
- *Experimentieren Sie mit variablen Anzeigentexten;*
- *Legen Sie für Ihre AdSense-Partner separate Kampagnen an;*
- *Begrenzen Sie zumindest am Anfang Ihre Werbekosten;*
- *Benennen Sie »ausschließende Keywords«, um den Qualitätsfaktor zu erhöhen;*
- *Setzen Sie den Surfer auf einer Landing Page ab, die zum gesuchten Begriff passt;*
- *Messen Sie regelmäßig die Kosten und den Erfolg pro Suchbegriff.*

5.4   Der E-Mail-Newsletter

5.4.1 Von Chancen und Grenzen

Seit der Ingenieur Ray Tomlinson im Winter 1971 die erste E-Mail verschickte, hat sich die elektronische Post zum mächtigen Kommunikationswerkzeug entwickelt. Insbesondere seit Anfang dieses Jahrtausends ist die Zahl der Nutzer exponentiell gewachsen, die tagtäglich Nachrichten und Dateien durch die Netze verschicken. Ende 2012 gab es 3,3 Mil-

---

147 Wer selbst AdWords schalten will, findet unter http://adwords.google.de eine gut verständliche Einführung; Schritt für Schritt wird erklärt – Zielgruppen, Text-Anzeige, Suchwörter, Kosten, Freischaltung -, wie sich Anzeigen gestalten und zur Freischaltung an Google übermitteln lassen; dazu sind zahlreiche Vorschriften gerade beim Texten der Anzeigen zu beachten; noch besser ist die folgende Anleitung: http://www.winlocal.de/blog/wp-content/uploads/2012/08/Winlocal-Google-AdWords-Anleitung.html

148 Der gesamte OVK Online-Report 2012/02: http://www.ovk.de/fileadmin/downloads/ovk/ovk-report/ovk-report12-2.pdf

liarden E-Mail-Accounts[149], über die im Jahre 2013 über 500 Milliarden Mails versendet werden sollen[150]: Zum Dialog mit Kunden, zum Austausch unter Wissenschaftlern, zum Versand von Pressemitteilungen oder zur Bewerbung von Angeboten wie beispielsweise per E-Mail-Newsletter. Der Grund: E-Mails sind preiswert, erreichen schnell den Empfänger, lassen sich individualisieren, bieten direkte Antwortoptionen und belegen den messbaren Austausch.

Insbesondere E-Mail-Newsletter haben sich zum zentralen Kommunikationskanal entwickelt. Laut Allensbacher Computer- und Technik-Analyse (ACTA) 2011 beziehen 44 Prozent der deutschen Internetnutzer zumindest einen Newsletter.[151] Eine Vorgängerstudie hatte herausgefunden, dass davon 57,7 Prozent drei bis zehn Newsletter und jeder Zehnte sogar mehr als zehn Newsletter bezieht. Und das gerade dann, wenn sie zwischen 25 und 39 Jahren jung und eine gute Ausbildung mit Abitur und Studium genossen haben.

Siegeszug trotz Spam

Der Siegeszug von E-Mail und E-Mail-Newsletter ließ sich auch nicht durch die Unmengen an Spam stoppen, die die Kommunikationskanäle regelmäßig verstopfen. Hatte Microsoft-Gründer Bill Gates im Januar 2004 beim Weltwirtschaftsforum in Davos noch verkündet, dass Spam innerhalb von zwei Jahren »a thing of the past« sein würde[152], so hat sich diese Prognose nicht bewahrheitet. Im Gegenteil: Der Spam-Anteil am Gesamt-Mailaufkommen liegt heute bei über 70 Prozent.[153] Und fünf bis acht Prozent davon werden von den Empfängern – oft versehentlich – geöffnet.

Es sind nicht nur die unerwünschten Werbe-Mails, die private wie berufliche Nutzer belasten und trotz stetig verbesserter Antispam-Software in den Postfächern landen. Angesichts der Spam-Bedrohung stellen Internet-Provider die Filtersoftware schärfer ein, mit der Folge, dass sie selbst permission-based E-Mails blockieren – so genannte »False Positives«. Diese – Studien sprechen von 20 Prozent – irrtümlich geblockten Mails verursachen hohen Schaden und finanzielle Einbußen gerade bei Unternehmen wie Fluglinien oder bei Einzelhändlern, für die das E-Mail-Marketing einen zentralen Rang im Kommunikations-Mix hat.

Rechtliche Grundlagen

Kein Wunder also, dass sich die Rechtsprechung des Themas annahm. §7 des Gesetzes gegen den unlauteren Wettbewerb (UWG)[154] sieht in (Werbe-)E-Mails eine unzumutbare Belästigung von Empfängern, wenn keine Einwilligung vorliegt. Weiter definiert das Gesetz die Bedingungen, unter denen E-Mail-Werbung erlaubt ist: Eine unzumutbare Belästigung bei einer Werbung unter Verwendung elektronischer Post sei nicht anzunehmen, wenn

a. ein Unternehmer im Zusammenhang mit dem Verkauf einer Ware oder Dienstleistung von dem Kunden dessen elektronische Postadresse erhalten hat,

b. der Unternehmer die Adresse zur Direktwerbung für eigene ähnliche Waren oder Dienstleistungen verwendet,

c. der Kunde der Verwendung nicht widersprochen hat und

---

149 http://www.emailmarketingblog.de/2012/11/28/infografik-die-e-mail-in-zahlen
150 http://www.radicati.com/?p=3237
151 http://www.ifd-allensbach.de/fileadmin/ACTA/ACTA_Praesentationen/2011/ACTA2011_Koecher.pdf
152 http://news.bbc.co.uk/2/hi/business/4023667.stm
153 http://royal.pingdom.com/2012/01/17/internet-2011-in-numbers/
154 http://www.gesetze-im-internet.de/uwg_2004/__7.html

d. der Kunde bei Erhebung der Adresse und bei jeder Verwendung klar und deutlich darauf hingewiesen wird, dass er der Verwendung jederzeit widersprechen kann, ohne dass hierfür andere als die Übermittlungskosten nach den Basistarifen entstehen.[155]

Damit sind die Ansprüche klar geregelt, die an einen einwandfreien Verkehr per E-Mail-Werbung – und damit auch per Newsletter – gestellt werden. Wer also E-Mail-Marketing betreiben will, muss sorgfältig mit seinen Adressen umgehen und stets nachweisen können, dass sich der Empfänger für die Werbung eingetragen hat.

AUSFLUG 23

Die kleine E-Mail-Netiquette

Spam, False Positives und gefälschte Absender sind nicht das einzige Problem in der professionellen E-Mail-Kommunikation. Fünf kurze Tipps:

1. **Absender und Betreffzeile als Vertrauensanker:**[156] Anhand des Briefkopfes entscheiden Empfänger, ob sie die Mail öffnen, später öffnen oder sofort löschen. Daher sollte die »Von«-Zeile den klaren Namen des Absenders tragen. Die Betreffzeile ist so aussagekräftig wie möglich zu formulieren, damit sie das Interesse am Inhalt weckt.
2. **E-Mail als persönliche Visitenkarte:** Jede E-Mail ist die persönliche Visitenkarte des Absenders. Formelle Anrede und korrekte Rechtschreibung sollten gerade im Geschäftsverkehr selbstverständlich sein. Kurze Sätze, kompakte Absätze, klare Formulierungen, eindeutige Zwischentitel helfen, damit Texte sich leichter lesen lassen.
3. **Probleme bei Gestaltung:** Viele Nutzer greifen zur HTML-Mail, um die E-Mail dem Corporate Design anzupassen. Oftmals werden diese Mails als Spam klassifiziert bzw. beim Empfänger fehlerhaft dargestellt. Zudem wird häufig aus Sicherheitsgründen der Empfang von HTML-Mails unterbunden. Wer will, dass seine E-Mails stets korrekt und sicher ankommen, sollte sich auf das pure Text-Format beschränken.
4. **Vorsicht bei paralleler Ansprache:** Mehrere Empfänger lassen sich parallel ansprechen – für jeden sichtbar über das Feld »cc:« (carbon copy) bzw. nur für den Versender sichtbar über das Feld »bcc:« (blind carbon copy).
5. **Chancen per Signatur:** Die E-Mail-Signatur bezeichnet den Adress-Anhang unter jeder E-Mail, auch Abbinder oder Footer genannt. Diese beinhaltet alle rechtlich notwendigen Pflichtangaben wie Adresse, Kontaktinformationen, geschäftliche und rechtliche Daten zu Geschäftsführer, Sitz, Steuernummern etc. Gleichzeitig bietet sie sich an, kompakte Werbebotschaften zu integrieren – ob Hinweise auf den baldigen Umzug, das kommende Sommerfest, den Firmen-Newsletter oder das neue Buch samt Bestellmöglichkeit.

---

155 http://www.gesetze-im-internet.de/uwg_2004/__7.html
156 Rechtlich relevant: In E-Mail-Kopf und Betreffzeile dürfen weder der Absender noch der kommerzielle Charakter der Nachricht verschleiert oder verheimlicht werden. Dies legt §6 Abs. 2 Telemediengesetz (TMG) fest.

5.4.2 Die Formate

Seitdem im November 2003 die Forscher Susanne Fittkau und Holger Maaß in einer W3B-Studie[157] die intensive Wahrnehmung von E-Mail-Newslettern belegt hatten, haben sich Newsletter zu einem zentralen Kommunikations- und Marketingkanal entwickelt. Viele Organisationen führten diese ein, um den Informationsaustausch mit ihren Zielgruppen zu intensivieren. Für sie stellen Newsletter ein effizientes und kostengünstiges Medium dar, mit Kunden, Mitarbeitern, Interessenten in einen Dialog zu treten, Produkt- und Branchenwissen zu vermitteln, sie über aktuelle Entwicklungen, Aktivitäten, Termine und Angebote zu informieren und Produkte zu verkaufen.

Das Potenzial für Versender ist enorm: 42 Prozent aller deutschsprachigen Internet-Nutzer lesen mindestens einmal pro Woche einen Newsletter, weitere 16 Prozent zumindest einmal pro Monat.[158] Dies verdeutlicht die enge Bindung an Newsletter – sofern sie gewollt und bestellt sind. So differenzieren User klar zwischen bestellten und unerwünschten Newslettern: Abonnierte werden von über 64 Prozent der Internet-Nutzer gelesen bzw. überflogen und nur wenige von ihnen sofort gelöscht; unerwünschte Werbe-Mails finden dagegen zu 77 Prozent den sofortigen Weg in den virtuellen Mülleimer, die Lesequote liegt bei unter sechs Prozent. Dies zeigt: Wer E-Mails an Empfänger versendet, die sich nicht zweifelsfrei als Abonnenten eingetragen haben, wird keinen Erfolg haben.

Abb. 27: Wie Nutzer mit Werbe-E-Mails und -Newsletter umgehen; Fittkau & Maaß, W3B, 4-5/2009

157 vgl. Fittkau & Maaß, Ergebnisse der 17. WWW-Benutzer-Analyse W3B, 11/2003, http://www.w3b.org/ergebnisse/w3b17

158 vgl. Fittkau & Maaß, Spam gefährdet E-Mail-Marketing, 4-5/2009, http://www.w3b.org/nutzungsverhalten/spam-gefaehrdet-e-mail-marketing.html

Angesichts des großen Angebots an Newslettern kommt es heute darauf an, sich aus der Masse abzuheben. Ansonsten wird der Newsletter schnell aussortiert. So haben sich vor allem diejenigen Newsletter durchgesetzt, die durch Inhalte überzeugen, Lesern einen hohen Nutzwert bieten, damit Vertrauen zum Unternehmen und dessen Angeboten aufbauen und die Leser für dieses Vertrauen regelmäßig belohnen.

Eine kurze Definition

Bei einem E-Mail-Newsletter[159] handelt es sich um eine zumeist kostenlose Publikation, die Abonnenten aktuelle Themen, Informationen und Angebote in regelmäßigen Abständen direkt in ihr E-Mail-Postfach liefert. Dazu erfolgt die Kommunikation über ein Medium, das der Nutzer bewusst bestellt hat und ihm damit eine höhere Aufmerksamkeit schenkt. Resonanz und Leseverhalten lassen sich in Echtzeit an Öffnungs-, Linkklickraten sowie weiterer Faktoren auswerten. Begriffe wie Publikation, Abonnenten, regelmäßig, aktuell betonen bereits den Charakter von E-Mail-Newslettern, die sich am ehesten mit einer Kundenzeitung vergleichen lassen, die diese Funktion in gedruckter Form erfüllt.

Grundsätzlich unterscheidet man zwei Arten – zuzüglich Mischformen: Produkt-Newsletter wie sie Fluggesellschaften, Reiseveranstalter, Modehäuser, Versandhändler einsetzen, um Angebote und Rabattaktionen zu kommunizieren; der klare Fokus liegt hierbei auf hohen Öffnungs- und damit Verkaufsraten. Die zweite Art sind redaktionelle Newsletter von Unternehmen, die vorwiegend der Information, Kundenbindung und Imagepflege dienen. Auf dieses PR-Instrument wird vorwiegend eingegangen. Beiden Arten ist gemeinsam, dass sie bestimmten Regeln und Kriterien – formal, inhaltlich, rechtlich – folgen sollten.

So ist die Konzeption eines Newsletters ein sorgfältiger Prozess. Wichtige Kernfragen sind in dieser frühen Phase zu beantworten: Welchen Zweck verfolgt der Newsletter? Welcher inhaltliche Fokus soll gelegt werden? Welche Erwartungshaltung und welches Vorwissen hat die anvisierte Zielgruppe? Wie viele personelle, finanzielle und technische Ressourcen stehen zur Verfügung? Und wie integriere ich den Newsletter in meine Gesamtkommunikation? Erst wenn diese Fragen beantwortet sind, wird der künftige Newsletter sich als erfolgreiches Kommunikations- und Dialoginstrument erweisen.

Die Wahl des passenden Formats

Jeder Herausgeber muss entscheiden, welches Format er für seinen Newsletter für geeignet hält, welches die Inhalte passend transportiert. In den letzten Jahren hat sich das HTML-Format als Newsletter-Standard durchgesetzt. Das gestaltete Format bietet Unternehmen die Chance, den Newsletter an den eigenen Corporate-Design-Richtlinien auszurichten – und dies mit einer hohen gestalterischen Freiheit für Optik, Lesbarkeit, Emotionalisierung und interner Navigation. Der Nachteil: Eine HTML-Darstellung wird oft als Spam klassifiziert bzw. in manchen E-Mail-Clients falsch dargestellt. Zudem steigt die Dateigröße, was sich gerade beim Abruf über mobile Endgeräte auswirkt.

Das Gegenstück ist der Text-Newsletter, was heißt: Keine grafische Gestaltung, keine Bilder, keine Formatierungen. Der Newsletter wird per Text-Editor verfasst, direkt in die

---

159 Hinweis: Neben dem Newsletter gibt es noch weitere E-Mail-Marketing-Instrumente, die eher auf werblicher Seite eingesetzt werden. Auf Formen wie Stand-Alone E-Mails, Alerts und Reminder, Sales-Mails zum Post-Sale-, Bestätigungs- und Order-Status, Trigger- und Transaktions-Mails wird an dieser Stelle nicht weiter eingegangen.

E-Mail kopiert und an den Verteiler versandt. Dazu bleibt das Dokument klein und trägt keinerlei versteckte Viren in sich. Auch werden Inhalte von jedem Mail-Client fehlerfrei dargestellt. Selbst wenn der Anteil dieser Plain-Text-User nur sehr gering ist, sollte eine pure Version als zusätzliche Option selbstverständlich sein – gerade für Nutzer mobiler Endgeräte.

In den letzten Jahren setzt sich zudem das Multipart-Format immer stärker durch. Mit professioneller E-Mail-Software werden Newsletter in beiden Varianten (Text + HTML) parallel versendet. Jetzt entscheidet auf Empfängerseite das Mail-Programm, ob sie die HTML-Variante anzeigen kann oder ob der Empfänger die Text-Version zu sehen bekommt.[160]

TIPP 24

Chancen durch Dienstleister[161]

Trotz erhöhter Kosten bietet der Versand über E-Mail-Marketing-Dienstleister klare Vorteile:

- *Rechtssicheres Blacklisting: Wenn ein Abonnent sein Einverständnis widerrufen hat, werden weitere E-Mails an diese E-Mail-Adresse künftig blockiert;*
- *Verwaltung von Rückläufern: Erlöscht eine E-Mail-Adresse, wird sie automatisch vom System nicht mehr angeschrieben;*
- *Anonymisierte Auswertung: Sofort lässt sich messen, welche Inhalte und Links wie stark und zu welchem Zeitpunkt angeklickt werden;*
- *Whitelisting bei Providern: E-Mails werden bei Providern als »Nicht-Spam« markiert – und damit die Zahl der ankommenden E-Mails deutlich erhöht;*
- *Multipart-Versandlösung: Die Empfängerseite entscheidet, ob sie die versendete E-Mail im HTML- oder im Text-Format erhalten wird.*

5.4.3 Der Anmeldeprozess

Viele Newsletter scheitern daran, dass sie zwar richtig konzipiert, sauber getextet und gut gestaltet, aber auf der Webseite nur schwer zu finden sind. Stattdessen sollte der Newsletter sofort sichtbar in die Homepage integriert sein. Findet der Nutzer das Eingabefeld nicht an diesen Stellen, wird er nicht weiter suchen. Mehr als 15 Sekunden investiert er selten in das Scannen der angebotenen Inhalte auf einer Startseite.[162] Die Alternative ist die Bereitstellung eines ausführlichen Formulars, auf das verlinkt wird. Dieses beinhaltet neben der E-Mail-Adresse oft Anrede, Name, Adresse, gerne ergänzt mit individuellen Angaben. Wie groß das Formular ist, bleibt jedem überlassen – so lange bis auf die E-Mail-Adresse alle Angaben freiwillig sind. Bereits bei der Anmeldung sollte deutlich auf die Vorteile eines Abonnements hingewiesen werden. Zur Unterstützung ist es sinnvoll, Interessenten vergangene Newsletter als Beispiele zur Verfügung zu stellen, damit sie sich von den genannten Vorteilen überzeugen können. Sie müssen sogleich erkennen, was sie als Nicht-Abonnenten verpassen würden. Die Wahl des Formats zählt ebenso zu einem guten Service.

---

160 Auch bei Multipart-E-Mails kann es vorkommen, dass besonders sicherheitsbewusste Provider diese E-Mails aussortieren.

161 Einen Überblick über E-Mail-Marketing-Software-Anbieter: http://www.absolit.de/Anbieter-e-mail-marketing-software.htm

162 Vgl. Heijnk (30.09.2010)

Die rechtssichere Anmeldung[163]

Schon der Anmeldeprozess unterliegt rechtlichen Vorgaben. So schreibt das Gesetz zum Schutz vor unlauterem Wettbewerb (UWG) §7 Absatz 3 vor[164], dass im Vorfeld eine ausdrückliche Einwilligung des Adressaten eingeholt werden muss. Ansonsten würde ein Marktteilnehmer auf unzulässige Weise unzumutbar belästigt werden. Das Telemediengesetz definiert in §13 Abs. 2, dass der Diensteanbieter sicherstellen muss, dass der Nutzer seine Einwilligung bewusst und eindeutig erteilt hat, diese protokolliert wird, der Nutzer den Inhalt jederzeit abrufen und mit Wirkung für die Zukunft widerrufen kann.[165] Selbst wenn das Gesetz kein Verfahren vorschreibt, so ist die Protokollierung nur mit dem so genannten Double-Opt-In-Verfahren (siehe Abb. 28) möglich, das Unternehmen standardmäßig verwenden sollten. Dies gilt übrigens auch für den Fall, dass die E-Mail-Adresse beispielsweise bei einer persönlichen Begegnung, einer Messe, einem Event erhalten wurde.

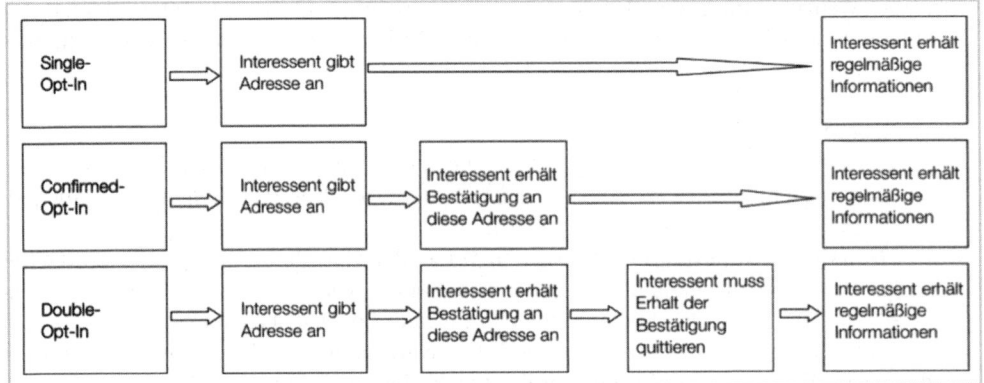

Abb. 28: Die Opt-In-Verfahren im Vergleich; eigene Darstellung

Zudem muss darauf hingewiesen werden, dass der Newsletter jederzeit bequem wieder abbestellt werden kann. Dies sollte nicht nur am Ende jedes Newsletters möglich sein. Um frühzeitig Vertrauen aufzubauen, sollte jeder Betreiber bereits die Anmeldung mit solch einem Hinweis ergänzen.

Eine weitere Vorschrift betrifft den Grundsatz der Datensparsamkeit. So hat der Gesetzgeber festgelegt, dass die E-Mail-Adresse ausreichen muss, um einen Newsletter zu abonnieren. Nur dann ist die gesetzlich geforderte anonyme Nutzung garantiert (§ 3a BDSG[166], § 13 Abs. 6 TMG[167]). Weitere Pflichtfelder wie Name, Vorname, Adresse, Alter etc. dürfen ausschließlich als freiwillige Felder aufgeführt sein. Für eine rechtskonforme Einwilligung muss laut § 13 TMG bei der Anmeldung ausdrücklich auf den Zweck der Erhebung, Verarbeitung und Nutzung der Daten hingewiesen werden.[168] Dazu ist dem Empfänger zuzu-

---

163 Wichtige Hinweise in der eco Richtlinie für zulässiges Online-Marketing: http://online-marketing. eco.de/files/2011/10/Richtlinie-OM_2011.pdf

164 http://www.gesetze-im-internet.de/uwg_2004/__7.html

165 http://www.gesetze-im-internet.de/tmg/__13.html

166 http://www.gesetze-im-internet.de/bdsg_1990/__3a.html

167 http://www.gesetze-im-internet.de/tmg/__13.html

168 http://www.gesetze-im-internet.de/tmg/__13.html

sichern, seine Mail-Adresse vertraulich zu behandeln und nicht an Dritte weiter zu geben. Außerdem sollte die Anmeldung mit den rechtlichen Rahmenbedingungen ergänzt werden, in dem Art, Umfang und Inhalt der E-Mail nachzulesen sind, die der Empfänger regelmäßig zu erwarten hat.

5.4.4 Der Newsletter-Aufbau

»User spend 51 seconds reading the average newsletter«, so das Ergebnis einer Studie der Nielsen Norman Group[169]. Und weiter: »The layout and writing both need superb usability to survive in the high-pressure environment of a crowded inbox.« Eine verständliche Struktur ist die Voraussetzung: Klare, wiederkehrende Rubriken, kompakte Texte, aussagekräftige Überschriften und leicht erkennbare Links zu weiterführenden Informationen erleichtern die Wahrnehmung der Inhalte. Auch die richtige Breite ist entscheidend: Die Maximale beträgt in vielen E-Mail-Programmen 600 Pixel. Ist der Newsletter breiter, müssten Empfänger scrollen.

Klare Gliederung

Jeder gute Newsletter besitzt eine übersichtliche Gliederung, die es Lesern ermöglicht, das Wesentliche auf einen Blick zu erfassen. Dazu baut er auf drei Basiselemente auf, die jede Ausgabe von oben nach unten klar gliedern:

- Der **Newsletter-Kopf** informiert über den Versender. Gestaltet im Corporate Design (bei HTML-Version) des Versenders trägt er den Namen des versendenden Unternehmens, den Newsletter-Titel, das Erscheinungsdatum und die Ausgabe-Nummer.
- Der **Newsletter-Körper** beinhaltet das Inhaltsverzeichnis. In der HTML-Ausgabe kann der Leser über Links direkt auf den Beitrag in der gewünschten Rubrik springen. Das Editorial weist prägnant auf den Schwerpunkt der Ausgabe hin. Der Inhalt besteht aus klar gegliederten und wiederkehrenden Rubriken mit aussagekräftigen Überschriften für eine schnelle Orientierung. Innerhalb dieser Abschnitte sind die Einzelmeldungen gut sichtbar voneinander abgesetzt. Bei Bedarf führt ein Link auf eine Unterseite der Website, auf der interessierte Leser ausführlichere Informationen erhalten.
- Im **Newsletter-Fuß** befindet sich das Impressum sowie Optionen, den Newsletter abzubestellen, weiterzuleiten, umzubestellen, das Empfangsformat zu ändern oder Kontakt mit der Redaktion aufzunehmen. Die Abbestellung sollte einfach möglich sein – in dem der Nutzer entweder den Newsletter mit dem Betreff »Unsubscribe« oder »Abbestellen« zurücksendet und er dazu nur einen Direkt-Link anklickt.

AUSFLUG 24

Die Impressumspflicht

Jeder geschäftsmäßige Dienst auch im Internet benötigt in Deutschland ein rechtssicheres Impressum. Die Angaben sind laut Vorschriften »leicht erkennbar, unmittelbar erreichbar und ständig verfügbar zu halten«. Im Sinne der Anbieterkennzeichnung schreibt §5 Abs. 1 TMG die Angabe von Namen und Anschrift vor. Bei Anbietern, die Newsletter geschäftsmäßig betreiben, gelten erweiterte Informationspflichten. So sind zusätzlich Telefonnummer,

---

169 Vgl. http://www.nngroup.com/reports/newsletters/

E-Mail-Adresse, Handelsregister mit -nummer sowie – soweit vorhanden – Umsatzsteuer- und Wirtschaftsidentifikationsnummer zu nennen.[170]

Individualisierte Ansprache

Neben einem hohen Maß an Usability lebt ein Newsletter von der individuellen Ansprache beim Kontakt zwischen Newsletter und Abonnent. Damit er also überhaupt vom Empfänger geöffnet wird, muss auf drei Aspekte Rücksicht genommen werden: Der Absender muss leicht erkennbar sein. Er ist Vertrauensanker und damit wichtiger Öffnungsfaktor. Diese Kennzeichnung trägt zusätzlich bei, dass der Empfänger die Aussendung nicht mit regulären E-Mails verwechselt, die er eventuell vom Unternehmen erhält. Anhand der Betreffzeile als zweiten Faktor entscheidet der Empfänger, ob der Inhalt lesenswert, sofort gelesen, auf später verschoben oder direkt gelöscht wird. Sie muss daher aussagekräftig formuliert sein. Angesichts der Vielzahl an Newslettern genügt es nicht, sich auf Datum, Nummer und Name des Newsletters zu beschränken, wie die häufige, aber schlechte Betreffzeile »Newsletter 12 vom September 2013« zeigt. Stattdessen gehört das zentrale Nutzenargument, das Besondere, der sogenannte Aufhänger in den Betreff. Dieser muss verraten, warum sich gerade diese Ausgabe zu lesen lohnt. Und dies in höchstens 70 Zeichen. Nur so wird sie in den unterschiedlichen Programmen und E-Mail-Clients korrekt dargestellt.

TIPP 25

Checken Sie Ihre Betreffzeile

Auf der Website des E-Mail-Marketing-Dienstleisters litmus lässt sich überprüfen, wie Ihre Betreffzeile in den verschiedenen Browsern und Web-Mailern dargestellt wird. Nach Eingabe Ihrer Betreffzeile erhalten Sie einen Überblick, wie viel vom Betreff übertragen wird.

Zum Betreff-Checker: www.litmus.com/resources/subject-line-checker

---

E-Mail-Marketing ist – dritter Erfolgsfaktor – Beziehungsmarketing. Dazu gehört die individuelle Ansprache. Unpersönliche Ansprachen wie »Sehr geehrte Damen und Herren« oder das einfache »Hallo« deuten auf eine Massensendung ist. Gleichzeitig setzen die Gesetze Grenzen, muss doch wie erwähnt jeder Eintrag für einen Newsletter mit der Angabe der E-Mail-Adresse möglich sein. Trotzdem ist eine persönliche Ansprache mit Einschränkungen möglich, indem das verbindende Thema im Vordergrund steht. Die Ansprache eines Reiseveranstalters mit Asien-Fokus könnte »Liebe Asien-Reisende«, bei einem Wein-Newsletter »Sehr geehrte Bordeaux-Genießer«, beim Film-Verleih »Hallo Film-Fans« lauten.

5.4.5 Die Inhalte

Die Individualisierung baut auf der Personalisierung auf, um den Newsletter-Content auf einzelne Empfängertypen zuzuschneiden. Auf diese Weise erhält eine Empfängergruppe nur die Informationen, die sie sich wünscht. Dazu müssen konkrete Details zu den Vorlieben der Abonnenten vorliegen, die diese entweder beim Abonnement ankreuzen kön-

---

170 Detaillierte Angaben: http://www.gesetze-im-internet.de/tmg/__5.html

nen oder die im Zug der Newsletter schrittweise erfragt wurden. Fans eines Sportvereins würden nur die Informationen zu ihrer Lieblingssportart, Reisende nur auf ihre individuellen Reisevorlieben zugeschnittene Offerten erhalten. Zudem lassen sich dynamische Inhalte integrieren: Der aktuelle Kontostand bei Miles & More oder der Punktestand beim Mode-Hersteller Mexx – stets in Kombination mit den damit erreichbaren und sofort eintauschbaren Punkteprämien – sind positive Beispiele für individualisierte E-Mail-Newsletter-Kampagnen.

AUSFLUG 25

Lifecycle Marketing

Individualisierung, Personalisierung, Auswertung: Diese Faktoren bilden die Voraussetzungen für ein ganzheitliches Lifecyle Marketing, Königsdisziplin im E-Mail-Marketing. Einfach gefasst heißt dies: Relevante Nachrichten zur richtigen Zeit und in der richtigen Häufigkeit je nach Art des Kunden auf Interessen und Verhalten abgestimmt. Auf Basis des Kundenlebenszyklus – also den Interessen und Daten der Empfänger angepasst – werden individuelle Mailings entwickelt, die durch ihre feingliedrige Ansprache eine deutlich höhere Wahrnehmung versprechen. Auf Basis der Analyse der Empfängerkreise gilt es, Kundenhistorien aufzubauen, um den Kundenlebenszyklus mit allen seinen Facetten zu erfassen.

Mix aus Information, Service und Unterhaltung

Wer einen Newsletter schreibt, bindet Leser über einen Mix aus Informationen, Services, unterhaltenden Elementen und speziellen Anreizen. Dies können sein:

- Information: Firmennews, Branchenmeldungen, Trends, Präsentation neuer Produkte, Vorstellung Mitarbeiter und Partner, Praxisberichte, Servicebeiträge, Medienresonanz;
- Services: Top-Angebote, Abonnenten-Services, Tipps von Experten, Interviews, Gastbeiträge, Fallstudien, Marktanalysen, Fortbildungsangebote, Checklisten, Terminkalender;
- Unterhaltung: Einladung zu Veranstaltungen, Berichte von Events, Tipps und Tricks, Online-Games, Gewinnspiele, Wettbewerbe, Umfragen, Glückwünsche, Feiern.

Gleichzeitig muss der Newsletter wirklichen Mehrwert transportieren, der es Nutzern wert ist, ihn regelmäßig zu lesen. Dazu erwarten sie spezielle Angebote, die ihnen zugute kommen. Schließlich wollen sie das Gefühl haben, etwas Besonderes zu sein. Diese Vorteile müssen klar im Betreff, im Editorial und zwischen den Inhalten ersichtlich sein. Die Einladung zu Produkt-Tests oder zu Events, exklusive Abonnentenservices, Produkte zu Vorzugspreisen, Gutschein-Codes, Sonderangebote oder auch die Selektion von Branchen-News können diese Mehrwerterwartung erfüllen. Auch der Zuschnitt von Informationen auf die persönlichen Wünsche zählt zu den positiven Services, die zur Abonnenten-Bindung beitragen.

5.4.6 Der korrekte Versand

Wenn nach dem Versand an 20.000 Empfänger festgestellt wird, dass eine Verlosung noch nicht freigegeben war, dass die Betreffzeile einen Schreibfehler enthielt, dass die neuesten Zahlen noch nicht überprüft waren, dann sind dies Zeichen für mangelnde Sorgfalt oder zu großem Zeitdruck. Der finale Test der Endfassung zählt zu den wichtigsten Aufgaben – beispielsweise durch Zusendung und Überprüfung von Testmails auf wichtigen Webmailer-Konten. Daneben gibt es weitere Aspekte, die eine relevante Rolle spielen.

Frequenz und Zeitpunkt

Untersuchungen[171] haben aufgezeigt, dass eine zu hohe Frequenz der Hauptgrund dafür war, dass Empfänger den Newsletter abbestellt hatten. Diese sind folglich nur dann willkommen, wenn die Frequenz vernünftig dosiert ist. In der Fachliteratur wird ein Turnus zwischen wöchentlich bis maximal zweimonatlich empfohlen. Verallgemeinern lässt sich dies kaum, hängt der Rhythmus entscheidend mit den Inhalten und dem Informationsbedürfnis der Interessenten zusammen. Am Besten sollte die Frequenz zusammen mit dem Newsletter-Format und dem Zeitpunkt des Versandes bei der Anmeldung abgefragt werden. So kann der Abonnent selbst entscheiden, welcher Rhythmus seinen Wünschen am ehesten entspricht.

Ein weiterer Aspekt ist die Frage nach dem optimalen Versandzeitpunkt. Dieser lässt sich nicht eindeutig festlegen. Abgesehen vom ungünstigen Montagmorgen mit meist überfüllten E-Mail-Posteingängen hängt die Kampagnenplanung eng von Inhalt, Abonnentenverhalten und Zielgruppe ab. Auch die Art der Produkte, saisonale Einflüsse und das Geschäftsmodell beeinflussen mit: Für B2B-Newsletter sind Dienstag bis Donnerstag als Versandzeitpunkt zu empfehlen. Richtet sich der Newsletter an die Adressen von Privatpersonen, so kann ein Versand am Wochenende sinnvoll sein, um die Empfänger in ihrer Freizeit zu erreichen. Tipp: Die individuellen Wünsche lassen sich mittels eines Versandes zu unterschiedlichen Zeitpunkten testen – und die Benchmarks an Öffnungs-, Klickraten etc. analysieren.

Die Erfolgskontrolle

Wenn mehrere Ausgaben des E-Mail-Newsletters an den eigenen Adress-Verteiler versandt wurden, stellt sich die Frage nach dem Erfolg. Kommt er bei den Empfängern positiv an? Welche Themen ziehen besonders? Wie viele zusätzliche Nutzer gewinnt die Homepage pro Newsletter-Ausgabe? Genau bei solchen Fragen spielt der E-Mail-Newsletter seine Vorteile gegenüber Print-Mailings aus. In Echtzeit lassen sich Lesegewohnheiten, Öffnungs- und Klickverhalten und das Interesse an einzelnen Beiträgen oder Gewinnspielen analysieren – um daraus die passenden Schlüsse für die Zukunft zu ziehen. Einige Maßnahmen:

- **Leser-Feedback**: Empfänger sollten regelmäßig nach ihren Wünschen und Kritikpunkten befragt werden, am Besten über ein einfaches Online-Formular;
- **Abonnentenentwicklung**: Das Verhältnis zwischen An- und Abmeldungen sollte beobachtet werden. Falls auf längere Sicht die Zahl der Abmeldungen die Anmeldungen überschreitet, sind die Abonnenten nach dem Grund zu befragen;
- **Auslieferungsrate**: Eine hohe Auslieferungsrate ist die Voraussetzung für den Erfolg. Die Zahl der Rückläufer – Softbounces (z. B. Mailbox voll) und Hardbounces (z. B. Mailadresse nicht mehr existent) – sollte gering sein;
- **Öffnungs- und Klickraten**: Diese belegen, wie viele Nutzer im Vergleich zur Empfänger-Gesamtzahl den Newsletter öffnen, zu welchem Zeitpunkt sie ihn lesen, welche

---

171 U.a. Quris Study: How Companies Can Enter and Remain in the Customer Email Inner Circle, 09/2003; Fittkau & Maaß: Spam gefährdet E-Mail-Marketing, 4-5/2009, http://www.w3b.org/nutzungsverhalten/spam-gefaehrdet-e-mail-marketing.html

Beiträge besonders auf Interesse gestoßen sind und welche Links angeklickt wurden. Diese Zahlen lassen sich für künftige Informationsangebote nutzen.

- **Conversion Rate:** In dieser spiegelt sich die Attraktivität des Newsletters wider. Sie zeigt an, wie viele Personen sich Tipp-Blätter und Whitepapers heruntergeladen, wie viele ein Produkt gekauft, wie viele am Gewinnspiel teilgenommen haben.
- **Gewinnspiel-Teilnahme:** An der Zahl von Teilnehmer lässt sich sofort erkennen, ob Gewinnspiele und Verlosungen auf Aufmerksamkeit treffen. Bei dauerhaft geringer Beteiligung sollten beispielsweise die Gewinne variiert werden.
- **Website-Zugriffe:** Mit Hilfe von Tracking-Software lässt sich erkennen, inwieweit der Newsletter zu einer Erhöhung der Zugriffe auf der Website geführt hat. Zudem lässt sich die Zahl der Downloads als Folge einer Newsletter-Ausgabe ermitteln.

Abb. 29: Öffnungsraten am Beispiel des Newsletters des PR-Journals mit E-Mail-Marketing-System Cleverreach

5.4.7 E-Mail-Newsletter plus Social Media

Die rasante Verbreitung des Social Web hat auch die E-Mail-Marketing-Branche stark beeinflusst. Skeptiker prognostizieren, dass das E-Mail- und Newsletter-Marketing seine besten Zeiten hinter sich habe. Die bereits erwähnten Zahlen sprechen vom Gegenteil. Die altehrwürdige Branche bleibt attraktiv. »Laut der Direct Marketing Association konnte 2009 für jeden Dollar, der in das E-Mail Marketing investiert wurde, ein Return on Investment von sagenhaften 43 Dollar erzielt werden«, schreibt E-Mail-Marketing-Experte Nico Zorn.[172]

---

172 Zorn: Nico, in: marketingshopblog: Tipp und Trends im Email Marketing; 05.07.2010; http://blog. marketingshop.de/interview-tipps-und-trends-im-email-marketing/

Trotzdem hat der Einfluss des Social Web vor dem E-Mail-Marketing nicht halt gemacht. Im Gegenteil: Die Branche beginnt auf diese Entwicklung zu reagieren. Die Integration von Social Media zählt heute zu den zentralen Herausforderungen. Schließlich
erkennt sie in den neuen Kanälen großes Potenzial für sich – mit ergänzenden Angeboten
und verstärkter Vernetzung. Ähnlich sehen es die meisten User: Eine Studie von eMarketer
aus dem April 2010 führt auf, dass die Befragten in Social Media keine Bedrohung der
E-Mail bzw. zwei konkurrierende Kanäle sehen, sondern stattdessen mögliche Partner.[173]

Vernetzung von Plugins und Inhalten

Schon heute sind strategische Ansätze sichtbar, das existierende E-Mail-Marketing mit
Social-Media-Elementen zu verbinden. E-Mail-Nachrichten werden mit »follow us« und weiteren »share with your network«-Optionen aufgerüstet oder Kunden per E-Mail ermutigt,
ein Follower, Friend oder Fan der jeweiligen sozialen Medienkanäle zu werden. Auch in
Newslettern werden Social Media Buttons (»follow us«, »sign up«,»share«, »bookmark«) und
Tags integriert, um die Inhalte des gesamten oder einzelne Artikel in einem oder in mehreren Netzwerken zu veröffentlichen und damit die Audience zu erhöhen. Dieser Schritt
der Button-Integration ist Handwerk – und wird von E-Mail-Marketing-Dienstleistern wie
inxmail, optivo, MailChimp, Cleverreach oder emarsys explizit unterstützt.

Doch die Fokussierung auf Social Media Links reicht bei weitem nicht aus. Der nächste
Schritt ist herausfordernder, beide Disziplinen stärker miteinander zu vernetzen, individuelle Informationslösungen für die jeweilige Zielgruppe zu schaffen. Denn nur relevante
Inhalte bleiben in beiden Kanälen der Schlüssel zum Erfolg. Pure Werbebotschaften wird
niemand mit seinen Freunden teilen, betont Brian Solis:»Any mass-marketing that mirrors
email blasts of today will only create animosity and immediately alienate communities.«[174]

Botschaften müssen relevante Vorteile bieten, spezielle Services, individuelle Angebote,
exklusive Informationen. Nur so lassen sich die Empfänger motivieren, die Newsletter-In-
halte in ihre Sozialen Netzwerke zu tragen. Bei Inhalten muss folglich stets gefragt werden,
ob diese einen viralen Charakter und damit Potenzial zum Weitererzählen enthalten, bevor
sie per »Share to Social«-Links integriert werden. Ansonsten werden diese Links niemals
angeklickt. Inhalte müssen daher für die einzelnen Kanäle individuell entwickelt und dann
auf die Kanäle abgestimmt distribuiert werden. Das Medium E-Mail-Newsletter muss sich
dazu von einseitiger One-2-Many-Senderkommunikation verabschieden und die Inhalte in
den Social-Media-Kanälen einem offenen Dialog stellen. Anbieter müssen also Themen
platzieren, anstatt Botschaften zu verbreiten.

Fazit: Die E-Mail und die Zukunft

E-Mail hat weiterhin einen hohen Stellenwert als zentrales Kommunikationsinstrument.
Kaum ein besseres Push-Instrument gibt es, in regelmäßigen Abständen über das eigene
Unternehmen zu berichten, wichtige Entwicklungen hervorzuheben, Produkte zum sofortigen Erwerb anzubieten. Kaum einfacher, schneller und aktueller lassen sich selbst un-
geübte Nutzer und damit ältere Nutzer erreichen. Angesichts der Newsletter-Fluten müs-

---

173 eMarketer, Email Marketing Benchmark Survey, 11/2009; http://www.emarketer.com/blog/index.
      php/social-media-email-users-difference/
174 Solis, Brian: Email Marketing Goes Social: Follow us on Twitter, Like us on Facebook, 02.08.2010;
      http://socialmediatoday.com/briansolis/155059/email-marketing-goes-social-follow-us-twitter-us-
      facebook

sen sich aber die Versender auf härtere Zeiten einstellen. Nur wenn die Nutzer mit dem Inhalt, der Struktur, dem Mehrwert, der Frequenz einverstanden sind und die Publikation wirklich bestellt und damit gewollt haben, werden sie E-Mail-Newsletter weiterhin akzeptieren. Angesichts ständig wachsender Datenmassen wird es zudem darauf ankommen, Inhalte stärker auf persönliche Wünsche der Konsumenten zuzuschneiden, ihr Nutzungsverhalten ständig zu überprüfen und alle Spezifika individuell anzupassen. Zudem bieten die Social-Media-Plattformen ergänzende Dialog- und Vernetzungschancen. Miteinander als Partner mit individuellen Aufgaben können sich beide Seiten ergänzen, damit User auf verschiedenen Ebenen in den Dialog mit der Organisation und ihren Marken zu treten.

TIPP 26

Regeln für den perfekten Newsletter
1. *Bewerben Sie Ihren Newsletter sichtbar auf Ihrer Webpräsenz.*
2. *Fragen Sie bei der Anmeldung nur die E-Mail-Adresse ab.*
3. *Bieten Sie eine Text- und eine HTML-Version.*
4. *Weisen Sie sofort auf Inhalt, Mehrwert, Frequenz samt Beispiel hin.*
5. *Versenden Sie Newsletter an Empfänger nur nach deren Einwilligung.*
6. *Schicken Sie den Newsletter zuerst an Ihre Mitarbeiter.*
7. *Verschicken Sie den Newsletter regelmäßig über einen klaren Absender.*
8. *Versehen Sie den Newsletter mit einer aussagekräftigen Betreffzeile.*
9. *Sprechen Sie Empfänger individuell und persönlich bzw. thematisch an.*
10. *Bieten Sie Ihren Abonnenten regelmäßig neuen exklusiven Mehrwert.*
11. *Verweisen Sie direkt auf weiterführende Landing Pages.*
12. *Integrieren Sie Social Media Buttons.*
13. *Sorgen Sie für Content mit Weitererzählfaktor.*
14. *Bieten Sie stets eine bequeme Möglichkeit der Abmeldung.*
15. *Achten Sie auf ein vollständiges und rechtssicheres Impressum.*
16. *Testen Sie jeden Newsletter intensiv vor dem Versand.*
17. *Überprüfen Sie regelmäßig die Benchmarks des Newsletters.*

5.5 Social Media Relations

5.5.1 Die Macht der Nutzer

Das Social Web stellt viel Gewohntes in Frage. Selbst wenn bereits früher eine Vielzahl an Kommunikationsinstrumenten existierte, vereinte alle dieselbe Anspracherichtung: Vom Medium zu den Zielgruppen. Das heißt: Bisher war eine klare Trennung von Sender und Rezipienten gegeben – mit Ausnahme von Foren und Newsgroups, die seit den 1990er-Jahren als Meinungsbildungs-Plattformen fungierten. Mit den Social-Web-Plattformen hat sich das Internet zu einem globalen, sozialen Netzwerk weiterentwickelt, in dem sich eine wachsende Zahl an Akteuren als souveräne Informationsproduzenten wie -rezipienten bewegt.

Doch was bezeichnet das Social Web genau? »Unter dem Social Web wird jener Teil des Internets verstanden, in dem einzelne Nutzer, Organisationen oder Unternehmen selbst aktiv werden und ohne große technische oder finanzielle Hürden publizieren, bewerten oder diskutieren können«[175], definiert Professor Thomas Pleil. Der Begriff steht damit für eine veränderte Wahrnehmung und Nutzung des Internets durch eine rasant wachsende Zahl an Menschen, für kollektive Meinungsbildung durch starke Vernetzung und direkte Interaktion. Unter dem Schlagwort »Mitmachnetz« ermöglicht es vielfältige Optionen der Partizipation, die sich mit sechs Aktivitäten überschreiben lassen:

- Authoring: Publizieren von Inhalten ohne größere technische Barrieren;
- Tagging: Verschlagworten von Inhalten zur inhaltlichen Orientierung;
- Scoring: Unmittelbares Bewerten von Inhalten und Informationen;
- Connecting: Vernetzen mit Individuen, Unternehmen wie Organisationen;
- Sharing: Teilen von Informationen und Bewertungen mit anderen;
- Collaborating: Zusammenarbeiten in offenen oder geschlossenen Gruppen.

Die Kerneigenschaften des Social Web

Dieser partizipative Ansatz macht deutlich, welchen grundlegenden Wandel im Umgang mit dem Internet und welchen Veränderungsprozess in unserer Kommunikation das Social Web widerspiegelt. War der Konsument bisher vor allem Konsument von Informationen, wird er vom Publikum zum Akteur, vom Empfänger ebenso zum Sender, vom Consumer zum »Prosumer«, der selbst Content produziert (»User generated Content«) und diesen möglichst viral ohne technischen oder finanziellen Aufwand über die eigenen Kanäle verbreitet. Dafür stehen Tools und Netzwerke als dynamische Mitmach-Plattformen zur Verfügung, die unter dem Oberbegriff »Social Media« zusammengefasst sind und die bisherigen Informations-Plattformen nicht ersetzen, aber im immer stärkerem Maße ergänzen.

Der Psychologe Professor Peter Kruse spricht in diesem Kontext von der »ersten großen Völkerwanderung des digitalen Zeitalters«: »Wir befinden uns mitten in der nächsten Runde der Veränderungen der Gesellschaft durch das Internet. Ich würde mich nicht scheuen sogar von einer Revolution 2.0 zu reden.« Hätten die Menschen zu Anfang das Internet nur als reine Besucher betreten, seien sie heute »gewissermaßen mit Haut und Haaren eingezogen. Das Internet ist zum eigenständigen Kommunikations- und Kulturraum geworden.«[176]

Organisationen mit eigener Stimme

Die Vielfalt der Medien und ihr rasantes Wachstum bilden beständig neue Herausforderungen: Jede Organisation muss sich heute gegen die Gespräche behaupten, die ihre Kunden, Partner, Multiplikatoren, Mitarbeiter über sie führen; die sich austauschen, Meinungen einholen und den Empfehlungen des eigenen Netzwerkes folgen. Weil sie diesem vertrauen. Keine Organisation kann sich diesem entziehen, schließlich gilt: »Every Company is a Media Company«[177]. Oder wie es Schauspieler und Social Media Influencer Ashton Kutcher in Brian Solis' Bestseller »Engage!« ausdrückt: »New media is creating a new generation of influencers and it is resetting the hierarchy of authority.«[178]

---

175 Pleil, 2010, S. 12
176 Rasshofer, Doris: »Schwimmen, nicht filtern«: Peter Kruse im Interview, in: Carta, 23.03.2010; http://carta.info/24656/schwimmen-nicht-filtern-peter-kruse-im-interview sowie http://bit.ly/10CC80b
177 Foremski, Tom: New Site: Every Company Is A Media Company, 06.04.2010; http://www.siliconvalleywatcher.com/mt/archives/2010/04/new_site_every.php
178 Solis, 2010, S. IX.

Gleichzeitig bieten sich Unternehmen enorme Chancen, sich im Austausch mit ihren Zielgruppen eine eigene Stimme zu verschaffen. Schließlich kann Social Media für sie Dialog, Marktforschung, Kundenservice, Imageaufbau, Meinungsführerschaft bedeuten. Aber nur, wenn sie sich den Chancen der neuen Dialogkanäle bewusst sind und sie nicht als Vertriebskanal missbrauchen. Dazu müssen sie in den Markt hineinhorchen, Themen analysieren, den Usern zuhören, Kritikpunkte aufnehmen, relevante Meinungsmacher identifizieren, eigene Vorschläge und Ideen entwickeln und diesen Austausch als wirkliches Gespräch und echten Dialog führen.

TIPP 27

Das Social Web eröffnet die Chance,

- *den Dialog mit internen wie externen Stakeholdern zu intensivieren;*
- *die vorhandenen internen und externen Kommunikationswege zu beschleunigen;*
- *die eigene Glaubwürdigkeit, Authentizität und damit das Image zu steigern;*
- *Nutzer als Produkttester und Markenbotschafter zu gewinnen;*
- *durch glaubwürdige Botschaften und guten Support den Kundenservice zu verbessern;*
- *über direktes Feedback wirkliche Marktforschung zu betreiben;*
- *über ein aktives Issue Management Themen zu setzen;*
- *das Unternehmen als Innovations- und Meinungsführer zu positionieren;*
- *sich selbstbewusst als moderner und offener Arbeitgeber zu präsentieren;*
- *durch effektives Monitoring Probleme zu erkennen und frühzeitig zu meistern.*

»It's about relationships, not marketing«[179] überschrieb Alexandra Wheeler von Starbucks die Auswirkungen des Social Web auf die klassische Markenkommunikation. Das heißt: Unternehmen besitzen ihre Marken immer weniger. Vielmehr muss sich jede Marke jeden Tag bei ihren Kunden und möglichen Kunden neu bewähren. Unternehmen können noch so viel Geld investieren, um Meinungen zu machen. Letztendlich hängt es von der Öffentlichkeit ab, wie diese Marke aufgenommen und wie darüber gesprochen wird.

AUSFLUG 26

Crowdsourcing

»Milk the masses for inspiration« schrieb Jessi Hempel in der Businessweek[180] über Crowdsourcing: »Schwarmauslagerung« oder »die eigene Community integrieren« basiert auf dem Phänomen der Weisheit vieler Menschen. Dies ist nicht nur das Geheimnis des Erfolges von Wikis; auch bei der Findung von Ideen spielt es eine zentrale Rolle. In den letzten Jahren haben immer mehr Unternehmen darauf gesetzt. Beispiel[181]: Die Kaffeehauskette Starbucks gilt im Social Web als eine der Innovatoren – auch beim Crowdsourcing. Schon seit Jahren können Nutzer auf mystarbucksidea.force.com eigene Ideen zu Rezepten, Produkten oder Shopausstattungen einbringen und vorgeschlagene Ideen bewer-

---

179 http://www.slideshare.net/socialmediainfluence/social-media-influence-2010-alexandra-wheeler-digital-director-starbucks

180 Hempel, Jessi: Crowdsourcing. Milk the masses for inspiration, in: businessweek.com, 25.09.2006, http://www.businessweek.com/magazine/content/06_39/b4002422.htm

181 Weitere Praxisbeispiele zum Crowdsourcing: http://go-crowdsourcing.de/kategorien/crowdsourcing-praxisbeispiele

ten. Die Kaffeekette greift die Wünsche auf, legt die Lösungen der Community öffentlich zur Abstimmung vor und setzt die beliebtesten Ideen um. Dies zeigt, dass es Starbucks versteht, auf seine Zielgruppen zu hören, sie ernst nimmt und damit auch von diesen als Marke ernst genommen wird. Auch in Deutschland sind diese Crowdsourcing-Ansätze populär. Neben Firmen wie McDonald's, Henkel, Pepsi Cola, Ritter Sport, Milka, Otto oder Lego setzt auch der Verein Sozialhelden e.V. auf Crowdsourcing. Mit www.wheelmap.org entwickelten sie eine Karte für rollstuhlgerechte Orte. Nach dem Wiki-Prinzip kann jeder weitere Orte finden und eintragen, um so Menschen mit Mobilitätseinschränkungen den Weg zu vereinfachen.

5.5.2 Die Plattformen des Social Web

Für PR-Verantwortliche bedeutet der Trend hin zu Social Media ein stärkeres Miteinander, ein kooperatives Arbeiten, ein ständiges Informieren, einen regelmäßigen Austausch – mit Kollegen, Interessenten, Kunden, Multiplikatoren. Dazu steht eine ständige wachsende Zahl an Instrumenten und Technologien zur Verfügung. Zu fast jedem erdenklichen Bereich des Lebens, zu jedem Hobby, für jede Altersstufe findet sich mittlerweile die passende Plattform, die Community, das Netzwerk, der Dialogkanal im Netz. Der PR-2.0-Vordenker Brian Solis hat in seinem Conversation Prism 2.0 (Abb. 30) die im Jahre 2012 aktuellen Social-Media-Instrumente veranschaulicht. Diese Momentaufnahme hat nur einen begrenzten Haltbarkeitswert: Schon heute sind einige der aufgeführten Tools bereits vom Markt verschwunden, viele andere hinzugekommen.

Gleichzeitig haben sich ihrem Aufbau nach Prototypen herauskristallisiert, nach denen sich die Plattformen aus heutiger Sicht einteilen lassen, wie die kommenden Absätze zeigen.

AUSFLUG 27

Die Social-Media-Strategie

Immer mehr Unternehmen sind auf den vielfältigen Plattformen im Social Web präsent. Schnell werden Social Media Accounts lanciert und auf Millionen User gehofft. Viele dieser Aktivitäten gerade in klein- und mittelständischen Unternehmen sind jedoch Tool getrieben. Eine nachhaltige Social-Media-Strategie ist dagegen unabdingbar, um eine erfolgreiche Präsenz zu schaffen. Forrester Research hat dazu die vierstufige POST-Methode[182] – People, Objectives, Strategy, Technology – als hilfreichen Leitfaden entwickelt.

- **P wie People**: Eine Zielgruppenanalyse bildet die Basis für die spätere Wahl der Social-Media-Plattformen. Unternehmen müssen sich fragen, wen sie primär erreichen wollen: Mitarbeiter, Kunden, potenzielle Interessenten, Multiplikatoren. Dazu ist zu untersuchen, wie aktiv die Zielgruppen sind, mit welcher Intensität sie Social-Media-Plattformen nutzen, welche Multiplikatoren als Markenbotschafter zu gewinnen sind. Dazu müssen sich Unternehmen bewusst mit kleinen Zielgruppen auseinandersetzen, die im hoch vernetzten Social Web schnell zu mächtigen Multiplikatoren heranreifen.
- **O wie Objectives**: Wie in jedem PR-Konzept sind die Ziele stets Ausgangs- und Mittelpunkt aller Aktivitäten. Nur wer diese eindeutig fixiert, in Kern- und Nebenziele priorisiert und auf die Zielgruppen bezieht, wird später die adäquaten Plattformen

---

182 Vgl. http://forrester.typepad.com/groundswell/2007/12/the-post-method.html

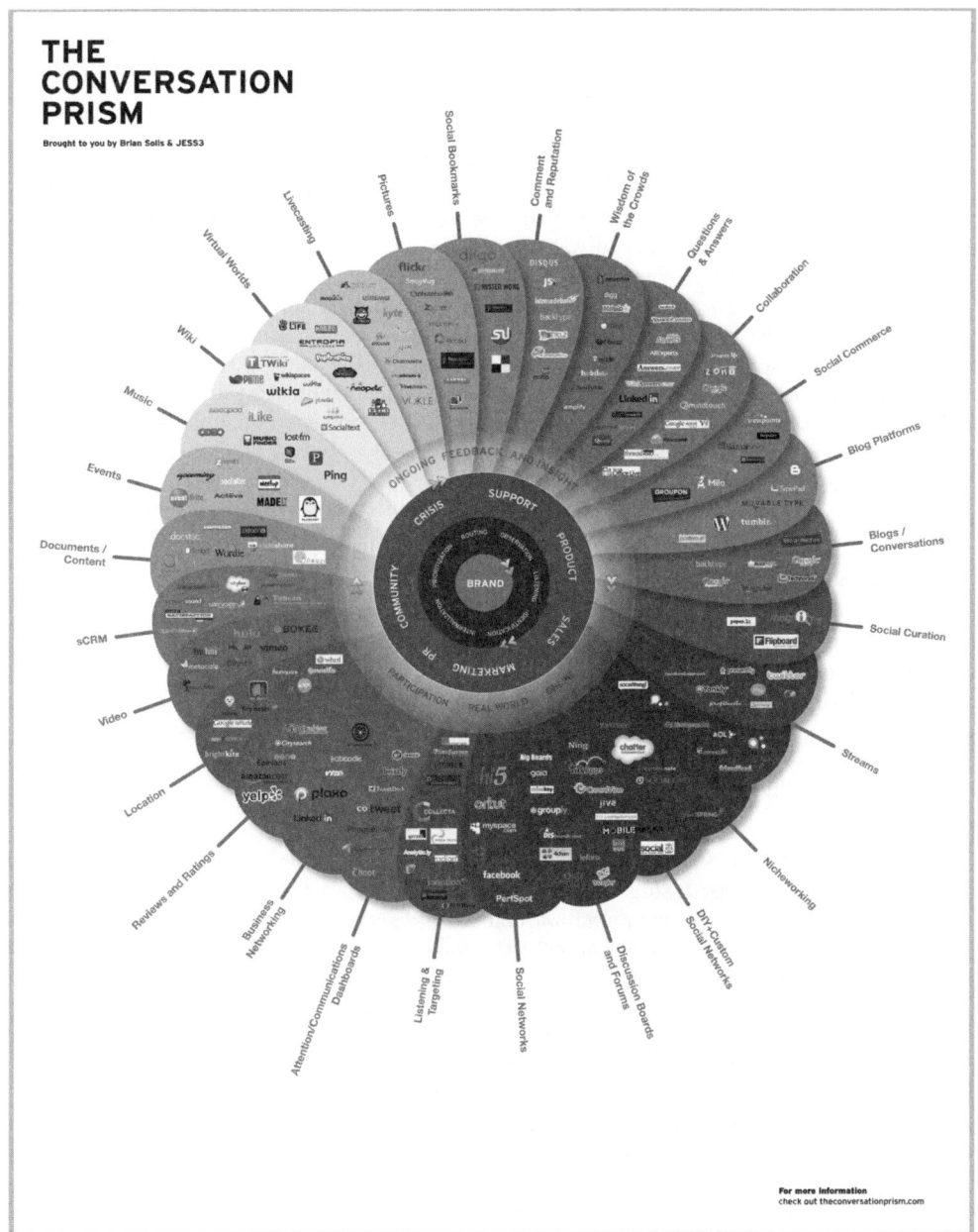

Abb. 30: Conversation Prism von Brian Solis: http://www.theconversationprism.com

auswählen. Die Ziele[183] können Stärkung der Markenbekanntheit, Ergänzung der Öffentlichkeitsarbeit, Sales Promotion, Verbesserung des Kundenservices, Einbindung der Community in Produktentwicklungen, modernes Recruitment oder Meinungsforschung heißen. Wichtig: Jedes Ziel sollte SMART formuliert sein: specific, measurable, achievable, realistic, tangible.

- **S wie Strategy**: Die Strategie gibt der Kommunikation die Richtung vor. Sie bestimmt, wie das Unternehmen das Verhältnis zu den Zielgruppen verändern will – und mit welchen Inhalten. Auf Basis der erkannten Zielgruppenbedürfnisse und der identifizierten Inhalte ist festzuhalten, zu welchen Themen sich das Unternehmen positionieren will. Konkret ist nach eigenen Stärken, nach Alleinstellungsmerkmalen im Vergleich zu Wettbewerbern, nach Ideen mit Weitererzählpotenzial zu suchen. Dies können Erfahrungen mit dem hervorragenden Service oder einem innovativen Produkt sein. Entscheidend bei der Content-Verbreitung: Gute Inhalte müssen teilbar sein – oder wie es Brian Solis in seiner neu übersetzten KISS-Formel aussprach:»Keep it significant and sharable«[184]. Ohne dies bleibt das Weitererzählpotenzial unausgeschöpft. Diese Dialoge mit Nutzern erfordern ausreichende Ressourcen an Personal und Zeit, um den kontinuierlichen Austausch zu sichern. Jedes Unternehmen benötigt dazu ein Team- bzw. Social-Media-Gesicht, das für eine kontinuierliche Kommunikation sorgt.
- **T wie Technology**: Bei der finalen Wahl der Social-Media-Plattformen sind diese nach Zielen und Zielgruppen zu priorisieren: Im B2B-Bereich einer Technologie-Firma könnte ein Fachblog, ein Twitter-Account und ein Google+-Account die richtige Kombination sein. Bei einer jungen Zielgruppe wäre eine Facebook-Seite, ein YouTube-Account zur viralen Beschleunigung und eine Spiele-App die Wahl. Ein Anbieter mit Produkten für ältere Zielgruppen könnte sich auf Senioren–Netzwerke konzentrieren, bei der Zielgruppe Frauen auf einen bilderstarken Pinterest-Account. Die Vielfalt macht deutlich, wie sehr die zu wählenden Plattformen mit der gewählten Strategie im Einklang stehen müssen. Um diese Wahl kontinuierlich zu überprüfen, ist frühzeitig ein Monitoring zu installieren.[185]

Studien wie der »European Communication Monitor« verdeutlichen jedoch, dass viele Unternehmen noch nicht die Grundlagen für die professionelle Social Media Relations gelegt haben:»The survey reveals a large gap between the perceived importance of social media tools for communication and the actual rate of implementation in European organizations.«[186]

5.5.2.1 Blogs als Meinungsmacher

Der Beginn des Blog-Zeitalters fällt in den Dezember 1997: Auf der Website des amerikanischen Programmierers Jorn Barger taucht erstmals der Begriff Weblog auf. Kurz darauf verkürzt der Webdesigner Peter Merholz Weblog auf ›Blog‹. Die Zusammensetzung aus den Begriffen »Web« und »Logbuch« bezeichnet eine dynamische Website, auf der Inhalte in umgekehrter Chronologie publiziert werden. Jeder Beitrag wird mit einem Datum ver-

---

183 Einen guten Überblick über mögliche Ansätze ist beim Schweizer Berater Mike Schwede zu finden: http://www.flickr.com/photos/mikeschwede/6754173419/sizes/m/in/photostream/
184 http://sherpablog.marketingsherpa.com
185 Einen hervorragenden Überblick über aktuelle Monitoring-Tools findet sich in dem Wiki http://www.medienbewachen.de
186 European Communication Monitor 2012: http://www.communicationmonitor.eu/

sehen, lässt sich kommentieren, mit Beiträgen verlinken und per RSS abonnieren. Durch diese Verlinkung entsteht ein Netzwerk an Informationen – die Blogosphäre.

In Deutschland hinkt die Entwicklung der Blogosphäre bis heute hinterher. Trotz prominenter Beispiele und wachsender weltweiter Blog-Zahlen auf 173 Millionen[187] nutzt nur eine Minderheit von 9 Prozent Blogs[188]. Dabei zeigen sich gerade Medien- und Politikblogs wie www.netzpolitik.org, www.carta.info, www.stefan-niggemeier.de/blog, www.sprengsatz.de, durchaus in der Lage, Themen auf die Agenda zu setzen. Mit ihrem Mix aus Fachwissen und Meinung haben sich die so genannten»A-Blogger« als Opinion Leader zu ihren Themen etabliert und bestimmen das Agenda Setting durch ihr dichtes Netzwerk maßgeblich mit.

US-Unternehmen haben schon lange die Chancen erkannt, die Corporate Blogs in der internen wie externen Kommunikation bieten können. Laut Marktforschungsunternehmen eMarketer sollten bis Ende 2012 43 Prozent der US-Unternehmen Blogs für Marketing-Zwecke eingerichtet haben. Diese Firmen-Blogs sind Ausdruck einer offenen Firmenkultur, die sich auf dem Austausch von Informationen, Erfahrungen und Ideen gründet. Zudem lassen sich auch Themen öffentlichkeitswirksam platzieren, die in klassischen Medien nicht vorkommen.

TIPP 28

Das Blog als Chance,
- *einen besseren Einblick ins Unternehmen geben;*
- *wichtige Unternehmensschritte persönlich darlegen;*
- *sich einen Expertenstatus in der Branche aufbauen;*
- *Beziehungen zu Zielgruppen aufbauen und pflegen;*
- *direkten Nutzen aus dem Feedback der Leser ziehen;*
- *kontinuierlich Vertrauen ins Unternehmen vermitteln;*
- *zukunftsträchtige Themen von Bedeutung setzen;*
- *Unternehmen als Innovationsführer positionieren;*
- *Employer Branding beim Kampf um den Nachwuchs führen;*
- *die Sichtbarkeit des Unternehmens in Suchmaschinen verbessern.*

Chancen von Corporate Blogs[189]

Wer ein Unternehmensblog pflegt, sollte es mit echten Inhalten füllen, mit neuen Sichtweisen und filterlosen Beurteilungen. Live aus dem Unternehmensalltag sollte er anhand aktueller Fallbeispiele sein Branchenwissen und seine Kompetenz vermitteln. Beispielsweise nutzen in den USA Führungskräfte das Instrument des CEO-Blogs, um die eigene Position offen darzulegen und um engagiert zu erläutern, warum sich das Unternehmen so verhält. Es lassen sich Themen setzen und der oft nur schwer durchschaubaren Organisation ein menschliches Gesicht aufsetzen. Dazu gehört auch der Mut, bei Kritik offen und ehrlich zu antworten. Leser erhalten so einen unmittelbaren Einblick in das Leben des Unternehmens.

---

187 http://de.statista.com/statistik/daten/studie/220178/umfrage/anzahl-der-blogs-weltweit/
188 http://www.ard-zdf-onlinestudie.de
189 Die Beraterin Kerstin Hoffmann hat einen guten Überblick über Corporate Blogs in Deutschland erstellt: http://www.kerstin-hoffmann.de/pr-doktor/2012/07/25/corporate-blog-beispiele/

Ein solch mit Kompetenz und Offenheit geführtes Blog ermöglicht den vertrauensvollen Kontakt zur Kundschaft, eine Art offenes Gespräch. Dies ist der Mehrwert, der sich in den Köpfen der Leser als Unternehmensbild verankert. Dies sieht auch Uwe Knaus, Social Media Chef bei Daimler: »Die Leser erleben unser Unternehmen nicht mehr als Black Box, sondern sehen die Individuen, die bei Daimler arbeiten. Je freier unsere Mitarbeiter schreiben, umso authentischer ist die Außenwirkung. Transparenz ist das Hauptziel.«[190] 40.000 Besucher lesen monatlich auf blog.daimler.de – davon rund 40 Prozent Mitarbeiter aus den verschiedenen Standorten der Daimler AG. Wer dagegen den Fehler begeht, sein Blog nur als reines Marketinginstrument zu betrachten und vorgefertigte Botschaften zu verbreiten, wird weder seine Zielgruppe erreichen, noch an Image gewinnen.

Ein weiterer Vorteil von Blogs ist das hohe Ranking in Suchmaschinen: Aufgrund der häufigen Aktualisierung und der intensiven Verlinkung mit anderen Blogs schätzen Suchmaschinen Weblogs. Dies hat zur Folge, dass Blog-Inhalte bei Ergebnislisten meist auf den vorderen Plätzen auftauchen. Dies bedeutet aber auch, dass ein eigenes Blog mit gutem Ranking durchaus helfen kann, das Ranking der Homepage zu verbessern.

Die Kategorien der Blog-Formate

Über Corporate Blogs können Unternehmen eine dialogorientierte Kommunikation aufbauen – intern wie extern. Die Vielfalt der gewählten Blog-Formate lässt sich modellhaft mit den folgenden Kategorien zusammenfassen:

CEO-Blogs: CEO-Blogs geben einem Unternehmen ein sehr persönliches Gesicht. Bill Marriotts »Marriott on the move«[191] ist ein gutes Beispiel. Seit 2007 bietet sein Blog ein Forum, um mit dem Chairman des weltweiten Touristik-Unternehmens in Kontakt zu treten. Dazu macht er sich Gedanken über Leadership, soziale Verantwortung, Umwelt oder technologische Entwicklungen – Themen, die Marriott als Hotelkette für sich vereint. Damit schafft er eine enge Verbindung zwischen Hotelkette und gesellschaftsrelevanten Themen. Ungewöhnlich ist das Blog www.malerdeck.de/blog. Malermeister Werner Deck bloggt regelmäßig über Begegnungen mit Kunden, weist auf Lob in anderen Blogs hin oder gibt seinen rund 100.000 monatlichen Blog-Besuchern konkrete Tipps – und dies bewusst bei einer Zielgruppe, die er selbst als 50plus definiert.

Mitarbeiter-Blogs: Mitarbeiter-Blogs können einerseits als interne Community-Plattform dienen, um sich über aktuelle Entwicklungen auszutauschen. Dieses Diskussionsforum lässt sich zum Knowledge-Blog ausbauen, in dem das Wissen gesammelt wird. Andererseits können Mitarbeiter-Blogs darauf ausgerichtet sein, über einen offenen Dialog mit den Verbrauchern das Image des Unternehmens zu verbessern und sich als kompetenter Ansprechpartner zu profilieren. Wie stark sich ein Blog zum Zentrum der Socia-Media-Aktivitäten entwickeln kann, zeigt das IT-Consulting-Unternehmen Cirquent. Dieses versteht das Corporate Blog[192] als klares Dialogangebot an alle, die sich mit dem Unternehmen

---

190 Janson, Simone: Dialog ist das Salz in der Suppe! Interview mit Uwe Knaus, Manager des Daimler-Blogs 29.06.2010; http://www.berufebilder.de/interviews/interview-mit-uwe-knaus-manager-des-daimler-blogs-dialog-ist-das-salz-in-der-suppe

191 http://www.blogs.marriott.com/marriott-on-the-move/

192 http://www.cirquent-blog.de

austauschen möchten – und dies gilt für den Kontakt mit Mitarbeitern ebenso wie mit Kunden, Partnern oder Jobsuchenden.

Produkt-Blogs: Produkt-Blogs werden meist für ein einzelnes Produkt entwickelt. Dazu werden News zu Produkten und zur Branche bereitgestellt, persönliche Einschätzungen abgegeben und gleichzeitig auf Fragen der Leser geantwortet. Ein spannendes Produktblog hat der Otto-Versand: two for fashion[193] entspricht weniger Mode-Werbung als vielmehr Lifestyle-Magazin. Dafür sorgen zwei Modejournalistinnen, die persönliche Hinweise auf wichtige Trends und neue Ideen geben, über Styling-Tipps und modische Highlights schreiben, um den Leserinnen Inspiration für den eigenen Kleiderschrank zu geben. Neben den Diskussionen zu Trends und Modethemen und der Vorstellung angesagter Shops versuchen sie mit Contests ihre weibliche Leserschaft an sich zu binden.

Kampagnen-Blogs: Diese Blogs werden meist nur zeitweise eingesetzt, um zum Beispiel eine Werbe- oder PR-Kampagne zu einem Produkt, zu einer Person, zu einem Ereignis zu begleiten. Ein typisches Beispiel sind Wahl-Blogs der Parteien rund um die Bundestagswahl oder auch Blogs, die Messen wie die IAA, die ITB oder die CeBIT begleiten.

Meinungsmacher-Blogs: In vielen Branchen setzen sich immer stärker Meinungsmacher mit ihren Blogs durch. Dabei kann es sich um Experten handeln, die aus dem Unternehmens-Inneren über ihr Spezialgebiet berichten, sowie um externe Blogger, die von außen auf ihr Fachthema blicken und kenntnisreich die Entwicklungen kommentieren. Ein typisches Beispiel ist das Blog des Medien- und Kommunikationsberaters Michael Spreng, der sich auf www.sprengsatz.de fast täglich mit Entwicklungen in der Politik kritisch auseinandersetzt und mit seinen rund 100.000 monatlichen Besuchern diskutiert.

Der Weg zum eigenen Blog

Jedes Unternehmen kann ein eigenes Weblog aufsetzen und unterhalten, um sich inhaltlich zu positionieren und über relevante Themen zu diskutieren. Eine sorgfältige Vorbereitung ist entscheidend, um ein Blog zu einem Instrument der Unternehmenskommunikation werden zu lassen. Für die Erarbeitung dieser Strategie helfen die folgenden Schritte:

1: Vorbereitung: Anfangs ist zu erörtern, ob Blogs das richtige Instrument sind. Passt ein Blog in die Kommunikationsstrategie? Ist das Unternehmen dialogbereit und kritikfähig, die Zielgruppe blogaffin? Parallel gilt es herauszufinden, welche thematisch relevanten Blogs bereits existieren und welche Blogger im Business-Umfeld einflussreich sind. Dies können Blogs von Multiplikatoren, der Fachöffentlichkeit, von Konkurrenten sein. Die Größe ihrer Community lässt sich an der Qualität und der Anzahl an Beiträgen, Kommentaren und Verlinkungen ablesen. Auch der Zeit- und Personalaufwand ist frühzeitig zu berücksichtigen.

2: Konzeption: Bevor ein Unternehmen ein Blog aufsetzt, muss es sich intensiv mit der Zielgruppe auseinandersetzen. Spricht das Blog eher Kunden, Mitarbeiter, Journalisten, Bestandskunden oder Meinungsmacher an? Welche Erwartungen haben sie an ein Blog?

---

193 http://www.twoforfashion.otto.de

Und wie lässt sich das Blog von bestehenden abgrenzen? Erst dies ermöglicht die Positionierung eines Unternehmens als Innovationsführer. Auch die Wahl der Blogging-Plattform ist entscheidend: Zur Auswahl stehen Blog-Hoster wie blog.de und blogger.com, Plattformen wie Posterous und Tumblr oder Blog-Software wie WordPress und Joomla bereit.

3: Redaktion: Wer Beiträge textet, muss prägnant auf den Punkt kommen. Und dies in einer authentischen Sprache, die keine Pressemitteilungen oder Firmenbotschaften wiedergibt; stattdessen müssen Blogbeiträge Exklusivstories und Insidereinblicke bieten, aufrichtige Statements von Experten und Erfahrungsberichte von unabhängigen Verbrauchern, Analysen von Branchenentwicklungen und Unternehmensentscheidungen, wie nützliche Tipps und Tricks zum Umgang mit Produkten. Dies gibt Lesern einen direkten Einblick in das Unternehmen und seine Branche und bindet sie so an die Marke.

4: Blogger Relations: Blogger sind Meinungsmacher und damit Zielgruppe jeglicher Kommunikation für das Themensetting. Sie beeinflussen den Zugang zu ihrer Community, innerhalb der sie Interessen vertreten und Themen kommunizieren. Sie wirken als Multiplikatoren, gerade wenn sie ein bekanntes, belebtes Blog mit einer Fach-Community betreiben. Diesen Kontakt lässt sich nur aufbauen, wenn man sich zuvor mit deren Blogs intensiv auseinandersetzt und mehr über Autor und Motivation weiß, bevor man Stellung nimmt – und dies stets mit offenem Visier.[194]

5: Verbreitung: Für die Bekanntmachung des Blogs sind folgende Aktivitäten gefragt:
- Aufbau einer Blogroll, in der auf weitere thematische Blogs hingewiesen wird;
- Regelmäßige Redaktion von Beiträgen, um Content aufzubauen;
- Lektüre und Kommentierung von Beiträgen in inhaltlich verwandten Blogs;
- Vernetzung der Kommentare mit relevanten Beiträgen im eigenen Blog;
- Bewerbung über weitere Kommunikationsinstrumente des Social Web;
- Einbindung in die eigenen Print- und Online-Publikationen.

6: Monitoring: Weblogs müssen systematisch in die Medienanalyse einbezogen werden. Schließlich sind sie durch ihre Vernetzung und die Geschwindigkeit der Verbreitung ein Frühwarnsystem, Blog-Monitoring ist damit eine präventive Maßnahme. Schnell lässt sich erfahren, welche Themen aktuell sind, was Nutzer von Produkten, Services, Entwicklungen halten. Von Anfang an kommt es beim Monitoring darauf an, die zentralen Suchbegriffe – Namen, Unternehmen, Marken, Produkte, Personen, Stichworte – zu definieren, die es dann über die verschiedenen Monitoring-Tools wie z.B. die Google-Blogsuche zu beobachten gilt.

5.5.2.2 Twitter in der Business-Kommunikation

Als am 15. Januar 2009 der Airbus A320 auf dem Hudson River in New York notlandete, war es keine Nachrichtenagentur, kein Radio- oder TV-Sender, kein Fotograf oder Kamera-

---

194 Klar beschreibt der bekannte Blogger Robert Basic in seinen Blogger Relations den richtigen Umgang http://www.robertbasic.de/2010/09/blogger-relations/; lesenswert auch die Präsentation von Daniel Rehn unter http://danielrehn.wordpress.com/2012/06/03/bastelstube-slides-workshop-blogging-blogger-relations/

mann, der dieses Bild festhielt. Es war der Augenzeuge Janis Krums, der von einer vorbeifahrenden Fähre ein Bild von der Notlandung mit seinem Handy schoss und sofort ins Netz stellte, verbunden mit einer Kurzbotschaft:»Da ist ein Flugzeug im Hudson. Ich bin auf einer Fähre, die die Leute aufnimmt. Verrückt.«[195] Krums nutzte dazu den damals noch wenig verbreiteten Kurznachrichten-Dienst Twitter, um dieses Bild binnen Sekunden in der Online-Welt zu verbreiten. Mit diesem Ereignis gewann der kostenlose Microblogging-Dienst schnell an Popularität – und das Gezwitscher (deutsch für Twitter) immer mehr Anhänger.

Diese nutzen Twitter & Co.[196], um kurze Botschaften zu versenden. Ähnlich einer Schlagzeile stehen ihnen dazu maximal 140 Zeichen zur Verfügung, um über Geschehnisse zu berichten, auf wichtige Themen zu verlinken, gefundene Nachrichten den eigenen »Followern« weiterzugeben, zu »re-tweeten«. Diese Nachrichten benötigen keinen Empfänger: Sie sind auf einem angelegten Profil in der Regel öffentlich sichtbar. Jeder Twitterer kann anderen Nutzern »folgen« oder persönliche Tweets per »Direct Message« an ihm bekannte Twitterer schicken. Neben Textnachrichten lassen sich Links und Bilder integrieren. Aufgrund der Restriktion auf 140 Zeichen haben sogenannte Shortener wie bit.ly, ow.ly oder goo.gl zentrale Bedeutung, um längere Links als gekürzte »Short URL« in den Tweet zu integrieren. Wichtige Begriffe lassen sich weiter über »Hashtags« (mit vorgestellter Raute #) hervorheben, wodurch Nutzer leichter relevante Tweets zu diesem Hashtag finden.

Schnelles Wachstum

Sechs Jahre nach seiner Gründung ist Twitter zu einem Massenmedium aufgestiegen. Im Juni 2012 zählte der Kurznachrichtendienst 500 Millionen angemeldete Accounts, 140 Millionen aktive Nutzer, die 340 Millionen Tweets täglich versenden.[197] Dagegen ist Deutschland noch Twitter-Entwicklungsland – mit rund 825.000 Twitter-Accounts.[198] Während im März 2012 über vier Millionen Deutsche und damit 7,1 Prozent der Onliner Twitter.com besuchten, waren dies in den Niederlanden 35 Prozent.[199] Neben Prominenten aus Film, TV und Politik zählt die hiesige Twitter-Szene einen hohen Anteil an Medienleuten, Journalisten, Kommunikations- und Marketingberatern.[200] Dies verdeutlicht die Chance von Twitter als Multiplikator, Influencer und Vernetzer der Kommunikationskanäle.

Twitter lebt von Geschwindigkeit und Vernetzung: Die Notlandung auf dem Hudson River, die Proteste in Burma, der Tod einer iranischen Studentin – all diese Themen wurden teils als Erstes über den Kurznachrichtendienst kommuniziert. Dabei ist Twitter weniger ein Soziales Netzwerk als ein exploratives Informationsnetzwerk, ein Nachrichtenmedium und Themen-Seismograph, »more of a series of interconnected social nicheworks«[201],

---

195 http://twitter.com/jkrums/status/1121915133
196 Weitere Microblogging-Dienste sind u. a. banjo (http://www.ban.jo) oder identi.ca (http://www.identi.ca)
197 http://mashable.com/2012/03/21/twitter-has-140-million-users/
198 http://www.projecter.de/blog/social-media/lady-gaga-gegen-pro-sieben-twitter-in-den-usa-und-deutschland.html und http://webevangelisten.de/825-000-twitteraccounts-auf-deutsch
199 http://www.stepmap.de/karte/twitter-user-in-ausgewaehlten-laendern-2012-1150530
200 Guter Überblick über Corporate Twitter in Deutschland: http://www.talkabout.de/twitter/deutsche-marken-auf-twitter/
201 Solis, Brian: The most influential consumers online are on Twitter, 22.09.2010; http://www.briansolis.com/2010/09/twitter-is-home-to-the-most-influential-consumers-online-are-on-twitter/

verwobene Nischen-Netzwerke. Weniger der direkte Austausch mit Freunden als Informationsfindung und -austausch unter Personen mit ähnlichen Interessen steht im Zentrum.

TIPP 29
Klout oder die Frage nach der Relevanz
Um die Relevanz von Social Media Multipliern, ihren Einfluss und den vieler anderer einzuschätzen, ist der Klout Score (www.klout.com) sowie die Alternativen www.kred.com und www.peerindex.com ein hilfreicher, wenn auch viel diskutierter Anhaltspunkt; auch wird aufgezeigt, von wem der Nutzer bei seinen Aktivitäten besonders beeinflusst wird. Weitere Tools zur Profilanalyse bzgl. Twitter sind www.twitalyzer.com oder www.twittergrader.com.

Management von Twitter-Accounts

Wer jeden Tweet seiner Follower wahrnehmen will, wird an Twitter verzweifeln. Vielmehr geht es darum, über Listen, Hashtags, Sortierungen seine Follower klar zu kategorisieren, um zumindest von den Tweets der relevanten Personen zu profitieren. Als hilfreiche Instrumente erweisen sich gerade die Twitter-Listen, um Twitterer thematisch zu kategorisieren. Dies kann öffentlich geschehen oder auf privaten Gebrauch begrenzt sein.

Gleichzeitig helfen hervorragende Online-Tools wie Hootsuite[202]. Als webbasierter Twitter-Client und mächtiges Follower-Management-Tool können die Tweets nach Kategorien – bezogen auf die Namen der Follower oder auf Begriffe – automatisch sortiert werden. In der Abbildung 31 wurde beispielsweise der Homefeed mit einer Liste und zwei weiteren Keyword-Feeds kombiniert, um Follower bzw. Begriffe sofort zu sortieren. So kann sich ein Follower-Management gerade bei begrenzten Zeitbudgets auf diese Feeds konzentrieren.

Einsatz in der Praxis

Twitter bietet eine breite Vielfalt an Einsatzmöglichkeiten, die vom Austausch von Links und Themen, der Echtzeitkommunikation mit Stakeholdern, dem Hinweis auf Angebote, Live-Berichten von Veranstaltungen, der schnellen Verbreitung von Eilmeldungen, Human Ressources und Monitoring bis hin zum aktiven Kundenservice und Support reichen. Einige Einsatzbereiche werden anhand von konkreten Beispielen verdeutlicht.

- **Bündelung von Informationen**: Wer zu einem Thema einen wirklichen Mehrwert zu bieten hat, kann sich eine Reputation bei seinen Followern erarbeiten. »Reporter ohne Grenzen Austria« besetzt beispielsweise das Thema Pressefreiheit. Unter dem Twitter-Account www.twitter.com/pressefreiheit bündelt die Organisation alle Informationen zum Thema, verweist auf aktuelle Fälle, gesetzliche Veränderungen, ruft zu Spenden auf. Auch das Tourismus Marketing Niedersachsen informiert speziell Journalisten und Multiplikatoren kompakt über www.twitter.com/pressepool.
- **Schneller Kundenservice**: Per Twitter lassen sich Beziehungen zu Kunden verbessern. Die Deutsche Telekom nutzt den Account www.twitter.com/telekom_hilft als Zusatzkanal, um Hilfestellung bei Fragen zu Tarifen, Bestellung von technischer Infrastruktur, Problemen bei Installation etc. zu liefern. Auch die Hotelkette Hyatt setzt Twitter ein. Seit 2009 können Reisende über www.twitter.com/HyattConcierge mit individuellen Fragen auf das Hotel zugehen. Dabei ist der Kanal auf pure Information fokussiert, Werbung für die Hotelkette findet nicht statt.

---

202 http://www.hootsuite.com

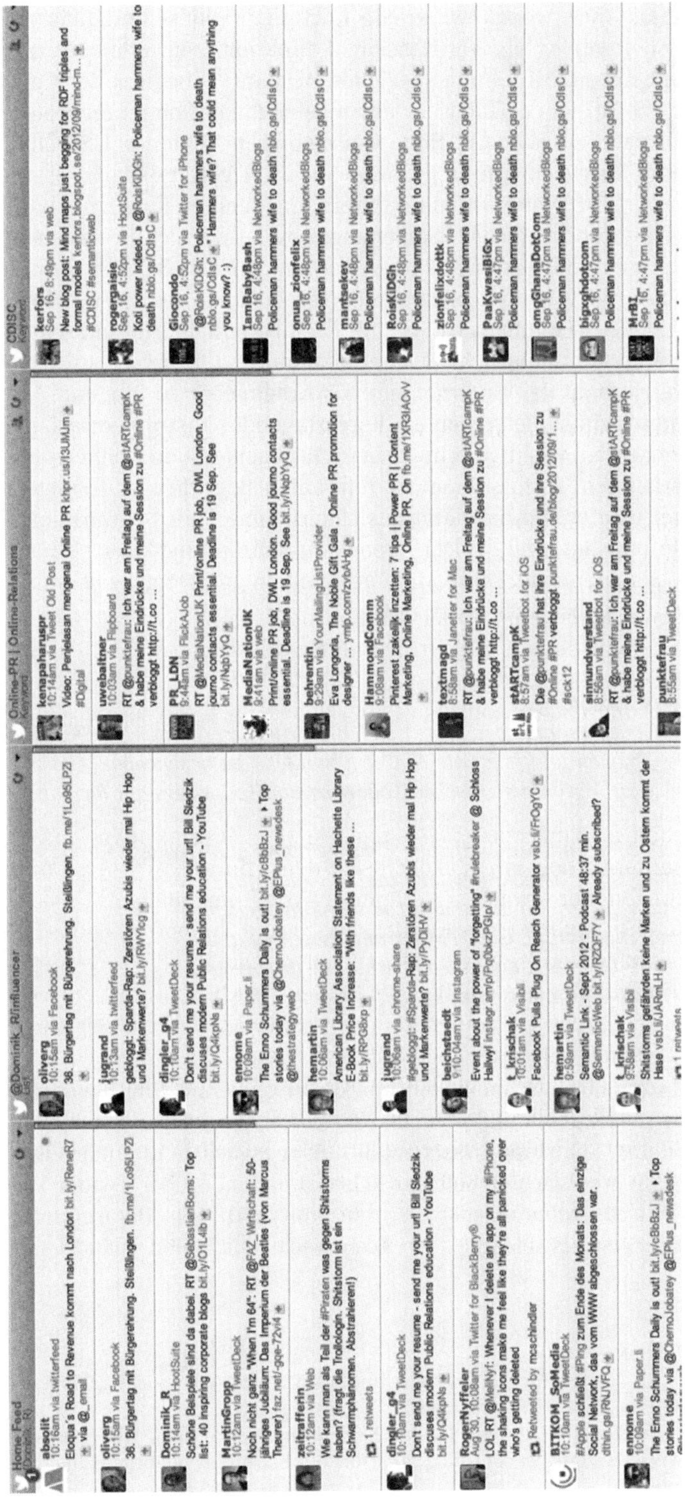

Abb. 31: Tweets lassen sich bei Hootsuite nach Keywords und Suchen sortieren, um sie besser im Überblick zu haben

- **Begrenzter Vertriebskanal:** Auch wenn Twitter als Kommunikations- und Informationsplattform definiert ist, kann er als Vertriebskanal funktionieren, wenn Nutzer einen wirklichen Mehrwert haben. Mit einem speziellen Account[203] bedient der Computerhersteller Dell über 1,5 Millionen Followers mit regelmäßigen Sonderangeboten. Auf diese Weise erlöst Dell Jahresumsätze in Höhe von mehreren Millionen US-Dollar, auch wenn dies natürlich im Vergleich zum Dell-Online-Shop nur geringe Margen sind.
- **Effektive Human Resources:** Mit Twitter erhalten Unternehmen einen Kanal, um nach Nachwuchs oder Führungskräften zu suchen. Stellenangebote lassen sich in bestehende Twitter-Accounts integrieren oder ein spezifischer Account für den Bereich Human Resources aufbauen. Daimler (www.twitter.com/daimler_career) und Otto (www.twitter.com/otto_jobs) setzen spezielle Accounts dafür ein, mit High Potentials früh in Kontakt zu treten und diese über eine kontinuierliche Kommunikation und hilfreiche Informationen zu Einstieg und Karriere an das Unternehmen als Arbeitgeber zu binden.
- **Fortlaufendes Monitoring:** Twitter bietet sich als hervorragendes Instrument an, um den eigenen Markt zu beobachten, wichtige Influencer zu beobachten und Chancen wie Probleme frühzeitig zu erkennen. Dazu sollten die relevanten Begriffe klar festgelegt und fortlaufend beobachtet werden. So bekommt das Unternehmen per Schwarmintelligenz mit, welche Inhalte relevant sind, welche Trends zu spüren sind oder ob neue Influencer verstärkt zu beobachten sind. Diese Monitoringoption gilt übrigens ebenfalls für Unternehmen, die Twitter selbst nicht aktiv nutzen.

> **TIPP 30**
>
> *Twitter-Tools für das Monitoring*
> *Neben dem Einsatz von #Hashtags und Listen bieten sich weitere Twitter-Applikationen an, um Begriffe, Themen und relevante Nutzer fortlaufend zu beobachten. Außerdem helfen sie dabei, das Verhältnis zwischen Followern und Followings gut im Auge zu behalten[204]:*
> - *www.followerwonk.com: Follower-Analysen, -Findung sowie gute Twitter-Search*
> - *www.friendorfollow.com: Einblick, wer folgt und wer nicht folgt*
> - *www.manageflitter.com: Profilanalyse und Follower-Management*
> - *www.twazzup.com: Monitoring, bzgl. Twitter und weiterer Kanäle*
> - *www.twitterfall.com: Überblick über thematisch aktuelle Tweets*
> - *www.twoolr.com: Schnelle Analyse des Twitter-Accounts*

- **Dialog in der Krise[205]:** Durch seine Schnelligkeit und die enge Vernetzung bietet sich Twitter als Instrument zur Krisenkommunikation an. Sofort können im Fall einer Krise die Follower über den aktuellen Stand, die Ursachen, die Lösungsansätze informiert werden. Selbst Massenmedien übernehmen in solchen Krisensituationen über Twitter verbreitete Informationen, wenn sie keine eigenen Vertreter vor Ort haben. Der Londoner Flughafen Heathrow setzte beispielsweise bei der Aschewolke durch den isländischen

---

203 http://www.twitter.com/delloutlet
204 Hervorragende Sammlung an Twitter-Tools inkl. Beschreibung: http://www.karrierebibel.de/zwitscherliste-reloaded-140-twitter-tipps-tricks-und-tools/
205 Guter Überblick über die wegen Social Media verstärkten Krisen finden sich beim Web-Strategen Jeremiah Owyang http://www.web-strategist.com/blog/2008/05/02/a-chonology-of-brands-that-got-punkd-by-social-media/

Vulkan im April 2010 auf Twitter. Während des gesamten Zeitraums wurden User rund um die Uhr über Flugstreichungen, Reisealternativen, Regressoptionen etc. informiert.

10 Bausteine einer Twitter-Strategie:
1) Richten Sie ein Profil ein mit kurzer Information sowie Link zu Blog oder Website.
2) Legen Sie die zu beobachtenden Kernbegriffe und -themen fest.
3) Definieren Sie eine eigene (Mehrwert-)Strategie für Ihren Account.
4) Recherchieren und beobachten Sie die für Sie relevanten Twitterer.
5) Durchsuchen Sie Twitter-Listen bzw. die Listen Ihrer ›Friends‹ nach ›Followern‹.
6) Produzieren Sie Content in Text, Bildern, Videos sowie reich an Links.
7) Bauen Sie durch fortlaufende Kommunikation eine Community schrittweise auf.
8) Bauen Sie ein Follower-Management auch mittels Listen und Hashtags auf.
9) Pflegen Sie Ihr Netzwerk durch schnelle Antworten, Retweets und aktuellen Content.
10) Integrieren Sie Ihren Twitter-Account in Ihre Online- und Print-Publikationen.

5.5.2.3 Podcasting: Radio und TV im Internet

Die Geschichte des Podcasting geht auf das Jahr 2000 und auf Tristan Louis und Dave Winer zurück; der Begriff Podcast wurde aber erst vier Jahre später erfunden. Podcasting – ein Kofferwort aus Broadcasting und dem iPod – bezeichnet die Erstellung von Audio- sowie heute auch Video-Dateien und die Bereitstellung als RSS-Feed über das Internet. Wie Blogs lassen sich Podcasts abonnieren, um über neue Folgen automatisch informiert zu werden und diese mit jedem MP3-Player abzurufen und anzuhören bzw. anzusehen.

Nach dem Start erlebte Podcasting ein schnelles Wachstum. Podcasting bot Hobby-Radio-Machern die Chance, mit wenig technischem Aufwand eigene Sendungen zu produzieren, diese auszustrahlen, andere daran teilhaben zu lassen und damit für eine individuelle Audiowelt jenseits der klassischen Radioprogramme zu sorgen. Die Medien griffen das Thema eher reißerisch auf: »The End of Radio« titelte das Magazin »Wired« im Frühjahr 2005.

Begrenzte Nutzerzahlen
In den USA entwickelte sich der Podcast-Markt schnell. Ein gutes Beispiel ist neben dem IT-Podcast »This Week in Tech« von Leo Laporte die Videoshow »Vine Library TV«[206]. Mehr als 80.000 Wein-Kenner und Wein-Interessierte pro Ausgabe verfolgten bis Mitte 2011 den unterhaltsamen Podcast von Gary Vaynerchuck, der neue Weine und Anbaugebiete vorstellte und mit Weingutbesitzern oder Weintestern über ihre bevorzugten Tröpfchen diskutierte. Ein großer Erfolg übrigens auch für das Selbstmarketing: Die beliebte Sendung pushte nicht nur den Online-Weinhandel von Vaynerchuck; er selbst stieg zudem zu einem der Hauptgäste von Mediensendungen in den USA auf und leitet heute ein prosperierendes Social Media Beratungsunternehmen.

Hierzulande hat sich die Podosphere – also die Welt der Podcasts[207] – nur langsam entwickelt. Einerseits setzte beispielsweise der Video-Podcast von Angela Merkel[208] – trotz

---

206 http://tv.winelibrary.com
207 Passende Podcasts lassen sich über Verzeichnisse wie http://www.apple.com/de/itunes/whats-on/#podcasts, http://www.mypods.de, http://www.podcast.de finden
208 http://www.bundeskanzlerin

berechtigter Kritik an der Machart – das Thema auf das öffentliche Tableau und verlieh dem Medium eine größere Bekanntheit. Gleichzeitig stagniert die Attraktion von Podcasts heute auf eher niedrigem Niveau, wie auch die jährliche ARD-ZDF-Onlinestudie[209] aufzeigt. Auch nur eine begrenzte Anzahl von Organisationen setzt hierzulande Podcasts ein.

Potenzial zur emotionalen Ansprache

Dabei ist vielen durchaus bewusst, welche neuen Möglichkeiten Podcasts im Vergleich zu klassischen Medien bieten: Die emotionale Ansprache von Zielgruppen, Empfang unabhängig von Zeit und Raum, Darstellung als modernes Unternehmen, direkter Kanal zu Stakeholdern – und dies zu geringen Produktionskosten. Zudem müssen User die Unternehmens-Podcasts bewusst bestellen, um sie daraufhin zu beziehen. Doch nur wenige haben eine klare Strategie entwickelt, um das Potenzial einer emotionalen Stakeholder-Ansprache durch Podcasts nutzen zu können.

Bei der Beurteilung der Einsatzchancen von Podcasts muss sich jedes Unternehmen zu Anfang fragen, ob die eigenen Zielgruppen per Podcast überhaupt erreichbar sind, welche Inhalte diesen via Podcast angeboten werden soll, welches Ressourcen dazu zur Verfügung stehen und ob Audio- oder Videomaterial in ausreichender Qualität vorliegt, um eine Regelmäßigkeit zu garantieren. Denn nur einem Infotainment-Format oder treffender gesagt »Commutainment-Format« – also einem Mix aus Communication und Entertainment – schenken User ihre wirkliche Aufmerksamkeit. Ein paar Beispiele verdeutlichen, wie sich dieser Kanal als wirkungsvolles, emotionales Instrument einsetzen lässt:[210]

- **Zielgruppenerweiterung**: Klassische Medien haben frühzeitig Audio-Podcasts als Abspielkanal entdeckt, damit sich ihre Hörer einerseits unabhängig von Zeit und Raum verpasste Sendungen anhören können, sie andererseits auch neue Zielgruppen für sich gewinnen können. Ein Beispiel ist der Podcast von GEO: Einmal pro Woche werden auf www.geo.de/podcast Reisetipps vorgestellt, Reporter interviewt, Reportagen gelesen.

- **Markenbindung**: Mit einem Mix aus Produkt- und Kulturpodcast[211] zeigt sich Mercedes-Benz als moderne, lebendige Marke: Im »Mixed Tape« werden alle acht Wochen Newcomer aus der Musikbranche vorgestellt; in den englischsprachigen Video-Produkt-Podcast werden Fahrzeuge in Action und im Motorsport sowie neue Perspektiven zu Design, Komfort und Leistung gezeigt.

- **Kundenservice**: Die Versicherung BIG fördert ihre Kundenkommunikation durch ein monatliches Audio-Magazin[212] mit Beiträgen und News zu Gesundheitsthemen. BIG direkt berichtet über Vorsorge, Burnout-Syndrome, Schwangerschaftsuntersuchungen sowie politische Themen wie die Kostenentwicklung im Gesundheitswesen oder die Gesundheitspolitik im Allgemeinen. Auch DATEV hat sich mit seinem Audio-Podcast[213] zum Thema Steuern seit 2007 einen Namen unter den Hörern gemacht und damit das Thema Steuern auf dem Podcast-Markt besetzt.

- **Wissentransfer**: BASF setzt darauf, mit Wissen die eigene Leistung zu unterstreichen. Sie versteht Podcasts als Übersetzer und Bindeglied zwischen Hörern, Wissenschaft

---

209 http://www.ard-zdf-onlinestudie.de
210 Weitere Corporate Podcasts lassen sich auch über die erwähnten Podcast-Verzeichnisse abrufen
211 http://www.mercedes-benz.com/podcast
212 http://www.big-direkt.de/podcast
213 http://www.datev.de/portal/ShowPage.do?pid=dpi&nid=48148

und Unternehmen. Dazu werden im Wissens-Podcast »Der Chemie-Reporter«[214] jede Woche wirkliche Alltagsfragen der User rund um das Thema Chemie beantwortet.

- **Recruitment**: Unternehmen wie IKEA[215] setzen Podcasts als Recruiting-Plattform ein, um Tipps zur Online-Bewerbung zu vermitteln und um die Azubis von morgen zu werben. In den IKEA Audio-Podcast geben beispielsweise Auszubildende selbst Bewerbungstipps und liefern persönliche Geschichten rund um die Ausbildung bei IKEA.

TIPP 31

PR- und Medien-Podcasts

- *www.geek-week.de: Top-Podcast zu Tech und Social Media*
- *www.neunetz.com/podcast: 2-wöchentlicher Blick auf Tech und Internet*
- *www.online-marketing-podcast.de: Podcast zu Social-Media- und Online-Marketing*
- *www.pimpyourbrain.de: Podcast mit Blick auf die Social-Media-Welt*
- *www.radioeins.de/archiv/podcast/medienmagazin.html: RBB-Mediensendung pro Woche*
- *www.twit.tv/twit: This week in Tech = US-Talkrunde mit IT-Insidern und Leo Laporte*
- *www.wasmitmedien.de: Podcast von Antenne Düsseldorf zur Entwicklung der Medienwelt*

5.5.2.4 Facebook: Die Macht des Sozialen Netzwerkes

Die Geschichte der Sozialen Netzwerke geht bis ins Jahr 1967 zurück: In einem Experiment findet der Sozialpsychologe Stanley Milgram heraus, dass jeder Mensch über durchschnittlich sechs Bekannte mit jedem anderen Menschen bekannt ist – und nannte dies Kleine-Welt-Phänomen (Small World Phenomen). Über 45 Jahre später basieren genau auf diesem Prinzip die sozialen Netzwerke, die immer stärker unser bisheriges Leben beeinflussen und beruflich wie privat dem Aufbaus und der Pflege von Beziehungen dienen.

Die Vielfalt der Networks ist so groß wie die unterschiedlichen Interessengebiete der Menschen zahlreich sind: Für Jung und Alt, für Studenten und Senioren, für Geschäftsleute und Superreiche, offen wie exklusiv; mal themenzentriert und interessenfokussiert wie 43things.com, sermo.com, beinggirl.de, silbernetzwerk.de, stadthunde.com, Stayfriends.de, dann eher von der generellen Kontaktpflege getrieben wie Facebook, Google+, Instagram, LinkedIn, oder sogar beruflich orientiert wie Xing und LinkedIn. Parallel wächst die Zahl der Netzwerker kontinuierlich. Laut Statistischem Bundesamt[216] waren 2011 53 Prozent aller deutschen Internetnutzer in sozialen Netzwerken aus privaten Interessen aktiv. Aus beruflichen Gründen sind 10 Prozent der Deutschen dort aktiv – und liegen damit genau im EU-Durchschnitt. Nicht überraschend: Soziale Netzwerke sind gerade bei jungen Erwachsenen attraktiv: 91 Prozent der Personen im Alter von 16 bis 24 Jahren waren 2011 privat aktiv.

Gleichzeitig machen Studien deutlich, dass selbst die über 55-Jährigen immer stärker in den Sozialen Netzwerken zu finden sind. Sie definieren sich über gemeinsame Interessen, produzieren Inhalte und verknüpfen sich zu immer einflussreicheren kleineren wie

---

214 http:// www.basf.de/podcast
215 http://www.deinemoeglichkeiten.de
216 https://www.destatis.de/DE/PresseService/Presse/Pressemitteilungen/2012/05/PD12_172_63931.html

größeren Netzwerken. Gerade diese Macht hat klare Konsequenzen für PR-Strategen: Sie müssen von der Position des Setters zum Mitgestalter des Diskurses wechseln.

Die Macht von Facebook

Im Jahre 2004 gründete der damals 20jährige Mark Zuckerberg, Student an der Harvard University, Facebook. Schnell hatte Facebook über die Universität hinaus 100.000 Studenten erreicht. Drei Jahre später beteiligte sich Microsoft mit 1,6 Prozent an Facebook – für eine Investition im Wert von 240 Millionen US-Dollar.[217] Heute (Ende 2012) hat Facebook rund 1 Milliarde Nutzer. Davon greifen 57 Prozent der Nutzer mobil auf das Netzwerk zu, Tendenz wachsend.[218] 3,2 Milliarden Likes und Kommentare täglich, 300 Millionen Foto-Uploads pro Tag, 67 Prozent Wachstum bei der mobilen Nutzung und rund 400 Minuten monatliche Facebook-Nutzung im Schnitt zeigen die Kraft des Netzwerkes.[219] An dieser Vormachtstellung haben bislang selbst die Diskussionen um den zweifelhaften Umgang mit Nutzerdaten kaum gerüttelt. Auch in Deutschland zählt es 25 Millionen Nutzer.[220] Dazu ist Facebook in den vergangenen Jahren auch auf Kosten anderer lokaler Networks gewachsen. Ein Geheimnis des Erfolges: Facebook war von Anfang an als offenes Netzwerk angelegt. Nutzer können Facebook mit weiteren Applikationen und Social-Web-Plattformen verbinden.

> **TIPP 32**
>
> *Facebook-Tools*
> - *www.allfacebook.de: Zahlen und Whitepapers zum deutschen Markt*
> - *www.checkfacebook.com: Einblick in aktuelle Facebook-Zahlen und -Trends*
> - *www.nutshellmail.com: Einfaches Monitoring-Tool für Facebook-Pages*
> - *www.quintly.com: Tool, um Facebook-Seiten zu vergleichen*
> - *www.socialbakers.com: Laufend aktuelle Nutzerzahlen weltweit*
> - *www.touchgraph.com: Grafische Visualisierung der Beziehungen zu Personen*
> - *www.twentyfeet.com: Monitoring-Tool für Facebook und Twitter*

Warum eine Facebook-Seite?

Auf den Facebook-Boom haben viele Unternehmen damit reagiert, indem sie für sich und ihre Marken Facebook-Seiten[221] einrichteten – inklusive eines klaren Hinweises in allen vorhandenen Kommunikationsmedien. Gleichzeitig kommt es darauf an, die Ziele der Facebook-Seite im Vorfeld festzulegen. Schließlich lässt sich nur so der Nutzen – gerade im Verhältnis zum Aufwand der Pflege von Inhalten – später beurteilen. Und der Aufwand ist hoch: So sollten nicht nur Inhalte eingestellt werden; vielmehr sollte die Chance des aktiven Dialogs mit den Usern ergriffen werden. Diese erwarten eine schnelle Reaktion auf Fragen, Meinungen, Anregungen.

217 http://www.focus.de/fotos/microsoft-2006-kaufte-sich-der-software-konzern-mit-1-6-prozent-bei_mid_1069326.html

218 http://www.futurebiz.de/artikel/57-aller-nutzer-verwenden-facebook-mobil-139-mio-in-deutschland/facebook-mobile-infografik/

219 http://fbrep.com/SMB/Power-of-Facebook-Advertising.png

220 http://www.socialbakers.com/facebook-statistics/germany

221 Gute Hinweise zur Facebook-Timeline: http://de.slideshare.net/goldbachgroup/facebook-timeline-fr-seiten

Ein paar Beispiele: Die Kaffee-Kette Starbucks entwickelte sich durch ihre kontinuierlichen Aktivitäten zu einer wahren Love-Marke im Netz, die auf Facebook[222] mit über 30 Millionen Fans zu den beliebtesten Seiten überhaupt zählt. Die Eismarke Ben & Jerry[223] geht hervorragend mit der Timeline als Image-Chance um, indem sie die Milestones ihrer Eisgeschichte von 1978 an bildlich integriert. Swisscom[224] integrierte ihre Support-Community, die Anti-Aids Organisation Red[225] motiviert Fans zum Mitmachen, teletext holidays[226] zeigt Cross Media durch die Integration des Newsletters und die Krones AG[227] nutzt die Facebook-Seite vor allem zum Recruiting. Und dies sind nur einige Beispiele für die Facebook-Nutzung. Eines haben alle gemein: Wer nicht das Konzept, die Zeit und das Personal hat, seine Fans regelmäßig mit Informationen und Aktionen zu binden und den Dialog mit diesen zu pflegen, dessen Seite wird kaum einen Erfolg haben.

AUSFLUG 29

Die Bedeutung des Edge Rank

Im Newsfeed jedes Nutzers wird immer nur ein Teil der Beiträge von seinen Freunden und Seiten angezeigt. Gerade wenn Nutzer viele Freunde bzw. Seiten abonniert haben, würden sie sehr viele Beiträge erhalten. Über die Sichtbarkeit entscheidet der sogenannte Edge Rank. Dieser setzt sich wie folgt zusammen aus:

- Affinität: Bezeichnet die Häufigkeit, mit der Nutzer mit einem anderen Nutzer oder einer Seite interagiert bzw. auch die Gemeinsamkeit mit Freunden bzgl. einer Seite.
- Gewichtung: Beschreibt das Gewicht einer Interaktion. Beispielsweise werden in der Regel Rich Media Inhalte wie Bilder und Videos aber auch Kommentare stärker gewichtet als die reine Abgabe eines Likes.
- Zeitpunkt: Definiert den Zeitraum der letzten Interaktion. Je älter sie ist, desto stärker verfällt ihre Bedeutung.

Je höher der Edge Rank für einen Beitrag ist, desto wahrscheinlich wird er angezeigt. Dies erklärt, warum beispielsweise Beiträge von den besten Freunden immer angezeigt, die Facebook-Posts von weniger genutzten Seiten dagegen selten.

Nutzer werden darüber hinaus nur dann der Facebook Page folgen, wenn das Unternehmen ihnen Mehrwert bietet: Dies kann ein persönlicher Einblick ins Unternehmen, regelmäßige Gewinnspiele, ungewöhnliche Aktionen, starke Einbindung sein – immer mit dem Ziel ausgerichtet, eine wirkliche Community zum Unternehmen aufzubauen. Ein erfolgreiches Beispiel für einen aktiven Austausch mit seiner Zielgruppe liefert TripAdvisor, die größte Reise-Community der Welt. Fans erhalten auf Facebook[228] nicht nur Reisetipps und können sich austauschen, um eine Reise perfekt vorzubereiten. Mit der Anwendung »Cities I've visited« fordert TripAdvisor seine Fans auf, alle Städte, die sie bereits bereist haben, auf einer Google Maps Karte zu markieren und zu bewerten. Mit dieser Crowdsourcing-Idee entstand ein von der Community aufgebautes Verzeichnis an Reisezielen, das

---

222 http://www.facebook.com/starbucks
223 http://www.facebook.com/benjerry
224 http://www.facebook.com/swisscom
225 http://www.facebook.com/joinred
226 http://www.facebook.com/teletextholidays
227 http://www.facebook.com/kronesag
228 http://www.facebook.com/tripadvisor

eine hohe Glaubwürdigkeit innerhalb der Community hat. Dies verdeutlicht, wie sich Anhänger mit kreativen Ideen involvieren lassen, um die Marke positiv zu besetzen.

Analyse-Tool für Facebook-Seiten

Mit Facebook Insights[229] bietet Facebook ein Instrument, um die eigenen Seiten zu analysieren. So werden unter www.facebook.com/insights im angemeldeten Zustand alle Fanseiten aufgelistet, für die man als Administrator zuständig ist. Mit einem Klick erhält man die Entwicklung der Zahlen bzgl. Fans, Gefällt mir, Reichweiten, Personen, die darüber sprechen, auf einen Blick. Eine demografische Aufschlüsselung der eigenen Fangemeinde – nach Regionen, Sprachen etc. – liefert hilfreiche Ergebnisse, künftige Aktivitäten noch stärker auf seine Zielgruppen abzustimmen. Zudem lassen sich die Aktivitäten auf der Fanseite gut analysieren: Wie viele Seitenaufrufe hatte die Seite? Welche Beiträge kamen besonders gut an? Zu welchem Zeitpunkt wurde häufig geklickt? Welcher Beitrag hatte viele Interaktionen? Wie viele »Gefällt mir« wurden abgegeben? Diese Daten liefern wichtige Anhaltspunkte für die Optimierung einer Facebook-Kampagne.

5.5.2.5 Google+: Auf dem Weg zur sozialen Suche

»Facebook für Erwachsene«[230], »Googles Angriff auf Facebook«[231] oder »Das Imperium schlägt zurück«[232] – zahlreiche Titel wurden Google+, dem Social Network des Internet-Riesen zum Start im Juni 2011 gegeben. Und viel Aufmerksamkeit geschenkt: Hymnisches Lob, enttäuschte Kritik bis zu neutralen Beiträgen. Jeder erkannte dieses Projekt als Ansatz, sich im Bereich der sozialen Netzwerke zu etablieren. Zuvor konnte Google keinen wirklichen Erfolg bei sozialen Netzwerken verzeichnen. Zwar betreibt es seit 2004 mit Orkut[233] ein Soziales Netzwerk – mit Erfolg ausschließlich in Brasilien und Indien. Zudem hatten sich Projekte wie Buzz oder Wave als Reinfall erwiesen. Mit Google+ wollte Google jetzt das bestintegrierte Netzwerk durch eine starke Verknüpfung des eigenen Kosmos erreichen.

Die Pfeiler von Google+[234]

Das neue Soziale Netzwerk besteht im Kern aus Modulen, mobilen Funktionen sowie der stufenweise Einbindung bestehender Dienste. Kurz zu den beiden wichtigsten Elementen: Das zentrale Tool von Google+ sind die Kreise. Mit diesen lassen sich die eigenen Kontakte in frei wählbare Gruppen einteilen – in Familie, Bekannte, Schulfreunde, Geschäftskontakte, Medien etc. Nach der Gruppierung kann jeder immer selbst entscheiden, ob er Informationen mit allen oder nur mit ausgewählten Freundeskreisen teilt. Als »Killer-Feature« werden oft die Hangout-Funktionen bezeichnet. Damit lassen sich bis zu zehn Kontakte aus den

---

229 http://www.facebook.com/insights; ein gutes Whitepaper lässt sich bei Thomas Hutter herunterladen: http://www.thomashutter.com/index.php/2010/04/facebook-whitepaper-moglichkeiten-facebook-insights-fur-fanpages/
230 http://www.spiegel.de/spiegel/print/d-79572351.html
231 http://www.heise.de/newsticker/meldung/Google-Googles-Angriff-auf-Facebook-1269584.html
232 http://www.sueddeutsche.de/digital/soziales-netzwerk-google-plus-google-schickt-seinen-facebook-rivalen-ins-rennen-1.1113720
233 http://www.orkut.com
234 Eine gute Anleitung zu Google+ hat Philipp Steuer erstellt: http://philippsteuer.de/google-plus-buch/

eigenen Kreisen zu Videokonferenzen einladen. Während sich geschlossene Hangouts für Webinare, Hintergrundgespräche oder zur internen Kommunikation nutzen lassen, haben viele Unternehmen und Medien Hangouts als Chance entdeckt, neue Nutzer zu gewinnen. Zudem lassen sich die Hangouts on Air via YouTube übertragen, um so weitere User zu gewinnen. Neu seit Ende 2012 sind auch die Communities, um in Gruppen Interessen mit anderen zu diskutieren.

Im Vorfeld der Google+-Einführung hatte das Unternehmen bereits den +1-Button eingeführt, das Pendant zum Gefällt-mir-Button von Facebook. Mit einem Klick teilen Benutzer öffentlich mit, was ihnen gefällt. Seitdem ist dieser Button auf zahlreiche Seiten eingebunden. Die +1-Bekundungen tauchen ebenfalls in den Suchergebnissen auf. So wird in der Suche angezeigt, welche Freunde aus dem eigenen Google+-Netzwerk welche Seiten »geplusst« haben. Es ist davon auszugehen, dass einerseits solche Empfehlungen von Netzwerk-Freunden die eigenen Entscheidungen beeinflussen, andererseits sich diese +1-Klicks im Suchmaschinenranking auf die Position einer Seite positiv auswirken werden.

Erst am Anfang

Google wählte zur Einführung von Google+ eine Few-to-Many-Verbreitungsstrategie. Zu Anfang war eine Teilnahme nur bei vorheriger Einladung möglich. In dieser Peer-Gruppe befanden sich primär Online-PR- und Social-Media-Experten, die über ihre Netzwerke über Google+ berichteten. Erst ab dem 8. August 2012 konnte jeder daran teilnehmen. Seitdem ist Google+ stark gewachsen[235]: Ende 2012 sprach Google bereits von 500 Millionen Nutzern, von denen 135 Millionen aktiv sind.[236] Im November 2011 führte der Konzern analog zu den Facebook-Seiten die Google+-Seiten für Unternehmen ein, die sich nicht gravierend von Privatseiten unterscheiden.

Mehr als ein Jahr hat Google an dem Projekt gearbeitet und viele Dinge richtig gemacht. Google+ bringt eine Reihe raffinierter und dazu einfach umgesetzter Funktionen mit. Vom Design wirkt das Netzwerk deutlich klarer, frischer und aufgeräumter als Facebook – auch durch die fehlende Werbung. Die Gestaltung legt viel Wert auf klare Benutzerführung und einen besseren Umgang mit den Daten der Nutzer. Zudem hat es und wird es weiterhin alle eigenen Services in Google+ integrieren – und auf diese Weise das eigene Ziel erfüllen, Google mit Google+ sozialer zu machen. Ob in der Zukunft weiterhin als Ergänzung oder Ersatz für Facebook, Twitter & Co. – diese Frage ist offen.

5.5.2.6 Social Networking im B2B-Bereich

Soziale Netzwerke sind keineswegs ein Exklusivinstrument für den B2C-Bereich. Auch auf der Business-to-Business-Ebene geht es darum, Vertrauen aufzubauen, eine positive Reputation für Produkte und Marken aufzubauen, Beziehungen mit den Stakeholdern wie Kunden, Partnern, Mitarbeitern zu pflegen – als Ausdruck einer offenen Unternehmenskultur. Ein Unterschied: Im B2B-Bereich geht es noch stärker um Klasse statt Masse. Die Zielgruppen sind oft kleiner, spezialisierter, die Kontakte intensiver, die Auseinandersetzung inhaltlich stärker, die Haltung anspruchsvoller. Es geht weniger um Reichweite als um Qualität der Inhalte, um Expertenwissen und Fachdialoge mit Geschäftspartnern, Multiplikatoren, Interessenten, Kunden.

---

235 Ranking der Google+-Nutzer auch in Deutschland: http://www.circlecount.com
236 http://www.futurebiz.de/artikel/500-mio-google-registrierte-accounts-135-mio-aktive-nutzer-stream

Auch wenn Facebook, Google+ & Co. immer stärker in den Business-Bereich drängen, haben sich parallel Business-Netzwerke etabliert. Während sich der geschäftliche Austausch auf internationaler Ebene auf LinkedIn fokussiert[237], heißt der Marktführer im deutschsprachigen Raum Xing. Beide Netzwerke eigenen sich für Aufbau und Pflege von Kontakten sowie zur Diskussion von Fachthemen innerhalb spezifischer Gruppen. Auf www.xing.com können User ein eigenes Profil erstellen, sich mit anderen vernetzen, an Gruppen teilnehmen oder selbst eigene Gruppen gründen und andere User dazu einladen. Zudem stehen mit Job-Portal, Event-Portal und zahllosen Gruppen weitere Networking Optionen zur Verfügung, die sich für einen fachlichen Austausch, ein Corporate wie Personal Branding sowie zur Mitarbeiter- bzw. Jobsuche nutzen lassen.

Noch immer nutzen nur wenige User die vielfältigen Möglichkeiten aus. Viele Mitglieder beschränken sich auf die Erstellung eines Profils und die meist passive Teilnahme an einzelnen Gruppen. Zudem lassen sie sich regelmäßig über die Neuerungen bei ihren Kontakten automatisch per Newsletter informieren.[238] Dabei bietet Xing deutlich umfangreichere PR-Chancen für den Geschäftsalltag:

- Regelmäßige Teilnahme an Gruppen, die thematisch für das Unternehmen und seine Branche von Relevanz sind;
- Gründung von Gruppen zu eigenen Themen – solange genug Teilnehmerpotenzial besteht und noch keine anderen Gruppen dominieren;
- Detaillierte Recherche nach Personen aus ähnlichen Branchen bzw. mit ähnlichen Interessen über die »Erweiterte Suche« oder »Powersuche«;
- Ankündigung von Veranstaltungen und Einladung der Mitglieder zu den Events;
- Erstellung eines kostenlosen Firmen-Basisprofils oder eines erweiterten und kostenpflichtigen Profi-Profils;
- Regelmäßige Information bei Veränderungen auf den Profilen der Kontakte nach Einrichtung eines Suchauftrages über die »Erweiterte Suche«.

Dies sind nur einige der Beispiele, weswegen sich eine nähere Beschäftigung mit Xing lohnt. Kleine Einschränkung: Viele dieser Möglichkeiten sind auf Pro-Mitglieder beschränkt. Angesichts dieser Chancen sind 4,95 Euro pro Monat (Stand 09/2012) eine gute Investition.

5.5.2.7 Bildernetzwerke: Chancen in der visuellen Kommunikation

»Ein Bild sagt mehr als 1.000 Worte.« Diese Volksweisheit gilt verstärkt auch im Internet, das in den vergangenen Jahren visueller geworden ist. Der Grund: Bilder können Informationen oftmals besser und emotionaler vermitteln als pure Texte. Dem müssen sich Kommunikationsfachleute anpassen – gerade in Zeiten des Social Web.[239] Dazu gilt es, die passenden Kanäle für die gewünschte Ansprache der Zielgruppen zu finden.

---

237 http://www.linkedin.com

238 Auch die beiden Autoren dieses Buches führen mit den »PR-Tipps« eine Xing-Gruppe samt Newsletter. Weitere Informationen dazu: https://www.xing.com/net/pr-tipps/

239 Eine spannende Diskussion über die Funktion von Bildern innerhalb der PR lässt sich im Blogbeitrag von Björn Eichstädt inkl. Diskussion verfolgen: http://www.storyblogger.de/2012/04/auf-dem-visuellen-auge-blind-wieso-prler-und-journalisten-den-facebook-instagram-deal-unterschatzen/

Pinterest: Pinboards für Fotoliebhaber

Im Herbst 2011 stieß innerhalb weniger Monate ein neues Foto-Netzwerk in die Öffentlichkeit vor und erhielt auch in Deutschland – zeitlich verzögert – viel Aufmerksamkeit: Pinterest[240] ist eine virtuelle Foto-Pinnwand, auf der Privatpersonen und Organisationen Inhalte teilen können. Pinterest bedeutet visuelles Social Networking und Storytelling. Die Funktionsweise ist einfach: User laden eigene Bilder und Videos hoch oder pinnen sie direkt von den Webseiten anderer[241], fügen Beschreibung sowie Schlagworte per Hashtag hinzu und sortieren sie in eigene thematische Boards, wodurch Accounts trotz großer Bildervielfalt strukturiert wirken. Pins anderer User können positiv bewertet (like), kommentiert und geteilt (repin) werden. Zudem kann jeder Account-Besitzer weitere User als Contributors einladen, um gemeinsame Boards zu entwickeln. Inhalte lassen sich zudem mit einem Klick auf Facebook teilen, was die Sichtbarkeit der eigenen Pinterest-Aktivitäten deutlich erhöht.[242] Gleichzeitig offenbarte das »Pin« und »Repin«-Verfahren rechtliche Probleme, werden auch Bilder von fremden Webseiten gepinnt, für die keine Publikationsrechte bestehen.

Gerade Lifestyle-Webseiten profitieren enorm von Pinterest und den Links aus der Plattform. Laut mashable.com ist Pinterest bereits die Top-Quelle für Seiten aus den Bereichen »women's lifestyle, home decor and cooking magazines«[243]. Dies liegt auch an der Hauptzielgruppe Frauen, die gut zwei Drittel der Anhängerschaft ausmachen. Wie man diese richtig anspricht, zeigte eine Kampagne von Kotex[244] im Frühjahr 2012: Die Kreativagentur smoyz suchte 50 Frauen auf Pinterest aus, die inspirierende Pins auf ihren Boards gepostet hatten. Per Post bekamen sie personalisierte Geschenkpakete, die sich auf ihre Pins bezogen. Die glücklichen Frauen reagierten auf ihre Weise und verbreiteten ihre Geschenke über alle Netzwerke. Das Ergebnis der Kampagne: 2.284 Interaktionen und 694.853 Impressionen.[245]

Traffic-Lieferant für E-Commerce-Bereich

Seit der Gründung im März 2010 im amerikanischen Palo Alto ist Pinterest steil gewachsen.[246] Gestartet als geschlossene Beta-Version ist das soziale Bilder-Netzwerk seit August 2012 für jeden zugänglich. Waren es Anfang 2011 noch 100.000 Besucher, so stieg die Zahl ein Jahr später auf 12 Millionen Besucher. Weltweit steht Pinterest.com laut Alexa Traffic Rang (Stand 09/2012) mit 21 Millionen Besuchern auf Platz 41 der meistbesuchten Webseiten. Gerade in den USA spielt Pinterest als drittwichtigstes Netzwerk eine zentrale

---

240 Andreas Werner hat einen hervorragenden Guide »Pinterest für Unternehmen« geschrieben, der sich hier herunterladen lässt: http://de.slideshare.net/datenonkel/pinterest-fr-unternehmen-der-ultimative-marketing-guide

241 Welche Bilder wurden von meiner eigenen Webseite gepinnt? Mit folgender URL lässt sich dies schnell überprüfen: http://pinterest.com/source/meindomain.de

242 Wie funktioniert die Viralität bei Pinterest? Anhand eines eigenen Beispieles »100.000 Besucher in 7 Tagen« stellt Pascal Landau Pinterest als nützliche Traffic-Quelle zur Integration in die Online Marketing Strategie vor: http://www.reachblog.de/100-000-besucher-in-7-tagen-pinterest-is-a-thing/5684/

243 http://mashable.com/2012/02/26/pinterest-womens-magazines/

244 Das Video zur Kampagne: http://www.youtube.com/watch?v=UVCoM4ao2Tw&feature=player_embedded

245 Wer seine Pinterest-Aktivitäten messen will, kann dazu PinReach.com oder Pinpuff.com nutzen

246 Siehe dazu http://www.experian.com/blogs/hitwise-uk/2012/08/22/instagram-and-pinterest-the-new-global-stars-of-social/

Rolle in Kommunikation und Marketing. Laut einer Studie der Creative Group von Sommer 2012 nutzen bereits sieben Prozent der US-Marketer Pinterest – weitere zehn Prozent planen die Nutzung.[247] Auch in Deutschland zogen die Zahlen an, wenn auch auf mäßigem Niveau. Nach einer kurzen Boom-Phase Ende 2011 wächst das Netzwerk kontinuierlich um derzeit gut fünf Prozent pro Monat. Im August 2012 steuerten knapp 400.000 Besucher die Seite an.

Auch hiesige Unternehmen experimentieren, bietet Pinterest eine Reihe interessanter Funktionen. Beispielsweise können sie für ihre Produkte und Marken eigene Boards erstellen und die passenden Fotos und Bilder von der Firmen-Webseite pinnen. Gerade für Shop-Betreiber dient Pinterest als Traffic-Lieferant, der gleichzeitig für Back-Links auf die eigene Webseite sorgt – und damit auch aus Sicht der Suchmaschinenoptimierung relevant ist.[248] Denn wer ein Produktbild streut, der streut den Link zum Point of Sale. Gerade in den USA hat sich so gezeigt, dass Pinterest für einen gewachsenen Anteil am Social Traffic im E-Commerce verantwortlich ist[249] und Yahoo, Bing und Twitter hinter sich gelassen hat.[250]

Gleichzeitig sind User nur bereit, Bilder zu teilen und zu kommentieren, wenn sie sich davon angesprochen fühlen. In bilderstarken Branchen wie der Touristik lässt sich Pinterest nutzen, das Besondere an Hotels, Reisen und Regionen hervorzuheben, Emotionen zu erzeugen und damit Buchungsanreize zu schaffen. Beispielsweise sorgt das Hotelportal HRS[251] mit Bildern von Traumzielen rund um den Globus für Fernweh und Reiselust. Das Hotel Berlin baute neben Räumlichkeiten und kulinarischen Highlights ein Board für die Bilder der Gäste[252] auf. Der amerikanische Biosupermarkt Whole Foods lockt dagegen auf seinen Boards mit kulinarischen Leckereien natürlicher Herkunft, veganen Kochtipps und Hinweisen auf seine Wohltätigkeitsorganisation »Whole Planet Foundation«[253]. Und der Buttons-Shop kiwikatze[254] nutzte Pinterest für visuelles Storytelling, indem die angebotenen Buttons mit frechen Sprüchen ergänzt werden.

Foto-Sharing per Smartphone

Doch die Idee eines Bilder-Netzwerkes kann noch einfacher sein: Instagram bietet Usern seit Oktober 2010 eine kostenlose Foto-Sharing-App, um mit ihrem iPhone Bilder zu schießen, diese per Filter zu verfremden, mit Schlagworten zu versehen, mit anderen zu teilen und ebenso per Facebook, Twitter, Tumblr, Foursquare zu verbreiten. Aus der Idee entwickelte sich eine lebendige Community, das sich an quadratischen Bildern[255] erfreut. Instagram ist jedoch nicht nur Ausstellungsort für eigene Bilder: Das Netzwerk erlaubt

---

247 Vgl. http://marketingland.com/report-17-of-marketers-using-or-planning-to-use-pinterest-for-business-purposes-19736
248 10 gute Tipps, wie sich Pinterest aus PR-Sicht nutzen lässt: http://prblog.typepad.com/strategic_public_relation/2012/08/pinterest-10-tips-for-pr-people.html
249 Siehe dazu auch http://t3n.de/news/social-traffic-pinterest-nagt-396188/
250 vgl. http://www.futurebiz.de/artikel/pinterest-nun-4-groster-traffic-lieferant-organisch-twitter-und-yahoo-abgehangt
251 http://pinterest.com/hrshotelportal/
252 http://pinterest.com/berlinerhotel/guest-uploads/
253 http://pinterest.com/wholefoods/whole-planet-foundation/
254 http://pinterest.com/kiwikatze/
255 Die quadratische Form ist eine Reminiszenz an die früher beliebte Kodak Instamatic sowie die Polaroid-Kamera.

ebenso Reaktionen, Konversationen und den Aufbau persönlicher Kontakte. Hinzu kommt: Instagram besteht im Gegensatz zu Pinterest fast ausschließlich aus Bild-Produzenten.

Als im April 2012 die Foto-App auch für Android-Nutzer zur Verfügung stand, gab dies Instagram den nächsten Schub. Die Nutzerzahlen explodierten von damals rund 25 Millionen auf bis heute 100 Millionen.[256] Auch immer mehr Facebook-User nutzten Instagram für den Upload von Bildern. Angesichts des Wachstums übernahm Facebook Instagram für eine knappe Milliarde Dollar. Das soziale Netzwerk lässt sich durchaus für kommunikative Zwecke nutzen, wenn Organisationen unterhaltsame Inhalte zu bieten haben. Dies können ungewöhnliche Bilder aus dem Arbeitsalltag, Impressionen von Veranstaltungen, Dokumentation von Promotion-Touren sein. Instagram kann so zu einem Fenster werden, durch das Fans einen etwas anderen Blick auf das Unternehmen werfen.

Visuelles Engagement der Unternehmen

Aufgrund der hohen Nutzerzahlen lässt sich eine wachsende Zahl von Organisationen auf die Plattform ein: Die 150 Jahre alte Marke Burberry[257] führt seine stark visuell geprägte Sprache in seinem Corporate-Account weiter. Die harmonischen Bilder in kühler, britischer Atmosphäre wurden bislang mit einer halben Million Likes und teils über 100 Kommentaren pro Bild allein auf diesem Kanal belohnt. Redbull[258] spielt mit hochwertigem Bildmaterial rund um Extremsportarten. Bilder werden mit Botschaften sorgfältig getaggt, damit sie eine größtmögliche Reichweite erreichen. Perfekt nutzte Ford Instagram bei der Kampagne Fiestagram:[259] In einem europaweiten Fotowettbewerb kombinierte Ford eine Facebook-App mit Instagram. User sollten Fotos zu einem Begriff schießen, mit einem Filter versehen und mit dem Hashtag #Fiestagram bei Instagram hoch laden. Dazu sollten Bilder die Innovationen symbolisieren, die der Ford Fiesta in sich vereint. Eine Jury entschied wöchentlich über den Preis für das beste Foto – mit dem Ford Fiesta als Hauptpreis. Das Ergebnis: 16.000 Fotos, 120.000 neue Facebook-Fans sowie zahlreiche Publikationen.

Bilder als wachsendes PR-Instrument

Die Beliebtheit von Instagram und Pinterest spiegeln den Siegeszug des Bildes im Internet wider. Beide stellen eine neue Form der Kommunikation per Bild dar, die weitestgehend auf das arrivierte sprachliche Instrument des Textes verzichtet – und damit auch bisherige Sprachbarrieren abreißt. Laut den Marktforschern von Hitwise handelt es sich bei Pinterest und Instagram um die beiden mit großem Abstand am schnellsten wachsenden Nischen-Netzwerke.[260] Noch wirkt es oftmals, als ob wir uns in einer Art Probierphase befänden – mit Ansätzen, die besonders dem Online- und Suchmaschinenmarketing nutzen können. Doch dies wird sich schrittweise ändern. PR-Experten werden sich künftig stärker als bisher mit Bildern als zentralem Bestandteil ihres Instrumentenkoffers auseinandersetzen. Sie müssen visuelle Wege finden, Botschaften nicht nur textlich sondern auch bildlich authentisch zu vermitteln, Textaussagen zu verstärken, eine Bildersprache zu entwickeln und damit Lebendigkeit, Nähe und Glaubwürdigkeit zu erreichen. Ob die Tools

---

256 http://mashable.com/2012/09/11/instagram-100-million/
257 http://followgram.me/burberry
258 http://followgram.me/redbull
259 Siehe http://blog.webfeuer.at/marketing-mit-instagram-best-practice-ford-startet-fiestagram/
260 http://www.experian.com/blogs/hitwise-uk/2012/08/22/instagram-and-pinterest-the-new-global-stars-of-social/

dann künftig Instagram, Pinterest oder die Social Sharing Plattform Flickr heißen, ist nicht vorhersehbar.

5.5.2.8 Social Sharing: Bilder, Dokumente, Meinungen

Zu den ältesten Social Web-Anwendungen zählen die Social Sharing Plattformen. Der Austausch digitaler Medien kann Bilder, Videos, Präsentationen, Dokumente oder Lesezeichen betreffen. Alle verbindet die Idee, dass User ihre Inhalte auf öffentlichen Plattformen bereitstellen und mit anderen teilen. Die Vorgehensweise dazu ist einfach: Auf den Servern spezialisierter Plattformen wird ein eigenes Profil erstellt, die Inhalte hochgeladen, mit einer kurzen Beschreibung ergänzt, mit Tags verschlagwortet und abgespeichert. Bei jedem Dokument lässt sich einzeln entscheiden, ob diese Dateien der gesamten Öffentlichkeit, einem begrenzten Nutzerkreis zugänglich sein oder als privat gekennzeichnet werden sollen. Von diesem Zeitpunkt an können User die Inhalte unabhängig von Ort und Zeit abrufen, per Freitext kommentieren, verlinken, bewerten, teilweise downloaden oder in ihre eigenen Online-Präsenzen wie Websites und Blogs einbetten – wobei manchmal eine Anmeldung bei der Plattform erforderlich ist.

Sharing von Videos und Photos

Die größten Sharing Plattformen im Medienbereich sind die Fotoplattform Flickr und die Videoplattformen Youtube und MyVideo. 2002 von Caterina Fake in Kanada gegründet, erlaubt Flickr (english: to flick through = durchblättern) seinen Benutzern, Bilder in die Online-Community zu laden, sie zu verschlagworten (tagging), zu beschreiben, auf einer Karte anzeigen zu lassen und mit anderen Nutzern zu teilen. Flickr-Bilder lassen sich kommentieren, verlinken, zu Favoriten und Gruppen hinzufügen, in Bilder und Galerien aufnehmen. Zudem bietet die erweiterte Suche Zugang zu Bildern mit Creative Commons Lizenz[261], was damit eine Weiternutzung unter bestimmten Bedingungen gestattet. Heute zählt Flickr laut Alexa Traffic Rang zu den 60 am stärksten frequentierten Seiten im Internet. Nach eigenen Angaben zählt die Foto-Community sieben Milliarden Bilder sowie 77 Millionen Unique Users, die 5.000 Bilder pro Minute hoch laden. In Deutschland hatte Flickr im Mai 2012 zwei Millionen Besucher – und ist damit die führende Online-Fotoplattform.[262]

Flickr lässt sich als PR-Tool dazu nutzen, das Unternehmen in Bildern – Produkte, Veranstaltungen, Mitarbeiter – nach außen zu zeigen und sich mit weiteren Interessierten zu vernetzen. Bilder lassen sich hochladen, in Alben bündeln und in vielfältigen Formaten zum Download anbieten; User können diese zu Favoriten hinzufügen, kommentieren, verlinken. Gerade wenn kein professioneller Online-Pressebereich zur Verfügung steht, lässt sich die Photo-Sharing-Plattform perfekt für die Medienarbeit nutzen. Schnell lassen sich dort Bilder zu Veranstaltungen und neuen Produkten bereitstellen, die Journalisten in dem von ihnen gewünschten Format individuell herunterladen können.

Dies darf nicht darüber hinwegtäuschen, dass Flickr viel von seiner ursprünglichen Dynamik verloren hat und schrittweise von anderen ersetzt wurde und wird. Insbesondere seit dem Verkauf an Yahoo! im März 2005 entwickelte sich Flickr nicht weiter, stärkte weder mobile Ansätze noch Social-Media-Anbindungen. Flickr war in seiner Entwicklung

---

261 Siehe http://www.flickr.com/creativecommons/
262 http://www.gruppenwissen.de/wissen/fotoportale-im-mai-2012/

erstarrt. Auch diese Passivität hat dazu geführt, dass Foto-Netzwerke wie Pinterest und Instagram das Social Web erobern konnten. Man darf gespannt sein, wie die Vorstandsvorsitzende Marissa Mayer, die im Juli 2012 von Google an die Spitze des Yahoo!-Konzerns wechselte, mit dem einstigen Social-Web-Star umgehen wird. Immerhin verdoppelte sie kurzerhand das Flickr-Entwickler-Team. Sie scheint also einen Glauben an die Macht und die Sprache von Bildern zu haben.

Mit authentischen Videos erzählen

Videoplattformen bieten sich als gebrandete Kanäle an: Organisationen können sich schnell einen eigenen Kanal erstellen, eigene Videos zu sich selbst, zur Vorstellung neuer Produkte, zu Interviews mit Protagonisten hochladen, weitere Videos als Favoriten hinzufügen und sich auf diese Weise thematisch klar positionieren. Dabei geht es nicht um perfekt inszenierte Werbebotschaften, sondern vielmehr um authentische Videos, die unterhalten und User zum »sharen« anregen. Gerade auf YouTube ist die Zahl der Unternehmen mit eigenem Kanal deutlich gewachsen. Schließlich ist YouTube die zweitgrößte Suchmaschine der Welt mit hohen Nutzerzahlen: So wurden im Mai 2012 durchschnittlich 72 Stunden Videomaterial pro Minute hochgeladen und 4 Milliarden Videos pro Tag angesehen.[263]

Zwei Beispiele verdeutlichen die Chancen von gebrandeten Communities:

- Greenpeace setzt den Video-Kanal www.youtube.com/greenpeace bewusst dafür ein, eigene Videos auszustrahlen und andere Videos rund um ihre Aktivitäten zu kanalisieren, um ihre Themen klar und visuell zu besetzen. Fast 50.000 Abonnenten und 23 Millionen Videoaufrufe zeigen die hohe Attraktivität.
- Als Werbeplattform für Standmixer setzt die Firma Blendtec ihren Kanal ein. Die Videos erreichen auf www.youtube.com/blendtec teils mehrere Millionen Nutzer – mit Folgen für die Umsätze. So sollen laut Blendtec die Umsatzzahlen innerhalb von drei Jahren nach Einführung des YouTube-Channels um 700 Prozent gestiegen sein. Blendtec wählt eine unorthodoxe Vorgehensweise – und produziert Stories und keine Werbung. Blendtec sucht aktuell diskutierte Produkte wie iPhones, iPads, Vuvuzelas etc. aus, die dem Mixer zum Opfer fallen, während Firmenchef Tom Dickson zum Online-Star avancierte.

Sharing von Präsentationen und Dokumenten

Während das Sharing von Bookmarks über Portale wie delicious oder diigo immer mehr an Bedeutung verliert und auch hier nicht behandelt wird, haben sich Plattformen wie SlideShare und Scribd[264] etabliert, um Präsentationen und Dokumente auszutauschen. Allein Slideshare.net zählt laut Alexa zu den 200 meist besuchten Webseiten der Welt mit 60 Millionen Besuchern pro Monat. Die Vorgehensweise ähnelt der auf anderen Social Sharing Plattformen: Account erstellen, diesen mit einem Kurzprofil personalisieren, Präsentationen hochladen, kurz kommentieren und verschlagworten. Von diesem Moment an stehen sie online zur Verfügung – zum lesen, zum kommentieren, zum verlinken, zum weiterleiten, zum favorisieren, zum downloaden, zum einbetten und zum vernetzen mit anderen Kanälen.

---

263 http://www.socialmediastatistik.de/zum-7-geburtstag-von-youtube-72-stunden-videomaterial-werden-pro-stunde-hochgeladen/
264 http://www.slideshare.net bzw. http://www.scribd.com

Diese Social Sharing Plattformen sind aus zwei Gründen für PR-Verantwortliche relevant: Einerseits lassen sich schnell Themengebiete recherchieren und dazu interessante Präsentationen und Dokumente finden. Andererseits kann sich jeder Experte über die Bereitstellung von aktuellen Präsentationen, aussagekräftigen Whitepapers und wichtigen Grundlagendokumenten eine Reputation im Netz erwerben bzw. mit der gezeigten Expertise das bestehende Personal und Company Branding weiter ausbauen.

Sharing von Produktmeinungen

Produktbewertungen spielen bei Kaufentscheidungen eine zentrale Rolle. Durch das hohe Vertrauen in User-Meinungen sowie die starke Vernetzung haben Bewertungen eine große Auswirkung auf Produkte wie Dienstleistungen. Nutzer können Plattformen wie Ciao, Dooyou oder das Branchenbuch ähnliche Qype, die integrierten Bewertungstools bei Amazon und eBay, das Anfang 2013 von Xing übernommene Arbeitgeberbewertungsportal kununu bis hin zu Special-Interest-Bewertungsportalen wie Holidaycheck nutzen, um ihrer Meinung Ausdruck zu geben. Negative wie positive Bewertungen schlagen sich sofort auf Buchungen, auf Käufe, auf das Image nieder.

Gerade dies stellt eine immense Herausforderung an die Unternehmenskommunikation dar. Sie muss ihre treuen Nutzer dazu bewegen, positive Rezensionen zu hinterlassen, sich als aktive Unterstützer zu zeigen – und dies glaubwürdig. Wer dagegen selbst Rezensionen fälscht oder sie unter verschiedenen Namen online stellt, wird gerade nach der Offenlegung dieses Betrugs die negativen Auswirkungen zu spüren bekommen. Hinzu kommt: Immer stärker werden diese Bewertungen in Kombination mit thematisch verknüpften Tweets und Fotos bei Geo-Diensten mit eingeblendet. Das heißt: Wer nach einer Location per Google sucht, findet alle Suchergebnisse, die zur Location passen – inklusive Bewertungen, Kritiken und Tweets. Dies wird gravierende Auswirkungen gerade auf ortsbezogene Branchen wie den Tourismus haben, wo Nutzer explizit nach lokalen Informationen zu einem Reiseziel suchen.

5.5.2.9 Zukunftsmarkt Location Based Services

Die Kommunikation wird mobiler, die Nutzung auch Sozialer Medien mittels Mobiltelefon steigt kontinuierlich. Der Focus-Netzökonom Holger Schmidt schreibt zu Recht:»Mobile ist das nächste große Ding im Internet«[265]. In diesem Kontext geraten Location Based Services immer stärker in den Fokus der Kommunikationsbranche. Während weltweit der Marktführer Foursquare 20 Millionen Nutzer zählt, wachsen die Zahlen in Deutschland noch langsam.

Diese ortsbasierten Services funktionieren nach demselben Prinzip: Per Mobiltelefon checken sich Nutzer beispielsweise bei Foursquare ein, wenn sie an einem Ort, in einer Location angekommen sind. Sofort wird dies ihren Kontakten bei Foursquare – bei Wunsch auch bei Twitter, Facebook & Co. – mitgeteilt. Mittels Geotagging können sie dem Ort weitere Bilder, Tipps, Bewertungen hinzufügen, um auf diese Weise mit den eigenen Tops & Flops eine Art virtuellen Reise- und Tourführer aufzubauen. Checken User häufig in derselben Location ein, werden sie mit Badges oder Stickers belohnt – der häufigste Eincheckker wird zum virtuellen Mayor ernannt. Ähnlich früherer Rabattmarken oder Treueherzen könnten Locations diesen Vielnutzern jetzt beispielsweise Rabatte als Gegenleistung für ihre Treue anbieten.

---

265 http://www.slideshare.net/HolgerSchmidt/mobile-das-nchste-groe-ding-im-internet

Nutzerbindung als Kommunikationsziel

Als eines der ersten Unternehmen setzte in Deutschland die Schnell-Restaurant-Kette Vapiano auf Location Based Services: So belohnt sie den Mayor mit einem Kaffee. Langsam ziehen weitere Unternehmen nach. MTV sammelte Nightlife-Tipps von ihren Usern und erstellte somit eine Karte mit den Insidertipps[266], Lufthansa kombinierte zum Münchner Oktoberfest Facebook und Foursquare und verteilte beim Check-In 20 Euro-Gutscheine für die nächste Flugbuchung. Auch dies macht deutlich, wie Unternehmen diese neuen Social-Media-Kanäle ausprobieren, um Erfahrungen zu sammeln. Sie erkennen, welche Chancen in diesem persönlichen Engagement der User liegt – ob per Tweet, Like-Button oder Check-In.

Schon Belohnungen wie Sonderangebote, Rabatte, Bürgermeister und andere »Titel« sind schlichte, einfach zu realisierende Maßnahmen, um User an die Marke zu binden bzw. die Intensität des Kontaktes zu erhöhen. Schließlich müssen sie sich auch künftig Gedanken machen, wie sie die Treue der Nutzer zu ihrem Unternehmen und der Marke anerkennen und belohnen können. Mit den Location Based Services erhalten sie ein Instrument, um diese notwendige Interaktion zu verbessern, die Anzahl der realen Besucher samt Mund-zu-Mund-Propaganda zu erhöhen: Und dies praktisch kostenlos und mit Blick auf eine beginnende und die nächsten Jahre mitbestimmende Ära des Social Commerce.

Social Media Monitoring[267]

»It takes 20 years to build a reputation and five minutes to ruin it. If you think about that, you'll do things differently«. Diese bekannte Aussage des Börsen-Gurus Warren Buffett lässt sich auf Unternehmen in der Online-Welt übertragen: Ein strategisches Monitoring spielt eine gewichtige Rolle beim Reputation Management. Gerade das Social Web hat bei der Vielzahl an Kommunikatoren die Notwendigkeit erhöht. Organisationen stehen vor der Aufgabe, Diskussionen zuzuhören, die Stakeholder führen. Sie müssen Meinungen analysieren, diese bewerten und bei Bedarf gegensteuern. Parallel liefert die Beobachtung detaillierte Einblicke, welche Themen die Zielgruppen wirklich interessieren. Wer dies nicht wahrnimmt, verpasst die Chance, diese Erkenntnisse in seine Kommunikationsarbeit einfließen zu lassen.

Monitoring ist für Unternehmen der Einstieg in das Thema Social Media. Viele bezahlen viel Geld für die Erstellung eines Monitorings. Dabei könnten sie zumindest die Basis mit einfachen Mitteln selbst legen. Als ersten Schritt reicht es aus, sich den Stellenwert der eigenen Organisation, der wichtigen Produkte, seiner Vertreter im Netz zu vergegenwärtigen.

Abo-Tools: Im ersten Schritt sollten die Monitoring-Abonnements eingerichtet werden, um von diesem Zeitpunkt an die Diskussionen im Internet automatisch zu verfolgen:

- **RSS-Alert**: Mit einem RSS-Reader als zentralem Monitoring-Instrument lassen sich Inhalte von Blogs, Webseiten oder Such-Ergebnissen abonnieren und neue Beiträge im Browser schnell durchgehen. Das aktuell beste Tool ist der Google Reader.
- **Google Alert**: News-Suchmaschinen sind ein praktisches Instrument beim Monitoring gerade bei kleineren Budgets. Das bekannteste und mächtigste Tool ist Google Alerts.

---

266 https://de.foursquare.com/mtv
267 Einen Überblick über Tools für das Social Media Monitoring liefert das erwähnte Wiki http://www.medienbewachen.de

Unter www.google.de/alerts lässt sich ein Benachrichtigungs-Service-Assistent nach eigens definierten Stichworten einrichten. Von dem Moment an überwacht die Suchmaschine die eingegebenen Stichworte – und informiert per E-Mail oder RSS.

- **Twitter Alert**: Ähnlich wie der Google Alert funktioniert Twilert. Per twilert.com lassen sich Twitter-Stichworte abonnieren. Von diesem Moment an wird der Abonnent per E-Mail informiert, wenn ein Tweet versendet wurde, der seinen Suchbegriff enthielt.
- **Website Alert**: Ein sinnvolles Tool zum Konkurrenz- und Themenmonitoring ist Watch-ThatPage.com. Dazu lassen sich alle Webseiten angeben, die beobachtet werden sollen. Von diesem Moment an wird man per E-Mail über jede Online-Bewegung informiert.

Gratis-Tools

- **socialmention.com**: Ambitioniertes Tool durchsucht über hundert Online- und Social-Media-Kanäle auf gewünschte Begriffe in Real-Time. Die Suche lässt sich per Social Mention Alert abonnieren, um künftig Ergebnisse per E-Mail oder per RSS zu erhalten.
- **twazzup.com**: Sehr übersichtliches Tool mit Fokus auf Twitter. Nach der Eingabe des Suchbegriffs bzw. einer Begriffskombination werden die neuesten Tweets, die aktuellsten Links zu Beiträgen in Medien und Webseiten samt zugehöriger Bilder eingeblendet.
- **Addictomatic.com**: Gerade für den Einstieg ein nützliches Analyse-Tool. Dieses durchsucht schnell eine Fülle von Social-Media-Plattformen auf die gewünschten Begriffe und stellt die Ergebnisse übersichtlich dar. Zudem aggregiert es die Ergebnisse aus Twitter-, Blog- und News-Suchmaschinen.
- **IceRocket.com**: Von der Blogsuche zum Real-Time-Analyse-Tool hat sich IceRocket entwickelt. Dazu durchsucht es Blogs, Twitter, Facebook und Bilder zum Stichwort. Ergebnisse lassen sich zeitlich eingrenzen, grafisch darstellen und als RSS abonnieren.
- **Google.com/trends**: Welches Interesse besteht an Suchbegriffen? Mit Google Trends lässt sich das Suchvolumen über einen frei wählbaren Zeitraum analysieren – auch im Vergleich zu anderen Begriffen.

Profi-Tools:

Die folgenden vier kostenpflichtigen Profi-Tools sind nur eine kleine Auswahl. Fast alle Tools bieten eine »Freemium-Version« an, um die Möglichkeiten im Vorfeld zu testen.

- **Radian6.com**: Einer der Marktführer für Social Media Monitoring: Mit umfangreichem Analyse-Portfolio trackt Radian6 Social-Media-Plattformen; auf der Arbeitsfläche lassen sich Dashboards frei konfigurieren; Kosten: ab 750 Euro pro Monat.
- **Sysomos.com**: Weiterer Marktführer im Bereich Social Media Monitoring und -Analyse; bietet sehr übersichtliches, gut strukturiertes Interface, das die wichtigsten Daten und Fakten zu den Konversationen im Social Web grafisch aufbereitet auf einen Blick darstellt. Kosten: ab 500 US-Dollar pro Monat.
- **synthesio.com**: Ein attraktives Social-Media-Monitoring-System für Online Reputation, Krisenmanagement, Monitoring und für Kampagnenanalysen. Kosten ab 500 US-Dollar pro Monat.
- **trackur.com**: Einfach zu bedienendes Tool mit gutem Überblick über Ergebnisse. Kosten: Pakete zwischen 18 und 400 Dollar pro Monat.

Neben den vorgestellten Tools sind ebenfalls die Medienbeobachtungsinstitute wie Ausschnitt Medienbeobachtung, Landau Media und Cision zu berücksichtigen, die das Social Media Monitoring immer stärker in ihr bisheriges Medienmonitoring integrieren. Gleichzeitig ist zu berücksichtigen, dass der Markt in großer Bewegung ist. Die Zahl der kostenlosen wie kostenpflichtigen Monitoring-Tools verändert sich fast täglich.

5.6 Strategische Herausforderungen

Online Relations – also die gezielte Kommunikation mit und über Online-Medien – haben sich zu einem Kerninstrument im Kommunikations-Mix entwickelt. Kaum eine strategische PR kommt daran vorbei, um in den Dialog mit bestehenden Stakeholdern zu treten und parallel neue Multiplikatoren und schlicht Verbraucher zu finden, mit adäquaten Themen zu versorgen, zu informieren, zu binden, zu unterstützen, zum Handeln zu bringen – kurz: Einen echten Mehrwert zu bieten. Die PR-Branche muss sich den Herausforderungen stellen, auf die Anforderungen reagieren, sich über Chancen wie Risiken, Vorteile wie der Verantwortung bewusst sein und die dafür adäquaten Strategien und Konzepte entwickeln. Denn die Kommunikation erfolgt schneller und flexibler, die Ansprache der gewünschten Zielgruppen genauer und vielfältiger, die eingesetzten Instrumentarien sind leichter messbar, die Kanäle und Formate umso interaktiver und dialogorientierter.

Das Problem: In vielen Unternehmen ist ein von den Instrumenten und Tools ausgehendes und getriebenes Denken weit verbreitet. 80 Prozent der Marketer – so ein eMarketer Report – beginnen mit den Maßnahmen statt mit den Zielen. Stattdessen müssen Online Relations konzeptionell geplant werden, um die gewünschten Erfolge zu erreichen.[268] Erst wenn die Analyse durchgeführt ist, Ziele, Zielgruppen und Inhalte bestimmt sind und die Strategie festgelegt ist, können die wesentlichen Instrumente ausgewählt werden. Wer sich an Online Relations herantastet, darf diese auch nicht von den Instrumenten der klassischen Kommunikation trennen bzw. sie als eigenständigen Kommunikationsraum sehen. Vielmehr sind von Beginn an alle verfügbaren Instrumente in die Planung mit einzubeziehen, um Synergien aus der engen Verzahnung der konvergenten Maßnahmen zu ziehen. Schließlich können Online Relations nur dann ein mächtiges Instrument sein, wenn sie als integrativer und integrierender Bestandteil der Gesamtkommunikation, als wirklicher Bestandteil der Corporate Communication, verstanden werden und in sie eingebettet sind.

Strategische Verhaltensmuster

Dies macht deutlich: Die PR-Branche steht vor zahlreichen Herausforderungen in einer sich ständig verändernden Kommunikationswelt. Jeder muss sich zudem bewusst sein, dass diese Entwicklung weiter voranschreiten wird – mit neuen Plattformen, Techniken und damit Herausforderungen. Gleichzeitig haben sich Verhaltensregeln ausgeprägt, die das Agieren im Internet mitbestimmen. Diese lassen sich in zehn Punkten abschließend zusammenfassen:

1: Dauerhafte Sichtbarkeit: »Im Netz ist die Aussage ›was kümmert mich mein Geschwätz von gestern‹ kein guter Rat«, schreibt Professor Peter Kruse, denn: »Die Rückverfolgung

---

268 Siehe auch die hervorragende Grafik zur richtigen Vorgehensweise: http://searchenginewatch.com/
  article/2202307/Social-Media-ROI-How-To-Define-a-Strategic-Plan#

meiner Spuren ist nur begrenzt durch den zur Verfügung gestellten Speicherplatz.«[269] Praktisch jede Spur, die im Netz hinterlassen wird, bleibt für immer sichtbar. Eine negative Schlagzeile selbst in meinungsstarken Printmedien ist einige Tage später vergessen; der negative Kommentar in einem Blog, in einem Forum bleibt online stehen. Unternehmen müssen daher gerade im Social Web transparent und echt agieren. Verdeckte Operationen, geschönte Beiträge, gefälschte Kommentare, falsche Accounts werden in der Regel schnell entlarvt und können das Image eines Unternehmens nachhaltig beschädigen. Nutzer erwarten stattdessen hinter Unternehmen« echte Personen, mit denen sie wirklichen Kontakt aufnehmen und in einen vertrauensvollen Dialog treten können.

2: Besser zuhören: »It's about conversation, and the best communicators start as the best listeners«, schreibt Brian Solis in seinem Social Media Manifesto 2008[270]. Waren PR-Leute in den Vor-Socia-Media-Zeiten immer nur Sender, sind sie heute gleichzeitig Zuhörer, die auf die Bedürfnisse, die Fragen, die Inhalte ihrer Stakeholder verstärkt eingehen müssen. Sie müssen lernen, intensiv zuzuhören, sich selbst zurückzunehmen, sondern vielmehr aus den Fragen, Kritiken und Anregungen in Posts, Tweets etc. zu lernen. Dies betont auch der Berater Ossi Urchs: »Zunächst geht es also darum, genau zuzuhören. Zu beobachten und zu verstehen, was auf den sozialen Plattformen im Web über das Unternehmen und dessen Produkte gesagt und ausgetauscht wird. Übrigens ist genau das einer der wichtigsten aber bislang noch am wenigsten beachteten Vorteile der Social-Media-Kommunikation: Ganz unmittelbar und direkt zu hören, was Kunden und Mitarbeiter eigentlich bewegt.«[271]

3: Veränderte Informationswege: Durch die Veränderung beim Konsumentenverhalten hat sich der Distributionsweg von Unternehmensinformationen verändert. Führte einst der Weg von der Presseabteilung über den Journalisten zu den Endzielgruppen, werden Endnutzer heute immer stärker zu Distributoren von Produkten, Marken, Informationen. Auf diese veränderte Meinungsbildung und den Wandel von der »Institutional Control« zur »Consumer Control«, von Push-Kommunikation zu einem Push-Pull-Verhältnis, von einer Top-down-Kommunikation zum stärkeren Botton-up-Einfluss muss sich die Branche einstellen.

4: Vereinfachte Dialoge: Wenn sich Internet-Nutzer immer stärker die wichtigen Informationen über Suchmaschinen selbst erschließen und Journalisten schrittweise ihre alleinige Gatekeeper-Funktion verlieren, so stellt dies eine Herausforderung an die Bereitstellung von Informationen und Dialogwegen dar. Unternehmen müssen relevante Informationen, Texte, Bilder, Videos, Links, Feeds etc. einfach zugänglich und leicht verarbeitbar zur Verfügung stellen, damit mögliche Multiplikatoren diese Informationen weiter verbreiten können.

5: Aktive Userintegration: Die neue Macht der User lässt sich für kommunikative Zwecke durchaus offensiv nutzen. Dies zeigt sich bei Wikis und bei der Findung von Ideen per

---

269 Rasshofer, Doris: »Schwimmen, nicht filtern«: Peter Kruse im Interview; in: Carta, 23.03.2010; http://carta.info/24656/schwimmen-nicht-filtern-peter-kruse-im-interview

270 Solis, Brian: The Social Media Manifesto. Integrating Social Media into Marketing Communications, 11.06.2007, http://www.briansolis.com/2007/06/future-of-communications-manifesto-for/

271 Ossi Urchs, in: Leitfaden Online-Marketing, 2011, S. 99.

Crowdsourcing. Dieses setzt ganz bewusst auf die stärkere Macht der User, in dem deren Ideen und Vorstellung aktiv integrieren, die zudem häufig eine deutlich höhere Glaubwürdigkeit haben.

6: Kampf um Vertrauen: Der Kampf um Aufmerksamkeit ist immer ein Kampf um Vertrauen: Nah am Menschen zu sein, ihn zu unterstützen, ihm zu helfen und dies offen und transparent. Ein Beispiel: Im Jahre 2004 plante Dove einen Change-Prozess bezogen auf die Wahrnehmung der Marke. Studien hatten gezeigt, dass sich nur wenige Frauen schön finden und zwei Drittel der Frauen sich von den heutigen Models in der Werbung nicht mehr repräsentiert fühlten. Die Marke griff die Problematik auf und entwarf eine Kampagne, die statt auf Model auf Frauen mit normalen Körpermaßen setzte – und stellte deren »wahre Schönheit« in den Vordergrund: die »Initiative für wahre Schönheit«.

7: Glaubwürdiges Themensetting: Online Relations bietet vielfältige Chancen, Themen klar und glaubwürdig zu besetzen. Dieses Themensetting kann Unternehmen dazu verhelfen, in der Fülle der Informationen eine Sichtbarkeit zu erreichen. Denn: Wer Themen setzt und Positionen darlegt, bestimmt den Diskurs, gewinnt an Deutungshoheit im Meinungsmarkt und verschafft sich kommunikative Wettbewerbsvorteile. Es kommt daher darauf an, starke Themen zu identifizieren, strategisch gezielt zu setzen und zur Diskussion zu stellen.

8: Kreatives Storytelling: Wenn die Story kein Weitererzähl-Potenzial hat, hat die Story kaum einen Erfolg. Doch Themen zu entwickeln und mediengerecht zu erzählen, dies gehört zu den Kernaufgaben von PR-Verantwortlichen. Gerade im Online-Bereich wird es künftig verstärkt darauf ankommen, kreative Geschichten für kleinere wie größere Zielgruppen zu entwickeln und diese adäquat zu kommunizieren.

9: Verstärktes Customizing: In einer Zeit, in der die Masse an Informationen und die Zahl der Informationskanäle weiter zunimmt, kommt es auf individuell zugeschnittene Inhalte an, auf Customizing. Das heißt: Nur mit personalisiertem, auf die Bedürfnisse von Usern wie auf die Eigenschaften der Kanäle zugeschnittenem Content lassen sich Nutzer künftig an die Marke binden. Gerade zu Social-Web-Zeiten sind Inhalte medienspezifisch aufzubereiten, damit sie für die Kanäle des Social Web geeignet sind.

10: Virale Verbreitung: Schon beim kreativen Storytelling zeigte sich, dass der Erfolg einer Online-Relations-Kampagne oftmals eng mit der viralen Verbreitung verbunden ist. Das stark vernetzte Social Web ist dafür verantwortlich, dass sich viele Kampagnen nach dem Schneeballprinzip rasant verbreiten wie das folgende Fallbeispiel der Rügenwalder Mühle zeigen wird. Nur wenn es gelingt, eine Story zu erzählen, die einen Unterhaltungswert und ein Weitererzähl-Potenzial in sich trägt, wird die Geschichte von den Followern und Fans wahrgenommen, aufgenommen und in ihren eigenen Communities verbreitet. Damit liegt der Erfolg jeder viralen Kampagne in der Macht des Empfängers.

Digitale Wurst – Rückblick auf den Rügenwalder Mühle Case

Wie eine traditionsreiche Marke die Pfade der Kommunikation erfolgreich durch Social Media erweitert

Von Tobias Spörer

Intro

elbkind entwickelte für die Rügenwalder Mühle in 2010 erstmals eine Social-Web-Kampagne zur Produkteinführung der neuen Rügenwalder »Mühlen Würstchen im Becher«. Die Kampagne sollte Gespräche erzeugen, die Aufmerksamkeit für das Produkt sollte steigern und die Wahrnehmung der Klassik erhöhen. Die Kombination aus Witz, Skurrilität und Interaktivität führte zu einer Social-Media-Kampagne, die einen nachhaltigen Erfolg sowohl für den Social-Media-Auftritt als auch die gesamte Markenwahrnehmung der Rügenwalder Mühle hat – und mit mehreren Awards ausgezeichnet wurde. Aber damit war nicht Schluss: Wie die Wurst konsequent und erfolgreich im Social Web implementiert, wie die Kampagnen stufenweise entwickelt und die User von Anfang an in die Aktivitäten mit einbezogen wurden, wird im Folgenden praxisnah dargestellt.

Erste Gehversuche – Start der Socia-Media-Arbeit mit dem Wurstwahnsinn
Phase I

2010 dehnt die Rügenwalder Mühle[1] mit der Markeneinführung der Mühlen Würstchen erstmals seine Kommunikation auf das Social Web aus – mit einer digitalen Strategie, die Social-Media- und virale Elemente enthält. Ziel war es, die Social-Media-Maßnahmen neben der Klassik im Marketingmix zu etablieren. Bei der Social-Media-Kampagne sollte insbesondere der klare Vorteil der Mühlen Würstchen herausgestellt werden: Das nicht vorhandene Wurstwasser. Bei der übergreifenden Kampagne für das neue Produkt stand in erster Linie die Verpackung im Fokus, mit der das Unternehmen Vorreiter in der Branche war. Es wurde mit den Standardverpackungen (im Glas oder Konserve mit Wurstwasser) gebrochen und ein wieder verschließbarer Kunststoffbecher eingeführt, in dem die Würstchen »knackig« bleiben. Die gesamte Kampagne spielt unterhaltsam mit diesem Umstand, sollte dabei die Online-Gespräche maximieren, bestehende Markenfans integrieren und neue Fans begeistern. Klassik und Dialogkommunikation arbeiteten bei der Kampagne eng zusammen. Zentrales Element der mehrstufigen Social-Web-Kampagne war ein Facebook-Kanal[2]. Hierum und hierüber wurden weitere Maßnahmen und virale Aktionen gespielt, gesteuert, gestreut – und die Community wurde stark mit eingebunden.

Wurstwahnsinn Phase I

»Operation Wurstwasser« konnte auf die engagierte Partizipation von echten Wurst-Fans und des Testimonials Mundstuhl[3] zählen, die im Zuge der Kampagne zudem ihren bestehenden Musik-Titel »Wurstwasser« neu auflegten. Zunächst fand auf der Rügenwalder Mühle Face-

---

1   http://www.ruegenwalder.de
2   http://www.facebook.com/ruegenwalder/app_197193720295654
3   http://www.mundstuhl.de/

book-Seite ein Aufruf statt: Fans konnten sich bewerben, um in einem neuen Rügenwalder Mühle Video mitzuspielen. Die Aufgabe: Wurst in 1.500 Meter Höhe essen. Mehr wurde erstmal nicht verraten. Die Teilnehmer mussten lediglich ein aussagekräftiges Foto auf die Rügenwalder Mühle Facebook-Seite stellen und mit einem kurzen Bewerbungstext versehen. Es bewarben sich fast 1.500 Facebookfans als Wursttester.

Auch das Voting der Gewinner fand über die Facebook-Fanpage statt. Die Teilnehmer mit den meisten »Gefällt mir!« kamen in die Top 22-Shortlist. Rügenwalder Mühle wählte aus den Top 22 die geeigneten fünf Teilnehmer aus. Es entstand ein doppelter viraler Effekt: Bewerber versuchten, so viele Freunde wie möglich zur Abstimmung zu animieren. Wurde der »Gefällt mir!«-Button gedrückt, wurde diese Meldung auf der Pinnwand des Users veröffentlicht – und alle Freunde konnten von der Aktion lesen. Ein zusätzlich entwickeltes Widget ermöglichte es, Bewerbungen auf externen Seiten, wie dem eigenen Blog, einzubinden. Die Facebook Fanpage der Rügenwalder Mühle hatte zu dem Zeitpunkt ca. 4.000 Fans – vor Beginn der Kampagne waren es knapp 100. Innerhalb weniger Wochen wurde aus dem Rügenwalder-Facebook-Profil das Erfolgreichste in seinem Segment in Deutschland.

Wurstwahnsinn Phase II – Der virale Clip

Neben dem bereits etablierten Facebook-Kanal wurde in der zweiten Phase des Rügenwalder Mühle Wurstwahnsinns ein viraler Clip zum kommunikativen Element. Mit diesem Clip, der einen zentralen Bestandteil der Social-Media-Kampagne für die Markeneinführung bildete, sollte wieder insbesondere der klare Vorteil des nicht vorhandenen Wurstwassers herausgestellt werden. Die Aufgabe der fünf auf Facebook gewählten, unerschrockenen und schwindelfreien Wursttester: Sie mussten ein Würstchen essen. Allerdings aus einem Würstchenglas voller Wurstwasser, während sie in einem Kunstflieger saßen, der in 1.500 Metern Höhe Pirouetten drehte. Das virale Video[4] zeigt dann die Bilder dieses Kunstflugs mit den »Wursttestern«, die versuchen, während Loopings und Rollen Würstchen aus dem Glas zu fischen und zu essen. Dabei fliegt natürlich das Wurstwasser im Cockpit herum. Mit dabei das Comedy-Duo von Mundstuhl, welches seinen bestehenden Musik-Titel »Wurstwasser« umgedichtet hatte. Das Video war ein Zusammenschnitt der gesamten Aktion mit Partizipation von Mundstuhl – und hohem Empfehlungspotenzial.

---

4   http://www.youtube.com/watch?v=9TCu-54S_lI&feature=player_embedded

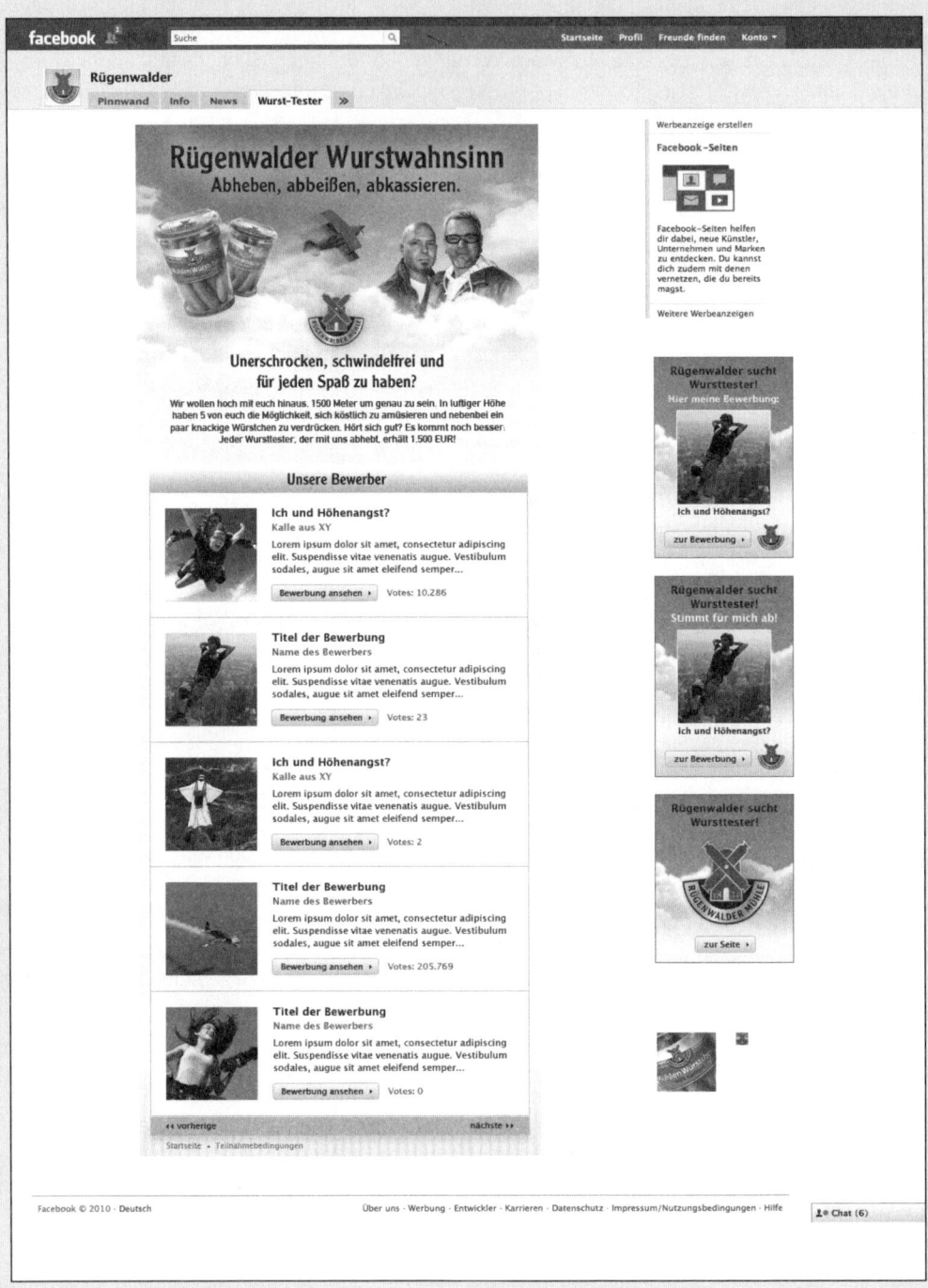

Abbildung: Rügenwalder Wursttester Facebook-App inkl. Widgets

Eine Kampagne, die sich verbreiten soll, muss ein attraktives Kampagnengut beinhalten, welches Gesprächspotenzial bietet. Um eine adäquate Verbreitung sicherzustellen, wurden zudem die relevanten Meinungsführer identifiziert und adäquat angesprochen.

Exkurs: Blogger. Hier wurden sogenannte Erstwisser-Potenziale genutzt, um die Botschaft im Social Web zu verbreiten. Bloggern und Webmastern von wichtigen Webseiten und Blogs wurde Wissen exklusiv angeboten. Ihnen wurde eine gewisse Vorlaufzeit eingeräumt, bevor die Botschaft auch an anderen Stellen publiziert wurde. Blogger sind immer auf der Suche nach exklusiven Inhalten für ihre Blogs, ähnlich wie Journalisten, da diese Inhalte für höhere Besucherzahlen sorgen. Außerdem bekommen sie Inhalte vom Unternehmen umsonst geliefert, die sie nach eigenem Ermessen verarbeiten können. Hier entsteht also für alle beteiligten Parteien, Sender, Empfänger und Unternehmen, ein echter Nutzen oder auch Mehrwert. Das Unternehmen profitiert von den Artikeln der Blogger, die Blogger haben einzigartigen Content durch die Exklusivität und die Empfänger, also die Leser, bekommen bis dato unbekannte Informationen geliefert.

Um die Reichweite zu maximieren, kamen zudem begleitend auch klassische Werbeformate wie Facebook-Engagement-Ad, Pre-Roll-Videos sowie eine TV-Schaltung des Clips zum Einsatz. Die ganze Aktion wurde via Twitter[5] begleitet und bei Facebook[6] und YouTube[7] dokumentiert. Die Kombination aus Witz, Skurrilität und Interaktivität führte zu einer Social Media Kampagne, die einen nachhaltigen Erfolg sowohl für den Social Media Auftritt als auch für die gesamte Markenwahrnehmung der Rügenwalder Mühle hat.

Konsequente Verlängerung des Social-Media-Dialogs

Die Rügenwalder Mühle verlängerte in 2011 den Social-Media-Dialog und ließ Verbraucher, Fans und Community eine neue Sorte für den Schinkenspicker »Genuss des Jahres 2011« entwickeln. Via Facebook suchte das Unternehmen nach Wurst-Experten und -Testern. Bei dieser mehrstufigen Crowdsourcing-Aktion wurden die Facebook-Fans der Rügenwalder Mühle an sämtlichen Stufen des Entstehungsprozesses beteiligt – von der Ideengenerierung über den Geschmackstest bis hin zum Online-Clip.

Über die Aktions-Applikation[8] auf der Facebook-Seite wurden im ersten Schritt Wurst-Liebhaber gesucht, »die schon auf dem Schulhof ihr Taschengeld gegen Schinkenspicker-Brote eingetauscht haben und deren Geschmacksnerven besser ausgebildet sind als russische Balletttänzer...«

Die Wurst-Experten

Wurst-Experten konnten sich direkt über die Facebook-Applikation bewerben. Nutzern war es dort möglich, über das Teilnahmeformular ein Bewerbungsbild nebst Bewerbungstext hochzuladen. Während der anschließenden Votingphase konnten wiederum andere Nutzer einmalig für einen Bewerber abstimmen. Über dieses User-Voting wurden die acht Rügenwalder Mühle Wurst-Experten ermittelt. Die Gewinner wurden ins Unternehmen nach Bad Zwischenahn eingeladen und konnten dort – zusammen mit dem Produktentwicklungsteam

---

5   http://twitter.com/ruegenwalder
6   http://www.facebook.com/ruegenwalder
7   http://www.youtube.com/user/ruegenwaldermuehle
8   http://www.facebook.com/ruegenwalder/app_197193720295654

– zehn mögliche Geschmacksrichtungen bzw. neue Sorten kreieren. Diese zehn Sorten wurden dann auf Facebook vorgestellt – verbunden mit dem Aufruf an die Community, für ihre Lieblingssorte abzustimmen.

Die Wurst-Tester

Parallel wurden 60 Teilnehmer für einen finalen Geschmacks-Test der Top 4-Lieblingssorten aus einem Community-Voting ermittelt. Die Wurst-Tester konnten sich ebenfalls während der Bewerbungsphase über die Facebook-Applikation bewerben. Die Gewinner wurden ebenfalls nach Bad Zwischenahn eingeladen, um aus den vier Geschmacksvarianten ihren Favoriten zu bestimmen. Bei der professionellen Verkostungs-Aktion mussten die Tester umfangreiche Fragebögen ausfüllen, welche sich neben Geschmack auch auf Erscheinungsbild und Geruch bezogen. Nach Auswertung der Fragebögen ergab sich die Gewinnersorte Tomate-Rucola, welche als Schinkenspicker »Genuss des Jahres« erhältlich war. Über die Entwicklung wurde die Community kontinuierlich auf dem Laufenden gehalten – so haben beispielsweise die Wurst-Experten von ihren Erlebnissen in Bad Zwischenahn berichtet.

Exkurs: Facebook-Apps. Das Interesse an Marken auf Facebook ist groß. Viele nutzen das Netzwerk auch, um sich über Produkte, Marken oder Unternehmen zu informieren. Facebook bietet einen weiteren Kommunikationskanal in dem offen ein Dialog statt ein Monolog stattfinden kann. Der direkte Rückkanal vom/zum Verbraucher zeichnet sich durch eine hohe Aktualität und Glaubwürdigkeit aus. Die Applikation »Wurst-Experten« beispielsweise bot die Möglichkeit, sich als Wurst-Experte oder -Tester zu bewerben. Jeder Teilnehmer erhielt dabei einen individuellen Link (Deep-Link) zu seiner Bewerbung und konnte diese in externen Foren, Blogs, Communities, über Twitter oder E-Mail bekannt machen. Den Teilnehmern wurde die Möglichkeit geboten, über eine »Widget-Funktionalität« ihre Bewerbung per Embed-Code auf ihrer eigenen Website einzubetten. Die Applikation bot zudem eine Weitersagen-/Teilen-Funktion, um die Aktion der Rügenwalder Mühle viral zu verbreiten. Es liegt schließlich im Interesse der Bewerber, möglichst viele Freunde und Bekannte für das Voting zu animieren. Durch die Nutzung des Voting-Features schaffte die Rügenwalder Mühle einen persönlichen Bezug zu ihren Kunden. Nebenbei wurde noch das virale Potenzial des Like-Buttons genutzt.

Die Produkte- und Aktionen-Applikationen

Die über die Kampagne gewonnenen Fans und Follower wurden in der Folge mit einem aktiven und offenen Social-Media-Dialog weiter über die Produkte der Mühle informiert. Den Facebook-Auftritt der Rügenwalder Mühle erweitern seit 2011 zwei zusätzliche Applikationen: Die neue Produkte-Applikation[9] informiert über das Unternehmen und seine Produkte. Hier berichtet die Rügenwalder Mühle über Neuigkeiten, über Zutaten und Zusatzstoffe und gibt Informationen zu bestehenden bzw. neuen Produkten. Gleichzeitig sind alle Nutzer aufgerufen, Fragen zu stellen oder Wünsche und Anregungen mitzuteilen. Die Aktionen-Applikation[10] informiert über Events und Aktivitäten rund um die Rügenwalder Mühle. Fans finden Informationen zu vergangenen Aktionen (z. B. Rügenwalder Wurstwahnsinn) sowie zu allen Neuigkeiten und aktuellen Maßnahmen – wie beispielsweise Gewinnspiele oder Aufrufe.

---

9   http://www.facebook.com/ruegenwalder?v=app_183100631723536
10 http://www.facebook.com/ruegenwalder?v=app_197193720295654

Abschluss der Produktentwicklung und Dreh eines Online-Clips – mit den Fans

Ein Viral-Clip bildete den Abschluss der umfassenden Crowdsourcing-Aktion. Die Facebook-Fans konnten sich über den Zeitraum von einem knappen halben Jahr nacheinander für die drei verschiedenen Aktionen bewerben: Als Wurstexperten, als Wurst-Tester und schließlich als Darsteller für den Werbespot. Als Werbemittel für das neue Produkt entwickelten Kunde und Agentur einen Online-Spot.[11] Dieser nahm Bezug auf die außergewöhnliche Form der Produktentwicklung mit den Fans und sagt auf charmante Weise »Danke« für das große Interesse. Deshalb wurden auch in diesem Schritt die Fans mit einbezogen: Im Rahmen der Aktion »Wir machen dich zum Star!« konnten sich die Facebook-Fans als Darsteller für den Clip bewerben. Aus über 500 Bewerbern aus ganz Deutschland wählte die Jury der Rügenwalder Mühle die Top 18 – jeweils drei Kandidaten für sechs vorgesehene Rollen. Nach einer Votingphase auf Facebook wurden die sechs Gewinner für eine Woche an die spanische Costa Brava zum Videodreh eingeflogen und agierten bei dem Dreh des Online-Clips als Darsteller neben einem Mitarbeiter der Rügenwalder Mühle und einem professionellen Schauspieler.

Den Weg von der Produktkreation bis hin zum finalen Werbemittel gemeinsam mit den Fans zu gehen, war eine Herausforderung. Ziel war es, sich den Fans und damit auch den Verbrauchern gegenüber noch mehr zu öffnen und für sie transparenter zu werden.

Exkurs: Crowdsourcing. Durch die Einbeziehung der Nutzer mittels des Instruments des Crowdsourcings in den Prozess der Produktentwicklung und Produktverbesserung wurden die bestehenden Fans emotional an die Marke und das Produkt gebunden, und es konnten durch die Mechaniken des Empfehlungsmarketings neue Fans generiert werden. Unternehmen können den Faktor Involvement durchaus beeinflussen, indem sie ihre Kommunikationsmaßnahmen so gestalten, dass die Verbraucher zum Mitmachen aufgerufen werden. Wenn beispielsweise zusammen etwas gestaltet oder entwickelt wird und die User Ideen und Vorschläge eingebracht haben, führt das zu Involvement. Crowdsourcing-Projekte sind also besonders geeignet, ein hohes Involvement zu schaffen und dadurch beispielsweise Empfehlungen zu generieren.

Die Rügenwalder Mühle hat die gewünschten User dazu gebracht, sich selbst beim Unternehmen zu melden. Diese einfache Kommunikationsmaßnahme, wie bei den Rügenwalder Wursttestern umgesetzt, brachte dem Unternehmen nicht nur Empfehlungen ein, sondern echte Markenfans mit einer sehr hohen Identifikation mit der Marke und den vermarkteten Produkten. Durch diese Maßnahme wurden gleich mehrere Faktoren, wie Involvement und Selbstbestätigung, positiv beeinflusst und stehen dem Unternehmen aufgrund des dauerhaften Kontakts auf Jahre zur Verfügung. Außerdem werden durch diese Maßnahmen auch die indirekten Faktoren, wie Kundenzufriedenheit, Leistungsqualität, Image oder Beziehungsqualität, positiv beeinflusst.

Der Kunde stand der Idee, ein Crowdsourcing-Projekt für den Schinkenspicker Genuss des Jahres durchzuführen, von Anfang an sehr offen gegenüber. Und das schon lange, bevor andere Marken mit ihren Crowdsourcing-Aktionen starteten. Von Anfang an war klar, dass der gemeinsame Weg noch konsequenter gegangen werden sollte als bei anderen Marken. Das Produkt sollte wirklich in den Regalen zum Verkauf landen – nicht als limitierte Edition oder mit begrenzter Stückzahl. Ebenso sollten alle Phasen des Projekts den reinen Online-

---

11   http://www.youtube.com/watch?v=40uf6M6MjBo&feature=plcp

Dialog auch offline weiterführen. Oft führen zu verkrampfte Herangehensweisen dazu, dass die großen Möglichkeiten, die Crowdsourcing für beide Seiten – Konsumenten und Marke – bietet, auf der Strecke bleiben. Diese Tatsache sollte mit dem die Kampagne abschließenden Video aufgegriffen werden. Es geht beim Crowdsourcing nicht darum, Gratis-Ideen bei den Usern abzugreifen oder darum, jemandem die Arbeit zu erleichtern. Es kann eher ein effektives Werkzeug sein, um Produkte besser zu machen und Kunden mit Marken in einen Dialog treten zu lassen. Der Aufwand hinter einer echten Crowdsourcing-Kampagne ist in den meisten Fällen sehr viel höher, als es von außen betrachtet den Anschein hat. Logistisch, kommunikativ wie strategisch sind Crowdsourcing-Aktionen sowohl in der Planung als auch in der Durchführung sehr aufwändig. Der echte Dialog mit den Kunden, das Nutzen der Chance, mehr über den jeweils anderen zu erfahren, belohnt alle Beteiligten jedoch für diesen Aufwand.

Weiter in 2012: Die Kandidatensuche für einen Kundenbeirat im Social Web

Im Social-Media-Konzept von 2012 werden die bereits vorhandenen sowie die neu geschaffenen Kanäle weiter bedient. Die zentrale Plattform bleibt Facebook, darüber hinaus sind Twitter- und der YouTube-Kanal Teil des Konzeptes. Eine neue Idee, eine neue Strategie, die zweigleisig fährt: der Kundenbeirat. Zum einen erhält der Wurstproduzent Rügenwalder Mühle über die Kanäle wichtige und wertvolle Einblicke in die Vorlieben und Abneigungen seiner Kunden, zum anderen gibt man sich offen und gesprächsbereit. Die Dialogkommunikation mit seinen Endverbrauchern erreicht mit der Gründung des Rügenwalder Mühle Kundenbeirats ein neues Level. Mit dem Kundenbeirat wird Verbrauchern und Fans der Marke nun die Möglichkeit gegeben, noch mehr am Geschehen rund um die Firma teilzuhaben. Zugleich wird auf der konzerneigenen Facebook-Seite in einer Facebook-Kampagne fleißig um Mitglieder für den Kundenbeirat geworben. Die Aktion wird begleitet von einer Kampagne im Web. Ein professionelles Video wird über den eigenen YouTube-Kanal verbreitet.

Was vor über zwei Jahren mit dem direkten Dialog auf Facebook angefangen hat, findet im Kundenbeirat und einem neuen Markenblog seine konsequente Weiterführung. So kommen die Wünsche und Anregungen der Kunden direkt und ungefiltert beim Hersteller an und helfen dabei, auch in Zukunft die bestmöglichen Produkte herzustellen.

Start des Corporate Blogs

Mit der Plattform Facebook bewegt man sich auf einem Feld, auf dem man von einem Dritten abhängig ist. Mit einem Blog[12] wurde ein komplett autarker Social Media-Kanal geschaffen, der die Möglichkeit bietet, die gewünschten Themen noch breiter und ausführlicher zu spielen und sich mit der Blogleserschaft wieder einer neuen Zielgruppe zu öffnen. Der neue Corporate Blog ist eine große Chance und ein deutlicher Mehrwert für die Kunden der Rügenwalder Mühle. Neben den Standardthemen wie z. B. Ernährung, Produkte, Rezepte, Mitarbeiter, Aktionen ist der Blog auch Teil einer großen Kampagne.

Die Mühlen Frikadellen Tour

Zur Einführung der neuen Mühlen Frikadellen ging die Rügenwalder Mühle mit einem Frikadellen-Wagen auf Deutschlandtour[13] und ließ die neuen Frikadellen verkosten, bevor sie im Handel erhältlich waren. Die »Offline«-Aktion wurde außerdem zum interaktiven Online-Erleb-

---

12 http://www.youtube.com/watch?v=40uf6M6MjBo&feature=plcp
13 http://www.frikadellentour.de

nis. Neben acht Stationen bei großen Events ermöglichte die Rügenwalder Mühle seinen Fans, mit der eigenen Party eine Zwischenstation der Tour zu werden. Jeder User hatte die Möglichkeit, einen Tourstop für sich zu gewinnen. Via Facebook, Mobile App und Microsite konnte sich jeder mit seiner eigenen Party bewerben.

Die Community stimmte ab, welche Feierlichkeiten vom Mühlen Frikadellen-Tour-Wagen besucht und somit ein neuer Punkt der Mühlen Frikadellen-Tour 2012 wurden. Jeder User konnte dabei nur einen Vorschlag machen, jeder Ort konnte nur einmal vorgeschlagen werden und jeder User durfte für jeden Wegpunkt nur einmal abstimmen. Die Zwischenstände wurden laufend aktualisiert. Jede Einreichung wurde zuvor redaktionell geprüft. Die Rügenwalder Mühle Jury berücksichtigte besonders kreative Einreichungen mit einem Extra-Tourstop. Wo das Tourteam sich befand konnte der User über eine Karte und ein GPS-Trakking mitverfolgen. Die interaktive Landkarte zeigte, ob und wann der Frikadellen-Wagen in die Region kam; so konnte sich jeder für einen Zwischenstopp im Umkreis von 50 Kilometern um die genannte Region bewerben. Aktuelle Bilder und Infos aus dem Tour-Wagen wurden via Twitter und der Kampagnen-App auf allen Kanälen angeboten.

Fazit

Der Fokus der Social-Media-Aktionen der Rügenwalder Mühle liegt immer auf dem direkten Dialog mit den Kunden und Usern. Fans und Verbraucher sollen direkt mit der Marke und den Menschen dahinter ins Gespräch kommen. Der ursprüngliche Social-Media-Gedanke wird so wirklich gelebt.

Das Beispiel Rügenwalder Mühle zeigt deutlich, wie Marken und deren Produkte sehr erfolgreich im Social Web kommunizieren und agieren können. Zentraler Punkt für eine erfolgreiche Social-Media-Kommunikation ist die Bereitschaft, einen ehrlichen und offenen Dialog mit den Kunden, Fans und Nicht-Fans zu führen und zu pflegen. Moderne Social-Media-Kommunikation beschränkt sich nicht auf eine Facebook-Fanpage, Feiertagsgrüße und Gewinnspiele. Nur über ehrliche Kommunikation mit den Menschen – on- aber auch offline – rücken Marken und Kunden näher zusammen. Nur so nutzt man nachhaltig die Stärken des Mediums.

6 Interne Kommunikation

6.1 Das Kapital der Unternehmen

Wenn Unternehmen verkauft werden und ihre Mitarbeiter als Letzte davon erfahren, wenn Firmen umstrukturiert, Niederlassungen abgebaut werden und Mitarbeiter darüber in der Tageszeitung lesen, wenn Kunden nach neuen Produkten fragen und Mitarbeiter keine Antwort wissen, wenn in Unternehmen die Geschäftsführung wechselt und die Mitarbeiter diese nie zur Gesicht bekommen – in all diesen Fällen hat die interne Kommunikation versagt. Die Folge: Bei vielen Mitarbeitern breitet sich ein Gefühl der Unsicherheit und Orientierungslosigkeit, der Unzufriedenheit und Demotivation aus, was sich wiederum im gestörten Arbeitsklima und in einer deutlich verschlechterten Produktivität niederschlägt. Sie verlieren jegliche Lust, sich für ihr Unternehmen zu engagieren, was eigentlich der Anspruch eines modern geführten Unternehmens gegenüber seinen Mitarbeitern ist.

»Unsere Mitarbeiter sind das wichtigste Kapital des Unternehmens.« Diesen Ausspruch haben sicherlich viele Mitarbeiter aus dem Munde der Geschäftsführung gehört. Doch wer dieses »wichtigste Kapital« pflegen will, damit es wächst und gedeiht, sollte gerade diese Kernbezugsgruppe eng in die Kommunikationsprozesse einbinden. Beginnen nämlich sorgfältig geplante Aktivitäten nicht direkt im Kern des Unternehmens, werden sich auch nach außen keine kommunikativen Erfolge nachweisen lassen. Was nützt schließlich die beste Außendarstellung, wenn dies im internen Bereich die eigenen Mitarbeiter nicht unterstützen können? Und diese haben in ihrer Mehrfachfunktion neben ihrer »Kapital-Rolle« übrigens auch die Rolle des Botschafters und Unternehmenssprechers inne. Und mit wachsendem Einfluss, wie beispielsweise das Edelman Trust Barometer 2012[272] deutlich machte. Laut der jährlichen Studie hat der »Regular employee« als Unternehmenskommunikator kräftig an Glaubwürdigkeit (50 Prozent 2012 gegenüber 34 Prozent 2011) gewonnen – und liegt deutlich vor Geschäftsführern oder Finanzanalysten. Fazit der Studienmacher: »In a world where employees, whether technical experts or regular folks, are a company's most credible spokespeople, every business simply must understand how to organize and empower employees to interact successfully in social media.«[273] Und davon gibt es je nach Unternehmensgröße Tausende, die zum Image beitragen und es transportieren – positiv wie negativ.

Bedeutung in Situationen des Wandels
In vielen Unternehmen wird nach wie vor unterschätzt, welche negativen Folgewirkungen gerade eine fehlende Kommunikation haben kann: Gerüchte, Vermutungen, Falschinformationen verbreiten sich rasend über den »Flurfunk« als Medium, die Mitarbeiter-Motivation und -Leistung nimmt als Folge rapide ab. Und ist dies einmal geschehen, ist es für jedes Unternehmen umso schwieriger, diesem Informationsmanko entgegen zu wirken und mit Falschinformationen und Gerüchten aufzuräumen.

Gerade in einer Situation des Wandels – bei Fusionen, Übernahmen, Arbeitskräfteabbau etc. – wird die interne Kommunikation zum wesentlichen Erfolgsfaktor, um Krisen

---

272 Edelman Trust Barometer, http://www.slideshare.net/EdelmanInsights/2012-edelman-trust-barometer-global-deck
273 http://www.edelmandigital.com/2012/01/25/structure-properly-for-social-media/

und Veränderungsprozesse zu bewältigen. Exakt in solchen Momenten haben Mitarbeiter ein besonders hohes Interesse an Informationen, um ihre eigene Situation besser einschätzen und sich darauf einlassen zu können. Fragen wie: Was kommt jetzt auf mich zu? Werde ich eingespart? Ist mein Job noch sicher? Wie sieht es mit meiner beruflichen Entwicklung aus? Nur eine klare, offene Kommunikation kann hier für Antworten sorgen und bei der Belegschaft Verständnis für die Veränderungen erzeugen.

In solchen Fällen kommt es darauf an, dass alle Mitarbeiter das Gefühl haben, auf dem Laufenden gehalten zu werden, dass alle Entscheidungen sofort klar und deutlich kommuniziert und dass sie und ihre Position als wichtig angesehen werden. Und dass die Veränderungsprozesse von den Führungskräften vorgelebt werden. Wird dagegen nicht kommuniziert, fördert dies Verhaltensunsicherheiten, Mitarbeiterdemotivation sowie eine hohe Fluktuation, die wiederum zu einer enormen Know-how-Vernichtung führt.

»Public Relations begin at home«

Dieser Grundsatz bringt den Stellenwert auf den Punkt: Interne Kommunikation zählt zu den Kernaufgaben von Public Relations, um die Beziehungen innerhalb des Unternehmens zu gestalten und Mitarbeitern das innerbetriebliche Leitbild zu vermitteln. Schließlich sind Mitarbeiter die wichtigsten Unternehmenskommunikatoren an den zentralen Schnittstellen, die als wirkliche Botschafter das Corporate Image täglich nach außen transportieren: Sie halten den Kontakt zu Kunden, suchen neue Mitarbeiter mit aus, unterhalten sich mit Freunden über den eigenen Job, die eigene Firma. Sie sind diejenigen, die gegenüber ihrem unmittelbaren Umfeld positive Entwicklungen loben, negative Trends kritisieren. Sie sind die Ersten, die von Bekannten angesprochen werden, wenn Neuigkeiten über das Unternehmen über externe Medien kommuniziert oder Entwicklungen bekannt werden. Darauf müssen sie durch ihr internes Wissen klare Antworten geben können.

Dies ist jedoch nur dann möglich, wenn sie diese Informationen bevorzugt erhalten, wenn das Unternehmen diesen Meinungsbildungsprozess der Mitarbeiter aktiv unterstützt. Jeder Mitarbeiter muss dazu die Unternehmensziele kennen und zudem wissen, welchen Beitrag er selbst zum Erreichen dieser Ziele beisteuern kann. Dieses Wissen gibt ihm Halt und Orientierung. Und nur wenn er dieses Gefühl eines ernst genommenen, bevorzugt behandelten Mitarbeiters in sich trägt, wird er wiederum das Unternehmen und die Geschäftsführung als glaubwürdigen Partner anerkennen und nach außen darstellen. Denn eines ist klar: Wer sich gut informiert und behandelt fühlt, wird sich mit seinem Unternehmen stärker identifizieren. Und wer sich mit dem eigenen Unternehmen stärker identifiziert, geht auch besser mit Kunden und Interessenten um, wiederum zu Gunsten des Unternehmens. Für jedes Unternehmen bedeutet dies: Sein Image bei den Mitarbeitern wirkt sich direkt auf deren Wahrnehmung durch Familie, Freunde, Kunden, Kollegen, Multiplikatoren aus.

Ist dies den meisten Unternehmen durchaus bekannt, so spiegelt sich dieses Wissen nur in wenigen Firmen wider. Der Bereich interne Kommunikation ist trotz durchaus positiver Beispiele weiterhin ein Stiefkind – was Beachtung, Akzeptanz, finanzielle wie personelle Ressourcen betrifft – gerade im Vergleich zur externen Kommunikation.

Konzeption, Abstimmung, Durchsetzung

Frank Martin Hein definiert interne Kommunikation als »organisierten Informationsaustausch zwischen den Angehörigen eines Unternehmens (einer Organisation), um dessen (deren) Ziele zu erreichen«. Und weiter: »Interne Kommunikation wird bewusst als zielgerichteter, organisierter Prozess verstanden, nicht als private oder zufällige Angelegenheit.«[274]

Das bedeutet: Interne Kommunikation muss als zielgerichteter Prozess konzipiert sein, der innerhalb des Gesamtkommunikationsplans zusätzlich mit den Maßnahmen einer nach außen gerichteten Kommunikation vernetzt ist. Dazu ist bereits zu einem frühen Zeitpunkt ein Kommunikationskonzept notwendig, um diese Maßnahmen systematisch zu planen und dann umzusetzen. Auch die für das Unternehmen verbindlichen Richtlinien und Führungsgrundsätze der internen Kommunikation – Stichwort Corporate Guidelines – sind darin formuliert, an die sich jeder halten muss. Gleichzeitig ist ein klares Bekenntnis der Geschäftsleitung erforderlich. Nur sie kann die Steuerung selbst verantworten. Nur sie kann Ziele vorgeben, Strategien festlegen, Instrumente durchsetzen.

Bestandteil der Corporate Culture

Die interne Kommunikation betrifft sämtliche Kommunikations- und Informationsbeziehungen innerhalb des Unternehmens auf horizontaler wie vertikaler Verantwortungsebene: Zwischen Mitarbeitern untereinander sowie zwischen Mitarbeitern und Management. Sie ist fester Bestandteil der Corporate Culture und damit des Selbstverständnisses des Unternehmens und kann sich stabilisierend und vertrauensbildend auf das Verhältnis zwischen Unternehmensführung und Mitarbeitern auswirken. So zeigt sich stets darin,

- wer mit den Mitarbeitern kommuniziert: Geschieht dies »nur« berufsbedingt über die Unternehmenskommunikation? Oder beteiligt sich auch die Geschäftsführung aktiv an der internen Kommunikation? Wird dies als Führungsaufgabe wirklich ernst genommen? Geschieht dies über regelmäßige Informationsmailings an »unsere Mitarbeiter«, die aktive Teilnahme an internen Events, die offene Kommunikation über ein Corporate Blog?
- was an die Mitarbeiter kommuniziert wird: Sind dies nur kurze, eher oberflächliche Informationen? Oder werden den Mitarbeitern auch Details, Hintergrundwissen, Zahlen und Fakten bereitgestellt, um sich selbst ein Bild von Entscheidungen zu machen? Werden auch Tabuthemen angesprochen und negative Entwicklungen verantwortungsvoll thematisiert?
- wann mit den Mitarbeiter kommuniziert wird: Erhalten diese sofort und rechtzeitig bei einer Entscheidung zumindest eine Vorab-Information, sodass sie auf dem Laufenden sind? Folgen daraufhin regelmäßig weitere, ausführlichere Informationen zum jeweils aktuellen Stand der Dinge? Oder werden die Informationen grundsätzlich eher knapp gehalten oder gar nur – oder zuerst – über die externen Medien kommuniziert?
- wie mit den Mitarbeitern kommuniziert wird: Ist die Kommunikationsform freundlich, offen, klar? Oder wirkt sie eher von oben herab, sodass die Unterschiede zwischen den Geschäftsebenen auch in der Kommunikation deutlich bleiben? Sind die Informationen eher Schnellschüsse oder ist eine systematische Planung nachvollziehbar? Wird aktiv und kontinuierlich kommuniziert oder nur bei Krisensituationen und unter Druck reagiert? Und werden mehrere Medien einsetzt – Mailings, Mitarbeiterzeitschrift, Blog, Veranstaltung, Intranet –, damit alle Mitarbeiter diese News erhalten?

---

274 Hein, Frank Martin: Interne Kommunikation und Unternehmenskultur, in: Dörfel, Lars, 2007, S. 90.

6.2 Die Ansprache der Mitarbeiter

Mitarbeiter bieten große Ressourcen, die Unternehmen für sich nutzen können. Dies kann nur eine professionell betriebene Kommunikation erreichen, die diese Mitarbeiter kontinuierlich mit einbezieht und den Austausch pflegt. Nur dann wird auch nach außen ein einheitliches und glaubwürdiges Auftreten transportiert, dass dieses Unternehmen seine Mitarbeiter als wichtigstes Kapital wahrnimmt. Deutlich ist dies an der Form der internen Ansprache zu erkennen, wenn Unternehmen

- all ihre Mitarbeiter kontinuierlich, zeitnah und vor »Externen« über neue Produkte und Ergebnisse, Entwicklungen und Veränderungen informieren;
- verständlich und glaubwürdig die Unternehmenspolitik, die Strategien und Entscheidungen erklären, wobei die Informationen auf Daten und Fakten basieren, die klar dargestellt werden und auch überprüfbar sind;
- ihren Mitarbeitern kontinuierlich und rechtzeitig alle relevanten Informationen für die täglichen Aufgaben bereitstellen. Dies ist so auch im Betriebsverfassungsgesetz vorgeschrieben;
- glaubwürdig und persönlich ihre Mitarbeiter führen, sie über ihren Beitrag zum Erreichen der Ziele informieren und so für Orientierung, Loyalität und Identifizierung mit dem Unternehmen sorgen;
- Mitarbeiter durch regelmäßige, kreative Maßnahmen zu einem persönlichen Engagement motivieren und ihnen hierbei ihre persönliche Wertschätzung zeigen;
- ihre Mitarbeiter dazu auffordern, ihnen mitzuteilen, wie sich die Arbeitsplätze weiter optimieren lassen, wo und wie neue Ideen in Erfolg versprechende Produkte und Leistungen umgesetzt werden können;
- Anregungen, Hinweise und Vorschläge der Mitarbeiter nach oben weitergeben – und damit die Mitarbeiter als anerkannte und wichtige Multiplikatoren behandeln.

Dies macht deutlich: Kommunikation bedeutet Information, gegenseitiger Austausch und Verständnis zugleich. Eine Information muss nicht nur gesendet werden; sie muss ebenso verstanden und umgesetzt werden. Eine Rückmeldung ist deshalb umso wichtiger. Über Entscheidungen sollte daher die Geschäftsführung nicht nur informieren: Sie sollte diese mit ihren Mitarbeitern gemeinsam diskutieren, um das Verständnis zu fördern. Die Mitarbeiter sollten zudem regelmäßig aufgefordert werden, selbst aktiv zu werden und Verbesserungsvorschläge einzugeben. Für die Mitarbeiter bedeutet dieses neue Selbstverständnis im Unternehmen wiederum, dass sie aktiv an der Kommunikation teilnehmen, mehr Verantwortung tragen und eigene Entscheidungen treffen müssen.

Die richtige Selektion
Gerade das digitale Zeitalter hat zu einem kontinuierlich anwachsenden Umfang an Informationen und Wissen geführt. Viele Mitarbeiter beklagen sich heute nicht mehr darüber, dass sie zu wenige Informationen erhalten, sondern dass sie von diesem Information Overflow erdrückt werden. Denn die Quellen heutiger Information sind vielfältig, wie die Abbildung 32[275] deutlich macht.

Es verlangt viel Zeit, in dieser Fülle an zu verarbeitenden Informationen jedes Mal die wichtigen Details zu selektieren. Dieser »Information Overflow« verlangt nach Auswahl,

---

275 Abbildung basiert in Grundzügen auf Kohtes & Klewes, 1999, S. 13.

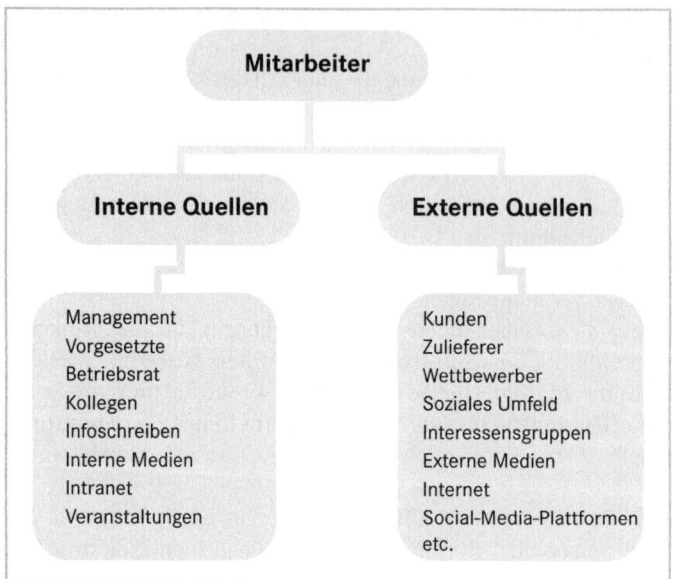

Abb. 32: Interne und externe Informationsquellen für Mitarbeiter

Selektion und Bewertungsmustern. Eine moderne interne Kommunikation muss die Mitarbeiter durch diese Informationsfülle leiten. Schließlich ist es nicht entscheidend, wie viele Informationen gegeben werden, sondern dass die richtigen Informationen an der richtigen Stelle zur richtigen Zeit ankommen.

Gleichzeitig muss sich jeder bewusst sein, dass die Bezugsgruppe »Mitarbeiter« äußerst heterogen ist. Dies betrifft Arbeitsaufgabe, Zugehörigkeit und Position innerhalb des Unternehmens wie auch Bildung und Wissensstand, Interessen und Informationsbedürfnisse. Doch unabhängig von der Heterogenität der Gruppe muss eine interne Kommunikation »Wir«-Gefühl, Vertrauen, Motivation bei allen Bezugsgruppen erzeugen. Im Detail heißt dies:

- **Erzeugung eines Wir-Gefühls**: Die interne Kommunikation muss das Zugehörigkeitsgefühl und die positive Grundeinstellung zum Unternehmen und zur eigenen Arbeit fördern. Jeder Mitarbeiter muss das Gefühl haben, dass dies »seine« Firma ist, zu der er Vertrauen hat, die ihm ein »Zuhause« bietet, in der er sich wohl fühlt. Dies erhöht seine tägliche Motivation, sein Engagement und seine Leistungsbereitschaft.
- **Stärkung des Vertrauens**: Eine interne Kommunikation muss dafür sorgen, dass die Mitarbeiter Vertrauen in das Unternehmen haben, das ihnen Halt gibt. Dazu zählt, dass alle Mitarbeiter stets rechtzeitig, regelmäßig und umfangreich informiert werden und wichtige News nicht erst aus externen Medien oder von Außenstehenden erfahren.
- **Abbau von Ängsten**: Insbesondere Veränderungen im Unternehmen sorgen oft für Ängste und für Unsicherheit bei den Arbeitnehmern. Was bedeutet dies für mich? Welche Auswirkungen haben sie auf meinen Job? Muss ich mich verändern? Schaffe ich das überhaupt? Oder ist das Neue nicht zu viel für mich? Auf diese Vorbehalte muss eine interne Kommunikation rechtzeitig reagieren, um keinen Vertrauensverlust aufkommen zu lassen.

- **Vermittlung der Unternehmensziele**: Nur wenn Mitarbeiter über die Unternehmensziele informiert sind, können sie nach diesen handeln. Sie müssen eine Orientierung erhalten, wie sie selbst deren Erreichen unterstützen können. Damit wird die interne Kommunikation immer stärker zu einem wichtigen Erfolgsfaktor im Wettbewerb der Unternehmen.
- **Unterstützung bei der Arbeit**: Je besser ein Mitarbeiter informiert ist, desto exakter kann er seiner Arbeit nachgehen. Dazu zählt zum Beispiel, dass ihm rechtzeitig und kontinuierlich alle für seine Aufgaben notwendigen Unterlagen und Informationen bereitgestellt werden bzw. dass er jederzeit entscheidungsbefugte Stellen kontaktieren kann.
- **Motivation zur Weiterbildung**: In unserer heutigen Informationsgesellschaft kommt der Bereitschaft zum lebenslangen Lernen eine immer wichtigere Bedeutung zu. Aus diesem Grund muss ein Unternehmen aus Eigeninteresse Wert darauf legen, die Fortbildung seiner Mitarbeiter aktiv zu fördern. Damit sind diese zufriedener mit dem Arbeitsplatz, können bessere Leistungen ablegen und ihr Unternehmen effizienter und professioneller unterstützen.

6.3 Der passende Instrumenten-Mix

Es gibt zahlreiche Medien, um die Information und die Kommunikation im eigenen Haus zu fördern. Mit Blogs, Podcasts, Intranet, E-Journals kamen in den letzten Jahren neue, faszinierende Instrumente hinzu, die der Unternehmenskommunikation die Chance eröffneten, noch exakter die Vorstellungen ihrer Adressaten individuell ansprechen. Bei dieser Fülle liegt der Erfolg im richtigen Mix, im sauberen Ineinandergreifen der einzelnen Instrumente – abgestimmt in Inhalt und Form auf die einzelnen Bezugsgruppen. Erst eine strategisch und taktisch aufeinander abgestimmte Mischung der Maßnahmen macht den Erfolg der internen Kommunikation aus: Der Mitarbeiter wird über ein Rundschreiben oder das Corporate TV über eine wichtige Neuerung informiert, recherchiert eingehend über das Schwarze Brett oder das hauseigene Intranet, unterhält sich mit der Geschäftsführung im Blog, wendet sich an seine Key-Personen während einer Informationsveranstaltung mit dem Vorstand, liest eine Stellungsnahme oder einen ausführlichen Hintergrundbericht zum Thema in der Ausgabe der Mitarbeiterzeitung – bei aktuellen Anlässen auch in der Sonderausgabe.

Gleichzeitig hat jedes Medium, jedes Instrument, jede Maßnahme eine oder mehrere klare Aufgaben, die sich mit den Stichworten Information, Unterhaltung, Dialog und Interaktion sowie Belohnung überschreiben lassen, wie auch die folgende Tabelle verdeutlicht. Doch gehen wir auf diese einzelnen Elemente tiefer ein – aufgeteilt in Instrumente der schriftlichen, der AV-, der Online- und der persönlichen Kommunikation.

AUSFLUG 30

Communication Guidelines als Orientierungshilfe[276]
Unternehmen kommen immer weniger ohne eine Regelung des kommunikativen Verhaltens ihrer Mitarbeiter aus. Insbesondere das Social Web hat diesen vielfältige Werkzeuge

---

276 Siehe dazu auch Ruisinger, Online Relations, 2011, S. 240ff.

Instrument \ Funktion	Information	Unterhaltung	Dialog	Belohnung
Communication Guidelines	X			
Schwarzes Brett	X			
Informationsschreiben	X		X^1	
E-Mail-Newsletter	X		X^1	
Mitarbeiterhandbuch	X			
Mitarbeitermagazin	X	X	X^2	
Corporate TV	X	X		
Telefon-/Videokonferenz	X		X	
Intranet	X		X	
Corporate Blog	X		X	
Podcast	X	X		
Wiki	X		X	
Mitarbeiter-Gespräch	X		X	X
Mitarbeiter-Versammlung	X		X	
Mitarbeiter-Event	X	X	X	
Mitarbeiter-Seminar	X		X	X
Incentive		X	X	X

[1] begrenzt bei E-Mail-Versand durch den E-Mail-Rückkanal
[2] begrenzt durch Leserbriefe und redaktionelle Beiträge der Mitarbeiter

Abb. 33: Instrumenten-Aufgaben-Matrix in der Mitarbeiterkommunikation; eigene Darstellung

an die Hand gegeben, um sich schnell und einfach über zahlreiche Kanäle zu äußern – außerhalb wie während der Arbeitszeiten. Mit Relevanz für die Organisation: Schließlich sprechen Mitarbeiter öffentlich über ihr Unternehmen, über Produkte, über Technologien, über Entwicklungen. Sie informieren, kritisieren, tauschen sich aus. Und sie agieren damit – oft unbewusst – als authentische Markenbotschafter des eigenen Unternehmens auch gegenüber Stakeholdern.

Diese glaubwürdigen Kommunikatoren sollten Unternehmen für sich einsetzen. Communication Guidelines können hier dazu beitragen, einerseits die eigenen Produkte und Marken zu schützen, andererseits die Mitarbeiter in ihrem Verhalten aktiv zu motivieren. Guidelines sollten ihnen als Hilfsinstrument dienen, ein Bewusstsein für den richtigen Umgang mit den Kommunikationsmechanismen aufzubauen. Dazu sollten sie konkrete Handlungsempfehlungen geben, Orientierung bieten, um Unternehmen wie seine Mitarbeiter vor potenziellen Risiken zu schützen. So sollte in einer leicht verständlichen, informativen und eindeutigen Sprache beschrieben sein,

- welche Strategie das Unternehmen im Internet und im Social Web verfolgt, was es sich konkret verspricht und welche besondere Rolle die Mitarbeiter dabei spielen; diesen muss bewusst sein, dass sie im Social Web auch als Mitarbeiter des Unternehmens wahrgenommen und beobachtet werden und ihr Verhalten sich auf die Reputation des Unternehmens auswirkt;
- welche Inhalte kommuniziert werden dürfen und welche nicht, weil sie beispielsweise unternehmensrelevante und vertrauliche Informationen des Unternehmens oder des Verhältnisses zu Kunden, Geschäfts- und Betriebsgeheimnisse betreffen;
- wie intensiv Internet und soziale Medien während der Arbeit genutzt werden können. Jedes Unternehmen sollte sich bewusst sein, dass ein komplettes Verbot ihm selbst die Chancen raubt, Social-Media-Vorteile effektiv zu nutzen – Kontaktpflege, Informations-

suche, Vernetzung mit Gleichgesinnten, und dies in einer Informationsgesellschaft, bei der Wissen zentrales Unternehmenskapital ist;

- dass Mitarbeiter bei ihrer Kommunikation ihre eigene Identität nicht verschleiern, sondern sich stets offen verhalten. Dazu zählen beispielsweise bei Kommentaren der vollständige Namen mit Funktion und Unternehmen, sofern die veröffentlichten Inhalte die Arbeit betreffen;
- dass sie für die von ihnen publizierten Meinungsäußerungen selbst verantwortlich sind. So sollte ein Verzicht auf Beleidigungen, Diskriminierungen und offene Kritik am eigenen Arbeitgeber, an Kunden wie an Konkurrenten und stattdessen ein respektvoller Umgang selbstverständlich sein;
- dass das Internet kein rechtsfreier Raum ist, sondern auch dort Datenschutz, Urheber- und Persönlichkeitsrecht zu respektieren sind. Beispielsweise wird die unerlaubte Nutzung von Fotos oder Videos auch im Internet rechtlich verfolgt.

Diese Richtlinien müssen jedem Mitarbeiter – beispielsweise über die Corporate Website – inklusive Ansprechpartner jederzeit zugänglich sein. Zudem sollten diese Guidelines nicht verkündet, sondern schrittweise über individuelle Schulungen eingeführt werden. Nur so wird es Unternehmen gelingen, eine hohe Akzeptanz zu erreichen. Viele dieser Regeln sind bereits heute fester Bestandteil der Arbeitsverträge. Nur lohnt es sich durchaus, das Bewusstsein des Arbeitnehmers mittels entsprechender Communication Guidelines zusätzlich zu schärfen.

6.3.1 Instrumente der schriftlichen Information

Alle Instrumente der schriftlichen Mitarbeiterinformation haben die Aufgabe, Mitarbeiter über wichtige Geschehnisse, zentrale Veränderungen und Entwicklungen, neue Produkte, Personalien und Angebote zeitnah zu informieren, wobei der Zeitpunkt und die Informationstiefe über die Auswahl des Instrumentes bestimmen.

Das »Schwarze Brett«

Früher war das »Schwarze Brett« das zentrale Mitarbeiterinformationsmedium. Sämtliche aktuellen Kurzinformationen wurden darüber den Mitarbeitern kurz und knapp mitgeteilt: Personelle News, strukturelle Veränderungen, Veranstaltungshinweise oder neue Verhaltensprinzipien konnte jeder auf dem »Schwarzen Brett« schnell und im Vorbeilaufen wahrnehmen und dann weiteren Kollegen mitteilen. Eine direkte Feedback-Möglichkeit gab es dagegen nicht.

Auch wenn in der heutigen Informationsgesellschaft dieses Medium klar im Rückzug ist und durch Instrumente wie das Intranet immer stärker ersetzt wird, hat es eine gewisse Bedeutung bis heute bewahrt. Gerade in Unternehmen, in denen nicht alle Mitarbeiter online vernetzt sind bzw. keinen eigenen PC-Platz besitzen, kann ein »Schwarzes Brett« an einem zentralen Ort noch immer die Funktion einer aktuellen Informationszentrale haben – aber nur als eines von vielen Instrumenten.

Das Informationsschreiben

Rundschreiben und Infobriefe erreichen Adressaten gezielt und direkt – wahlweise per E-Mail oder traditionell über die Hauspost. Damit lassen sich auch Mitarbeiter erreichen, die weniger am Computer, sondern beispielsweise in der Produktion tätig sind. Diese vergleichsweise preiswerte Informationsvermittlung kann sowohl regelmäßig (z.B. per »Wochenmail«) als auch bei Bedarf erfolgen. Meist beinhalten die Schreiben ein zentrales Thema, über das sie die Mitarbeiter informieren. Werden sie kurzfristig versendet – um über aktuelle Ereignisse, Termine, Vorkommnisse, Entscheidungen zu berichten –, spricht man auch von Eildiensten.

Diese Schreiben bieten den Vorteil, dass sie sich jederzeit individualisieren lassen. Ein Unternehmen kann sich wahlweise sowohl an alle Mitarbeiter als auch an ausgewählte Bezugsgruppen richten. Das heißt: Die Zielgruppe kann jederzeit verändert, der Empfängerkreis erweitert, das Mailing so den Bezugsgruppen individuell angepasst werden. Führungskräfte können somit neue Informationen zur Mitarbeiterführung, die IT-Abteilung technische Details zu einer Produkteinführung, alle Mitarbeiter Angebote zur Weiterbildung und Freizeitgestaltung erhalten. Weiterer Vorteil: Informationsschreiben lassen sich sammeln, später noch nachlesen oder nachweisen.

Doch diese internen Mailings haben auch Nachteile: Werden sie beispielsweise über die Hauspost versandt, kann eine Rückmeldung nicht über dasselbe Medium erfolgen. Wenn Fragen, Klagen, Anmerkungen aufkommen, müssen sich Mitarbeiter stattdessen an Kollegen oder Vorgesetzte wenden oder einen anderen Kommunikationskanal nutzen. Zudem können die kompakten Informationen Themen nur anreißen, aber nicht ausführlich erläutern, Details analysieren und ausreichend Hintergründe liefern. Dies muss wiederum über andere Medien erfolgen.

Ein weiteres Einsatzgebiet: Mitarbeiterschreiben bieten der Geschäftsführung die Chance, sich ganz persönlich an die Mitarbeiter zu wenden – ob in einem gedruckten Schreiben oder per E-Mail. So genannte »Chairman's Letter« können dabei durchaus helfen, das Verständnis der Mitarbeiter für Entscheidungen zu erhöhen, so lange es dem »Chairman« gelingt, in seinem Brief auch Verständnis für die Bedenken und Argumente der Mitarbeiter zu haben und klar zum Ausdruck zu bringen. Ist dies nicht der Fall, verpuffen solche Instrumente sofort und enden schnell im (virtuellen) Mülleimer.

Der E-Mail-Newsletter

In vielen Unternehmen hat sich der E-Mail-Newsletter als wirksames Instrument der internen Kommunikation bewährt und teils – gerade aus Kostengründen – bereits die Mitarbeiterzeitung bzw. -zeitschrift sowie Informationsschreiben ersetzt. Regelmäßig werden darin alle Mitarbeiter über aktuelle Entwicklungen und Geschehnisse im Unternehmen informiert, auf interessante Veranstaltungen oder auf neue Dokumente beispielsweise im hauseigenen Intranet hingewiesen. Auch Informationen zur veränderten Unternehmensstrategie und zu neuen Niederlassungen, Zahlen und Fakten zur wirtschaftlichen Lage, Betriebsvereinbarungen, die Vorstellung neuer Mitarbeiter, Veränderungen im Führungsstab, Aus- und Weiterbildungsangebote können Inhalt des Newsletters sein.

Gleichzeitig bietet der E-Mail-Newsletter die Chance zur persönlichen Ansprache einzelner Bezugsgruppen: Beispielsweise lassen sich neben einem allgemeinen Informationsteil, der sich an alle Mitarbeiter richtet, auch Inhalte für ausgewählte Bezugsgruppen – wie Führungskräfte, Vertriebsmitarbeiter, Nachwuchs etc. – individuell entwickeln und dem Newsletter beifügen. Auf diese Chancen wir hier nicht weiter eingegangen, da sie bereits im Kapitel 5.4 ausführlich behandelt werden.

Das Mitarbeiterhandbuch

Heute nur noch selten in Print-Version vorhanden, sondern meist ins Intranet gewandert: Das Mitarbeiterhandbuch. Die Idee dahinter: Jeder Mitarbeiter hat alle Informationen rund um das Unternehmen auf einen Blick. Er findet Basisinformationen und wichtige Daten und Fakten über das Unternehmen, die Kernbereiche und die zentralen Produkte, bekommt einen Überblick über die Firmenstruktur, kann Arbeits- und Sozialordnung sowie weitere betriebliche Dokumente nachlesen, findet alle relevanten Telefonnummern und Kontaktadressen. Ursprünglich als regelmäßig aktualisierte Loseblattsammlung angelegt, steht das Handbuch heute in aktualisierter Form meist im Intranet für jeden Mitarbeiter als Download bereit.

Das Mitarbeitermagazin

Ein traditionelles und weiterhin zentrales Flaggschiff der internen Kommunikation ist die Mitarbeiterzeitung bzw. – als umfangreicher, anspruchsvoller und bilderkräftiger Produkt-Mix aus Information und Unterhaltung – das Mitarbeitermagazin. Das Jahrbuch Interne Kommunikation geht aktuell von rund 2.000 Titeln in Deutschland aus.

Zeitung oder Magazin informieren regelmäßig und ausführlich über aktuelle Entwicklungen im Unternehmen, verdeutlichen neue Strategien, liefern Hintergründe zu komplexen Themen, stellen Produktentwicklungen, Standorte und Führungspersonal vor, geben Mitarbeitern selbst Raum für Beiträge, liefern gut recherchierte Hintergrundberichte mit hohem Unterhaltungswert. Als Basismedium haben sie die Aufgabe, mit einem klaren, durchgängigen Konzept Mitarbeiter – aber natürlich auch Angehörige und ehemalige Mitarbeiter, zu informieren, zu motivieren, zu unterhalten und damit ans Unternehmen zu binden. Sie müssen ein Forum darstellen, das alle unterschiedlichen Personalbereiche zu Wort kommen lässt: Geschäftsführung, Bereichsleiter, Abteilungsleiter, »normale« Mitarbeiter dürfen – offen oder anonym – ihre Meinung äußern, ihre Situation schildern, damit sich jeder Leser selbst seine eigene Meinung bilden kann. Natürlich sollte die Zeitung auch die Erfolge des Unternehmens ausführlich vorstellen. Wer sie jedoch als reines Sprachrohr des Vorstands sieht und ausschließlich »Hurra-Meldungen« aus einer heilen Welt bringt, wird bei den Mitarbeitern auf keinerlei Akzeptanz, sondern auf Unglaubwürdigkeit stoßen. Die Folge: Das Medium verliert an Leserbindung.

AUSFLUG 31

Chancen durch E-Journals

In Unternehmen setzen sich immer stärker elektronische Mitarbeitermagazine durch, die so genannten »E-Journals«, die die Chancen eines klassischen Printmediums mit den multimedialen und digitalen Möglichkeiten der Online-Kommunikation ergänzen. Mit dieser Kombination lassen sich Mitarbeiter, so Manfred Hasenbeck und Markus Elsen von BurdaYukom, gleich auf drei Ebenen ansprechen:

- »Emotionale Inszenierung durch Animation von Grafiken und Einbindung von Video- und Audio-Files.
- Redaktionelle Vertiefung durch Hintergrundberichte, Whitepapers und prägnante Checklisten.
- Dialog über Live-Votings, Feedback-Formulare und Verlinkung auf die Webinhalte des Unternehmens.«[277]

---

277 Siehe Hasenbeck, Manfred; Elsen, Markus: Neue Medien in der internen Kommunikation, in: Dörfel, Lars, 2007, S. 187.

Mitarbeitermagazine haben aber auch deutliche Nachteile, die bei der Konzeption, Umsetzung und beim Einsatz berücksichtigt werden müssen: Abgesehen vom hohen Aufwand an Kosten und Personal bei Herstellung und Produktion liefern sie allen Mitarbeitern dieselben Inhalte trotz unterschiedlicher Interessen. Individuell zugeschnittene Informationen sind über dieses Medium kaum zu leisten. Auch können Leser niemals direkt auf Beiträge reagieren – zumindest nicht über diesen Kanal. Sie müssen dazu E-Mails schreiben, das Unternehmens-Blog nutzen oder den telefonischen Kontakt suchen, um Fehler richtig zu stellen oder offene Fragen zu klären, um zu kritisieren oder zu loben. Auch lässt sich die Resonanz nur indirekt über andere Wege kontrollieren: Wie beliebt ist die Zeitung wirklich? Wandert sie nicht direkt in den Mülleimer? Welche Beiträge werden besonders gelesen? Über welche Themen wollen die Mitarbeiter mehr erfahren? Während dies beispielsweise bei einem E-Mail-Newsletter über Öffnungs- und Klickraten genau bestimmt werden kann[278], lässt sich dies bei einem klassischen Printmedium nur über Umfragen u. Ä. herausfinden. Darauf wird in Kapitel 6.3 noch eingegangen.

Ein weiterer Nachteil: Eine Mitarbeiterzeitung kann nur begrenzt aktuell sein. Gerade bei einer monatlichen, 2-monatlichen oder gar quartalsweisen Erscheinungsweise – und unter Berücksichtigung von Planungs-, Redaktions- und Produktionsfristen – sind Beiträge und Interviews im Moment des Erscheinens nicht selten schon nicht mehr aktuell. Daher kann es durchaus Sinn machen, eine Mitarbeiterzeitung mit einem E-Mail-Newsletter, einer Infomail oder einem ausgebauten Intranet zu kombinieren, um schnell und aktuell über ergänzende Medien reagieren zu können bzw. Inhalte der Zeitung mit weiterem Content und aktuellen Details anzureichern.

Gleichzeitig sollte die Mitarbeiterzeitung nicht komplett durch das Intranet oder ein Corporate Blog ersetzt werden. Beides sind sich hervorragend ergänzende Medien der Kommunikation: Das Printmedium informiert ausführlich per Push aktiv über neue Entwicklungen; über das Intranet als Pull-Medium können sich die Mitarbeiter auf eigenen Wunsch weitere, vertiefende oder aktualisierte Informationen ziehen, im Blog sich mit anderen Mitarbeitern oder Interessenten über Themen, Anlässe und Fragen austauschen.

TIPP 34

So planen Sie eine Mitarbeiterzeitung
- *Erscheinungsweise: Legen Sie eine regelmäßige Erscheinungsweise und einen festen Erscheinungstermin fest – auch unter Berücksichtigung der Zeiten für Planung, Redaktion und Produktion der Ausgabe. Die Zeitung sollte zumindest vierteljährlich erscheinen. Ansonsten werden es die Mitarbeiter vergessen haben, dass das Unternehmen überhaupt über ein solches Instrument verfügt. Sie sollten sich an diese Erscheinungsweise auch halten. Ein Medium macht keinen guten Eindruck, wenn es nach wenigen Ausgaben nicht mehr pünktlich oder trotz monatlich angekündigtem Turnus nur noch unregelmäßig erscheint.*
- *Umfang: Bestimmen Sie den Umfang des Magazins. Dieser kann – abhängig von Budget, Zeitrahmen, Personal und Unternehmensgröße – von kompakten acht Seiten bis zu einem 64-seitigen ausgewachsenem Magazin reichen. Bedenken Sie stets den zeitlichen und personellen Aufwand, der mit jeder Ausgabe verbunden ist, um diese mit spannenden, berichtenswerten Themen zu füllen. Das bedeutet: Eine monatliche Erscheinungsweise macht nur dann Sinn, wenn es auch wirklich jeden*

---

278 Vgl. Kapitel über E-Mail-Newsletter 5.4.

> *Monat etwas zu berichten gibt und das redaktionelle Personal dazu zur Verfügung steht.*
>
> ▪ *Integration: Beziehen Sie die Unternehmensmitarbeiter möglichst früh in das Projekt mit ein. Fragen Sie direkt nach deren Vorstellungen, Wünsche, Erwartungen. Motivieren Sie diese regelmäßig dazu, selbst einen Beitrag zu erstellen, den ein Redakteur dann – in Absprache mit dem Mitarbeiter – noch überarbeiten könnte.*
>
> ▪ *Themenwahl: Wählen Sie Themen rund um den Arbeitsplatz. Berichten Sie über wichtige Ereignisse, erläutern Sie Unternehmensentwicklungen, fördern Sie durch Details das Verständnis für Entscheidungen, stellen Sie neue Mitarbeiter (und nicht nur den Führungsstab) vor, berichten Sie über Messeauftritte, Verbandstreffen und lesenswerte Studien, kündigen Sie Incentives an, laden Sie Mitarbeiter und ihre Familien zu Tagen der offenen Tür ein oder weisen Sie auf Aus- und Fortbildungsangebote hin. Und vermeiden Sie, dass die Zeitung zu einer reinen Selbstdarstellung des Unternehmens verkommt.*
>
> ▪ *Impressum: Fügen Sie der Zeitung ein Impressum bei. Dazu sind Sie laut Presserecht verpflichtet. Dieses nennt das Unternehmen, den Herausgeber (Geschäftsführer oder auch Leiter der Unternehmenskommunikation) als V.i.S. d.P. (Verantwortlich im Sinne des Presserechts), die Namen der Redaktionsmitglieder, die Adresse mit allen Daten zur direkten, persönlichen Kontaktaufnahme, Hinweise zum Umgang mit externen Beiträgen und Fotos.*

6.3.2 Instrumente der AV-Kommunikation

Einen wichtigen Bestandteil professioneller interner Kommunikation bieten die elektronischen Medien. Ihre Bedeutung und Verbreitung hat in den vergangenen Jahren stark zugenommen. Heute setzen viele Unternehmen Instrumente wie Corporate TV oder Video-Conferencing ein, um die Kommunikation innerhalb des Unternehmens zu stärken, zu erleichtern und zu beschleunigen.

Das Corporate TV

Bei großen Technologie- oder Medien-Unternehmen gehört es bereits fest hinzu: Das Corporate TV. Mit diesem hauseigenen Fernsehen erreichen sie einen Großteil ihrer Belegschaft, um dieser täglich oder stündlich wichtige Neuerungen, veränderte Strategien, technische Informationen zu übermitteln. Dabei lassen sich zentrale Botschaften unverfälscht und ohne ein weiteres dazwischen geschaltetes AV-Medium zum einzelnen Mitarbeiter transportieren. Über große Bildschirme in zentralen Aufenthaltsorten wie Besprechungsraum, Kantine oder Empfang vereinfacht Corporate TV damit die Mitarbeiterinformation und -bindung. Zudem eignet es sich hervorragend für Weiterbildung und technische Schulungen. Beispielsweise lassen sich Vertriebsmitarbeiter im Umgang mit neuen Produkten schulen, IT-Mitarbeitern Erläuterungen zu Technologieeinführungen oder Problemlösungen liefern oder Auszubildenden Antworten auf häufig gestellte Fragen übermitteln.

Eine zentrale, unterstützende Rolle spielt das Unternehmensfernsehen gerade in Krisenfällen: Schnell und umfassend lassen sich Mitarbeiter über den aktuellen Stand, die erforderlichen Maßnahmen und bereits eingeschlagenen Schritte informieren, um Vertrauen in das eigene Handeln zu übermitteln und Argumentationslinien an die Hand zu geben.

Gleichzeitig darf nicht außer Acht gelassen werden, dass Corporate TV – derzeit noch – mit hohen infrastrukturellen Kosten und beträchtlichem Aufwand verbunden ist. Dies betrifft sowohl die Ausstattung der Räumlichkeiten mit Fernsehern als auch die Produktion der einzelnen Sendungen. Hier ist in den letzten zwei Jahren die Tendenz zu beobachten, dass Unternehmen verstärkt Video-Podcasts als Corporate TV einsetzen, die dann über die Computer der Mitarbeiter abrufbar und zudem unabhängig von Zeit und Ort nutzbar sind.

Die Telefon- und Video-Konferenz

Fester Bestandteil von großen Unternehmen sind Video- und Telefonkonferenzen. Gerade bei Firmen mit unterschiedlichen Standorten – ob national oder international – lassen sich auf diese Weise Themen und Konzepte unabhängig von Zeit und Ort gemeinsam besprechen, Präsentationen bearbeiten, Veränderungen vornehmen, Strategien festlegen. Bei Telefon-Konferenzen wählen sich alle Beteiligten zu einem festgelegten Zeitraum über eine zentrale Telefon- und Pin-Nummer in einen virtuellen Konferenzraum ein, um in einem geschlossenen Kreis die Themen zu diskutieren. Bei Video-Konferenzen wird die sprachliche Kommunikation durch visuelle Präsentationen, Konzepte und Videos ergänzt, an denen dann live gearbeitet werden kann.

Die Hauptargumente für Telefon- und Video-Konferenzen liegen heutzutage klar auf der finanziellen und zeitlichen Ebene: Ist die Video-Technologie einmal installiert, kann jeder eingeladene Mitarbeiter von seinem Arbeitsplatz aus an der Konferenz teilnehmen und mitwirken. Der Aufwand an Zeit und Kosten für Anreise, Unterkunft, Besprechungsraum entfallen komplett. Zudem sind der Teilnehmerzahl keine Grenzen gesetzt, sodass sich Telefon- und Videokonferenzen individuell den jeweiligen Anlässen anpassen lassen.

Auch auf der Software-Ebene hat sich in den letzten Jahren viel getan: Auf dem Markt sind immer leistungsstärkere professionelle Web-Konferenz-Systeme verfügbar. Diese erleichtern es, Teammitglieder und Geschäftspartner enger in Projekte einzubinden und damit die Produktivität selbst in räumlich verteilten Teams zu verbessern. Zu diesen Anbietern von professionellen Videokonferenz-Lösungen zählen Citrix mit GoToMeeting, WebEx von Cisco Systems oder Adobe Connect.[279] Neben diesen professionellen Webkonferenz-Tools haben sich Angebote von Skype oder die Hangouts von Google+ als kostenlose wie leistungsstarke Alternative erwiesen, die gerade kleinere und mittelständische Unternehmen mit geringeren Budgets für ihre Ad-Hoc-Meetings nutzen. Auch mit Hilfe dieser Tools lassen sich Videokonferenzen – ob stationär am Rechner oder von unterwegs auf dem Mobiltelefon – schnell und spontan organisieren und problemlos umsetzen.

6.3.3 Instrumente der Online-Kommunikation

Was vor Jahren ausschließlich in großen bzw. in Technologie-Unternehmen zu bewundern war, ist heute in fast allen kleineren und mittelständischen Unternehmen bereits Standard: Der Einsatz digitaler Medientechnologien in der internen Kommunikation. [280]

---

279 Ausführlicher Vergleich von Webkonferenz-Software: http://webconferencing-test.com/de/webkonferenz-home

280 Speziell zur Einführung von Social Media in die interne Kommunikation empfehlen wir auch Dörfel/Schulz (2012).

Das Intranet[281]

Als eines der wesentlichen Leitmedien einer intelligenten Kommunikation haben sich Intranets erwiesen. Diese firmeneigenen Computernetzwerke sind quasi die Voraussetzung für die kommunikative Integration aller Mitarbeiter gerade in komplexen Organisationen. Intranets ähneln dem Internet mit dem Unterschied, dass der Zugang auf geschlossene Benutzergruppen, auf die internen Öffentlichkeiten des Unternehmens, beschränkt ist.

Diese Kommunikationsplattform erleichtert den Unternehmens-Workflow, indem es Mitarbeitern vorhandenes Wissen online zugänglich macht. Diese können unabhängig von Ort und Zeit auf aktualisierte Informationen in Text-, Bild- oder in Tonform zugreifen und diese für ihre Arbeit sofort nutzen. Sie finden jederzeit aktuelle Produktinformationen, Preislisten, Statusberichte, Datenbanken oder Projektberichte. Auch Dokumente, Bilder, Formulare, Adressen, Begriffsglossare stehen online bereit, Dateien lassen sich schnell austauschen, Termine sofort abstimmen, Schulungen und Weiterbildungsangebote buchen, Prozesse unkompliziert regeln, die Mitarbeiterzeitung lesen. Versammlungen, Pressekonferenzen oder Vorträge lassen sich im Intranet live übertragen – und auch später noch abrufen.

Gleichzeitig sollte darauf geachtet werden, dass nicht nur Informationen hinterlegt, sondern auch Feedback-Möglichkeiten eröffnet werden. So können thematische Foren zu Diskussionen anregen oder kann ein Veranstaltungskalender auf Kunden-Events und Medientermine hinweisen. Damit werden aus reinen Informationsempfängern wirkliche innerbetriebliche Kommunikatoren. Hinzu kommt: Der Zugang kann für alle Mitarbeiter möglich sein, Angebote aber auch auf geschlossene Nutzerkreise begrenzt bleiben – wie zum Beispiel die Mitglieder eines Projektes. Per Zugriffsmanagement lassen sich so die Online-Angebote innerhalb des Intranets genau auf den Bedarf der jeweiligen Nutzerkreise zuschneiden.

AUSFLUG 33

Die Rolle von Extranets

Während Internet-Auftritte für alle User und Intranets für die Mitarbeiter des Unternehmens zugänglich sind, gibt es auch Mischformen: Beim Extranet wird das Intranet auf Externe erweitert, um diesen einen – meist begrenzten – Zugriff auf interne Informationsangebote zu ermöglichen. Beispielsweise lassen sich so externen Beratern oder Zuliefererfirmen Dokumente und Datenblätter zum jederzeitigen Abruf bereitstellen, die diese für ihre Arbeit benötigen.

Gleichzeitig ist zu berücksichtigen, dass das Intranet kein reines Informationsmedium ist, sondern ebenfalls für die Kommunikation der Mitarbeiter untereinander eine besondere Funktion hat: So lässt sich eine Kommunikation quer über die Verantwortungsebenen hinweg – zwischen Mitarbeitern untereinander, zwischen Projektteams, zwischen einzelnen Abteilungen, zwischen Mitarbeitern und Vorgesetzten – direkt über dieses Medium realisieren. Dazu beinhalten Intranets vielfach interaktive Elemente wie Foren, Chatrooms, Corporate Blogs, die einen aktiven und zeitgleichen Austausch der Beteiligten fördern. Selbst Corporate TV wird in den kommenden Jahren immer stärker zu einem Bestandteil des Intranets, mit seinen Potenzialen den Prozess der Informations- und Wissenskommunikation zu verstärken und so das gemeinsame digitale Kernmedium im Dialog zwischen Unternehmen und Mitarbeitern zu bilden.

---

281 Siehe dazu auch den darauf folgenden Fachbeitrag von Gröscho/Mossal zum Social Intranet

Für die interne Kommunikation bietet damit das Intranet die folgenden Vorteile:

- Aktuelle Information: Alle Informationen lassen sich schnell und unabhängig von Ort und Zeit aktualisieren, damit jeder Mitarbeiter stets auf die neueste Version zugreift;
- Schnelle Information: Sollen Mitarbeiter über den Intranet-Kanal über eine Entwicklung informiert werden oder diesen dringend Materialien bereitgestellt werden, so ist dies sofort möglich;
- Individualisierte Information: Die Zugriffe im Intranet lassen sich einzeln regeln. So kann festgelegt werden, dass nur ein bestimmter Kreis an Mitarbeitern auf Informationen zugreift;
- Interner Dialog: Intranet erleichtert den Dialog zwischen Unternehmen und Mitarbeitern. Fragen und Anregungen lassen sich individuell – und über Hierarchieebenen hinweg – regeln.

Jedoch lässt sich die Funktion und die Nutzung des Intranets nicht mit einer Mitarbeiterzeitung oder einem Mailing vergleichen: Findet der Mitarbeiter schriftliche Medien automatisch in seinem virtuellen oder realen Postfach, muss er im Intranet selbst aktiv werden, um die Informationen zu erhalten, die ihm sein Unternehmen zentral zur Verfügung stellt. Der Mitarbeiter ist also selbst gefordert, aktiv zu werden, wodurch die Bringschuld des Unternehmens immer stärker zur Holschuld des Mitarbeiters wird. Hinzu kommt: Gerade in Unternehmen des produzierenden Gewerbes gibt es viele Mitarbeiter, die keinen direkten PC-Zugang haben. Wenn in solchen Fälle nicht eine Zweiklassengesellschaft entstehen soll, müssen extra Info-Terminals aufgestellt werden, auf denen sich Informationen abrufen lassen. Oder das Intranet muss mit weiteren kommunikativen Instrumenten ergänzt werden.

Zusammengefasst: Intranets bieten in der internen Kommunikation viefältige Möglichkeiten, um den Austausch innerhalb des Unternehmens zu fördern:

- Information: Bereitstellung von Dokumenten, Präsentationen, Vertriebsmaterialien, Marktinformationen, Adressen u.v.a.m. für Mitarbeiter und Unternehmenspartner;
- Wissensplattform: (Weiter-) Entwicklung einer unternehmensinternen, kontinuierlich wachsenden Knowledge-Base mit Studien, Publikationen, Expertisen etc. für alle Mitarbeiter;
- Projektarbeit: Förderung von internen Prozessen wie der Projektarbeit zwischen verschiedenen Teams oder Abteilungen;
- Weiterbildung: Bereitstellung von Materialien, Angeboten, Tipps und Tools für die interne Aus- und Fortbildung;
- Kommunikation: Ermöglichung eines direkten Kontaktes zwischen Unternehmen und Mitarbeitern bzw. zwischen Mitarbeitern untereinander durch integrierte Elemente wie Chats, Foren, Blogs.

TIPP 35

RSS-Feeds in der Mitarbeiterkommunikation
Auch in der Mitarbeiterkommunikation lassen sich RSS-Feeds wirkungsvoll einsetzen. So lassen sich im Intranet Informationen aufgeteilt nach Themenfeldern regelmäßig bereitstellen, die jeder Mitarbeiter je nach Interessensgebiet abonnieren und automatisch über seinen RSS-Reader beziehen kann. Damit muss niemand extra im Intranet nach News forschen, sondern erhält diese nach Einstellung direkt in sein RSS-Postfach.

Das Corporate Blog

In den vergangenen fünf Jahren haben sich auch in Deutschland Corporate Blogs als Instrumente einer internen, dialogorientierten Kommunikation verbreitet. Für den Bereich der internen Kommunikation sind zwei generelle Formen zu unterscheiden: CEO-Blogs werden von einem Geschäftsführer geführt, der über dieses Medium Themen setzt, seine Ansichten und Entscheidungen erläutert und sich der Diskussion mit Mitarbeitern stellt. In Mitarbeiter-Blogs tauschen sich diese untereinander – oft auch mit Externen wie Kunden und Interessenten – über Konzepte und Entwicklungen aus. Dieses Diskussionsforum lässt sich zum Knowledge-Blog, dem internen Wissenspool ausbauen, in dem Wissen gesammelt wird. Mit einem Corporate Blog wird auch auf den Nachteil zum Beispiel bei Corporate TV und anderen Kanälen reagiert, die ein reines One-Way-Medium ohne jegliche Interaktionsmöglichkeit sind.[282]

Der Podcast

Auch Podcasts[283] eignen sich als Instrument der internen Kommunikation, um mittels abonnierbarer Audio- und/oder Videodateien einen Einblick in das Unternehmen zu geben. Zudem bieten Podcasts den zusätzlichen Vorteil, dass Unternehmen gerade Außendienstmitarbeiter – die von der täglichen Kommunikation ausgeschlossen sind – regelmäßig mit Informationen auf dem Laufenden halten können. Dazu stellt es im Intranet regelmäßig aktualisierte Audio- und Video-Dateien zur Verfügung, die die externen Mitarbeiter unabhängig von Zeit und Ort abrufen und auf ihrem Laptop, ihrem Smartphone oder einem MP3-Player abspielen können.

Das Wiki

Wissen zu sammeln und allen Mitgliedern eines Unternehmens oder einer Organisation zugänglich zu machen – dies schaffen Unternehmens-Wikis. Dabei bieten Wikis den Vorteil, dass sich Informationen nicht nur abrufen lassen: Jeder Mitarbeiter kann jederzeit selbst Einträge überarbeiten, ergänzen oder hinzufügen und damit einen Beitrag zum Aufbau einer internen Corporate-Knowledge-Basis leisten.

6.3.4 Instrumente der persönlichen Kommunikation

Wer sich rein auf schriftliche, AV- und Online-Kommunikationskanäle verlässt, wird auf Dauer den Kontakt zur Basis des Unternehmens verlieren. Gerade in der heutigen hoch technologisierten Welt kommt der persönlichen Kommunikation eine besondere Bedeutung zu. Wichtige Veränderungen müssen den Mitarbeitern persönlich und individuell erklärt werden, um in einem gegenseitigen Austausch Verständnis und Akzeptanz zu erreichen. Auf diese Weise lassen sich Argumente der Mitarbeiter aufnehmen, Ängste besser verstehen, Missverständnisse persönlich klären, wichtige Unternehmensentwicklungen erläutern. Mitarbeiter können fragen, Vorgesetzte antworten. Insbesondere bei größeren Veränderungen wie Umstrukturierungen und Neuausrichtungen, die gravierende Auswirkungen auf die Belegschaft haben, führt kein Weg daran vorbei, verstärkt auf eine persönliche Kommunikation zu setzen.

---

282 Die Rolle von Corporate Blogs wird in Kapitel 5.5.2.1 eingehend behandelt.
283 In Kapitel 5.5.2.3 wird stärker auf Podcasts eingegangen.

Das Mitarbeitergespräch

Ein klassisches Instrument der persönlichen Kommunikation ist das Mitarbeitergespräch. In einem Dialog zwischen Mitarbeiter und Vorgesetztem wird die aktuelle Situation gemeinsam analysiert, mögliche Verbesserungsansätze diskutiert, die Erwartungen an den anderen Vertragspartner formuliert. Meist finden diese Personalgespräche einmal im Jahr statt. Darin wird rückblickend die Leistung für das abgelaufene Jahr beurteilt und die Ziele und Erwartungen an den Mitarbeiter für das kommende Jahr vorgegeben. Gleichzeitig ist dieses Orientierungsgespräch immer die geeignete Basis, um grundlegend über Fortbildungsoptionen, strukturelle Aufstiegsmöglichkeiten und finanzielle Verbesserungen zu diskutieren.

Die Mitarbeiterversammlung

Gerade bei größeren Entscheidungen bietet sich eine Mitarbeiterversammlung an, um alle Beteiligten gleichzeitig mit den wichtigen Neuerungen zu versorgen. Dabei kommt es vor allem darauf an, dass der Sprecher den »richtigen Ton« trifft und »echt« wirkt. Insbesondere bei schwierigen Entscheidungen, die beispielsweise die Reduzierung von Arbeitsplätzen oder sogar die Schließung von Werken oder Standorten bedeuten, muss er ein Verständnis für die Situation der Mitarbeiter zeigen und gleichzeitig bei diesen Veränderungsprozessen auch Kraft und positive Energien zur Veränderung vermitteln, damit jeder aus der Veranstaltung auch Hoffnungen nach Hause trägt. Als großen Kommunikator bezeichnete beispielsweise das Nachrichtenmagazin Der Spiegel den Daimler AG-Chef Dieter Zetsche, dem es bei seinen Auftritten meist gelang, selbst bei der Verkündigung von negativen Nachrichten seine Belegschaft von den Entscheidungen zu überzeugen.

Der Mitarbeiter-Event[284]

Die Mitarbeiterversammlung ist ein Beispiel für die zahlreichen Veranstaltungsformate, die Bestandteil einer professionellen Mitarbeiterkommunikation sind. Gemeinsam ist allen, dass sie eine festgelegte und zur Veranstaltung eingeladene Gruppe an einem Ort mit derselben Botschaft erreicht – und zwar nicht über die eher anonyme Form der schriftlichen Mitarbeiterinformation, sondern bei einer persönlichen Begegnung. Dies bietet den Vorteil, dass Themen sich deutlich umfassender, emotionaler, authentischer kommunizieren, Sachverhalte sich in einer Kombination aus Wort, Bild und Ton klären lassen und man direkt auf Einwände der Mitarbeiter bei schwierigen Fragen eingehen kann. Dies zeigt, dass Mitarbeiter-Events vor allem zwei Aufgaben beinhalten: Information und Motivation. Die folgende Tabelle zeigt die Auswahl möglicher Maßnahmen:

Beispiele für Informationsmaßnahmen:

Maßnahme	Zielgruppe	Thema
Betriebsversammlungen	alle Mitarbeiter	Umfassende Information aller Mitarbeiter durch Geschäftsleitung und Betriebsrat über Unternehmensentwicklungen; geregelt durch Betriebsverfassungsgesetz

---

284 Die Rolle von Events als Kommunikationsinstrument wird in Kapitel 7.1 behandelt.

Management-Konferenzen	Managergruppen	Persönliches Business-Treffen auf hoher Leitungsebene
Präsentationen	zumeist Gruppen von Mitarbeitern	Vorstellung – meist mit Diskussion – von neuen Produkten, von Zahlen oder von relevanten Entwicklungen

Beispiele für Motivationsmaßnahmen:

Maßnahme	Zielgruppe	Thema
Seminare und Workshops	ausgewählte Mitarbeiter	Schulung von Bezugsgruppen auf den für ihre Weiterentwicklung relevanten Themenfeldern
Firmenfeste und Tage der offenen Tür	alle Mitarbeiter (mit Familie)	Gemeinsame Feier eines Firmenfestes mit allen Mitarbeitern, ihren Familien, teils auch mit Externen und Medien
Get-Together	alle Mitarbeiter oder bestimmte Gruppen	Oft spontanes Treffen z.B. von Mitarbeitern einer Abteilung; Anlässe können Geburtstag, positive Geschäfte oder der erfolgreiche Wochenabschluss sein
Firmenausflüge	alle Mitarbeiter oder bestimmte Gruppen	Gemeinsamer Ausflug aller Mitarbeiter oder einer bestimmten Gruppe; Besuch von Sehenswürdigkeiten und Kulturevents, Erlebnisse wie Bungeejumping, Kart-Fahren, Action-Parcours

Sonderfall: Das Incentive

Incentives sind einer der weit verbreiteten Kommunikationsansätze, um Mitarbeiter zu höherer Leistung und zur Erreichung anspruchsvoller Ziele innerhalb eines festgelegten Zeitraumes zu motivieren. Dabei steht weniger die Information als vielmehr die Kommunikation einer Belohnung im Mittelpunkt. So sind Incentives nicht als ein weiterer Mitarbeiter-Event zu verstehen. Vielmehr sollen mit ihrer Hilfe Mitarbeiter konkret zu höheren Leistungen motiviert und eine klar zielorientierte Leistungsbereitschaft gefördert werden. Dies können finanzielle Prämien, Gehaltszuschüsse, Provisionen wie Sachprämieren sein. Dabei steht der Begriff Incentive zugleich für den Anreiz wie für die Belohnung, wenn die gestellten Ziele erfüllt sind.

Grundsätzlich existieren Incentives in allen Bereichen, in denen Mitarbeiter Aufgaben erfüllen und Tätigkeiten ausüben, die sich miteinander vergleichen lassen. Besonders haben sich Incentives bei Vertriebsmitarbeitern als wirksames Mittel durchgesetzt, um die Leistungsbereitschaft zu fördern. Beispielsweise werden in der Versicherungs- und Immobilienbranche Wettbewerbe unter Mitarbeitern ausgeschrieben, wobei bei Erreichung einer Abschluss-Summe einem Mitarbeiter oder einem Vertriebs-Team eine Reise oder ähnliche Belohnungen winken.

Abb. 34: Echtes Abenteuer-Feeling für Mitarbeiter im ADAC Fahrsicherheitszentrum Berlin-Brandenburg; www.fahrsicherheit.de/linthe.

Wer eine Incentive-Maßnahme plant, muss sich im ersten Schritt mit der Auswahl der Ziele und der Bemessungskriterien intensiv auseinandersetzen, damit sich die Mitarbeiter überhaupt um diese Belohnung bemühen. Konkret bedeutet dies: In welchem Fall, bei welchen Leistungen und innerhalb welches Zeitraumes können die besten Mitarbeiter einer fest definierten Gruppe mit einer Belohnung rechnen. Um Programme erfolgreich als Motivationsinstrument einsetzen zu können, sind im Detail folgende Kriterien zu bedenken:

- Die Zielgruppe ist vergleichbar – Incentives haben nur dann einen Sinn, wenn sich die Leistungen der beteiligten Mitarbeiter und damit auch ihre Ausgangsposition vergleichen lassen. Ist eine Chancengleichheit nicht gegeben, wird der Wettbewerb auf viele demotivierend wirken, da die Mitarbeiter von Anfang an keine Chance sehen, die anderen zu erreichen bzw. zu überflügeln. In diesem Fall ist es meist sinnvoller, mehrere eindeutig abgegrenzte Gruppen (Vertriebsmitarbeiter, Führungskräfte, Nachwuchs etc.) zu bilden und diesen unterschiedliche Ziele vorzugeben.

- Der Zeitraum ist überschaubar: Jede Incentive-Maßnahme benötigt einen fest definierten Start- und Zielpunkt. Das heißt: Der Zeitraum muss klar definiert werden, innerhalb dessen die Leistung erbracht werden soll und wann das Incentive-Programm abgeschlossen ist. Dieser Zeitraum muss überschaubar sein, um den Mitarbeitern als klares zeitliches Ziel zu dienen. Ist er dagegen zu groß und das Ziel in zu großer Ferne, wird die Teilnahme gering ausfallen. Viele Mitarbeiter werden – wenn überhaupt – erst zu Ende des Zeitraums sich für die Ziele des Incentives interessieren – und höhere Ziele damit nicht mehr rechtzeitig erreichen. Ist der Zeitraum dagegen zu kurz, wird er als nicht vergleichbar angesehen, da positive Leistungen auch das Ergebnis eines Zufalls und nicht einer kontinuierlich guten Leistung sein können.

- Die Bemessungskriterien sind eindeutig: Jeder Teilnehmer muss exakt wissen, auf was er sich einlässt und was von ihm verlangt wird. Nur eindeutige Kriterien, die für ihn verständlich sind, die den Zielinhalt klar definieren, sorgen für eine Akzeptanz des Incentives. Dabei kann es sich sowohl um quantitative Kriterien (in Mengen-, Zeit- oder Geldeinheiten) handeln – dazu zählen Anzahl an Abschlüssen, Höhe der Abschlüsse, erzielte Umsätze, Zahl der verkauften Produkte, Zahl der gewonnenen Neukunden, Umsatzsteigerung gegenüber Vorquartal oder Vorjahr – als auch um qualitative Kriterien wie Qualität der neu gewonnenen Kunden bzw. Bindung bestehender Kunden. Diese Bemessungskriterien sind schon im Vorfeld zu definieren und transparent an alle Teilnehmer zu kommunizieren. Damit sind für jeden die Ziele klar nachvollziehbar und sind jegliche Mutmaßungen von Manipulationsvorwürfen von Anfang an ausgeschlossen.
- Die Ziele sind realistisch: Jede Zieldefinition legt die zu erreichende Leistung konkret fest. Ein Incentive-Programm wird unter Mitarbeitern nur dann auf Akzeptanz und Interesse stoßen, wenn die Ziele zwar schwer aber realistisch zu erreichen sind. Wenn sie das Ziel als aussichtslos ansehen, wird dies demotivierend wirken. Das Gleiche gilt auch für den Fall, dass die Leistung als zu leicht – und ohne besondere Anstrengung – beurteilt wird. Hier sehen viele das Problem, dass zu viele Konkurrenten dieses Ziel erreichen könnten und ein wirklicher Wettbewerb nicht stattfindet.
- Die Belohnung ist reizvoll: Die in Aussicht gestellte Belohnung stellt einen wichtigen Motivationsfaktor bei jeder Incentive-Maßnahme dar. Wird diese als nicht reizvoll und wertvoll eingeschätzt, so verliert die Maßnahme sofort an Motivationskraft. Die Mitarbeiter verlieren das Ziel, bei diesem Incentive positiv abzuschneiden, wieder aus dem Auge und engagieren sich nicht. Die Beteiligung an der Maßnahme ist dementsprechend gering.
- Das Besondere bleibt: Incentive-Maßnahmen müssen auch auf die Dauer eine Spannung und einen Reiz bei den Teilnehmern aufrechterhalten. Wenn Unternehmen dagegen zu häufig ähnliche Incentives für dieselbe Mitarbeitergruppe durchführen, wird sich bald ein Abnutzungseffekt zeigen. Viele Mitarbeiter nehmen nicht mehr aktiv an der Maßnahme teil, da eine wiederholt durchgeführte Maßnahme das Besondere, das Reizvolle, das Motivierende für sie verloren hat.

6.4 Die wirkungsvolle Erfolgskontrolle

Bei der internen Kommunikation sind in regelmäßigen Abständen die durchgeführten Maßnahmen zu überprüfen: Wie werden die unterschiedlichen Instrumente genutzt? Wie intensiv wird die Mitarbeiterzeitung gelesen? Schreiben und kommentieren Mitarbeiter im Blog? Wie gut sind die Mitarbeiter über bestimmte Sachverhalte informiert? Kennen sie alle Instrumente? Wie glaubwürdig erachten sie die Inhalte? Welche Verbesserungsvorschläge haben sie an die künftige interne Kommunikation? Um Antworten auf diese zentralen Fragen zu erhalten, sollten alle Beteiligten systematisch und regelmäßig nach ihrer Nutzung und ihren Erwartungen an die interne Kommunikation befragt werden. Die ausgewerteten Ergebnisse sollten dann in den Aufbau neuer oder die Optimierung bestehender Maßnahmen einfließen. Für die Analyse der Mitarbeiterkommunikation stehen mehrere Instrumente zur Verfügung:

- Resonanz in Mitarbeitermedien: Eine Untersuchung der Reaktion von Mitarbeitern auf Informationsschreiben und Mailings sowie eine Leserresonanzanalyse bei Mitarbeiterzeitungen bringen oft interessante Ergebnisse, die in eine optimierte Ausrichtung der internen Kommunikation einfließen sollten.

- Analyse von Online-Medien: Eine detaillierte Analyse der Nutzung des Intranets, der Öffnungs- und Klickraten im E-Mail-Newsletter sowie die Häufigkeit von Postings im Corporate Blog liefern wichtige Kennzahlen, die klar das vorhandene oder das nichtexistente Engagement der Mitarbeiter belegen.

- Gestützte und ungestützte Interviews: Diese Formen von Interviews liefern meist die genauesten Planungsgrundlagen, um die interne Kommunikation zu optimieren. Dazu lässt sich in persönlichen Gesprächen beispielsweise die Bekanntheit und Nutzung der einzelnen Instrumente und Maßnahmen abfragen oder die Mitarbeiter nach ihren persönlichen Vorschlägen und Ideen interviewen.

- Schriftliche Mitarbeiterbefragungen: Mit Mitarbeiterbefragungen – per Firmenpost, per E-Mail oder online – kann ein realistisches Bild über ihre Sicht des Unternehmens gewonnen werden. Auf Basis erster individueller Gespräche sollte dazu ein Fragebogen entwickelt werden, der als Grundlage für die Befragung dient. Wichtig: Um die Antwortrate zu erhöhen, sollte der Fragebogen auf jeden Fall anonym zu beantworten sein. Nur so besteht bei den Mitarbeitern das Vertrauen, dass kritische Anmerkungen nicht im Nachhinein gegen sie verwendet werden. Ein Fragebogen zur internen Kommunikation könnte wie folgt aussehen:

A Mediennutzung			
Wie intensiv nutzen Sie welche Medien? - Informationsschreiben - Mitarbeiterzeitung - Intranet - Blog/Podcast/Wiki - Schwarzes Brett - Informationsveranstaltungen - Corporate TV - Mitarbeitergespräche - Events - Sonstiges wie _____	Häufig	selten	Nie
Welche Medien sollten ausgebaut werden?			
Worauf könnten Sie gerne verzichten?			
B Inhaltsfluss			
Fühlen Sie sich über die für Sie wesentlichen Dinge im Unternehmen gut informiert?	o ja	o teils	o nein
Wie beurteilen Sie die von Ihnen erhaltene Informationsmenge?	o zu groß	o perfekt	o zu klein

Wie viel Prozent Ihrer Arbeitszeit verwenden Sie für die interne Kommunikation?	_____%		
Wollen Sie Informationen lieber erhalten (push) oder sich selbst online ziehen (pull)?	o push	O pull	o beides
Kennen Sie Ihren Ansprechpartner im Bereich interne Medien?	o ja	o kann sein	o nein
Konnte Ihnen dieser bei Fragen bzw. Unklarheiten weiterhelfen?	o ja	o teils	o nein
C Inhaltsqualität			
Wie beurteilen Sie die Qualität der erhaltenen Informationen?	o gut	O mittel	o schlecht
Sind die erhaltenen Informationen stets aktuell	o ja	O teils	o nein
Welche Themen interessieren Sie besonders?	_____		
Auf welche Themen könnten Sie verzichten?	_____		
Über was sollte häufiger berichtet werden?	_____		
Welche Themen fehlen Ihnen noch völlig?	_____		
D Engagement			
Würden Sie sich gerne selbst im Bereich interner Kommunikation engagieren?	o ja	o vielleicht	o nein
In welchem Bereich bzw. was würden Sie gerne tun?	_____		
Könnten Sie sich vorstellen, beispielsweise für Magazin, Newsletter oder Blog zu schreiben?	o ja	o vielleicht	o nein
Haben Sie sonst noch Anmerkungen, Anregungen, Kritikpunkte zu unserer internen Kommunikation?	_____		

6.5 Fazit: Vorhandene Chancen nutzen

Die interne Kommunikation ist heute ein unverzichtbarer Bestandteil im Instrumenten-Mix der Unternehmenskommunikation, um eine der Kernbezugsgruppen – die eigenen Mitarbeiter – auf dem Laufenden zu halten. Sie ist dabei sowohl Mittlerin von Informationen als auch Verbindungsglied zwischen Management, Führungskräften und Mitarbeitern, um Prozesse und Ziele gemeinsam zu gestalten. Ihr kommt die klar definierte Aufgabe zu, das Engagement, die Zufriedenheit, die Identifizierung mit dem Unternehmen und die tägliche Motivation unter den Mitarbeitern zu fördern, um so zur Erreichung der Unternehmensziele und zum Erfolg des Unternehmens beizutragen. Dazu geht eine interne Kommunikation weit über die reine Mitarbeiterinformation hinaus und umfasst auch Formen der direkten, dialogischen Kommunikation.

In einem Mix aus Holschuld der Mitarbeiter und Bringschuld des Unternehmens muss jeder Mitarbeiter unabhängig von Zeit und Ort jederzeit auf die für ihn relevanten Informationen zugreifen bzw. mit den für ihn wichtigen Personen kommunizieren können. Nur so wird er seine berufliche Aufgabe optimal erfüllen. Dazu steht ihm heute eine Fülle an schriftlichen, AV- und Online-Medien sowie persönlichen Instrumenten zur Verfügung, die er zielgerichtet einzusetzen wissen muss. Dazu wählt er selbst aus, was er erfahren will, welche Informationen er benötigt und welche nicht.

AUSFLUG 34

Von Holschulden und Bringschulden
In unserem digitalen Zeitalter gehört es zur Holschuld eines Mitarbeiters, sich die für ihn relevanten Informationen beispielsweise aus dem Intranet zu ziehen. Diese Holschuld kann das Unternehmen vom Mitarbeiter erwarten und sollte auch unmissverständlich eingefordert werden. Gleichzeitig muss es selbst seiner Bringschuld nachkommen, dem Arbeitnehmer die für ihn relevanten Informationen zuzusenden bzw. bereitzustellen. Zu dieser Bringschuld zählt aber auch, dass das Unternehmen selbst entscheiden muss, was seine Mitarbeiter wissen und erhalten müssen, sollen, können und was nicht.

Interne Kommunikation ist die Grundlage eines erfolgreichen Zusammenhalts im Unternehmen. Sie dient der Information von Mitarbeitern, der Verständigung untereinander, sie fördert die Identifikation mit dem Unternehmen, aktiviert vorhandenes Leistungsvermögen. Sie wird damit zu einem Erfolgsfaktor im heutigen Wettbewerb. Die interne Kommunikation kann jedoch nur dann erfolgreich sein, wenn sie dauerhaft erfolgt: Jeder Prozess, jede Entwicklung, jedes neue eingesetzte Instrument muss dazu aufmerksam begleitet, kontinuierlich analysiert, kritisch bewertet werden.

Dieser Bedarf an interner Kommunikation wird künftig weiter zunehmen. Gerade angesichts eines stetig wachsenden Umfangs an Daten, Informationen und Wissen kommt ihr eine immer zentralere Bedeutung zu. So sind Tätigkeiten und Geschäftsprozesse noch komplexer geworden, müssen Entscheidungen schneller getroffen und Informationen genauer fließen. Je fortschrittlicher ein Unternehmen, je komplexer die Prozesse sind, desto qualifizierter und selbstständiger müssen gerade die Mitarbeiter darauf reagieren können.

Checken Sie Ihre interne Kommunikation

1. *Welchen Wert hat die interne Kommunikation in Ihrem Unternehmen?*
2. *Verfügt die interne Kommunikation über spezielle personelle und finanzielle Ressourcen?*
3. *Ist die interne Kommunikation bei Ihnen Chefsache?*
4. *Gibt es in der Geschäftsleitung einen Verantwortlichen für diesen Bereich?*
5. *Wie unterstützen Sie Ihre Mitarbeiter bei der Informationssuche?*
6. *Über welche Kanäle kommunizieren Sie mit Ihren Mitarbeitern?*
7. *Wissen Sie, welche Instrumente bei den Mitarbeitern besonders beliebt sind?*
8. *Sprechen Sie auch unangenehme und schwierige Themen offen an?*
9. *Erhalten Mitarbeiter die Informationen immer vor Externen?*
10. *Wann haben Sie zuletzt mit den Mitarbeitern über die Maßnahmen gesprochen?*
11. *Wann haben Sie zuletzt Ihre Maßnahmen überprüft?*
12. *Welche Lehren haben Sie für Ihr Unternehmen daraus gezogen?*

Auf dem Weg zum Social Intranet

**Die wachsende Bedeutung des Intranets und neue Anforderungen
an die Interne Kommunikation**

Steffi Gröscho / Dr. Cornelia Mossal

Die Rolle der Kommunikationsabteilung

Um als Unternehmen langfristig erfolgreich zu sein, müssen Mitarbeiter heute flexibel und schnell auf Informationen zugreifen können, sie für andere zur Verfügung stellen und sich mit ihnen darüber austauschen. Unternehmen suchen deshalb nach immer besseren Lösungen für eine produktive, vertraute und intuitive Teamarbeit. Experten haben dafür mittlerweile leistungsstarke Intranet-Lösungen entwickelt, die auf Social Software basieren und Wissensmanagement, Kommunikation und Zusammenarbeit miteinander verbinden. Ein Social Intranet kann gezielt, organisiert, offen, transparent und effizient wie kein anderes Instrument den Informationsaustausch zwischen den Angehörigen eines Unternehmens fördern und die Unternehmenskultur beeinflussen. Es unterstützt die Gestaltung der Beziehungen innerhalb eines Unternehmens und kann mittels gezielter Kommunikation gerade in Veränderungsprozessen und während Krisen stabilisierend wirken. Letztlich leistet es einen wertvollen Beitrag zu Mitarbeitermotivation und Identifikation mit dem Unternehmen.

Das Erstaunliche: Es werden mit hohem finanziellen und personellen Aufwand Intranet-Lösungen entwickelt; aber nicht allen Unternehmen gelingt es, die Businessplattformen tatsächlich erfolgreich zu etablieren. Dass die Einführung eines Intranets der Mitwirkung der Kommunikationsabteilung bedarf, zeigen häufig auftretende Barrieren:

- Mitarbeitern sind die Ziele der Intranet-Einführung und die Vorteile nicht klar, und sie trauen dem Intranet nicht zu, Probleme ihres Arbeitsalltags zu lösen.
- Die Kultur des Teilens und Zusammenarbeitens ist noch nicht Teil der Unternehmenskultur.
- Die Intranet-Einführung wird als reines »Technikprojekt« der IT-Abteilung missverstanden und nicht als Entwicklungschance aller Abteilungen und Unternehmensstandorte genutzt.
- Mitarbeiter fühlen sich ausgeschlossen, weil sie nicht oder zu spät in den Design- und Planungsprozess eingebunden werden. Sie haben das Gefühl, dass ihnen das Intranet »übergestülpt« wird.
- Die Intranet-Nutzung wird nicht von den Führungskräften gefördert und die neue Informations- und Kommunikationskultur nicht vorgelebt.
- Es fehlt eine Einführungsstrategie, die den Fokus auf die Motivation der Nutzer legt.

Motivation, Akzeptanz und Kompetenz der Nutzer sind die Schlüsselfaktoren für den Erfolg eines Intranets. Hier muss die interne Kommunikation ansetzen. Deshalb sollten Kommunikationsprofis von Anfang an in die Planungs- und Einführungsprozesse des Intranets eingebunden werden. Denn das Intranet ist nicht nur ein hervorragendes Instrument für die interne Kommunikation und Zusammenarbeit, sondern es braucht auch interne Kommunikation, um es als Businessplattform erfolgreich im Unternehmen zu verankern.

Kommunikationsprofis können durch gezielte Maßnahmen Einstiegsängste der Benutzer abbauen und die Nutzungsintensität erhöhen. Dem Bereich Interne Kommunikation kommt die Aufgabe einer begleitenden, verstärkenden und moderierenden Kommunikation zu, die

die Mitarbeitermotivation genauso zum Ziel hat wie das Erreichen betriebswirtschaftlicher Kennzahlen. Welche Intranet-Tools dafür genutzt werden können, zeigt die folgende Abbildung.

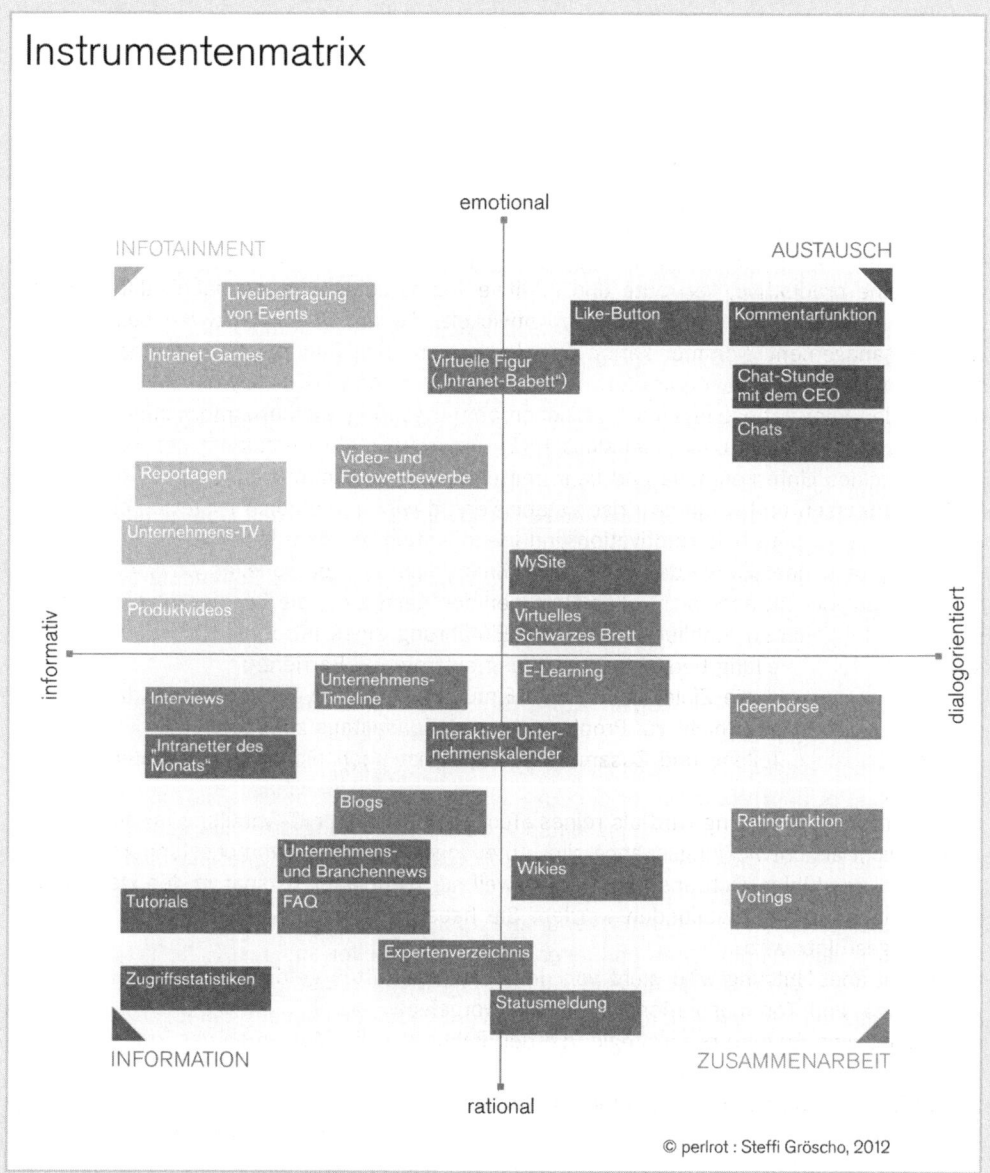

Abb. 1: Die Matrix zeigt eine Auswahl von Intranet-Tools, die besonders als Instrumente der Internen Kommunikation genutzt werden können. Die Tools können verstärkt dialog- und emotionsorientiert angelegt werden, zum Beispiel durch Feedbackfunktionen.

Die neue Rolle des internen Kommunikationsmanagers

Das heutige Intranet ist ein ganz anderes als das klassische Intranet noch vor wenigen Jahren: Mit der Entwicklung der Social-Web-Technologien gewann ab 2008 zunehmend das Social Intranet an Bedeutung.[1] Es geht nicht mehr nur um die Integration von Informationen und Prozessen, sondern um Kommunikation, Abstimmungen, Austausch, Feedback und Selbstdarstellung. Damit ändert sich auch die Rolle des Kommunikationsmanagers: Während den Kommunikationsprofis bislang vor allem die Redaktion von Inhalten oblag, geht es heute um Kommunikationsmanagement, um die Förderung des Dialogs zwischen Mitarbeitern und Führungskräften sowie um die Anregung und Motivation der Mitarbeiter, sich zu beteiligen und sich einzubringen.

Auch wenn im Social Intranet Inhalte nun interaktiv sind und jeder Mitarbeiter Nachrichten eigenverantwortlich veröffentlichen kann, organisiert sich die Kommunikation in einem Social Intranet nicht ausschließlich von selbst. Auch künftig bedarf es der Mitwirkung der zentralen Unternehmenskommunikation.

Ein interner Kommunikationsmanager erfüllt vielfältige neue Aufgaben:

- **Redaktion:** Veröffentlichen von unternehmensweit relevanten und strategisch wichtigen Nachrichten;
- **Kommunikationsberatung:** Unterstützung insbesondere des mittleren und Top-Managements, bei Change-Prozessen und internen Projekten;
- **Coaching:** Einarbeitung neuer Redakteure;
- **Qualitätssicherung:** Einhaltung der Social Media Guidelines des Unternehmens durch die Intranet-Nutzer;
- **Moderation:** Anregung und Lenkung von Diskussionen, die via Kommentarfunktion geführt werden.

Intranet-Einführung mit interner Kommunikation: Das Intranet als Produkt

Wird ein Produkt auf dem Markt neu eingeführt, werden vielfältige Instrumente der Produktkommunikation eingesetzt: Direktmarketing, Werbung, Online Relations usw. Hilfreich kann es sein, das Intranet ebenfalls als Produkt zu betrachten, für dessen Nutzung Mitarbeiter gewonnen werden und für das eine entsprechende Einführungsstrategie geplant wird. So kann beispielsweise nach der umfangreichen Ankündigung des Intranet-Starts via Newsletter, Mitarbeiterzeitung und einer unternehmensinternen Plakatkampagne auch eine Intranet-Launch-Party stattfinden. Haben ausgewählte Power-User das Intranet ausreichend getestet, wirken diese als Multiplikatoren und leiten andere Mitarbeiter an.

Nur wer eine sinnstiftende Antwort auf die Frage »What's in it for me?« erhält, ist wirklich motiviert, das neue Intranet zu nutzen. Welche Vorteile hat das neue Intranet ganz persönlich für meinen Arbeitsalltag? Bei der Vermittlung dieses Mehrwerts kommt der Kommunikationsabteilung eine wesentliche Aufgabe zu, denn jeder Mitarbeiter hat bestimmte Routinen in seinen Arbeitsabläufen entwickelt und gibt geliebte Gewohnheiten nur dann auf, wenn für ihn ein Nutzen deutlich erkennbar ist.

Glaubt das Management allerdings selbst nicht an das neue Projekt und bewegen sich die »Vorreiter« nicht selbst darin, werden die Mitarbeiter dies ebenso wenig tun. Deshalb ist es immens wichtig, Unterstützung auf der Führungsebene zu erhalten. Kommunikationsver-

---

1   Vgl. Schönefeld, Frank: Social Intranet – Die neue Rolle des Intranets für den digitalen Arbeitsplatz. In: Wolf, 2011, S. 14-39

antwortliche können Befürworter und Meinungsmacher gewinnen und einflussreiche Führungskräfte ermutigen, über das Intranet zu reden und dessen Möglichkeiten zu nutzen, um wichtige Informationen zu verbreiten. Sei es über die persönliche Profilseite MySite, einen eigenen Blog oder über Videobotschaften. Auch eine virtuelle Figur kann ein spielerisches Instrument im Intranet sein. Sie kann Nutzer an neue Funktionen heranführen, Mitarbeiter überzeugen, Nutzerfeedbacks einholen und Support-Anfragen beantworten. Kurzum: Sie kann das Intranet personifizieren.

Abb. 2: Intranet-Babett. Babett ist eine virtuelle Mitarbeiterin der Agentur perlrot. Sie gibt auf charmante Weise Tipps zur Nutzung des Intranets und motiviert Mitarbeiter zum Mitmachen. Babett personifiziert das Intranet und macht Wissensvermittlung unterhaltsam.[2]

Zusätzlich können Foto- oder Videowettbewerbe sowie weitere Anreiz- und Belohnungsmaßnahmen gerade in der Startphase des Intranets die Nutzerzahlen erhöhen. Wie die erfolgreiche Social Intranet Implementierung funktioniert, zeigt das folgende Beispiel.

Das Social Intranet der T-Systems Multimedia Solutions

Ziele der Einführung des Intranets bei T-Systems MMS
Die T-Systems-Tochter Multimedia Solutions (kurz: T-Systems MMS) entwickelt internetbasierte Lösungen für Großkonzerne und mittelständische Unternehmen. Das Unternehmen war 2012 zum zehnten Mal in Folge Sieger des Internetagentur-Rankings. Ihr rasantes Wachstum und ihr wirtschaftlicher Erfolg als Web-IT-Dienstleister sind auch Ergebnis einer für Enterprise-2.0-Firmen typischen Unternehmens- und Kommunikationskultur, die auf Offenheit und Vertrauen beruht. Diese wird durch das neue Social Intranet unterstützt und weiterentwickelt, ebenso die wissensintensive Projektarbeit, bei der das Know-how der Mitarbeiter im Vordergrund steht.

- **Wissensmanagement:** Ein wichtiges Ziel der Einführung eines Social Intranets ist es, Wissen für alle Mitarbeiter sichtbar zur Verfügung zu stellen. Zudem gilt es, den Wissensaustausch und die Vernetzung zwischen den Mitarbeitern zu verbessern. Dafür mussten Know-how-Träger identifiziert und das Wissen »aus den Köpfen der Mitarbeiter geholt

---

2 Siehe http://www.facebook.com/Intranet-Babett und http://sharepointsocial.de/babett-und-die-babetteria/

werden«. Bisher getrennt abgelegtes Wissen galt es zu verknüpfen und dieses schnell auffindbar zu machen.

■ **Zusammenarbeit:** Das Social Intranet soll zudem dazu beitragen, Arbeitsabläufe zu optimieren und Abstimmungsprozesse zu beschleunigen. (Virtuelle) Teams sollen bereichs- und standortübergreifend gemeinsam Arbeitsergebnisse erzeugen und nachvollziehbar dokumentieren.

■ **Kommunikation:** Die unternehmensweite Kommunikation soll zentral im Social Intranet erfolgen, in dem alle Informationen aktuell bereitgestellt werden und jederzeit abrufbar sind. Zudem soll der Dialog über Hierarchiegrenzen hinweg befördert werden: Nicht nur zwischen den Mitarbeitern, sondern auch zwischen Mitarbeitern und der Geschäftsleitung bzw. den Führungskräften.

Das Intranet der T-Systems MMS und seine Kommunikationstools

Seit 2008 dient das Wiki-basierte Social Intranet als unternehmensweite Kommunikations- und Kollaborationsplattform. Es stellt unternehmensweit sowohl Arbeitsgrundlage als auch Ort des Wissensaustauschs dar. Jeder Mitarbeiter kann darin Inhalte personalisiert veröffentlichen, kommentieren, bewerten und bis auf wenige Ausnahmen lesen. Somit ist jeder Nutzer autorisiert, Inhalte zu generieren, diese redaktionell zu bearbeiten und Dokumente abzulegen. Im Social Intranet der T-Systems MMS verfügt jede Organisationseinheit und Interessengruppe sowie jedes Schwerpunktthema über einen eigenen Bereich. Hier präsentiert sich das jeweilige Team: Gemeinsam erstellt es Inhalte, diskutiert diese und schreibt sie fort.

Das Social Intranet von T-Systems MMS verfügt unter anderen über folgende Funktionen:
■ **MySite**: Auf der persönlichen Profilseite kann jeder Mitarbeiter seine berufliche Expertise und aktuellen Themen einstellen und sein persönliches Netzwerk pflegen.
■ **Blogs**: In den chronologischen Intranet-Tagebüchern der einzelnen Teams können Mitarbeiter personalisierte News veröffentlichen.
■ **Wiki-Seiten**: Inhalte werden von Nutzern gemeinsam erstellt und versionsgesichert modifiziert.
■ **Kommentarfunktion**: Alle Mitarbeiter haben die Möglichkeit, Blogs oder Wiki-Seiten personalisiert oder anonym zu kommentieren.
■ **Tagging-Funktion**: Die wichtigsten Inhalte einer Seite können individuell verschlagwortet werden und erscheinen in einer Tag Cloud.
■ **Suche**: Die unternehmensweite Suche erfolgt nicht nur im Intranet, sondern auch in Dokumenten, die in anderen Tools abgelegt sind.
■ **Überwachungs- und Benachrichtigungsfunktion**: Sobald eine überwachte Seite geändert oder ein Kommentar gepostet wird, erhält der Nutzer eine Nachricht per E-Mail.
■ **Bewertungsfunktion**: Der Inhalt einer Wiki-Seite oder eines Blogs kann mit mindestens einem und bis zu fünf Sternen bewertet werden.
■ **Dashboard**: Auf der Startseite des Intranets, dem sogenannten Dashboard, findet der Nutzer die wichtigsten Informationen auf einen Blick in Form von Widgets. Welche Informationen zu welchen Themenbereichen angezeigt werden, kann jeder Nutzer nach seinen Bedürfnissen individuell konfigurieren und subjektiv nicht relevante Inhalte bis auf wenige Ausnahmen ausblenden. Aktuelle Themen und laufende Diskussionen können anhand der Widgets »Neue Inhalte«, »Oft kommentierte Inhalte« und »Neueste Kommentare« nachverfolgt werden (siehe Abbildung).

Abb. 3: Dashboard des Intranets von T-Systems MMS

Die Bedeutung des Social Intranets für die Interne Kommunikation der T-Systems MMS

Das Intranet dient bei T-Systems MMS als Leitmedium für die Interne Kommunikation. »Nachrichten aus den Unternehmen« werden von der zentralen Intranet-Redaktion veröffentlicht und erscheinen verpflichtend auf dem Dashboard jedes Mitarbeiters. Alle Mitarbeiter sind hingegen berechtigt, »Nachrichten aus den Bereichen« zu publizieren. Der Bereich Unternehmenskommunikation veröffentlicht neben News verbindliche Informationen, Reportagen, Interviews und Berichte; Beiträge anderer Autoren mit unternehmensweiter Relevanz teasert das Redaktionsteam auf dem Dashboard an. Weitere Kommunikationsinstrumente wie E-Mails an alle Mitarbeiter kommen nur vereinzelt, Newsletter unternehmensintern gar nicht zum Einsatz. Eine Mitarbeiterzeitung gab es bei T-Systems MMS noch nie; andere Printmedien wie Flyer oder Plakate werden nur für ausgewählte Kommunikationskampagnen oder Events genutzt.

Zunehmend gewinnen videobasierte Inhalte an Bedeutung, die im Intranet veröffentlicht werden, beispielsweise Interviews mit der Geschäftsleitung, Impressionen von Events oder Motivationsvideos zu Change-Projekten. Auch zum persönlichen Dialog zwischen Führungskräften und Mitarbeitern leistet das Intranet der T-Systems MMS einen wichtigen Beitrag. So veröffentlicht die Geschäftsleitung wöchentlich Blogposts im Intranet. Vierteljährlich findet die »Offene Stunde der Geschäftsleitung« statt, die per Live-Stream im Intranet übertragen wird. Über ein integriertes Tool können die Mitarbeiter Fragen an die Geschäftsleitung stellen, die diese während der Veranstaltung beantwortet. Der Stream der Veranstaltung ist anschließend auch im Intranet abrufbar. Die elektronische Kommunikation via Social Intranet nimmt bei T-Systems MMS somit eine herausragende Stellung im Instrumentenmix der internen Kommunikation ein.

Mitarbeiterdialog und -beteiligung bei T-Systems MMS

Ein Social Intranet lebt vom freiwilligen Mitwirken der Mitarbeiter. Die Akzeptanz beim Nutzer ist somit Grundvoraussetzung, um die mit der Intraneteinführung anvisierten Ziele zu erreichen. Damit dies gelingt, setzte T-Systems MMS auf die dialogorientierte Kommunikation und weitgehende Beteiligung der Mitarbeiter am Planungs- und Einführungsprozess. So erfolgte für das Feinkonzept des Projektes unternehmensweit eine Abfrage der Anforderungen. Hier konnten sich alle Mitarbeiter einbringen und die Funktionalitäten des Social Intranets mitdefinieren. Nachdem ein Software-Tool ausgewählt war und eine Beta-Version bereit stand, folgte eine Pilotphase mit Test-Nutzern, die weitere Verbesserungen einbrachten. Diese Mitarbeiter wirkten nach Einführung des Intranets als Multiplikatoren. Pilotanwendung war das »StraWiki«, das dem Strategieteam als Kommunikations- und Kollaborationsmedium diente, um die neue Unternehmensstrategie zu entwickeln.

Von großer Bedeutung für die Akzeptanz des Social Intranets war die Schulung der Nutzer. Bei Einführungsveranstaltungen konnten die Teilnehmer in kleinen Gruppen die wichtigsten Funktionen im Test- und Live-System selbst ausprobieren. Die Funktionen sind weitgehend selbsterklärend. Ein nutzerorientiertes Vorgehen wählte das Projektteam auch bei der Einführung der neuen Startseite des Intranets, des Dashboards: Zum Start des Pilotbetriebs erhielten alle Mitarbeiter einen Flyer, in dem die wichtigsten Funktionen erläutert sind. Zudem stellte der Bereich Unternehmenskommunikation Tutorials bereit, in denen die Funktionen des Dashboards demonstriert und verbal erläutert werden. FAQs sind permanent nachlesbar. Während des Pilotbetriebs hatten alle Mitarbeiter die Möglichkeit, Feedback zu geben, das vom Projektteam ausgewertet und soweit als möglich berücksichtigt wurde. Das Einbringen von Anregungen zur Verbesserung und Weiterentwicklung des Intranets ist auch weiterhin möglich.

Der offizielle Startschuss für das Dashboard erfolgte anlässlich einer Firmenveranstaltung der T-Systems MMS Anfang 2011 in Anwesenheit aller Mitarbeiter. Ein Mitglied der Geschäftsleitung erläuterte dabei anhand von Anwendungsfällen persönlich die wichtigsten Funktionen. Das alte Intranet, das zwei Jahre lang parallel betrieben wurde, ging gleichzeitig in den Standby-Betrieb. Dass die permanente Kommunikation und die Einbeziehung der Mitarbeiter wichtige Erfolgsfaktoren bei weitreichenden Change-Prozessen sind, zeigt am Beispiel der Intranet-Einführung bei T-Systems MMS ein Blick auf die Nutzerstatistiken.

Akzeptanz des Intranets durch die Mitarbeiter der T-Systems MMS

Das Social Intranet von T-Systems MMS wird sehr gut angenommen und intensiv genutzt. Nahezu alle Mitarbeiter lesen regelmäßig im Social Intranet; rund die Hälfte der Kollegen stellt Inhalte auf den Wiki-Seiten ein. Entsprechend schnell wächst die Anzahl der Wiki-Seiten, der Blogposts und der Kommentare. So wurden im Jahr 2011 bei rund 1.400 Beschäftigten im Social Intranet der T-Systems MMS monatlich

- mehr als 1.300 Wiki-Seiten neu erstellt,
- über 153.000 Mal Seiten aufgerufen,
- mehr als 300 Blogeinträge gepostet,
- mehr als 500 Kommentare abgegeben und
- rund 70 Dasboard-News von Mitarbeitern veröffentlicht.

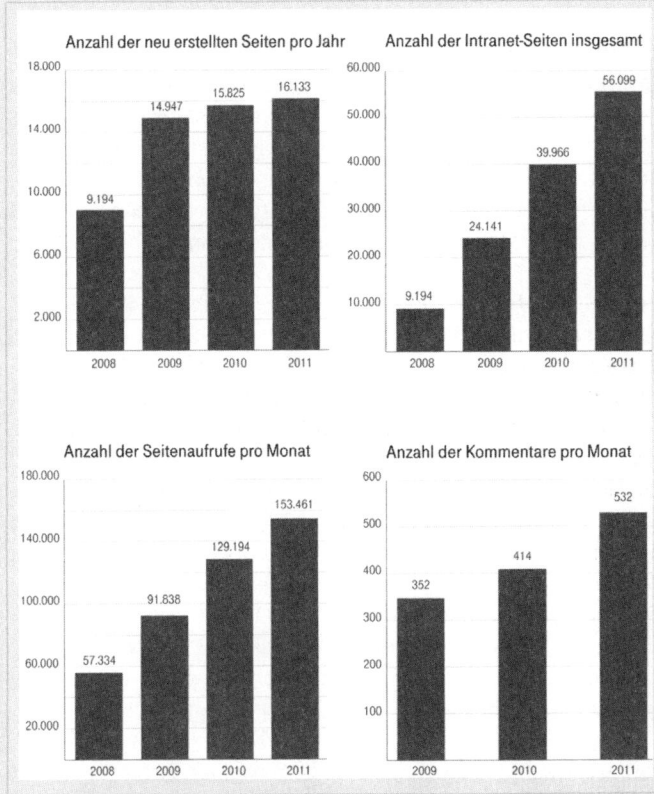

Abb. 4: Blogs, Kommentare, aufgerufene und neu erstellte Seiten
im Social Intranet von T-Systems MMS

668 der 1.400 Mitarbeiter präsentierten sich zudem auf einer persönlichen MySite. Auch der Blog der Geschäftsleitung wurde zur Erfolgsstory: Im Jahr 2011 kommentierten Mitarbeiter 308 Mal die Blogeinträge des Management Boards. Zu einigen Themen entwickelte sich dabei eine lebhafte Diskussion zwischen Mitarbeitern und Management. In einer Befragung eineinhalb Jahre nach Einführung des Social Intranets äußerten die Mitarbeiter von T-Systems MMS, dass sie sich generell gut informiert fühlten. E-Mails blieben mit mehr als 92 Prozent das wichtigste Kommunikationsmedium, gefolgt vom Social Intranet mit knapp 84 Prozent. Doch auch die persönliche Kommunikation behält ihren Stellenwert: Spontane Treffen mit Kollegen und regelmäßige Teammeetings sind und bleiben für die Kommunikation der Mitarbeiter untereinander sehr wichtig.

Die mit der Intraneteinführung angestrebten Ziele, Wissensmanagement, Zusammenarbeit und Kommunikation zu optimieren, konnten somit erreicht werden. Das Social Intranet der T-Systems MMS leistet heute einen wichtigen Beitrag zur Wertschöpfung des Unternehmens. Darüber hinaus war ein weiterer Effekt zu verzeichnen: Das Social Intranet der T-Systems MMS hat sich zur virtuellen emotionalen Heimat für alle Mitarbeiter entwickelt.[3] Dies zeigt, dass weiche Faktoren die entscheidenden für den Erfolg eines Social Intranets sind.

---

3   Wolf, Frank: Zwischen Planung und Improvisation – Der Weg zum Social Intranet. In: Wolf, 2011, S. 52–73

Ausblick

Wagt man einen Blick in die Zukunft, kann man davon ausgehen, dass künftig immer mehr Unternehmen Geschäftsprozesse ins Intranet verlagern werden. Entwicklungen im Internet werden sich so wie bisher zeitlich versetzt auch im Intranet widerspiegeln. Treiber sind momentan Themen wie Social, Video, Mobility und Cloud Computing. Wissensmanagement, Kommunikation und Zusammenarbeit werden verstärkt an Bedeutung gewinnen und Steigerungspotenzial für die Produktivität von Unternehmen bieten. Die Grenzen zwischen interner und externer Kommunikation werden weiter verschwimmen und Unternehmen ihren Kunden Zugriff auf Teile ihres Intranets ermöglichen.

Langweilig wird es dabei keinesfalls: Auf die Mitarbeiter der Kommunikationsabteilungen warten also auch in Zukunft viele spannende Herausforderungen – das Social Intranet wird wesentlicher Treiber für Effizienzsteigerungen und eine bessere Unternehmenskultur sein.

Weiterführende Literatur

Wolf, Frank (Hrsg.): Social Intranet. München, 2011

Dörfel, Lars/Schulz, Theresa (Hrsg.): Social Intranet in der Internen Kommunikation, Berlin, 2012

Buhse, Willms und Reppesgaard, Lars: SharePoint 2010 – oder wie Anzugträger und Kapuzenpullis zusammen arbeiten, Hamburg, 2012

7 Live-Kommunikation

In den letzten Jahren hat sich der Begriff der Live-Kommunikation durchgesetzt: Live-Kommunikation per Events, die Zielgruppen – Kunden, Händler, Mitarbeiter, Multiplikatoren, Medien – bewegen, begeistern, an das Unternehmen und seine Produkte binden, den direkten, emotionalen Kontakt vor Ort ermöglichen. Waren solch erlebnisorientierte Veranstaltungen früher noch eine Add-On-Maßnahme im Marketing-Mix, sind diese Zeiten vorbei: Live-Kommunikation erfreut sich als wirkungsvolles Tool großer – und weiter wachsender – Beliebtheit und ist heute als Kerninstrument aus dem Kommunikations-Mix nicht mehr wegzudenken – sowohl zur Unternehmens- als auch zur Produkt-PR. Der Grund: Der direkte, persönliche, emotionale Kontakt zu den Rezipienten unterscheidet die Live-Kommunikation grundsätzlich von den sonstigen eher »anonymen« Instrumenten.

Diese Kontaktmöglichkeit gilt für die Event-Kommunikation[285] wie für die Messe-Kommunikation, denen beiden dieses Kapitel gewidmet ist. Dabei wird weniger beschrieben, wie ein Event zu organisieren und umsetzen bzw. ein Messeauftritt zu planen ist. Vielmehr steht im Fokus, was beide von anderen Maßnahmen grundsätzlich unterscheidet, welche Ziele mit Live-Kommunikation zu erreichen sind und welche Chancen sie der Unternehmenskommunikation bieten. Zudem wird aus PR-Sicht beschrieben, welche kommunikativen Maßnahmen und Instrumente Events wie Messe-Auftritte – im Vorfeld, während und im Anschluss der Veranstaltung – wirkungsvoll begleiten sollten.

7.1 Chancen durch Events als PR-Instrument

Events haben heutzutage einen festen und eigenständigen Platz innerhalb der Gesamtkommunikation, gleichberechtigt neben den klassischen Kommunikationsdisziplinen Werbung, Direktmarketing, Public Relations und Online-Kommunikation. Gerade in einer Zeit, in der Produkte immer austauschbarer, der Druck zwischen den Anbieter immer schärfer, die unmittelbare Nähe zum Kunden immer wichtiger wird, haben Events die klare Aufgabe, die Gefühle der Menschen anzusprechen und einen persönlichen Bezug zwischen Unternehmen bzw. Produkt und Besucher bzw. Käufer zu erzeugen.

Event-Kommunikation baut dazu auf der besonderen Wirkung von Erlebnis und Erlebtem auf, wozu das gemeinsame, emotionale Erlebnis der Teilnehmer im Mittelpunkt steht. Sie schafft Live-Erlebnisse, die im optimalen Fall gleichsam informativ wie emotional alle Sinne der Gäste ansprechen. Dazu müssen sich Events gleichermaßen durch Information, Emotion, Motivation und Interaktion auszeichnen, damit sie in ihrer Einzigartigkeit im Gedächtnis der Betrachter haften bleiben. Gleichzeitig sind die Zeiten vorbei, in denen es »nur« um die Kreation von Höhepunkten ging. Vielmehr müssen heute Events festgelegten Vorgaben und Parametern folgen, um sich als wirkungsvolles Instrument in die Kommu-

---

285 Hinweis: »Event-Marketing« wird in der Fachliteratur meist als eigenständige Kommunikationsdisziplin oder als Bestandteil der »Below-the-Line-Marketing« gesehen. Ohne auf die Unterschiede zwischen Event-PR und Event-Marketing einzugehen, werden in diesem Buch Events unter den Begriff der Kommunikation gefasst und damit als Event-Kommunikation definiert.

nikationsstrategie eines Unternehmens einzubetten: Klare verfolgte Ziele, fest definierte Zielgruppen, definierter Anlass und festgelegtes und kontrolliertes Budget.[286]

7.1.1 Eine positive Entwicklung

Welche Bedeutung Events mit ihrer unmittelbaren Zielgruppenansprache heute innerhalb des Kommunikations-Mix innehaben, belegt die Studie »Event-Klima 2012«[287], die TNS Infratest im Auftrag des Forums Marketing Event-Agenturen (FME) als Interessensvertretung der Branche zum vierten Mal seit 2005 durchgeführt hat. Diese alle zwei Jahre durchgeführte Befragung spiegelt den Markt und die aktuelle Positionierung der Live-Kommunikation aus Sicht der Marketing-Experten führender Event-Agenturen sowie großer und mittelständischer Unternehmen in Deutschland wider, die professionelle Marketing-Events in ihrer Kommunikation einsetzen.

Die Markterhebung unterstreicht die positive Entwicklung der Branche und den Trend hin zu einer erlebnisorientierten Live-Kommunikation. Einige Ergebnisse der »Event-Klima«-Studie 2012:

- Die Zukunft für die Event-Branche sieht positiv aus: 50 Prozent der Top-Spender und 30 Prozent der mittelständischen Unternehmen setzen Marketing-Events weiterhin als Zentrum einer Kommunikationskampagne ein.
- Laut der befragten Experten wird das Umsatzvolumen für Marketing-Events bis 2014 um 25 Prozent pro Jahr steigen. Auffällig waren in der Vergangenheit die hohen Steigerungsraten gerade im Nachkrisenjahr 2011, als Unternehmen rund 200 Millionen Euro mehr in die Live-Kommunikation im Vergleich zum Vorjahr investierten. Betrachtet man die Verteilung der Event-Etats, so wird das meiste Geld eindeutig für Public-/Consumer-Events ausgegeben.
- Das größte Wachstum verzeichnen Public- und Consumer-Events. Dies verdeutlicht Abbildung 35. So fließen über 1 Milliarde Euro jährlich in Maßnahmen, die sich unmittelbar an Konsumenten richten. Dagegen sind die Ausgaben für Corporate- und Mitarbeiter-Events eher rückläufig, während Charity-, Social- und Cultural Events auf einem niedrigeren Niveau weiterhin kontinuierlich wachsen. Dies gilt seit 2012 ebenso für Messe begleitende Event-Maßnahmen.
- Eventmarketing ist aus der Unternehmenskommunikation nicht mehr wegzudenken und wird zu einem Marketinginstrument der Zukunft. Dies glauben über drei Viertel der Befragten. Dagegen verliert für zwei Drittel die klassische Werbung als Element der Markenkommunikation an Gewicht. Für viele ist klassische Werbung heute angesichts der höheren Konkurrenz und teils austauschbarer Produkte an kommunikative Grenzen gestoßen, um Empfänger mit wirklich unverwechselbaren Werbebotschaften zu erreichen.
- Von der Stärke des Eventmarketings auch in Zeiten von Social Media sind die Befragten überzeugt. So schließen sich 84 Prozent der These an, dass Event-Marketing eine wichtige integrative Funktion erhält. Andererseits ist es erstaunlich, dass die befragten Top-Spender durchschnittlich nur rund 200.000 Euro pro Jahr in Social-Media-Maßnahmen fließen lassen, im Mittelstand sogar nur 40.000 Euro. Es ist aber davon aus-

---

286 Vgl. Wünsch/Thuy, 2007, S. 15.
287 Vgl. FAMAB, http.www.famab.de/fme/Services/eventbusiness.html.

zugehen, dass die befragten Unternehmen diese Investitionen in den kommenden Jahren deutlich erhöhen werden.

Event-Kategorien	Jahr 2010	Jahr 2011	Jahr 2012	Jahr 2013	Jahr 2014
Public-/ Consumer Events	0,92 Mrd. Euro	1,01 Mrd. Euro	1,05 Mrd. Euro	1,06 Mrd. Euro	1,10 Mrd. Euro
Corporate-/ Mitarbeiter-Events	0,74 Mrd. Euro	0,79 Mrd. Euro	0,68 Mrd. Euro	0,69 Mrd. Euro	0,70 Mrd. Euro
Exhibition-Events	0,37 Mrd. Euro	0,37 Mrd. Euro	0,52 Mrd. Euro	0,53 Mrd. Euro	0,61 Mrd. Euro
Charity-/ Social-/ Cultural-Events	0,21 Mrd. Euro	0,27 Mrd. Euro	0,30 Mrd. Euro	0,36 Mrd. Euro	0,38 Mrd. Euro
Gesamt-volumen	**2,24 Mrd. Euro**	**2,45 Mrd. Euro**	**2,55 Mrd. Euro**	**2,64 Mrd. Euro**	**2,79 Mrd. Euro**

Abb. 35: Umsatz-Volumen in Euro für Marketing-Events 2010-2014, zitiert nach Studie »Event-Klima 2012«, www.famab.de/fme/Services/eventbusiness.html

Doch was sind Events genau?

Eine klare, eindeutige und allgemeingültige Begriffsdefinition existiert nicht. Anfang der 1990er-Jahre hielt beispielsweise der Deutsche Kommunikationsverband fest: »Unter Events werden inszenierte Ereignisse sowie deren Planung und Organisation im Rahmen der Unternehmenskommunikation verstanden, die durch erlebnisorientierte, firmen- oder produktbezogene Veranstaltungen emotionale und physische Reize darbieten und einen starken Aktivierungsprozess auslösen.«[288] Wenn man dies als Basis nimmt, so sind unter Events Veranstaltungen und Erlebnisse zu verstehen, die überall dort stattfinden, wo eine Botschaft inszeniert wird, wo diese direkt erlebbar ist, wo sie von Mensch zu Mensch vermittelt wird.

Diese inszenierten und in Programm und Ablauf detailliert geplanten Erlebnisse werden immer dort eingesetzt, wo ein Unternehmen oder eine Institution »zum Zwecke der Werbung, Verkaufsförderung, PR oder der internen Kommunikation eine Botschaft in Form eines direkt erlebbaren Ereignisses«[289] vermittelt. Das heißt: Events kommunizieren Botschaften als live erlebbare, emotionale Reize, um die Einstellung der Besucher gegenüber Unternehmen, Produkten und Leistungen zu verändern und dem Unternehmen ein individuelles, unverwechselbares Gesicht gegenüber der Konkurrenz zu geben.

Diese Form der erlebnisorientierten Kommunikation umfasst die Kreation von fantasievollen Erlebniswelten, die an die Gefühls- und Erfahrenswelt der Menschen appellieren und sie in den Mittelpunkt der Veranstaltung stellen. Diese Erlebniswerte machen Events

---

288 Inden, 1993, S.28.
289 Inden, 1993, S.30.

für jeden Einzelnen zu einem wirksamen Kommunikationsinstrument, weil sie – perfekt konzipiert und umgesetzt – begeistern und binden können. Jede Feier, Produkteinführung, Händlerpräsentation kann damit zu einem unvergesslichen, einmaligen Ereignis werden, wenn es gelingt, Produkte/Unternehmen dem Zielpublikum in erlebnisorientierter Form zu präsentieren, wenn ein reger Austausch zwischen Veranstalter und Produkten auf der einen Seite und Teilnehmern auf der anderen Seite bzw. zwischen den Teilnehmern untereinander stattfindet.

7.1.2 Die Lust auf Events

In der heutigen Zeit wird es immer schwieriger, das Bedürfnis der Menschen nach einem Ausbruch aus dem Alltag zu befriedigen. Konsumenten leiden an einer starken Reizüberflutung angesichts des Übermaßes an Kommunikations- und Werbebotschaften, mit denen sie täglich – ob gewollt oder ungewollt – in Kontakt kommen und die sie für sich verstärkt ausblenden. Dadurch kommt der Erzeugung von besonderen, individuell erlebbaren Ereignissen als Plattform der erlebnisorientierten Kommunikation und Präsentation von Produkten, Dienstleistungen oder Unternehmen gesteigerte Bedeutung zu. Eine zeitgemäße Unternehmenskommunikation muss also nicht nur informieren und Unterscheidungen herausarbeiten, sie muss auch emotionalisieren.

Doch gehen wir auf die einzelnen Punkte etwas genauer ein, welche Gründe für den Einsatz von Events als Kommunikationsinstrument sprechen:

- **Übermaß an Werbung**: Konsumenten leiden – wie bereits erwähnt – heute stark an einer starken Reizüberflutung angesichts der Flut von Werbe- und Kommunikationsbotschaften, denen sie ständig in Printmedien, im Radio, Fernsehen und Internet ausgesetzt sind. Die Folge: Marken-Werbung wird nur noch begrenzt wahrgenommen. In diesen gesättigten Märkten muss sich die Kommunikation neuen erlebnis- wie dialogorientierten Formen zuwenden – online wie offline. Die Kreation von besonderen Ereignissen, von unvergesslichen Veranstaltungen ist ein Erfolg versprechender Ansatz, um aus dieser Produktmasse hervorzustechen und individuell bei den Zielgruppen als Produkt, als Marke, als Unternehmen, als Kommunikator wahrgenommen zu werden.
- **Stärkerer Wettbewerb**: In einem immer härteren, internationalen Wettbewerb ist es für Konsumenten immer schwieriger, den Überblick bei der Vielzahl an Produkten zu behalten. Hinzu kommt, dass viele Produkte ersetzbar und gesichtslos sind und dass die Märkte stark fragmentiert sind. Mit Events werden die klassischen Kommunikationswege durch eine Aktionsform ergänzt, die die Zielgruppe direkt erreicht und mit ihr aktiv und emotional interagiert.
- **Anspruchsvolle Zielgruppen**: Botschaften mit Leben erfüllen, Markenwelten erlebbar machen heißen die Chancen einer erfolgreichen Event-Kommunikation. Eine Inszenierung eines Neufahrzeuges kann Kommunikationsziele nach außen transportieren, weil die Produkte mit allen Sinnen erfahren werden und als ganzheitliches Ereignis länger in Erinnerung bleiben. Corporate Events richten sich dabei nicht nur an interne Kernzielgruppen wie Händler und Verkäufer. Auch weitere ausgewählte B2B-Gruppen – Multiplikatoren, Fachjournalisten, Kunden – lassen sich wirksam erreichen, wenn die Inszenierung den kontinuierlich wachsenden Ansprüchen der Zielgruppen genügt.
- **Erlebnisorientierte Gesellschaft**: Erlebnisorientierung, Erlebnishunger, Erlebnisgier – die Suche nach dem neuesten »Kick« und »Live-Erlebnis«, der aktiven Teilnahme am Geschehen gehört für eine wachsende Anzahl an Menschen gerade in unserer media-

len Gesellschaft fest dazu. Sie sind Kernstichworte unseres Verhaltens und eng mit einer gestiegenen Freizeit verbunden. Diese Erlebnissuche ist der Schlüssel zum Erfolg von Events als Teil des Marketings, vermittelt sie exakt diesen »Kick«. Sie schafft Vor-Ort-Erlebnisse, in dem sie Marken vor Ort inszeniert und jeden daran möglichst dicht teilnehmen lässt. Durch Live-Erlebnis und Live-Erleben werden die Emotionen angesprochen, bleibt der Event als ganzheitliches Ereignis intensiver in Erinnerung als etwas, von dem »nur« gehört bzw. über das »nur« gelesen wurde.

- **Alltag bleibt zu Hause:** Nicht nur die Fußball-, Welt- und Europameisterschaften zeigen es: Das gemeinsame Erleben von Live-Ereignissen hat selbst in einer durch Social Media stark geprägten Welt hohe Attraktion. Es bringt Gruppen von Menschen zusammen – ob in Stadien, auf Fanmeilen, in mit Videoleinwänden ausgerüsteten Arenen oder in Kneipen und Open-Air-Gaststätten. Das gemeinsame Ereignis strahlt eine hohe Anziehungskraft aus und schafft für einen fest definierten Zeitraum eine Ablenkung von der Alltagswirklichkeit, die für diesen Moment ganz alleine zu Hause bleiben muss.

- **Aktive Teilnahme:** Events zeigen eine Kommunikationsstrategie auf, die Welten erzeugt und bei Adressaten eigenes Erleben ermöglicht – und damit aus reinen Rezipienten wirkliche Beteiligte macht. Der ganze Mensch wird unmittelbar ins Erlebnis, ins aktive Geschehen einbezogen, sodass Botschaften und Produkte als physisch erlebtes Ganzes leichter aufgenommen und behalten werden als passiv vom Fernsehgerät im Wohnzimmer. Damit reagiert das Event-Marketing auf das Bedürfnis der Adressaten, die sich nicht mehr mit der Rolle des passiven Rezipienten von Massenkommunikation zufrieden geben, sondern direkte, unmittelbare Erfahrungen und persönliche erlebte Erlebnisse nachfragen. Er möchte eine Marke wertschätzen und sich mit ihr identifizieren. Er will die unterschiedlichen Seiten ihrer Persönlichkeit kennen lernen, mit ihr kommunizieren, sie anfassen, sie erleben. Und je technischer die Welt wird, desto wichtiger werden für ihn persönliche Ansprache und individuelles Erleben.

Was bedeutet dies im Ergebnis? Die Konstruktion von Erlebniswelten reagiert auf die Befindlichkeiten von Menschen, die sich nicht mehr mit der Rolle des Rezipienten zufrieden geben, sondern aktiv selbst an etwas teilhaben wollen, um es ganzheitlich zu erleben. Sie suchen nach direkten, unmittelbaren Erfahrungen – authentisch und live erlebt und nicht mehr rein über die Massenmedien vermittelt. Selbst Social-Media-Plattformen können hierzu Bedürfnisse nur sehr begrenzt befriedigen – zumindest was den heutigen Stand der Technik betrifft. Events machen damit aus bislang reinen Rezipienten von Informationen und Botschaften aktive Live-Teilnehmer von Ereignissen.

Sie ermöglichen allen Sinnen ein gemeinsames Erleben ganz dicht am Ereignis und machen so mit diesen Vor-Ort-Erlebnissen aus Besuchern Botschaftern von Unternehmensinformationen. Dies gelingt jedoch nur dann, wenn diese Erlebnisse als Mischung aus Information, Motivation und Emotion die Besucher aus ihrem Alltag herausholen, ein klares und unverwechselbares Markenbild kommunizieren und ein unvergessliches Ereignis für alle Sinne kreieren.

Die Ansprache der Sinne

Event-Marketing ist ein wirkungsvolles Instrument, sich durch emotionale Ansprache und Vermittlung von Erlebniswelten sowie ein hohes Maß an direkter Kommunikation aktiv an die jeweilige Zielgruppe zu wenden. Insbesondere in Zeiten gesichtsloser und oft austauschbarer Produkte und Produktwelten birgt diese interpersonale Kommunikation die Chance, einerseits Unternehmensbotschaften zeitgemäß zu kommunizieren und dabei andererseits neben der Informationsebene auch die emotionale Ebene anzusprechen: Kommunikationsmanager können ihre Bezugsgruppen besser kennenlernen, mittels Events Kontakte aufbauen und vertiefen.

Seitdem Zielgruppen über die Inszenierung von Botschaften und Marken systematisch angesprochen werden und das gemeinsame Dabeisein für viele Zielgruppen eine so hohe Bedeutung bekommen hat, haben Events ihre feste Rolle im Kommunikations-Mix, was sich wiederum in höheren Etats zeigt: Sie sind von einer reinen Verkaufsveranstaltung zu einem gemeinsamen Erlebnis für die Sinne herangewachsen. Ihre künftige Chance sollte in der Inszenierung von unvergesslichen Ereignissen liegen, bei denen in einem Mix aus Information, Aktion, Motivation und Emotion alle fünf Sinne der Besucher parallel angesprochen werden: Sehen, Hören, Riechen, Schmecken, Tasten.

7.1.3 Die Corporate-Event-Strategie

Wer Events als Kommunikationsinstrument wirkungsvoll einsetzen will, sollte eine klare Corporate-Event-Strategie verfolgen – als fester Bestandteil der Corporate Identity des Unternehmens. Unter diesem Dach sorgt sie für einen einheitlichen Auftritt des Unternehmens nach innen und nach außen. Sie bildet die Grundlage für alle zielgruppenspezifischen Events des Unternehmens – als einheitliches Netzwerk unabhängig von der jeweils angesprochenen Zielgruppe. Sie regelt das Erscheinungsbild und die grundlegenden Zielsetzung. Dazu muss sie eng mit anderen Kommunikationsmitteln abgestimmt sein. Denn eine Corporate-Event-Strategie wird nur dann Erfolg haben können, wenn sie als festes Element innerhalb der Kommunikationsstrategie gelebt wird und eine Einheit mit den anderen Kommunikationsinstrumenten bildet.

Um eine Corporate-Event-Strategie zu entwickeln, müssen bereits im Vorfeld grundsätzliche Fragen geklärt sein, welche die Grundlage für eine erfolgreiche, künftige Strategie bilden:

- Warum eignen sich Events als wirksames Kommunikationsinstrument?
- Welche grundsätzlichen Ziele sollen mit diesen Events verfolgt werden?
- Wie passen Events in die allgemeine Kommunikationsstrategie?
- Welche Zielgruppen sollen mit Events primär angesprochen werden?
- Wie lässt sich ein einheitliches Bild gegenüber unterschiedlichen Zielgruppen einhalten?
- Wie lässt sich das Event mit anderen kommunikativen Instrumenten vernetzen?
- Welche Kosten-Nutzen-Relation müssen die Events haben – auch im Vergleich zu anderen Kommunikationsinstrumenten?

Die Kommunikationsziele und -zielgruppen

Events haben eine klare Funktion innerhalb des Kommunikations-Mixes. Wie kaum ein anderes Kommunikationsmittel vereinen sie mehrere Kriterien – wie persönliche Ansprache, Live-Information, Emotion, Unterhaltung. Sie schaffen hohe Aufmerksamkeit und Akzeptanz bei den Zielgruppen und vermitteln eine erlebnisintensive Aufnahme von Botschaften. Sie sind damit ein wichtiges Werkzeug, um Zielgruppen individuell anzusprechen. Selbst klassische Events wie »Tage der offenen Tür« eignen sich beispielsweise hervorragend für viele Stakeholder wie Belegschaft inklusive Angehörigen, Nachbarn, Kunden, Behörden. Sie stellen aber auch Ereignisse dar, über die Medien als weitere Stakeholder berichten können.

Eng hängt das Event-Format dabei mit der zu erreichenden Zielgruppe und den damit verbundenen Zielsetzungen zusammen. Werfen wir einen detaillierten Blick auf mögliche kommunikative Teilzielgruppen, auf die mit ihnen verbundenen Ziele sowie auf Event-Formate, die diese passgenau erreichen. Generell lassen sich die folgenden definierten Zielgruppen unterscheiden:

- **Die Zielgruppe Mitarbeiter:** Mitarbeiter-Events spielen eine wichtige Rolle bei der Information und Motivation.[290] So sollen beispielsweise Schulungsveranstaltungen dazu beitragen, die Mitarbeiter noch intensiver über Produkte, Angebote, Dienstleistungen wie auch über Unternehmenswerte, -entwicklungen und -strategien zu informieren. Das Image des Unternehmens lässt sich über Kick-Off-Veranstaltungen, über Betriebsausflüge und -feste sowie Dialog-Elemente online wie offline verbessern. Gleichzeitig sollen gerade Incentives und Verkaufstrainings dazu beitragen, Mitarbeiter wie direkte Vertriebspartner dahingehend zu motivieren, die Umsatzziele zu steigern.
- **Die Zielgruppe Medien:** Medienvertreter[291] sind eine Kernzielgruppe von Events. Mittels Pressekonferenzen, Pressegesprächen, Journalistenreisen wird versucht, das Wissen über das Unternehmen zu vertiefen, neue Produkte und Leistungen vorzustellen sowie ein enges und vertrauensvolles Verhältnis aufzubauen und zu pflegen; zudem sollen Presse-Events dazu beitragen, Medienresonanz zu generieren. Gleichzeitig vergeben viele Events Chancen, in dem sie nur informieren und nicht emotionalisieren, beklagen wiederum Volker Klenk und Ulrike Michels. Dabei könne eine ganzheitliche Ansprache der Sinne komplexe Inhalte viel intensiver, plastischer und wirksamer erklären, ließen sich Aussagen authentischer und emotionaler vermitteln. Im Zentrum müsse dazu die »multi-sensuale Kommunikation mit den Medienvertretern in einem inszenierten Erlebnisraum«[292] stehen, wobei durch die Adressierung aller fünf Sinne eine Emotionalisierung erreicht werden kann, die die Bereitschaft zur Interaktion erhöht.

TIPP 37

Definieren Sie Ihre Zielgruppe klar

Wenn Sie einen Event konzipieren, sollten Sie sich bereits lange im Vorfeld intensiv mit Ihren Zielgruppen auseinandersetzen. Sie sollten klar definieren, auf welche Zielgruppen der Event primär, sekundär und tertiär ausgerichtet ist. Schließlich ist jeder Event vor allem auf eine zu erreichende Zielgruppe ausgerichtet. Nur so werden sie Ihre im Vorfeld definierten Ziele später erreichen können.

- **Zielgruppe Business-to-Business:** B2B-Events richten sich an ausgewählte, fest definierte Zielgruppen. Diese sind geladene Teilnehmer einer geschlossenen Veranstaltung, in die sie eingebunden sind. Dies können Partner und Lieferanten eines Unternehmens sein, Großkunden, Meinungsbildner, aber auch Aktionäre sowie ausgewählte Mitarbeiter. Auch die (Fach-) Medien sollten zu diesen Events eingeladen sein, um diese direkt und live über Neuheiten zu informieren und möglichst auch eine Medienresonanz zu erreichen.

---

290 Das Thema interne Kommunikation sowie die Rolle von Incentives wird kompakt in Kapitel 6.3 behandelt.

291 Die Ansprache der Zielgruppe Medienvertreter wird im Kapitel 4 ausführlich thematisiert.

292 Vgl. den bis heute lebenswerten Beitrag von Klenk, Volker; Michels, Ulrike: Five-Senses-PR in: Wünsch/Thuy, S. 105 ff.

Die Produktpräsentation

Alle großen Autofirmen nutzen Events, um neue Fahrzeuge mit großer Bühnen-Show, mit eingeladenen Stars und Sternchen aus Sport, Politik und Show sowie mit kulinarischen Erlebnissen zu präsentieren und damit die Besucher zu beeindrucken. Wichtig dabei: Im Mittelpunkt des Events steht stets das Produkt des Unternehmens. Um dieses dreht sich alles. Nichts lenkt von ihm ab. Vielmehr sind alle Medien der Inszenierung auf diese geschaffene Produktwelt genau abgestimmt.

Bei diesen Corporate Events wird das Ziel verfolgt, einerseits Informationen emotional zu vermitteln, gleichzeitig mittels Produkt- und Markeninszenierung das Unternehmens- und Markenimage zu pflegen bzw. zu verbessern. Die Events haben dazu Botschaften mit Leben zu erfüllen, Markenwelten erlebbar zu machen und damit bei den gewünschten Zielgruppen eine hohe Aufmerksamkeit und eine emotionale Bindung an Marken- und Unternehmenswelt zu erzielen. Dazu stehen Unternehmen eine Vielzahl an Formaten zur Verfügung – abhängig von den jeweils zu erreichenden Teil- und Fachzielgruppen:

- Produktpräsentationen und Tagungen zur Vorstellung neuer Produkte gegenüber Händlern, aber auch Großkunden;
- Hauptversammlungen, Roadshows und Analystenkonferenzen zur Präsentation von Bilanzen und Zahlen gegenüber bestehenden und potenziellen Shareholdern;
- Kongresse, Symposien, Workshops, Podiumsdiskussionen und B2B-Messen zum Launch von Produkten sowie zur Pflege des Unternehmensimage gegenüber Partnern, Fachbesuchern, Multiplikatoren sowie der Fachöffentlichkeit.

Kurzbeispiel für Event-Konzeption

Die Aufgabe:

Ein großes Immobilienunternehmen plant zum Richtfest eines Hotels in prominenter Lage eine exquisite Veranstaltung für Investoren und Partner, aber auch für Mitarbeiter und beste Kunden. Dazu will das Unternehmen einen besonderen Event kreieren, um eine hohe Identifizierung der Besucher mit dem neuen Objekt zu erreichen, die den Event selbst noch lange in Erinnerung halten sollen.

Der Ablauf:

Um der Verwechselbarkeit mit ähnlichen Events zu entgehen, findet die Abend-Veranstaltung direkt in der Immobilie des Hotels statt, das sich noch im Rohbau befindet. Die geladenen Gäste kommen abends zur Location, werden zwischen Fackeln über einen Gang in das düster wirkende Rohbaugebäude geführt. Im Vorraum des unfertigen Rohgebäudes werden sie von als Bauarbeiter gekleideten Männern begrüßt, die Kleinigkeiten zu essen sowie Bier, Schnaps o.Ä. anzubieten. In der Luft hängen Geruchsschwaden von Arbeit, Baustelle, Farben. Um den Raum herum hängen Pläne der im Bau befindlichen Immobilie, über die sich jeder ausführlich informieren kann. Die Besucher fühlen sich in diesem Moment selbst als Bauarbeiter – als Bestandteil des Baus.

Nach einer Zeit öffnen sich die Türen. Alle Besucher empfängt ein festlich gestalteter Raum, in die Corporate-Design-Farben des Unternehmens getaucht, mit langer Tafel, an dem exquisites Essen serviert wird. Auf einer großen Video-Leinwand wird per Multimedia-Show symbolisiert, wie sich das Gebäude in den kommenden Monaten vom Rohbau in ein prunkvolles Hotel verwandeln wird, dessen Hauptsaal die Besucher in diesem Moment bereits kennen lernen durften. Zudem informieren der Vorstandsvorsitzende, der künftige Hotel-Chef sowie Tourismus-Experten in kurzen Vorträgen über die Besonderheit dieses Hotels und seiner Lage. Zum Abschluss des Events erhält jeder Besucher das neue Gebäude als Miniatur-Modell aus Schokolade – für den späteren leckeren Genuss.

Das Ergebnis:
Der Event bleibt bei allen länger in Erinnerung. Sie haben selbst eine Transformation des Gebäudes von einem Rohbau in ein Prachtgebäude miterleben können. Bevor es überhaupt fertig gestellt ist, haben sie bereits exklusive Informationen über das künftige Gebäude erhalten und viele ganz persönliche Erlebnisse gesammelt.

■ **Zielgruppe Öffentlichkeit:**[293] Es gibt eine Vielzahl an Event-Formaten, die breite Öffentlichkeit – sowie spezielle Teilöffentlichkeiten – zu erreichen. Im Vordergrund dieser Events steht weniger der direkte Absatz von Produkten als vielmehr die Vermittlung von Image und Information. Das Event-Portfolio reicht dazu von Tagen der offenen Tür und Betriebsbesichtigungen, öffentlichen Bürgerfesten und Einweihungen, Ausstellungen, Roadshows, Modenschauen bis hin zu Messeauftritten. Gleichzeitig sind auch Social- und Charity-Events zu erwähnen, die einem gesellschaftlich relevanten Zweck dienen. Die Basis für diese Events ist oft ein Anlass – wie ein Jubiläum, eine Einweihung, eine Geschäftseröffnung –, den das Unternehmen durch diese Events kommuniziert bzw. der Zielgruppe nahe bringt.

FALLBEISPIEL

Ein Charity-Event
Die dänische Schuhfirma ECCO führt seit 1999 den ECCO Walkathon parallel in mehreren internationalen Ländern durch. Bei diesem Spendenspaziergang, der die Besucher auf zwei Strecken durch die Städte führt, werden Gelder für angesehene karitative Organisationen und Projekte aus den Bereichen Kinder, Gesundheit und Umwelt gesammelt. Dazu richtet sich der Spendenspaziergang speziell an Familien mit ihren Kindern. Der Ablauf ist einfach: Für jeden Kilometer, den der Teilnehmer geht, spendet ECCO einen Euro an eines der karitativen Projekte. Dabei kann jeder selbst entscheiden, an welche Organisation seine gelaufenen Euros gehen sollen. Auf diese Weise hat die Schuhfirma seit 1999 insgesamt über 3,5 Millionen Euro gesammelt und an die karitativen Projekte gespendet. Damit will die dänische Schuhfirma ihr Engagement und ihre Verantwortung für ein gesundes Leben unterstreichen sowie alle Teilnehmer motivieren, Gutes zu tun – gleichzeitig für sich und für andere.

Diese Events werden weniger aus fest definierten Absatzzielen, sondern vielmehr mit klaren PR-Zielen inszeniert. Dies könnte sein:

---

293 In der Fachliteratur zum Event-Marketing wird noch zusätzlich zwischen Business-to-Consumer-Events – zur Bekanntmachung von Marken und Produkten – sowie Business-to-Public-Events unterschieden, die vor allem Informationen und Image transportieren sollen. Auf diese Abgrenzung wird hier aus Platzgründen nicht eingegangen.

- Der Bekanntheitsgrad der Produkte und Dienstleistungen soll erhöht werden;
- Das Image in der breiten Öffentlichkeit soll verbessert werden;
- Das soziale und kulturelle Engagement für die Region soll betont werden;
- Die traditionelle Verwurzelung in der Region soll hervorgehoben werden;
- Die Beziehungen zu bestimmten Zielgruppen sollen intensiviert werden;
- Die Identifizierung der Mitarbeiter mit ihrem eigenen Unternehmen soll gestärkt werden;
- Die Medien sollen über Events auf das Unternehmen aufmerksam gemacht werden.

Umso mehr gilt es, diese Events mit einer effektiven, kommunikativen Strategie zu begleiten. So sollte beispielsweise ein Tag der offenen Tür auch per Pressearbeit und Medienkooperationen, im Internet-Auftritt und im Newsletter, in Mitarbeiter- und Kundenmagazinen sowie über die besetzten Social-Media-Kanäle begleitet werden. Gerade über lokale PR lässt sich das Event aktiv begleiten und den Bekanntheitsgrad des Unternehmens und seines sozialen, kulturellen, wirtschaftlichen oder sportlichen Engagements vor Ort weiter erhöhen.

TIPP 38

So planen Sie einen »Tag der offenen Tür«
1. *Recherchieren Sie mögliche Termine und gleichen Sie diese mit weiteren öffentlichen Daten ab, um eine Terminkollision möglichst zu vermeiden.*
2. *Definieren Sie das Programm für Ihre Zielgruppe – inhaltlich, kulinarisch, künstlerisch.*
3. *Legen Sie die Höhepunkte der Veranstaltung – Reden, Live-Auftritte etc. – fest.*
4. *Planen Sie Gewinnspiele, Wettbewerbe und weitere Motivationsangebote mit ein.*
5. *Stimmen Sie den Gesamtablauf mit dem verantwortlichen Personal ab.*
6. *Erstellen Sie einen klaren, realistischen und verlässlichen Finanz- und Zeitplan.*
7. *Laden Sie Medienvertreter ein, und bereiten Sie eine Pressemappe vor.*
8. *Halten Sie Informationsmaterialien und Give-Aways für Besucher bereit.*
9. *Befragen Sie die Besucher auf der Veranstaltung nach ihrem Feedback.*
10. *Evaluieren Sie Stimmung und Wirkung der kommunikativen Maßnahmen.*

7.1.4 Erfolgsfaktoren von Events

Events sind dann ein wirkungsvolles Instrument, wenn sie alle Sinne der Besucher ansprechen, die Botschaften des Unternehmens informativ, emotional und interaktiv vermitteln und fest in die gesamte Kommunikationsstrategie eingebunden sind. Für die konkrete Zielsetzung heißt dies:
1. Informieren: Events sollen über die Inszenierung von Botschaften den Bedarf an weiteren Informationen wecken. Die Wortschöpfung »Infotainment« zeigt das Erfolgsgeheimnis – also die adäquate Verpackung und Aufbereitung von Informationen – auf.
2. Emotionalisieren: Der Event muss den gesamten Mensch in das Ereignis mit einbeziehen. Dazu müssen Erlebniswelten multisensitiv die verschiedenen Sinne des Menschen ansprechen und bei ihm Emotionen erzeugen.
3. Motivieren: Events müssen Besucher motivieren. Denn Motivation bedeutet, Bewegung zu erzeugen und Menschen zum Handeln zu bringen.
4. Kommunizieren: Events sind immer »die Kommunikation von Menschen durch Menschen für Menschen«[294]. Die Kommunikation innerhalb des Events ist immer die di-

---

294 Inden, 1993, S. 56.

rekte Kommunikation, von Mensch zu Mensch im persönlichen Dialog. Schließlich bieten Events den passenden Rahmen, um bestehende Kontakte zu pflegen wie auch neue Beziehungen zu knüpfen.

5. Unterhalten: Ein Event muss unterhalten, darf aber nie ausschließlich der Unterhaltung dienen. Die Unterhaltung kann sehr wohl das primäre Ziel sein, sollte aber immer zielgruppenspezifisch dosiert sein und im richtigen Verhältnis zur Information stehen.

6. Image bilden: Events müssen den Besuchern ein klares und positiv besetztes Image des Unternehmens vermitteln, das sie im Anschluss mit sich nehmen und in sich tragen. Sie müssen eine Vorstellung davon erhalten, warum und wie ein Unternehmen handelt – und dies als positiv empfinden.

7. Evaluieren: Die Wirkung von Events muss stets auf ihre Effektivität überprüft werden. Dies ist nur möglich, wenn zu Anfang klare und messbare Ziele als harte und weiche Faktoren gesetzt werden. Als Instrumente lassen sich Kontaktzahlen, Medienresonanz, wirtschaftliche Kennzahlen, Kosten-Wirkung-Vergleich sowie die Befragung von Teilnehmern einsetzen.

CHECK

Beispiel für Event-Befragung

1. Allgemeines
Kommen Sie aus dem In- oder Ausland? _____
Wie lange hat Ihre Anreise gedauert? _____
Mit welchem Verkehrsmittel kamen Sie? _____
Haben Sie den Shuttle-Service genutzt? _____
Wie lange waren Sie insgesamt auf dem Event? _____ Stunden

Eventuelle Anmerkungen:
_____
_____

2. Event-Location
Haben Sie die Location leicht gefunden? o ja o bedingt o nein
War die Location ausreichend ausgeschildert? o ja o bedingt o nein
Hat Ihnen die Location gefallen? o ja o bedingt o nein
War Ablauf und Programm gut geplant? o ja o bedingt o nein

Eventuelle Anmerkungen:
_____
_____
_____

3. Event-Inhalt
Hat Ihnen das Programm gefallen? o ja o bedingt o nein
Hat Ihnen die Themenauswahl insgesamt gefallen? o ja o bedingt o nein
Wurden die Inhalte gut/verständlich vermittelt? o ja o bedingt o nein
Entsprachen Redebeiträge und Präsentationen Ihren Vorstellungen? o ja o bedingt o nein
Wie beurteilen Sie die Qualität der Vorträge: o sehr gut o gut o durchschnittlich o schlecht
Wurde der Zeitablauf klar eingehalten? o ja o bedingt o nein
Blieb genügend Zeit für das Networking mit anderen Teilnehmern? o ja o bedingt o nein

Eventuelle Anmerkungen:

_____

_____

4. Event-Organisation

Waren Sie mit der Event-Organisation zufrieden?	o ja o bedingt o nein
Wurden Sie freundlich und zuvorkommend behandelt?	o ja o bedingt o nein
Konnte Ihnen bei Fragen geholfen werden?	o ja o bedingt o nein
Haben Sie gutes Informationsmaterial erhalten?	o ja o bedingt o nein
Hat Ihnen das kulturelle Rahmenprogramm gefallen?	o ja o bedingt o nein
Hat Ihnen das Speise- und Getränkeangebot zugesagt?	o ja o bedingt o nein
Wären Sie mit den Event-Räumlichkeiten zufrieden?	o ja o bedingt o nein

Eventuelle Anmerkungen:

_____

_____

5. Abschlussbewertung

Hat Ihnen der Event insgesamt gut gefallen?	o ja o bedingt o nein
Entsprach der Event Ihren vorherigen Erwartungen?	o ja o bedingt o nein
Haben Sie neue Kenntnisse erworben?	o ja o bedingt o nein
Hat es sich gelohnt, dabei zu sein?	o ja o bedingt o nein
Können wir beim nächsten Mal auf Ihren Besuch zählen?	o ja o bedingt o nein

Schlusskommentar:

_____

_____

Events: Ein zentrales Element der Wissenschaftskommunikation

Von Dirk Krieger

Die Event- bzw. Live-Kommunikation hat in den zurückliegenden Jahren im Bereich der Wissenschaftskommunikation zunehmend an Bedeutung gewonnen und sich als starkes Instrument der Direktkommunikation erwiesen. Dass solche Instrumente überhaupt und zunehmend zum Einsatz kommen und sich die Wissenschaft einem Dialog mit der breiten Öffentlichkeit geöffnet hat, ist der sogenannten PUSH-Initiative zu verdanken. Im Mai 1999 haben die führenden deutschen Wissenschaftsorganisationen auf Anregung des Stifterverbandes für die Deutsche Wissenschaft beschlossen, gemeinschaftlich den Dialog mit allen Gruppen der Gesellschaft zu verstärken. Ergebnis des damaligen Symposiums war die Unterzeichnung eines Memorandums, das schließlich zur Gründung der Initiative ›Wissenschaft im Dialog‹ (WiD) im Jahr 1999 führte.

Seither unterstützt WiD in Deutschland den Prozess eines ›Public Understanding of Sciences and Humanities‹ (PUSH), dessen Hauptanliegen es ist, »in Gesellschaft und Wissenschaft ein gemeinsames Verständnis für ihre Belange und Interessen zu entwickeln, das heißt das Verständnis für und das Verstehen von Wissenschaft in der Bevölkerung zu verbessern«. Wissenschaft und Wissenschaftler sind damit aufgerufen, die Öffentlichkeit über ihre Arbeit zu informieren, um Vertrauen und Anerkennung und letztlich auch um finanzielle Unterstützung durch den Steuerzahler zu werben und ihre Arbeit durch Transparenz gesellschaftlich zu legitimieren.

Dies geschah vor dem Hintergrund einer durch die Wissenschaft ausgelösten ambivalenten Innovationsdynamik, in der sich Fortschrittshoffnungen mit wachsenden Zukunftsängsten in der Bevölkerung verbinden. Die damaligen Gentechnik- und auch Stammzellendebatten führten vor Augen, dass ein verstärkter kritischer Dialog zwischen Wissenschaft und Gesellschaft notwendig ist, um in die Auseinandersetzung zwischen Forschern und interessierter Öffentlichkeit mehr Sachkenntnis und Rationalität zu bringen.

Neben diesem politisch motivierten Streben nach Legitimation und Akzeptanz ging es der PUSH-Initiative von Anfang an darum, Wissenschaft verständlich darzustellen und die Faszination daran deutlich zu machen. Wissenschaft sollte aus den Laboratorien, aus den Instituten und Universitäten raus auf die Marktplätze und damit hin zu den Bürgern gebracht werden, um im direkten Dialog die Bedeutung der Wissenschaft für unser Leben und unsere Gesellschaft zu vermitteln. Hinzu kam das große Interesse, verstärkt Nachwuchs für die Wissenschaft zu gewinnen. Insbesondere junge Menschen sollten angeregt werden, sich mit den Natur- und Technikwissenschaften auseinanderzusetzen und einen Ausbildungsberuf im Bereich der Wissenschaft und Forschung zu ergreifen oder ein Studium aufzunehmen. Auslöser waren zur Jahrtausendwende die drastisch zurückgegangenen Studienanfängerzahlen in der Physik. So hatte die Initiierung des ersten so genannten Wissenschaftsjahres im Jahr 2000 unter dem Motto »Jahr der Physik« die klare Zielsetzung, mehr Studienanfänger für das Fach Physik zu generieren.

Seitdem wird im Rahmen der Wissenschaftsjahre alljährlich ein neues Wissenschafts- oder Forschungsgebiet ins Zentrum der Vermittlung gerückt. Hinter den vom Bundesministerium für Bildung und Forschung (BMBF) zentral organisierten und Wissenschaft im Dialog

mitgestalteten bundesweiten Kampagnen verbergen sich eine Vielzahl von Event- und Dialog-
formaten, die sich diesen Zielen in unterschiedlicher Weise widmen. Dazu gehört beispielsweise der Wissenschaftssommer, ein einwöchiges Wissenschaftsfestival, das jährlich in einer
anderen Stadt ausgetragen wird, sowie das Wissenschaftsschiff »MS Wissenschaft«, das mit
einer interaktiven Wissenschaftsausstellung an Bord rund vier bis fünf Monate im Jahr auf
deutschen Wasserstraßen unterwegs ist. Weiteres Beispiel: Die ScienceStation, eine kleine
mobile Mitmach-Ausstellung, die seit 2008 jährlich durch deutsche Bahnhöfe tourt. Zu der
Initiative zählen zudem Formate wie die Langen Nächte der Wissenschaften, die Städte der
Wissenschaft, Schülerlabore, Kinderuniversitäten und viele mehr: Alles Formate, die als
Events auf unterschiedliche Weise den direkten Dialog mit einer breiten Öffentlichkeit suchen.

Wissenschaft auf spielerische Weise erlebbar machen

Ein Großteil dieser Eventformate orientiert sich in Konzeption und Umsetzung stark an den
Leitgedanken der sogenannten Science Center, um wissenschaftliche Phänomene aktiv mit
allen Sinnen erfahrbar zu machen. Dies geschieht in erster Linie über interaktive Exponate,
die das selbstständige Experimentieren und Erforschen in den Vordergrund rücken. Im Kern
soll jedes Exponat ein wissenschaftliches Phänomen direkt erlebbar machen, Neugierde wecken und Wissenschaft verständlich präsentieren, ohne die Ernsthaftigkeit der zu vermitteln-
den Inhalte infrage zu stellen. Im besten Fall werden Diskussionen unter verschiedenen Beteiligten angeregt. So will man zeigen, dass die Beschäftigung mit Wissenschaft Spaß machen
kann und dass sie interessante Berufsfelder bietet. Im Jahr 2008 wurde beispielsweise Ma-
thematik nicht als »langweiliges und schwieriges« Schulfach gezeigt, sondern als spannende,
alltagsnahe und anwendungsbezogene Wissenschaft. Das handlungsorientierte Lernen und
Erleben sind die pädagogischen Schlagworte in diesem Zusammenhang, frei nach dem chinesischen Gelehrten Lao Tse: »Sag es mir – und ich werde es vergessen. Zeige es mir – und
ich werde mich daran erinnern. Beteilige mich – und ich werde es verstehen.«

Zwei Formate, die diesem Ansatz im besonderen Maße folgen, sind das Ausstellungs-
schiff MS Wissenschaft und die mobile Mitmach-Ausstellung ScienceStation.

Achtung: Wertvolle Fracht an Bord

Der Einsatz eines Binnenschiffs als Wissenschaftsschiff geht zurück auf eine Idee der Universität Bremen, die das Schiff 2002 als »Geoschiff« auf Reisen schickte und im Frachtraum
eine Mitmach-Ausstellung zu geowissenschaftlichen Themen präsentierte. Das Konzept, eine
interaktive Ausstellung auf einem Schiff zu zeigen, kam bei den Besuchern so gut an, dass
Wissenschaft im Dialog das Konzept übernahm und nunmehr seit 2003 jährlich eine interaktive Ausstellung zu den Themen des jeweiligen Wissenschaftsjahres realisiert.

Für den Einsatz als MS Wissenschaft wird jedes Jahr ein Binnenschiff umgebaut und in
ein schwimmendes Science Center verwandelt. Der Laderaum wird dabei von einer beauftragten Agentur zu einem 600 Quadratmeter großen Ausstellungsraum umgestaltet, der über
eine vor dem Steuerhaus angebrachte Treppe erreicht werden kann. Die Exponate werden
von den beteiligten Wissenschaftsorganisationen bereitgestellt. Im Durchschnitt besucht das
Schiff jährlich bis zu 35 Städte und lädt bei einer durchschnittlichen Anlegedauer von zwei
bis vier Tagen das Publikum von Passau bis Kiel, von Stuttgart bis Magdeburg, zum Ausprobieren und Mitmachen ein. Der Tourplan ändert sich Jahr für Jahr, damit möglichst viele
Menschen in unterschiedlichen Städten und Regionen die Ausstellung besuchen können.
Rund 30 bis 40 – meist interaktive – Exponate im Bauch des Schiffes zeigen, woran Wissenschaftler in dem jeweiligen Themengebiet des Wissenschaftsjahres aktuell forschen.

Abb. 1: Im Jahr 2009 war die MS Wissenschaft als Zukunftsschiff unterwegs. Die Ausstellung zeigte, wie Wissenschaft unseren Alltag verändern wird. Foto: Ilja Hendel/Wissenschaft im Dialog

Abb. 2: Hereinspaziert: Im Jahr 2012 konnten die Besucher im Bauch der MS Wissenschaft rund 40 meist interaktive Exponate zum »Zukunftsprojekt Erde – Forschung für Nachhaltigkeit« erkunden. Foto: Ilja C. Hendel/Wissenschaft im Dialog

So drehte sich im Wissenschaftsjahr 2012 unter dem Titel »Zukunftsprojekt Erde« alles um das Thema der nachhaltigen Entwicklung und deren zentralen Leitfragen: Wie wollen wir leben und wirtschaften? Und wie können wir unsere Umwelt für die nachfolgenden Generationen bewahren? Dazu nahm die Ausstellung die Besucher mit auf einen Rundgang durch eine fiktive Stadt – auf den Markt und auf den Spielplatz, ins Kaufhaus, ins Kino und in den Park. An diesen typischen Orten einer Stadt konnte der einzelne Besucher erleben und erkunden, woran die Nachhaltigkeitsforschung arbeitet. Er fand nachhaltige Ideen fürs Wäschewaschen und für den Einkauf, konnte Rohstoffe im Müll entdecken und Ackerbau im Hochhaus. Lichtverschmutzung und Wassermanagement waren ebenso Themen der Ausstellung wie Biodiversität, Klimawandel und nachhaltige Energieversorgung. Die Exponate luden Kinder, Jugendliche und auch Erwachsene ein, Themen und Ergebnisse der Nachhaltigkeitsforschung selbst zu entdecken und sich ein Urteil darüber zu bilden, welche Auswirkungen unser Handeln heute für künftige Generationen haben kann.

Die MS Wissenschaft hat sich mit ihrer Ausstellungsidee über die Jahre als schwimmendes Science Center etabliert und ist zu einem Höhepunkt der Wissenschaftsjahre geworden. Dem Querdenker Albert Einstein, dem im Jahr 2005 anlässlich seines 50. Todestages und des 100. Geburtstages seiner Relativitätstheorie, ein ganzes Wissenschaftsjahr gewidmet war, hätte der Ansatz vermutlich gefallen, Wissenschaft spielerisch zu vermitteln und direkt zu den Menschen zu bringen.

Der Bahnhof, der Wissen schafft – Die ScienceStation

Ein weiteres Eventformat, das der PUSH-Idee folgt, ist die mobile Mitmach-Ausstellung ScienceStation. Sie basiert auf denselben Prinzipien wie die MS Wissenschaft. Als kleinere Landvariante ist sie jedoch nicht auf deutschen Wasserstraßen unterwegs, sondern macht jährlich auf bis zu zehn deutschen Bahnhöfen für jeweils sieben Tage Station. Mit ihrer Kombination aus interaktiven Exponaten und anspruchsvoll aufbereiteten Hintergrundinformationen spricht die rund 100 Quadratmeter große Ausstellung besonders Kinder und Jugendliche an. Aber auch Erwachsene zeigen sich von den Hands-on-Exponaten begeistert und fasziniert.

Das Thema der jeweiligen Ausstellung ist wie die Ausstellung an Bord der MS Wissenschaft eng mit dem jeweiligen Wissenschaftsjahr verknüpft. Waren es 2008 – im ersten Jahr der ScienceStation – unter dem Jahreslogan »Du kannst mehr Mathe, als du denkst« vor allem mathematische Phänomene, die die Besucher zum Nachdenken und Staunen brachten, so stand die Ausstellung im Jahr 2012 unter dem Motto »Reiseziel Nachhaltigkeit: Forschen und Entdecken im Hauptbahnhof«. Wie bei der MS Wissenschaft standen Experimente und Fragen rund um das Thema der nachhaltigen Entwicklung im Mittelpunkt, allerdings fokussiert auf eine der zentralen Fragestellungen, wie wir unsere Umwelt bewahren können. Die Exponate und die sie ergänzenden Informationssäulen beleuchteten ganz konkrete Aspekte dieser Fragestellung: Wie wird beispielsweise das Sonnenlicht in Energie umgewandelt? Wie können wir diese Energie in großem Stile für uns nutzbar machen? Was zeigt eine Wärmebildkamera, und zu welchem Zweck wird sie eingesetzt? Und sind Energiesparlampen wirklich energiesparend? Zudem konnten die Besucher an einem Zug-Fahrsimulator selbst einmal Lokführer sein und ihre Fahrkünste unter Beweis stellen. Ziel war es, durch überlegtes Fahren soviel Energie wie möglich einzusparen, um Kosten zu senken und das Klima zu schützen.

Eine inhaltliche Ergänzung erhalten die Besucher im Rahmen dieser Ausstellungsreihe über drei bis vier Meter hohe Informationssäulen. Vom Medienpartner, der Zeitschrift »Welt der Wunder«, anschaulich präsentiert, waren hier die wissenschaftlichen Grundlagen und praktischen Anwendungsmöglichkeiten zu den Phänomenen aus der Ausstellung erklärt. Nachzulesen waren beispielsweise, wie Ingenieure die unendliche Energiequelle Sonne noch

Abb. 3: Viele interaktive Exponate zum Thema Energie zeigte die Ausstellung ScienceStation im Wissenschaftsjahr 2010 – Zukunft der Energie. Foto: Quirin Leppert / Wissenschaft im Dialog

stärker nutzen wollen, wie in Abu Dhabi die Zukunftsstadt Masdar City entsteht, die sich ausschließlich mit erneuerbaren Energien versorgen will oder wie in Hochhäusern großer Städte beim »urban farming« Lebensmittel effizient und klimaneutral produziert werden.

Beide Ausstellungen werden von jungen Wissenschaftlern, in der Regel Studierende der jeweiligen Fachrichtung betreut, die als so genannte »Ausstellungslotsen« auf Wunsch durch die Ausstellung führen, bei Bedarf die Funktionsweise der Exponate erklären oder dem interessierten Publikum einfach nur Rede und Antwort stehen. Informationsstände halten weiterführende Informationsmaterialien zum jeweiligen Wissenschaftsjahr bereit.

PR-Aktivitäten rund um die Formate

Rund um die beiden genannten Eventformate finden verschiedene Kommunikationsaktivitäten statt, um die Zielgruppen direkt oder indirekt über die Medien zu informieren und die Ausstellungen in den jeweiligen Städten bekannt zu machen. Das reicht von Terminankündigungen, mit denen im Vorfeld Stadtzeitschriften, Anzeigenblätter und regionale Online-Portale auf den anstehenden Ausstellungstermin aufmerksam machen, bis hin zu Presseterminen jeweils am ersten Ausstellungstag, um mit den Lokaljournalisten einen kommentierten Ausstellungsrundgang zu unternehmen. Dabei üben die Exponate auf die Medienvertreter häufig eine ebenso große Anziehungskraft aus, so dass die Journalisten schnell selbst zu neugierigen Forschern werden.

Gerade in den Anfangsjahren musste man besondere Überzeugungsarbeit noch dahingehend leisten, sie vor dem Hintergrund von Themenüberflutung und personellen Einsparungen in den Redaktionen mittels telefonischer Nachfassaktionen überhaupt zu einem solchen Vor-Ort-Termin zu bewegen. Nur die wenigsten konnten sich unter den Ausstellungskonzepten und den interaktiven Exponaten etwas vorstellen und zeigten mit Hinweis auf dünn besetzte Redaktionen nur wenig Interesse an einer Teilnahme. Das hat sich inzwischen geändert. Über die Jahre sind die beiden Eventformate bei den Medienvertretern in vielen Städten bekannt und erfreuen sich einer großen und positiven Medienresonanz. Immer öfter berichten auch öffentlich wie private TV- und Hörfunkmedien – bis hin zum renommierten 3sat-Wissenschaftsmagazin »nano« – aus dem Bauch der MS Wissenschaft oder von der ScienceStation. Neben Presseinformationen und einem Online-Fotoservice erhalten die Medienvertreter darüber hinaus ausführliche Presse- und Informationsunterlagen zum Thema selbst, zu den gezeigten Exponaten und zu den beteiligten Partnern. Beide Ausstellungen werden zusätzlich mit Flyern und Plakaten in den jeweiligen Städten und Bahnhöfen beworben.

Im Hinblick auf die Zielgruppe der Kinder und Jugendlichen werden ca. zwei Monate vor dem eigentlichen Ausstellungstermin Schulmailings durchgeführt. Diese richten sich an die jeweiligen Fachlehrer der Schulen der Jahrgangsstufen fünf bis zehn. Wurden im »Wissenschaftsjahr 2010 – Die Zukunft der Energie« in erster Linie die Physiklehrer informiert, erhielten im Wissenschaftsjahr 2011 unter dem Titel »Forschung für unsere Gesundheit« vor allem die Biologielehrer ausführliches Informationsmaterial inklusive Ausstellungsflyer und -plakate. Gleichzeitig erhalten die Lehrer die Möglichkeit, sich und ihre Schulklassen telefonisch, per E-Mail oder über ein Online-Buchungssystem für einen Besuch der jeweiligen Ausstellung anzumelden. Damit soll die Anzahl der gleichzeitig anwesenden Klassen kanalisiert werden, um die Aufenthalts- und Betreuungsqualität an Bord bzw. in den Bahnhöfen sicherzustellen. Für die MS Wissenschaft werden seit einigen Jahren in Zusammenarbeit mit Lehrer-Online Unterrichtseinheiten angeboten, die sich konkret auf Exponate und Themen in der Ausstellung beziehen.

Über die Onlinepräsenz der Wissenschaftsjahre sind die beiden Formate auch auf den einschlägigen Social-Media-Plattformen wie Facebook, Twitter, flickr oder YouTube vertreten, wo Besucher ihre Eindrücke und Anregungen untereinander austauschen können. Für die MS Wissenschaft existiert eine eigene Webseite, die neben den Informationen zur Ausstellung und Tour auch interaktive Anwendungen (Spiele, Wettbewerbe, Blog) anbietet.

Der Erfolg dieser Maßnahmen lässt sich anhand der Besucherzahlen ablesen. Bei der MS Wissenschaft bewegen sie sich zwischen 70.000 und rund 100.000 Besuchern pro Saison. Im Durchschnitt besuchen rund 500 Schulklassen die schwimmende Ausstellung. Die ScienceStation bietet zwar nicht so viel Ausstellungsfläche, profitiert aber nicht unwesentlich davon, dass Bahnhöfe ohnehin hoch frequentierte Orte sind und sich in zentraler Lage befinden. Ein Bahnhof wie Frankfurt am Main beispielsweise zählt jeden Tag im Durchschnitt bis zu 180.000 Tagesgäste – darunter nicht nur Reisende und Pendler. Inzwischen nutzen viele Menschen Deutschlands Bahnhöfe auch als Einkaufsorte. Dabei zeigen sich Pendler, Reisende wie Einkaufsgäste positiv überrascht von der Tatsache, Wissenschaft an einem solchen Ort auf derartig ungewöhnliche Weise präsentiert zu bekommen. Ebenso gut wird die ScienceStation von den Schulen angenommen. Die leichte Erreichbarkeit des Veranstaltungsortes kommt dabei vielen Lehrern entgegen. Obwohl die ScienceStation aufgrund der begrenzten Ausstellungsfläche nur ein bis maximal zwei Schulklassen pro Stunde aufnehmen kann, erreicht sie pro Ausstellungswoche rund 650 Schüler und bis zu 3.500 aktive Besucher. Hinzu kommen die Menschen in den Bahnhöfen, die die Ausstellung im Vorbeigehen wahrnehmen und sich für die anstehende Zugreise mit Lesestoff am Infostand versorgen.

Insgesamt werden beide Ausstellungen vom Publikum sehr gut angenommen. Viele Interessierte lassen sich für den Newsletter von Wissenschaft im Dialog registrieren, um über die jährlichen Termine und Einsatzorte informiert zu werden. Wichtiges Motiv ihres Interesses: Die Ausstellungen führen anschaulich in neue Themen ein, liefern Gesprächsstoff und bleiben deshalb nachhaltig in Erinnerung. Sie machen Wissen und Wissenschaft auf einfache Weise konkret erlebbar. Sie liefern bei den erwachsenen Besuchern neue Denkanstöße und vermitteln Kindern und Jugendlichen einen neuen Blick auf ihre Unterrichtsfächer. Damit bauen sie Hemmschwellen gegenüber der Wissenschaft ab, fördern eine forschende und entdeckende Grundhaltung und eröffnen im Idealfall auch den Blick für neue Ausbildungs- und Berufsfelder.

7.2 Messen als PR-Instrument

Wenn am 6. September die Tore zur Internationalen Funkausstellung IFA 2013 geöffnet werden, haben die Presseabteilungen und die Agenturen der ausstellenden Unternehmen und Institutionen bereits seit einem halben Jahr hart gearbeitet. Schließlich sollte die Vorbereitung eines professionellen Messeauftritts drei bis sechs Monate im Vorfeld beginnen. Bereits zu diesem frühen Zeitpunkt werden die eigentlichen Grundlagen für den Messeauftritt gelegt: Standgestaltung, inhaltliche Schwerpunkte, präsentierte Produktneuheiten, kommunikative Kernbotschaften. Schon da wird grundsätzlich definiert, welche Themen besetzt werden, welche Produkte gezeigt werden, welche Zielgruppen besonders erreicht werden sollen, welche Ansprechpartner für Medien und Publikum zur Verfügung stehen, wo sich das Unternehmen in diesem Jahr gerade auch als Agenda-Setter positionieren will (siehe Abb. 36).

Abb. 36: Public Events als Besuchermagnet: Die Menschen schlängeln sich vor den ausgestellten Flugzeugen auf der Internationalen Luftausstellung (ILA) 2010, denn nur selten kann man den Giganten der Lüfte so nahe kommen; Quelle: www.ila-berlin.de.

7.2.1 Eine Boombranche

Trotz des digitalen Zeitalters und auch wenn Aufwand und Kosten für die ausstellenden Unternehmen jedes Jahr enorm hoch sind, bleiben Messen eine Wachstumsbranche. Dies hat der Ausstellungs- und Messe-Ausschuss der Deutschen Wirtschaft (AUMA)[295] festge-

---

295 http://www.auma.de

stellt. Danach verzeichneten die 134 durchgeführten internationalen und überregionalen Messen am Standort Deutschland ein kräftiges Plus. Im Vergleich zum Vorjahr wuchsen die Ausstellerstandflächen um 4,8 Prozent auf 6,2 Millionen Quadratmeter, die Besucherzahlen um 4,1 Prozent und die Ausstellerzahlen um 3,1 Prozent. (siehe Abb. 37)

Messeplatz Deutschland	Zahlen 2011	im Vgl. zu 2010
Aussteller insgesamt	159.945	+ 3,1%
Aussteller Inland	70.754	+ 0,0%
Aussteller Ausland	88.608	+ 5,0%
Vermietete Fläche in qm	6.200.359	+ 4,8%
Besucher	9.526.246	+ 4,1%

Abb. 37: Messeplatz Deutschland 2011, 134 überregionalen Messen im Vergleich, AUMA, http://bit.ly/ODIcaY

Vor allem hat dazu die stark ansteigende Zahl der ausländischen Aussteller beigetragen. Bei den überregionalen Messen machten diese im Jahr 2011 rund 55,4 Prozent aller Aussteller aus. Damit hat sich die Branche vom Tief während des Krisenjahres 2009 und dem zögerlichem Aufschwung im Jahre 2010 wieder erholt. (siehe Abb. 38)

Messeplatz Deutschland	2007	2008	2009	2010	2011
Zahl der Aussteller	+3,8%	+1,9%	−4,3%	+0,2%	+3,1%
Zahl der Besucher	+2,0%	+3,5%	−8,4%	−0,8%	+4,1%
Aussteller-Standfläche in qm	+4,6%	+4,2%	−6,0%	−3,2%	+4,8%

Abb. 38: Messeplatz Deutschland, Jahre 2007-2011 im Vergleich, AUMA, http://bit.ly/M8Xbbz

Gerade die Internationalität ist weiterhin eines der zentralen Pluspunkte der deutschen Messen im Vergleich zur internationalen Konkurrenz. Im Jahre 2011 kamen über 55 Prozent der Aussteller aus dem Ausland – mit einem EU-Anteil von knapp 53 Prozent. Bei den Besuchern der internationalen Messen betrug der nicht-deutsche Anteil 20 Prozent, bei den Fachbesuchern kamen sogar fast 30 Prozent aus dem Ausland.[296]

Die Nummer 1 unter den weltweiten Messeplätzen
Diese führende Rolle lässt sich auf die lange Tradition der Messestandorte zurückführen. Messe-Metropolen wie Frankfurt und Leipzig beherbergten bereits im 13. Jahrhundert überregionale Messen als wichtige Handelsplattformen, die Aussteller aus vielen Ländern anzogen. Diese Rolle als internationaler Messe-Standort Nummer 1 hat Deutschland bis heute bewahrt: Rund zwei Drittel aller global relevanten Messen finden laut AUMA in Deutschland statt. Dies spiegelt sich auch in den Messekapazitäten der 22 deutschen Messeplätze wider, die 2,75 Millionen Quadratmeter Hallenfläche für internationale Ausstellungen, Shows und Messen zur Verfügung stellen. Wie Abbildung 39 verdeutlicht, verfü-

---

296 vgl. http://bit.ly/ODMJKL

gen alleine zehn Gelände über mehr als 100.000 Quadratmeter Hallenkapazitäten, vier der sechs größten Messegelände weltweit liegen in Deutschland.[297]

Ort	Halle	Freigelände
Hannover	470.167	58.070
Frankfurt am Main	355.586	96.078
Köln	284.000	100.000
Düsseldorf	262.704	43.000
München	180.000	360.000
Berlin	160.000	100.000
Nürnberg	160.000	50.000
Leipzig	111.300	70.000
Essen	110.000	20.000
Stuttgart	105.200	40.000

Abb. 39: Top 10 unter den deutschen Messeplätzen, Stand 2012, AUMA, www.auma.de/_pages/d/01_Branchenkennzahlen/0101_InternationaleMessen/010101_Hallenkapazitaeten.aspx

Positive Aussichten

Auch künftig werden Messen fester Bestandteil im Kommunikations- und Marketing-Mix von Unternehmen bleiben. Dies belegen die Ergebnisse des AUMA-MesseTrends 2012, den das TNS Emnid Institut im Auftrag der AUMA im Herbst 2011 durchführte. Danach halten 85 Prozent der Aussteller von B2B-Messen Messebeteiligungen für wichtig oder sehr wichtig. Fünf Jahre zuvor waren es nur 79 Prozent gewesen. Zudem haben größere Firmen mit über 50 Millionen Euro Jahresumsatz ihre Ausgaben für Messebeteiligung erhöht. So steigerte sich der Anteil für Messen am Marketingbudget von 31 Prozent im Jahre 2007 auf 39 Prozent im Jahre 2012.[298]

Dies bedeutet: Auch in einem digitalen Medienzeitalter und trotz vielfältiger Diskussionen über Online-Marktplätze und Online-Messen nimmt die persönliche Kommunikation auf Messen kontinuierlich einen vorderen Rang in der Gesamtkommunikation ein. Auch im Vergleich zu anderen Disziplinen halten die Messen damit ihre zentrale Rolle innerhalb des Kommunikations-Mixes.

7.2.2 Messen als Dialoginstrument

»Eine Messe ist eine zeitlich begrenzte, im Allgemeinen regelmäßig wiederkehrende Veranstaltung, auf der eine Vielzahl von Ausstellern das wesentliche Angebot eines oder mehrerer Wirtschaftszweige ausstellt und überwiegend nach Muster und überwiegend an gewerbliche Wiederverkäufer, gewerbliche Verbraucher oder Großabnehmer vertreibt.« So definiert die deutsche Gewerbeordnung (§664) den Begriff »Messe«. Messen sind damit organisierte Marktveranstaltungen. Sie führen für einen festgelegten Zeitraum an einem Ort Angebot und Nachfrage eines bestimmten Marktes zusammen. Sie bilden einen Rah-

---

297 vgl. AUMA, http://bit.ly/MBrN2S
298 Vgl. http://www.auma.de/_pages/d/09_Presse/0901_Pressearchiv/presse12/presse02-2012.html

men für den persönlichen Dialog und den wirtschaftlichen Austausch, für Kontakte zu bestehenden Kunden und neuen Netzwerken, regional, national wie international. Und sie sind – gerade angesichts einer hohen Medienpräsenz – das ideale Umfeld, in dem sich Unternehmen mit Produkten, Entwicklungen und ihrem Engagement präsentieren und über sich und ihre Leistungen informieren.

Zusätzlich sind Messen stets immer auch das Schaufenster einer Branche, in dem die wichtigsten Neuheiten vorgestellt werden, die Aussteller sich präsentieren und ein interessiertes (Fach-) Publikum sich informiert. Und sie sind ein jährlich wiederkehrender Treffpunkt, zu dem alle Keypersonen einer Branche anreisen und wodurch der Kontaktaufbau wie auch die Kontaktpflege vereinfacht wird.

Ein weiterer strategischer Erfolgsfaktor: Messen sind nicht nur Marktplatz und Treffpunkt, sondern insbesondere Kommunikationsplattform. Und dies bietet Messen einen klaren USP gerade im digitalen Online-Zeitalter und zu Zeiten des Social Web: Messen basieren auf dem persönlichen Austausch, dem individuellen Live-Kontakt. Die menschliche Begegnung steht im Mittelpunkt. Anbieter kommen in diesem festgelegten Rahmen in direkten Kontakt mit den Nachfragern ihrer Produkte und Leistungen. Sie pflegen bestehende Kundenbeziehungen und bauen neue Kontakte auf.

Gleichzeitig sind zu Beginn dieses 21. Jahrhunderts die neuen Herausforderungen zu berücksichtigen – von wirtschaftlichen Rahmenbedingungen über das veränderte Kommunikationsverhalten auf Messen (mehr Informations- als Einkaufsplattform) bis hin zu neuen, innovativen Kommunikationstechnologien und -instrumenten, die bereits heute die führenden Messeveranstalter effektiv einsetzen. Das heißt: Die digitale Informationsgesellschaft hat zwar die Messe als Institution verändert – aber noch lange nicht obsolet gemacht, zumindest solange persönlicher Kontakt, Produktschaufenster, Branchentreffen weiterhin eine hohe Anziehung auf Aussteller und Besucher ausüben.

Auch wenn Messen für viele Unternehmen in erster Linie dazu dienen, Kontakte zu Händlern, Kunden, Multiplikatoren aufzubauen bzw. zu pflegen, bieten sie eine ideale Gelegenheit für eine aktive Pressearbeit gegenüber Medienvertretern aber auch Bloggern. Der Hintergrund: Messen sind beliebte Recherche-Plattformen für Medienvertreter, um sich einen Überblick über den jeweiligen Fachmarkt zu verschaffen. Gerade bei Publikumsmessen können Aussteller daher mit dem Besuch zahlreicher Presse-Vertreter rechnen. Dies bietet wiederum den Vorteil, dass sich Messen dazu nutzen lassen, Medienvertreter an die Messestände zu holen, vorhandene Kontakte zu pflegen und neue aufzubauen – ob über aktive Pressearbeit, wirkungsvolle Medienkooperationen oder die Medien der Messegesellschaft selbst. Angesichts dieser Chancen für eine erfolgreiche Messe-PR sollten PR-Abteilungen bereits frühzeitig in die Messevorbereitungen mit einbezogen sein, um gemeinsam wirkungsvolle Maßnahmen zu planen.

Die Wahl der richtigen Messe

Für erfolgreiche Messe-Kommunikation spielt bereits die Auswahl der richtigen Veranstaltung eine zentrale Rolle. Gerade angesichts der hohen Kosten und des enormen Aufwands, der finanziell, personell wie zeitlich mit einer Messepräsenz verbunden ist, muss frühzeitig festgelegt sein, auf welcher Messe das eigene Unternehmen präsent sein soll. Nur wirklich passende Messen lassen sich auch als Kommunikationsplattform erfolgreich nutzen, sodass selbst kleinere und mittlere Unternehmen mit begrenztem Etat ein überraschend hohes Medienecho erzielen können. Dabei lassen sich drei Arten von Messen grundsätzlich unterscheiden:

- **Publikumsmessen**: Messen wie die Grüne Woche und die IFA in Berlin, die CMT in Stuttgart, die CeBIT in Hannover, die photokina in Köln, die Leipziger Buchmesse oder die IAA in Frankfurt am Main sind Publikumsmessen, auch wenn meist mehrere Tage für Fachbesucher reserviert sind. Diese großen, öffentlich zugänglichen Branchentreffen bieten den Vorteil, dass nicht nur in den Fachmedien sondern auch in den regionalen und überregionalen Medien darüber berichtet wird und diese Berichterstattung oft einen breiten Raum findet. Daher sind Journalisten bereits lange im Vorfeld der Messe auf der Suche nach neuen Themen, innovativen Trends sowie nach Unternehmen, die beispielsweise einen lokalen Bezug zum Medium haben. Hinzu kommt: In Branchen wie Automobil, Food, Mode oder Reise haben sich in den vergangenen Jahren zahlreiche Blogs gebildet, die zunehmend an Reichweite und Relevanz gewinnen und die mit effektiven Blogger Relations anzusprechen sind. Diese Chancen muss eine wirkungsvolle Messe-PR offensiv nutzen und Medien sowie Social-Media-Multiplikatoren spannende Themen anzubieten. Der Nachteil: Angesichts der Vielzahl an Ausstellern ist die Konkurrenz auch im Kampf um die Plätze in den Medien groß.
- **Fachmessen**: Auf Fachmessen werden einem vordefinierten Fachpublikum technologische Neuheiten und Produktinnovationen präsentiert. Dies gilt auf der Bread & Butter als internationale Leitmesse für Street- & Urbanwear in Berlin genauso wie für die Sportmesse ISPO und die EXPOPHARM als Fachmesse der pharmazeutischen Industrie in München, für die Uhrenmesse MIDORA in Leipzig oder Best of Events International als Fachmesse für die Eventindustrie. Auf diesen geht es vor allem darum, den Kontakt zu Fachbesuchern und Fachmedien zu halten und aufzubauen. Im Unterschied zu den Publikumsmessen wird reinen Fachmessen meist kein großer Platz gerade in den Tages- und Publikumsmedien eingeräumt. Desto stärker kommt es darauf, die Medienvertreter – und gerade die Fachjournalisten als Multiplikatoren – direkt am Ort des Geschehens – das heißt in den Messehallen – für die eigene Leistung zu begeistern. Bei Fachmessen hat die Messe-PR auch die wichtige Aufgabe, Sprecher wie Geschäftsführer, Manager oder Chef-Ingenieure als Speaker in Podiumsdiskussionen und Panels zu platzieren, um so die Fachöffentlichkeit zusätzlich zu erreichen. Dies setzt eine langfristige Planung voraus, die bereits mit dem Ende der vergangenen Fachmesse für das kommende Jahr beginnt.
- **Auslandsmessen**: Auslandsmessen bilden die größte Herausforderung für eine wirkungsvolle PR-Arbeit. Übersetzungen von Medienmaterialien und Broschüren, internationale Kommunikation, Nutzung von internationalen Presse-Services etc. erfordern eine langfristige Zeitplanung und exakte Vorbereitung der Messe-PR. Ob eine Präsenz des Unternehmens auf der Mobile World Congress GSM für die Mobilfunkindustrie oder der eibtm für die Eventbranche, beide in Barcelona, auf der internationalen Immobilienmesse MIPIM in Cannes, auf der Internet World in London oder der internationalen Modemesse Prêt-à-Porter in Paris – Auslandsmessen sind meist mit hohen zusätzlichen Kosten verbunden.

TIPP 39

11 Grundsätze für eine professionelle Messearbeit

(1) Legen Sie frühzeitig klare und messbare Messeziele fest.

(2) Recherchieren Sie sorgfältig die dazu passende Messe.

(3) Kreieren Sie einen Messestand, der Ihre Messebotschaften widerspiegelt.

(4) Starten Sie frühzeitig selbstständig mit Ihrer PR-Planung. Setzen Sie dazu auch Ihre Social-Media-Kanäle ein.

(5) Nutzen Sie die PR- und Werbemöglichkeiten der Messeveranstalter.

(6) Bereiten Sie professionelles Infomaterial und Pressemappen für die Messe vor.

(7) Sorgen Sie für ausreichendes und gut geschultes Personal am Stand.

(8) Betreuen Sie Medienvertreter, Kunden und Interessenten kompetent.

(9) Beantworten Sie Anfragen noch während der Messe.

(10) Werten Sie die Ergebnisse der Messe intensiv aus.

(11) Ziehen Sie ein klares Messe-Resumée – auch im Hinblick auf weitere Messen.

Doch wie finde ich die passende Messe? Im Folgenden haben wir die drei wichtigsten Schritte kurz definiert, die bei der Messeauswahl beachtet werden sollten:

1. **Festlegung der Messeziele:** Welche konkreten Ziele will ich auf der Messe erreichen: Imageaufbau, Markenbekanntheit, Konkurrenzbeobachtung, Beziehungsaufbau und -pflege? Will ich vor allem Neukunden gewinnen und Partner akquirieren? Oder nur bestehende Kontakte pflegen? Wichtige Neuheiten oder mein überarbeitetes Corporate Design präsentieren? Die Unternehmensbekanntheit weiter erhöhen, um auch neue Märkte zu erschließen? Im In- oder auch im Ausland? Oder sollen – bei Verkaufsmessen – vor allem möglichst viele Produkte verkauft werden? An Händler oder an Endkunden?

2. **Analyse des Messemarktes:** Welche ist meine passende Messe? Wo treffe ich meine Zielgruppen? Wo kann ich zu große Streuverluste vermeiden, da ich nur einen Teil meiner Zielgruppe erreiche? Ist dort auch die Konkurrenz vertreten?

3. **Analyse des Veranstalters:** Wie viele Messen hat er bereits durchgeführt? Wie wichtig ist diese Messe im Vergleich zu anderen Messen? Welches Image haben seine Messen? Wie breit wird darüber in den Medien berichtet? Und wie haben sich diese Messen über die Jahre entwickelt?

TIPP 40

Informieren Sie sich über den Messeveranstalter

Nicht nur die AUMA bietet zahlreiche Informationen und detaillierte Zahlen zu einzelnen Messen. Auch auf der Website des Veranstalters können Sie sich über Größe, Angebot, Aussteller, Medienresonanz, Angebote bezüglich Werbung und Pressearbeit informieren. Doch Achtung: Verlassen Sie sich nicht nur auf die Daten des Veranstalters. Holen Sie sich über frühere Aussteller weitere Informationen ein. Fragen Sie nach, wie viele Aussteller wirklich daran teilgenommen haben, wie sich die Messe entwickelt hat, ob die angebotenen Werbe- und PR-Aktivitäten erfüllt wurden und effektiv waren, ob die eigenen Ziele generell erreicht wurden, sich die Messe somit gelohnt hat und ob das Unternehmen selbst wiederzukommen plant.

Sind diese drei Schritte vollzogen, kann die Messe festgelegt und gebucht werden. Erst dann sollte das wirkliche, individuelle Messekonzept erarbeitet werden, wie das Unternehmen auf der Messe auftreten will, damit auch alle Ziele erreicht werden.

> **TIPP 41**
>
> *Keine Erfolgskontrolle ohne klare Ziele*
> *Nur wenn Sie im Vorfeld konkrete, überprüfbare aber auch realistische Messeziele definieren, können Sie im Anschluss an die Messe eine wirkungsvolle Erfolgskontrolle durchführen. Das bedeutet: Formulieren Sie klar die Zahl der Kontakte, die Sie erreichen wollen oder die Zahl der Neukunden, die Sie gewinnen wollen oder die Zahl an Präsentations- und Besuchsterminen, die Sie erwarten, oder die Zahl der Angebote und Musteranforderungen, denen Sie im Anschluss an die Messe nachkommen wollen. Diese Zielformulierung können Sie auch auf den PR-Bereich ausdehnen, indem Sie im Vorfeld klar definieren, welche Medien für Sie besonders relevant sind, zu welchen Journalisten und Multiplikatoren Sie Kontakt aufnehmen wollen, in welchen Fachmedien Sie Publikationen erwarten. Nur mit solch klaren Zielen können Sie später konkret evaluieren, ob Sie Ihre Ziele erreicht haben oder nicht.*

7.2.3 Maßnahmen einer professionellen Messe-PR

Unabhängig von den Werbe- und PR-Maßnahmen der Messe-Gesellschaft bzw. des Messe-Veranstalters[299] setzt jedes professionelle Unternehmen auf eigene Kommunikations-Maßnahmen – im Vorfeld, während und nach der Messe. Ansonsten werden Möglichkeiten verschenkt, Medien, Kunden, Partner, Mitarbeiter, Interessenten gezielt einzuladen bzw. mit ihnen bereits vorhandene Kontakte zu pflegen. Den meisten Unternehmen ist es durchaus bewusst, die Vielfalt an Kommunikationsinstrumenten zur Begleitung ihrer Messeaktivitäten gezielt einzusetzen. Laut den zitierten AUMA-MesseTrends 2012 greifen Aussteller auf das breite Tool-Spektrum zurück. Neben der eigenen Website (98%), Direktmailings (89%) und Werbung in Fachzeitschriften (76%) setzen sie verstärkt auf Messe-PR (58%) sowie auf Social-Media-Aktivitäten. Setzten im Jahre 2010 bereits 11 Prozent der befragten Unternehmen auf Facebook, Twitter, Xing & Co. ein, so hatte sich diese Zahl im Jahre 2011 bereits auf 28 Prozent erhöht[300]. Dieser Trend wird sich in den kommenden Jahren mit Sicherheit weiter verstärken und Social Media Relations zu den Kernaktivitäten aufsteigen. Im Folgenden wollen wir uns rein auf die möglichen PR-Maßnahmen begrenzen. Dass zu einem erfolgreichen Messeauftritt noch weitere Marketingmaßnahmen – Messe-Flyer, Messe-Werbung, Promotion oder die Standgestaltung – gehören, lässt sich aus Platzgründen nicht weiter ausführen.

---

299 Auf die Kooperationsformen mit der Messegesellschaft geht Angelica Bergmann im Beitrag »Synergie-Effekte nutzen« am Ende dieses Kapitels ein.
300 Vgl. http://www.auma.de/_pages/d/09_Presse/0901_Pressearchiv/presse12/presse04-2012.html

Messe-Pre-Events als Chance

In vielen Branchen haben sich so genannte »Messe-Pre-Events« durchgesetzt. Das heißt: Bereits im Vorfeld der Messe – und meist nicht am Messeort – lädt eine Gruppe an Branchenunternehmen wichtige Medienvertreter, Multiplikatoren, Großkunden zu einem Messe-Event ein, um in einem exklusiven Rahmen den geladenen Gästen die neuesten Produkte vorzuführen. Diese Selektivität bietet Teilnehmern die Chance, von den eingeladenen Medienvertretern deutlich besser wahrgenommen und in den Publikationen berücksichtigt zu werden. Gleichzeitig laufen Firmen die Gefahr, den Kontakt zu – nicht eingeladenen – Medienvertretern, Kunden und Multiplikatoren zu verlieren bzw. nicht aufbauen zu können, sollten sie sich allein auf Pre-Events fokussieren. Jedes Unternehmen sollte daher im Vorfeld für sich selbst die eigenen Chancen in solch exklusiven Veranstaltungen klar definieren bzw. eine Kombination beider Ansätze in Erwägung ziehen.

Vorfeld-PR

Wie bereits erwähnt: Messe-PR benötigt Vorlaufzeit. So sollte eine Pressearbeit bereits drei bis sechs Monate vor der Messe beginnen. Der Grund: Viele Publikationen gerade der Fachmedien erscheinen nur monatlich bzw. mehrmonatig. Angesichts eines sehr langfristigen Redaktionsschlusses, müssen diese Medien bereits mehrere Monate vor der Messe angesprochen werden. Außerdem: Gerade bei großen Messen bieten viele Fachzeitschriften im Vorfeld Themen-Specials an, in dem sich Leser über die wichtigsten Highlights auf der Messe informieren können. Nur wer langfristig plant und den Medien rechtzeitig Informationen zukommen lässt, wird mit seinem Unternehmen darin präsent sein. Dazu sollten folgende PR-Maßnahmen geplant und PR-Medien vorbereitet werden:

- Eine Pressemitteilung kündigt frühzeitig die Messe-Präsenz an und informiert über die wichtigsten Produkte und Neuerungen, die das Unternehmen dort präsentieren wird. Dabei sollte diese nicht nur an feste Redakteure, sondern auch an freie Journalisten gesendet werden, deren Kontakte sich beispielsweise aus den Journalisten-Nachschlagewerken von Kroll, Stamm, Zimpel oder epic relations herauslesen lassen. Gleichzeitig sollten nicht bereits in der Pressemitteilung alle Details verraten werden, sodass Medienvertreter einen Besuch des Unternehmens als nicht mehr notwendig einschätzen.

Das passende Medienthema

Wer sich gegen die bekannten Top20-Unternehmen und gegen die Nachrichtenflut der Mitbewerber durchsetzen will, braucht für seinen Messeauftritt starke News. Entwickeln Sie daher gemeinsam mit Ihrem Team ein passendes Medienthema. Überlegen Sie, welches Kernprodukt Sie neu entwickelt haben und wie sich dieses öffentlichkeitswirksam einsetzen bzw. verbildlichen lässt. Stellen Sie eine Kamera vor, könnte ein Foto-Messewettbewerb das passende Thema sein, einen besonders leistungsstarken Rechner, der vor allem für Games gedacht ist, könnte mit einem neuen Online-Spiel verbunden sein, das parallel zum »Spiel des Jahres« eingereicht wurde. Erst wenn dieses richtige Thema gefunden ist, kann mit der Detailplanung begonnen und können die PR-Instrumente fixiert werden.

- Gerade bei großen Messen müssen Redakteure und Journalisten frühzeitig zum Messe-stand eingeladen werden. Wer dagegen seine Key-Medien erst wenige Tage vor Messe-beginn kontaktiert, wird kaum eine Chance haben, in den meist prall gefüllten Termin-kalendern noch einen freien Platz zu ergattern, da selbstverständlich viele Aussteller um die Termine der Pressevertreter buhlen. Das heißt: Je früher ein Terminwunsch geäußert wird, desto größer sind die Chancen, dass dieses Treffen auf der Messe statt-findet.

- Wer kurz vor der Messe ein telefonisches Follow-Up durchführen will, sollte dazu einen wirklich wichtigen Grund haben. Gerade im Messevorfeld sind viele Redakteure damit beschäftigt, sich durch die Unterlagen der Aussteller zu arbeiten. Stattdessen sollte jeder PR-Vertreter im Vorfeld die Medienvertreter festlegen, mit denen er unbedingt sprechen will.

> **TIPP 44**
>
> *Fragen Sie die Messegesellschaft*
>
> *Fragen Sie den Messeveranstalter nach einem Überblick über akkreditierte Journa-listen. Viele Messen, die regelmäßig stattfinden, verfügen über solche Listen, die sie manchmal ihren Ausstellern zur Verfügung stellen.*

- In einer Pressemappe[301] sind die wichtigsten Unterlagen zum Unternehmen, zu den Produkten sowie Hintergrundmaterialien enthalten. Sie enthält die aktuellsten News und Informationen zu den ausgestellten Produkten, die letzten Pressemitteilungen – und wird später am Stand sowie im gebuchten Pressefach griffbereit sein. Pressemap-pen eignen sich nicht nur für Medienvertreter und relevante Branchenblogger. Auch Geschäftspartnern, wichtigen Kunden, interessanten Multiplikatoren bieten sie eine Basisinformation zum Unternehmen, seinen Produkten und seinen Zielen.

> **TIPP 45**
>
> *PR-Themen für die Messe*
> - *Produktneuheiten sind besonders dann von Medienwert, wenn sie einen klaren und leicht verständlichen Vorteil gegenüber bestehenden Lösungen haben sowie für viele Nutzer von Relevanz sind. Gleichzeitig sollte dieses Produkt bereits existie-ren – oder zumindest in absehbarer Zeit in Serie gehen – und am Stand live erlebt werden können. Sollte dagegen weder ein klarer Termin für die Fertigstellung noch konkrete Preise und Daten vorliegen, wird sich das Produkt nur schwer in den Medien platzieren lassen – unabhängig von seiner Qualität.*
> - *Medienvertreter sind meist nach der Suche nach klaren Daten und Fakten. Wer also zur Messe eine spannende Studie zu einem viel diskutierten Branchen-Thema vorlegen kann, kann auf eine Medienresonanz durchaus hoffen.*
> - *Bei bekannten Unternehmen – und nur bei diesen – kann ein Strategiewechsel, eine Neuausrichtung oder auch eine Kooperation mit neuen Partnern ein Medien-thema sein. Gleichzeitig ist zu fragen, ob sich solch ein Thema nicht besser un-abhängig von der Messe und der News-Konkurrenz kommunizieren ließe.*
> - *Kooperationen mit der Messe – als Partner für technische Ausstattungen, als Sponsor von kulinarischen Leistungen, als Anbieter gemeinsamer Neben-Events – können dazu führen, dass ein Unternehmen auch in den Medien stärker wahr-genommen wird.*

---

301 Auf die Pressemappe wird ausführlich in Kapitel 4.3.2 eingegangen.

- Wer eine Pressekonferenz[302] auf der Messe plant, sollte den Termin frühzeitig buchen. Nur so ist es möglich, einen guten Termin zu Anfang der Messe zu erhalten und nicht auf die letzten Messetage oder parallel zu wichtigen Terminen verschoben zu werden. Gleichzeitig gilt: Wer wirklich eine Pressekonferenz durchführen will, sollte etwas zu sagen haben. Nur bei einzigartigen Produkten, neuen Firmenstrategien, wichtigen Bilanzen kann er auf Resonanz auf die Pressekonferenz und im Anschluss in Form von Publikationen hoffen (siehe Abb. 40).

Abb. 40: Die Daimler AG nutzt die Pressekonferenz auf der IAA 2011 in Frankfurt am Main zur Vorstellung von zahlreichen neuen Fahrzeugen; Q: Mercedes-Benz Passion Blog: http://blog.mercedes-benz-passion.com/2011/09/iaa-2011-impressionen-der-pressekonferenz-der-daimler-ag/

- Eine wirkungsvolle Maßnahme ist die Platzierung von Top-Managern in Roundtables und Podiumsdiskussionen. Diese hochrangigen Personen sollten jedoch nicht nur auf der Bühne vor dem Fachpublikum einen spannenden Vortrag halten, sondern später auch am Stand für Einzelgespräche zur Verfügung stehen.
- Mit dem Messeauftritt sollen gerade bestehende Kontakte zu Kunden, Multiplikatoren und Medien gepflegt werden. Dabei kommt dem Einladungsmanagement eine wichtige Rolle zu. So sollten Einladungskarten – ob Print oder E-Mail – sorgfältig auch aus der Sicht der Empfänger konzipiert sein. Nur so lassen sich relevante Bestandskunden und Multiplikatoren an den Stand holen, um Neuheiten vorzustellen und bestehende Kontakte zu vertiefen.

---

302 Das Thema Pressekonferenz wird in Kapitel 4.6.1 behandelt.

- Bereits im Vorfeld der Messe sollte klar feststehen, wer die Medienvertreter auf der Messe betreut, wer mit den Medienvertretern spricht bzw. ihnen Produkte vorführt. Dies betrifft vor allem die PR-Abteilung bzw. die PR-Agentur. Gleichzeitig sollte das gesamte Standpersonal – vom Geschäftsführer bis zur Hostess – ein kompaktes Briefing mit den zentralen Aussagen des Unternehmens erhalten. Nur so lässt sich vermeiden, dass Journalisten schlecht informiert werden, wenn sie den Weg an den Stand finden und der Pressevertreter in diesem Moment gerade in einem Gespräch mit einem anderen Interessenten gebunden ist bzw. ein Produkt präsentiert. Generell sollte aber jeder fähig sein, dem Journalisten in solchen Fällen zumindest eine Pressemappe zu überreichen, damit er in Druckform alle Informationen zum Messeauftritt hat.
- Als Aussteller profitieren Unternehmen zusätzlich von den PR- und Werbemaßnahmen des Veranstalters. Auf die Chancen in solch einer Kooperation geht Angelica Bergmann in ihrem Beitrag noch ein. Nur so viel: Auf größeren Messen lassen sich Pressefächer bereits mehrere Monate vor Beginn buchen. Hinzu kommen elektronische Pressefächer, damit sich Journalisten schnell und einfach direkt über die Website der Messe über die für sie interessanten Unternehmen informieren können.

PR-Maßnahmen auf einer Messe

Sind die Vorbereitungen im Vorfeld der Messe abgeschlossen, gilt die volle Konzentration den PR-Maßnahmen während des Messeauftritts. Wer sich hier nicht professionell darstellt, wird seine definierten Ziele nicht erreichen: Kontakte zu Medienvertretern und auch Bloggern zu knüpfen und zu vertiefen, Hintergrundinformationen zu neuen Produkten und Unternehmensstrategien zu liefern und eine positive Berichterstattung zu fördern. Vor allem lassen sich in diesen persönlichen Gesprächen selbst Branchenthemen setzen, um sich als Agenda Setter bei den Journalisten zu etablieren. Um das zu erreichen, müssen Medienvertreter wie Blogger am Stand professionell betreut werden:

- Wer auf der Pressekonferenz ein neues Produkt oder eine wichtige Kooperation kommuniziert, sollte dies als Pressemitteilung zusätzlich versenden. In solch einem Fall kann es durchaus Sinn machen, diese Nachricht im Vorfeld der Messe vorzubereiten und einen pasenden Moment zu versenden.
- Attraktive Verlosungen und Gewinnspiele sind ein weiteres PR-Instrument auf der Messe, mit der sich Öffentlichkeit erzielen lässt. Für solche Aktionen bieten sich auch Kooperationen mit Lokalmedien an. Beispiele dafür sind die vielen Gewinnspiele auf der ITB in Berlin, auf der sich – passend zum Thema – Reisen gewinnen lassen. Auch das ADAC Fahrsicherheitszentrum Berlin-Brandenburg installierte beispielsweise bei den Berliner Motorradtagen (BMT) ein »Rabatt-Rad«, an dem sich jeder Besucher seinen persönlichen Rabatt auf sein nächstes Fahrsicherheitstraining erdrehen konnte.
- Auch wenn die Pressefächer vom Messeveranstalter zu Beginn bestückt werden, so sollte jeden Tag die Anzahl der noch vorhandenen Pressemappen überprüft und nachgefüllt werden. Dies gilt übrigens auch für die letzten Messetage.
- Gibt die Messe – wie viele großen Publikumsmessen – eine tägliche Messezeitung, Messe-News oder einen Messe-Newsletter heraus, so sollte die Redaktion vor Ort besucht werden, um diese auf spannende und berichtenswerte Produkte und Aktionen hinzuweisen. Auch der Besuch einer prominenten Persönlichkeit am Stand oder eine hochwertige Verlosung – beispielsweise in Kooperation mit einem Fachmedium – kann durchaus dazu beitragen, die Publikationswahrscheinlichkeit zu erhöhen.

- Events sind ein weiteres Messe-PR-Instrument, um Medien, Multiplikatoren und Kernkunden an den Stand zu holen. Neben den messeeigenen Veranstaltungen wie Eröffnungsparty, Bergfest zur Mitte oder Abschlussveranstaltung, sind eigene Events zu kreieren. Dazu zählen Presse-Frühstücke, Presse-Lunch oder eine Standparty mit Aperitif, kleinen Leckereien und Live-Musik am frühen Abend. Diese meist entspannten Begegnungen eignen sich gut für Background-Gespräche, für ein Themen-Setting und zum Auffrischen von Kontakten. Zu diesen Events sollten auch die wichtigen Unternehmensvertreter als Ansprechpartner anwesend sein.
- Eine Besucherbefragung[303] gehört bei größeren Messen zum professionellen PR-Instrumentarium. Dadurch werden Informationen zu Standgestaltung, Informationswert, Freundlichkeit der Mitarbeiter, Events etc. gewonnen, die sich bei kommenden Messen wieder verwerten lassen.

AUSFLUG 35

Bedeuten virtuelle Messen die Zukunft?
Früher war eine Messe nach mehreren Tagen vorbei – zumindest für das jeweilige Jahr. Seit Jahren hat darauf bereits beispielsweise die Messe Berlin mit der virtuellen Messe – dem »Virtual Market Place« – reagiert, um große Publikumsmessen wie die Internationale Tourismusbörse ITB oder die Internationale Funkausstellung IFA zu begleiten. Das gesamte Jahr über und rund um die Uhr präsentieren dort die Aussteller ihre Produkte und Neuheiten online. Jeder Interessent und Medienvertreter kann jederzeit detailliert nach Ausstellern recherchieren, sich über die Angebote und Produkte informieren, eingestellte Videos ansehen und bzw. bei Interesse mit Ausstellern in Kontakt treten.
Selbst wenn das Internet und virtuelle Messen sicherlich eine zukunftsweisende Bedeutung haben, so bleibt aus heutiger Sicht die reale Messe mit ihren herkömmlichen PR-Medien wie Messezeitung, Messekatalog, Pressemitteilung, Pressekonferenz, Presse-Events ohne Alternative. Gleichzeitig werden verstärkt Online-Medien eingesetzt, um das Messegeschehen z.B. mit Blogs, Podcasts, Facebook- und Twitterkanälen sowie Newslettern anzukündigen und zu begleiten.

PR-Maßnahmen nach der Messe

Mit dem Abschluss der Messe ist die Messe-PR noch nicht zu Ende. Ganz im Gegenteil. Jetzt stehen unter anderem die folgenden Aufgaben an:

- Presseverteiler: Kaum eine andere Veranstaltung bietet so gute Möglichkeiten, an neue und aktuelle Adressen von Journalisten sowie Kontakte zu relevanten Branchen-Bloggern zu kommen. Mithilfe der Visitenkarten sowie der geführten Gespräche und neuen Kontakte muss jetzt der Presseverteiler aktualisiert und mit einem Hinweis über Art und Inhalt des Gesprächs ergänzt werden. Diese Angaben lassen sich wirksam für die künftige PR nutzen.
- Pressekontakt: Journalisten, die weitere Informationen, Pressemappen und zum Beispiel Produkt-Tests und -Samples am Stand angefordert haben, sollten möglichst direkt im Anschluss an die Messe beliefert werden, solange der Kontakt von beiden Seiten noch frisch ist. Auf diese Weise lässt sich der Kontakt aufrechterhalten.

---

303 Siehe Checkliste am Ende des Kapitels.

- Pressemitteilung: Bei größeren Messeerfolgen sollte bereits während der letzten Messetage eine Abschluss-Pressemitteilung versendet werden, die den Messe-Erfolg mit Zahlen und Fakten stützt sowie mit Zitaten des Geschäftsführers angereichert ist. Dies ist gerade für Medien interessant, die bei großen Publikumsmessen Nachberichte erstellen.

- Medienresonanz[304]: Anhand des erstellten Clipping-Reports sowie einer eigenen Online-Recherche lässt sich über eine quantitative wie qualitative Analyse die Resonanz der Medien auf die Messepräsenz des Unternehmens beurteilen. Dies zeigt im nach hinein, ob sich die Themenplatzierung und die Wahl der Instrumente aus PR-Sicht als richtig erwiesen haben und ob die kommunizierten Botschaften in der gewünschten Form bei den Medien angekommen sind. Bei diesem Messe-Fazit ist zusätzlich zu berücksichtigen, wie viele neue Medienkontakte durch die Messe gewonnen wurden und welche Qualität diese Kontakte für das Unternehmen haben. Was bringt beispielsweise ein hervorragender Kontakt zu einem Volontär einer Tageszeitung, der aber im kommenden Monat das Ressort wechseln wird?

- Besucherbefragung: Auch die Auswertung der durchgeführten Besucherbefragungen zählt zur Nach-Messe-PR fest dazu. Aus den Ergebnissen lassen sich wichtige Schlüsse gerade für künftige Messe-Aktivitäten ziehen.

CHECK

Beispiel für Messebesucher-Befragung

1. Allgemeines
Zu welchem Wirtschaftszweig gehört Ihre Firma? _____
Welche Funktion haben Sie in Ihrer Firma? _____
Wie viele Beschäftigte hat Ihre Firma? _____
Wohnen Sie im In- oder Ausland? _____
Wie sind Sie angereist? _____
Sind Sie extra wegen der Messe hier? o ja o nein
Besuchen Sie noch andere Branchen-Messen? _____

Eventuelle Anmerkungen:
_____
_____

2. Messebesuch
Aus welchen Gründen besuchen Sie in erster Linie diese Messe?
_____
_____
Für welche Produkte interessieren Sie sich vor allem?
_____
_____
Haben Sie das gefunden, was Sie gesucht haben? o ja o bedingt o nein

---

304 Die Bedeutung der Medienresonanz-Analyse sowie ihre Formate wird u. a. in den Kapiteln 3.4.3 und 4.7 sowie im Beitrag von Jörg Wassink »Klasse statt Masse« intensiv behandelt.

Haben Sie gutes Informationsmaterial erhalten?　　　　　　　　o ja o bedingt o nein
Sollen wir Ihnen weitere Informationen zukommen lassen?　　　o ja　　　　　o nein
Wenn ja: _____

Eventuelle Anmerkungen:
_____
_____

3. Messestand

War der Messestand einfach zu finden?　　　　　　　　　　　o ja o bedingt o nein
Entsprach der Messestand Ihren Erwartungen?　　　　　　　　o ja o bedingt o nein
Haben Sie Neuigkeiten für sich gewonnen?　　　　　　　　　o ja o bedingt o nein
Konnte Sie das Personal bei Ihren Fragen beraten?　　　　　　o ja o bedingt o nein
Wie lange waren Sie auf der Messe/am Messestand?　　　　　　___ /___ Stunden
Wie beurteilen Sie allgemein den Messestand?　　　　　o positiv o neutral o negativ

Eventuelle Anmerkungen:
_____
_____

4. Abschlussbemerkung

Hat Ihnen die Messe insgesamt gefallen?　　　　　　　　　　o ja o bedingt o nein
Hat es sich gelohnt hier zu sein?　　　　　　　　　　　　　o ja o bedingt o nein
Konnten Sie neue Kenntnisse erwerben?　　　　　　　　　　o ja o bedingt o nein
Können wir beim nächsten Mal auf Ihren Besuch zählen?　　　o ja o vielleicht o nein
Dürfen wir Sie beim nächsten Mal zu unserem Stand einladen?　o ja o vielleicht o nein
Dürfen wir Sie regelmäßig über News informieren?　　　　　o ja o vielleicht o nein
Wenn ja: Per E-Mail _____ /per Telefon _____

Ihr Schlusskommentar:
_____
_____

Die folgende Zeit-Aufgaben-Matrix stellt nochmals beispielhaft die wichtigsten Zeiten und Aufgaben zusammen, die jedes Unternehmen bei ihrer Messe-PR berücksichtigen sollte:

Zeitpunkt	Thema	Verantwortlich	Erledigt am
Ab 6 Monate vor Messe bis nach der Messe	Aktualisierung und Pflege des Presseverteilers – Medien, Blogger Multiplikatoren		
3–6 Monate vor Messe	Wahl des Messe-Medienthemas sowie der PR-Instrumente		
3 Monate vor Messe	Buchung eines Clipping-Dienstes für den Messe-Zeitraum zur Prüfung der Medienresonanz		
2–3 Monate vor Messe	Fixierung und Buchung eines Termins für eine Pressekonferenz auf Messe		

Zeitpunkt	Thema	Verantwortlich	Erledigt am
2–3 Monate vor Messe	Versand einer ersten Pressemitteilung an mehrmonatig erscheinende Fachmedien		
2 Monate vor Messe	Buchung von Pressefächern und Online-Pressefächern sowie Absprache von PR-Maßnahmen mit der Messegesellschaft		
2 Monate vor Messe	Planung der Messeaktivitäten wie Events, Verlosungen u. Ä.		
1–2 Monate vor Messe	Versand einer Pressemitteilung an Monats-, Wochen-, Tagesmedien		
4 Wochen vor Messe	Einladung von Großkunden und Multiplikatoren auf die Messe		
4 Wochen vor Messe	Einladung von Medienvertretern sowie Branchen-Bloggern zu individuellen Gesprächen am Stand sowie zur Pressekonferenz		
4 Wochen vor Messe	Bestückung der Online-Pressefächer mit Materialien		
2 Wochen vor Messe	Fertigstellung der Pressemappe mit den letzten News sowie Kommunikation der Messe-News auf eigener Website		
1 Woche vor Messe	Fertigstellung einer Checkliste zur Besucherbefragung		
1 Woche vor Messe	Follow-Up bei Journalisten – wenn wirkliche News vorhanden sind		
1 Tag vor Messe	Übergabe der Pressemappen an Organisationsteam zur Bestückung der Pressefächer		
Auf Messe	Standbetreuung von Journalisten, Durchführung der Pressekonferenz, Nachfüllen der Pressefächer, Befragung von Besuchern		
Auf Messe	Besuch der Redaktion von Messezeitung, Messeradio oder Online-Messe-Medien zur Platzierung von Themen		
Ende der Messe	Versand einer Pressemitteilung zum Messe-Erfolg als Abschlussbericht		
1–2 Tage nach Messe	Nach-Versand von vereinbarten Informationen		
1 Woche nach Messe	Aktualisierung des Presseverteilers, Auswertung der Medienresonanz sowie der Besucherbefragung		
2 Wochen nach Messe	Abschlussbesprechung mit Stärken-Schwächen-Analyse		

Synergie-Effekte nutzen!

Bessere Chancen für Ihren Messeauftritt durch Kooperation mit der Messegesellschaft

Von Angelica Bergmann

Wer als Aussteller auf eine Messe geht, zahlt eine Menge Geld auch an den Veranstalter. Er bekommt dafür eine Menge geboten – nicht nur die Standfläche. Dies gilt auch für die Pressearbeit: Jeder Messeveranstalter beschäftigt, je nach Veranstaltungsgröße, ein eigenes PR-Team oder beauftragt eine Agentur oder einen freien PR-Berater mit der Pressearbeit für seine Veranstaltung. Diese Kollegen und deren Medienkontakte sollten Sie für Ihre eigene Pressearbeit nutzen: Sie helfen Ihnen gern – sind sie in ihrer Arbeit doch selbst auf die Zusammenarbeit mit Ausstellern angewiesen.

Zunächst empfiehlt sich ein Blick auf die Messe-Website: Unter der Rubrik »Presse« oder »Aussteller« dürften Sie fündig werden. Die meisten Messen bieten ihren Ausstellern umfangreiche PR-Unterstützung: Sie helfen unter anderem bei der Veranstaltung von Pressekonferenzen oder stellen für die Einladung von Journalisten auf Wunsch sogar ihre eigenen Presseverteiler zur Verfügung.

Meist kommen die Veranstalter aktiv auf die Aussteller zu. Die Unterlagen zum Presse-Service werden in der Regel zusammen mit der Anmeldebestätigung versandt. Achten Sie als PR-Verantwortliche darauf, dass diese nicht ungesehen beim Messebauer landen oder von der Vertriebs- oder Marketingabteilung »geschluckt« werden!

Suchen Sie auf jeden Fall den persönlichen Draht zur Pressestelle des Veranstalters. Kontaktieren Sie diese möglichst frühzeitig, am besten gleich nach der Standanmeldung, und bieten Sie Ihre Unterstützung an. Durch eine enge Zusammenarbeit auf Gegenseitigkeit können Sie ein persönliches Verhältnis aufbauen und sind an PR-relevanten Informationen näher dran.

Welchen Beitrag können Sie zur Messe-PR des Veranstalters leisten? Gefragt sind:

- Interviewpartner,
- Referenten für Podiumsdiskussionen und Konferenzen,
- Produkt-News,
- Aktuelle Wirtschaftszahlen,
- Neuheiten, Neuigkeiten und Besonderheiten aller Art,
- Events und Attraktionen,
- Prominenz am Messestand.

Informieren Sie die Pressestelle über entsprechende Aktivitäten oder Pläne. Sie verstärken damit die PR-Wirkung für beide Seiten.

Die Zusammenarbeit mit dem Veranstalter

Selbst wenn Sie die Instrumente der Messe-PR perfekt beherrschen: Wissen Sie, wo Ihnen der Veranstalter gezielt Hilfestellung leisten kann? Hier ein kurzer Überblick über Kooperationsangebote und -möglichkeiten:

1. **Ansprechpartner für Journalisten**: Journalisten müssen optimal betreut werden. Benennen Sie Ihren Pressereferenten oder einen zuständigen Mitarbeiter als Ansprechpartner für Journalisten, der während der Veranstaltung möglichst »rund um die Uhr« auf dem

Stand zur Verfügung steht bzw. erreichbar ist. Geben Sie diesen Pressekontakt bereits im Vorfeld auch der Messegesellschaft bekannt: Bei Medienanfragen zu bestimmten Themen kann das Messe-PR-Team Ihr Unternehmen nennen – ein Pluspunkt für Sie!

2. **Eröffnungsrundgang**: Alle großen Messen veranstalten einen Eröffnungsrundgang, der meist durch die Begleitung eines hochrangigen Politikers geadelt wird. Manchmal gibt es am Vortag bereits einen Rundgang für Pressefotografen und Kamerateams. Die Stationen für diese Touren legen die Messeveranstalter vorher fest. Treten Sie rechtzeitig mit dem PR-Team der Messe in den Dialog, wenn auch Ihr Messestand berücksichtigt werden soll!

3. **Publikationen**: Messegesellschaften geben anlässlich ihrer Veranstaltungen eine Reihe von Publikationen (online wie offline) heraus, die Sie für Ihre PR-Arbeit nutzen können. Vorausgesetzt: Sie sind rechtzeitig darüber informiert und schaffen es, darin ein Plätzchen zu ergattern. Beispiele: Newsletter, branchenbezogene Trend-Reports, Messe-Vorberichte für Journalisten, Kulturkalender mit Messebezug. Auch hier gilt: Checken Sie die Messe-Website und treten Sie rechtzeitig an die Presseabteilung der Messe heran. Dann können Sie besprechen, ob und wie Sie Ihr Unternehmen am besten einbringen können.

4. **Messezeitung**: Zu vielen Messen geben die Veranstalter (bzw. branchenaffine Fachverlage) Messezeitungen heraus. Einige richten sich nur an Fachbesucher und informieren über die Produkte und Dienstleistungen der Aussteller. Andere sind für das allgemeine Publikum gedacht. Themen hier: Die Stände, Produkte und Shows der Aussteller. In beiden Fällen liefern Mediadaten eine Übersicht über die Kosten für Anzeigen und Werbung. Suchen Sie zusätzlich den Kontakt zur Redaktion, um Ihre Messethemen im redaktionellen Teil des Blattes unterzubringen. Auch Gewinnspiele sind eine Möglichkeit für Eigen-PR.

5. **Produktberichte**: Viele Messegesellschaften stellen Produktberichte für die Presse zusammen. Hierzu erhalten Aussteller meist ein Formblatt, in das sie kurz ihre Neuheiten und News eintragen können. Das PR-Team der Messe übernimmt die Bearbeitung und Publikation dieser Informationen.

6. **Presseführer**: Der Presseführer ist das »Telefonbuch« zur Messe für Journalisten. Vorab vom Messeveranstalter produziert, wird er meist im Pressezentrum kostenlos ausgegeben. Er enthält die Kontaktdaten (inkl. Standnummer und Halle) der PR-Ansprechpartner aller Aussteller, manchmal auch die Termine der Pressekonferenzen (so vor Drucklegung bekannt). Geben Sie sowohl Ihre Handynummer (für Kontakte während der Messe) als auch Ihre Kontaktdaten im Unternehmen (für Nachfragen nach Messeschluss) an. Und stellen Sie Ihren Eintrag im Presseführer rechtzeitig sicher – Journalisten sind auf diese Hilfe vor allem bei Großveranstaltungen angewiesen und nutzen sie gern.

7. **Medienkooperationen**: Interessant sind Medienkooperationen der Veranstalter, von denen Sie als Aussteller ebenfalls profitieren können. Fragen Sie bei der Presseabteilung nach, welche Formen der Zusammenarbeit mit welchen Medien geplant sind und ob und wie Sie sich daran beteiligen können.

8. **Hörfunk- und TV-Beiträge**: Ein besonderer Service für audiovisuelle und Online-Medien sind fertig produzierte, sendefähige Beiträge, die den Journalisten kostenfrei zur Verfügung gestellt werden. Die Messe stellt hierfür in Kooperation mit spezialisierten Anbietern vor und während der Veranstaltung verschiedene Audio- und Video-Pakete zum kostenlosen Download auf ihre Website. Das Angebot reicht von O-Tönen bis hin zu fertig geschnittenen Radio- und Fernsehbeiträgen. Einige Messen gehen einen Schritt weiter und bieten ihren Ausstellern – meist im Rahmen einer Medienkooperation – eine Art Full-Service rund um das bewegte Bild an. Der Medienpartner vermittelt in diesem

Fall aktiv Themen, Footage (d.h. rohes, ungeschnittenes Filmmaterial) und fertige Beiträge an TV-Sender und -Journalisten. Oder das Material wird auf ein messeunabhängiges, den Medien bekanntes Online-Portal für Fernsehjournalisten gestellt. Vorteil: In beiden Fällen können Sie auf ein vorhandenes Medien-Netzwerk zurückgreifen. Neben fertigen Firmen-Videos können Sie auch aktuelles Material von der laufenden Messe einspeisen lassen: Die Anbieter drehen dann direkt auf Ihrem Messestand. Diese Bilder können Sie natürlich auch nach der Messe noch für Ihre Website, Social Media Sites oder das Intranet nutzen.

9. **Pressezentrum**: Bei großen internationalen Messen steht den Medienvertretern ein großzügiges und gut ausgestattetes Pressezentrum für ihre Arbeit zur Verfügung. Die wichtigsten Nachrichtenagenturen, Verlage und Sender mieten während der Messe dort eigene Büros an und sind so auch für Sie als Aussteller persönlich erreichbar. Dies gilt natürlich ebenso für die PR-Verantwortlichen der Messegesellschaft, die Sie während der Veranstaltung im Pressezentrum telefonisch und persönlich ansprechen können. Zögern Sie nicht, ihre Hilfe in Anspruch zu nehmen: Auch wenn alle Beteiligten während der Veranstaltung unter Stress stehen – gemeinsames Ziel ist die bestmögliche Berichterstattung über die Messe.

10. **Pressefach**: Im Pressezentrum stehen den Ausstellern Pressefächer zur Auslage ihrer Pressemappen zur Verfügung. Sie sind meist kostenpflichtig. Dafür können Sie Ihre Pressemappen häufig schon vor der Veranstaltung an die Messe schicken, Ihr Fach bestücken und das restliche Material einlagern und nachfüllen lassen.

11. **Virtuelles Pressefach**: Auch virtuelle Pressefächer bieten viele Messen an. Dieser Service ist ebenfalls kostenpflichtig. Häufig gibt es Paketpreise zu Messekonditionen. Und so funktionieren virtuelle Pressefächer: Ihre Presseinformationen werden auf der Website des Veranstalters online gestellt. Darüber hinaus können diese auch, meist in Kooperation mit einem externen Anbieter, aktiv und quasi »auf Knopfdruck« an die für Sie relevanten Journalisten und Fachmedien versandt werden. Als Inhalt für virtuelle Pressefächer eignen sich deutsche und fremdsprachige Texte, aber auch O-Töne, Bilder, Videos und andere Multimedia-Formate. Im Verteiler der Anbieter sind meist die wichtigsten nationalen und internationalen Nachrichtenagenturen, tagesaktuelle Medien, freie Journalisten, Fach- und Magazinredaktionen sowie Brancheninsider.

12. **Pressefotos**: Auch bei der Produktion Ihrer Pressefotos können Sie auf die Hilfe der Messegesellschaft zurückgreifen: Auf Anfrage vermittelt sie Ihnen erprobte Kontakte zu guten und erfahrenen Messefotografen. Noch während der laufenden Veranstaltung können Sie aktuelle Fotos machen lassen und diese in digitaler Form den Journalisten aushändigen oder auf Ihrer Website zum kostenlosen Download online stellen. Auch für Ihre eigenen Social-Media-Aktivitäten können Sie das professionelle Bildmaterial einsetzen. Oder Sie schalten einen Link auf die Messe-Website, um Journalisten so den Zugriff auf alle Motive zur Messe zugänglich zu machen.

13. **Pressekonferenz**: Bevor Sie sich entschließen, eine Pressekonferenz oder ein Pressegespräch zu veranstalten, prüfen Sie, ob sich der Anlass bzw. das Thema auch wirklich lohnt. Wenn Sie sich für eine Pressekonferenz entscheiden, sollten Sie auf jeden Fall mit der Messegesellschaft Kontakt aufnehmen: Die Pressestelle hilft auf Wunsch bei der Terminplanung, vermittelt einen geeigneten Raum einschließlich der nötigen technischen Ausstattung und berät bei der Zusammenstellung Ihres Einladungs-Verteilers. Vorab können Sie sich meist auf der Website des Veranstalters über die bisher angemeldeten Pressetermine informieren. Oft werden auch Buchungsformulare zu Pressekonferenzen für Aussteller online gestellt.

14. **Pressekonferenz des Veranstalters**: Je nach Messe gibt es eine oder mehrere, allgemeine oder spezifische (z. B. Fach- oder Wirtschafts-) Pressekonferenzen, die der Veranstalter selbst organisiert. Hier ist der Zuspruch der Medien besonders groß. Daher sollten Sie rechtzeitig prüfen, ob und wie Sie sich mit Ihrem Unternehmen einbringen oder einklinken können. Konkretes Beispiel: Einige Messen veranstalten schon vor Messebeginn eine Pressekonferenz speziell für Publikumsmedien. Hauptthema: Die Attraktionen und Veranstaltungen der Messe für private Besucher. Auch für kleinere Aussteller ist das die Chance, sich mit Hilfe eines originellen Messestandes, Gewinnspiels, Wettbewerbs oder prominenten Gastes in die Berichterstattung über den Großevent Messe mit einzuklinken – und mehr PR zu erhalten, als üblicherweise möglich ist.

15. **Fachpressestand**: Auf Fachmessen stellen die branchenaffinen Fachmedien aus dem In- und Ausland auf einem gemeinschaftlichen Fachpressestand aus. Über die Messegesellschaft erfahren Sie im Vorfeld, wer daran teilnehmen wird. Nutzen Sie die Chance zum persönlichen Kontakt etwa mit ausländischen Fachredakteuren vor Ort!

Checkliste zur Kooperation mit der Messegesellschaft
Nach der Standanmeldung
Website des Veranstalters checken: Rubriken »Presse«, »Aussteller«, »Presse-Service«.
- Telefonisch Kontakt mit den PR-Verantwortlichen der Messe aufnehmen, PR-Service abfragen und eigene Unterstützung anbieten.
- Bei Auslandsmessen: Unterstützung durch Messe-Auslandsvertretung anfordern; ggf. ortsansässige PR-Agentur beauftragen.

8–12 Wochen vor Messebeginn
- Serviceleistungen der Messegesellschaft ordern: Eintrag in Presseführer, Pressefach, Termin und Raum für Pressekonferenz etc.
- Experten für Podiumsdiskussion, Konferenz oder Guided Tour intern festlegen oder extern buchen. Messegesellschaft informieren.

1 Tag vor Messebeginn
- Pressefach und Messestand bestücken.
- Presseteam der Messegesellschaft im Pressezentrum persönlich aufsuchen (im Fall einer vorherigen telefonischen Zusammenarbeit).

8   Spezielle Anwendungsfelder der PR

8.1   Krisenkommunikation

8.1.1 Krisen und ihre Folgen

Jede Marke, jedes Unternehmen und jedes Produkt kann im Mittelpunkt einer Krise stehen. Oft wundert man sich als externer Beobachter, wie hilflos selbst kommunikationserprobte Organisationen mit großen PR-Stäben reagieren. Die Folge: Spektakuläre Fälle wie Bayer (Lipobay), VW-Affäre (Bordell-Besuche), Siemens (Korruptionsskandal), Mercedes (Elch-Test), UNICEF (überhöhte Beraterverträge), ESSO (Brent Spar), ERGO (Sexskandal) bleiben dauerhaft im kollektiven Gedächtnis haften. Es sind gerade diese aufmerksamkeitsstarken Krisenfälle, die für die Unternehmen in der Folge schwierige Imageprozesse und langfristige Akzeptanzprobleme nach sich ziehen.

Jedes Unternehmen ist heute täglich 24 Stunden der Beobachtung von Medien, Verbrauchern, Investoren, NGOs unterworfen und das weltweit. Nichts bleibt in der omni-präsenten Mediengesellschaft verborgen, kein Fehlverhalten ungesehen. Eine Krise kann ihren Ausgangspunkt in einer ungeschickten Äußerung oder – wie dem Victory-Zeichen des ehemaligen Deutsche Bank-Chefs Josef Ackermann – in einem kleinen unscheinbaren Symbol haben, das starke Rückwirkungen auf Unternehmensimage, Aktienkurse, Konsumenten- und Investorenvertrauen nach sich zieht. Krisen können wie beim Mercedes-Elchtest aber auch unmittelbar den Kern eines Unternehmens berühren und den Mythos der Marke empfindlich beschädigen. Über Nacht wird aus einem renommierten Premium-Hersteller ein Unternehmen, das Autos baut, die umfallen, wenn man sie etwas forsch durch ein Ausweichmanöver treibt.

Eine Krise muss längst nicht so glimpflich ausgehen, wie bei Daimler. Das Beispiel des Nudelherstellers Birkel Mitte der 1980er-Jahre zeigt, wie eine über 100-jährige Firmentradition, ein positives Image und eine hochwertige Produktstrategie über Nacht zunichte gemacht werden, wenn ein Unternehmen massiv in den Strudel negativer Berichterstattung gerät. Krisen können das Ergebnis eines falsch konzipierten Produkts sein, ihre Ursache aber auch in Gerüchten, Falschinformationen, Konflikten, Skandalen haben. Und jedes Unternehmen weiß: Auch wenn man mit bestem Qualitätsmanagement oder höchstem Produktionsstandard fabriziert: Unternehmens-, Produkt- oder Kommunikationskrisen lassen sich trotzdem nie 100-prozentig ausschließen. Umso wichtiger ist es für das Unternehmen, sich auf mögliche Krisenszenarien vorzubereiten und entlang dieser Pläne zu erarbeiten, die Entscheidungswege, Abläufe und Verantwortlichkeiten im Krisenfall klar zu definieren.

Krisendynamik durch mangelnde Vorbereitung
Je unvorbereiteter die Krisensituation ein Unternehmen trifft, umso negativer sind die Auswirkungen in der Medienberichterstattung. Denn eines verbindet Krisen: Alle entwickeln sich meist wie ein Schneeballsystem, das vom Mediensystem getrieben ist. Für die Medien sind die »bad news« des Unternehmens immer auch »good news« für die Redaktion, liefern sie doch unverbrauchten, spektakulären Stoff für die eigene Berichterstattung, der Verkaufszahlen, Einschaltquoten und Zugriffsraten in die Höhe treibt. Ist das Unternehmen einmal in die Schlagzeilen gekommen, entwickelt sich die Krisensituation mit steigender öffentlicher Aufmerksamkeit oft sehr dynamisch. Dabei ist es nicht entscheidend, ob die Vorwürfe von Medienseite sachlich begründet sind oder nicht. Wenn ein

Thema anschlussfähig ist – an die öffentliche Diskussion, an Vorurteile, verfestigte Meinungsbilder, Stimmungen und gesellschaftliche Trends –, ist die Chance groß, dass selbst kleinere Themen skandalisiert und damit zu einer Kommunikationskrise für die Betroffenen werden.

Trifft die Krise das Unternehmen unvorbereitet und weiß es nicht, wie es sich angesichts des wachsenden Mediendrucks verhalten soll, findet es sich schnell in der Defensive wieder: Der Geschäftsführer ist plötzlich nicht mehr auffindbar oder der Sprecher liefert ein unsicheres Statement. Ein unprofessionelles Kommunikationsverhalten kann wiederum zu einem Verlust der Meinungsführerschaft führen, ungeachtet der eigentlichen Reputation des Unternehmens. Der mitverursachten Informationskrise folgt damit die Imagekrise, die meist länger als die Kommunikationskrise selbst andauert.

Die Krise als Chance

Gleichzeitig gilt das alte Sprichwort, wonach jede Krise immer auch die Chance für einen Neuanfang bietet. Gerade dann bringen Medien, Kunden, Aktionäre oder Standortbevölkerung dem Unternehmen eine große Aufmerksamkeit entgegen, die das Unternehmen kommunikativ für sich nutzen kann. So kann es sich lernfähig und verantwortungsbewusst zeigen, indem es sich zu einer transparenten Kommunikationspolitik entschließt. Es kann den Dialog aktiv suchen und sich den kritischen Fragen der Öffentlichkeit offen stellen.

Auch das Management kann seine Führungsqualitäten unter Beweis stellen. Die Palette möglicher Aktivitäten reicht von der Einrichtung einer Aufklärungs-Taskforce, über ein Expertengutachten, bis hin zur Entlassung der Verantwortlichen und dem Rückruf eines fehlerhaften Produkts. Wie hoch der öffentliche Druck werden kann, musste der renommierte Babynahrungshersteller Hipp 2012 erfahren, nachdem er für gezuckerte Pulvertees für Kleinkinder von der Verbraucherschutzorganisation Foodwatch den »Goldenen Windbeutel« für die dreisteste Werbelüge erhalten hatte. Zunächst versuchte das Unternehmen sich damit herauszureden, der Zuckergehalt im Tee entspreche einer Apfelsaftschorle, um sich dann doch zu entschließen, das Produkt vom Markt zu nehmen.[305] Da war der Imageschaden zwar bereits eingetreten, aber auch ein »angezähltes« Unternehmen wie Hipp kann gestärkt aus der Krise hervorgehen, wenn es seine Organisationsstruktur verbessert, wenn es funktionsfähige Kontrollmechanismen einbaut und wenn sie sich in der Kommunikation zu absoluter Transparenz als Kern-Gütesiegel entschließt – gegenüber Medien, Verbraucherorganisationen und Kunden.

Man kann nicht nicht kommunizieren

Gerade in der Krise gilt das Theorem von Paul Watzlawick »Man kann nicht nicht kommunizieren«. Für die Kommunikation heißt das: Eine Organisation kann sich nicht verstecken, wenn sie als gesellschaftlicher Akteur anerkannt ist. Auch eine prominente Spendenorganisation wie UNICEF darf in der Krise nicht in Schweigen verfallen, sondern muss sich offensiv um Aufklärung bemühen, wenn sie das Vertrauen ihrer Mitglieder und Spender behalten will.[306] Schottet sich die Organisation ab, läuft sie Gefahr, dass das Thema zu

---

305 http://www.wiwo.de/erfolg/management/krisenkommunikation-der-skandal-ist-ueberall/6927292. html

306 Während Nachrichtenagenturen wie die dpa mehrere vergebliche Anfragen beim Unternehmen in ihren Pressemeldung mit dem Zusatz ergänzen »Das Unternehmen wollte zu den Vorwürfen nicht Stellung beziehen«, vermerken im angelsächsischen Sprachraum die Agenturen sogar die Anzahl der vergeblichen Kontaktversuche (Nach: Graf, Johannes: Auf die Schnelle, in: pressesprecher,

einem Selbstläufer für die Medien wird. Gerüchte verbreiten sich und bleiben unwidersprochen im Raum stehen. Kritische Medien übernehmen die Meinungsführerschaft und geäußerte Vorwürfe verfestigen sich zu einem starken Negativbild. Die Mitarbeiter sind verunsichert, weil die Geschäftsführung nicht handelt und um den guten Ruf der Organisation kämpft. Im Bereich von Unternehmen sind wichtige Stakeholder wie Kunden oder Kapitalgeber irritiert, weil sie nicht beurteilen können, ob sich die Situation zu einer Bestandskrise ausweitet. Dabei kommt es gerade in der Krise darauf an, schnell zu reagieren und auf eingespielte Strukturen zurückzugreifen, die bereits als Risikokommunikation angelegt worden sind.

TIPP 46

Krisenverhalten bei Shitstorms

- *Shitstorms sind unerwartete und meist unerwünschte massenhafte Reaktionen im Internet auf vermeindliches oder tatsächliches Unternehmensfehlverhalten oder unbedarfte Unternehmensäußerungen. Sie stellen selbst gestandene PR-Profis vor große Herausforderungen, weil häufig Erfahrungen im Umgang mit massiver Online-Kritik fehlen. Transporteure von Shitstorms können Blogbeiträge, Tweets oder Facebook-Meldungen von Einzelpersonen oder Pressure Groups im Rahmen des eigenen Campaignings sein. Dabei ist die Tonalität der Empörungsbeiträge im Netz häufig undifferenziert oder beleidigend. Was kann man tun, um die eigene Unternehmenskommunikation aktiv zu gestalten, wenn eine Protest- oder Empörungswelle im Social Web losgetreten ist?*

- *Online-Krisenkonzept: Die eigene PR-Abteilung ist gut vorbereitet und verfügt über ein Krisenkonzept, in dem Abstimmungswege zwischen Management und Kommunikationsabteilung definiert sind und wichtige Argumentationsleitlinien entlang möglicher Krisenszenarien definiert sind.*

- *Themenrelevanz erkennen: Entlang der vorgebrachten Kritik wird entschieden, ob ein Thema wirklich Bedeutung und Potenzial hat. Je nach Grad der Betroffenheit können Empörungswellen auch schnell wieder abebben. So kann ein reines Beobachten oft durchaus wirkungsvoller als eine sofortige Reaktion sein. Zudem wird oft ein Shitstorm erst dann relevant, wenn er es in die Berichterstattung der klassischen Medien schafft und damit eine erhöhte Reichweite erreicht.*

- *Absender identifizieren: Um zu wissen, wer in welchen Kanälen spricht, sollten Social-Media-Monitoring-Tools genutzt werden. Ein wichtiger und gut vernetzter Blogger oder eine mitgliederstarke Nonprofit-Organisation erhalten durch ihre Multiplikatorenfunktion automatisch mehr Aufmerksamkeit in der Online-Communitiy.*

- *Eigene Kommunikationsinhalte definieren: Was soll gesagt werden, welche Kommunikationsbotschaften als belastbare und nachvollziehbare Position des Unternehmens vermittelt werden. Wo muss oder kann die Organisation möglicherweise ihr Verhalten ändern?*

- *Distributionskanäle festlegen: Über welches Medium will das Unternehmen sprechen? Die eigene Unternehmenshomepage, das hauseigene Unternehmensblog oder die eigenen Facebook- und Google+Seiten? Dazu sind die Kommunikationsinhalte mediengerecht für die einzelnen Kanäle aufzubereiten.*

04/2008, S. 45). Für den Pressesprecher eines Unternehmens kann sich so sein Verweigerungsverhalten auch schnell zu einem persönlichen Imagegau entwickeln.

■ *Gelassenheit zeigen: Nicht sofort zurückschlagen, auch wenn die Kritik vielleicht unberechtigt, aber der Ton scharf ist. Gerade im Social Web sollte man sich als guter Zuhörer zeigen, der am Dialog interessiert ist. Dazu ist vorgebrachte Kritik differenziert sachlich und offen zu behandeln. Immer wieder reagieren gerade Community Manager vorschnell aggressiv, weil Online-Kritik im eigenen Unternehmen schnell auf sie als Person zurückfällt.*

■ *Kommunikationsfluss aufrechterhalten: Gerade im Internet ist es nicht mit einer einzigen Reaktion getan. Wer sich im Dialog mit kritischen Zielgruppen befindet, sollte neue Erkenntnisse und Ergebnisse kontinuierlich und zeitnah mitteilen. Bei einer Shitstorm-Krise muss man Durchhaltevermögen zeigen. Irgendwann – meistens nach ein bis zwei Wochen – ist auch hier alles von allen gesagt.*

■ *Umfassend reagieren: Ist die Kritik berechtigt, sollten alle relevanten Stakeholder-Gruppen in die Kommunikation eingeschlossen werden – Mitarbeiter, Medien, Anteilseigner, Kunden. Eigene Fehler eingestehen, Lösungen und Veränderungsprozesse transparent machen – dies sind wichtige Schritte innerhalb des Bewältigungsprozesses.*

■ *Kommunikationsberater hinzuziehen: Fehlt Expertise im eigenen Haus, beispielsweise durch einen fehlenden Social-Media- oder Community-Manager, ist es von zentraler Bedeutung, die Hilfe einer externen Beratung einzuholen, die über das notwendige Expertenwissen beim Umgang mit diesem Fall verfügt.*

Krisenvielfalt

Die Schwierigkeit von Unternehmen, sich auf Krisen vorzubereiten, hat eine simple Ursache: Jede Krise stellt sich anders dar und besitzt ihre eigene Dynamik. Krisen treten oft unvorhergesehen, unvermittelt und in unterschiedlichsten Prägungen auf. Und nicht immer ist es einfach, die wirklichen Ursache-Wirkungsbeziehungen zu identifizieren. Handelt es sich um ernsthafte hausgemachte Krisen oder um eine Medieninszenierung? Wie groß ist der Kreis der Betroffenen? Gibt es dazu einflussreiche Mulitplikatoren und Pressure Groups im Social Web, die die Verbreitung des Themas beschleunigen? Handelt es sich um einen flüchtigen Skandal oder sind grundlegende Strukturen im Unternehmen (Korruption, Bestechung, Unterschlagung) die eigentliche Ursache?

Die schlimmsten Krisen entstehen dann, wenn Unternehmen die Anliegen von Betroffenen, Mitarbeitern, Behörden nicht erkennen bzw. bewusst ignorieren oder wenn die Kommunikation panisch und aktionistisch verläuft – ohne sichtbares Ziel und ohne Kenntnis der eigenen Situation. Dabei helfen zur richtigen Bewertung von Krisen einige Grundfragen: Um was für eine Krise handelt es sich? Um eine externe oder eine interne Krise? Ist diese bereits öffentlich oder wird sie von den Medien und der Öffentlichkeit noch nicht wahrgenommen? Krisen lassen sich dazu nach folgenden Merkmalen kategorisieren:

■ **Technik-Krisen:** Handelt es sich um einen Unfall, einen Störfall oder eine Katastrophe, die Menschen gefährdet oder Umweltschäden nach sich zieht? Wie groß ist das Ausmaß?

■ **Wirtschaftskrisen:** Bedrohen eine Absatzkrise, Verkaufsrückgänge, Gewinneinbrüche das Unternehmen? Gibt es neue Konkurrenten? Ist sogar die gesamte Branche in der Krise (Solarwirtschaft)?

■ **Bestandskrisen:** Steht das Unternehmen vor der Insolvenz oder einer feindlichen Übernahme? Plant das Unternehmen eine Fusion?

■ **Produktkrisen:** Gibt es Produktfehler, Rückrufaktionen, gesundheitliche Nebenwirkungen oder ein schlechtes Preis-/Leistungsgefälle? Verzögert sich eine Neueinführung?

- **Produktionskrisen**: Gab es einen Fall von Sabotage? Sind durch menschliches Versagen gesundheitsgefährdende Zutaten in das Produkt geraten?
- **Innerbetriebliche Krisen**: Existieren Personalprobleme, Kündigungswellen, Standort-Skandale z.B. Korruption, Bestechung, Unfälle, Proteste, Streiks, Mobbing-Vorwürfe?
- **Kommunikationskrisen**: Hat das Unternehmen ein schlechtes Image? Gab es in der Vergangenheit vergleichbare Probleme? Gibt es negative Gerüchte oder Schlagzeilen?

Erscheinungsformen von Krisen

Krisen treten also in unterschiedlichen Erscheinungsformen auf. Die PR-Agentur Kothes & Klewes (heute Ketchum Pleon) unterscheidet modellhaft drei Formen von Krisenverläufen (siehe Abb. 41)[307]:

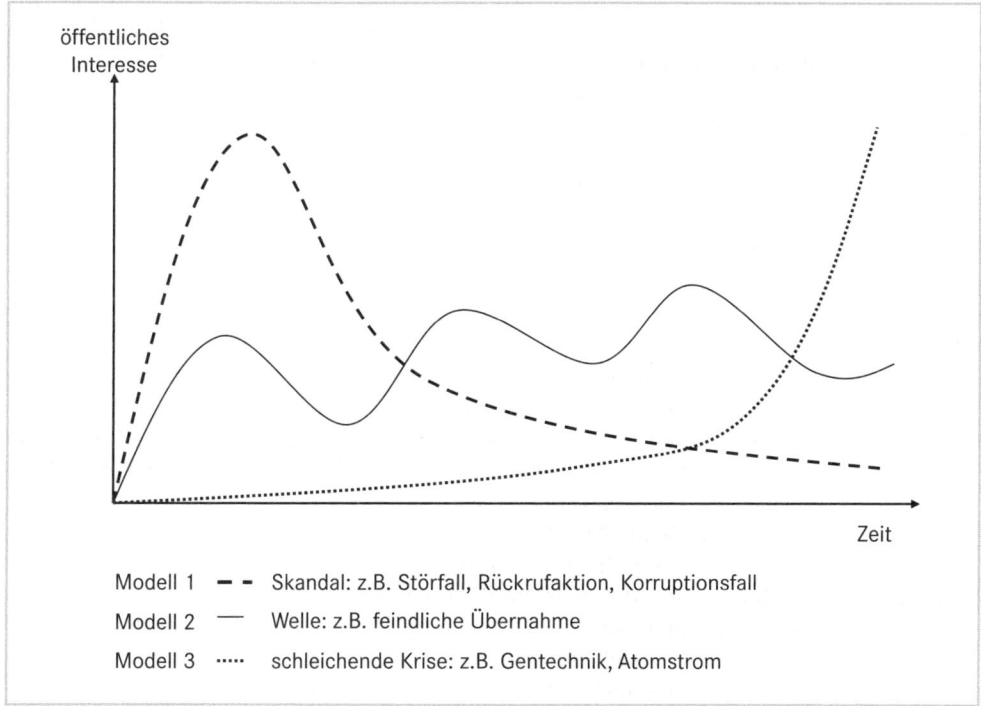

Abb. 41: Erscheinungsformen von Krisen, nach Kothes & Klewes 1997

Im ersten Modell handelt es sich um Krisen, die plötzlich und überraschend auftreten. Dazu zählen Unglücke, Störfälle, Skandale oder fehlerhafte Produkte, die z.B. eine Rückrufaktion auslösen. Diese Fälle treffen Unternehmen unvorbereitet und mit starker Wucht. Der Medien- und Aufklärungsdruck wächst unmittelbar mit Beginn der Krisensituation stark an, kann sich aber auch schnell abschwächen, wenn sich der Skandal als weniger gravierend herausstellt oder wenn das Unternehmen rasch eine tragfähige Lösung für alle Betroffenen anbieten kann.

---

307 Vgl. Kothes & Klewes, 1997, S. 10.

Beim zweiten Modell handelt es sich um Krisen-Erscheinungen, die wellenförmig verlaufen. Bei den Themen handelt es sich meist um echte Longseller, die immer wieder in der Berichterstattung auftauchen und verschwinden, beispielsweise bei juristischen Auseinandersetzungen oder komplizierten Gesetzesverfahren. Dem Unternehmen muss bewusst sein, dass eine abnehmende Berichterstattung noch kein Indikator für das Ende ist, sondern das Thema durch einen neuen Anlass schnell wieder öffentliche Aufmerksamkeit erlangen kann. Ein Beispiel dafür ist der »Sexskandal« bei ERGO, der immer wieder hoch kam, wenn ein neues Detail bekannt wurde.

Im dritten Fall baut sich das Krisenthema langsam auf, bis es eine breite öffentliche Aufmerksamkeit erlangt. Die Berichterstattung findet zu Anfang nur vereinzelt oder in einer Fachöffentlichkeit statt und verdichtet sich dann, wenn die Krise ihrem Höhepunkt zusteuert. Die amerikanische Hypothekenkrise war beispielsweise Insidern lange bekannt und wurde als Risikofaktor für das Finanzsystem frühzeitig von Analysten und Wirtschaftsjournalisten aufgegriffen. Öffentlich wurde das Thema erst durch die massiven Abschreibungen, die nationale und internationale Banken im Verlauf der Krise hinnehmen mussten, und den damit verbundenen Kursverlusten an den internationalen Börsen, unter denen viele Aktionäre litten.

8.1.2 Die Funktion des Issues Management

Issues Management oder Themenmanagement gehört neben dem Erarbeitung eines Krisenplans und der Beschreibung möglicher Krisenszenarien zu den wichtigsten Instrumenten der Krisenprävention. Es hat die Aufgabe, relevante Themen gezielt zu identifizieren und zu steuern, die zu einem potenziellen Risiko für das Unternehmen führen könnten. Diese – meist externen – Themenfelder sind in der Regel individuell an ein Unternehmen und sein spezifisches Umfeld gebunden. Ein Konzern wie Lufthansa beobachtet so andere Themenfelder (Sicherheit in der Luftfahrt, Tourismus-Trends, technologische Neuentwicklungen) als ein Chemieunternehmen BASF (Gentechnik, neue Umweltstandards und Studien). Die identifizierten Themenfelder werden nach der Issues-Analyse den relevanten Bezugsgruppen zugeordnet und mit den Kommunikationszielen verbunden.

Ein gutes Issues Management beobachtet nicht nur passiv den Verlauf von Themen, sondern sucht aktiv nach neuen, kommunikativ nutzbaren Themenfeldern. So haben Unternehmen wie die Otto-Group frühzeitig eine feine Sensorik für die Bedeutung von Umweltthemen in der Öffentlichkeit entwickelt. Diese Impulse aus dem gesellschaftlichen Umfeld des Unternehmens wurden konsequent aufgegriffen und mündeten letztlich in einer Neuausrichtung der Unternehmensstrategie. Auch dies kann Issues Management bewirken.

Issues Monitoring

Wichtiger Bestandteil ist das Issues Monitoring, das kontinuierlich die veröffentlichte Meinung in den Medien analysiert und bewertet. Es beobachtet Trends im Konsumentenverhalten, verfolgt politische Diskussionen oder registriert Ergebnisse zu neuen Studien und Entwicklungen. Issues Monitoring soll damit dazu beitragen, Risikopotenziale zu vermeiden oder zumindest zu verringern sowie Krisenverläufe positiv zu beeinflussen. Dazu setzt Issues Monitoring u. a. folgende Instrumente ein:

- Gespräche mit Experten aus Wissenschaft, Wirtschaft und Gesellschaft;
- Beobachtung relevanter Interessengruppen (Greenpeace, WWF, ATTAC);

- Auswertung von Marktstudien, Forschungsergebnissen, Markt- und Trendanalysen;
- Initiierung von Studien, Kundenumfragen und Imageanalysen;
- Identifizierung neuer Themen- und Forschungsfelder;
- Internes Monitoring durch Befragung hauseigener Experten sowie Durchführung und Auswertung von Mitarbeiterumfragen, Mitarbeitergesprächen, internen Workshops;
- Kontinuierliche Medienbeobachtung;
- Fortlaufendes Monitoring.

Diese gewonnenen Informationen sollten nicht nur gesammelt und abgelegt, sondern auch regelmäßig in einem Issues Reporting komprimiert und der Geschäftsführung zugänglich gemacht werden. Dieser Issues Report sollte dabei so aussagekräftig sein, dass sich daraus unmittelbare Handlungs- und Kommunikationsempfehlungen ableiten lassen.

Das Handbuch zum Krisenszenarium

Die Erstellung von Krisenszenarien ist eine Kernaufgabe systematischer Issues-Analysen. Darin werden potenzielle Krisenauslöser und Krisensituationen modellhaft beschrieben und mit konkreten Handlungsabläufen und Zuständigkeiten verbunden. Die einzelnen Krisenszenarien werden nach Wahrscheinlichkeit und Wirkungsgrad (Imageeinfluss, rechtliche Folgen) bewertet – als Basis für den Krisenplan. Dieser definiert Vorgehensweise, Zusammensetzung des Krisenstabs, Kommunikationsleitlinien sowie Zuständigkeiten in einem Krisenfall. Weitere Inhalte des Krisen-Manuals:

- Alarmplan: Wer wird im Unternehmen in welcher zeitlichen Reihenfolge von wem informiert?
- Zuständigkeiten: Wer übernimmt im Krisenfall welche Aufgabe? Wer spricht für das Unternehmen? Wer ist für die Herausgabe von Informationen zuständig?
- Informationsketten: Wie und wann werden die Mitarbeiter informiert? Wann die Behörden? Welche Informationen werden online gestellt? Welche ins Intranet? Welche weiteren Informationsmedien werden verwendet (Newsletter, Mitarbeiterbrief, Betriebsversammlung)? Wie wird in den Social-Media-Kanälen reagiert?
- Medienarbeit: Wie werden Pressematerialien erstellt? Ist bei der Freigabe die Rechtsabteilung gefordert? Sind Muster für Pressemitteilungen entlang möglicher Krisen-Themen und Krisen-Szenarien verfügbar? Sind die Kernansprechpartner auf Medienseite separat gelistet?
- Adressen: Liegen aktuelle Adressen aller Mitglieder des Krisenstabs vor, um die permanente Erreichbarkeit zu gewährleisten? Auch von wichtigen Adressen aus Politik, Behörden und Notdiensten sowie externen Beratern und Experten?

Parallel zum Krisenhandbuch sollte das Unternehmen über einen Dokumentationsbereich verfügen, in dem Sicherheitsprotokolle, technische Betriebs- und Produktprüfungen sowie wissenschaftliche Studien zum Beispiel zu speziellen Wirkungsstoffen oder Produktionsverfahren festgehalten sind. Je genauer sie den technischen Stand dokumentieren, desto mehr Argumente besitzt das Unternehmen, um im Krisenfall mit sachlichen, aktuellen Informationen zu überzeugen. Dazu sind ebenso eigene CSR-Berichte, Umwelt-, Nachhaltigkeits- oder Sozialberichte durchaus hilfreich.

8.1.3 Das Verhalten in der Krise

Die Rolle des Krisenstabs
Setzt die Krisensituation ein, muss der Krisenstab die kommunikativen Maßnahmen des Unternehmens definieren und nach außen tragen. Bei ihm laufen alle Fäden zusammen. Unter Leitung des Kommunikationschefs koordiniert er die Informationsflüsse nach innen und nach außen. Er ist Ansprechpartner für Medien, Behörden und Betroffene, bereitet Aussagen auf, legt das Timing und die inhaltliche Ausgestaltung der Statements fest, bündelt eingehende Anfragen. Im Umkehrschluss bedeutet dies auch, dass der Krisenstab für Medienanfragen permanent erreichbar sein muss.

Um diese vielfältigen Aufgaben zu bewältigen, sollten im Krisenstab alle relevanten Bereiche des Unternehmens vertreten sein: Unternehmensleitung, Leiter interne wie externe Kommunikation, Führungskräfte aus Forschung und Entwicklung, Produktion und Vertrieb, Verwaltung und Rechtsabteilung. Auch ein Vertreter der Arbeitnehmer kann zur Information und Beruhigung der Mitarbeiter hilfreich sein. Allerdings sollte der Krisenstab nicht mehr als acht bis zehn Personen umfassen, um handlungsfähig zu bleiben und schnell entscheiden zu können.

Modell: Ablauf des Krisenmanagements

Stufe 1: Unmittelbar nach Kriseneintritt (Ad-hoc-Maßnahmen)
- Die zuständigen Sicherheitsabteilungen (intern) und je nach Schwere des Krisenfalls auch die Sicherheitsbehörden (extern) werden informiert.
- Das Krisen-Team wird benachrichtigt und tritt zusammen.
- Das Krisen-Team bestimmt den Sprecher, die Art der Vorgehensweise sowie die kommunikativen internen wie externen Maßnahmen.
- Das Krisen-Team informiert alle wichtigen Abteilungen des Unternehmens.
- Das Krisen-Team schaltet eine juristische Beratung ein, ggf. externe Experten.
- Das Krisen-Team formuliert erste Statements oder passt diese auf Basis bereits vorhandener Vorlagen im Krisenhandbuch an.
- Das Krisen-Team informiert die Mitarbeiter in einer ersten Hausmitteilung (online/offline).
- Innerhalb der ersten Stunden wird die Pressemitteilung zum Krisenfall versandt (Direktversand, Presseservices). Zudem wird zur Pressekonferenz geladen.
- Erste Informationen finden sich auf der Homepage des Unternehmens wieder.

TIPP 47

Der Einsatz von Darksites
Gerade in Branchen mit höherem Krisenpotenzial (Chemie, Pharma, Energie, Technologie, Tourismus etc.) sollten Sie bereits im Vorfeld so genannte Darksites einrichten – und zwar unabhängig von der Corporate Websites. Diese sollten mit Beispiel-Content hinterlegt sein und lassen sich im Krisenfall sofort aktualisieren und frei schalten. Darksites erhöhen dabei nur die Reaktionsgeschwindigkeit, sondern entlasten gleichzeitig das Krisen-Team, das sich ganz auf seine Kernaufgaben konzentrieren kann. Bei internationalen Unternehmen sollten diese Darksites länderspezifisch angepasst sein, damit auch die lokalen Einheiten in den jeweiligen Ländern die mit der Kommunikationszentrale abgestimmten Informationen verbreiten können.

Stufe 2: In den folgenden Stunden

- Das Krisen-Team entwickelt einen Frage-Antwort-Katalog zu den Kernthemen.
- Das Unternehmen stimmt sich mit seinen juristischen Beratern ab.
- Das Unternehmen informiert bei schweren Unglücksfällen die Angehörigen.
- Das Krisen-Team gibt den genauen Termin für die Pressekonferenz bekannt.
- Das Krisen-Team richtet eine Telefon-Hotline für Betroffene wie Kunden ein.
- Das Unternehmen informiert Nachbarschaft ebenso wie Verbände und Institutionen.
- Das Unternehmen hält eine Pressekonferenz ab und liefert erste Stellungnahmen.
- Das Krisen-Team gibt weitere Kontakt- und Infoquellen für die Öffentlichkeit bekannt.
- Die Journalisten erhalten regelmäßig neue Informationen.
- Das Unternehmen bietet Einzelinterviews an (live, per Telefon, per Chat).
- Das Krisen-Team produziert Video-/Audio-Footage für Hörfunk- und TV-Medien.
- Das Unternehmen führt Video-Konferenzen mit wichtigen Standortleitern durch.
- Das Krisen-Team versorgt Mitarbeiter mit aktuellen Informationen (online/offline).
- In den Social-Media-Kanälen wird regelmäßig informiert und mit der Community kommuniziert.

Stufe 3: Innerhalb der folgenden Tage

- Das Unternehmen sichert den Kommunikationsfluss mit Medien und Behörden.
- Das Krisen-Team bereitet Fakten als Medieninformation auf und stellt sie zur Verfügung.
- Das Unternehmen zieht externe Experten, Wissenschaftler, Gutachter als Berater hinzu.
- Das Unternehmen führt Hintergrundgespräche mit Journalisten und Meinungsbildnern.
- Das Unternehmen prüft Möglichkeit für Gutachten/Studien und gibt diese in Auftrag.
- Das Unternehmen prüft und schaltet werbliche Anzeigen in wichtigen Medien.
- Das Krisen-Team aktualisiert Informationen für Hotline-Mitarbeiter sowie das Social-Media-Team laufend.
- Das Unternehmen zeigt Transparenz durch Werksführungen und Hintergrundgespräche.
- Das Unternehmen informiert Kunden über Sonderausgaben, Newsletter, E-Mailings etc.

Im Anschluss

- Das Unternehmen prüft Möglichkeiten für einen Tag der offenen Tür, für Infostände, Roadshows als Tour der Information und des Vertrauens.
- Das Unternehmen überprüft die Handlungsweisen des Krisen-Teams.
- Das Unternehmen analysiert das Frühwarnsystem auf Stärken und Schwächen.
- Das Unternehmen überarbeitet und ergänzt das Krisenhandbuch.
- Das Unternehmen optimiert das eigene Issues Management.

Leitfragen zur Beantwortung von Medienanfragen[308]:

- *Was ist genau passiert?*
- *In welcher Reihenfolge ist es passiert?*
- *Welcher Schaden ist entstanden und wer ist betroffen?*
- *Was ist die Ursache für den Schaden?*
- *Besteht eine Gefährdung noch immer?*
- *Welche Maßnahmen hat das Unternehmen bereits veranlasst?*
- *Welche Analysen und Fakten fehlen, um den Vorgang besser bewerten zu können?*
- *Bis wann werden diese Fragen geklärt sein?*
- *Wo können Betroffene weitere Informationen erhalten?*
- *Wann sind weitere Informationen zu erwarten?*
- *Gibt es bereits konkrete Termine (z. B. Pressemitteilung, Pressekonferenz)?*

Auftritt vor Mikrofon und Kamera

Das kommunikative Verhalten und die mediale Wirkung des Unternehmenssprechers bestimmt in der Krisensituation ganz entscheidend die Glaubwürdigkeit der Kommunikation. Um eine One Voice Policy zu gewährleisten, sollte je nach Schwere der Krise genau entschieden werden, wer von Unternehmensseite vor die Kameras tritt. In einer akuten Krisensituation kann es für die Erstkommunikation ausreichen, wenn der Pressesprecher vor die Kameras tritt. Handelt es sich aber um eine wirklich schwere Krise des Unternehmens, ist dies Aufgabe der Unternehmensleitung, um der Bedeutung der Krisensituation für die Öffentlichkeit gerecht zu werden.

Wichtig ist dabei, ob auf kritische Nachfragen überzeugend reagiert wird, ob komplexe technische Sachverhalte verständlich gemacht werden und nicht zuletzt, ob der Sprecher authentisch, sensibel, glaubwürdig und sympathisch wirkt. Das heißt, dass er gerade in der Kommunikation mit Journalisten fachlich wie emotional überzeugt. Regelmäßige Medientrainings[309] gehören daher zum unverzichtbaren Instrumentarium der Krisenvorbereitung. In ihnen lernen die Sprecher in simulierten Interview-Situationen den sicheren Umgang mit Journalisten, den Aufbau von Statements und Argumentationslinien sowie den überzeugenden Auftritt vor Kamera und Mikrophon. Dabei lassen sich auch Übungen simulieren, in denen die Pressekonferenz unmittelbar nach Krisenausbruch oder der gesamte Ablauf eines Krisenszenarios trainiert wird.[310]

---

308 Erweiterte Fassung von: Kothes & Klewes, 1997, S. 17.
309 In Großunternehmen absolvieren manche Pressesprecher drei bis vier Medientrainings pro Jahr.
310 Vgl. Herbst, Dieter, 2003, S. 348 f.

Grundregeln für den Medienauftritt

TV-Auftritt

- *Treten Sie immer gut vorbereitet vor die Kamera, vermeiden Sie hektische, unruhige Bewegungen und sprechen Sie möglichst frei.*
- *Halten Sie sich an die klare, vereinbarte Argumentationslinien auch bei hartnäckigen Fragen.*
- *Machen Sie nur Aussagen, die 100-prozentig abgesichert sind und den neuesten Erkenntnissen im Unternehmen entsprechen. Wenn Informationen fehlen, kann man dies auch zugeben – in Verbindung mit dem Hinweis, wann diese Informationen verfügbar sein werden.*
- *Sehen Sie dem Gesprächspartner, sprich Interviewer, direkt in die Augen.*
- *Bleiben Sie authentisch, und nehmen Sie die Ängste und Sorgen der Betroffenen ernst.*
- *Entschuldigen Sie sich öffentlich, sollten Personen durch unwiderlegbare Verfehlungen des Unternehmens zu Schaden gekommen sein.*
- *Verweisen Sie immer auch auf die Leistungen und Leitlinien des Unternehmens, die seine gesellschaftliche Verantwortung dokumentieren.*

Im Hörfunk oder am Telefon
- *Sprechen Sie den Interviewer mit Namensnennung an.*
- *Formulieren Sie kurz und prägnant mit kompakten und klaren Sätzen.*
- *Verwenden Sie hauptsächlich bekannte Wörter, und vermeiden Sie Fremdwörter.*
- *Erklären Sie Fachausdrücke, sollten Sie diese unbedingt nutzen wollen.*
- *Veranschaulichen Sie Ihre Sätze durch aktive Verben, konkrete Beispiele und Vergleiche.*
- *Bereiten Sie einen Stichwortzettel mit Zahlen, Fakten sowie Zitaten und Formulierungen vor.*
- *Lesen Sie aber Ihr Statement nicht ab (man hört dies im Radio).*
- *Wiederholen Sie die Aussage im Radio, wenn Sie sich versprechen.*

8.1.4 Die Nachbereitung der Krise

Wenn der Druck von Medien und sonstigen Stakeholdern nachlässt, beginnt im Unternehmen die eigentliche Schadensbegutachtung und Bewertung der Krisenkommunikation:

- Ablauf: Wie waren Krisenverlauf und Krisendramaturgie? Wurden die Bemühungen und Akzente des Unternehmens angenommen, oder befand es sich stets in der Defensive? Wo war die Krisenkommunikation gut, wo gab es Schwachstellen?
- Kompetenzen: Wie gut hat das Krisen-Team funktioniert? Waren die Kompetenzen klar verteilt? War die Zusammenarbeit mit externen Gruppen wie Behörden, Verwaltungen positiv?
- Folgen: Wie stark sind die Auswirkungen der Krise? Ist ein Imageschaden zurückgeblieben? Hat sie die wirtschaftliche Situation negativ beeinflusst? Sind wichtige Kunden abgesprungen?
- Medien: Wie hat sich die Resonanz entwickelt? Gab es differenzierte Berichte? Konnten eigene Themen gesetzt werden? Wurden Journalisten gut genug informiert? Gab es

Journalisten und Medien, die besonders kritisch berichtet haben? Wurde in den Social Media Kanälen adäquat reagiert und ein Shitstorm vermieden?

- Intern: Welche Auswirkungen hat die Krise auf die interne Stimmung? Wie gehen die Mitarbeiter mit der Situation um? Ist hier noch weitere Aufklärung notwendig?
- Zukunft: Was kann das Unternehmen künftig in einer vergleichbaren Situation besser machen? Wo lässt sich an der internen Kommunikation ansetzen? Wo muss der Kontakt zu Journalisten intensiviert und verbessert werden?

Die Stärken und Schwächen der Krisenkommunikation sollten nach Möglichkeit schonungslos aufgearbeitet sowie systematisch die Chancen ausgelotet werden, wie sich verloren gegangenes Vertrauen und Reputation bei Medien, Kunden, Mitarbeitern und Kapitalgebern zurück zu gewinnen lässt. Oberstes Ziel muss es sein, die belasteten Beziehungen zu den wichtigen Stakeholdern wieder zu stabilisieren.

Das Ende einer Krise ist zudem immer Gelegenheit, die eigenen Informationssysteme auf den Prüfstand zu stellen. Ist es vielleicht notwendig ein eigenes Customer-Relations-Management einzuführen, um die Kunden individueller zu informieren? Genügen Kundenzeitschrift oder Kunden-Newsletter noch dem gestiegenen Bedarf an Informationsqualität? Muss das Qualitätsmanagement optimiert werden, um die Anfälligkeit von Produkten und Prozessen zu minimieren? Sollte nach der Krise die Kundenbindung verstärkt werden, indem die PR-Medien durch eine veränderte Bildsprache die neuen Imagemerkmale des Unternehmens emotionaler transportiert werden? Muss die Organisation das Verhältnis zu den Mitarbeitern durch ein neues Unternehmensleitbild und eine veränderte Unternehmenskultur neu definieren? Oder sollte beispielsweise ein Corporate-Social-Responsibility-Programm (CSR) mit regelmäßigen CSR-Audits eingeführt werden, um das Thema Nachhaltigkeit in der eigenen Geschäftsstrategie fester zu verankern?

Diese vielfältigen Fragestellungen zeigen, wie intensiv und umfassend sich das Unternehmen bei der Krisennachbereitung mit Organisation, Kommunikationsprozessen und Geschäftsinhalten auseinandersetzen muss. Schließlich bieten Krisensituationen neben der Neuausrichtung der Unternehmenskommunikation immer auch die Chance für eine umfassende Neupositionierung und Modernisierung des Unternehmens – auch nach dem Motto »Die nächste Krise kommt bestimmt.«

Risiko, Krise, Kommunikation

Integriertes Risikomanagement mit Kommunikation

Von Hartwin Möhrle

Die Juni-Ausgabe 2012 des Wirtschaftsmagazins brand eins[1] hat den dankenswerten Versuch unternommen, den Begriff des Risikos zu rehabilitieren. Nach jahrelanger Finanzkrise mit einer nicht enden wollenden Reihe von Skandalen um skrupellose oder auch nur größenwahnsinnige Kapitalmarkt-Jongleure – von den normalen Hasardeuren im Wirtschaftsleben mal ganz abgesehen – ist das Risiko als unternehmerische und politische Handlungskategorie schwer in Misskredit geraten.

Vor allem die Politik hat dafür gesorgt, dass mit der Verschutzschirmung staatlichen Finanzgebarens gleichzeitig der Risikobegriff generell auf den öffentlichen Index gesetzt wurde. Fatalerweise führt das zu der Illusion, Gesellschaft könne als ein gleichsam risikofreier Raum gestaltet werden, in dem zum Beispiel nur noch als risikoarm eingestuftes wirtschaftliches, sprich unternehmerisches Handeln opportun ist. Ein bedenklicher Kollateralschaden der aktuell dominierenden politischen Verwendung des Begriffs Risiko: Der Mut zum Risiko, ohne den keine Entdeckungen gemacht, keine Erfindungen getätigt, kein Fortschritt erzielt und keine Konflikte gelöst werden können, erfährt eine generelle Diskreditierung. Vermutlich werden wir so den nachfolgenden Generationen neben den finanziellen Lasten ein kontaminiertes Risikoverständnis hinterlassen. Doch was hat das alles mit Krisenkommunikation zu tun?

In einem der zentralen wissenschaftlichen Werke der Krisenkommunikation, dem von Robert L Heath und H. Dan O´Hair 2009 herausgegebenen »Handbook of Risk and Crisis Communication«,[2] steht der schlichte wie zutreffende Satz: »A crisis is a risk manifested«. Die beiden Herausgeber formulieren damit einen Ansatz, der in der deutschsprachigen Auseinandersetzung mit dem Thema Krisenkommunikation bislang nur in Ansätzen ähnlich konsequent zu finden ist. Die Reflexion über die Kommunikationskrise bleibt bislang eng am Muster von Früherkennung, Behandlung und Prophylaxe haften und damit letztlich einem normativen Krankheitsbild, dass zuwenig vom Leben vor der Krankheit mitreflektiert.

Das Risiko als Vorraum der Krisenentstehung

Die These von Heath und O´Hair ist klar: Je besser die Risiken öffentlichen Handelns, ob als Unternehmen, Person, Institution oder Interessensgemeinschaft, kommunikativ gemanagt werden, desto geringer ist die Wahrscheinlichkeit, dass daraus für die Akteure überraschende Kommunikationskrisen entstehen. So gesehen könnte eine Krise schon als Beleg dafür gewertet werden, dass sich eine Organisation beziehungsweise deren verantwortlich handelnde Personen nicht Willens oder in der in der Lage waren, die mit ihrem Handeln verbundenen Risiken – und damit verbundene Auswirkungen für potenziell betroffene Stakeholder – angemessen und vorausschauend zu managen. Sie legen damit den Finger in eine offene Organisations- und

---

1   »Total normal! Leben in Risiko«, brand eins, Heft 06, Juni 2012. Besonders empfehlenswert der Leitartikel von Wolf Lotter: »Die Ermutigung. Wir brauche nicht weniger Risiko. Sondern mehr Mut.«

2   »The Significance of Crisis and Risk Communication«, Seite 5, in »Handbook of Risk and Crisis Communication«, New York 2009.

Managementwunde: Die in vielen Unternehmen und Institutionen und Organisationen nur rudimentär oder nicht existente Verknüpfung von Risikomanagement mit Risiko- und Krisenkommunikation.

Abgesehen von bemerkenswerten Ausnahmen – die Abwesenheit eines präventiven Krisenkommunikationssystems bei BP in der »Golf-Krise« etwa – verfügen die überwiegende Mehrzahl der großen und mittelständischen Unternehmen, Finanzinstitute und Institutionen über alle möglichen Risikomanagementsysteme: Das beginnt bei der Qualitätssicherung, dem Risk-Management im Finanzbereich, beinhaltet Compliance-Strukturen und geht über das Business Continuity Management, die IT-Sicherheit bis hin zur Sicherheit als solcher, um nur einige Bereiche zu nennen, die sich explizit um das Managen von Risiken kümmern. Ein zentrales Problem, das aus dem Umgang mit Risiken schnell krisenhafte Dynamiken entstehen lassen kann, ist hausgemacht: Die mangelnde interne Vernetzung.

Da stellt das Risikomanagement-Team einer IT-Abteilung während eines Systemausfalls am helllichten Tag ungerührt einen Banner mit der Aufschrift »Planmäßige Wartungsarbeiten« auf die Website einer Bank, wovon zunächst weder der Kundendialog noch die Kommunikationsabteilung etwas mitbekommen. Die Sicherheitsabteilung eines internationalen Unternehmens führt gemeinsam mit dem Business Continuity Management eine Notfallübung »Terroranschlag« durch und versetzt dabei versehentlich eine internationale Kundendelegation in Angst und Schrecken, die zur gleichen Zeit auf Einladung von Marketing und Vertrieb das Unternehmen besichtigt. Und der allseits beliebte und erfolgreiche Manager, der wegen nachgewiesener Untreue das Unternehmen verlassen muss, lässt seine Anwälte mit der Rechtsabteilung des Hauses eine »No comment«-Vereinbarung aushandeln – für seine geräuschlose Demission. Zurück bleibt eine verständnislose bis konsternierte interne Öffentlichkeit, der weder interne Kommunikation, Personalabteilung noch Geschäftsführung den Vorgang erklären können.

Strategische Rolle der Unternehmenskommunikation

Die Beispiele veranschaulichen, welche beträchtlichen Risiken im Ernstfall in der mangelnden Vernetzung der mit dem Risikohandling betrauten Fachabteilungen und Stabsstellen und den Kommunikationsabteilungen steckt. Der Stabstelle Unternehmenskommunikation kann dabei eine zentrale Aufgabe und Rolle zukommen. Der Aufbau einer präventiven Krisenkommunikation, gar eines integrierten Crisis Prepardness-Systems ohne funktionierende Vernetzung der mit den unterschiedlichen Risiko- und Krisenmanagementaufgaben betrauten Abteilungen ist ein Widerspruch in sich.

Es liegt geradezu auf der Hand, dass die Kommunikation bei der informationellen und kommunikativen Vernetzung eine federführende Rolle einnehmen kann und soll. Ihre Managementaufgabe sollte es sein, die Nervenstränge in der Organisation zu einem wirksamen kommunikativen Risiko- und Krisenmanagementsystem zu verschalten. Dabei verfügt sie über durchaus exklusive Kompetenzen, die für alle anderen Bereiche des Risiko-, Sicherheits- und Krisenmanagements, die gesamte Unternehmung und dessen Management von Bedeutung sind: Zum Beispiel die Fähigkeit zur kommunikativen Folgenabschätzung und die bei unsachgemäßem kommunikativem Umgang mit den jeweiligen Sachverhalten möglichen Risiken für Wertschöpfung und Reputation. Und sie verfügt – oder sollte es zumindest – über das Knowhow, mit welchen kommunikativen Strategien und Methoden diese Risiken zumindest abgeschwächt oder gar entschärft werden können.

Ob eine Kommunikationsabteilung diese Rolle tatsächlich übernehmen kann, hängt allerdings entscheidend davon ab, inwieweit die Managementverantwortlichen verstehen, worum es dabei geht: Um die Absicherung der grundlegenden Risiken, die in der Bestimmung und dem Handeln des Unternehmens, der Institution und Organisation liegen. Am Ende geht es dabei vor allem auch um die Absicherung ihres persönlichen Risikos als verantwortliche Vorstände, Geschäftsführer und Funktionsinhaber.

8.2 Politische Kommunikation

Meinungsbildung findet für Unternehmen und Non-Profit-Organisationen längst nicht nur im Zusammenspiel mit Medien und Öffentlichkeit statt. Zunehmend drängen sie an die Orte, an denen politische Prozesse entschieden und in Gesetzesinitiativen übersetzt werden. Mit »Public Affairs« hat sich sogar ein neuer Berufszweig herausgebildet, um Unternehmen, Verbände und NGO zu unterstützen, gezielt politische Entscheidungsträger zu beeinflussen bzw. im Wettstreit mit anderen Public-Affairs-Spezialisten, Rechtsberatern, Lobbyisten und Repräsentanten die eigenen Organisationsinteressen zu wahren.

Gerade größere Unternehmen verlassen sich nicht mehr allein auf die eigenen Branchenverbände, sondern haben in Berlin und Brüssel eigene Unternehmensrepräsentanzen aufgebaut, in die sie zu parlamentarischen Abenden und Kamingesprächen einladen, um jenseits der öffentlich geführten Debatte im persönlichen Dialog mit Abgeordneten, Verbandsvertretern, Experten und Journalisten Meinungsbildungsprozesse zu beeinflussen bzw. ein günstigeres Meinungsklima zu schaffen. Darüber hinaus laden Verbände Politiker regelmäßig zu Branchentreffen ein, um diesen gegenüber die eigene Haltung zu Gesetzesvorhaben zu verdeutlichen, auf die wirtschaftlichen Auswirkungen von neuen Gesetzesinitiativen hinzuweisen und dabei Bündnispartner in der Politik zu finden.

8.2.1 Aufgaben und Zielgruppen der Public Affairs

Komplexe Gesetzeslagen können die wirtschaftlichen Interessen von Unternehmen unmittelbar berühren. Diese nutzen wiederum alle Kommunikationskanäle der politischen Kommunikation, um ihre Forderungen mit Argumenten, Studien und wissenschaftlichen Expertisen zu artikulieren. Viele Politiker greifen ihrerseits gerne auf diese Informationen zurück, da es auch für sie zunehmend schwieriger wird, die wirtschaftlichen und technologischen Folgen von Gesetzesinitiativen angemessen zu beurteilen. Public-Affairs-Management wird damit zu einem hoch professionellen Kommunikationsvorhaben, mit dem Verbände, Non-Profit-Organisationen und Unternehmen ihre Einflusssphäre im politischen und gesellschaftlichen Raum aufbauen, ausbauen und sichern. Die folgenden Aufgaben zählen dazu:

- Politische Beratung von Unternehmen, Organisationen und Institutionen;
- Wahrung und Durchsetzung von Unternehmens- und Organisationsinteressen;
- Regelmäßiger Austausch mit Politik, Wirtschaft und Gesellschaft;
- Persönlicher und regelmäßiger Dialog mit administrativen Entscheidungsträgern aus Verbänden, Non-Profit-Organisationen und Medien;
- Aufbereitung, Bereitstellung und Verbreitung von Informationen zur Beeinflussung von Entscheidungsprozessen;
- Aktive Beteiligung an öffentlichen Debatten zur Erzeugung eines günstigen Meinungsklimas sowie zur Beeinflussung von Interessensgruppen.

Die Anzahl der Zielgruppen von politischer Kommunikation ist schwer zu übersehen. Prinzipiell ist jede Person und Interessensgruppe interessant, die auf Grund einer besonders hohen fachlichen Kompetenz, ihrer gesellschaftlichen oder beruflichen Stellung, eines hohen Organisationsgrades oder einer besonders hohen Reputation, Einfluss auf politische Meinungsbildungsprozesse oder Gesetzesvorhaben besitzt. Folgende Zielgruppen können im Public-Affairs-Prozess eine hohe Bedeutung haben:

- Mitarbeiter eines Unternehmens;
- Politische Entscheider sowie Vertreter in Kommunen, Landkreisen, Landtagen, Bundestag, EU;
- Mitglieder politischer Parteien wie Berufspolitiker, Aktivisten, ehrenamtliche Helfer;
- Politische Stiftungen und Gremien wie Ausschüsse und Arbeitskreise;
- Informelle Partei-Zirkel wie Netzwerke, Freundeskreise, Initiativen;
- Vertreter von Behörden und Verwaltungen;
- Mitglieder von Fach- und Branchenverbänden;
- Politische Interessensgruppen, Bürgerbewegungen, Non-Profit-Organisationen, NGO;
- Leitmedien, Nachrichtenagenturen, Fachmedien, Branchenmedien;
- Wissenschaft und Expertenkreise.

Spezialisierte Public-Affairs-Agenturen begleiten Unternehmen und Organisationen bei der Beobachtung und Analyse politischer Prozesse, unterstützen sie beim Aufbau eines kontinuierlichen Dialogs mit politischen Entscheidern und schmieden Bündnisse mit Partnerorganisationen und anderen politischen Akteuren. Die zunehmende Professionalisierung der Public-Affairs-Branche in Deutschland zeigt sich nicht nur durch eigene Berufskodizes – z.B. der Deutschen Gesellschaft für Politikberatung (degepol) –, sondern auch durch eigene Ausbildungs- und Weiterbildungslehrgänge wie sie beispielsweise die Quadriga Hochschule Berlin anbietet.

8.2.2 Die Rolle der Lobbyisten

Rund 80 Prozent aller politischen Entscheidungen, die die bundesdeutsche Wirtschaft betreffen, werden gegenwärtig von der EU in Brüssel und Straßburg gefällt. Schätzungen gehen davon aus, dass dazu 25.000 Lobbyisten aus den EU-Staaten die Interessen der Unternehmen dort vertreten.[311] Auch auf Bundesebene sind Lobbyisten der großen Verbände und Dachorganisationen aktiv. So stellt der Deutsche Bundestag beispielsweise eine jährlich aktualisierte Fassung der dort akkreditierten mehr als 2.000 Mitglieder online zur Verfügung, wobei die Zahl der tatsächlich aktiven Lobbyisten in Berlin auf 4.000 bis 5.000 geschätzt wird. Die akkreditierten Mitglieder haben das Recht, an Gesetzgebungsverfahren zu partizipieren und können sich etwa bei Anhörungen zu Wort melden: Ein Recht, von dem bei manchen Themen mehr als hundert Verbände Gebrauch machen.

Lobbyisten haben in Deutschland meist einen eher schlechten Ruf. Dies resultiert daher, dass ihnen der Verdacht der Hinterzimmerpolitik anhaftet. Das heißt: Die gezielte Beeinflussung von politischen Entscheidungsträgern hinter verschlossenen Türen, unter Ausschluss der Öffentlichkeit und unbeobachtet von Kontrollinstanzen wie den Medien. Dies gilt besonders für die so genannten »Spin Doctors«, die gezielt Gerüchte streuen oder mit einseitigen Argumentationen und zweifelhaften Informationen wie gekauften Expertisen politische Entscheidungsträger beeinflussen und bestehende Meinungsbilder destabilisieren. An diesem schlechten Image des Lobbying und dem dahinter stehenden Manipulationsverdacht ist auch die Politik nicht unschuldig. Wer die Diskussion um die Nebeneinkünfte der Bundestagsmitglieder aufmerksam verfolgt, weiß um die Schwierigkeit,

---

311 Vgl. Eva Dombo: »Ein guter Lobbyist muss Europa lieben« für tagesschau.de; http://www.tagesschau.de/anstand/Lobbying2.html.

Transparenz herzustellen, wenn es um die Offenlegung von wirtschaftlichen und politischen Verflechtungen geht.

Eine klare Trennung zwischen Public Affairs Beratern und Lobbyisten ist nicht möglich. So arbeiten die Berater oftmals als Lobbyisten im vorparlamentarischen Raum, um die gewünschte politische Wirklichkeit zu erzeugen – auch wenn sie nicht auf der Lobbyliste des Deutschen Bundestags stehen. Gleichzeitig gehen Public Affairs über das reine Lobbying hinaus. Sie sind das »strategische Management von Entscheidungsprozessen an der Schnittstelle zwischen Politik, Wirtschaft und Gesellschaft«[312] mit dem Ziel der »Mitgestaltung rechtlicher Rahmenbedingungen«[313]. Als fester Bestandteil der externen Kommunikation sprechen Public Affairs Berater vorrangig politische Institutionen und Behörden gezielt an, um das gesellschaftliche Meinungsklima zu beeinflussen. Lobbying ist davon nur ein Teilbereich, der im unmittelbaren Umfeld von Parlamenten stattfindet.

Neue Initiativen wie die Deutsche Gesellschaft für Politikberatung e.V. (degepol) als Vereinigung professioneller Public Affairs Berater versuchen heute, mit klar formulierten Berufskodizes eine bessere Orientierung in konkreten Beratungssituationen zu ermöglichen. So tritt die degepol für Wahrhaftigkeit im politischen Beratungsprozess ein. Ihre Mitglieder sollen transparent nur mit Informationen arbeiten, die nach bestem Wissen und Gewissen der Wahrheit entsprechen. Auch sollen sie keinen unlauteren oder ungesetzlichen Einfluss ausüben – weder durch direkte noch durch indirekte finanzielle Anreize.[314] In einem modernen Verständnis gehen damit Public Affairs über das enge Verständnis von Lobbying als direkte Meinungsbeeinflussung von politischen Entscheidungsträgern weit hinaus. Sie verbinden ihre Zielsetzung mit allen wichtigen Stakeholdern eines Unternehmens, wozu Medien, Verbände, Standortbevölkerung, öffentliche Verwaltungen, politische Interessensgruppen zählen.

8.2.3 Ausgewählte Instrumente

Ein Public Affairs Management beginnt bereits weit im Vorfeld von konkreten Gesetzesinitiativen und politischen Entscheidungsprozessen, wenn ein Richtungs- und Meinungsumschwung oder veränderte politische Kräfteverhältnisse neue Initiativen nach sich ziehen. In einer sorgfältigen Analyse müssen die identifizierten Issues genau auf ihre Bedeutung für das Unternehmen und auf mögliches Risikopotenzial bezüglich der eigenen Marktstellung bewertet werden. Welche Bezugs- und Anspruchsgruppen sind relevant? Welche Interessen verfolgen diese? Wie wichtig sind sie in der öffentlichen Diskussion? Wie konsistent sind die Argumentationslinien? Welche Machtposition haben sie bei geplanten Gesetzgebungsverfahren? Welche Bündnispartner können unterstützend wirken?

Auf Basis der identifizierten Issues, der erkannten Stakeholder und verwendeten Argumentationsmuster baut das Unternehmen ein Szenario auf, um die eigene Kernbotschaft öffentlich zu machen. Diese Positionspapiere zu Themen wie CO_2-Besteuerung von Kraftfahrzeugen, Autobahnmaut, Kennzeichnungspflicht von Lebensmitteln dienen als Basis für eigene Statements und werden bei Fach- und Hintergrundgesprächen systematisch eingesetzt. Diese ständig überprüften und angepassten Argumentationslinien müssen ein hohes

---

312 Althaus, Marco; Public Relations und Public Affairs, 2005, S.2.
313 Althaus, Marco; Public Relations und Public Affairs, 2005, S.8.
314 Siehe dazu: Verhaltenskodex der Deutschen Gesellschaft für Politikberatung e.V.; http://www. degepol.de.

Maß an fachlicher Expertise, Konsistenz und Plausibilität besitzen. Dazu verwenden die Unternehmen oftmals externe Studien und wissenschaftliche Analysen, um mittels einer vermeintlich neutralen Seite (»Third-Party-Strategy«) die Glaubwürdigkeit zu erhöhen. Gleichzeitig müssen sich die zentralen Kernbotschaften verdichten lassen, um in kompakten Statements gegenüber Medien verwendet werden zu können.

Die Intensität der eingesetzten Maßnahmen – das heißt Timing und Tonalität – orientiert sich stark am Institutionalisierungsgrad der politischen Diskussion. Befindet sich das Thema bereits im Gesetzgebungsverfahren? Handelt es sich um ein latent schwelendes Thema, das öffentlich diskutiert, aber von den politischen Parteien noch nicht als politisches Verfahren aufgegriffen wird? Oder befindet sich das Thema im Entscheidungsverfahren unabhängiger Kommissionen und Verbände? Je nach dem Stand des Themas müssen adäquate Public Affairs Instrumente zielgerecht eingesetzt werden:

- Aufbau eines Stakeholder-Dialogs: Das Unternehmen institutionalisiert feste Dialogformate für einen regelmäßigen Austausch gerade mit kritischen Öffentlichkeiten (Klausurtagungen, Stakeholder-Konferenz etc);
- Bildung von politischen Netzwerken: Das Unternehmen sucht Bündnispartner innerhalb des Verbandes, der Branche, der politischen Parteien und Facharbeitskreise;
- Gemeinsame Positionspapiere: Das Unternehmen erarbeitet gemeinsam mit Bündnispartnern Positionspapiere, um der eigenen Argumentation Nachdruck zu verleihen;
- Gutachten und Experten: Das Unternehmen gibt wissenschaftliche Studien und Meinungsumfragen in Auftrag, um die eigene Position zu stärken; zudem werden externe Gutachter und Experten als öffentliche Testimonials eingesetzt;
- Parlamentarische Abende: Das Unternehmen lädt zu Kamingesprächen und parlamentarischen Abenden, um gemeinsam mit Experten und Politikern neue Daten und Fakten zu diskutieren;
- Lobbying: Das Unternehmen bringt die erarbeiteten Positionen in den politischen Raum ein – beispielsweise bei Anhörungen in Ausschüssen;
- Individuelle Medienarbeit: Das Unternehmen lädt ausgewählte Medienvertreter zu Kamin- oder Round-Table-Gesprächen, um über die eigene Position zu informieren;
- Öffentliche Stellungnahmen: Das Unternehmen bezieht in Interviews und Pressekonferenzen, bei Kongressen und Workshops öffentlich klare Position;
- Online Public Affairs: Das Unternehmen nutzt eigene Online-Medien, entwickelt Kampagnen-Websites und Blogs und informiert im Verbands-Newsletter über den aktuellen Stand;
- Kampagnenwerbung: Das Unternehmen schaltet konsequent Werbung (Anzeigen, Außenwerbung, Online-Werbung), um das Thema zu verbreiten;
- Sponsoring: Das Unternehmen engagiert sich öffentlich wirksam in gesellschaftlichen Feldern, die einen Bezug zum eigenen Anliegen haben.

Das Themenspektrum der Public Affairs ist breit gefächert und geht weit über die klassische Presse- und Medienarbeit hinaus: Umweltschutz, Verbraucherschutz, Mitarbeiterbeziehungen, Corporate Citizenship, Corporate Social Responsibility, Corporate Governance, Wirtschaftsethik.[315] Damit wird Public Affairs eine klassische Querschnittsfunktion in der Unternehmenskommunikation, die mit allen Kommunikationsdisziplinen zusammenarbeiten muss, aber auf Grund ihrer exponierten Position häufig die wichtigen Leitlinien der Kommunikation bestimmt.

---

315 Vgl Althaus, Marco, 2005, S. 12.

Kommunikation für ein internationales Großprojekt

Erfahrungen im Nord Stream-Projekt: Strukturen, Strategie und Steuerung

von Jens D. Müller

Es wird eng hinter unseren Häusern. Während die Devise »Not in my backyard« über Jahrzehnte die erfolgreiche Delegierung von Betroffenheit an andere Zielgruppen und Orte beschrieb, führen heute die Herausforderungen für Investoren und Behörden immer mehr in Sackgassen. So erlangte ein süddeutscher Bahnhof erst nach seiner Genehmigung Berühmtheit. Die größten Hürden für die vereinbarte Energiewende sind nicht die Energiequellen selbst, sondern die Transportwege. Von bis zu 4000 Kilometer benötigten Leitungen sind in den vergangenen sechs Jahren nur gut 200 gebaut wurden. Es gibt kaum noch einen Platz, an dem Akzeptanz erzielt werden kann.

Im Jahr 2006 entschlossen sich ein russisches und zwei deutsche Unternehmen, eine rund 1.200 Kilometer lange Gaspipeline durch die Ostsee zu bauen. Das war das erste Projekt dieser Dimension in der Ostseeregion. Neun Länder waren einzubeziehen und insbesondere politische Hürden zu überwinden. Die Nord Stream-Pipeline sah sich mit allen Problemfacetten konfrontiert, die ein großes Infrastrukturprojekt heute mit sich bringt. Beispielgebend dafür einige Headlines wie »Ende der Ruhe am Meeresgrund« (FAZ), »The Molotov-Ribbentrop Pipeline« (The Wall Street Journal), »Russian gas pipeline would be geopolitical disaster for EU« (Financial Times) und »Ostsee-Pipeline – ein europäisches Problem« (Neue Zürcher Zeitung).

Inzwischen fließt Erdgas durch den ersten von zwei Strängen, der komplette Bau wurde Ende 2012 innerhalb des Zeit- und Budgetplanes abgeschlossen. Nach nur drei Jahren Planungszeit gingen 2009 die notwendigen Genehmigungen aus fünf Anrainerstaaten ein, eine kaum zu unterbietende Zeitspanne selbst für kleinere Projekte auf nationaler Ebene. Finanzierung, Bau und Betriebsaufnahme verliefen relativ problemlos. Die Kommunikationsarbeit hatte einen wesentlichen Anteil an der Erreichung jeden Etappenziels.

Im Folgenden werden ausgewählte praktische Erfahrungen und Anregungen vorgestellt, die aus dem Pipelineprojekt gezogen werden können.

Die Organisation: Strukturen und Kapazitäten

Die Nord Stream AG war ein neuer Weg für die Umsetzung eines derartigen Projekts. Während meist die Bereiche oder Abteilungen eines oder mehrerer beteiligter Unternehmen definierte Projektaufgaben übernehmen, wurde im Falle der neuen Ostsee-Pipeline eine eigene Gesellschaft mit eigenem Standort gegründet. Die Mitarbeiter der Nord Stream AG wurden von den Shareholdern selbst, aber auch vom Markt rekrutiert. Das sicherte von Beginn an den ausschließlichen Fokus auf das Projekt – ohne die aufwendige administrative Einbindung in Entscheidungs- und Abstimmungsprozesse größerer Unternehmen oder die Ablenkung durch andere, weiter zu führende Standardaufgaben. Die Personalplanung sah für die Kommunikation zunächst ein erfahrenes, kleines Kernteam mit drei Mitarbeitern vor, das sich einem notwendigen Netzwerk an Dienstleistern bedient hat. Rückblickend können dabei folgende Erfahrungen geteilt werden:

- Die internen Kapazitäten müssen sowohl die strategisch-konzeptionelle Kompetenz mitbringen als auch verwertbare Erfahrungen in PR-Kernbereichen besitzen: Medienarbeit, Public Affairs, Corporate Publishing, Event, Controlling.
- Mehr Dienstleister bedeuten nicht automatisch weniger sondern meist mehr Aufwand. Dazu zählen: Briefing der Agenturen, regelmäßige Reportings, flexibler Kontakt in das Projektunternehmen, administrative Anforderungen.
- Agenturen und deren Netzwerke bieten inhaltlich und regional Komplettpakete an, die sich schnell relativieren und deshalb genau zu prüfen sind. Zu klären ist vorab, ob
  - quantitativ notwendige Kapazitäten an jedem Ort vorhanden sind und auch dem Projekt wirklich zur Verfügung stehen;
  - qualitativ die Sachkompetenz – in diesem Fall Energie – an verschiedenen Standorten gegeben ist;
  - ohne Honorarmaximierungsansprüche einzelner Niederlassungen oder Büros die vom Projekt benötigte Best Practise aus dem gesamten Netzwerk flexibel zur Verfügung gestellt werden kann;
  - projektadäquate Tools vorhanden und beherrscht werden: Monitoringsysteme, Reportings, Exchange Server etc.
- Vertreter aus der Zentrale ohne detaillierte Kenntnis der nationalen Besonderheiten oder Agenturmitarbeiter können kaum das authentische »Gesicht« vor Ort als Kontaktpartner für Politik, Medien oder andere Stakeholder sein.

Nach einem harten Lernprozess von mehr als zwei Jahren entstand eine eigene Kommunikationsabteilung mit Führung, jeweils einem Verantwortlichen für die oben genannten Kernbereiche inklusive Controlling in der Zentrale. Hinzu kamen Vertreter in den relevanten Ländern bzw. bei der EU, die vor Ort präsent waren, Sprache und Kultur verstanden. Diese 15 Mitarbeiter wurden in technischen Prozessen von Monitoring, Analyse, Datenbankmanagement sowie bei ausgewählten Projekten jeweils durch Agenturen unterstützt.

Unter Budgetaspekten und angesichts der Projektdimension mag dies als Sonderfall betrachtet werden. Die grundsätzliche Herangehensweise lässt sich aber für jedes Infrastruktur- oder Großprojekt anwenden. In großen Unternehmen stellt die Mitarbeiterzahl in der Regel ein Heiligtum dar. Es zeigt sich jedoch im Falle von Nord Stream, dass mit einem eigenen Mitarbeiterstamm gegenüber externen Beratern deutliche Effizienzvorteile in der Kommunikation entstehen.

Die Strategie: Dialog und Transparenz

Das Nord Stream-Projekt sah sich vor allem aus politischen Gründen besonderen kommunikativen Herausforderungen ausgesetzt. Das Verhältnis Russlands zu ehemaligen Sowjetrepubliken, der Wechsel von langer Zeit im Amt befindlichen sozialdemokratischen zu konservativen Regierungen in mehreren Ostseeanrainerstaaten sowie eine »Unterkühlung« der Beziehungen zwischen der EU und Russland schufen für die Diskussion der Pipeline durch die Ostsee eine Aufmerksamkeit, die kein anderer der vielen Infrastrukturprojekte in dieser Region erfuhr. Angesichts dieser politische Rahmenbedingungen, ökologischer Befürchtungen aber auch den bekannten Vorurteilen zu russischen »Vorgehensweisen« musste ein deutliches Signal zur Vertrauensbildung gesetzt werden. Gemeinsam mit den Shareholdern entschied sich das Management der Projektgesellschaft für einen konsequenten Weg des Dialogs und der Transparenz.

Dieser strategische Grundansatz beinhaltete maßnahmenseitig u.a.:

- 17 Konsultationsmeetings mit Delegationen aller Anrainerstaaten, die den Charakter internationaler Konferenzen hatten;
- 23 öffentliche Anhörungen;
- über 200 issue-spezifische Fachveranstaltungen und Seminare in allen Ländern zu relevanten Themen wie Fischerei, Munition in der Ostsee, kulturelles Erbe, Klimaschutz etc.;
- eine Pipeline Information Tour als mobile Ausstellung mit 25 Stopps in sieben Ländern rund um die Ostsee;
- 30 issue-bezogene Pressekonferenzen und Pressereisen;
- bedarfsorientierte Informationsmaterialien in 10 Sprachen.

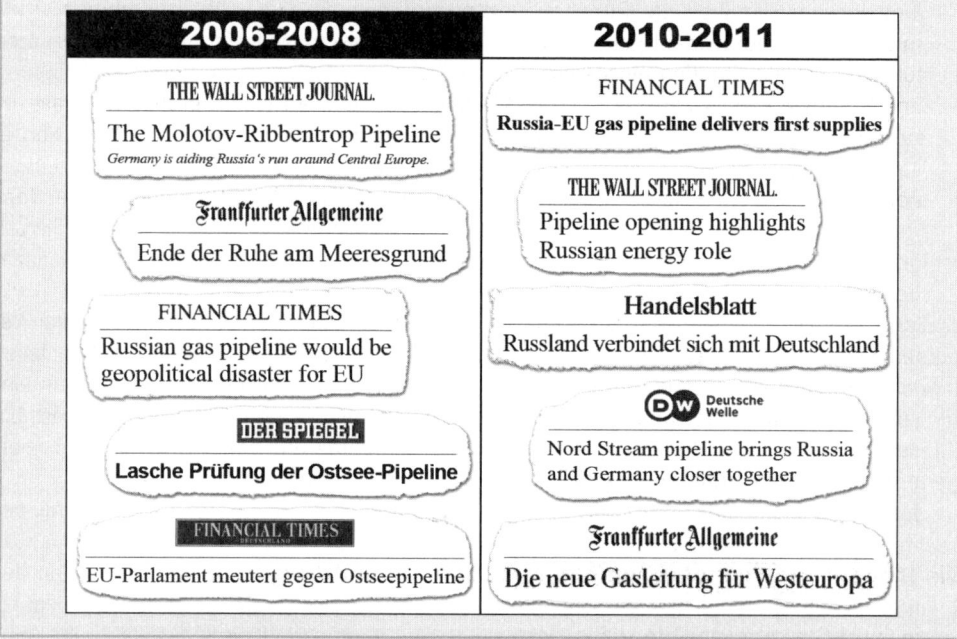

Abb. 1: Medienberichterstattung in der Positiv-Negativ-Übersicht. Wandel des Meinungsklimas mit fortschreitendem Projektverlauf. Quelle: Nord Stream AG

Die reinen Quantitäten können die Schwierigkeiten bei der konsequenten Umsetzung einer Strategie nicht vermitteln. Wichtig sind vielmehr die Schlussfolgerungen, die man aus dem komplexen Maßnahmengeflecht ziehen kann:

- Projektgesellschaften oder Projektteams werden oft von externen Zwängen vereinnahmt. Die Umsetzung einer Strategie nach außen setzt jedoch ein internes Leben dieser Philosophie zwingend voraus. Darüber hinaus schafft die Dynamik der Teamentwicklung neue Herausforderungen an interne Informationen. Was bei 30 Mitwirkenden die gemeinsame Projektarbeit oder der Flurfunk erledigen, ist für 80 Mitarbeiter schon nicht mehr ausreichend. Mit erheblichem Aufwand gelang es, zentrale Unternehmenswerte im Prozess zu definieren (Respect, Cooperation, Pioneering Spirit, Safety), interne Informationskanäle (Sharepoint, Newsletter, Belegschaftsmeetings u.a.) zu etablieren und so die Konsistenz und das richtige Timing externer Botschaften zu sichern.

- Die Entscheidung für eine Strategie fällt vergleichsweise leicht. Viel schwieriger wird das Bekenntnis im Tagesgeschäft. Deshalb muss die Kommunikation auf geeignete Weise das Commitment des Managements immer wieder erneuern. Wesentliches Element dafür war bei Nord Stream der feste Platz von Kommunikationsanliegen im monatlichen Managementmeeting. Angesichts der komplexen Herausforderungen und weit reichenden Entscheidungen in technischen, rechtlichen und finanziellen Fragen musste dieser feste Terminplatz immer wieder erkämpft und inhaltlich nachgehalten werden.

- Die gewählte Strategie muss für unterschiedliche Projektphasen überprüft und adaptiert werden. Denn bei Planung, Genehmigung, Bau und Betrieb unterscheiden sich Zielgruppen und Aktivitäten erheblich. Die kommunikative Planung der Folgephase kann in der täglichen Projekthektik schnell untergehen. Nach entsprechenden Erfahrungen im Übergang von der Planungs- zur Genehmigungsphase ist es der Nord Stream-Kommunikation im weiteren Projektverlauf gelungen, sich mit dem notwendigem Vorlauf und Kapazitäten auf neue Projekt-Etappen einzustellen.

- Eine Strategie kann kaum kurzfristige Wirkung entfalten. Bei jedem größeren Infrastrukturprojekt artikulieren sich die »Gegner« weitaus intensiver und kreativer als Befürworter. Der Drang vieler Medien nach schlagkräftigen Überschriften und Inhalten fokussiert automatisch eher auf Probleme als auf Lösungen. Im Sinne von Transparenz hatte Nord Stream einem namhaften deutschen Wirtschaftsmagazin über Wochen einen detaillierten Einblick in alle Projektbereiche ermöglicht und Gespräche mit dem gesamten Management organisiert. Der achtseitige Beitrag begann mit der halbseitigen Überschrift »Volle Fahrt ins Minenfeld«. In der Unterüberschrift hieß es, »die Kosten sind außer Kontrolle, der politische Widerstand wächst. Scheitert das Milliardenprojekt?«. In der Folge dieses Beitrags musste eine Menge interne Überzeugungsarbeit geleistet werden, um am eingeschlagenen Kurs festzuhalten. Rückblickend hat es mindestens zwei Jahre gedauert, bis insbesondere in der Medienlandschaft Faktenorientierung und eine sachlich differenzierte Auseinandersetzung dominierte.

Die Inhalte: Themenhoheit und verständliche Vermittlung

Issue- und Stakeholder-Identifikation

Nord Stream sah sich mit einer Reihe von Kernthemen (Issues) konfrontiert. Dazu gehörten Themen im engeren Projektsinne wie Munitionsaltlasten in der Ostsee, Wasserverschmutzung durch Leitungsreinigung, Natura 2000-Gebiete, Auswirkungen auf Fischerei und die Schifffahrt usw. Hinzu kamen politisch dominierte Themen wie die Rolle der Pipeline in geostrategischen Entwicklungen, die Ausgrenzung bestimmter Länder, Spionagemissbrauch und weiteres.

Spät aber nicht zu spät wurden Instrumente zur Identifikation und Nachverfolgung relevanter Issues aufgesetzt. Dazu zählten u. a.

- repräsentative Meinungsumfragen in sämtlichen Ostseeanrainerstaaten;
- klassische Medienbeobachtung in allen Kernländern und monatliche Schwerpunktanalyse;
- Feedback aus Gesprächen aller Fachabteilungen mit Behörden und Organisationen.

Die länderübergreifend und national definierten Kernthemen wurden in einem so genannten Stakeholder Mapping rund 5.000 Stakeholdern aus EU-Institutionen und internationalen Organisationen sowie neun europäischen Ländern, d. h. Dänemark, Deutschland, Finnland,

Schweden, Russland (sog. »Genehmigungsländer«) und Estland, Lettland, Litauen und Polen (sog. »betroffene Länder«) zugeordnet.

Diese Stakeholder-Gruppen setzten sich zusammen aus Genehmigungsbehörden, Regierungen, Parlamentsmitgliedern, Parteien, Nichtregierungsorganisationen, Partnern aus dem Privatsektor, Lieferanten und Auftragnehmer, Finanzinstitutionen, Medien, Anwohnern der Ostsee, Wissenschaftlern sowie Berufs- und Interessensverbänden. Dieses Mapping gewährleistete die Fokussierung der Kommunikationsarbeit auf die für einzelne Stakeholder relevanten Themen.

Populärwissenschaftliche Vermittlung

In den ersten zwei Jahren lief die Kommunikation immer wieder den extern »aufgezwungenen« Themen hinterher. Parallel zur laufenden Kommunikationsarbeit musste der kumulierte Wissensvorsprung der dem Projekt nicht unbedingt wohlwollend gegenüberstehenden Stakeholder aus Wissenschaft und Politik mühevoll aufgeholt werden. Dies gelang letztendlich durch:

- Auswertung externer Studien: Gasbedarfsentwicklung, Status von Infrastrukturprojekten u.ä., Beauftragung von eigenen Studien (Landleitung vs. Seeleitung, Ökologischer Footprint einer Seeleitung usw.);
- Themenbezogene Sammlung externen Wissens in einem Knowledge Pool. Dort sind in vier Kategorien und 15 Unterkategorien alle Informationen zu Projektfragen (Technik, Umwelt, Recht) aber auch Rahmenthemen wie Gasmarkt, anderen Infrastrukturen usw. auf Sharepoint zusammengefasst. Die Informationen enthalten zahlreiche Links zu vertiefenden Studien. Die Quelle wird monatlich aktualisiert und dient als umfassendes Wissenskompendium bei Anfragen von Journalisten und Experten.
- Erarbeitung von allgemeinverständlichen Zusammenfassungen (Non-Technical Summaries) der eigenen Umweltuntersuchungsergebnisse. Wissenschaftliche Resultate mit einem Umfang von mehr als 1.000 Seiten wurden in sechs Themenblöcken wie z.B. Fauna und Flora, Schiffsverkehr, Munitionsaltlasten auf jeweils 20 Seiten zusammengefasst und veröffentlicht.
- Verständliche und kurze Aufarbeitung aller Kernfragen in einem rund 160 Seiten umfassenden Q+A-Katalog mit laufender Aktualisierung.

Für die Aufbereitung der vielfältigen Inhalte wurden zeitweise 15 bis 20 internationale Fachjournalisten einbezogen. Die Fortschreibung und Aktualisierung von Inhalten erfolgte durch das betreuende Agenturnetzwerk.

Ebenso wichtig wie die inhaltliche Augenhöhe war die zielgruppenadäquate und effiziente Vermittlung des gesammelten Wissens über die Medienarbeit hinaus. Dies konnte ein kleines Projektteam in mehreren Ländern mit unzähligen Veranstaltungen nur begrenzt im Direktkontakt stemmen. Deshalb wurden folgende Kommunikationskanäle installiert:

- Website in 10 Sprachen, auf der eine länderübergreifende Umweltstudie, nationale Genehmigungsanträge, oben erwähnte Zusammenfassungen, Grafiken, Filme etc. angeboten werden.
- Issue Management Office zur Erfassung, Registrierung, Beantwortung und Dokumentation aller eingehenden Anfragen. Allein von Herbst 2008 bis Herbst 2009 wurden 350 Cases registriert (thematische Anfragen von Behörden und Einzelpersonen), die in ca. 1.200 Subcases unterteilt wurden. Alle bearbeiteten Issues wurden in fünf Sprachen übersetzt, fachlich bewertet und aus dem Knowledge Pool oder mit zusätzlichen Expertendossiers beantwortet. Hierbei mussten die vorgegebenen Standardbearbeitungszeiten

je nach unterschiedlicher Kategorie eingehalten werden – bei Beschwerden und Medienanfragen z. B. ist die vorgeschriebene Standardbearbeitungszeit ein Tag, bei komplexen Behördenanfragen unter Einbeziehung von Fach- und Rechtsabteilungen bis zu zwei Wochen. Ein spezielles IT-Tool auf CRM-Basis unterstützte die Kategorisierung und Hierarchisierung.

- Zweiwöchentlicher E-Newsletter an rund 2.000 Stakeholder aus Politik, Wissenschaft, Behörden und Wirtschaft, der die Projektentwicklung, Hintergrundinformationen zu Key Issues sowie CSR-Aktivitäten vermittelt.

Als Erfahrung lässt sich feststellen:

- Im Idealfall sollten schon vor dem externen Projektstart die potentiellen Issues identifiziert und der entsprechende Hintergrund verständlich aufbereitet werden und nicht erst im laufenden Prozess.
- Dafür sind ggf. separate Strukturen zeitweise zu schaffen. Ein Pressesprecher oder andere Mitarbeiter mit intensivem Tagesgeschäft können diese komplexe Arbeit nicht steuern.
- Die geeigneten Informationskanäle hängen von den Bedürfnissen der relevanten Stakeholder, aber auch von den eigenen Kapazitäten ab.
- Wie bei den personellen Kapazitäten fällt der reaktive, aufgezwungene Budgeteinsatz weitaus höher aus, als die frühzeitige, bewusste Investitionsentscheidung bei der Themenaufbereitung und der systematischen Entwicklung von Informationskanälen.

Steuerung: Controlling und Evaluation

Die Start-Up-Situation der Projektgesellschaft, ein kleines Team und die vielschichtigen Anforderungen an die Kommunikation in neun Ostseeanrainerstaaten sowie Abnehmerländern und den EU-Institutionen ließen den Aktivitätenkatalog schnell auf eine kaum überschaubare Menge anwachsen. Nach Fachbereichen und Ländern gegliederte ToDo-Listen dienten mehr als ein Jahr als zentrales Steuerungsinstrument für die Kommunikationsarbeit, bis das Gefühl für Prioritäten allein nicht mehr ausreichte. In Zusammenarbeit mit einem Beratungsunternehmen wurde ein Project Management Tool auf Access-Basis aufgesetzt, das nach Kommunikationsfeldern, Regionen und Prioritäten clusterte. Bereits die initiale Projektdefinition reduzierte die Anzahl der zu »kontrollierenden« Aktivitäten von 357 auf 113. Innerhalb derer wurden Milestones, Deadlines und Zuständigkeiten definiert. Per Knopfdruck konnte so schnell der Überblick über Projektfortschritte und anstehende Schwerpunkte gewonnen werden. Darüber hinaus beinhaltete das Instrument den Personaleinsatz aus Unternehmen und Agentur sowie einen Budget-Tracker.

Schwerpunkt der Projektevaluation bildete die fortlaufende qualitative Analyse des Meinungsbildes, insbesondere der Entscheidungsträger, in den beteiligten Ländern. Dafür war die in Punkt 1. beschriebene Kenntnis der verschiedenen Länder unabkömmlich. Die Medienanalyse basiert auf einem täglichen Monitoring von über 500 Medien in 13 Ländern und Sprachen und beinhaltet die turnusmäßige qualitative und quantitative Daten, u. a. die Tonalität der Berichterstattung, thematische Schwerpunkte, platzierte Botschaften, zitierte Stakeholder etc. Online werden Parameter der Websitenutzung ausgewertet und definierte Social Media Kanäle beobachtet.

Für diese Bereiche lässt sich verallgemeinern:

- Wie bei den Strukturen und Kapazitäten müssen für derartige Projekte existierende Standardinstrumente adaptiert und entsprechend den Projektentwicklungen weiter entwickelt werden, was Zeit und umfassende Ressourcen benötigt.

- Der Controlling-Bedarf wird häufig unterschätzt. Geeignete Steuerungsinstrumente zur Priorisierung von Projekten, der Kontrolle von Deadlines und Budgets müssen frühzeitig installiert und permanent gepflegt werden.

Fazit

Ein oft totgesagtes Projekt ist auch dank der Kommunikation in kurzer Zeit erfolgreich umgesetzt worden. Die Nord Stream-Pipeline bildet heute ein Benchmark in vielen Bereichen. Zur Inbetriebnahme des ersten Leitungsstranges kamen 153 Journalisten aus 14 Ländern in das entlegene Lubmin bei Greifswald, woraus in den Folgetagen 1.528 Artikel und 330 TV-Berichte resultierten. Während in den Jahren 2007 bis 2009 die Medienberichterstattung nur 40 Prozent positive oder neutrale Ausrichtung hatte, liegt der Anteil heute bei ca. 80 Prozent.

Dieser Reputationszuwachs für das Projekt, das Unternehmen und seine Shareholder ist weniger das Ergebnis eines perfekten Kommunikationsstarts, als vielmehr der Lernfähigkeit im Umsetzungsprozess. Deutlicher Ausdruck für die gewonnene Wertschätzung ist eine zweistellige Zahl nationaler und internationaler PR-Preise für die Kommunikationsarbeit von Nord Stream.

Die kommunikativen Herausforderungen für große Infrastrukturprojekte lassen sich durchaus mit Krisensituationen vergleichen. Beide eint die Komplexität von Sachfragen, der Zeitdruck, die kurzfristig benötigten Kapazitäten und der zumeist negative Gegenwind. Und oftmals sind es die grundsätzlichen Fragen von Strukturen, Organisation und Instrumenten, die über Erfolg oder Misserfolg entscheiden.

Abb. 2: Feierliche Inbetriebnahme des ersten Pipeline-Stranges am 8. November 2011
Vorne von links nach rechts: François Fillon, französischer Premierminister; Bundeskanzle-
rin Angela Merkel; Mark Rutte, niederländischer Premierminister; Dmitrij Medwedew, Präsi-
dent der Russischen Föderation; und EU-Energiekommissar Günther Oettinger. Hinten von
links nach rechts: Dr. Johannes Teyssen, Vorstandsvorsitzender der E.ON AG; Alexei Miller,
Vorstandsvorsitzender von OAO Gazprom; Dr. Kurt Bock, Vorstandsvorsitzender der BASF
SE; Erwin Sellering, Ministerpräsident von Mecklenburg-Vorpommern; Paul van Gelder, Vor-
sitzender und CEO der N.V. Nederlandse Gasunie. Quelle: Nord Stream AG

8.3 Effiziente Finanzmarktkommunikation

Wenn sich ein mittelständisches Unternehmen dazu entschließt, über die Umfirmierung in eine Aktiengesellschaft und den Gang an die Börse neues Kapitel in das Unternehmen zu holen, ist es darauf angewiesen, diesen Prozess kommunikativ zu begleiten. Das Unternehmen ist nicht nur durch eine komplexe Rechtslage (Handelsgesetzbuch, Wertpapierhandelsgesetz) an formale Vorgaben gebunden. Auch nach einem erfolgten Börsengang bestehen rechtliche Regularien, Anteilseigner und Kapitalgeber mit einem fest definierten Setting an Instrumenten über die Entwicklung zu informieren.

Die Verantwortung dafür liegt bei den Investor Relations Managern. Sie haben die Aufgabe, Informationen für Investoren, Analysten und die Financial Community professionell aufzubereiten, damit das Unternehmen sich in der Finanzwelt einen seriösen Ruf als vertrauensvoller Partner aufbaut und erhält. Sie sind damit – gemeinsam mit der Unternehmensleitung – die Vertrauensgeneratoren wie Erwartungsmanager, die Sicherheit und Orientierung vermitteln.

8.3.1 Grundlagen der Investor Relations

»Investor Relations ist eine Managementaufgabe mit dem strategischen Ziel, in der Öffentlichkeit und insbesondere am Finanzmarkt eine möglichst realistische Wahrnehmung des Unternehmens zu erreichen.(...) Dieses Ziel wird durch den kontinuierlichen Dialog über die langfristigen Perspektiven des Unternehmens (z.B. Ziele und Strategien, Zukunftsaussagen, Marktentwicklungen) und zeitnahe zuverlässige Informationen über die laufende Geschäftsentwicklung erreicht.«[316] So beschreibt der Deutsche Investor Relations Kreis (DIRK) die Aufgaben der Finanzkommunikation.

Ziel der Investor Relations ist es demnach, den Informationsfluss zwischen Unternehmen und Kapitalmarkt zu erhöhen und mit einer glaubwürdigen und transparenten Kommunikation das Vertrauen des Marktes zu steigern, um eine angemessene Bewertung des Unternehmenswertes zu erreichen. Oder um die Aufgaben klar zu formulieren:

- Optimierung der Börsenbewertung durch transparente Kommunikation von Erfolgen;
- Stabilisierung der Aktionärsbasis durch individuelle Betreuung von Key-Investoren;
- Verbreiterung der Aktionärsbasis durch die Vergrößerung der Zahl der Aktionäre;
- Erhöhung von Investitionen z.B. durch den Gewinn ausländischer Kapitalgeber;
- Schaffung von Bekanntheit, Akzeptanz und Sympathie für das Unternehmen durch eine glaubwürdige, widerspruchsfreie und nachvollziehbare Kommunikation.

Die Zielgruppen des Finanzmarktes

Investor Relations richten sich an eine sehr breite Financial Community, deren Bedürfnisse und Interessen sie zu befriedigen haben. Dabei muss man unterscheiden zwischen institutionellen Anlegern wie Versicherungen, Pensionsfonds, Banken, Stiftungen, Beteiligungsgesellschaften, Investmentfonds, den privaten Anlegern als Kleinaktionäre sowie Multiplikatoren. Dazu zählen Finanzanalysten, Wirtschafts-, Finanzjournalisten, Anlageberater, Rating-Agenturen, Aktionärsvereinigungen sowie auch die Kunden des Unternehmens.

---

316 http://dirk.org/wp-content/uploads/2012/04/Berufsgrunds%C3%A4tze-des-DIRK.pdf

Um die Zielgruppen der IR noch genauer zu fassen, differenzieren viele IR-Manager ihre Investoren in existierende Investoren, die bereits Beteiligungen halten, sowie in potenzielle Investoren, für die eine Beteiligung am Unternehmen interessant sein könnte. Bei den existierenden Investoren werden darüber hinaus die Key-Investoren – Investoren mit besonders hohen Beteiligungen – gesondert betreut. Da diese auf Grund ihres hohen finanziellen Engagements gegenüber Unternehmensrisiken stärker sensibilisiert sind bzw. höhere Anforderungen an die Performance des Unternehmens haben, ist meist der Informationsbedarf besonders hoch.

Gleichzeitig wirken Investor Relations auch nach innen. So sollen die Anforderungen des Kapitalmarktes in das eigene Unternehmen getragen werden, um dort über die Erwartungen von Analysten und Fachjournalisten zu informieren und gegebenenfalls das eigene Kommunikationsverhalten zu überprüfen.

Aufbau von Vertrauen in Unternehmensleitung

Investor Relations schaffen nicht nur Vertrauen in das Unternehmen insgesamt, sondern in besonderem Maße in die Unternehmensführung selbst. Erst die Einhaltung von Prognosen oder die frühzeitige Korrektur von Wachstumszielen signalisieren dem Kapitalmarkt, dass im Unternehmen Manager am Werk sitzen, die die operativen Prozesse im Griff haben. Dazu wirken erfolgreiche Investor Relations pro-aktiv: Sie liefern von sich aus die Begründungszusammenhänge und Hintergrundinformationen, um die aktuelle Situation mit der kommunizierten Geschäftsstrategie in Einklang zu bringen. Erst diese genaue Beschreibung der wirtschaftlichen Unternehmenssituation gibt Analysten und Aktionären die Möglichkeit, Chancen und Risiken ihres Investments genau abzuwägen.

Hinzu kommt: Gerade nach dem Zerplatzen der New-Economy-Blase um die Jahrtausendwende sowie der Finanzmarktkrise in den Jahren 2007 bis 2009 hat der Gesetzgeber den Anlegerschutz verbessert und die börsennotierten Unternehmen in ein noch dichteres Geflecht an Pflichtangaben und Berichterstattung gebunden und bei Finanzprodukten die Produkt- und Beratungstransparenz erhöht.[317] Auch die Anleger sind kritischer geworden und verlangen selbstständig nach umfassenden Informationen, die auf Daten und Fakten beruhen. Dies macht die Finanzkommunikation für IR-Manager zu einer anspruchsvollen Aufgabe, die nicht nur umfangreiche betriebswirtschaftliche und rechtliche Kenntnisse voraussetzt, sondern ebenso ein hohes Maß an Kommunikationsfähigkeit, um die Erwartungshaltung des Kapitalmarktes zu antizipieren und die eigene Kommunikationsstrategie auf diese Anforderungen hin adäquat anzupassen.

Wie wichtig Unternehmen Investor Relations heute nehmen und wie aufwändig sich dieser Bereich mittlerweile gestaltet, zeigt eine Auswertung des Beratungsunternehmens Citigate Dewe Rogerson.[318] Demnach verwendet die Hälfte der Vorstände in DAX-Unternehmen, die für IR verantwortlich sind, bis zu 25 Prozent ihrer Arbeitszeit für die Finanzkommunikation. Hinzu kommen die Ressourcen, die diese machtvollen Vertrauensmanager jenseits der Vorstandsebene binden.

---

317 Siehe dazu auch: Anlegerschutzverbesserungsgesetz – AnSVG vom 29. Oktober 2004; http://bit.ly/100IJOw sowie Anlegerschutzverbesserungsgesetz 2011; http://bit.ly/XvxHFp

318 Citigate Dewe Rogerson: Benchmarking zur Kommunikation mit den IR-Zielgruppen, 2002; http://www.dirk.org.

8.3.2 Die Verzahnung mit Public Relations

Auch wenn sich Investor Relations als eigenständige Kommunikationsdisziplin längst etabliert haben, sind sie mit Public Relations eng verzahnt. So stellen gemeinsame Sprachregelungen sicher, dass das Unternehmen sowohl von Seiten der IR- als auch der PR-Abteilung mit einer Stimme spricht und widerspruchsfrei nach außen auftritt. Dies verdeutlicht ein Beispiel:

Nach einer Aufsichtsratssitzung gibt der Vorstandsvorsitzende eines börsennotierten IT-Unternehmens in einem Interview bei Bloomberg-TV die neuen Wachstumsziele für das kommende Geschäftsjahr bekannt. Diese liegen knapp 30 Prozent unter den bislang kommunizierten Zielen. Bevor er das Interview führt, hat er den IR-Manager und den Pressesprecher über diese Korrektur bereits informiert. Da sich nach dem Interview auf Bloomberg-TV Analysten beim IR-Manager und Wirtschaftsjournalisten beim Pressesprecher melden, sind beide Abteilungen in der Lage, die Angaben des Vorsitzenden widerspruchsfrei zu bestätigen und entsprechend abgestimmte Zusatzinformationen zu liefern. Mit einer gemeinsamen Sprachregelung kann also festgehalten werden, in welcher Form Strategie-Änderungen oder finanzielle Kennziffern bekannt gegeben und erklärt werden.

Betrachtet man die vielfältigen Instrumente professioneller Investor Relations intensiver, finden sich weitere Argumente, die für eine enge Verzahnung von IR und PR sprechen. Kerninstrumente der Finanzkommunikation beschränken sich längst nicht mehr auf die reine pflichtgemäße Wiedergabe von Fakten. So enthalten die Geschäftsberichte eines renommierten Unternehmens wie Altana deutliche Image-Anteile in Form emotionaler Fotos oder Berichte über gesellschaftliches Engagement − eigentlich eine klassische PR-Aufgabe. Diese erweiterte Form der Finanzkommunikation zeigt sich auch im öffentlichen Sektor. So nutzt beispielsweise ein Unternehmen wie die Münchner Flughafengesellschaft GmbH ihre Bilanzveröffentlichung dazu, einen umfassenden Geschäftsbericht mit aufwändigen Fotostrecken und ausführlicher Darstellung der Kommunikationsaktivitäten zu publizieren. Damit will das Unternehmen nicht nur offensiv seine Leistungskraft gegenüber Anteilseignern und Kapitalgebern demonstrieren, sondern mit der Darstellung ihres gesellschaftlichen Engagements und Dialogansatzes auch für Akzeptanz bei Passagieren (Thema Flugsicherheit), Fluggesellschaften (Thema Logistik) und der Standortbevölkerung (Thema Emissionen) werben.

Zurück zum Beispiel eines börsennotierten Unternehmens: Nach mehreren intensiven Gesprächen mit Wirtschaftsredaktionen gelingt es der PR-Abteilung, ein Interview mit dem Vorstandsvorsitzenden im Handelsblatt zu vereinbaren. Darin äußert sich dieser zur zukünftigen Unternehmensstrategie und zu möglichen Akquisitionen. Werden dort wesentliche Aussagen zum Unternehmen getroffen, die den Aktienkurs beeinflussen könnten, sollte der IR-Manager nicht nur über den Beitrag Bescheid wissen. Er sollte seine Financial Community über das Interview informieren und gegebenenfalls das Interview oder Auszüge zur Bewertung durch die Analysten freigeben.

Pro-aktive Reaktion bei Gerüchten

Aber die Informationswege können auch umgekehrt verlaufen. Ein Beispiel: Die PR-Abteilung erfährt in einem Gespräch mit einem wichtigen Fachjournalisten, dass es das Gerücht gebe, das neue Kernprodukt, das ab Mai auf dem Markt kommen soll, wäre fehlerhaft und der Kick-Off-Termin könne nicht gehalten werden. In diesem Fall informiert die PR-Abteilung die IR-Abteilung sofort über dieses Gerücht. Zudem werden der Wahrheitsgehalt und die mögliche Quelle des kursierenden Gerüchts recherchiert. Denn wenn sich ein Gerücht verselbstständigt, könnte dies zu einem Vertrauensverlust bei Investoren führen und damit zu erheblichen Auswirkungen auf den Börsenkurs.

Wie soll das Unternehmen jetzt reagieren? Dazu gibt es mehrere Ansätze. So kann es das Gerücht offensiv dementieren, indem es eine Ad-hoc-Meldung zum geplanten Produktlaunch herausgibt. Dies ließe sich sogar noch damit unterstützen, indem es zu einer ersten Produktvorführung einlädt. Oder es gibt bekannt, dass das Produkt auf der nächsten Fachmesse präsentiert wird – um auf diese Weise das eventuell doch bestehende Problem zeitlich etwas in die Zukunft zu verlagern. In jedem Fall sollte das Unternehmen das Gerücht ernst nehmen und sich zu einer offenen, widerspruchsfreien, transparenten und pro-aktiven Kommunikation sowohl auf IR- als auch auf PR-Seite entschließen.

Neben rechtlichen Vorschriften für Investor Relations wie den regelmäßigen Pflichtveröffentlichungen sollte jedes Unternehmen parallel dazu eine intensive Presse- und Medienarbeit betreiben. Die Möglichkeit, wirtschaftsrelevante News über ein Unternehmen auch jenseits der Ad-hoc-Ebene zu platzieren, sind vielfältig: Spannende Produkt- und Anwender-Stories, technische Innovationen, neue Patente, Initiativen zum Umwelt- oder Nachhaltigkeitsmanagement, ein eigenes CSR-Projekt, Top-News aus dem Management oder die Schaffung neuer Arbeitsplätze tragen dazu bei, die Bekanntheit und das Ansehen des Unternehmens zu stärken. Aber auch ein Hintergrundgespräch mit einem renommierten Wirtschaftsmagazin zu neuen Branchentrends kann für zusätzliche Aufmerksamkeit bei Aktionären und Analysten, bei Kunden, Mitarbeitern und Multiplikatoren sorgen.

AUSFLUG 36

Grundsätze professioneller Investor Relations

In Anlehnung an die Leitlinien der DVFA (Deutsche Vereinigung für Finanzanalyse und Asset Management) lassen sich konkrete Leitlinien für eine professionelle IR-Arbeit wie folgt formulieren:[319]

Glaubwürdigkeit: Effektive Finanzkommunikation beruht auf der Glaubwürdigkeit des Managements und der sachlich richtigen, verlässlichen, offenen und zeitnahen Kommunikation aller kurs- und bewertungsrelevanten Unternehmensdaten. Dazu zählt, dass frühere Aussagen und Prognosen eingehalten oder Abweichungen frühzeitig kommuniziert werden. Bei der Zeitnähe von Informationen sind auch die gesetzlichen Bestimmungen (z.B. Wertpapierhandelsgesetz) zu beachten.

Kontinuität: Die Information sollte kontinuierlich erfolgen. Diese Kontinuität ist unabhängig von der aktuellen Geschäftslage des Unternehmens sicherzustellen, um das Vertrauen der Investoren zu erhalten. Inhaltlich sollte eine Stetigkeit in Form und Umfang der veröffentlichten Informationen erkennbar sowie die Möglichkeit eines Vergleiches zu früheren Unternehmensdaten und anderen Unternehmen der Branche gegeben sein. Von besonderem Interesse für den Kapitalmarkt sind qualitative und quantitative Informationen und Aussagen, um Schlüsse hinsichtlich des zukünftigen Geschäftserfolgs ziehen zu können.

Zielgruppenorientierung: Das Unternehmen soll gemäß der Vorschriften zu Regeln und Publizitätspflicht im deutschen Kapitalmarkt in einen kontinuierlichen Dialog mit Investoren und Kapitalmarktteilnehmern treten. Über diese Pflichtregelungen hinaus – formuliert beispielsweise im Aktien- oder Wertpapierhandelsgesetz –, sollte das Unternehmen nicht nur auf Pflichtveranstaltungen wie die Bilanzpressekonferenz setzen, sondern Anlegern

---

319 Diese Übersicht basiert auf den DVFA Finanzschriften Nr. 02/06: DVFA Grundsätze für Effektive Finanzkommunikation. Version 3.0 vom Mai 2008, S. 12; Download unter: http://bit.ly/WjRibD

durch regelmäßige Gesprächsangebote mit allen wichtigen Unternehmensbereichen ein umfassendes Bild ermöglichen. Auch für Finanzanalysten und Investoren ist es von hohem Interesse, Unternehmensstandorte, Werke und Produktionsanlagen kennen zu lernen, um sich ein persönliches Bild vor Ort zu machen.

Gleichbehandlung: Alle Teilnehmer des Kapitalmarkts werden zeitlich und inhaltlich gleich behandelt. Diese Gleichbehandlung ist aus insiderrechtlichen Regeln geboten und darüber hinaus die Voraussetzung zur Schaffung von Vertrauen im Kapitalmarkt. Auch mit kritischen Analysten sollte ein Unternehmen in einen Dialog treten, um selbst diese als Meinungsmultiplikatoren zu gewinnen.

IR-PR-Verzahnung: Eine erfolgreiche Informationspolitik sollte nicht nur darauf beschränkt sein, pflichtgemäß nach §15 des Wertpapierhandelsgesetzes zu informieren. Vielmehr sollten alle Bereiche der Kommunikation berücksichtigt werden, die die Erwartungsbildung von Investoren beeinflussen können. Dazu sind gemeinsame Sprachregelungen in IR- und PR-Abteilungen notwendig, um falsche Interpretationen bei den Kapitalmarktteilnehmern zu verhindern.

8.3.3 Ausgewählte Instrumente der Investor Relations

Das Instrumenten-Setting von Investor Relations ist vielfältig. Es reicht von der Ad-hoc-Mitteilung über Geschäftsberichte bis hin zu Hauptversammlungen und Analystenkonferenzen. Einige ausgewählte Instrumente im Überblick:

Die Ad-hoc-Mitteilung

Laut §15 des Wertpapierhandelsgesetzes (WpHG) müssen börsennotierte Unternehmen, die zum Handel an einer inländischen Börse zugelassen sind, »unverzüglich eine neue Tatsache veröffentlichen, die in seinem Tätigkeitsbereich eingetreten und nicht öffentlich bekannt ist, wenn sie wegen der Auswirkungen auf die Vermögens- oder Finanzlage oder auf den allgemeinen Geschäftsverlauf des Emittenten geeignet ist, den Börsenpreis der zugelassenen Wertpapiere erheblich zu beeinflussen«.

Was »unverzüglich« heißt, zeigt das folgende Beispiel: Der Kurs eines jungen IT-Unternehmens hat im ersten Jahr nach Börsenstart eine wahre Achterbahnfahrt hingelegt. Nachdem das Unternehmen vor drei Monaten den Abschluss eines Vertrages mit einem wichtigen Reseller bekannt gegeben hat, konnte sich der Kurs wieder stabilisieren. Aufgrund von Lieferschwierigkeiten und Qualitätsproblemen ist der Händler jedoch kurzfristig abgesprungen und hat einen alternativen Anbieter beauftragt. Das Unternehmen wartet aber mit der Kommunikation des geplatzten Vertrages mehr als eine Woche. Während dessen hat das neu beauftragte Unternehmen bereits den Großauftrag bekannt gegeben. Die Analysten zeigen sich überrascht, da sie bis dato von der ursprünglichen Konstellation ausgegangen sind. Erst auf Nachfragen bestätigt das Start-up das geplatzte Geschäft. Die Analysten stellen die Kommunikationspolitik und Geschäftsstrategie des Unternehmens in Frage. Der Börsenkurs stürzt daraufhin ab.

Doch welche Umstände müssen ad hoc kommuniziert werden? Einige Regelbeispiele:

- Aufgabe oder Aufnahme von Kerngeschäften;
- Erwerb oder Veräußerungen von wesentlichen Beteiligungen;
- Neubesetzungen von Schlüsselpositionen in Vorstand oder Aufsichtsrat;
- Entstehung/Beilegung wesentlicher Rechtsstreitigkeiten;
- Kürzung von Kreditlinien durch die Banken oder Ausfall wesentlicher Schuldner;

- Erteilung bedeutender Patente und wichtiger Lizenzen;
- Maßgebliche Produkthaftungs- oder Umweltschadensfälle.[320]

Die Meldepflicht folgt einem mehrstufigen Verfahren: So sind die Ad-hoc-Meldungen vor der Veröffentlichung zunächst der Bundesanstalt für Finanzdienstleistungsaufsicht (BaFin) und den Börsenführungen bekannt zu geben, an denen die Wertpapiere zum Handel zugelassen sind. Weiterhin müssen die Nachrichten über ein überregionales Börsenpflichtblatt oder ein elektronisch betriebenes Informationsverbreitungssystem wie beispielsweise DGAP (Deutsche Gesellschaft für Ad-hoc-Publizität), die Internetseite des Emittenten sowie gemäß § 3a WpAIV über weitere Medien publiziert werden. Dazu zählen neben elektronischen Informationsverbreitungssystemen auch News-Provider, Nachrichtenagenturen und Printmedien. In der Regel wird die Meldung von inländischen Unternehmen je nach Börsenplatz in deutscher und englischer Sprache veröffentlicht. Dabei müssen Absender und Veröffentlichungszeitpunkt genau benannt sein.

Darüber hinaus sollte man mit der Ad-hoc-Meldung auch die eigenen Mitarbeiter sowie Analysten und die Financial Community informieren. Bei gravierenden Umständen mit einem hohen Risikopotenzial empfiehlt sich ein Conference Call (siehe unten) mit Analysten, um über Hintergründe und Lösungsansätze zu informieren. Wichtig dabei ist, dass alle Unternehmensentscheidungen von den Analysten hinsichtlich der Equity Story, d.h. der bereits kommunizierten Strategie beurteilt werden können.

AUSFLUG 37

Vorschriften beim Insiderhandel

Auch beim Insiderhandel gibt es strenge Regeln. So zählen seit 2004 zu den mitteilungspflichtigen Informationen nicht nur reine Tatsachen und Fakten, sondern auch Prognosen, Pläne, Absichten, Strategieentscheidungen und Maßnahmen, die die Einschätzung von Chancen und Risiken bei Analysten und Investoren positiv wie negativ beeinflussen können. Plant ein Unternehmen den Verkauf einer Unternehmenssparte und führt dazu konkrete Verkaufsgespräche, fallen diese bereits unter die Publizitätspflicht, da sie wesentliche Auswirkungen auf den Kursverlauf haben können. Zudem sind die Meldungen so aufzubereiten, dass sie für die Analysten verständlich und nachvollziehbar sind. Die Bedeutung des Textes sollte sich schnell erschließen und nicht verklausuliert sein. Um Entscheidungen nachvollziehbar zu machen, sollte die Meldung zudem in seinem Kontext dargestellt werden oder plausible Begründungszusammenhänge geliefert werden.

Der Geschäftsbericht

Für börsennotierte Unternehmen ist der Geschäftsbericht eines der Kerninstrumente der Aktionärspflege.[321] In diesem dokumentiert es einmal im Jahr den Verlauf des vergangenen Geschäftsjahres. Er ist damit eine der zentralen Informationsquellen, wenn sich Investoren und Aktionäre über Entwicklungen, Strategien und Perspektiven des Unternehmens informieren. Der Veröffentlichungszeitraum kann je nach Marktsegment und

---

320 Vgl. Emittentenleitfaden der Bundesanstalt für Finanzdienstleistungsaufsicht (BaFin) Bonn, 2005, S. 43 f.

321 Laut einer Studie der Kirchhoff Consult AG (6/2012) bieten 19 von 30 DAX-Unternehmen einen vollwertigen Online-Geschäftsbericht an; http://bit.ly/TeNaOm

Börsenregel variieren. Weitere Regelungen zur Veröffentlichungspflicht finden sich im Handelsgesetzbuch (HGB) sowie im Aktiengesetz (§ 175). Folgende Mindestangaben für einen Unternehmensbericht lassen sich aus dem Emittentenleitfaden der BaFin ableiten[322]:

- Umsatz (Umsatzerlöse, Sales, Revenue)
- Ergebnis pro Aktie
- Jahresüberschuss
- Cashflow
- Ergebnis vor Steuern, Zinsen und Abschreibungen
- Ergebnis vor Zinsen und Steuern (EBIT)
- Ergebnis vor Steuern (EBT)
- Dividende pro Aktie
- Ergebnismarge
- Eigenkapitalquote
- Ergebnis der gewöhnlichen Geschäftstätigkeit
- Betriebliches Ergebnis
- Operatives Ergebnis vor Sondereinflüssen.

Die Pflichtbereiche des Geschäftsberichts werden gemeinsam mit dem beauftragten Wirtschaftsprüfer, dem Rechtsberater sowie der betreuenden Konsortialbank abgestimmt. Dabei werden auch die Geschäftsfelder identifiziert, die sich als mögliche Schwerpunktthemen eignen, um die Leistungsstärke eines Unternehmens oder seine strategische Ausrichtung darzustellen.

Geschäftsberichte dienen heute nicht mehr der reinen Vermittlung von Pflichtinformationen, sondern sind in den letzten Jahren deutlich an Umfang gewachsen. Zudem zeigen preisgekrönte Jahresberichte wie der des Mineralölunternehmens Marquard & Bahls AG (www.mbholding.de), dass das Medium bei der Positionierung einer Marke eine wichtige Funktion besitzt. Leserorientierung, kommunikative Qualität, ungewöhnliche Fotos und Illustrationen machen den Geschäftsbericht zu einem abwechslungsreichen Instrument der Unternehmenskommunikation. Imagebildende Teile nehmen einen immer größeren Raum ein. Die Leser erhalten über die reine Lagebeschreibung hinaus Hintergrundinformationen zur Branche und zu neuen Märkten, zum gesellschaftlichen Engagement, zu Forschung und zu Investitionen. Dazu werden selbst klassische journalistische Darstellungsformen wie Reportage oder Interview eingesetzt.

Das Beispiel Marquard & Bahls AG zeigt, wie der Geschäftsbericht zum aussagekräftigen Distinktionsmerkmal wird, mit dem sich das Unternehmen gegenüber der Konkurrenz abhebt. Es unterstreicht damit den Wunsch nach einer offensiven Positionierung am Markt, zeigt Selbstbewusstsein, bricht bewusst mit Wahrnehmungsklischees, öffnet dem Leser einen neuen Blick auf das Unternehmen und schafft Interesse und Neugier. Deutliche PR-Effekte erzielt der Geschäftsbericht durch die Einbettung von Sonder- oder Schwerpunktthemen, die sich einem besonderen Marktsegment, einer herausragenden Produktanwendung oder einem speziellen Forschungsbereich widmen.

Wie weit die Aufbereitung von so genannten »Intangibles« (weichen Faktoren) gehen darf, ist nicht unumstritten. So empfiehlt die DVFA: »Bei den Non-Financials sollten nur unternehmerische Aspekte berichtet werden, die vom Unternehmen im Rahmen der ge-

---

322 Vgl. Emittentenleitfaden der Bundesanstalt für Finanzdienstleistungsaufsicht (BaFin) Bonn, 2005, S. 49 f.

Abb. 42: Der Geschäftsbericht der Marquard & Bahls AG (Geschäftsbericht 2012: »Das fünfte Element«, Hamburg, S. 22/23) als grafisches Gesamtkunstwerk

wöhnlichen Performance-Messung zur Anwendung kommen, und die von der Wirtschaftsprüfung unter nachvollziehbaren Kriterien auditiert werden können.« Gleichzeitig betont sie aber: »Berichte und Fakten zu Non-Financials und so genannten »weichen Faktoren« helfen Investment Professionals, ein möglichst realistisches Bild von den das Unternehmen betreffenden exogenen und endogenen Einflussfaktoren zu gewinnen.«[323]

Die auf die Erstellung von Geschäftsberichten spezialisierte HGB Hamburger Geschäftsberichte GmbH & Co. KG benennt zehn goldene Regeln, um Geschäftsberichte transparenter und zu einem Vertrauensmotor in der IR-Kommunikation zu machen:

1. Der Vorstand spricht im Vorwort den Leser direkt an. Er stellt konkrete Fragen und beantwortet sie auch.
2. Er schreibt in Vorwort und Lagebericht nicht nur von Erfolgen, sondern auch von Schwierigkeiten und Herausforderungen.
3. Die Sprache ist über alle Teile des Berichts hinweg klar, prägnant und verständlich.
4. Die Story/das Leitthema hat etwas mit dem Unternehmen zu tun und blickt nach vorne. Sie grenzt das Unternehmen von anderen ab und hat einen Bezug zu den übrigen Berichtsinhalten.

---

323 Vgl. DVFA Finanzschriften Nr.02/06: DVFA Grundsätze für Effektive Finanzkommunikation. Version 3.0 vom Mai 2008, S. 12; Download unter: http://bit.ly/WjRibD

5. Die Gestaltung positioniert das Unternehmen eindeutig und unterscheidbar von anderen (Corporate Difference statt Corporate Identity).
6. Die Gestaltung unterstützt die Orientierung des Lesers im Bericht und führt zum Wesentlichen hin.
7. Der Lagebericht stellt das Wichtige nach vorne und beschränkt sich auf das Wesentliche.
8. Der Lagebericht leitet seine Ausführungen aus den Zielen und Steuerungsgrößen ab und formuliert für die Zukunft konkrete neue Ziele.
9. Das Aktienkapital betrachtet die Entwicklung langfristig und verknüpft die Kursentwicklung mit den operativen Kennzahlen.
10. Der Jahresabschluss beschreibt nicht nur die Zahlen, sondern erläutert die konkreten Bilanzeffekte. Er lässt keine Tabelle unerläutert und ergänzt die Pflicht um unternehmensrelevante Informationen.[324]

Die Hauptversammlung

Genauso wie der Geschäftsbericht stellt die Hauptversammlung eine wichtige Visitenkarte für ein Unternehmen in der Finanzszene dar. In dieser erhalten Aktionäre, Analysten und Journalisten einen persönlichen Eindruck vom Unternehmen und seiner Leitung. Als wichtiger IR-Event muss die Hauptversammlung einer Aktiengesellschaft einmal im Jahr Pflichtauskünfte und wichtige Entscheidungen verkünden. Dazu gehören die Bekanntgabe des Jahresabschlusses, Auskunft über Gewinnverwendung/Dividenden, Entlastung des Vorstands, Wahl neuer Aufsichtsratsmitglieder. Neben den Pflichtangaben spielen verstärkt imagebildende Maßnahmen eine Kernrolle, um Aktionäre von der eingeschlagenen Firmenstrategie zu überzeugen. Dazu zählen Imagefilme, informative Ausstellungen über Forschungsvorhaben oder Gesprächsangebote mit Experten aus dem Wissenschaftsbereich.

Die Analystenkonferenz

Ein weiteres IR-Kerninstrument ist die Analystenkonferenz. Je nach Transparenzstandard gehört sie zu den Kür- oder Pflichtinstrumenten der Investor Relations. So sind Prime-Standard-Unternehmen, also Unternehmen, die sich den strengsten Transparenzkriterien unterziehen, dazu verpflichtet, mindestens einmal pro Jahr eine Analystenkonferenz durchzuführen. Die Regeln im Entry oder General Standard der Deutschen Börse sind weniger eng.

Analystenkonferenzen bieten börsennotierten Unternehmen die Chance, im persönlichen Kontakt mit Analysten über die Entwicklung des Unternehmens zu informieren sowie über wichtige Detail- und Hintergrundinformationen zu Produkten und Märkten zu diskutieren. Die Analysten erwarten im Gegenzug detaillierte Informationen zu den betrieblichen Kennziffern. Folgende Präsentationsformen lassen sich dazu einsetzen:

- Vortrag: Rückblick, aktuelle Bilanz, Gewinn- und Verlustrechnung, Aktienverlauf, Aktionärstruktur, Wettbewerbssituation, Investitionen, Produkte, Wachstumsziele;
- Publikation: Geschäftsbericht, Ad-hoc-Mitteilungen, Factbook, Imagebroschüre, Imagefilm;

---

324 Vgl. http://www.hgb.de/fileadmin/user-upload/presse/pressemeldungen/pm_hgb_05_06-17.pdf.

■ Live-Stream: Übertragung der Analystenkonferenz und Dokumentation der Konferenz im Internet auf der firmeneigenen IR-Seite.[325]

> **Hilfe durch die DVFA bei Analystenkonferenzen**
> *Bei der Vorbereitung einer Analystenkonferenz können Sie auf die Dienstleistungen der Deutschen Vereinigung für Finanzanalyse und Anlageberatung e.V. (DVFA) zurückgreifen. Diese übernimmt im Auftrag von Unternehmen die persönliche Ansprache und Einladung der Analysten und betreut das Unternehmen über den gesamten Vorbereitungszeitraum. Der Vorteil: Mit der DVFA haben Sie einen renommierten und in der Finanz-Community akzeptierten Veranstaltungspartner an Ihrer Seite. Zudem erhalten Sie direkten Zugang zu den über 1.600 Mitgliedern des Berufsverbands, die über 400 Investmenthäuser, Banken und Fondsgesellschaften repräsentieren. Darüber hinaus ist die DFVA über ihre Partnerorganisationen mit internationalen Investment Professionals verbunden.*

Die Bilanzpressekonferenz

Bilanzpressekonferenzen sind freiwillige Instrumente der Investor Relations, die meistens im Anschluss an die Vorstellung des Jahresabschlusses oder gemeinsam mit der Vorlage des Geschäftsberichtes stattfinden. Anders als die Analystenkonferenz oder die Hauptversammlung handelt es sich bei der Bilanzpressekonferenz in erster Linie um eine Medienveranstaltung, die sich an Wirtschafts-, Finanz-, und Börsenjournalisten richtet. Sie gibt die wesentlichen Inhalte des Geschäftsberichts wie Bilanzen und strategische Ausrichtung wieder und gibt einen kompakten Ausblick. Der Ablauf folgt eng den Regeln der klassischen Pressekonferenz:[326] Ort (zentrale Lage), Dauer (45–60 Minuten), Einladungszeitpunkt (mindestens zwei Wochen im Vorfeld), Pressemappe (aktuelle Pressemitteilung, Geschäftsbericht, Factbook, Bildmaterial).

Das IR-Factbook

Das IR-Factbook liefert Anlegern und Analysten einen schnellen Überblick über ein Unternehmen, seine Geschäftsfelder, wichtige Kennzahlen sowie wesentliche Daten zum Markt und Aktienkurs. Dazu wird es bei Bilanzpressekonferenzen, Analystenkonferenzen und bei Roadshows eingesetzt. Zudem stellen viele Unternehmen die aktuelle Version des Factbooks als PDF-Dokument online zur Verfügung.

Auch die Aktualität ist laut Untersuchung hoch. Demnach aktualisieren die meisten Unternehmen ihr Zahlenmaterial einmal pro Jahr, RWE oder Deutsche Post World Net sogar alle sechs Monate. Damit ist es ein aufwändiges Kür-Instrument, das sich nicht jedes Unternehmen leisten kann. Der Umfang variiert stark: Von 20 Seiten (Nikon) bis zu einem 97-seitigen Factbook, das Henkel Finanzanalysten in englischer Sprache zur Verfügung stellt. In der Regel gilt bei Factbooks: Form follows function. Das Factbook soll anhand der wichtigsten Basisinformationen und Firmendaten einen kompakten, umfassenden Über-

---

325 Weitere Informationen finden Sie im Kapitel 4.6.1 unter »Online-Pressekonferenz«.
326 Die Pressekonferenz wird in Kapitel 4.6.1 behandelt.

Mögliche Inhalte eines IR-Factbooks

Unternehmensdaten:
- Vision/Mission Statement
- Unternehmensstruktur
- Vorstand/Aufsichtsrat
- Geschäftsfelder
- Unternehmensstrategie
- Unternehmensentwicklung
- Standorte
- wirtschaftliche Ziele
- Investitionen
- Beteiligungen
- Partnerschaften
- Risk Management
- CSR
- wichtige Termine
- Kontakt

Bilanzdaten:
- aktuelle Bilanz
- Gewinn- und Verlustrechnung
- Aktienkurs
- Aktionärsstruktur
- Rendite/Dividende

Marktdaten:
- Marktüberblick
- Marktentwicklung
- Markttrends/-prognosen
- Marktpotenzial
- Marktstrategie
- Wachstumsperspektiven

Produkte:
- Produktportfolio
- Kernprodukte
- Werttreiber
- Neuentwicklungen
- Innovationen/Forschung
- neue Geschäftsfelder

Abb. 43: Mögliche Inhalte eines IR-Factbooks, eigene Darstellung

blick über einen Konzern vermitteln und die wichtigsten Informationen zur Konzernstruktur, Unternehmensstrategie, zu Märkten und zum Aktienkurs in komprimierter Form liefern.

Investor Relations im Internet

Betrachtet man die Websites der führenden DAX-Unternehmen, erkennt man meist die hohe Bedeutung eines eigenständigen Online-IR-Bereiches im Rahmen der Unternehmenskommunikation. Das Internet ermöglicht die schnelle Informationsweitergabe und Dokumentation der bisherigen Entwicklung. Analysten wie Investoren können sich zielgenau über das Unternehmen, die strategische Ausrichtung, aktuelle Meldungen und wichtige Termine informieren. Der Online-IR-Bereich wird damit für Investor-Relations-Manager zur Kommunikationszentrale im Dialog mit Journalisten und Anlegern.

Professionelle IR-Seiten der Dax-Unternehmen sollten folgende Informationen enthalten:

- Unternehmensinformationen: Konzernstruktur, Equity Story, Beteiligungen, Geschäftsfelder, Unternehmensstruktur, wirtschaftliche Ziele und Prognosen, Marktübersicht, Geschichte;
- Management: Vorstand, Aufsichtsrat, Gremien und Kontrollorgane, Satzung, aktueller Brief des Vorstandsvorsitzenden an die Aktionäre;
- Produkte: Produktportfolio, Kundenstruktur, Anwender- und Success-Stories;

- Aktuelles: Quartalszahlen, Ad-hoc-Mitteilungen, News;
- Aktieninformationen: Kursentwicklung, Dividenden, Stammkapital, Kurs-Gewinn-Verhältnis, Aktionärsstruktur, Analysen, Aktionärs-Hotline;
- Terminvorschau: Finanzkalender, Bilanzpressekonferenz, Analystenkonferenz, Roadshows;
- Dokumente: Geschäftsbericht, Zwischenberichte, Umwelt- und Sozialberichte, Corporate-Social-Responsiblity-Berichte, Corporate-Governance-Berichte, Nachhaltigkeitsberichte;
- Rechtliche und ethische Standards: Corporate Governance Kodex, Verhaltenskodex für Mitarbeiter, bindende Umweltstandards;
- Zusätzliche Services: Renditerechner, Videosequenzen zur Equity Story, wichtige Fragen und Antworten (FAQs), aktuelle Ratings, Bestellservice (z.B. Geschäftsbericht), Ansprechpartner, Live-Pressekonferenzen, Online-Chats, Eintrag in Infos-Service (Newsletter), Aktienglossar/Aktienlexikon, RSS-Feeds, IR-Podcast.

Investor Conference Calls

Telefonkonferenzen mit Analysten sind ein effizientes Instrument, um über aktuelle Quartalszahlen, Entwicklungen, Produkteinführungen oder Forschungsvorhaben zu berichten. So können an einem IR Conference Call auch Analysten teilnehmen, für die das Thema zwar interessant ist, die aber nicht die Zeit haben, persönlich einer Analystenkonferenz zum Thema beizuwohnen. Die Integration des Internets schafft zudem weitere Möglichkeiten. So nutzte die Bayer AG eine Telefonkonferenz mit Analysten, um über den aktuellen Stand bei der Zulassung eines neuen Medikaments zu informieren. Die Einführungsstatements der Forschungsverantwortlichen sind online als Download verfügbar und können von Analysten parallel eingesehen werden. Nach Ende des Conference Calls stehen im Dokumentationsteil des Online-IR-Bereichs ein mp3-File bzw. ein Link zu einem Stream zur Verfügung.

TIPP 51

Vor dem Call informieren
Die Begleitmaterialien eines Conference Calls sollten die Teilnehmer im Vorfeld der Konferenz erhalten oder auf der IR-Seite des Unternehmens online zur Verfügung stehen, damit sich alle Teilnehmer auf dem gleichen Wissensstand befinden.

Die Roadshow

Eine Roadshow ist eine Serie von Einzelgesprächen und Unternehmenspräsentationen innerhalb eines kurzen Zeitraums. Sie sind gleichzeitig ein zeit- und kostenintensives Instrument der Investor Relations wie ein unverzichtbarer Teil des professionellen Aktienmarketings – von der intensiven, langfristigen Vorbereitung bis zu den entscheidenden meist Einzelgesprächen. Selbst große DAX-Unternehmen setzen Roadshows offensiv ein und gehen im Schnitt mehrmals pro Jahr auf große »Verkaufstour«. Die Roadshow in einem Zielland dauert dabei 1–2 Tage, sie kann aber auch darüber hinaus gehen.[327]

---

327 Die Bayer AG ging im Jahr 2011 vierzehn Mal auf Roadshow zu wichtigen Finanzmarktplätzen im In- und Ausland. Flankiert wurden die Roadshows durch Investoren-Telefonkonferenzen, Teilnahme

Ein Beispiel: Nach einem halben Jahr Vorbereitung veranstaltet ein Unternehmen – vertreten durch den CEO und den CFO – gemeinsam mit einer Partnerbank eine Roadshow nach Hongkong und Shanghai, um dort innerhalb von drei Tagen mit 24 Analysten, Investoren und Fondsvertretern Einzelgespräche zu führen. Ziel ist es, chinesischen Anlegern das Unternehmen bekannt zu machen, sie von der Geschäftsstrategie zu überzeugen und Kapital aus Fernost in das Unternehmen zu holen. Die Gespräche laufen erfolgreich. Drei Monate nach der Roadshow befinden sich 7 Prozent der Unternehmensaktien bereits in chinesischem Besitz.

Weitere Instrumente der IR

Jenseits der vorgestellten Basisinstrumente gibt es weitere Maßnahmen der kommunikativen Ansprache von Analysten und Investoren, auf die ein Unternehmen zurückgreifen kann:

- Werbespot: Meist imageorientierte TV-Spots auf den gängigen Wirtschaftssendern;
- Online-Werbung: Auffällige Kampagnen auf Online-Wirtschaftsmedien;
- Finanzanzeigen: Printanzeigen in gängigen Wirtschaftsmedien oder überregionalen Zeitungen;
- Telefon-Hotline: Info-Hotline für interessierte (Klein-)Aktionäre;
- Firmenführung: Vor-Ort-Firmenbesichtigung mit Aktionären und Analysten;
- Expertenservice: Vermittlung von Experten an Analysten zu Spezialthemen;
- Messepräsenz: Kontakt zu Journalisten und Multiplikatoren auf wichtigen Branchenmessen;
- Firmen-Events: Einladung von Aktionären, Bankenvertretern, Journalisten zu Veranstaltungen;
- Social Media: Nutzung von Facebook, Twitter, Google+, Youtube und Slideshare für IR-Zwecke.[328]

TIPP 52

Rechtlichen Regelungen bei Investor Relations
- *Wertpapierhandelsgesetz (WpHG)*
- *Corporate Governance Kodex*
- *Handelgesetzbuch (HGB)*
- *Internationale Rechnungslegungsstandards (IFRS/US-GAAP)*
- *Aktiengesetz (AktG)*
- *Wertpapiererwerbs- und Übernahmegesetz (WpÜG)*
- *Börsengesetz (BörsG), Börsenzulassungsverordnung (BörsZulVO)*
- *Börsenordnung (BörsO)*
- *Verkaufsprospektgesetz (VerkProspG)*
- *Verkaufsprospektverordnung (VerkProspVO)*

---

an Investoren-Fachkonferenzen und Anlegerforen sowie den großen Event-Flaggschiffen Bilanzpressekonferenz sowie Hauptversammlung; http://www.investor.bayer.de/events/archiv/?#year_2011

328 Die Bedeutung von Social Media für Investor Relations wächst, so die Ergebnisse der internationalen Benchmark-Untersuchung »Investor Relations 2.0« der Universität Leipzig aus dem Jahr 2011 unter 280 börsennotierten Unternehmen in den USA, Deutschland, Großbritannien, Frankreich und Japan. Es zeigt sich, dass Software-, Technologie-, Telekom- und Chemie-Unternehmen beim Social-Media-Einsatz für die Investoren-Betreuung vorne liegen; http://www.slideshare.net/KKristin/ir-20-international-benchmark-study-university-of-leipzig

- *Bilanzkontrollgesetz (BilKoG)*
- *Bilanzrechtsreformgesetz (BilReG)*
- *Gesetz zur Unternehmensintegrität und Modernisierung des Anfechtungsrechts (UMAG)*
- *Anlegerschutzverbesserungsgesetz (AnSVG)*
- *Kapitalanleger-Musterverfahrensgesetz (KapMuG)*
- *Wertpapierprospektgesetz (WpPG)*
- *Wertpapierhandelsanzeige- und Insiderverzeichnisverordnung (WpAIV)*
- *Marktmanipulationskonkretisierungsverordnung (MaKonV)*
- *Gesetz über die Offenlegung von Vorstandsvergütungen (VorstOG)*

8.3.4 Finanzkommunikation für den Mittelstand

Seit den Basel II- und III-Beschlüssen mit seinen veränderten Rahmenbedingungen bei der Kreditvergabe wird es auch für den klassischen Mittelstand immer wichtiger, das Thema Finanzkommunikation als festen Bestandteil der eigenen Unternehmenskommunikation zu begreifen. Das Rating des Unternehmens, d.h. die Einschätzung von Kreditrisiken durch Banken und Investoren, wird für den Mittelstand zum zentralen Faktor, wenn das eigene Unternehmen auf günstige Kredite angewiesen ist oder sich den Zugang zu Bankkrediten erhalten will. Über die klassische Bonitätsprüfung hinaus gewinnt damit der kontinuierliche vertrauensvolle Dialog zwischen Unternehmen und Kapitalgebern für den Mittelstand zunehmend an Bedeutung. Unter den Stichworten Glaubwürdigkeit und Transparenz richten diese Unternehmen ihre Informationspolitik zunehmend im Bereich der Finanzkommunikation neu aus, um sich den Anforderungen, die durch Kapitalgeber gestellt werden, besser anzupassen. Dabei setzen sie auf Instrumente, die sich bereits seit vielen Jahren in der professionellen Investor-Relations-Arbeit börsennotierter Unternehmen bewährt haben.

Dass es gerade bei Finanzkommunikation nach wie vor großen Nachholbedarf gibt, zeigen ältere Studien der Euler Hermes Kreditversicherungs-AG zum Thema Finanzkommunikation im Mittelstand.[329] Demnach stellen zwar 82 Prozent der Unternehmen ihren Hauptkapitalgebern regelmäßig Informationen zur Verfügung. Sie greifen jedoch überwiegend auf Standardinformationen wie Bilanz, Gewinn- und Verlustrechnung zurück, die den Kapitalgebern in der Regel einmal im Jahr zur Verfügung gestellt werden. Zwar kombinieren 63 Prozent diese schriftlichen Informationen mit persönlichen Treffen und Telefongesprächen. In der Regel weiß die Mehrheit der Geschäftsführer aber nicht, was die Banken mit den Informationen machen und welchen Informationsbedarf sie haben.

Die Folge: Wenn Unternehmen Finanzkommunikation betreiben, geschieht dies nicht aus eigenem Antrieb heraus und pro-aktiv. Vielmehr werden sie von der Angst beherrscht, ohne Finanzkommunikation könnte dem Unternehmen ein Nachteil beim Zugang zu Krediten entstehen. Diejenigen, die Wert auf eine gute Finanzkommunikation legen, erhalten

---

329 Vgl. auch Euler Hermes Kreditversicherungs-AG (Hr.): »FiKomM – Finanzkommunikation im Mittelstand«, Hamburg, 2005, S. 5 f. sowie »Finanzkommunikation jetzt krisenfest machen«; http://www.wirtschaft-konkret.de/de/dokumente/421-finanzkommunikation.pdf/421-finanzkommunikation.pdf

zwar nicht billigere Kredite, aber verbessern nach Ansicht der Befragten die »Beziehungs-qualität zu den Kapitalgebern, sorgen für größere Finanzierungsauswahl und insgesamt einen besseren Zugang zu Krediten oder Risikokapital«.[330]

Insgesamt könnten die Unternehmen Vorteile nutzen, wenn sie die Herausforderung Finanzkommunikation annehmen. Dies erfordert ein genaues Wissen über die Erwartungen der Kapitalgeber. Will ein Unternehmen professionelles Erwartungsmanagement betreiben, muss es sich nicht nur intensiv mit den rechtlichen Rahmenbedingungen auseinandersetzen. Es sollte ein Verständnis für eine Finanzkommunikation entwickeln, die über das gesetzlich geforderte Mindestlevel hinausgeht. Warum sollte eine mittelständische GmbH nicht ein Factbook einsetzen, wenn es sich bei einer Bank vorstellt? Warum sollte es nicht verstärkt auf »One2Ones« (Einzelgespräche) setzen, wenn es sich bisher vorrangig mit der Bereitstellung von schriftlichen Informationen begnügt hat? Warum werden wichtige kapitalrelevante Firmeninformationen und ein Geschäftsbericht nicht auch online zur Verfügung gestellt? Warum sollte es nicht eine aktive Finanz-PR betreiben? Mit regelmäßigen Wirtschafts-News in Branchenmedien erhöht sich der Bekanntheitsgrad des Unternehmens. Damit eröffnen sich neben zinsgünstigen Krediten neue Geschäftsoptionen, mit der sich die neue Finanzkommunikation letztlich für das Unternehmen rechnet.

8.4 Nonprofit-PR

8.4.1 Einführung

Nonprofit-Organisationen (NPO) unterscheiden sich hinsichtlich ihrer kommunikativen Handlungsbedingungen nur wenig von Wirtschaftsunternehmen. Das heißt: Eine kontinuierliche Präsenz in der Öffentlichkeit und die Aufmerksamkeit der jeweiligen Stakeholder haben für die meisten NPO existenzielle Bedeutung erlangt. Wie auch immer eine Organisation sich verhält – ob nach innen oder außen gerichtet – sie erzeugt ein bestimmtes Image.

Ohne eine geplante und kontrollierte Kommunikationspolitik entsteht in der Regel ein diffuses und wenig prägnantes Bild von der Organisation. Es ist daher im strategischen Interesse einer jeden Nonprofit-Organisation, den Prozess der öffentlichen Meinungsbildung langfristig und vorausschauend zu steuern. Eine überlegte und glaubwürdige Außendarstellung der eigenen Organisation und ihres Leistungsspektrums hat meist eine positive Wirkung auf die Stakeholder: auf Mitglieder und Mitarbeiter, Kunden und Klienten, Sponsoren und Spender, Förderer und Lieferanten, Multiplikatoren und Medien.

Bei diesem Prozess des Imageaufbaus und der Imagepflege befinden sich NPO häufig in einem Dilemma. Zum einen wächst der Druck auf die NPO, sich als moderne, marktfähige Organisationen darzustellen. Dieser Zwang zu Effizienz und zu modernem Management korrespondiert jedoch nicht immer mit der Werteorientierung der eigenen Mitglieder, dem vorhandenen Know-how oder den eigenen finanziellen Möglichkeiten.

---

330 Ebenda, Studie Euler Hermes 2008, S. 11.

Bei der Erzeugung eines positiven Images sind NPO stark auf das Bild angewiesen, das die Medien vermitteln. Oft hat man es jedoch mit sehr komplexen Themen zu tun, die sich nicht auf ein Schlagwort reduzieren lassen. Häufig sind die Themen nicht attraktiv genug, um im Wettbewerb der öffentlich relevanten Themen bestehen zu können. Und nicht jedes Thema ist wirklich medienfähig. Wie kommuniziert man die eigene Tätigkeit, wenn man sich der Betreuung von Kindern mit familiärer Gewalterfahrung widmet? Gibt es ethische Grenzen der medialen Aufmerksamkeit? Da nicht jedes Thema medial gleich verwendet werden kann, ist es umso wichtiger, die eigene Medienarbeit als langfristigen Prozess anzusehen, sich die richtigen Medien auszusuchen, diese konstant zu bedienen und stabile persönliche Beziehungen zu Journalisten wie auch zu den immer stärker werden Social-Media-Mulitplikatoren zu pflegen.

Vertrauen und Glaubwürdigkeit leben durch eine ehrliche, offene, ernsthafte und sachliche Kommunikation – intern wie extern. Dies gilt für Nonprofit-Organisationen in noch viel stärkerem Maße als für Wirtschaftsunternehmen. An gemeinnützige Organisationen werden moralisch höhere Maßstäbe gestellt. Damit wirken sich eventuelle Skandale deutlich gravierender aus. Jede unsachgemäße Verwendung von Geldern, Unterschlagung oder Veruntreuung kann zu einem enormen Vertrauensverlust führen, die moralische Integrität gefährden und nicht zuletzt durch Mitgliederaustritte und Spendenrückgänge die Existenzfähigkeit der Organisation aufs Spiel setzen.

Für die Öffentlichkeitsarbeit von NPO stellt dieses permanente Kommunikationsrisiko nicht nur besondere Anforderungen an das Management, sondern an die Organisation als Ganzes. Nonprofit-Organisationen müssen dauerhaft konfliktfähig sein und die Bereitschaft mitbringen, sich gegenüber der Öffentlichkeit zu legitimieren. Hinzu kommt: Jeder Spendenskandal einer anderen NPO strahlt auf die eigene Organisation ab. Besonders wichtig ist es daher, die Bereitschaft und die Fähigkeit der Organisation, das eigene Verhalten und Handeln transparent zu machen und glaubwürdig nach innen und außen zu leben. Damit ist die besondere Verantwortung beschrieben, der eine professionelle und zeitgemäße Öffentlichkeitsarbeit in diesem Bereich unterworfen ist. Nur wenn PR diese Herausforderungen annimmt, kann sie für Nonprofit-Organisationen wirklich effizient sein.

8.4.2 Zentrale Merkmale und Rechtsformen

Grundsätzlich zählen im klassischen Sinne alle Organisationen zu NPO, bei denen Gewinnstreben, Gewinnorientierung oder kommerzielle Zwecke nicht im Vordergrund stehen. In diesem erweiterten Sinne müssen auch staatliche oder kommunale Organisationen zum Nonprofit-Sektor hinzugezählt werden – etwa Behörden, Ämter sowie Kindergärten, Schulen, Hochschulen oder Krankenhäuser in kommunaler Trägerschaft. Vor allem vier Merkmale helfen, die NPO und den so genannten »Dritten Sektor« von Staat und Unternehmen zu unterscheiden:

- **Kein Gewinnstreben**: Nonprofit-Organisationen arbeiten nicht profitorientiert. Erwirtschaften sie dennoch Gewinne, sollen sie dem Zweck der Organisation entsprechend eingesetzt werden.
- **Finanzierung durch Steuern, Abgaben, Beiträge oder Spenden**: NPO erhalten Geld durch Spenden oder Abgaben und werden von ihren Mitgliedern unterstützt. Typisch ist, dass viele Mitarbeiter der NPO ehrenamtlich tätig sind.
- **Subsidiaritätsprinzip**: Sich selbst zu helfen, anstatt auf den Staat zu warten, ist die Grundidee vieler NPO mit karitativer Zielsetzung.

- **Weder Markt noch Staat**: Oft entlasten NPO den Staat, indem sie soziale Aufgaben erfüllen. Gleichzeitig sind sie häufig nicht dem direkten Wettbewerb ausgesetzt und bewegen sich im sogenannten »Intermediären Bereich« zwischen Staat und Markt.

Auf Basis dieser Merkmale zählen zu den NPO daher organisierte Interessen in den Bereichen[331]

- Politik, Wirtschaft und in der Arbeitswelt: Parteien, Verbände, Gewerkschaften;
- Soziales: Selbsthilfegruppen, Paritätischer Wohlfahrtsverband;
- Freizeit und Erholung: Sportvereine und -verbände, Hobbyvereine;
- Religion, Kultur und Wissenschaft: Kirchen, Sekten, Hochschulen, Bildungswerke, Kunstvereine;
- Gesellschaftspolitik: Ideelle und gesellschaftspolitische Vereinigungen wie beispielsweise Bürgerinitiativen.

Wichtige Rechtsformen von Nonprofit-Organisationen:

- **Eingetragene Vereine – gemeinnützige Vereine**: Das Bürgerliche Gesetzbuch (§21 ff.) beschreibt Vereine als ideelle Organisationen, deren Zweck nicht auf einen wirtschaftlichen Geschäftsbetrieb gerichtet ist. Gemeinnützig ist ein Verein dann, wenn seine »Tätigkeit darauf gerichtet ist, die Allgemeinheit auf materiellem, geistigem oder sittlichem Gebiet selbstlos zu fördern.« (§52 BGB). Dazu zählen: Förderung von Wissenschaft, Forschung und Bildung über die Jugend- und Altenhilfe, die Förderung des öffentlichen Gesundheits- und Wohlfahrtswesens bis hin zur Förderung des Sports. Zusätzlich dürfen die Vereinsmitglieder Gewinnanteile und keine sonstigen Zuwendungen erhalten.
- **Eingetragene Genossenschaft (e.G.)**: Eine eingetragene Genossenschaft ist eine »Gesellschaft von nicht geschlossener Mitgliederzahl, welche die Förderung ihrer Mitglieder mittels gemeinschaftlichen Geschäftsbetriebes bezweckt« (Genossenschaftsgesetz). Dazu zählen beispielsweise Kreditvereine, Vereine zum gemeinschaftlichen Verkauf landwirtschaftlicher oder gewerblicher Erzeugnisse oder Vereine zur Herstellung von Wohnungen/Wohnungsbaugenossenschaften. Die Besonderheit einer Genossenschaft besteht darin, dass die Mitglieder einen Geschäftsanteil zeichnen sowie eine Pflichteinzahlung leisten, wodurch das Eigenkapital der Genossenschaft aufgebracht wird. Im Rahmen des Genossenschaftsgedankens steht die »Förderung der Mitglieder« im Vordergrund.
- **Stiftungen**: Eine Stiftung ist eine juristische Person, die über eine auf Dauer zweckbestimmte Summe verfügt, die ein Stifter bereitgestellt hat. Aus den Erlösen der Stiftungssumme wird in der Regel die Verwirklichung und Aufrechterhaltung des Zwecks der Stiftung finanziert. Dabei darf das Vermögen nicht geschmälert werden. Durch die Novellierung des Stiftungsrechts im Jahr 2000 sowie »dem Gesetz zur weiteren Stärkung des bürgerschaftlichen Engagements« aus dem Jahr 2007 ergaben sich zahlreiche Erleichterungen bei der Behandlung von Stiftungen. Vor dem Hintergrund, dass jährlich Privatvermögen im Wert von ca. 200 Milliarden Euro an die nächste Generation vererbt werden, verband die Bundesregierung die Novellierung mit der Hoffnung, wenigstens einen Bruchteil dieses Vermögens für gemeinnützige Zwecke öffentlich zu machen. Aktuell zählt der Bundesverband Deutscher Stiftungen in Deutschland rund

---

331 Nach Andersen, U.; Woyke, R., 1995, S. 237

19.000 rechtsfähige Stiftungen. Allein in den Finanzkrisen-Jahren 2007 und 2008 wurden mehr als 1.000 Stiftungen gegründet. Die größte Stiftung in Deutschland ist die Robert-Bosch-Stiftung mit einem Vermögen von mehr als 5 Milliarden Euro.[332]

8.4.3 Daten und Fakten zum Nonprofit-Bereich

Jüngsten Schätzungen zufolge gibt es mehr als 580.000 eingetragene Vereine in Deutschland, ca. 80 Prozent davon haben den Status der Gemeinnützigkeit. Den zahlenmäßig größten Zuwachs an Vereinen gab es in den vergangenen Jahren in den Bereichen Soziales und Freizeit. Prozentual stark angestiegen sind auch Vereine aus den Bereichen Umwelt, Naturschutz, Tierhilfe sowie Kultur.[333] Allein unter dem Dach des Paritätischen Wohlfahrtsverbandes sind mehr als 10.000 Vereine, Organisationen, Einrichtungen und Initiativen aus dem sozialen Bereich versammelt. Schätzungen des Deutschen Zentralinstituts für soziale Fragen zufolge existieren in Deutschland insgesamt mehr als 90.000 Sportvereine, fast 30.000 Vereine im Bereich Kultur, rund 200.000 Freizeitvereine und 8.000 Umweltvereine.[334] Die Mehrheit der bundesdeutschen Bevölkerung ist Mitglied in mindestens einem Verein. Somit liefert der NPO-Sektor ein buntes Querschnittsbild der Gesellschaft, was eines verdeutlicht: Es gibt in der Bundesrepublik einen nahezu unüberschaubaren Bereich an Institutionen, Verbänden, eingetragenen und gemeinnützigen Vereinen, Organisationen, Projekten und Initiativen, aus denen sich der nichtkommerzielle bzw. Nonprofit-Sektor zusammensetzt. Das beginnt mit den bekanntesten deutschen Spendenorganisationen wie SOS-Kinderdorf oder Aktion Mensch, setzt sich fort mit Genossenschaften, Stiftungen und Freizeitvereinen und reicht bis zu Bürgerinitiativen und Selbsthilfeprojekten.

Beschäftigungsdaten aus dem Nonprofit-Sektor
Nonprofit-Organisationen entziehen sich auf Grund ihrer Heterogenität oftmals einer eindeutigen begrifflichen Definition; auch die statistische Erfassung nicht gewinnorientierter Organisationen bereitet Schwierigkeiten. Empirische Untersuchungen zeigen jedoch, dass das Beschäftigungswachstum im NPO-Sektor in den vergangenen Jahren über dem des privaten und öffentlichen Sektors liegt. Aktuell arbeiten rund 6 Prozent der Erwerbstätigkeiten ehrenamtlich und haupterwerblich im NPO-Bereich. 70 Prozent der hauptamtlichen Arbeitsplätze findet man in den freien Wohlfahrtsverbänden (ca. 1,3 Millionen), 30 Prozent der Beschäftigten sind im Gesundheitsbereich tätig, knapp 40 Prozent im Bereich sozialer Dienste.[335] Diese Organisationen repräsentieren dabei einen Umsatz von 55 Milliarden Euro. Für den gesamten NPO-Bereich rechnet man mit einem Umsatz von 125 Milliarden Euro, das entspricht einem Anteil von 5,7 Prozent am BIP.[336] Die Zahlen zeigen: Während viele Wirtschaftsbereiche in den vergangenen Jahren Stellen streichen mussten, hat sich der Dritte Sektor als äußerst konjunkturresistent erwiesen und sich zu einem bedeutenden

---

332 Bundesverband Deutscher Stiftungen 2012: http://www.stiftungen.org/fileadmin/bvds/de/Presse/Pressematerial/Pressefruehstueck_2012/Folien_K_Pressefruehstueck_DST_Erfurt_20_Juni_2012.pdf
333 Vgl. http://www.npo-info.de/vereinsstatistik/2011/
334 http://www.dzi.de/wp-content/pdfs_DZI/Studie_fe17-07_DZI-Evaluation_Gemein-und-Spendenrecht_Nov-2009.pdf
335 http://www.dhbw-stuttgart.de/fileadmin/dateien/Wissenschaft/382_economag_Fuenfgeld_Dez2010.pdf
336 ebenda

Wirtschaftsfaktor entwickelt. Viele Organisationen profitierten nach wie vor davon, dass sie bisher dem Wettbewerb weitgehend entzogen waren.

Zunehmender Marktdruck

Marktliberale Politiker fordern zunehmend, beim Angebot sozialer Dienstleistungen neue Wege zu gehen und diesen großen Markt für private, kommerzielle Anbieter zu öffnen. Mehr Wettbewerb würde demnach zu Kostendämpfung führen. Ideen gibt es genug – beispielsweise den Vorschlag, statt auf stationäre Krankenhausleistungen viel stärker als bisher auf ambulante Dienste zu setzen. Die Leistungen der Pflegeversicherung waren Anreiz genug für die Gründung zahlreicher privater Pflegedienste. Dies macht deutlich: Die traditionell von Wohlfahrtsverbänden besetzten Tätigkeitsfelder werden zunehmend für marktwirtschaftlich orientierte Unternehmen attraktiv. Dadurch verstärkt sich der Druck, sich modernen Organisationsformen und zeitgemäßer Kommunikation zu öffnen.

Neue Anforderungen – tradierte Selbstbilder

Mit dem vielfachen Rückzug des Staates aus der Regelfinanzierung von NPO wächst der Druck, durch komplexe Formen der Mischfinanzierung die eigene Arbeitsfähigkeit aufrechtzuerhalten und sich mittels Fundraising kreativ auf die Suche nach neuen Ressourcen zu begeben. Dabei kann Öffentlichkeitsarbeit wertvolle Unterstützungshilfe leisten, indem sich durch ein positives Organisationsimage die Spendenbereitschaft sowie die Motivation der ehrenamtlichen Mitarbeiter erhöhen. Oftmals können Ziele und Instrumente der Mittelbeschaffung nicht von denen der Öffentlichkeitsarbeit getrennt werden. Jedoch mangelt es vielen NPO kleinerer und mittlerer Größe bis heute an einem positiven Verhältnis gegenüber differenzierten Strategien von Public Relations. Die Gründe dafür sind meist historischer und struktureller Art:

- **Tradierte Vorurteile gegenüber dem Staat:** Viele jüngere Nonprofit-Organisationen und Initiativen finden ihren Ursprungsort in den Neuen Sozialen Bewegungen der 1970er-Jahre und dem damit verbundenen Selbsthilfegedanken. Obwohl der Staat – vermittelt über seine Verwaltungen – die Organisationen finanziell unterstützt und so wesentlich zu ihrer Lebensfähigkeit beiträgt, treten die NPO ihm und seinen Repräsentanten häufig eher skeptisch gegenüber.
- **Vorbehalte gegenüber den Medien:** Medien werden oftmals nicht in ihrer vorrangig meinungsbildenden Funktion wahrgenommen, sondern als manipulierende Meinungsmacher. Während auf der einen Seite Gefälligkeitsreportagen oder die vorbehaltlose Platzierung termingerechter Meldungen erwartet werden, herrscht gleichzeitig eine tief sitzende Angst gegenüber der (Medien-)Öffentlichkeit. Diese führt bei der leisesten Gefahr einer kritischen Berichterstattung schnell zu Überreaktionen. Statt eines kritischen Dialogs wird eher die Alternative der Informationszurückhaltung oder Abschottung gewählt.
- **Vorbehalte gegenüber PR und Öffentlichkeitsarbeit:** Aus der Ablehnung der Medien und deren einseitiger Wahrnehmung folgt die Ablehnung von Öffentlichkeitsarbeit. Die Identifikation von PR mit manipulatorischer Publicity führt zu einer skeptischen Grundhaltung gegenüber der eigenen Öffentlichkeitsarbeit.
- **Fehlende unternehmerische Denke:** Vielen kleineren Nonprofit-Organisationen fehlt das Bewusstsein für die Notwendigkeit unternehmerischen Denkens einer damit verbundenen Qualifizierung des Managements. Daraus resultieren häufig Probleme bei der Verwaltung sowie der professionellen Außenkommunikation.

■ **Undurchschaubare Strukturen:** Überregional agieren viele große NPO heute schon sehr professionell am Markt und weisen in ihrer Organisationsstruktur starke Ähnlichkeiten zu gewinnorientierten Unternehmen auf: PR-Experten arbeiten in Stabsfunktion, die Zuständigkeiten und Verantwortungsbereiche an der Spitze der NPO sind klar geregelt, es gibt transparente, etablierte Kommunikationswege, unterschiedliche Rollen der Abteilungen und einzelner Mitarbeiter in der NPO sind klar benannt. Mit abnehmender Größe fehlt solch eine marktfähige Organisationsstruktur jedoch vielfach. Hierarchien und Verantwortlichkeiten verschwimmen. In vielen Vereinen gibt es beispielsweise einen kontrollierenden Vereinsvorstand und eine Geschäftsleitung, die sich um operative Vorgänge kümmern. Bei dieser Arbeitsteilung ist häufig unklar, wer eigentlich Entscheidungsbefugnis besitzt: die Geschäftsleitung oder der Vereinsvorstand. Auch findet man in vielen Organisationen eine starke Person in Mehrfachfunktion (Geschäftsführer = Vereinsvorstand), die organisationsintern alle Entscheidungsbefugnisse besitzt, oftmals jedoch Informationen gar nicht oder nur in unzureichendem Maße an die Mitarbeiter weitergibt.

Bei größeren Organisationen liegen die Strukturprobleme der internen Kommunikation anders. Die kleinen dezentralen Einheiten vor Ort werden in die Maßnahmenentwicklung an der Spitze zu wenig eingebunden. Der Informationsfluss bottom-up oder top-down stockt und die engagierten Mitglieder vor Ort erhalten keine brauchbaren Materialien. Langfristig angelegte Kampagnen werden an der Basis nicht mit derselben Intention und Professionalität umgesetzt, wie sie an der Spitze geplant worden sind, kommunizierte Botschaften und Inhalte divergieren zwischen Zentrale und den Organisationseinheiten in der Fläche. Die Interessen und Probleme vor Ort unterscheiden sich möglicherweise von denen der Zentrale, werden von der Spitze nicht wahrgenommen, beachtet und adäquat verarbeitet. Unzureichende Partizipationsmöglichkeiten führen dann schnell zu Frust und Demotivation vor allem der ehrenamtlichen Mitarbeiter.

8.4.4 Öffentlichkeitsarbeit von Nonprofit-Organisationen

Betrachtet man kleinere und mittlere NPO, werden auf den ersten Blick viele Aktivitäten sichtbar, die seitens der Mitarbeiter unter Mithilfe ehrenamtlicher Mitglieder mit Engagement und Einsatzfreude initiiert und durchgeführt werden. Genauso häufig allerdings »fehlt hinter diesen Aktivitäten ein planmäßiges, systematisches und kontinuierliches Vorgehen«.[337] Es dominiert ein Aktionismus, der ein einheitliches Erscheinungsbild der Organisation nach außen eher behindert denn fördert. Dabei haben Nonprofit-Organisationen hinreichend Möglichkeiten, den Nutzen, die Bedeutung und die Qualität der eigenen Arbeit kommunikativ zu transportieren.

Grundsätzlich gilt für die PR-Arbeit einer Nonprofit-Organisation:
■ sie sollte zielorientiert sein;
■ sie sollte stets ziel- und bezugsgruppengerecht sein;
■ sie sollte systematisch und kontinuierlich erfolgen;
■ sie sollte immer die interne und die externe Kommunikation einschließen.

---

337 Hopfgartner, G./ Nessmann, K., 2000, S. 41

Grundlage jeder systematischen Öffentlichkeitsarbeit ist eine konzeptionelle Herangehensweise, in der sich die Methodenschritte des PR-Planungsprozesses wiederfinden. Beim Erstellen von PR-Konzepten sollte jedoch berücksichtigt werden, dass an NPO besondere Anforderungen hinsichtlich Transparenz, Nachvollziehbarkeit und Glaubwürdigkeit gestellt werden. Eine NPO, die sich besonders aufwändig inszeniert oder mit besonders hohem Mitteleinsatz bei der Spendenwerbung arbeitet, läuft immer Gefahr dahingehend befragt zu werden, ob dieses monetäre Engagement nicht an anderer Stelle besser aufgehoben wäre. Ein grundlegender Unterschied zu gängigen PR-Konzepten besteht auch darin, dass im Nonprofit-Bereich häufig Mittelgeber, Partner und gerade Ehrenamtliche eine strategisch relevante Stellung einnehmen, was im Konzept zu berücksichtigen ist.

Professionelle Medienarbeit

Nonprofit-Organisationen steht ein breites Instrumentarium zur Verfügung, um die eigenen Ziel- und Bezugsgruppen zu erreichen. Kernbereich jeder Öffentlichkeitsarbeit ist die klassische Presse- und Medienarbeit online wie offline. Gerade bei kleineren und mittelgroßen NPO wird die Öffentlichkeitsarbeit jedoch nicht von professionellen hauptamtlichen PR-Mitarbeitern organisiert, sondern »by the way« von der Geschäftsleitung miterledigt. Hier muss grundsätzlich geprüft, ob das PR-Know-how und die zeitlichen Ressourcen ausreichen, um sich gegenüber Medien professionell darzustellen.

Viele Informationen, die von NPO aufbereitet werden, passen nicht in die plakativen Kategorien »unterhaltsam«, »spektakulär« oder »überraschend«. Daher gilt bei NPO besonders: »Der Wurm muss dem Fisch schmecken und nicht dem Angler.« Bei Informationen mit hohem Nutzwert – beispielsweise Ratgeberinformationen für Diabetiker – sollte man die Adressaten in den Redaktionen gezielt bedienen. Das ist nicht unbedingt immer die Lokalredaktion, sondern im Falle von Diabetes vielleicht die Ratgeber- oder Gesundheitsredaktion. Häufig macht es Sinn, nicht unbedingt nach der großen Story zu suchen, sondern die kleinen Themen sorgfältig aufzubereiten. Damit erreicht man zwar »nur« kleinere Meldungen, aber auch sie können der Organisation helfen, beispielsweise bei Terminankündigungen oder kleinen Fundraising-Aktionen.

Da auf Spenden angewiesene Organisationen sehr stark auf ein positives Meinungsumfeld angewiesen sind, gehört systematische Beobachtung der Medien mittels Medienmonitoring ebenfalls zum Aufgabenbereich der PR-Verantwortlichen. Kommt es bei einer anderen Organisation zu Unregelmäßigkeiten im Umgang mit Spenden, hat dies oft erhebliche Auswirkungen auf die eigene Situation. Im Rahmen der Krisenprävention sollte die Organisation in die Lage versetzt werden, öffentlichen Meinungsbildungsprozess durch zeitnahe Statements positiv zu beeinflussen oder sich durch eigene nachvollziehbare und öffentlich zugängliche Geschäfts- oder Rechenschaftsberichte frühzeitig abzusichern.

Einsatz von PR-Publikationen

PR-Publikationen aus dem eigenen Haus sind neben der Presse- und Medienarbeit das zentrale Kommunikationsinstrument, um mit vorhandenen oder potenziellen Ziel- und Bezugsgruppen in Kontakt zu treten. Sie ermöglichen,

- eine Organisation und/oder eine weltanschauliche Ausrichtung darzustellen – per Imagebroschüre, Webseite etc.;
- konkrete Angebote bekannt zu machen – per Infoflyer, Programmheft, Infomailing, Newsletter;
- Dialogbereitschaft zu demonstrieren – per Mitgliederzeitschrift, Kundenmagazin, Facebook, Blog;

- Kompetenzen zu verdeutlichen und Know-how sichtbar zu machen – per Dokumentation, Tagungsbericht, Fallstudie.

Jedes PR-Medium sollte stets am Informationsbedürfnis der jeweiligen Ziel- und Bezugsgruppe ansetzen und sich sprachlich wie optisch an den Erwartungen und Wünschen der Adressaten orientieren.

Weitere Instrumente

Neben der klassischen Medienarbeit stehen Nonprofit-Organisationen weitere Instrumente zur Verfügung, um ihre Themen und Interessen gegenüber ihren Zielgruppen zu kommunizieren und mit diesen in Dialog zu treten.

Events: Prinzipiell gilt: Fast alle Formen von Veranstaltungen bieten Anlässe für eine gezielte Presse- und Öffentlichkeitsarbeit. Darüber hinaus dienen alle Formen der »Face-to-Face«-Kommunikation dazu, mit den eigenen Zielgruppen direkt in Kontakt zu kommen und sich als Organisation »zum Anfassen« zu präsentieren. Sie sind daher die beste Form des Lobbying. Zu diesen Veranstaltungsformaten zählen Vortrags-, Diskussions- und Informationsveranstaltungen, Fachsymposien und Hearings zu aktuellen Themen, Expertenforen auf Messen, Kongressen und Workshops, Tage der offenen Tür und Jubiläumsveranstaltungen, Besichtigungen und Besucherführungen. Und dies ist nur eine kleine Auswahl von Veranstaltungstypen.

Pro-Bono: Nonprofit-Organisationen können häufig von so genannten Pro-Bono-Anzeigen, auch Frei-, Leer-, Füll- oder Kulturanzeigen genannt, profitieren. Wie funktioniert das: Der Anbieter – ein Verlag oder ein Werbeflächenvermarkter – stellt der gemeinnützigen Organisation Anzeigenraum oder Sendezeiten zur Verfügung und druckt deren Image- oder Werbeanzeige kostenlos oder zum Sondertarif ab. Diese monetär klar erfassbare Leistung ist als Spende steuerlich abzugsfähig und bringt somit dem Anbieter, sprich Medium, steuerliche Vorteile. Der Einsatz von Freianzeigen ist nicht auf Printmedien beschränkt, sondern umfasst das ganze Medienspektrum – von Hörfunk, TV- und Kinospots bis hin zu Plakataktionen und Suchmaschinenwerbung. Die Gewährung von freiem Anzeigenraum ist eine freiwillige Goodwill-Aktion. Um als NPO derartige Leistungen in Anspruch nehmen zu können, sind enge persönliche Kontakte gerade zum Medienvertreter oder Anzeigenverkäufer durchaus hilfreich.

Wichtig zu wissen ist, dass die Produktionskosten für die Werbemittel wie grafische Gestaltung oder Druckkosten in der Regel bei der NPO verbleiben. Gleichzeitig hat man nur geringe Einflussmöglichkeiten, was Anzeigenumfang oder Schaltungsintensität angeht, da sich die Bereitstellung der Gratiswerbung häufig auf buchungsschwache Veröffentlichungszeiträume fokussiert, beispielsweise während der Sommerferien. So kann es passieren, dass man bei einer Pro-Bono-Plakataktion nicht in demjenigen Gebiet Spenden einwerben kann, das für das Fundraising besonders interessant ist, sondern in einem Gebiet mit geringerer Kaufkraft. Häufig bieten Medien anstelle von Gratisanzeigen großzügige Charity-Rabatte an, mit denen sich Medialeistungen günstiger einkaufen lassen. Hier lohnt sich in jedem Fall die Nachfrage bei den jeweiligen Media-Partnern.

Kooperationen: In der Regel hängt der Instrumenteneinsatz stark von der Größe der Nonprofit-Organisation und den zur Verfügung stehenden Ressourcen ab. Gerade für aufwändige Aktionen lassen sich finanzkräftige Kooperationspartner finden, die das eigene Anliegen unterstützen. So kann man Veranstaltungen in einem Aktionsbündnis zusammen mit anderen Organisationen ähnlicher Zielsetzung initiieren und damit die notwendigen Mittel und (Wissens-)Ressourcen bündeln. Um größere Events medienwirksam begleiten zu lassen, greifen Nonprofit-Organisationen häufig auf Medienkooperationen zurück. Für die Medien sind solche Kooperationen attraktiv, da sie bei hochwertigen Veranstaltungen vom Veranstaltungsort, dem direkten Kontakt zum Publikum oder vom Imagetransfer der auftretenden Künstler profitieren. In jüngster Zeit gehen jedoch diese dazu über, sich ihre Bereitschaft zur Medienkooperation vergüten zu lassen. Dies mag angesichts hoher Produktionskosten und teurer Werbezeiten nicht weiter verwundern, stellt den ursprünglichen Begriff der Kooperation jedoch grundsätzlich in Frage.

Lobbying und Public Affairs: Lobbying für NPO meint eine gezielte Form der vernetzten Kommunikations- und Öffentlichkeitsarbeit, um politische Entscheidungsträger von der Richtigkeit bestimmter ideeller, administrativer oder gesetzgebender Maßnahmen zu überzeugen. Insoweit handelt es sich um eine legitime Vermittlung von Informationen und Zusammenhängen, um im Prozess einer demokratischen Willensbildung Akzeptanz für die eigenen Ziele zu schaffen und Mehrheiten zu erreichen. Damit zählen auch die mehr als 2.000 Verbände, die in der Lobbyliste des Deutschen Bundestags eingetragen sind, zu Nonprofit-Organisationen. Vielfach sind sie direkt an Gesetzgebungsverfahren beispielsweise bei der Sozial- oder Umweltgesetzgebung beteiligt und verfügen damit über eine beträchtliche politische Einfluss- und Gestaltungsmacht.[338]

Campaigning: Eng mit dem Bereich Public Affairs verbunden ist das Thema Campaigning bzw. Kampagnenführung. Dabei geht es um die Herstellung von Öffentlichkeit für ein gesellschaftliches oder politisches Thema. Durch überraschende Aktionen, den kreativen Einsatz von Testimonials oder durch ungewöhnliche Inszenierungsformen sollen Mitglieder mobilisiert, neue Bündnispartner und Anhänger gewonnen werden. Ein weit bekanntes Beispiel sind die spektakulären Greenpeace-Aktionen zum Thema Walfang oder die aufsehenerregenden Plakatkampagnen der Tierschutzorganisation PETA, bei denen sich prominente Schauspielerinnen und Top-Models unbekleidet fotografieren lassen, um gegen die Verwendung von Pelzen im Fashionbereich zu demonstrieren. Diese spektakulären Inszenierungen bilden wiederum Aufhänger für die Medienarbeit und sorgen für Publizität. Seit mehreren Jahren gewinnt das Online-Campaigning zunehmend an Bedeutung, beispielsweise durch Online-Protestaufrufe, Online-Petitionen, Facebook-Kampagnen oder E-Mail-Briefe an Bundestagsabgeordnete. Gerade zur Weihnachtszeit wird das politische Campaigning häufig mit Spenden-Campaigning verbunden und für die eigene Mitteleinwerbung genutzt.[339]

---

338 Siehe dazu Kapitel 8.2
339 Vgl. Gastbeitrag Claudia Sommer: NGOs und der größte Stammtisch der Welt, in: Ruisinger, 2011, S. 168 ff

Syrien: Bringt die Kinder durch den Winter!

Der Bürgerkrieg in Syrien geht mit unverminderter Härte weiter. Über 2,5 Millionen Menschen sind inzwischen von den Kämpfen betroffen, die Hälfte davon Kinder.

Hunderttausende Familien leben in Notunterkünften innerhalb Syriens oder in Flüchtlingslagern und Gemeinden in den Nachbarländern Jordanien, Libanon, Türkei und Irak. Sie haben oft alles verloren.

Mit Beginn der kalten und regnerischen Jahreszeit stehen die Familien vor neuen Problemen. Bei nasskaltem Wetter sind die durch den Bürgerkrieg und die Flucht geschwächten Kinder von Krankheiten wie Lungenentzündung bedroht. Sie brauchen dringend wetterfeste Unterkünfte, warme Kleidung und Decken.

UNICEF ruft deshalb dringend zu Spenden auf, um die Kinder und ihre Familien rechtzeitig vor dem Winter mit dem Nötigsten auszustatten. In den kommenden Monaten sollen rund 500.000 Frauen und Kinder mit Winterkleidung, Mützen, Decken, Schlafmatten, Plastikplanen, Kochutensilien, Hygienepaketen sowie Medikamenten versorgt werden. Zeltschulen und Waschräume werden winterfest gemacht.

Das können Ihre Spenden bewirken:

▸ Für **28 Euro** kann UNICEF ein syrisches Flüchtlingskind mit warmer Kleidung versorgen.

▸ Für **53 Euro** erhält eine Flüchtlingsfamilie eine große Decke, eine Babydecke, warme Kinderkleidung und einen Kocher.

▸ **18 Euro** kostet ein Hygienepaket mit Seife, Waschpulver und mehr für eine Familie.

▸ **Um die Kinder in und außerhalb Syriens schnell mit dem Nötigsten versorgen und sie psychologisch betreuen zu können, ruft UNICEF dringend zu Spenden auf:**

▸ Spendenkonto: 300.000
Bank für Sozialwirtschaft Köln
BLZ 370 205 00
Stichwort: Syrien

Online spenden

Abb. 44: Aktuelle Kampagnenseite von UNICEF zur Hilfe vom Bürgerkrieg betroffener Kinder in Syrien. Die Hilfsaktion wird unterstützt von der prominenten UNICEF-Botschafterin Vanessa Redgrave. Neben dem Spendenaufruf findet sich auf der Sonderseite die Projektbeschreibung, wofür die Gelder benötigt werden; http://www.unicef.de/projekte/themen/nothilfe/syrien/

Interne Kommunikation/ Mitarbeiterinformation: Jede Mitarbeiterkommunikation zielt darauf, das »Wir-Gefühl« innerhalb der Organisation zu stärken, den Informationsstand über die eigenen Aktivitäten und damit letztlich die internen Öffentlichkeiten im Engagement für die Organisation zu bestärken. Informationsauswahl und -aufbereitung für die internen Dialoggruppen sollten sich immer daran orientieren, welchen Nutzwert die Informationen für diese Gruppen haben. Ein regelmäßiger Informationsservice und attraktive Dienstleistungsangebote (z.B. spezifische Bildungsangebote) sprechen sich intern schnell herum und tragen letztendlich dazu bei, neue Mitglieder zu gewinnen. Gerade ehrenamtlichen Mitarbeitern hilft man mit einer internen Kommunikation bei der Orientierung und erhöht damit wiederum die Schlagkraft der NPO.

Corporate Identity für Nonprofit-Organisationen: Wie bei Unternehmen zählt Markenbildung mittels Corporate Identity auch bei NPO zu den zentralen Bedeutungsfaktoren für die Kommunikation. Im Grundsatz bedeutet dies den Versuch, Selbstbild und Fremdbild einer Organisation in Übereinstimmung zu bringen und als Organisationsidentität widerspruchsfrei nach innen und außen zu kommunizieren. Die Organisationsidentität, das Selbstbild und Selbstverständnis einer Organisation, die Repräsentanten einer Organisation, ihre Verhaltensweisen, vorhandene Führungsgrundsätze und letztlich das Leitbild einer Organisation bilden dazu die Basis für eine Imagebildung nach innen und die Voraussetzung für eine Profilierung (Unverwechselbarkeit und Wiedererkennbarkeit) nach außen (Corporate Image) durch ein zeitgemäßes Erscheinungsbild (Corporate Design). Gerade bei kleinen und mittleren NPOs gibt es nach wie vor einen großen Nachholbedarf, sich visuell gegenüber Spendern, Medien und Öffentlichkeit professionell und als ernsthafter Player darzustellen.

Online Relations: Wenn man sich die großen NPO-Organisationen anschaut, erkennt man schnell, dass sich das Internet längst als wichtige Kommunikationszentrale bei ihnen etabliert hat, um vielfältige Formen der Innen- und Außenkommunikation zu integrieren und Informationen zielgruppenspezifisch zu. Die Homepage wird gerade bei Organisationen mit kleinem Budget von technisch versierten Mitarbeitern aus der Organisation heraus mit geringem Mitteleinsatz erstellt. Dabei ist jedoch darauf zu beachten, dass die Homepage auf die Corporate Identity der Organisation abgestimmt ist (sprachlicher Tenor, visuelle Botschaften) und dass die als aktuell apostrophierten Informationen dies auch sind. Jede Organisation, die Webseite und auch Social-Media-Plattformen einsetzt, sollte berücksichtigen, dass es der permanenten Pflege und Betreuung bedarf, die finanziell, technisch und personell abgesichert werden muss. Durch die Integration von Projekt- oder Geschäftsberichten in die Webpräsenz zeigt die NPO, dass sie um Transparenz ihrer Arbeit und um Vertrauensaufbau gegenüber Spendern und Sponsoren bemüht ist. Damit kann das Netz zu einem wirkungsstarken Tool für Spendenwerbung und für ein systematisches e-Fundraising genutzt werden.

8.4.5 Fundraising für NPO

20.000 der gemeinnützigen Organisationen verfügten in den 90er Jahren nach Angaben des Deutschen Instituts für soziale Fragen (DZI) in Deutschland über eine systematische Strategie zur Beschaffung finanzieller Mittel und setzen sie ein; ca. zehn Prozent davon starteten überregionale Spendenaufrufe. Die rund 270 Organisationen, die in Deutschland das Spendensiegel des DZI besitzen und systematisches Fundraising betreiben, erwirtschaften pro Jahr etwa 2,6 Milliarden Euro Gesamteinnahmen sowie 1,6 Milliarden Euro Sammlungseinnahmen. Insgesamt liegt – je nach Umfrage und Erhebungsmethode (z. B. DZI-Bevölkerungsumfrage, GfK Charity Scope) – das jährliche Spendenaufkommen in Deutschland zwischen 2 und 4,5 Mrd. Euro.[340]

---

340 http://www.dzi.de/wp-content/pdfs_DZI/Studie_fe17-07_DZI-Evaluation_Gemein-und-Spenden-recht_Nov-2009.pdf

Generell lässt sich folgende Aussage treffen: Der Erfolg beim Fundraising ist proportional abhängig von der Größe der Organisation und dem Grad der Professionalität. Viele Indizien sprechen dafür, dass sich der Anteil am Spendenkuchen, der auf große Organisationen entfällt, weiter vergrößert. In den letzten Jahren zeigte sich, dass weltweit operierende Organisationen aus dem anglo-amerikanischen Raum wie World Vision oder Oxfam mit einem professionellen Fundraising-Management auf dem deutschen Spendenmarkt erfolgreich waren.

Begriffsbestimmung
Fundraising (fund = Gelder, Mittel, raising = beschaffen) ist der im angloamerikanischen Sprachraum gebräuchliche Oberbegriff für alle Aktivitäten von Nonprofit-Organisationen, die mit der Erschließung von materiellen Ressourcen wie Geld, Sachmittel, Dienstleistungen und immateriellen (Know-how, Unterstützung) Ressourcen zu tun haben. Damit ist Fundraising Teil des Beschaffungsmarketings, um die Ressourcenbasis einer Organisation zu erhalten und zu erweitern.

Unterschieden wird dabei in:
- Private Giving (Finanzleistungen von Privatpersonen);
- Corporate Giving (Finanzleistungen von Wirtschaftsunternehmen);
- Foundation Support (Finanzleistungen von Stiftungen);
- Public Support (Finanzleistungen der öffentlichen Hand);
- Finanzleistungen von Verbänden und Institutionen;
- Sachleistungen (z.B. Dienst- und Arbeitsleistungen wie Ehrenamt);
- Rechte (z.B. Schirmherrschaft, Ausnahmerechte auf Werbezeiten);
- Informationen (z.B. kostenfreier Zugang zu Datenbanken).

Jedes Fundraising sollte darauf ausgerichtet sein, dauerhafte Beziehungen zu Mittelgebern herzustellen, die eigene Einnahmebasis zu verbreitern, das Finanzierungsrisiko und die Abhängigkeit von einem Geldgeber, z.B. der öffentlichen Hand, zu minimieren und die Selbstständigkeit der Organisationen zu erhöhen. Insofern dient Fundraising auf der strategischen Ebene der Vermögensbildung, Vermögenssicherung und damit dem langfristigen Erhalt der Organisation selbst. Als beziehungsorientierte Kommunikation ist Fundraising keine One-Way-Kommunikation, sondern stets auf Dialog ausgerichtet. So geht es bei jeder Fundraising-Maßnahme darum, bestehende Spendergruppen in ihren Aktivitäten zu bestärken, bestehendes Vertrauen und die vorhandene Identifikation zu erhöhen sowie potenzielle Spender zur Unterstützung anzuregen.

Relationship Fundraising: Die Typologie des Spenders
Mehr als 55 Prozent der Deutschen spenden jährlich in Form von Geldbeiträgen oder Sachleistungen. Die durchschnittliche Spendensumme beträgt seit Jahren kontinuierlich ca. 100 Euro, rund 5 Prozent der Bevölkerung spenden sogar mehr als 1.000 Euro pro Jahr. Bei Großunglücken wie der Tsunami-Katastrophe 2004 in Indonesien kann das Spendenaufkommen stark ansteigen, um sich dann wieder auf den »normalen« Spendenzustand – sprich die genannten 100 Euro – einzupegeln. Durchschnittlich spenden Frauen häufiger als Männer, allerdings haben bei Großspenden die Männer die Nase vorn. Einem Relationship-Fundraising stellt sich damit die Herausforderung, potenzielle Spender zu finden und diese dann dauerhaft an die Organisation zu binden. Viele Organisationen haben für Erstspender spezielle kostenfreie Hotlines eingerichtet, wo diese genaue Auskunft über die Organisation und die Möglichkeiten eines Engagements erhalten. Weitere Formen, sich im

Erstkontakt darzustellen, sind für diesen Zweck hergestellte Broschüren und Faltblätter, Videos mit konkreten Projektbeispielen, Service-Scheckhefte, Online-Informationen u. a.

Alle diese Maßnahmen ersetzen jedoch nicht den persönlichen Kontakt. Die Bindung an die Organisation gelingt am besten über die kontinuierliche Pflege persönlicher Kontakte. Ehrenamtliche Mitarbeiter oder Freiwillige treten hierbei meist überzeugender auf als die freundliche, aber anonyme Stimme aus dem Call-Center. Als Alternative zur Einbindung professioneller Dienstleister können die eigenen Mitarbeiter durch entsprechende Schulungen, beispielsweise Telefontraining, qualifiziert werden.

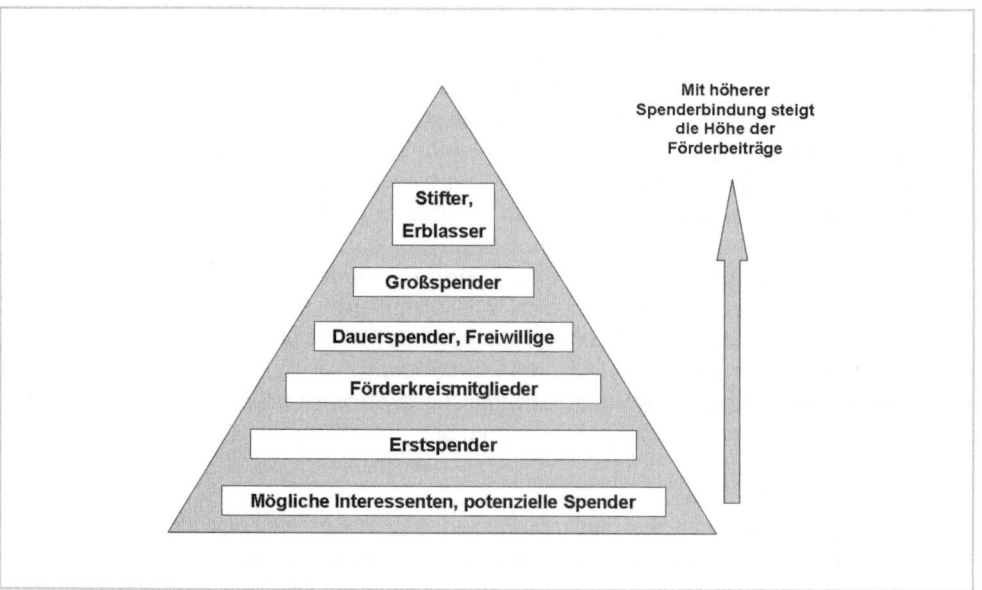

Abb. 45: Die Spenderpyramide: Mit wachsender Bindung der Spender an die NPO das Fördervolumen steigern.

Die sogenannte Spenderpyramide[341] stellt einen idealtypischen »Entwicklungsprozess« der Beziehung des Spenders zur Organisation dar. Die Basis bilden die »generell an der Organisation Interessierten« (Interessenten). Sie zeigen ihr Interesse durch Lesen und Verarbeiten von Informationsmaterialien und betrachten die Aktivitäten der Organisation prinzipiell wohlwollend. Bei einer adäquaten Ansprache dieser Interessenten kann diese sympathisierende Grundhaltung dazu genutzt werden, ihn zu einer Erstspende zu bewegen. Damit beginnt das eigentliche Relationship-Fundraising als Beziehungsaufbau zu diesem Spender, um ihn über viele Stufen hinweg zu einem treuen Anhänger der Organisation zu machen. Die immer größer werdende Sympathie und emotionale Anhängerschaft des Interessenten drückt sich durch kontinuierliche Zuwendungen an die NPO aus. Grundsätzlich können Spender in vier Kategorien unterschieden werden:

---

341 Nach: Flanagan, Joan, 1992.

Privatspender

- spendet in der Regel Kleinbeträge (Sammelbüchse, Haustürsammlung, Spendenbriefe);
- tritt aber auch als Großspender in Erscheinung (meist nach persönlicher Ansprache).

Unternehmensspender

- reagiert mit Geldspenden, spendet aber ebenso Sachmittel;
- bietet sein Know-how wie technische oder personelle Unterstützung an;
- ruft die eigenen Mitarbeiter zu Spenden auf.

Akutspender

- reagiert auf akute Notlagen, wenn er um Unterstützung gebeten wird;
- spendet in der Regel einmal bei Aufruf.

Konzeptspender

- spendet geplant und regelmäßig, verfolgt ein kontinuierliches Ziel;
- spendet meist per Dauerauftrag oder als Mehrfachspender.

Diese Kategorisierung zeigt, dass nicht nur die Motive von Spendern oder Spendergruppen unterschiedlich sein können, sondern auch das Spendenverhalten selbst. Jede NPO sollte sich daher die Mühe machen, die jeweiligen Spenderpersönlichkeiten und deren Anliegen durch Befragung oder geeignete Testverfahren zu identifizieren. Nur wer die Motive und Gewohnheiten der eigenen Spender kennt, hat die Chance, sie individuell zu erreichen.

AUSFLUG 37

E-Fundraising

Wer sich intensiv mit modernem Fundraising beschäftigt, kommt am Thema E-Fundraising oder Online-Fundraising nicht vorbei. Neben der Eigenintegration von Spendenmöglichkeiten auf der Organisationswebseite oder -Facebook-Seite entwickeln sich in den letzten Jahren erfolgreich Spendenplattformen wie www.betterplace.org, die gerade für kleinere Organisationen und Projekte nützliche Fundraising-Präsenzen und -Tools zur Verfügung stellen. Gerade für ein Projekt, das nicht über die großen finanziellen Möglichkeiten verfügt, kann sich über Crowdfunding-Plattformen[342] nützliche Hilfe holen.

Einen neuen Entwicklungsbereich stellt auch das sogenannte Mobile Fundraising, bei dem beispielsweise unkompliziert mittels SMS gespendet werden kann. Es ist davon auszugehen, dass sich diese Entwicklung in den kommenden Jahren weiter verstärken wird.

Prinzipiell gilt: Der Einsatz einzelner Instrumente wie der gesamte Fundraising-Prozess muss systematisch geplant werden und immer wieder neu hinterfragt werden, um aus einem quantitativen Spendeninteresse einen qualitativen Prozess der Information und des Dialogs zu machen. Dazu gehört auch der professionelle Umgang mit Beschwerden und Reklamationen, die – noch beschleunigt durch die schnelle Verbreitung solcher Klagen im Social Web – sofort ernst genommen und professionell bearbeitet werden sollten. Dies gilt

---

342 Eine gute Übersichten über deutschsprachige Crowdfunding-Plattformen findet sich unter: http://t3n.de/news/deutschsprachige-crowdfunding-plattformen-blick-318076/

Abb. 46: Fundraising mit der Spendenplattform betterplace.org für das bekannte christliche Hilfsprojekt DIE ARCHE. Die Plattform wird gerne von vielen kleinen Projekten genutzt, die kein eigenes Online-Fundraising betreiben. Neben der genauen Projektbeschreibung haben die Spender eine aktuelle Übersicht, wie viel vom Projekt bereits finanziert sind und welche Summen noch benötigt werden; http://www.betterplace.org/de/ projects/7910-arche-mittagstisch-fur-bedurftige-kinder

auch für Spender, die sich von der Organisation abgewandt haben. Denn wie bei jeder Kundenbeziehung gilt: Es ist kostengünstiger, verlorenes Spendervertrauen zurückzugewinnen, als die Beziehung zu einem neuen Spender aufzubauen.

PR-Arbeit als Element der Profilschärfung

Die Jubiläumskampagne der Johanniter-Unfall-Hilfe als Beispiel für die Kommunikationsarbeit einer Hilfsorganisation

Von Verena Götze

»Kennen Sie die Johanniter?« Nach statistischen Durchschnittswerten lässt sich die Frage von der großen Mehrheit der Deutschen eindeutig mit »Ja« beantworten. Nach einer repräsentativen Emnid-Umfrage aus dem Jahr 2010 kennen 87 Prozent aller 1.003 Befragten die christliche Hilfsorganisation. Sogar auf die ungestützte, also offen formulierte Frage ohne vorgegebene Antwortmöglichkeiten (»Welche Hilfsorganisationen kennen Sie?«), nannten 23 Prozent der Befragten die Johanniter. Damit steht die Organisation an dritter Stelle aller großen Wohlfahrtsverbände in Deutschland – vor Einrichtungen wie der Arbeiterwohlfahrt und dem Malteser-Hilfsdienst, der katholischen Schwesterorganisation der Johanniter. Dieses positive Resultat ist das Ergebnis einer seit rund zehn Jahren betriebenen systematischen Professionalisierung der Kommunikationsstruktur im Johanniter-Verband. Seit der ersten Umfrage im Jahr 2001 steigerte sich die ungestützte Bekanntheit der JUH von 13 auf 23 Prozent.

Doch die Ergebnisse der von den Johannitern beauftragten Studie lieferten nicht nur Gründe, sich zufrieden auf die Schulter zu klopfen. Auch wenn sich die Bekanntheitswerte sehr erfreulich entwickeln – auf die Frage nach den Aufgaben der Hilfsorganisation zeigte sich, dass rund ein Drittel der Befragten keinen Dienst der Johanniter nennen konnte. Diejenigen, die die Frage beantworten konnten, nannten insgesamt 25 Aufgaben; einige der genannten Dienste bieten die Johanniter gar nicht an.

Als ehrenamtlich gegründeter Verband unter dem Dach des über 900 Jahre alten Johanniterordens haben sich seit dem Gründungsjahr 1952 sehr unterschiedliche Angebote entwickelt. Mit 28 Prozent der bekannteste Dienst ist der Krankentransport und das Rettungswesen. Schon weniger bekannt sind die Sozialen Dienste der Johanniter, wie der Menüservice und die ambulante Pflege. Nur zwei Prozent der Befragten kannten die Luftrettung der Johanniter, ihre Arbeit mit Kindern und Jugendlichen oder eines der insgesamt 14 Krankenhäuser der Johanniter GmbH.

Damit die Mittel aus Spenden für Projekte genutzt werden können, die sich nicht durch Krankenkassen oder Kommunen refinanzieren lassen, wie die rein spendenfinanzierten Projekte nach Katastrophen im Ausland, ist eine Hilfsorganisation wie die Johanniter auf die Vermarktung ihrer Dienste angewiesen. »Doch die Marke ›Johanniter‹ bleibt wirkungslos, wenn nicht ganz klar ist, welche Angebote und Arbeitsfelder es eigentlich gibt«, weiß Claudia Hauptmann, die den Bereich Marketing/Kommunikation in der Bundesgeschäftsstelle der Johanniter leitet. Profilschärfung wurde so zum obersten Ziel bei der Entwicklung der Jubiläumskampagne 2012, die – den 60. Geburtstag der Hilfsorganisation nutzend – ganzjährig umgesetzt wurde. Eine besonders wichtige Funktion innerhalb der Kampagne, die das Kampagnenmotto »Freunde fürs Leben« – eine Reminiszenz an den Claim der Johanniter »Aus Liebe zum Leben« – trug, kam der PR-Arbeit zu.

Die Kampagne

Das Ziel: Das Profil der christlichen Hilfsorganisation zu stärken. Die Herausforderung: Ein verhältnismäßig geringer Etat. Die Lösung: Die Entwicklung von regionalen PR-Maßnahmen, die kostengünstig, aber mit viel Engagement und Motivation umzusetzen sind.

Wie grundsätzlich im Non-Profit-Bereich grenzt ein entscheidender Faktor die Möglichkeiten, eine umfassende und möglichst wirkungsvolle Kampagne zu entwickeln, deutlich ein: Das Budget einer Hilfsorganisation liegt zumeist deutlich unter den sonst üblichen Kosten im Bereich Marketing. Für eine Hilfsorganisation wie die Johanniter gelten strenge Richtlinien, wie Ausgaben für Werbung und PR-Arbeit budgetiert sein dürfen. Ebenso wie Verwaltungskosten unterliegen sie einem besonders strengen Maßstab, was als angemessen gilt. Menschen, die ihr Geld für einen guten Zweck geben, möchten schließlich nicht den Eindruck gewinnen, ihre Spende würde für teure Werbemaßnahmen verwendet werden. Hier beugen eine hohe Transparenz der Mittelverwendung, beispielsweise durch einen aussagekräftigen Jahresbericht oder ein etabliertes Prüfzeichen wie das DZI-Spendensiegel vor.

Am Anfang der Kampagne stand eine Clusterbildung, um die vielen Aufgaben der Johanniter zu bündeln. »Bei unseren satzungsgemäßen Aufgaben geht es immer um die direkte Hilfe am Menschen. Unsere breitgefächerten Dienste reichen von der Kindererziehung bis zum Katastrophenschutz«, erklärt Hauptmann. Aus den unterschiedlichen Angeboten entwickelten die Mitarbeiter des Bereichs Marketing/Kommunikation mit Unterstützung einer Agentur folgende Kernaufgaben:

- Helfen (Johanniter-Auslandshilfe);
- Ausbilden (Erste Hilfe-Kurse, Schulsanitätsdienst);
- Betreuen (Soziale Dienste der Johanniter wie ambulante Pflege, Hausnotruf, Menüservice, Fahrdienste und ehrenamtlicher Besuchsdienst);
- Retten (Rettungsdienst, Krankentransport, ehrenamtlicher Sanitätsdienst);
- Erziehen (Jugendgruppenarbeit, Kindertageseinrichtungen, Schulen).

Passend zu diesen Keywords wurden erklärende Slogans entwickelt wie: »Retten mit aller Kraft. Bringt lebenswichtige Sekunden!« oder »Ausbilden am Puls der Zeit. Macht aus Zuschauern Lebensretter!«. Fotograf Frank Schemann schuf eine in sich stimmige Bilderwelt, die die Arbeit der Johanniter einfängt. Locations und Modelle wurden aus den Reihen der eigenen Mitarbeiter in ihren Wirkungsstätten gesucht und gefunden. Neben den Hauptmotiven, die jeweils für eins der fünf Themenfelder stehen, fotografierte Schemann weitere 100 Nebenmotive, die sogenannten Footage-Bilder. Sie stehen im Johanniter-internen Bildarchiv den hauptamtlichen Kommunikationsreferenten zur Verfügung, die sie ganz nach Bedarf für Publikationen und als Verstärkung von Pressemitteilungen einsetzen. Auch für eine innerhalb der Kampagne entwickelte Wanderausstellung wurden die professionellen Bildmotive genutzt. Eindrucksvolle Zahlen aus der Hilfsorganisation unterstützten die Aussagen der Bilder. Auch die eigens für die Kampagne entwickelte Website sowie verschiedene Werbemittel wie etwa ein Wimmelbuch für Kinder kreisten um die Clusterthemen und setzten vielfach auf die Bildsprache der Leitmotive.

Der internen Kommunikation kam von Anfang an eine besonders wichtige Aufgabe bei der Umsetzung der Jubiläumskampagne zu. Fachbereichsleiter Frank Markowski, der zusammen mit Redakteurin Tonja Knaak für die Publikationen der Johanniter zuständig ist, nahm als festes Mitglied neben den Fachbereichen Werbung, Neue Medien, der Pressestelle und dem Bereich Fundraising an den regelmäßigen Jour Fixe-Terminen zur Kampagne teil. Die beiden Redakteure berichteten zielgruppenspezifisch in den verschiedenen Medien über die Jubiläumsaktionen. Im 14-tägigen Newsletter »express«, der sich an die haupt- und ehren-

Abb. 1: »Retten mit aller Kraft« ist eine Kernaufgabe der Johanniter. Die Hilfsorganisation nutzte ihr 60-jähriges Jubiläum zu einer breit gefächerten Imagekampagne. Die Profilstärkung stand dabei im Vordergrund.

amtlichen Mitarbeiter richtet, beschrieben sie insbesondere die vielen lokalen Aktivitäten zum runden Geburtstag.

In der Mitarbeiterzeitung »aktiv«, die alle zwei Monate an rund 34.000 Johanniter verschickt wird, wurde seit Ende 2011 regelmäßig über das Jubiläum berichtet – informativ, unterhaltsam und motivierend. So wurden die Jubiläumsmotive, samt dem Making-Of, vorgestellt, aber auch die verschiedenen Werbemittel wie Poster, Deko-Säulen, Roll-Ups, Anzeigen, Lesezeichen und andere Kleinartikel. Eigens für die Gruppe der Mitarbeiter wurde ein Tischkalender gestaltet und im »aktiv« beworben. Er begleitete die Aktiven von März 2012 bis März 2013 durch das Jubiläumsjahr. Mit Wort und Bild erinnerte er an die verschiedenen Aktionen und Events im Kampagnenjahr, rief zum Mitmachen auf, gab Tipps und Ideen für die Organisation eigener Aktionen.

In einer um 500.000 Exemplare höheren Auflage als üblich erschien zu Beginn des Kampagnenjahres eine Sonderausgabe des »johanniter«-Magazins. Die viermal im Jahr erscheinende Mitgliederzeitung richtet sich üblicherweise an die rund 1,4 Millionen Fördermitglieder der Johanniter. Das Jubiläumsheft sollte darüber hinaus breiter gestreut werden. Die Mitarbeiter wurden deshalb aufgerufen, die Sonderhefte in Arztpraxen und Rathäusern, in Zügen oder beim Friseur auszulegen – also an allen Plätzen mit Publikumsverkehr. Die Besonderheit des Jubiläumsmagazins: Auf 48 Seiten wurden die fünf Clusterthemen mit den Jubiläumsmotiven und ansprechenden Reportagen, Porträts, Interviews, Berichten und einem Wissenstest hochwertig präsentiert. Anhand von authentischen Beispielen wurden die Kernbereiche der Johanniter sowie das besondere Engagement beschrieben und mit Leben gefüllt.

Bei der Gestaltung der Jubiläumswebsite dienten ebenfalls die Kampagnenbilder als strukturierendes Element. Neben einer bebilderten Chronik (von 1952 bis 2012) zeigte die Website anhand der Cluster die Arbeit der Hilfsorganisation. Die Seite wurde so angelegt, dass wechselnde interaktive Elemente das Interesse weckten. Besonders beliebt war die Glückwunsch-Aktion zum Start der Website: Besucher konnten als Pinnwandeintrag oder mit einer Videobotschaft den Johannitern zum Geburtstag gratulieren. Zudem verbreiteten regelmäßige Ankündigungen in den sozialen Netzwerken der Johanniter die Botschaften der Jubiläumswebsite und forderten zum Mitmachen auf.

Zusätzlich gab es einen TV-Werbespot, kostengünstig aus dem im Jahr 2008 produzierten Imagefilm erstellt, der den Fernsehzuschauer über den runden Geburtstag der Johanniter informierte. Als Pro-bono-Schaltung konnten auch Zuschauer im Ausland über Deutsche Welle-TV den 28 Sekunden langen Spot ansehen. Weitere Höhepunkte des Jubiläumsjahres waren zwei zentrale Festakte in Berlin: Ein Gottesdienst im Berliner Dom sowie ein Festabend mit rund 1.300 Gästen im Theater des Westens als »Dankeschön«-Veranstaltung. Dazu eingeladen waren langjährige Spender und Förderer, Repräsentanten anderer Organisationen und viele haupt- und ehrenamtliche Johanniter aus ganz Deutschland, die sich ganz besonders um die Belange des Verbandes verdient gemacht haben.

PR-Aktivitäten zur Unterstützung von Vertriebsaktionen

Zentraler Bestandteil der Kampagne war neben den Großveranstaltungen die Wirkung in der Breite. Von Aachen bis Zwickau entwickelten die Johanniter vor Ort kleine und größere Aktionen, um das Image der Johanniter im Jubiläumsjahr zu stärken. So wurden beispielsweise Feste veranstaltet, bei denen 60 Johanniter-Luftballons in die Luft geschickt wurden oder Kita-Kinder 60 bunte Blumen pflanzten. Neben solchen Veranstaltungen erarbeiteten die Mitarbeiter des Bereichs Marketing/Kommunikation in der Bundesgeschäftsstelle verschiedene Vertriebsaktionen, die über ein Mailing verbreitet wurden. Als unterstützendes Mittel entwickelten die Mitarbeiter der Pressestelle zusammen mit den Kommunikationsverantwortlichen aus den neun Landesverbänden der Johanniter sieben vertriebsunterstützende Pressemitteilungen passend zu Themen wie »60 Minuten Zeit schenken« oder »60-Jährige lernen gratis«. Diese versendeten die rund 70 Kommunikationsreferenten an die lokalen Medien, jeweils versehen mit den regionalen Ansprechpartnern vor Ort. »Hier spielte nicht das Budget, sondern Kreativität die wichtigste Rolle«, erklärt Claudia Hauptmann.

Die erste Aktion richtete sich an Kinder und Partner von pflegebedürftigen Menschen. Pflegende Angehörige konnten für 60 Minuten gratis die Hilfe professioneller Kräfte aus einem der insgesamt 107 ambulanten Pflegedienste der Johanniter in Anspruch nehmen und ihre Lieben zuhause betreuen lassen. Geschenkte Zeit, um einmal etwas für sich selbst tun zu können. Hintergrund dieser Aktion war die Profilierung der Johanniter als zuverlässiger Partner mit Herz bei der Pflege und Betreuung kranker oder alter Menschen in den eigenen vier Wänden. Die zweite Aktion entwickelten die Kommunikationsverantwortlichen für das Cluster »Ausbildung«, in erster Linie für Senioren. »Johanniter laden Geburtstagskinder zum Erste-Hilfe-Kurs ein« titelten die regionalen Zeitungen und informierten über das Angebot der Hilfsorganisation, dass es Menschen des Jahrgangs 1952 ermöglichte, an einem klassischen Erste-Hilfe-Kurs zu besonderen Konditionen teilnehmen zu können. In der lokalen Ansprache an die Presse nutzen die Kommunikationsreferenten den Aufhänger, um auf das breite Kursangebot der Johanniter aufmerksam zu machen und auch ungewöhnliche Kurse wie »Erste Hilfe am Hund« vorzustellen.

Die Johanniter-Seniorenstudie

Ein weiterer wesentlicher Bestandteil der PR-Aktivitäten innerhalb der Kampagne war die im Frühjahr 2012 in Auftrag gegebene Forsa-Umfrage zum Thema Alter. Gemeinsam mit dem F.A.Z.-Institut entstand eine repräsentative Studie mit dem Titel »Lebenswelten 60+«. Zahlreiche Studien beschäftigen sich mit Themen rund um das Alter, doch zumeist werden Senioren als eine Gruppe zusammengefasst – eine Segmentierung der Generation 60+ findet kaum statt. In der Johanniter-Seniorenstudie wurden die Lebenswelten von Senioren in drei Alterszyklen durchleuchtet: Die Phase des Übergangs vom aktiven Berufsleben in den Ruhestand, die aktive Rentenphase und die höheraltrige Phase mit zunehmenden körperlichen Einschränkungen. Ziel der Studie war es, die Johanniter als Kenner und Versteher von Senioren zu positionieren und ihre Kompetenz in allen Belangen des Alters hervorzuheben. Die mediale Aufbereitung der Studie verlief nach dem gleichen Muster wie in den oben beschriebenen PR-Aktivitäten: Die Pressestelle der Bundesgeschäftsstelle entwickelte zu relevanten Ergebnissen der Studie Presseinformationen, die teilweise zentral, teilweise von den regionalen Kommunikationsreferenten mit zusätzlichen länderspezifischen Daten an die Medien versendet wurden.

Die verantwortliche Steuerung der dezentralen Aktionen sowie der regionalisierbaren Presse-Informationen zur Seniorenstudie lag bei den Kommunikationsreferenten, die im gesamten Bundesgebiet für die Johanniter arbeiten. Mit rund 500 veröffentlichten Print- und Online-Artikeln sowie Radio- und TV-Beiträgen, die sich bundesweit dem Thema Jubiläum zuordnen ließen, erreichten die Johanniter rund 40 Millionen Menschen.

Struktur des Kommunikationsbereichs

Bei den Johannitern wird sowohl zentral als auch dezentral kommuniziert. Diese Struktur wirkt vor allem in der Breite, in den regionalen Medien vor Ort und spiegelt die gewachsene Struktur der Hilfsorganisation mit mehr als 200 Verbänden wider, die eine besonders starke Ausbreitung in den ländlichen Regionen aufweist. Rund 70 Kommunikationsreferenten stellen zumeist in Vollzeit die Kommunikation zwischen lokalen Medien und den unterschiedlichen Einrichtungen sowie den ehrenamtlichen Einheiten sicher. Zudem sind sie stark in die interne Kommunikation und das regionale Marketing involviert oder dafür verantwortlich. Unterstützt werden sie von Kollegen aus den Landesgeschäftsstellen. Diese verantworten die externe und interne Kommunikation von landesweiten Themen und sind die Schnittstelle zur Bundesgeschäftsstelle der Johanniter mit Sitz in Berlin. Themen mit bundesweiter Bedeutung wie Auslandseinsätze oder Themen mit politischen Inhalten werden zentral aus der Pressestelle der Bundesgeschäftsstelle verbreitet oder in enger Absprache über die Landesverbände.

Um eine vernetzte und effektive Kommunikation zu gewährleisten, entwickelten die Mitarbeiter des Bereichs Marketing/Kommunikation in der Bundesgeschäftsstelle 2006 ein bundeseinheitliches Kommunikationskonzept – das Navigationssystem. Damit setzten sie den Startpunkt für einheitliche Kommunikationsstandards. Das »Navi« ist wichtiges Arbeitsinstrument und Nachschlagewerk für alle Kommunikationsverantwortlichen bundesweit. 2009 folgte die Erweiterung um ein einheitliches Nachschlagewerk zur Krisenkommunikation. Den Autoren des Kommunikationskonzeptes war es wichtig, kein dickes Lehrbuch zu schreiben, sondern durch viele Checklisten, einfache Strukturierung und Platz für eigene Dokumente ein lebendiges und anwendungsfreundliches Werk zu schaffen. Das Kommunikationskonzept wurde nicht von der Bundesebene vorgegeben, sondern in Arbeitsgruppentreffen innerhalb der Landesverbände gemeinsam entwickelt.

Regionalität als Schlüssel zum Erfolg

Ein Erfolgskriterium der Jubiläumskampagne zum 60. Geburtstag der Johanniter war das lokale Element: In ganz Deutschland fanden die unterschiedlichsten Aktionen statt. Dabei hatten die Gliederungen immer die Wahl, eine der zentral geplanten Aktivitäten durchzuführen oder ganz eigene Ideen umzusetzen. Viele Verbände wählten sogar beide Möglichkeiten, so dass eine ganze Palette von Aktivitäten entstand, die in dieser Vielfalt nicht hätte von zentraler Stelle aus entwickelt werden können. In Hannover bewirteten die Johanniter zum Beispiel über 450 Geburtstagsgäste an einer langen Tafel mitten auf der Straße in der Innenstadt.

Grundvoraussetzung für das Gelingen solcher kreativer Aktionen ist das Engagement der Mitarbeiter. Deswegen war ein wesentlicher Schlüssel zum Erfolg die Erarbeitung eines integrierten Kampagnenkonzeptes mit den Fachbereichen Pressestelle, Fundraising, Interne Kommunikation, Neue Medien und Werbung. So wurde über die Grenzen der einzelnen Bereiche hinaus eine Leitlinie entwickelt, die sowohl Inhalte als auch die passenden Hilfsmittel bereitstellte und trotzdem viel Raum für eigene Ideen ließ.

»Die Marke ›Johanniter‹ zeichnet sich neben Begriffen wie Qualität und Menschlichkeit besonders durch Nähe aus. Durch die vielen kleinen Aktionen vor Ort, teilweise mit besonders viel Einsatz der haupt- und ehrenamtlichen Mitarbeiter umgesetzt, konnten wir diese menschliche Nähe im Jubiläumsjahr besonders sichtbar machen und so unser Profil nach Außen deutlichen stärken«, resümiert Claudia Hauptmann.

8.5 Vom Sponsoring zur Corporate Responsibility

8.5.1 Mäzene und Sponsoren

Die gesellschaftliche Verantwortung von Unternehmen hat sich als Thema bereits zu Beginn der Industrialisierung im 19. Jahrhundert herausgeprägt. Schon damals gab es Unternehmer, für die gesellschaftliches Engagement zur Selbstverständlichkeit gehörte. Sie traten als Mäzene und Stifter auf, kümmerten sich um die Verbesserung der Arbeits- und Lebensbedingungen ihrer Mitarbeiter oder traten als Förderer von Künstlern und Museen auf. Noch heute gibt es den klassischen Mäzen (benannt nach Maecenas, dem Berater des römischen Kaisers Augustus), der aus altruistischen Motiven heraus Personen und Projekte fördert und der bei seiner Unterstützungsleistung selten in Erscheinung tritt.

Eine Weiterentwicklung des klassischen Mäzenatentums findet sich heute im Bereich des Kultur-, Sport-, Wissenschafts-, Sozial- und Umweltsponsorings wieder. Der grundlegende Unterschied zum Mäzenatentum: Sponsoring ist ein klares Geschäft auf Basis vertraglich definierter Leistungen und Gegenleistungen. Der Gesponserte bietet dem Sponsor aufmerksamkeitsstarke Möglichkeiten der Publikation, der Sponsor wiederum profitiert vom Imagetransfer oder der Imagepflege, die sich aus dem Sponsorship ergeben. Weitere Ziele des Sponsorings:

- Stärkere Kundenbindung durch hohe Akzeptanz des Sponsorings;
- Steigerung der Markenpräsenz durch ein reichweitenstarkes Sponsorship;
- Schaffung eines emotionalen Umfelds für die eigene Marke;
- Stärkere Verankerung am Produktionsstandort;
- Demonstration von Leistungsfähigkeit und Kompetenz;
- Übernahme gesellschaftlicher Verantwortung;
- Motivation der eigenen Mitarbeiter;
- Erhöhung der Medienpräsenz im Umfeld von Veranstaltungen.

Dass es beim Sponsoring oft auch um Verkaufszahlen geht, zeigen die Bereiche Programm- und Sport-Sponsoring, bei denen die reichweitenstarke und zielgruppenaffine Schaffung von Bekanntheit für ein Produkt oder eine Marke im Mittelpunkt steht. Da quotenstarke TV-Formate und sportliche Großveranstaltungen wirkliche Aufmerksamkeitsträger sind, die dem Sponsor den Zugang zu einem Millionenpublikum ermöglichen, handelt es sich dabei um kostenintensive Formen der Kommunikation. Durch eine genaue Sponsoring-Analyse, die auch Medienbeobachtungsinstitute anbieten, kann die Zahl der erzielten Kontakte exakt evaluiert und monetär bewertet werden. Diese Kontaktwerte bilden neben den Imagewerten einer Organisation in vielen Fällen wichtige Entscheidungskriterien für die Beurteilung des eigenen Sponsorings und die Definition der eigenen Sponsoring-Strategie.

Vor- und Nachteile des Sponsorings

Während Sponsoring auf Unternehmensseite meist fester Bestandteil des Marketing-Mixes ist, ist es auf Seiten der gesponserten Organisationen ein ebenso fixer Bestandteil des Spenden-Marketings (Fundraising). Dementsprechend professionell ist der Umgang zwischen den Sponsorenabteilungen von Unternehmen auf der einen und gerade größeren Nonprofit-Organisationen auf der anderen Seite.

Sponsoring ist auch durchaus eine verlässliche Form der Kommunikation, weil das Unternehmen Umfang, Dauer und Timing des Sponsorings selbst bestimmen kann. Gleichzeitig ist es jedoch keineswegs eine risikofreie Zone, wie Beispiele aus dem Sport-Sponsoring zeigen: Sportliche Erfolge schwanken (Fußball), Sportarten stehen wegen fehlender Identifikationsfiguren auf dem Prüfstand (Tennis) oder sind von Skandalen belastet (Radsport). Auch gesellschaftliche Proteste oder das politische Umfeld eines Events (Diskussionen um die Vergabe der Olympischen Winterspiele an die russische Stadt Sotschi) können den Imagetransfer und die Akzeptanz des Sponsorings bei den Zielgruppen negativ beeinträchtigen. Beschränkt sich das Sponsoring vorrangig auf gesellschaftliches Engagement, kann es zum Bestandteil der Corporate Citizenship oder der Corporate Social Responsibility eines Unternehmens werden, wie die folgenden Abschnitte zeigen.

8.5.2 CSR zwischen Image und Business Case

Corporate Social Responsibility ist ein Konzept der Unternehmensführung, das laut Grünbuch der EU-Kommission den Unternehmen als Grundlage dient, »auf freiwilliger Basis soziale Belange und Umweltbelange in ihre Unternehmenstätigkeit und in die Wechselbeziehungen mit den Stakeholdern zu integrieren«[343]. Demnach beinhaltet CSR ein integriertes Unternehmenskonzept zur freiwilligen Übernahme gesellschaftlicher Verantwortung vor dem Hintergrund der Umwelt- und Sozialbeziehungen von Unternehmen. CSR – manchmal auch als CR (Corporate Responsibility) oder Corporate Citizenship (Unternehmen als Bürger[344]) bezeichnet – beschreibt gegenüber den bisherigen Formen des gesellschaftlichen Engagements insofern einen wesentlichen Fortschritt: Es liefert für Unternehmen einen Verhaltens- und Kommunikationsansatz, um auf veränderte Erwartungen von Seiten der Unternehmensumwelt nicht nur passiv zu reagieren, sondern die neuen Anforderungen als gestalterischen Prozess zu begreifen. So soll ein entwickeltes CSR-Programm dem Unternehmen ein positives Image und eine Akzeptanz am Markt sichern sowie die organisatorische Basis legen, die eigenen Prozesse auf nachhaltiges, ökologisches, soziales Wirtschaften auszurichten.

Internationale CSR-Standards
Im Verlauf der weltweiten CSR-Diskussionen haben sich nationale und internationale Standards herausgebildet, die Unternehmen eine bessere Orientierung geben und Mindeststandards bei der Gestaltung ihrer CSR-Programme setzen:

- Vereinte Nationen: Global Compact (Freiwillige Verpflichtungserklärung von Unternehmen) zu den Themenbereichen Menschenrechte, Arbeitsbedingungen, Umweltschutz und Korruption;
- World Business Council for Sustainable Development: Freiwillige Organisation aus 200 Mitgliedern, die anhand von Fallbeispielen und Dokumentationen Lösungsansätze für soziale und ökologische Probleme aufzeigen will;
- OECD: Leitsätze für multinationale Unternehmen der Organisation für wirtschaftliche Zusammenarbeit und Entwicklung (Transparenz, Korruption, Verbraucherinteressen, Umwelt);
- ILO: Regelungen der Internationalen Arbeitsorganisation zu Kernarbeitsnormen;

---

343 Grünbuch Europäische Rahmenbedingungen für die soziale Verantwortung der Unternehmen, Brüssel, 2001.
344 Vielfach werden die Begriffe synonym verwendet. Siehe dazu: Dubielzig, Frank; Schaltegger Stefan: Corporate Citizenship, in: Althaus/Geffken/Rawe, 2005, S.235–238.

- Global Reporting Initiative (GRI): Von Investmentfonds und Umweltinitiativen ins Leben gerufene Initiative, die anhand eines Kriterienkatalogs Regeln für die Berichterstattung von CSR aufstellt. Mehr als 1.800 Unternehmen unterziehen sich jährlich der GRI-Analyse;
- Gütesiegel: ISO-Zertifizierung 14001 oder das europäische Umweltsiegel als Definition von Mindeststandards. Aktuell arbeitet die internationale Organisation für Normung an der ISO 26000, die Mindestanforderungen im Umgang mit Menschenrechten, Umwelt, Arbeit und Engagement in der Zivilgesellschaft für den Erwerb des ISO-Gütesiegels fixiert;
- Dow Jones Sustainability Standard: Für die Aufnahme in den DJSI müssen börsennotierte Unternehmen die nachhaltige Ausrichtung des eigenen Wirtschaftens und den Umgang mit Umwelt und Ressourcen sowie Arbeitsschutz und Korruption belegen;
- Combat Climate Change: Freiwillige Initiative von 70 Unternehmen zur Reduzierung von Treibhausgasen und gegen Klimaerwärmung.

CSR als Business Case

Grundsätzlich gibt es bei der Planung und Umsetzung von CSR zwei Interpretationsrichtungen: Die einen Unternehmen versuchen mit ihren CSR-Programmen ihre vielfältigen Formen des gesellschaftlichen Engagement zu bündeln und unter einem einheitlichen Dach (CSR) zusammenzufassen. Die CSR-Zielrichtung ist den Zielen der Marketingkommunikation untergeordnet. Das bedeutet: Die Unternehmen versprechen sich von ihren CSR-Programmen wie beim klassischen Sponsoring auch Image fördernde Wirkungen, indem sie als Marktakteure wahrgenommen werden, die sich gesellschaftlich engagieren und sich aktiv um Stakeholder kümmern.

Im Gegensatz zu dieser vorrangig imageorientierten Ausrichtung steht das CSR-Verständnis der großen Aktiengesellschaften. Für sie entspringt die Neuausrichtung ihres Unternehmens nicht der altruistischen Inspiration. Vielmehr wird CSR zu einem Business Case, der als messbare Investition wahrgenommen wird und den Nachweis für den betriebswirtschaftlichen Nutzen eines Unternehmens, d.h. für die Stärkung des Kerngeschäfts oder die Gewinnung neuer Kundengruppen, erbringen muss.

Für viele börsennotierte Unternehmen wie Puma oder Volkswagen ist CSR eng mit dem Begriff der Nachhaltigkeit verbunden. Auch für Unternehmen wie die OTTO-Group beginnt CSR nicht damit, sich einem wohltätigen Zwecke zu widmen oder soziale Initiativen zu unterstützen. Vielmehr regulieren sie unter einem klaren Leitbild – beispielsweise umweltgerechtes Wirtschaften – ihre Einkaufspolitik neu aus und verzichten auf den Einkauf von gefährdeten Tropenhölzern oder chemisch belasteten Textilien. Dieses Umwelt-Investment des Unternehmens wird dann in der nachgeordneten CSR-Kommunikation als ökologisches »Investment« gegenüber Kunden, Medien, Mitarbeitern oder Investoren sichtbar gemacht, um sich vom Wettbewerb zu unterscheiden oder veränderten Wertvorstellungen bei wichtigen Stakeholdern wie gerade Kunden gerecht zu werden. Die CSR-Strategie setzt damit unmittelbar am Kerngeschäft des Unternehmens an, um höhere Preise für die eigenen Produkte zu legitimieren oder mit dem Verhalten den spezifischen Erwartungshaltungen der Stakeholder lokal, national und international zu entsprechen. CSR ist damit Werttreiber der Unternehmensentwicklung.

Betriebswirtschaftliche Dimensionen von CSR

Für Volkswagen stellt sich CSR als »ein dynamischer Prozess dar, der angetrieben wird durch den Markt sowie durch gesellschaftliche Interessensgruppen, geformt und geprägt durch kulturelle und historische Traditionen wie durch die lokalen Besonderheiten der jeweiligen Standorte in aller Welt. So haben in Brasilien, Mexiko und Südafrika der Kampf gegen Aids, die Hilfe für Straßenkinder oder die Alphabetisierungskampagnen für Volkswagen eine ebenso hohe Bedeutung wie hier zu Lande die Schaffung ausreichender Ausbildungsplätze.«[345]

Dies zeigt: Unter dem bekannten Motto »Think global, act local« zielen gerade weltweit agierende Unternehmen mit ihren CSR-Aktivitäten darauf, die eigenen Produktionsprozesse zu verbessern bzw. sich gesellschaftlich zu engagieren, damit sich in den lokalen Märkten die Reputation signifikant erhöht. Damit wird die betriebswirtschaftliche Dimension von CSR für das Unternehmen sichtbar:[346]

- Geschäftsförderung:
  - Erschließung neuer Kundengruppen und neuer Märkte;
  - Entwicklung neuer Geschäftsmodelle;
  - Entwicklung neuer Produkte;
  - Verbesserung bestehender Produkte;
  - Erhöhung des Know-hows im Unternehmen.
- Geschäftssicherung:
  - Erhöhung der Kunden- und Mitarbeiterbindung;
  - Erleichterung der Mitarbeiterrekrutierung durch »Employer Branding«;
  - Stärkung der Marke und Schärfung des Markenprofils;
  - Stärkung der Preispositionierung;
  - Stärkung der Effizienz bei Produktionsprozessen.
- Risikominimierung:
  - Vorbeugung von Reputationsverlust;
  - Vorbeugung von Absatzeinbrüchen;
  - Stärkere Bindung von Investoren;
  - Verbessertes Image bei Finanz-Analysten und Journalisten.

Damit CSR in diesem betriebswirtschaftlichen Sinn langfristig wirksam wird, müssen jedoch folgende zehn Anforderungen erfüllt werden:

1. Enge Anbindung an die Unternehmensführung: CSR muss direkt beim Vorstand angehängt sein und nicht bei nachgeordneten Abteilungen wie Marketing oder PR;
2. Weitreichende Handlungsbefugnis: Die CSR-Taskforce muss vom Vorstand legitimiert sein, innerhalb des Unternehmens eigene CSR-Kontrollen oder CSR-Auditing durchzuführen;
3. Ausrichtung an den Unternehmenszielen: CSR ist Bestandteil des Geschäftsmodells eines Unternehmens und verfolgt nicht primär Kommunikations- oder Imagezielen. Die definierten Ziele sind eng mit den Unternehmenszielen und der Unternehmenskultur verbunden;
4. Teil der Unternehmenskultur: Um CSR im Unternehmen zu verankern, muss es im täglichen Kontakt sichtbar und glaubwürdig sein; es muss zum Unternehmen insgesamt passen, sodass sich jeder Kunde oder Beschäftigte damit identifizieren kann;
5. Glaubwürdigkeit: CSR-Maßnahmen spiegeln das Werte-Gerüst des Unternehmens wider. Die Aussagen über das eigene Engagement müssen dazu belegbar und nachvollziehbar sein;

---

345 Volkswagen AG, 2006, S. 6.
346 Nach Prof. Dr. Björn Bloching (Partner der Roland Berger Strategy Consultants): CSR aus Sicht der Wirtschaft; Vortrag auf dem »Globalen Wirtschafts- und Ethikforum«, Berlin, 11.03.2008.

6. Transparenz: Die CSR-Aktivitäten folgen immer klaren Standards und sind faktenbasiert dokumentiert, um für Außenstehende und Interessierte nachvollziehbar zu sein.

7. Verbreitung: Die CSR-Qualität zeigt sich nicht nur im eigenen Unternehmen, sondern ebenso in Beziehungen zu Lieferanten, deren Auswahl durch diese eigenen Werte mitbestimmt wird;

8. Sensibilisierung: Das Thema CSR muss gerade in der Implementierungsphase auf die tägliche Agenda des Vorstands zur Forcierung notwendiger Entscheidungsprozesse;

9. Langfristige Ausrichtung: Um nachhaltige Wirkung bei Organisations- und Produktionsprozessen entfalten zu können, muss CSR langfristig ausgerichtet sein. Nur wenn das Unternehmen so seine Ernsthaftigkeit beweist, wird CSR als glaubwürdiger Partner akzeptiert;

10. Kein Green- oder White-Washing: CSR wird nicht betrieben, um sich von Missständen im Unternehmen oder von Verfehlungen sauber zu waschen. Vielmehr ist das Programm ein Abbild der inneren Zustände des Unternehmens.

8.5.3 Von der Strategie zur Implementierung

Bei der strategischen Ausrichtung von CSR-Programmen sind in der Praxis unterschiedliche Ausprägungen sichtbar. Puma konzentriert sich beispielsweise mit seiner 12-köpfigen CSR-Abteilung auf die Umsetzung von ethisch motiviertem Verhalten im Unterneh-

Unternehmensführung	Human Ressources	Produktion
Unternehmens-/Umweltleitlinien, Gleichstellungsgrundsätze, Barrierefreiheit, Produktionsrichtlinien/-standards, Forschungsleitlinien, Einrichtung einer Ethik-Kommission, Führungskräfteschulung, Mitarbeitergespräche, Korruptionskontrolle	Arbeitnehmerrechte, Gleichstellungsprogramme, kulturelle Diversität, Qualifizierungsprogramme, Beteiligung am Unternehmen, Partizipation und Mitspracherechte, Sozialpläne, Gesundheitsschutz, Arbeitsschutz, Mindestlöhne, Innovationsförderung, flexible Arbeitszeitmodelle, Beziehungen zu Leih- und Zeitarbeitern	umweltgerechte und nachhaltige Produktion, Verwendung ökologisch unbedenklicher Materialien, Ressourcenschonung, Recycling, Entsorgung, Einhaltung von Produktionsrichtlinien bei Lieferanten und Subunternehmern (internes/ externes Auditing), z.B. bei Kinderarbeit, Zwangsarbeit, Mindestlöhnen, Umweltschutz
Rechtlicher Rahmen	**Forschung/Entwicklung**	**Customer Relations**
Regelungen der Internationalen Arbeitsorganisation (ILO), UN-Menschenrechtskonvention, OECD-Leitsätze für multinationale Unternehmen, u.a.	Ausrichtung eigener Forschungsvorhaben nach ethischen Kriterien, Umweltverträglichkeitsstudien, Gesundheitsstudien	Beschwerdemanagement, Rückrufaktionen, Kundenumfragen, Garantieleistungen
Soziales Engagement	**Kooperationen**	**Corporate Publishing**
Eigene Stiftungen (Corporate Foundation), Förderung von Forschungs-. Bildungs-, Kultur-, Umwelt-, Sport- und Sozialprojekten und Vereinen.	Dialog mit wichtigen Anspruchsgruppen (Greenpeace, WWF u.a.), Netzwerke (Forschung), Bündnisse (z.B. »Initiative 2° – Deutsche Unternehmer für Klimaschutz«)	Umweltberichte, Nachhaltigkeitsberichte, Sozialberichte

Abb. 47: Ausgewählte Instrumente der CSR

men und bei Lieferanten. CSR ist explizit kein Thema, das zu PR-Zwecken betrieben wird, sondern ist Ausdruck der Produktions- und Umweltstandards der Premium-Marke Puma. Um die Standards weiter zu verbessern, setzt das Unternehmen auf einen regelmäßigen Stakeholder-Dialog, bei dem sich Puma mit seinen Lieferanten und wichtigen Non-Profit-Organisationen wie Greenpeace, Oxfam oder United for Africa zum direkten Erfahrungs-austausch trifft.

In die Breite oder auf den Kern

Volkswagen wiederum richtet seine CSR-Aktivitäten stark an den Bedürfnissen wichtiger Stakeholder-Gruppen aus. So schließt das Unternehmen in seine vielfältigen Aktivitäten die Definition ethischer Unternehmensleitlinien genauso ein, wie Mitarbeiterprogramme im Bereich Arbeitsschutz, Gesundheitsschutz oder Nachwuchsförderung. An den weltweiten Standorten unterstützt das Unternehmen Sozial-, Bildungs- und Kulturprojekte. Darüber hinaus werden Aktivitäten gefördert und initiiert, die zum sensiblen Issues-Umfeld eines weltweit agierenden Automobilherstellers passen sollen – wie Mobilitätssicherung, Naturbewahrung, Klimaschutz oder Verkehrssicherheit.

Andere Unternehmen konzentrieren sich in ihrer CSR ganz bewusst auf einzelne Themenfelder und Pilotprojekte, die entweder eine hohe Sicherheitsrelevanz besitzen oder eine besonders starke mediale oder absatzpolitische Außenwirkung entfalten. Beispiele sind BP, die unter dem Motto »No accidents, no harm to people and no damage to environment« ein wirksames Schadens- und Unfallvermeidungsprogramm installiert haben.[347] Toyota verdeutlicht an seinem Prestigeprojekt – dem Hybridfahrzeug Prius – das umweltpolitische Engagement und nimmt damit über viele Jahre hinweg eine Vorreiterrolle innerhalb der Automobilwirtschaft ein.

Jedes Unternehmen muss also selbstständig entscheiden, ob es sich bei der Wahl der CSR-Strategie breit national und international aufstellt oder eine akzentuierte Strategie wählt, die sich auf wenige Kernthemen fokussiert, die wiederum zum Anker einer weltweiten CSR-Kommunikation werden.

AUSFLUG 38

CSR in Familienunternehmen

Laut einer großen Studie der Stiftung Familienunternehmen und der Bertelsmann Stiftung aus dem Jahre 2007 unterscheidet sich das CSR-Verständnis von Familienunternehmen grundlegend von dem börsennotierter Gesellschaften.[348] Die Motive von Familienunternehmern liegen in der Motivation der Mitarbeiter und der Verbesserung der Arbeitsbedingungen in Unternehmen z. B. durch Betriebskindergärten, nachhaltiges Wirtschaften sowie ausgeprägte Werteorientierung. Häufig haben persönliche Erlebnisse ihr gesellschaftliches, meist lokales Engagement bedingt. Dabei setzen sich Unternehmer häufig dort ein, wo die

---

347 Wie brüchig so ein CSR-Konzept werden kann, zeigt die Ölpest-Katastrophe, die durch die BP-Öl-plattform »Deepwater Horizon« verursacht wurde, bei der elf Menschen starben und fünf Millionen Barrel (je 159 Liter) Öl in den Golf von Mexiko flossen. Angesichts eines Unglücks von derartigen Ausmaßen und den bekannten Risiken des »Offshore-Dillings« geraten die CSR-Aktivitäten schnell in den Verdacht, ein bloßer Akt von Greenwashing zu sein. Siehe dazu auch Sebastian Rudolph: »BP und CSR: Eine Tragödie in fünf Akten«, in: http://www.pr-fundsachen.de/2010/06/02/bp-und-csr-ein-tragodie-in-funf-akten/

348 Die vollständigen Ergebnisse der Studie sind unter http://www.familienunternehmen.de abrufbar.

staatlichen Kapazitäten erschöpft sind oder bei Themen, die bisher nicht ausreichend in der Öffentlichkeit wahrgenommen werden. Laut der Befragung wenden sie dazu durchschnittlich 500.000 Euro pro Jahr auf – zu 80 Prozent für die Förderung des Bildungssektors – für Schulen, Universitäten, Museen, Weiterbildungsangebote für Mitarbeiter.[349] Grundsätzliche Unterschiede sieht die Studie im kommunikativen Umgang mit CSR-Themen, bei der die Familienunternehmen wesentlich zurückhaltender sind. So setzen diese zu 37,6 Prozent auf Dokumentationen sowie Umwelt-, Sozial- und Nachhaltigkeitsberichte, gefolgt von Veranstaltungen (22,5 Prozent) und dem Internet (18,6 Prozent) als Kommunikationswege. Die Folge dieser Zurückhaltung: Das Engagement der Familienunternehmen ist in der Öffentlichkeit wesentlich weniger bekannt als bei Unternehmen, die das Thema offensiv in der eigenen PR nutzen.

Die Implementierung von CSR-Prozessen

Auf welche Aspekte sollte ein Unternehmen achten, das ein eigenes CSR-Programm aufzulegen plant? Wie kann die Qualität der Implementierung und Umsetzung überwacht werden, damit CSR tatsächlich integraler Bestandteil von Organisationsprozessen und Organisationskultur wird?

- **Organisatorische Abstimmung**: Alle CSR-Aktivitäten laufen auf Vorstandsebene zusammen. Auch Ausrichtung und Umsetzungsschritte erfolgen in enger Abstimmung mit der Geschäftsführung. Zudem sind alle Abteilungen eingebunden. Gerade in der Aufbauphase empfiehlt es sich, eine eigene CSR-Abteilung oder CSR-Taskforce aufzubauen, die mit Weisungsbefugnis ausgestattet Umsetzung und Qualitätskontrolle im Unternehmen sichert.

- **Zielorientierte Prozess-Steuerung**: In der Startphase sollte klar definiert werden, welche CSR-Ziele das Unternehmen verfolgt und was es mit dem Programm erreichen will. Nach Möglichkeit sollten diese Ziele so formuliert werden, dass ihr Erfolg messbar und der jeweilige Status Quo der Umsetzung sofort sichtbar ist. Für die einzelnen CSR-Maßnahmen sollten spezifische Projektziele in einem definierten zeitlichen Korridor bestimmt werden, um über Steuerungsinstrumente im Verlauf des Projektes zu verfügen.

- **Konsequenter Kulturwandel**: Erfolgreiche CSR-Programme ziehen immer einen tief greifenden Kulturwandel im Unternehmen nach sich. Im Idealfall sollte sich jeder Mitarbeiter – in jeder Abteilung – mit dem Programm identifizieren können. Dazu muss das Unternehmen den Kulturwandel aktiv betreiben. Eine wichtige Vorbild- und Botschafterfunktion hat dabei die Führungsebene, die im Rahmen der Mitarbeiterkommunikation immer wieder auf das Thema aufmerksam machen und das Thema gegenüber Mitarbeitern glaubwürdig verkörpern muss.

---

349 Die ungebrochen hohe Akzeptanz von CSR bei Familienunternehmen wird gestützt von einer PWC-Studie aus dem Jahr 2010, unmittelbar nach der Wirtschafts- und Finanzkrise. Demnach verzichten weltweit lediglich sieben Prozent der mittelständischenUnternehmen auf CSR-Initiativen, in der DACH-Region verfolgt sogar nur eins von hundert Unternehmen keinen CSR-Ansatz. Dabei sehen über 90 Prozent (weltweit: 73 Prozent) der Befragten einen Nutzen der CSR-Maßnahmen für die eigene Unternehmensentwicklung; http://www.pwc.de/de/mittelstand/familienunternehmen-2010.jhtml

Corporate Social Responsibility zahlt sich aus

Neuausrichtung der Unternehmenskultur: Mit CSR verändert sich das Leitbild eines Unternehmens. Das gesellschaftliche Engagement des Unternehmens motiviert Mitarbeiter, erhöht die Identifikation und wirkt sich positiv auf die Produktivität aus. Qualifizierte Fachkräfte können besser gehalten, neue Mitarbeiter leichter gewonnen werden. Die Wertschätzung, die nach außen gezeigt wird, muss dazu aber intern vorgelebt werden.

Imagetransfer: Mit seinem Engagement positioniert sich das Unternehmen als gesellschaftlich verantwortungsbewusster Akteur. Es gewinnt an Reputation und schafft mittel- und langfristig ein neues Unternehmensimage. Aus dem CSR-Prozess ergeben sich zudem neue Medienthemen. Mit der erhöhten Unterstützung und Akzeptanz am Markt – und der Abhebung von der Konkurrenz – erschließen sich neue Kundenpotenziale.

Analystenbewertung: Die Risiko-Bewertung von Unternehmen ändert sich. Analysten und Investoren bewerten Unternehmen immer stärker auch nach CSR-Risiken, um die Werthaltigkeit ihrer Anlagen besser abschätzen zu können. CSR wird langfristig als fester Bestandteil einer guten und Vertrauen schaffenden Unternehmensführung gelten.

Wenn ehemals Außergewöhnliches zur Normalität wird

Ohne zeitgemäßes CSR-Engagement keine Daseinsberechtigung mehr für Unternehmen

Von Cornelia Wüst

CSR – das Kürzel für Corporate Social Responsibility – gleitet heute so einfach über unsere Lippen, als hätte es nie ein anderes Wort für die soziale Verantwortung eines Unternehmens gegeben. Dabei dürfte das Streben von Unternehmen, einen Teil ihres Gewinnes wieder an die Gesellschaft zurückzugeben, schon in die Jahre kommen. Bereits mit dem Wirtschaftswunder in den 1950er-Jahren wurde von Unternehmen erwartet, ihr unternehmerisches Handeln (und Unterlassen) gegenüber Medien, Staat, Mitarbeitern, Investoren, Wettbewerbern und anderen Stakeholdern zu erklären.

Damals wie heute waren überwiegend Konzerne im Fokus der Aufmerksamkeit. KMUs und Mittelstand leisten von jeher im Großen wie im Kleinen und mit einer natürlichen Selbstverständlichkeit vor allem lokales Engagement wie beispielsweise Spenden und Sponsoring für Vereine, für soziale Einrichtungen und für den Umweltschutz. Und zwar in der Regel fern ab der großen Öffentlichkeit und breiter medialer Aufmerksamkeit.

Die Formel scheint einfach: Ohne CSR-Strategie keine Wettbewerbsfähigkeit und kein unternehmerischer Erfolg. Für den renommierten Harvard Professor Michael Porter greift Corporate Social Responsibility Stand heute zu kurz: »Yet we still lack an overall framework for guiding these efforts, and most companies remain stuck in a »social responsibility« mindset in which societal issues are at the periphery, not the core.« Der 'gemeinsame Nutzen', die nächste Stufe von CSR, bezeichnet er als 'Corporate Social Integration', das weit über das bisherige Engagement hinaus geht: »Realizing it will require leaders and managers to develop new skills and knowledge — such as a far deeper appreciation of societal needs, a greater understanding of the true bases of company productivity, and the ability to collaborate across profit/nonprofit boundaries. And government must learn how to regulate in ways that enable shared value rather than work against it«[1]. Er spricht daher statt von 'Corporate Social Responsibilty' von 'Corporate Social Integration'.

Wie Empörung und Enttäuschung Märkte verändert

Stakeholder kaufen und denken heute werteorientierter, kritischer und aufgeklärter und reagieren ebenso allergisch auf das Wort Nachhaltigkeit wie auf zentimeterdicke Broschüren, in denen über diese Nachhaltigkeit berichtet wird oder Image schädigende Ablass-Zertifikate. »Nachhaltig wirtschaften, fair mit Beschäftigten umgehen, Verantwortung für Gesellschaft und Umwelt übernehmen, das sind die Grundpfeiler von Corporate Social Responsibility (CSR)«, so ist es in der Studie »CSR auf dem Prüfstand 2012« des Marktforschungsinstitutes Icon Added Value nachzulesen. Die Forderung der Deutschen nach Unternehmensverantwortung ist drastisch gestiegen«, stellt Geschäftsführerin und CSR-Verantwortliche Dr. Hildegard Keller-Kern fest. Die Menschen werden noch kritischer, als sie es bereits 2010 waren.

---

1   Vgl. Harvard Business Review, Ausgabe Januar 2011, Create Value, http://hbr.org/2011/01/the-big-idea-creating-shared-value/ar/1

Die Frage nach der Rolle von Unternehmen und dem Umgang mit unseren Problemen ist in 2012 lauter. Gerechtigkeit und Fairness im Sozialen ziehen sich wie ein roter Faden durch die wichtigsten Zukunftsthemen. Begleitet von Umweltverschmutzung und der Förderung alternativer Energien. Erstmals beobachtet Icon Added Value in 2012, dass Gerechtigkeit eine stärkere globale und solidarische Ausprägung bekommt.[2] Die historische PR-Weisheit »Tue Gutes und rede darüber« bedeutet heute »Erst handeln und bewegen, dann darüber reden«.

Strategischer Paradigmenwechsel: Reputationsfaktor CSR

Es ist für ein wettbewerbsorientiertes Unternehmen heute nicht mehr genug, mit traditionellen Erfolgsfaktoren seine Marke zu etablieren. Führungskräfte stehen heute vor der Herausforderung: Eine glaubwürdige und transparente CSR-Strategie ist zur unverzichtbaren Komponente der Unternehmensstrategie geworden und damit zu einem wesentlichen Reputationsfaktor. Diese Tatsache unterstreicht die aktuelle »Goodpurpose-Study 2012' der Edelman-Gruppe: »Not only are consumers making purchase decisions with purpose top of mind, they are also buying and advocating for purposeful brands. 72% of consumers would recommend a brand that supports a good cause over one that doesn't; a 39% increase since 2008. 71% of consumers would help a brand promote their products or services if there is a good cause behind them; a growth of 34% since 2008. 73% of consumers would switch brands if a different brand of similar quality supported a good cause; a 9% increase since 2009.«[3]

Diese Zahlen belegen, wohin die Reise zukünftig geht: Ohne glaubwürdige Strategie wird es für Unternehmen langfristig keine Reputation, keine Markenbildung, keine Daseinsberechtigung mehr geben. Was zeichnet eine gute CSR-Strategie heute aus? Als oberste Führungsaufgabe verstanden sollten sämtliche CSR-Aktivitäten fester Bestandteil aller Geschäftsprozesse und Kommunikationsaktivitäten sein und damit ihren Beitrag zur gesamten Wertschöpfungskette leisten. Dieser strategische Ansatz ist unter anderem bei dem Chemieriesen BASF zu finden: »Nur wenn der Gedanke der Nachhaltigkeit fest in Organisations- und Managementsysteme integriert ist, kann er wirksam werden. Deshalb haben wir Strukturen geschaffen, um nachhaltiges unternehmerisches Handeln von der Strategie bis zur Umsetzung voranzutreiben.«[4]

Als Beitrag zur gesamten Wertschöpfungskette steht sinnvollerweise das Engagement direkt im unternehmerischen Kontext. Die SAP AG, Walldorf ist ein Beispiel wie unternehmerische Kernkompetenzen mit einer nachhaltigen CSR-Strategie vernetzt werden: »Bei der Entwicklung unserer Strategie, mit der wir dieses Ziel umsetzen möchten, lag unser Schwerpunkt auf zwei wichtigen Bereichen: Nachhaltigkeit und Innovation. Sie bilden die Grundpfeiler unseres geschäftlichen Handelns und sind integraler Bestandteil unserer Lösungen, unserer Abläufe und unserer sozialen Investitionen. Damit sind wir in der Lage, nicht nur ein nachhaltiges Wachstum zu unterstützen, sondern zugleich auch die Ertragskraft unseres Unternehmens zu steigern.«[5]

---

2   Vgl. http://www.pr-inside.com/de/die-deutschen-werden-immer-kriti-r3226214.htm
3   Vgl. Edelman Goodpurpose-Study 2012
4   http://www.basf.com/group/corporate/de/sustainability/management-and-instruments/sustainability-council
5   http://www.sapsustainabilityreport.com/de/purpose-de

Reputationsmanagement ist Erwartungsmanagement und bedeutet permanenten Dialog mit den unterschiedlichen Stakeholdern. Der erfolgte Paradigmenwechsel – weg vom Sende-bewusstsein, hin zum aktiven und konsequenten Dialog – steht heute in nahezu jedem Un-ternehmen ganz oben auf der Agenda und setzte eine hohe Dialogkompetenz von Unterneh-men voraus: »Jede Stakeholder-Gruppe hat andere Erwartungen und nimmt unterschiedliche Aktivitäten wahr. Für uns ist es deshalb wichtig, die Interessen und Erwartungen möglichst vieler Stakeholder zu kennen und zu verstehen. Deshalb bemühen wir uns um einen fortwäh-renden Dialog mit ihnen.«[6] Der Dialog zu Stakeholder über On- und Offline-Medien bieten Unternehmen ähnlich einem Frühwarnsystem wertvolle Informationen zu Optimierungspoten-zialen und ist eine unentbehrliche vertrauensbildende Maßnahme.

Permanenter Wandel erspart auch in langfristig angelegten CSR-Strategien nicht, sich der ungeheuren Dynamik einer sich ständig verändernden Welt anzupassen. Strategische Ein-flussfaktoren wie Klimawandel, neue wissenschaftliche Erkenntnisse, veränderte soziale Rah-menbedingungen, politische Verhältnisse wirken sich unmittelbar auf die Meinungsbildung und Erwartungen der Stakeholder aus. Die Folge: Die CSR-Maßnahmen müssen immer wie-der auf den Prüfstand gestellt werden, ohne die langfristige Strategie aus dem Auge zu verlieren.

Trends: CSR ist Zukunftsgestaltung und USP gleichermaßen

Kein Zweifel, CSR – sofern glaubwürdig praktiziert – unterstützt die Markt- und Markenfüh-rerschaft einer Organisation. Wie andere Unternehmensbereiche auch, richtet sich ein zu-kunftsweisendes Engagement an den sich verändernden Erwartungen der Stakeholderwelt aus: Aus der Praxis und aus vielen Gesprächen mit Unternehmen und CSR-Verantwortlichen zeichnen sich aktuell folgende Trends ab:

1. Globalisierung oder wie Gemeinsamkeit stark macht

Die Globalisierungstrends haben auch vor dem Thema CSR nicht halt gemacht. Ebenso we-nig vor den gemeinsamen Interessen einer gut vernetzten Stakeholder-Community: Eine faire und lebenswerte Welt zu schaffen. Eine ungeheure Dynamik ist entstanden – an Stakeholder-erwartungen, globalen Werten wie faire Arbeitswelt, saubere Umwelt, soziale Gerechtigkeit, unternehmerische Verantwortung. Dies legt das Bestreben nahe, dass sich in einem globalen Dorf Konzerne in gemeinsamen Konsortien dem gleichen Ziel verschreiben: Raus aus dem CSR-Silo, rein in Solidar-Engagements. Ein Beispiel ist das Sustainability Consortium (sustai-nabilityconsortium.org) als gemeinsame Plattform.

Eine andere Form des Solidar-Engagements ist der Zusammenschluss von Experten und Partnern. So hat Starbucks in seinem mittlerweile dritten ›Cup-Summit‹ über 100 Experten aus den Sparten Papier, Tassenhersteller, Restaurant-Betreiber, Recycling-Experten, NGO und Wissenschaftler im September 2011 zu einem Brainstorming über innovative Recycling-Me-thoden zusammengeführt. Mit großem Erfolg: »Over the past three years, we've learned that success has been a combination of forward-thinking partnerships along with innovative ap-proaches to widespread challenges,« said Jim Hanna, Starbucks director of environmental impact. »By collaborating with key industry leaders – even competitors – we are better able to help reduce the global impact of packaging throughout the industry«.[7]

---

6   http://www.dp-dhl.com/de/verantwortung/organisation_und_strategie/stakeholderdialog.html
7   http://www.starbucks.com/blog/cup-summit-3/1084

2. Machtfaktor NGO

NGOs sind das Sprachrohr der Gesellschaft. Innerhalb von Sekunden aktivieren die gut vernetzten Aktivisten per Mausklick Menschen rund um den Globus. Bereits etablierte NGO wie Greenpeace oder Foodwatch können dank großer Spenden und Beiträge aufmerksamkeitsstarke Kampagnen fahren und Marken empfindlich stören beziehungsweise deren Wert dezimieren. Virtuos spielen sie die gesamte Klaviatur der medialen Vernetzung, argumentationsstark und mit eindrucksvollen Bildern, die im Gedächtnis haften bleiben. Von Unternehmen häufig als ›enfant-terrible-double‹ gesehen, ergänzen sich hier zwei Stakeholdergruppen mit dem gleichen Ziel und Gewinn: Schlagzeilen schaffen Aufmerksamkeit, rollen lawinenartig durch sämtliche verfügbaren Medienkanäle und zwingen Unternehmen zum Handeln. Agenda Setting erfolgt zunehmend in diesem Zusammenspiel, weniger aus dem Unternehmen heraus. Eine konstruktive Kooperation von Wirtschaft und NGO statt kritisches Beäugen wirkt vertrauensbildend in jeder Art von Stakeholderwelt.

3. Mittelstand hat Nachholbedarf

Auch wenn die Aufmerksamkeit derzeit noch überwiegend auf Konzerne ausgerichtet ist, ist es nur eine Frage der Zeit, wann auch mittelständische Unternehmen ihre Nachhaltigkeit belegen müssen. Mittelständische Unternehmen werden ebenso wie Großkonzerne CSR als wichtigen Wettbewerbsfaktor konsequenter nutzen. Durch die Verlagerung von Produktionsstätten in Entwicklungsländer wird Rechenschaft zu brennenden Fragen über die moralisch und ethisch einwandfreien Zulieferer verlangt. Die häufig durch die Gründer geführten Unternehmen sehen ihr CSR-Engagement noch eher unter pragmatischen Ansätzen, die in erster Linie einen regionalen Bezug herstellen, wie Vereinssponsoring, Spenden für Altenheime oder Kindergärten. Rein philanthropische Geld- und Materialspenden werden zukünftig nicht mehr ausreichen. Das gestiegene Interesse von Kunden, Geschäftspartnern und Investorenentscheidungen werden auch unter den Aspekten Lieferantenkontrolle, Transportwege, Entsorgungswege oder Arbeitgeberqualitäten getroffen.

Auf der Plattform www.csr-mittelstand.de sind beispielhafte Best Practise-Unternehmen samt ihrem Engagement aufgeführt, mit dem Ziel, dass diese im Mittelstand Vorbildfunktion einnehmen. Das Engagement dieser Unternehmen geht weit über das bislang übliche lokale Engagement hinaus. Der Mittelstand wird das Thema CSR zukünftig noch mehr als strategischer Bestandteil der Unternehmensstrategie erklären müssen.

4. Social Leadership: Werteorientierte Führung für eine attraktive Arbeitgebermarke

Anita Roddick, Gründerin »The Body Shop«, gilt als Pionierin in puncto unternehmerischer Verantwortung. Diese bemerkenswerte Erfolgsgeschichte zeichnete sich bereits früh durch zahlreiche Sozial- und Umweltpreise aus und bewies, dass diese wesentlich zu guten Geschäftsergebnissen, Markenbindung und wirtschaftlichen Erfolg beitragen. CSR kann nur erfolgreich sein, wenn Strategie und Implementierung fest in den Köpfen der Führungskräfte verankert sind. CSR steht für ein Werteverständnis, das durch Vorleben und Erfahren sich direkt auf die Motivation der Mitarbeiter auswirkt. Gründe mag es hierfür viele geben. Zentral mag das Bedürfnis von Mitarbeitern sein, sich mit den Werten und dem Engagement ›seines‹ Unternehmens zu identifizieren und über die damit hohe Reputation auch im eigenen Ansehen zu gewinnen. Mit der Folge einer höheren Motivation und Mitarbeiterbindung. Andere Werte eines attraktiven Arbeitgebers rücken in den Vordergrund.

Das ernst gemeinte und glaubwürdige soziale Engagement wird zukünftig stärker bewertet werden. Mitarbeiter sind immer häufiger operative Helfer, wenn es um soziales Engagement geht. Es ist daher nicht unüblich, Mitarbeitern für persönliche CSR-Maßnahmen entsprechende Ressourcen zur Verfügung zu stellen Zum Beispiel bei der SAP AG. Im Nachhaltigkeitsbericht 2011 heißt es: »Die Freiwilligenarbeit unserer Mitarbeiter ist ein Grundpfeiler unserer sozialen Investitionen und hilft, den positiven Beitrag, den wir mit unserer Technologie und unserer finanziellen Unterstützung leisten, um ein Vielfaches zu verstärken. (...) Unsere Mitarbeiter verfügen über einen immensen Erfahrungsschatz, sind in der Lage, Probleme zu lösen, und haben den festen Willen, ihre Fähigkeiten auch in den Dienst der Gemeinschaft zu stellen. Unsere Mitarbeiter haben 2011 auf der ganzen Welt rund 105.000 Stunden Freiwilligenarbeit geleistet«.[8] Das Ergebnis einer Mitarbeiterbefragung: 2011 ist das Mitarbeiterengagement auf 77 Prozent gestiegen; das sind neun Prozentpunkte mehr als 2010 und ist das beste Ergebnis seit 2006. Werte schaffen Wertschöpfung durch sinnstiftende Engagements, erhöhen die Loyalität, steigern die Produktivität und vereinfachen das Recruiting.

5. Neue Kommunikationskultur: Zielgruppendifferenzierung und Dialogkultur

Dass CSR-Engagement von Unternehmen nicht altruistischer Natur ist, sondern einen sinnvollen Beitrag zur Wertschöpfung beisteuert, dürfte nur noch in Einzelfällen kritisch bewertet werden. Dennoch bleibt es für PR-Verantwortliche eine verbale Gratwanderung zwischen ›Tue-Gutes und rede darüber‹ und der Kommunikation des jährlichen Nachhaltigkeitsberichtes. Hier ist rhetorisches Feingefühl gefragt, um die Balance zwischen Information und Emotion mit den sensibilisierten Stakeholdern zu gewährleisten. Die Rolle der Unternehmenskommunikation hat sich grundlegend geändert, der Dialog mit unterschiedlichen Stakeholdern braucht differenziertes Wissen und adäquate Stakeholder-Antworten auf deren Erwartungen. Das erfordert zukünftig PR-Professionals mit bester Allgemeinbildung, Interesse an Themenvielfalt, interkulturellen Erfahrungen und den ausgeprägten Kommunikations- und Netzwerkfähigkeiten eines Generalisten, der sich virtuos mit den unterschiedlichen Stakeholder-Erwartungen identifizieren und vernetzen kann.

Dadurch wird sich die PR-Abteilung zum strategischen Steuermann und Berater im Unternehmen entwickeln, die ihr Kommunikations-Know-how intern in die entsprechenden Kanäle leitet. Die CSR-Strategie und -Maßnahmen müssen transparent, faktenbasiert und glaubwürdig vermittelt werden und setzen gerade in Krisenzeiten eine räumliche und inhaltliche Nähe zur Unternehmensführung voraus. Glaubwürdige Studien, White Papers, Videos, persönliche Erfahrungen von Multiplikatoren sind nur einige Beispiele des gängigen Instrumentariums für eine wirkungsvolle CSR-Kommunikation. Der ehemals den Werbern vorbehaltene Kampagnenansatz hat bereits Einzug in die PR gehalten. Beraterpersönlichkeiten werden mehr gefragt sein und bessere Karrierechancen erhalten.

6. CSR als Bestandteil des Risk-Managements

Berichte über giftige Arbeitsplätze in der Zulieferkette, Kampagnen von Nichtregierungsorganisationen gegen das Umweltverhalten oder über das Internet diskutierte Umweltskandale können das Ansehen eines Unternehmens langfristig beschädigen. CSR als strategischer Bestandteil des Risikomanagements ist aktueller denn je. Gerhard Prätorius, Volkswagen-Koordinator für CSR, erklärte bereits am 7. März 2008 in einem Interview mit manager-magazin.de: »CSR als Bestandteil des Risk-Managements schafft Präventions-Szenarien, wendet möglichen Schaden ab und trägt damit langfristig zur Kostensenkung und Markenbildung bei. Ähnlich einem Radar werden Chancen und Risiken skaliert und erlaubt es Unternehmen zu

---

8   http://www.sapsustainabilityreport.com/de/volunteering-de

agieren statt zu reagieren«.[9] War CSR bislang eher in Konzernen ›daily business‹, so kann es sich künftig kein Unternehmen mehr leisten, darauf zu verzichten, ohne das Risiko des Reputations- und damit Wertverlustes einzugehen. Je transparenter Stakeholder über potenzielle Risiken informiert sind, je glaubwürdiger der Dialog über getroffene Maßnahmen im Krisenfall ist, desto geringer der Reputationsverlust. Der Schulterschluss zwischen Risk-Management und Unternehmenskommunikation wird daher notwendiger. Radarmäßig erfährt das Unternehmen frühzeitig über besondere CSR-Herausforderungen sowie mögliche Lösungsansätze.

Komplexere soziale und ökologische Herausforderungen verursachen permanente Risiken und bedürfen besonderer Aufmerksamkeit. Klassisches Risikomanagement greift hier nicht weit genug. CSR spielt nicht nur für die Identifizierung des Risikos eine Rolle, sondern auch für dessen Bewältigung und um Schadensbegrenzung zu betreiben.

7. Social Responsible Investments

Social Responsible Investments (SRI) verzeichnen in Deutschland hohe Wachstumsraten, hinken jedoch im internationalen Vergleich hinterher. Ethische Investments werden in einem Land der konventionellen Geldanleger momentan noch kritisch beäugt beziehungsweise wird vermutet, dass nicht mal jeder dritte Deutsche über die Möglichkeit nachhaltiger Geldanlagen informiert ist. Ganz anders beispielsweise die Schweiz: Dort haben sich nachhaltige Geldanlagen trotz Krisen stabil halten können: »Die stabilen Zahlen in schwierigen Zeiten sind ein Beleg für die Krisenfestigkeit nachhaltiger Anlagen«, erklärt Sabine Döbeli, FNG-Vizepräsidentin und Leiterin des FNG Schweiz. Die FNG, Forum Nachhaltige Geldanlagen (FNG), 2001 gegründet, ist der Verband für Nachhaltige Anlagen im deutschsprachigen Raum.[10]

Dennoch: Der Markt der SRI-orientierten Anlageprodukte ist stark wachsend und hat eine turbulente Entwicklung hinter sich. Trotz Börsenkrise und weltweiter Finanzkrise ist der Markt auch im deutschsprachigen Raum nicht eingebrochen und hat sich nun bei knapp 30 Milliarden Euro stabilisiert. Die Anzahl der im deutschsprachigen Raum zugelassenen Fonds, welche Nachhaltigkeit als Anlagekriterium aufweisen, beträgt derzeit über 300.[11] Tendenz steigend.

Fazit

Ethik und Moral werden zu den Differenzierungsfaktoren schlechthin, will ein Unternehmen die Gunst seiner Stakeholder gewinnen. Jede soziale und ökologische Verantwortungslosigkeit wird sich unmittelbar auf die Reputation und damit die Arbeitgebermarke auswirken. Führungskräfte werden für moralische oder ethische Fehltritte zunehmend persönlich in die Verantwortung genommen. CSR zählt mit Employer Branding derzeit zu den sicherlich wichtigsten Reputations-Treibern – und bedingen sich gleichzeitig gegenseitig in ihrem Wertschöpfungsbeitrag. Stakeholder kennen gerade bei dem sensiblen Thema CSR nur eine vertrauensbildende Maßnahme: Transparenz als Vorstufe zu Glaubwürdigkeit und Vertrauen als

---

9   http://www.manager-magazin.de/geld/geldanlage/0,2828,539217,00.html

10 Vgl. http://www.oekom-research.com/index.php?content=news_20120426151616

11 Vgl. http://www.green-economy.de/oekologisch-investieren/social-responsibile-investments/glossar/
    sri-in-deutschland.xhtml

Voraussetzung zur Reputation. Hier liegt noch einiges im Argen, insbesondere in den Branchen Finanzdienstleister und Banken, wie aktuelle Studien belegen.

CSR trägt außerdem zur Motivation der Mitarbeiter, der Kundenzufriedenheit und zu einer positiven Bewertung von Rating-Agenturen bei, die Kriterien des gesellschaftlichen, sozialen, ökologischen und nachhaltigen Engagements messen – und daran müssen sich Unternehmen messen lassen. Der ›Risikofaktor Mensch‹ führt dazu, dass wie die Reputationsstrategie eines Unternehmens auch die CSR-Strategien fester Bestandteil des strategischen Risk-Managements werden. Geldverdienen mit Nachhaltigkeit ist kein Gegensatz mehr. Das zeigt die Stabilität von SRI-Fonds – selbst in Zeiten volatiler Finanzmärkte. Haben sich Konzerne bereits an den kritischen Stakeholder gewöhnt, werden auch der Mittelstand und KMU mehr und mehr vielleicht bislang gepflegten ›Liebhaber-Engagements‹ in strategisch und unternehmens-sinnvolle Engagements wechseln müssen.

Corporate Social Responsibility wird die zukünftigen Erwartungen von Stakeholdern nicht mehr zur Gänze erfüllen. Corporate Social Integration als ›next step‹ schafft Gewinner: Die Ökologie, die Gesellschaft, benachteiligte Gruppen – oder wie es die sogenannte »Triple Bottom Line« übersetzt: Profits, People, Planet – for a better world.

Kommentierte Links:

- http://hbr.org/2011/01/the-big-idea-creating-shared-value/ar/1: Harvard Business Review, Ausgabe Januar 2011, 'Creating Shared Value'
- http://www.pr-inside.com/de/die-deutschen-werden-immer-kriti-r3226214.htm: Studie »CSR auf dem Prüfstand 2012« des Marktforschungsinstitutes Icon Added Value
- http://purpose.edelman.com/: Edelman Goodpurpose-Study 2012
- http://www.basf.com/group/corporate/de/sustainability/management-and-instruments/sustainability-council): BASF Nachhaltigkeitsbericht – CSR als Führungsaufgabe
- http://www.sapsustainabilityreport.com/de/purpose-de: SAP Nachhaltigkeitsbericht zur Einbindung in die Unternehmensstrategie
- http://www.sapsustainabilityreport.com/de/volunteering-de: SAP Nachhaltigkeitsbericht, Einbindung von Mitarbeitern
- http://www.dove.de/initiative/ueber-die-aktion/faqs.html: Dove-Kampagne: ›Wahre Schönheit‹
- http://www.dp-dhl.com/de/verantwortung/organisation_und_strategie/stakeholderdialog.html und http://www.basf.com/group/corporate/de/sustainability/dialogue/index: Nachhaltigkeitsbericht ›Stakeholder-Dialog‹
- http://www.starbucks.com/blog/cup-summit-3/1084: Starbucks Cup Summit 2011
- http://www.oekom-research.com/index.php?content=news_20120426151616: Forum Nachhaltige Geldanlagen (FNG)
- http://www.green-economy.de/oekologisch-investieren/social-responsibile-investments/glossar/sri-in-deutschland.xhtml: Nachhaltige Investments

Weitere Link-Tipps:

- Mittelstand: www.csr-mittelstand.de, www.csrgermany.de
- Indizes: www.sustainability-index.com
- Engagements: www.ashoka.org, www.globalreporting.org, www.mbscd.org,
- Sonstige: www.nachhaltigwirtschaften.de, www.csr-news.net

8.6 Ausgewählte PR-Medien im Überblick

8.6.1 Image-Flyer und -Broschüren

Image-Flyer und Image-Broschüren sind unverzichtbare Bausteine der Unternehmenskommunikation. Sie sind flexibel einsetzbar, auf Messen wie bei einem Tag der offenen Tür. Sie können Besuchern als Give-Away mitgegeben oder im Vertrieb eingesetzt werden – beispielsweise im Rahmen von Mailings oder bei Kundenpräsentationen. Flyer und Broschüren gehören damit zur Geschäftsausstattung. Sie liefern die Basisinformationen über das Unternehmen, über Geschichte und Philosophie, Produkte und gesellschaftliches Engagement. Während der Flyer nur einen kurzen und kompakten Einblick bietet, kann die Image-Broschüre einen Umfang von 30–50 Seiten erreichen, um das Unternehmen in seiner Gesamtheit und mittels Text, Bildern, Grafiken, Illustrationen und Organigrammen darzustellen.

Mögliche Inhalte einer Image-Broschüre
- Persönliches Editorial des Geschäftsführers oder Vorstandsvorsitzenden;
- Unternehmensleitbild und -werte, Mission und Vision;
- Firmengeschichte, Gründer-Story, wirtschaftliche Meilensteine;
- Zentrale Geschäftsbereiche und Branchen, Produkte und Dienstleistungen;
- Marktposition, Kernmärkte, Wachstumspotenziale;
- Produktionsstandorte, Verfahren, technische Rahmendaten;
- Führungsteam, Mitarbeiter, Qualifizierungsangebote, Nachwuchsprogramme;
- Produktionsverfahren, Schlüsseltechnologien, Umweltschutz, Ressourcenschonung;
- Innovationen, Patente, Preise und Auszeichnungen;
- Erfolgsgeschichten und Produktportraits;
- Ökologisches und gesellschaftliches Engagement, CSR-Programme, Sponsoring;
- Ansprechpartner, Kontaktdaten, Anfahrtsskizze.

8.6.2 Kundenmagazin

Die Zahl an Kundenmagazinen steigt. Laut der Corporate-Publishing-Basisstudie 03 betreiben 85 Prozent der Unternehmen im deutschsprachigen Raum Corporate Publishing und investieren dazu jährlich rund 4,7 Milliarden Euro. Sechs von zehn Unternehmen setzen Magazine und Zeitungen ein, so dass die Studie für den DACH-Raum von 8.100 B2C-Zeitschriftentiteln und 7.600 B2B-Zeitschriftentiteln ausgeht.[350] Auch wenn es bezogen auf Kosten für Redaktion, Personal, Herstellung und Versand ein aufwändiges Instrument der Unternehmenskommunikation darstellt, bewerten die Unternehmen den Wert von Kundenmagazinen für ihre B2B- oder B2C-Kommunikation als hoch. Daher sind sie bereit, je nach Qualität, Umfang und Erscheinungsweise mehrere 100.000 Euro in das eigene Kundenmagazin jährlich zu investieren. Professionelle Kundenmagazine wie das AOK-Magazin »Bleib gesund« oder »DB-Mobil«, das Kundenmagazin der Deutschen Bahn, erreichen nicht nur Millionenauflagen: Sie überzeugen durch ein hohes Maß an journalistischer Qualität.

---

350 http://www.bcp-award.com/pdf/2012/BCP12_Koob.pdf

Aber auch Magazine wie »BVG Plus«, das Kundenmagazin der Berliner Verkehrsbetriebe, das mit seinem kleinen A5-Format eher einer Broschüre ähnelt, erfreuen sich trotz eines etwas konservativen Designs äußerster Beliebtheit. Das Magazin erscheint monatlich mit einer Auflage von 500.000. Und aufmerksamen Benutzern des Berliner Nahverkehrssystems entgeht nicht, dass die Hefte regelmäßig bereits Mitte des Monats aus den Displays in Bus, Tram und U-Bahn vergriffen sind. Doch welche Vorteile bietet ein Kundenmagazin einem Unternehmen?

- Kundenmagazine ermöglichen einen kurzen und direkten Weg zum Kunden;
- Kundenmagazine erreichen zielgenau eine themeninteressierte und neugierige Leserschaft;
- Kundenmagazine werden sehr aufmerksam gelesen;[351]
- Kundenmagazine bieten Unternehmen die offensive Darstellung ihrer Kompetenzen;
- Kundenmagazine liefern wichtige Kaufimpulse für ein Produkt;
- Kundenmagazine beeinflussen das Firmenimage positiv;
- Kundenmagazine erhöhen die Bindung des Kunden an das Unternehmen.

Was macht ein gutes Kundenmagazin aus?

Professionelle Kundenmagazine unterscheiden sich in Layout und Sprache von anderen Instrumenten der Marketingkommunikation. Um Leserinteresse zu wecken, müssen sie sich dem Wettbewerb mit Zeitschriften und Magazinen stellen. Außerdem müssen sie ihre Bildsprache sowie die verwendeten Darstellungsformen und -stile auf die Rezeptionserwartungen und das Lesebedürfnis der »lesenden« Kunden abstimmen. Das bedeutet:

- Gute Kundenmagazine enthalten möglichst viele journalistische Darstellungsformen: Nachrichten, Hintergrundberichte, Reportage, Interview, Porträt.
- Gute Kundenmagazine werden in der Regel von erfahrenen Journalisten geschrieben, die Themen im Unternehmen oder im Umfeld entdecken und diese aufbereiten.
- Gute Kundenmagazine leben von starken Bildern und einer hohen Bildqualität.

Dazu unterhalten gute Kundenmagazine ihre Leser nicht nur mit reinen Unternehmensthemen, die gut verständlich geschrieben, spannend erzählt oder einen besonders hohen Nutzwert für den Leser haben. Sie beinhalten Lifestyle-Themen aus Gesellschaft und Kultur, die weit über den eigenen Unternehmenskontext hinausgehen. So zeigen Kundenmagazine von Reiseanbietern interessante Reiseziele, geben Tipps für Wellness-Angebote, moderne Restaurants und Shopping-Möglichkeiten. Das Unternehmen verbindet damit seinen Namen mit anderen aktuellen gesellschaftlichen Trends wie Wellness, Genuss oder gesunder Ernährung und erzeugt damit einen unmittelbaren Imagetransfer. Einen weiteren Wachstumsschub bei den Reichweiten erhalten Kunden durch ergänzende Online-Magazine sowie mobile Erweiterung für Tablets und durch entsprechende Verknüpfung der Magazin-Inhalte mit sogenannten Content-Apps. Jedoch geht die überwiegende Mehrheit

---

351 Nach einer Studie des Londoner Marktforschungsunternehmens Millward Brown im Auftrag der Association of Publishing Agencies (APA) wünschen sich 25 Prozent der Leser von B2C-Kundenmagazinen sogar eine höhere Erscheinungsfrequenz. Bei B2B-Magazinen sind die Zahlen genauso eindrucksvoll. Dort lesen 45 Prozent die zugesandten Magazine sehr detailliert; siehe dazu »Jeder Zweite liest Kundenmagazine intensiv«, auf http://www.forum-corporate-publishing.de.

(63,9 Prozent) der Unternehmen weiterhin davon aus, dass Printmedien in Zukunft eine zentrale Rolle im Corporate Publishing spielen werden.[352]

8.6.3 Corporate Book

In den vergangenen fünf Jahren haben sich Corporate Books zu einem beliebten Instrument der Unternehmenskommunikation entwickelt. Sie liefern auf Basis besonderer Anlässe wie Firmenjubiläen, Produktneuheiten oder strategischen Weichenstellungen ein meist aufwändig produziertes Kompendium, das abwechslungsreich illustriert und prägnant geschrieben ist. Durch seine Erscheinungsqualität und seinen Umfang unterscheidet sich das Corporate Book in seiner Imagewirkung und Wertigkeit nochmals deutlich von Kundenmagazinen oder Kunden-Newslettern.

Corporate Books werden meist eingesetzt, um Stammkunden zu binden, neue anspruchvolle Kunden zu gewinnen oder das eigene hohe Unternehmens- oder Markenimage zu unterstreichen. In vielen Fällen geht das Corporate Book über das Format Buch im klassischen Sinne hinaus und liefert als journalistisch geprägtes Werk interessante, ungewöhnliche Geschichten einer Marke oder eines Produktes. Dazu arbeiten Unternehmen oft mit renommierten externen Autoren zusammen, um den (kommunikativen) Wert eines Corporate Books zusätzlich zu erhöhen.

Positive Beispiele
Suzuki legte über viele Jahre hinweg seinen Fahrzeugmodellen ein fast avantgardistisches Büchlein bei, das mit anspruchsvollen Bildwelten und hohem journalistischen Niveau die persönliche Geschichte von »normalen« Suzuki-Fahrern erzählt. Dieser ungewöhnliche Blick auf die Marke und die vielen Gesichter ihrer Anwender regt den Suzuki-Käufer zur Auseinandersetzung mit der Marke an und lädt ihn ein, Teil der weltumspannenden Community zu werden. Als ein auf Periodizität hin angelegtes Medium hat solch ein Corporate Book durchaus die Chance, zu einem echten Sammlerobjekt zu werden. Hochwertig gestaltet wird es zu einem ständigen Begleiter im Fahrzeug, bis man dieses verkauft und – so die Hoffnung des Unternehmens – einen neuen Suzuki erwirbt.

Ein anderes Beispiel liefert das Mitarbeiter-Buch der Baumarktkette OBI anlässlich ihres 40-jährigen Firmenjubiläums. Das Unternehmen wollte sich 2012 mit der knapp 100seitigen Publikation bei seinen Mitarbeitern für ihren besonderen Einsatz bedanken. Es sollte auf sinnliche und unterhaltsame Weise die Unterschiedlichkeit der Belegschaft zeigen, zur Motivation der Mitarbeiter beitragen und ihnen die Markenwerte von OBI nahe bringen. Die Leser sollten das Buch für sich entdecken. Dazu mussten sie die Seiten des Buches erst aufschneiden, um dann auf ihrer Entdeckungstour durch eine großzügige Bilderwelt und leicht verständliche Texte zu einem eingeklebten Minibuch mit einem Firmenquiz als Mitmachangebot vorzustoßen.

Einen anderen Weg ging die Ruhrkohle AG im Jahre 2006. Die heutige Evonik Industries AG publizierte in Kooperation mit dem renommierten Verlagshaus Hoffmann & Campe unter dem Titel »Die Kohle-Saga« einen Tatsachenroman über eine Bergmanns-Familie im Ruhrgebiet. Als Autor wurde dazu Rafael Seligmann gewonnen, der den Roman im

---

352 CP-Basisstudie III, 2012, http://www.forum-corporate-publishing.de/index.php/de/cp-markt/studien/item/262-basisstudie-iii-2012-investitionen-in-d-a-ch-steigen-um-6-prozent-auf-47-milliarden-euro.

Auftrag des Unternehmens schrieb. Das Corporate Book wurde in einer hohen Auflage erstellt und über den freien Buchhandel vertrieben. Allein 80.000 Bücher wurden verschenkt – vor allem an die Mitarbeiter der RAG.

Diese Beispiele zeigen: Corporate Books können unterschiedliche Ausprägungen haben – von Reportage-Sammlungen, über den Tatsachenroman, ungewöhnliche Kundenporträts bis hin zu hochwertigen Designbüchern. So ließ das Markenmuseum der Porsche AG jüngst in einer prächtigen Ausgabe zwei Museumsbücher mit den Titeln »Perspektive« und »Passion« produzieren, um die Faszination des Sportwagenherstellers und des Museums Marken-Fans, Porsche-Sammlern wie Architekturliebhabern – auch als Geschenk – nahe zu bringen. Die Bücher können über den offiziellen Buchhandel bestellt werden, haben aber mit 118,- Euro auch einen stolzen Preis.

8.6.4 White Paper

Verstärkt setzen Unternehmen White Papers als Kommunikationsinstrument mit bestehenden und potenziellen Kunden sowie mit Medien ein. Diese zehn bis fünfzehnseitigen Dokumente bereiten fachliche Themen auf, um komplexe Produkte und Produktionsverfahren in Form von Case Studies, Anwenderberichten oder als Hintergrundbericht vorzustellen. Selbst eigens initiierte Studien und Marktanalysen werden gerne als White Paper aufbereitet, um den methodischen Ansatz, wichtige Studienergebnisse sowie mögliche Lösungswege für ein diagnostiziertes Problem darzulegen.

White Papers orientieren sich vorrangig am konkreten Nutzwert für den Leser. Sie bieten ihm die Informationstiefe, die er sonst nur in Fachzeitschriften findet. Dazu richten sie sich oftmals an Fachjournalisten oder an Kunden, die an neuen Branchenerkenntnissen, Produkttrends und komplexen Anwendungen interessiert sind. Durch den Fokus auf sachorientierten Inhalt verzichten die meisten White Papers auf jegliche Form von werblicher Sprache. Sie sind daher explizit kein klassisches Marketinginstrument – auch wenn sie natürlich in die Marketingkommunikation (z.B. in die B2B-Kommunikation) eingebunden werden können.

Auf journalistische Sprache achten

Bei White Papers sollte bereits im Vorfeld genau definiert werden, welche Themen sie abdecken sollen und wer als Autor dafür fungieren soll. Da sie in Sprache und Stil journalistischen Kriterien entsprechen müssen (Verständlichkeit, Klarheit, schlüssige Argumentation) empfiehlt es sich, professionelle externe Fachautoren hinzuzuziehen. Diese müssen den fachlichen Hintergrund genau erfassen und auf jede werbliche Sprache verzichten.

White Papers besitzen ein festes Layout-Format, das sich am Corporate Design des Unternehmens orientiert. Gleichzeitig sind sie sofort als eigenständiges Medium zu erkennen. Auch wenn sie Image transportierende Elemente wie Bilder beinhalten können, steht der Informationscharakter eindeutig im Vordergrund – mit ergänzenden Infografiken, Charts, Diagrammen und Abbildungen als Unterstützung. Ein White Paper kann gegenüber Kunden aber auch im Rahmen der alltäglichen Pressearbeit verwendet werden. Beispielsweise könnte eine Pressemitteilung auf wichtige Studienergebnisse oder neue Trends hinweisen, die im White Paper auf der eigenen Internetseite abgerufen werden können.

9 Der Kommunikationsmanager der Zukunft

Manager oder Sprecher, Dirigent oder Chormitglied, eigenständige Disziplin oder Modul der integrierten Kommunikation: Über die Rolle von Public Relations wird heute und wohl auch in Zukunft kräftig diskutiert und gestritten – zwischen Praktikern und Puristen, zwischen erfahrenen Führungskräften und frisch ausgebildeten Nachwuchskräften. Und – um dieses geflügelte Wort aufzunehmen – dies ist auch gut so. Denn diese vielen Ansätze und Ausprägungen machen das Gesicht von PR aus und sind Teil einer Anziehungskraft, die sich in einem kontinuierlich wachsenden Berufsfeld niederschlägt.

Von der Pubertät zum Leader
So hat sich diese immer noch junge Disziplin in den vergangenen Jahren stark verändert. Oder, um es plastischer zu sagen: Sie ist erwachsen geworden. Rückblickend auf die eingeschränkte Lerndefinition in der PR-Kindheit hat sie sich aus eng anliegenden Branchenfesseln in der Pubertät befreit. Schritt für Schritt hat sie eine erwachsene Leader-Rolle eingenommen und dazu den direkten, persönlichen Kontakt mit benachbarten Disziplinen aufgenommen: Vom Bereich Online hat sie sich die Kommunikations- und Dialog-Plattform, vom Bereich Event die Emotionen, vom Bereich Direktmarketing die direkte Kundenansprache, vom Bereich Werbung die Bilderkraft genommen, ohne sich selbst aufzugeben. Im Gegenteil: Diese heutigen Kernbestandteile unterstützen sie, ihrer Funktion eines Managers von Kommunikation gerecht zu werden und sich mit dieser festen Rolle im Kommunikations-Mix zu positionieren. Dabei weiß diese Management-Disziplin, dass sie sich auch künftig immer weiter verändern und weiterentwickeln wird.

Die beschleunigte Entwicklung der vergangenen Jahre hat viel mit dem rasanten Aufstieg der Interaktions-Plattformen im Social-Web-Zeitalter zu tun. Diese haben das bislang fest etablierte Beziehungsgeflecht zwischen Kommunikationsverantwortlichen und klassischen Medien als Gatekeeper erschüttert und das Verhältnis zu wichtigen Stakeholdern neu definiert oder erst möglich gemacht. Die neuen Online-Angebote haben den Bedarf an Bewegtbildern und Videos, an redaktionellen wie emotionalen Online-Formaten geweckt und neue interaktive Ansracheformen eröffnet, die es zu nutzen gilt. Sie haben den Kreis relevanter und aktiver Opinion Leader erweitert, zu denen Unternehmen verstärkt eine dialogorientierte Beziehung pflegen müssen. Diese neue Qualität des Dialogs bedeutet auch eine neue Stufe der Partizipation.

Die Macht der Prosumer
Innerhalb von wenigen Jahren hat das Social Web viele etablierte Handlungsräume und die Rollen der am PR-Prozess Beteiligten verändert. Kommunikationsmanager haben einerseits die alleinige Macht über die Information verloren und damit den Alleineinfluss auf bestehende, potenzielle und neue Kunden, auf Mitarbeiter, Aktionäre und Multiplikatoren. Weder sie noch die Medien bestimmen allein die Themen: Sie sind vielmehr Mitgestalter des gesellschaftlichen Diskurses. Gleichzeitig haben sich die bisherigen braven Medienrezipienten zu gut informierten, interessierten, recherchierenden, publizierenden Individuen entwickelt, denen die Plattformen des Social Web vollkommen neue Möglichkeiten offerieren.

Sie informieren sich über Blog und Twitter, abonnieren relevante Issues per RSS, betreiben visuelles Storytelling per YouTube, Pinterest und Instagram, halten den Kontakt zu

Freunden per Skype und Google Hangout, tauschen sich privat wie beruflich in Social Networks aus und probieren regelmäßig neu aufkommende Tools aus, die die Kommunikation einfacher machen sollen, die Vielfalt der Instrumente aber auf jeden Fall vergrößern. Mit diesen aktiven Usern hat sich der Kreis relevanter und aktiver Opinion Leader erweitert, zu denen Unternehmen eine dialogorientierte Beziehung pflegen müssen. Damit gewinnt auch die neue Kraft der Pull-Kommunikation immer stärker die Oberhand gegenüber der eher traditionellen Push-Kommunikation

Dieses neue Prosumer-Phänomen mit all seinen Freiheiten und seiner kommunikativen Macht ist die wahre Herausforderung für Public Relations Experten: Rezipienten, die nicht mehr One-to-Many-Botschaften klaglos aufschnappen, sondern sich über Vergleichsplattformen informieren und in Social Networks austauschen, die User Generated Content mehr Glauben als der Werbung oder Medienberichterstattung schenken und die darüber hinaus selbst entwickelten, authentischen Content produzieren und öffentlich verbreiten. Auf diese Vielzahl aktiver Content-Produzenten, die das Issues Management und Agenda Setting von Unternehmen stark beeinflussen, hat eine moderne Organisationskommunikation adäquat zu reagieren. Wie es auch der European Communication Monitor 2012 beschrieb, sind der Umgang mit der digitalen Evolution und die Integration des Social Web die zentralen Herausforderungen bis ins Jahre 2015.[353]

Notwendige Partizipation

PR-Leute sind also gut beraten, diese sichtbaren Zeichen des rasanten Wandels in der Welt der Kommunikationsmedien zu verinnerlichen. Das Agenda Building wird nicht mehr nur von Leitmedien bestimmt sein, sondern künftig ebenso von neuen Öffentlichkeiten, unter denen sich wiederum Opinion Leader für teils kleinere, dafür umso besser vernetzte, dynamische Communities herausbilden. Kommunikationsverantwortliche müssen verinnerlichen, dass sie sich mit den neuen »Ich-Verlegern« intensiv beim Agenda Setting und Themenmanagement auseinandersetzen müssen und deren Macht nicht unterschätzen dürfen.

Doch sollte sich also die künftige PR vermehrt oder sogar ausschließlich auf diese Prosumer konzentrieren und die herkömmlichen Instrumente – wie beispielsweise klassische Medienarbeit, Event-PR, interne Kommunikation – ganz vernachlässigen? Die Antwort darauf heißt »nein«: Aus heutiger Sicht ist noch nicht zu erkennen, dass die neuen Medien und Möglichkeiten die bisherigen Instrumente verdrängen, sondern sie vielmehr als zusätzliche Kanäle erweitern, um Stakeholder zielgenau zu erreichen.

Und doch werden die partizipativen Anwendungen Corporate und Marketing Communications kontinuierlich verändern und die Unternehmen verpflichten, stärker als bisher in den direkten Dialog mit ihren Stakeholdern zu treten, um diese überhaupt noch zu erreichen. Schließlich hat sich der Kampf um Aufmerksamkeit verschärft: Um Produkte, um Leistungen, um Kunden, um Zustimmung, bei bestehenden, Nicht- und gerade auch bei Wechselkonsumenten. So kommt es heute nicht mehr nur auf Qualität, auf Preise an, sondern auf die Kommunikation der Marke. Wer es als Erster schafft, ein Thema zu setzen und sein Unternehmen klar zu positionieren, der hat im Kommunikationswettbewerb die Nase vorne. Dazu werden Authentizität, Offenheit, Unabhängigkeit und vor allem Glaubwürdigkeit stärker denn je zuvor zum wirklichen USP einer erfolgreichen Unternehmenskommunikation.

---

353 Vgl. http://www.ffpr.de/newsroom/2012/07/06/ergebnisse-des-european-communication-monitor-2012/

Modernes Awareness-Action-Modell

Dazu müssen Unternehmen bereit sein und sich in ihrer Stakeholder-Ansprache darauf einstellen, wie unser »Awareness-Action-Modell« (siehe Abb. 48) verdeutlicht. Sie müssen Awareness generieren, um die eigenen Themen im Meinungswettstreit zu setzen. Sie müssen den Dreiklang aus Information, Emotion und Dialog bei Planung und Ausgestaltung von Maßnahmen nutzen, um attraktive Kommunikationsangebote zu schaffen und vielfältige Anschlusshandlungen auszulösen: Kaufimpulse, aktives Interesse an einem Unternehmen und seiner Produkte, Nutzung von Informations- und Event-Angeboten u. a. – also »Action«. Das bedeutet letztlich, die eigenen Instrumente systematisch weiter zu entwickeln, sie dialog- und emotionsfähig zu machen und sie stärker als bisher mit benachbarten Kommunikationsdisziplinen zu vernetzen.

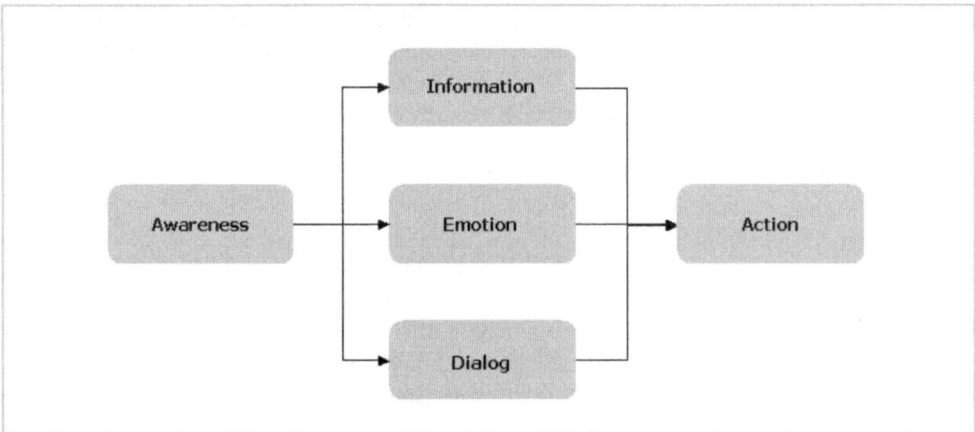

Abb. 48: Awareness-Action-Modell von Ruisinger / Jorzik

Dies verdeutlicht, dass künftig unabhängig von später zu wählenden Instrumenten und Plattformen kreative Strategien gefragt sind, klar besetzte Themen und eindeutige Positionierungen – immer basierend auf einer klar aufgesetzten PR-Konzeption. Unternehmen müssen Awareness generieren, um die eigenen Themen im Meinungswettstreit zu platzieren. Sie müssen den Dreiklang aus Information, Emotion und Dialog bei Planung und Ausgestaltung von Maßnahmen nutzen, um attraktive Kommunikationsangebote zu schaffen und vielfältige Anschlusshandlungen auszulösen.

In dieser sich verändernden Kommunikationslandschaft ist es entscheidend, die eigene kommunikative Strategie und die von ihr ausgelösten Maßnahmen eng an die Marktpositionierung und Geschäftsstrategie des Unternehmens anzupassen. Starke Unternehmensmarken basieren nicht nur auf einem erfolgreichen Geschäftsmodell, sondern auf einem ebenso erfolgreichen Kommunikationsmodell. Die Sympathie einer Marke macht sich letztlich an der Wertschätzung fest, die die Stakeholder dem Unternehmen und seinen Produkten entgegenbringen. Es ist die Aufgabe aller Kommunikationsdisziplinen, diesen Wertschätzungsbeitrag für das Unternehmen zu erbringen. Gelingt dies, wird die Unternehmenskommunikation selbst zum Wertbeitrag des Geschäftsmodells.

Wer managt künftig die Kommunikation?

Es wartet also viel Arbeit auf die PR-Branche – unabhängig davon, ob regionale, nationale oder internationale Public Relations. Doch wer zu sehr in alten Kommunikationsstrukturen verhaftet bleibt, wird es künftig in einem veränderten Arbeitsumfeld schwer haben. Denn die wirkliche Herausforderung, vor der die PR-Branche steht, ist groß: Sie muss nämlich darum kämpfen, ihre bisherige Funktion als »Manager von Kommunikation« weiterhin zu behalten. Angesichts veränderter Kommunikationsprozesse muss sie ihre Position innerhalb des Kommunikations-Mix sogar neu erkämpfen, den ihr verwandte Kommunikationsbranchen und Querschnittsdisziplinen streitig machen.

Sie muss ihre Existenzberechtigung neu definieren, neu finden, neu erarbeiten, die sie im Gesamtfeld einer integrierten Kommunikation, im Konzert der Kommunikationsdisziplinen spielen kann. Stand ihr bislang die Rolle des Übersetzers und des Kommunikators von Informationen innerhalb einer breiten Öffentlichkeit zu, bekommt sie parallel die immer bedeutsamere Rolle des Zuhörers, des Beobachters, des Dialogpartners innerhalb kleinerer wie größerer, offener wie geschlossener Öffentlichkeiten – auch Communities genannt. PR-Berater werden zum Headcoach, der die gesamte Kommunikation steuert, im Unternehmen quer verankert und die Qualität der internen wie externen Kommunikationsprozesse anpasst. Mit Blick auf die vollständige Organisation legt er die Strategien fest, damit die Kommunikation nicht ins Leere läuft und dirigiert die einzelnen Musiker des vielstimmigen Orchesters zu einem sonoren Gleichklang. Damit sind sie die wirklichen strategischen »Manager der Kommunikation« und – heute oftmals noch perspektivischen – »Unternehmensberater in Kommunikationsfragen«[354].

Kann die Branche das? PR-Verantwortliche haben das »*Zeug zum Generalisten*«, macht Mirko Kaminski von der Kommunikationsagentur achtung! der Branche Hoffnung: »*Wenn es PR-Profis nun schafften, diese in ihrer Disziplin stets geforderte Fähigkeit zum kritischen Dialog nicht nur beizubehalten, sondern sogar auf die Nachbar-Disziplinen zu übertragen, dann könnte ihnen ein großer Teil der Zukunft gehören. Der PR-Profi hat das Zeug, sich zum Generalisten, zum wirklich integrierten Berater zu entwickeln – zum Unternehmensberater mit Kommunikationsschwerpunkt und mit PR-Herkunft.*«[355]

Wenn ihm das nicht gelingt, kann es gut sein, dass er perspektivisch von einer ganz anderen Seite überholt wird: Noch immer kämpfen viele PR-Manager mit der Akzeptanz ihrer Arbeit im Topmanagement. Laut dem European Communication Monitor 2012 fehlt es der Führungsriege am Verständnis für Kommunikation (84%), auch aufgrund fehlender Kennzahlen, um die Auswirkung von PR auf Unternehmensziele belegen zu können.[356] Stattdessen haben die ersten Unternehmensberatungen selbst die Chance erkannt, Unternehmens- und Kommunikationsberatung zur ganzheitlichen Wertschöpfung enger als bisher zu vernetzen. Sie sind dabei, eigene PR- und Kommunikationsabteilungen aufbauen, um ihren Mandanten ganzheitliche Kompetenzen anbieten zu können. Wer dieses Duell um die Funktion als »Unternehmensberater in Kommunikationsfragen« künftig gewinnt, wird sich erst in einigen Jahren beurteilen lassen – dies beschreiben wir dann in der dritten Auflage dieses Buches.

---

354 Schulz-Bruhdoel/Bechtel, 2009, S. 240
355 http://blog.sympra.de/2009/07/27/pr-profis-kann-die-zukunft-gehoeren/
356 Vgl. http://www.ffpr.de/newsroom/2012/07/06/ergebnisse-des-european-communication-monitor-2012/

10 Anhang

10.1 Autoren

Angelica Bergmann ist Journalistin, PR-Beraterin (DAPR) und Social-Media-Managerin (BAW). Das Messegeschäft lernte sie bei der Messe Berlin kennen, wo sie zunächst innerhalb des IFA-Teams als Product Managerin für das Segment Personal Computing & Games verantwortlich war. Später wechselte sie in die PR-Abteilung und verantwortete dort die Presse- und Öffentlichkeitsarbeit zur ITB Berlin. Heute arbeitet sie als Head of New Business bei commlab, einem Spezialisten für audiovisuelle Kommunikation in München. Zuvor hat sie drei Jahre lang für den PR-Dienstleister ddp direct das Vertriebsgebiet Bayern aufgebaut. Angelica Bergmann lebt mit ihrer Familie in Bergkirchen bei München.

Verena Götze studierte Soziologie, Geschichte und Politikwissenschaften in Berlin und Rotterdam. Nach einem PR-Volontariat leitete sie den Fachbereich Kommunikation der Johanniter-Unfall-Hilfe e.V. in Hamburg. Seit Anfang 2012 arbeitet sie in der Pressestelle der Bundesgeschäftsstelle der Johanniter in Berlin.

Steffi Gröscho ist freie Marketing-Kommunikations-Ökonomin. Seit der Gründung ihrer Agentur perlrot im Jahr 2003 entwickelt und realisiert sie Marketing- und Kommunikationsprojekte für namhafte Agenturen und Kunden. Ein besonderer Schwerpunkt liegt im Bereich Software- und Intranet-Einführungen. Steffi Gröscho studierte Deutsche Sprache und Literatur (1994) in Dresden sowie Sozialmanagement (2001) und Marketing-Kommunikations-Ökonomie (2003) in Berlin. Zwischen 1994 und 2003 arbeitete sie als Lehrerin, Managerin sowie als Leiterin für PR-Abendstudien- und Existenzgründerlehrgänge.

Professor Dr. Dieter Georg Herbst ist zum einen als Berater international für Unternehmen, Organisationen und Personen tätig; zum anderen ist er wissenschaftlich tätig, zum Beispiel als Honorarprofessor für Strategisches Kommunikationsmanagement der Universität der Künste Berlin, Honorarprofessor der Lettischen Kulturakademie Riga (Lettland), Dozent für Kommunikationsmanagement an der Universität St. Gallen (Schweiz). 2011 wurde er von der Zeitschrift »Unikum Beruf« zum »Professor des Jahres« gewählt. Herbst hat 16 Bücher über Marketing, Marketing und Unternehmenskommunikation geschrieben.

Oliver Jorzik (Dipl.-Pol.) ist ausgebildeter PR-Berater (DAPR). Nach 8-jähriger Tätigkeit in der PR-Ausbildung arbeitet er heute als freier PR-Berater für zahlreiche Agenturen und Unternehmen. Seine Schwerpunkte bilden u.a. die Entwicklung von PR-Konzeptionen, Presse- und Medienarbeit und PR-Redaktion sowie das PR-Coaching kleiner und mittelständischer Unternehmen. Darüber hinaus ist er als Dozent an verschiedenen Ausbildungsinstituten tätig sowie Prüfungskommissionsmitglied der Akademie für Kommunikationsmanagement (AKOMM).

Dirk Krieger (M.A.) hat in Köln Politikwissenschaften, Geschichte und Geographie studiert. Neben dem Studium arbeitete er als journalistischer Mitarbeiter für die WDR-Pressestelle und die Aachener Nachrichten. Als Berater war er für PR-Agenturen (u.a. Weber Shandwick, Ahrens & Behrent) tätig. Seit 2005 ist er als freier Berater in Berlin tätig und arbeitet für Agenturpartner, kleine und mittelständische Unternehmen und öffentliche Institutionen. Als Projektleiter organisierte er für die Initiative »Wissenschaft im Dialog« den Wissenschaftssommer 2008 in Leipzig. Zudem entwickelte er die Idee zur ScienceStation, einer wissenschaftlichen Ausstellung, die seitdem durch Deutschlands Bahnhöfe tourt.

Hartwin Möhrle ist geschäftsführender Gesellschafter und Mitbegründer der Kommunikationsagentur A&B One. Seine Schwerpunkte liegen in den Bereichen Unternehmenskommunikation, Krisen- und Risikokommunikation, Issues-Management und Compliance. Er berät unterschiedliche Branchen, Konzerne, Mittelstand und Einzelpersonen in akuten Krisen und in der Krisenprävention. Nach dem Studium der Pädagogik, Germanistik und Musik war er als Journalist und Chefredakteur tätig. Möhrle ist Dozent an der Frankfurt School of Finance & Management, dem Schweizerischen PR-Institut und ausgebildeter Coach. Er veröffentlicht regelmäßig zu Themen der Krisen- und Risikokommunikation.

Dr. Cornelia Mossal ist bei der T-Systems-Tochter Multimedia Solutions für Interne Kommunikation verantwortlich und berät Geschäftsleitung, Führungskräfte und Mitarbeiter zu internen Kommunikationsthemen. Sie wirkte an der Konzeption und Einführungsstrategie des Social Intranets des Unternehmens mit. Nach ihrem Studium der Betriebswirtschaftslehre war sie zunächst am Lehrstuhl für Kommunikationswirtschaft der Technischen Universität Dresden wissenschaftlich tätig. Anschließend arbeitete sie als Produktmanagerin bei der Bahntochter DBKom und bei Arcor, der Festnetzsparte von Vodafone.

Jens D. Müller ist Deputy Director Communications der Nord Stream AG, dem internationalen Joint Venture, das zu Planung, Bau und Betrieb der Pipeline durch die Ostsee gegründet wurde. Er ist verantwortlich für die strategische Planung von Media Relations und Change Management sowie weitere Schlüsselprojekte. Jens D. Müller ist seit 2006 bei Nord Stream beschäftigt und baute die Abteilung Corporate Communications & Public Affairs auf. Er verfügt über reichhaltige Arbeitserfahrungen in den Bereichen Energie und Infrastruktur und hat in internationalen Agenturnetzwerken Großkunden wie British Gas, RWE, Suez Lyonnaise, ABB, VIVENDI, Textron, Connex oder Vattenfall betreut.

Dominik Ruisinger (Dipl.-Pol.) ist freier Journalist, Berater und Dozent für Public Relations mit Fokus auf Online-PR, Online-Marketing, Social Media und Medienarbeit. Der ausgebildete PR-Berater (DAPR) coacht Unternehmen und Institutionen in Fragen strategischer Kommunikation. Parallel dazu ist er seit 2004 als Dozent an Hochschulen und privaten Ausbildungsinstitutionen sowie als Workshop-Leiter tätig. Der langjährige Journalist ist zudem Herausgeber des Fachbuches »Online Relations. Leitfaden für eine moderne PR im Netz«, Autor beim Loseblattwerk »Kommunikationsmanagement« und beim »PR-Journal« sowie Schreiber zahlreicher Buch-, Magazin-, Zeitungs-, Online- und Blog-Beiträge.

Tobias Spörer ist einer der drei Geschäftsführer von elbkind GmbH, der Hamburger Agentur für den digitalen Dialog. Nach dem Studium der Digitalen Medien beschäftigte er sich als einer der Ersten in Deutschland mit dem Thema Viral Video Seeding und Tracking. Mit dem elbkind-Team und seinen Partnern Maik Königs und Stefan Rymar verantwortet er vor allem Strategie, Social Media Management und Monitoring für Kunden wie Mercedes Benz, Rügenwalder Mühle, EDEKA etc.. Von der ersten Analyse über die ganzheitliche Kampagnenführung bis zur Auswertung entwickelter Maßnahmen bedient elbkind den gesamten Kommunikationsprozess.

Jörg Wassink ist seit 15 Jahren in der PR-Branche tätig. Seit 2007 leitet er die PR-Abteilung der auf betriebswirtschaftliche Software-Lösungen spezialisierten Sage Software GmbH in Frankfurt am Main. Davor war er als Leiter der internen und externen Kommunikation beim europaweit tätigen Telekommunikationsanbieter COLT Telecom tätig. Von 2000 bis 2003 arbeitete Wassink als PR-Senior-Berater und Teamleiter in der Kölner PR-Agentur denkfabrik und sammelte journalistische Erfahrungen als Redakteur beim IT-Wirtschaftsmagazin iCONOMY. Wassink studierte Philosophie, Komparatistik und Germanistik in Bonn und Paris und hat eine Ausbildung zum DAPR-geprüften PR-Berater absolviert.

Priska Wollein ist Diplom-Designerin mit Schwerpunkt Markenkommunikation und Visuelle Strategien. Bei MetaDesign entwickelte sie die Grundidee für das Audi-CD, konzipierte das erste Buch über Adobe Acrobat, gewann mit P. Lionni das »Kieler Woche«-CD, machte Redesign für die renommierte Kunstzeitschrift »L'Œil« in Paris, erarbeitete für Schering den Unternehmensauftritt, hielt Vorträge und Lehraufträge. Seit 1997 ist sie Unternehmerin, bevor sie 2007 als Vorstand der Fuenfwerken Design AG den Berliner Firmensitz mit aufbaute. Hier gewinnt sie den Wettbewerb für die neue Berlin-Marke »be Berlin« und implementiert das CD im Senat. Seit 2011 ist sie Partnerin der M8 Medien GmbH in Berlin.

Cornelia Wüst studierte Betriebswirtschaft in Mannheim, Dijon und Worms. Sie gründete 1986 die Agentur für Kommunikation Hiller, Wüst & Partner, Aschaffenburg. In den 19 Jahren als Kommunikationsberaterin beriet sie bis zum Verkauf in 2004 an Hill & Knowlton namhafte Vorstände und Unternehmenssprecher nationaler und internationaler Unternehmen. Seit 2005 fokussiert sie sich mit ihrem Unternehmen C.Wüst & Partner auf Reputation Management sowie mit der C.Wüst & Partner Coaching * Training * Leadership auf das Coaching und Training von Executives und Management. Als Journalistin verantwortet sie die Rubrik Reputation Management im Online-Medium »PR-Journal«.

10.2 Literatur

Alpar, Andre; **Wojcik**, Dominik: Webselling: Das große Online Marketing Praxisbuch, Düsseldorf, 2012.

Althaus, Marco: Public Relations und Public Affairs – Ungleiche Schwestern, DIPAPERS 03 – Wissenschaftliche Studien und Positionen zur Praxis in Politikmanagement, Politischer Kommunikation und Interessenrepräsentation, Berlin, 2005.

Avenarius, Horst: Public Relations. Die Grundform der gesellschaftlichen Kommunikation, Darmstadt, 1995.

ARD-Werbung; **ZDF Werbefernsehen:** Reichweite und Kontinuität – TV-Optimierung mit Recency Planning, Frankfurt/M., Mainz, 2005, S.2ff.

Arnann, Susanne: Die schlimmsten Strippenzieher der EU, Spiegel Online, 16. Oktober 2007.

Auer, Manfred; **Diederichs**, Frank A.: Werbung below the line, Landsberg/Lech, 1993.

BITKOM: Leitfaden Social Media, 2. Auflage, 2012, http://www.bitkom.org/de/publikationen/38337_73802.aspx.

Bloching, Björn: CSR aus Sicht der Wirtschaft; Vortrag auf dem »Globalen Wirtschafts- und Ethikforum, Berlin, 11.03.2008.

Brem, Christian: Merchandising und Licensing in Rundfunkunternehmen, Institut für Rundfunkökonomie an der Universität Köln, Heft 157, Köln, 2002, S.1 ff., http://rundfunkoek.uni-koeln.de/institut/pdfs/15702.pdf.

Breuer, Esther: Was sie schon immer über ein Unternehmen wissen wollten und im Factbook finden, in: Going Public 6/2007, S. 59.

Bruhn, Manfred: Kommunikationspolitik, 6. Aufl., München, 2010.

Bruhn, Manfred: Sponsoring. Systematische Planung und integrativer Einsatz, Wiesbaden, 2003.

Bruhn, Manfred: Integrierte Unternehmens- und Markenkommunikation, Strategische Planung und operative Umsetzung, Stuttgart, 2009.

Bundesanstalt für Finanzdienstleistungsaufsicht: Emittentenleitfaden, Bonn/Frankfurt/Main, 2005.

Citigate Dewe Rogerson: Benchmarking zur Kommunikation mit den IR-Zielgruppen, Frankfurt/Main, 2002.

Defren, Todd: Social Media Release Template, version 1.5; 18.04.2008, http://www.prsquared.com/2008/04/social_media_release_template.html

Dörrbecker, Klaus; **Fissenewert-Gossmann**, Renée: Wie Profis PR-Konzeptionen entwickeln. Das Buch zur Konzeptionstechnik, 4. Aufl., Frankfurt/M., 2001.

Dörfel, Lars; **Schulz**, Theresa (Hrsg.): Social Media in der internen Kommunikation, Berlin, 2012.

Dörfel, Lars (Hrsg.): Interne Kommunikation. Die Kraft entsteht im Maschinenraum, Berlin, 2007.

Dubielzig, Frank; **Schaltegger**, Stefan: Corporate Citizenship, in: Althaus, Geffken, Rawe: Handlexikon Public Affairs, Münster, 2005, S. 235-238.

eco. Verband der deutschen Internetwirtschaft e.V.: Richtlinie für zulässiges Online-Marketing; Leitlinien für die Praxis, 4. Aufl., 2011, http://online-marketing.eco.de/files/2011/10/Richtlinie-OM_2011.pdf

Edelman Trust Barometer, Januar 2012, http://www.slideshare.net/EdelmanInsights/2012-edelman-trust-barometer-global-deck

Esch, Franz-Rudolf; **Thommes**, Joachim (2007): Der Chef muss die Marke leben, in: Horizont, Sonderausgabe zum 42. Kongress der Deutschen Marktforschung, 2007, S. 10 ff.

FAMAB: Event-Klima 2012. Die Entwicklung und die Trends der Live-Kommunikation. März 2012, http://www.famab.de/fme/Services/eventbusiness.html

Fombrun, Charles J.: Reputation. Realizing Value from the Corporate Image, Mcgraw-Hill Professional, New York, 1995.

Fombrun, Charles J.; **Wiedmann**, Klaus-Peter: Reputation Quotient (RQ). Analyse und Gestaltung der Unternehmensreputation auf der Basis fundierter Erkenntnisse, Hannover, 2001.

Forrester Research: The Future of the Social Web, 2009; http://www.forrester.com/Research/Document/Excerpt/0,7211,46970,00.html

Frigge, Carsten; **Houben**, Annabel: Mit Plan durch die Krise, in: pr magazin, 11/2006, S. 33.

Graf, Johannes: Auf die Schnelle, in: pressesprecher, 04/2008, S. 45.

Guery, Iris: Bewertungsmethoden und Erfolgsfaktoren von Public Relations als Organisationsfunktion in Unternehmen und deren Einfluss auf den Unternehmenserfolg in Theorie und Praxis; Dissertation, Maur, 2007.
Grunig, James E. ; **Hunt**, Todd T.: Managing Public Relations, Thomson Learning, New York, 1984.

Hansen, Renée; **Schmidt**, Stephanie: Konzeptionspraxis, Frankfurt/Main, 2006.
Herbst, Dieter: Praxishandbuch Unternehmenskommunikation, Berlin, 2003.
Herbst, Dieter: Interne Kommunikation, 3. Aufl., Berlin, 2007.
Herbst, Dieter: Storytelling, 2. Aufl., Berlin 2011.

IAM-Bernet-Studie: Journalisten im Internet 2009. Eine repräsentative Befragung von Schweizer Medienschaffenden zum beruflichen Umfang mit dem Internet, 07/2009, http://www.bernet.ch/images/studies/Journalisten_im_Internet_2009.pdf
Inden, Thomas: Alles Event?! Erfolg durch Erlebnismarketing, Landsberg/Lech, 1993.

Jodeleit, Bernhard: Social Media Relations. Leitfaden für erfolgreiche PR-Strategien und Öffentlichkeitsarbeit im Web 2.0, Heidelberg, 2010
Journalistenzentrum Wirtschaft und Verwaltung e.V. (JWV); TU Dortmund: Kommunikation zwischen Pressestellen und Medien im Wandel. Online-Umfrage im Frühjahr 2009, http://www.journalistenzentrum-jwv.de/index.php?individualisierte-medienkommunikation

Kaplan, Robert S.; **Norton**, David P.: Balanced Scorecard. Strategien erfolgreich umsetzen, Stuttgart, 1997.
Kirchhoff, Klaus R.; /**Piwinger**, Manfred: Die Praxishandbuch Investor Relations: Das Standardwerk der Finanzkommunikation, 2. Aufl., Wiesbaden, 2009.
Könen, **Roland; DIRK** (Hrsg.): Handbuch Investor Relations, Wiesbaden, 2004.
Kohtes & Klewes (Hrsg.): Kompetenz 2: Informieren, motivieren, führen: Neue Wege der internen Kommunikation in Zeiten unternehmerischer Transformation, Düsseldorf, 1999.
Kothes & Klewes (Hrsg.): Kompetenz 1: Kommunikation und Krisenmanagement: Zur Bewältigung kritischer Situationen, Düsseldorf, 1997.
Kruse, Peter: What's next? Wie die Netzwerke Wirtschaft und Gesellschaft revolutionieren; Vortrag auf re:publica April 2010, http://www.scribd.com/doc/29900810/republica2010

Levine, Rick; **Locke**, Christopher; **Sears**, Doc; **Weinberger**, David: Das Cluetrain Manifest. 95 Thesen für die neue Unternehmenskultur im digitalen Zeitalter, München 2000, http://www.cluetrain.org
Li, Charlene; **Bernoff**, Josh: Groundswell. Winning in a World Transformed by Social Technologies; Boston, 2008.
Liebl, Franz: Der Schock des Neuen: Entstehung und Management von Issues und Trends, München, 2000.
Liebl, Franz: Strategische Frühaufklärung: Trends – Issues –Stakeholders, München, 1996.
Loebbert, Michael: Storymanagement: Der narrative Ansatz für Management und Beratung, Stuttgart, 2003.
Lucas, Rainer: Zukunftsfähiges Eventmarketing. Strategien, Instrumente, Beispiele, Berlin, 2006.

Luhmann, Niklas: Vertrauen: Ein Mechanismus der Reduktion sozialer Komplexität, Stuttgart, 2000.

Mast, Claudia: Unternehmenskommunikation. Ein Leitfaden, 4. Aufl., Stuttgart, 2010.
Meffert, Heribert; **Burmann** Christoph, **Kirchgeorg**, Manfred: Marketing. Grundlagen marktorientierter Unternehmensführung, 11. Aufl., Wiesbaden, 2011.
Möhrle, Hartwin: Krisen-PR – Krisen erkennen, meistern und vorbeugen, Frankfurt/M., 2007.
Müller, Martin; **Schaltegger,** Stefan: Corporate Social Responsibility. Trend oder Modeerscheinung?, München, 2007.

news aktuell: Journalistenumfrage »Journalismus, PR und multimediale Inhalte«, 2012, http://www.newsaktuell.de/blog/2012/02/15/was-journalisten-wollen-–-ergebnisse-unserer-umfrage-»recherche-2012-–-journalismus-pr-und-multimediale-inhalte

Oriella PR-Network: Einfluss nehmen. Wie Nachrichten heute recherchiert und verbreitet werden. Ergebnisse der Studie »Digital Journalism 2012«, Mai 2012, http://www.slideshare.net/FFPR/studie-digital-journalism-2012

Pfannenberg, Jörg; **Zerfaß,** Ansgar: Wertschöpfung durch Kommunikation, Frankfurt/Main, 2005.
Pleil, Thomas (Hrsg.): Mehr Wert schaffen. Social Media in der B2B-Kommunikation, Darmstadt, 2010.

Rolke, Lothar: Vom Kennzahlen-Sammelsurium zum Communication Control Cockpit. Das Armaturenbrett für die wertorientierte Unternehmenskommunikation, in: Trimedia Topics, 2004, Nr. 7, S. 2-8.
Röttger, Ulrike: Public Relations – Organisation und Profession. Öffentlichkeitsarbeit als Organisationsfunktion. Eine Berufsfeldstudie, Wiesbaden, 2000.
Rolke, Prof. Dr. Lothar; **Höhn**, Johanna: Mediennutzungsverhalten in der Web-Gesellschaft 2018«. Wie das Internet das Kommunikationsverhalten von Unternehmen, Konsumenten und Meiden verändern wird. Studie an der FH Mainz, Norderstedt, 11/2008.
Ruisinger, Dominik: Die Social Media Strategie, in: Kommunikationsmanagement, Köln, 05/2012.
Ruisinger, Dominik: Online Relations. Leitfaden für moderne PR im Netz, 2. Aufl., Stuttgart, 2011.
Ruisinger, Dominik: Der E-Mail-Newsletter. Erfolgskriterien eines traditionellen Kommunikationsinstrumentes – auch im Social Media Zeitalter, in: Kommunikationsmanagement, Köln, 10/2010
Ruisinger, Dominik: Online-PR. Herausforderungen an die Kommunikation von morgen, in: Kommunikationsmanagement, Köln, 01/2010

Schäfer-Mehdi, Stephan: Das professionelle 1 x 1: Event-Marketing: Kommunikationsstrategie – Konzeption und Umsetzung – Dramaturgie und Inszenierung, 3. Aufl., Berlin, 2009.
Schindler, Marie-Christine; **Liller**, Tapio: PR im Social Web: Das Handbuch für Kommunikationsprofis, Köln, 2011.
Schmidbauer, Klaus; **Knödler-Bunte**, Eberhard: Das Kommunikationskonzept. Konzepte entwickeln und präsentieren, Potsdam, 2004.

Schulz-Bruhdoel, Norbert; **Bechtel**, Michael: Medienarbeit 2.0: Cross-Media-Lösungen. Das Praxisbuch für PR und Journalismus von morgen, Frankfurt/Main, 7/2009.

Schwalbach, Joachim: Unternehmensreputation als Erfolgsfaktor, Berlin 2001, http://www2.wiwi.hu-berlin.de/institute/im/publikdl/2001-4.pdf

Schwarz, Torsten; **Braun**, Gabriele: Leitfaden Integrierte Kommunikation – Neue Herausforderung an die, Markenführung durch Web 2.0, Communities und Soziale Netze, 2. Aufl., Waghäusel, 2006.

Schwarz, Torsten (Hg.): Leitfaden Online-Marketing. Band 1 und Band 2, marketing-BÖRSE, Waghäusel, 2008 bzw. 2011.

Solis, Brian: Engage! The Complete Guide for brands and businesses to build, cultivate, and measure success in the new web, 2010.

Solis, Brian; **Breakenridge**, Deirdre: Putting the Public Back in Public Relations. How Social Media Is Reinventing the Aging Business of PR, 2009.

Stehr, Nico: Die Moralisierung der Märkte – Eine Gesellschaftstheorie, Suhrkamp, Frankfurt/M., 2007.

Steuer, Philipp: Das Google Plus Buch, 05/2012, http://philippsteuer.de/google-plus-buch/

Szyszka, **Peter**: PR-Praxis und ihre theoretischen Grundlagen. Zum Stand der theoretischen Fundierung von Public Relations«, in: Martini, Bernd-Jürgen (Hrsg.): Handbuch PR, 1997, S. 1-20.

Universität Leipzig; **Fink & Fuchs PR**: Social Media Governance 2010: Ergebnisse einer Studie bei Kommunikationsverantwortlichen in Unternehmen, Behörden, Verbänden und Non-Profit-Organisationen in Deutschland, August 2010, http://www.socialmedia-governance.eu

Universität Leipzig: Cross-Cultural Study of Leadership in Public Relations and Communication Management. Results of a survey in Germany, Austria, Switzerland, April 2012, http://www.slideshare.net/communicationmanagement/leadership-survey-2012-results-germany-austria-switzerland

Volkswagen AG: Eins und Eins gleich Drei – Corporate Social Responsibility bei Volkswagen: Wie man Wert und Werte zusammenbringt, Wolfsburg, 2006.

Weichler, Kurt; **Endrös**, Stefan: Die Kundenzeitschrift, Konstanz, 2005.

Wenzel, Eike; **Rauch**, Christian; **Kirig**, Anja: Greenomics: Wie der grüne Lifestyle die Märkte erobert, München, 2007.

Werner, Andreas: Pinterest für Unternehmen, 05/2012, http://de.slideshare.net/datenonkel/pinterest-fr-unternehmen-der-ultimative-marketing-guide

Wienand, Edith: Public Relations als Beruf. Kritische Analyse eines aufstrebenden Kommunikationsberufes, Wiesbaden, 2003.

Williamson, Debra Aho: Maximizing the E-Mail / Social Media Connection, emarketer, Präsentation, 03/2010, http://www.slideshare.net/eMarketerInc/the-email-social-media-connection

Wünsch, Ulrich; **Thuy**, Peter: Handbuch Event-Kommunikation. Grundlagen und Best Practice für erfolgreiche Veranstaltungen, Berlin, 2007.

Zerfaß, Ansgar; **Pleil**, Thomas (Hg.): Handbuch Online-PR. Strategische Kommunikation im Internet und Social Web, Konstanz 2012.

Zerfaß, Ansgar et al. (Hrg.): European Communication Monitor 2012. Challenges and com-

petencies for strategic communication, Juni 2012, http://www.zerfass.de/ecm/
ECM2012-Results-ChartVersion.pdf

Zukunftsinstitut: Lebensstile 2020, Eine Typologie für Gesellschaft, Konsum und Marketing, Kelkheim, 2007.

10.3 Glossar

AdSense: Werbeangebot von Google an Website-Betreiber, bei dem Anzeigen kontextbezogen auf der eigenen Webseite eingeblendet werden;

Advertorial: Anzeige in Print- oder Online-Medien, die wie ein redaktioneller Beitrag aufbereitet ist und damit eine höhere Glaubwürdigkeit hat;

AdWords: Keyword-Advertising-Programm von Google auf »Pay-per-Click«-Basis;

Agenda Setting: Auf Bernard C. Cohen (1963) zurückgehende Begriff bezeichnet im Allgemeinen die Funktion der Massenmedien, Themenschwerpunkte und Fragen auf die öffentliche Agenda zu setzen und die öffentlich diskutierten Themen mitzubestimmen;

ARPANET: Advanced Research Projects Agency Network als Vorläufer des Internets;

Ambush Marketing: Marketing aus dem Hinterhalt durch das Ausnutzen von Großveranstaltungen und Großevents unter Umgehung von Sponsorenvereinbarungen;

Auflage: Zahl der Exemplare eines Printmediums, aufgeteilt in gedruckte Auflage, verbreitete Auflage und verkaufte Auflage;

Augmented Reality: »Erweiterte Realität« bezeichnet die Erweiterung der bisherigen Realitätswahrnehmung durch digitale Zusatzinformationen;

Barrierefreiheit: Anforderung an Websites zur Sicherstellung, dass Internetnutzer mit Handicaps eine Website frei nutzen können;

Bartering: Instrument der Medienarbeit; die Schaltung von Anzeigen oder Platzierung von Werbebannern im Tausch gegen Content in Print-, AV- oder Online-Medien;

Benchmarking: Konkurrenz-Analyse zum Vergleich von Leistungsdaten, Angeboten und Services eines Unternehmens mit denen des Wettbewerbs;

Blog: Kurzform für Weblog und Kunstwort aus Web und Logbuch; Online-Journale von privaten Autoren oder von Unternehmen, die von Lesern kommentiert und/oder verlinkt werden;

Blogosphäre: Gesamtheit aller Weblogs;

Bookmark: Als Lesezeichen oder Favoriten im Browser abgelegte Web-Adresse, um schneller auf die Internetseite zugreifen zu können; Alternative sind Social Bookmarking Plattformen;

Branding: Professioneller Aufbau und langfristige Pflege einer Marke;

Briefing: Erstinformation eines Kunden zur Definition einer Kommunikationsaufgabe;

Budgetierung: Ermittlung des Finanzbedarfs einer Kampagne, PR-Aktion oder eines PR-Jahresplans;

Business-to-Business (B2B): Geschäftliche Vertragsbeziehung zwischen Unternehmen;

Business-to-Consumer (B2C): Geschäftliche Beziehungen zwischen Unternehmen und Endverbrauchern;

Call-to-Action: Führt den Leser eines Mailings auf die Landing-Page, auf der er seinen Kauf, sein Abonnement, seine Bestellung abschließen kann;

Change Management: Planung und Steuerung des Organisationswandel bei Restrukturierungen, Übernahmen, Fusionen, Neupositionierungen;

Claim: Kreative und kompakte Formulierung, die einen Markannamen inhaltlich als zusätzliche Botschaft unterstützen;

Clipping: Dokumentierter Abdruck (Zeitungs-, Zeitschriften-, Online-Artikel etc.), um Resonanz z.B. auf eine Presseaussendung zu ermitteln;

Communication Scorcard: Messmodell, um die betriebswirtschaftliche Wirkung von Kommunikationsmaßnahmen anhand von Parametern und Kennziffern zu messen;

Community: Begriff für eine Gruppe von Internet-Nutzern, die durch ein gemeinsames Interesse an einem Thema verbunden sind;

Content Management System: Software unterschiedlicher Leistungsfähigkeit zur Pflege und zum Management der Daten von Websites;

Controlling: Ergebnisorientierte Planung, Koordinierung, Steuerung und Überwachung der gesamten Aktivitäten;

Conversionsrate: Quotient aus Anzahl der durchgeführten Aktionen (Anmeldungen, Bestellungen, Kommentare etc.) im Verhältnis zur Gesamtzahl der Online-Besucher;

Corporate Communications: Einheitlicher und abgestimmter Einsatz der Kommunikationsinstrumente im Rahmen von Corporate Identity-Prozessen;

Corporate Culture: Werte und Normen eines Unternehmens, Unternehmenskultur;

Corporate Design: Optische sichtbare Außendarstellung eines Unternehmens (Logo, Layout, visual Design, Bilderwelten, Hausschrift, u.a.);

Corporate Identity: Selbstdarstellung eines Unternehmens als Unternehmenspersönlichkeit;

Corporate Image: Fremdwahrnehmung eines Unternehmens, kollektives Vorstellungsbild;

Corporate Social Responsibility (CSR): Konzept, gesellschaftliche Verantwortung zu übernehmen und auf freiwilliger Basis soziale oder ökologische Belange in die Unternehmenstätigkeit und in die Wechselbeziehungen mit Stakeholdern zu integrieren;

Creative Commons: Freie Lizenz, welche die Nutzung eines Dokuments in unterschiedlichen Stufen regelt (www.creativecommons.org);

Crowdfunding: Einwerben von monetären (zumeist Kleinspenden) und nicht-monetären Leistungen über Massenansprache (crowd=Masse), um soziale oder ökologische Projekte bis hin zu Kunstaktionen und Einzelkünstler zu finanzieren. Crowdfunding-Plattformen wie respect.net, startnext oder pling ermöglichen Projekten das crowfunding via Internet;

Crowdsourcing: Aufforderung an die eigene Community, an einem Thema aktiv mitzuwirken bzw. Produkte mitzugestalten;

Digital Immigrants: Im Unterschied zu den Digital Natives haben die »digitalen Einwanderer« die digitalen Technologien erst im Erwachsenenalter kennengelernt;

Digitale Natives: Personen, die mit dem Zeitalter der digitalen Technologien aufgewachsen sind und dadurch eine sehr hohe Affinität insbesondere zum Social Web besitzen;

E-Commerce: Auch als »Shopping per Mausklick« bezeichnet, ist der Kauf und Verkauf von Gütern über das Internet oder über einen elektronischen Kanal;

e-Fundraising: Auch Online-Fundraising genannt. Nutzung des Internets zur Spendenbeschaffung;

Einschaltquote: Von der GFK (Gesellschaft für Konsumforschung e.V.) durch ein Panel an ausgewählten Haushalten gemessenes Maß, das über die Zahl der eingeschalteten Radio- und TV-Geräte innerhalb eines definierten Zeitraums Auskunft gibt;

Evaluation: Formen und Methoden der Erfolgskontrolle zum Beispiel zur Bewerbung des Erfolgs eines Projektes, der Resonanz auf eine Medienaussendung etc.;

Event: Inszenierte Ereignisse, die emotionale und physische Reize darbieten;

Feed: System, mittels dessen sich der Leser automatisch informieren lassen kann, wenn in einem von ihm abonnierten Blog oder Podcast ein neuer Beitrag erschienen ist;

Feedreader: Software – webbasiert oder per Desktop – zum Lesen von Feeds; in modernen Versionen von Browsern und E-Mailprogrammen oft bereits integriert;

Flame: Unfreundliche Kommentare gegen Nutzer, die mit ihren Beiträgen in Newsgroups oder Mailinglisten gegen die Netiquette verstoßen;

Full-Service-Agentur: Kommunikationsagentur, die auf Grund ihrer Größe alle wichtigen Kommunikationsaufgaben als professionelle Dienstleistung anbietet;

Fundraising: Professionelle Einwerbung von Spenden durch Nonprofit-Organisationen;

Gatekeeper: Personen, die über die Auswahl und Weitergabe von Informationen entscheiden;

Geschäftsbericht: Jahreswirtschafts- und Bilanzbericht einer Organisation;

Give-Away: Kleines Werbegeschenk oder Produktbeigabe;

Groundwell: Von Charlene Li und Josh Bernoff im Jahre 2008 erfundener Begriff für Nutzer, die immer unabhängiger von traditionellen Medienkanälen werden und sich stattdessen die Informationen von gleichgestellten Dritten selbst beschaffen; Groundswell ist Symbol dafür, dass Unternehmen die Kommunikationshoheit verloren haben;

Guerilla-PR: Besonders originelle und überraschende Form der Aktions-PR;

Homepage: Einstiegsseite einer Website, hinter der sich weitere Inhalte auf Unterseiten verbergen; fälschlicherweise oft als Bezeichnung für das komplette Online-Angebot verwendet;

Hypertext: Nicht-lineare Darstellung von Inhalten durch die Verknüpfung von Seiten und Inhalten über Links;

Image: Fiktionales, kollektives Vorstellungsbild über einen Meinungsgegenstand (Unternehmen, Produkt, Marke, u. a.);

Impressum: Gesetzlich vorgeschriebene Herkunftsangabe in Print- oder Online-Publikationen, die Angaben zum Verlag oder zum Unternehmen macht, das presserechtlich für die Inhalte verantwortlich ist;

Incentive: Anreiz für Mitarbeiter eines Unternehmens; belohnt diejenigen, die innerhalb eines definierten Zeitraums eine besondere, zuvor festgelegte Leistung erbringen;

Influencer: Nutzer u. a. im Social Web, die großen Einfluss auf weitere User haben, da sie entweder sehr bekannt oder gut vernetzt sind oder sich eine Expertise auf dem Themengebiet erarbeitet haben;

Inhaltsanalyse: Auswertungsverfahren für Texte, um inhaltliche Aussagen und Botschaften zu erfassen;

Input-Output-Analyse: Messverfahren, um das Verhältnis von Mitteleinsatz und Ergebnis festzustellen;

Integrierte Unternehmenskommunikation: Herstellung eines einheitlichen Unternehmensauftritts durch den abgestimmten Einsatz aller Kommunikationsinstrumente;

Internet: Weltumspannendes Datennetz, das sich selbst aus zahlreichen Netzen und Diensten zusammensetzt; die wichtigsten Dienste sind WWW und E-Mail;

Intranet: Internes Computer-Netzwerk für einen geschlossenen Nutzerkreis, um Informationen nur fest definierten Benutzern zur Verfügung zu stellen;

Investor Relations: Finanzmarktkommunikation gegenüber Aktionären, Analysten und Kapitalgebern;

Issues Management: Steuerung von Themen in der öffentlichen Diskussion auf Basis eines kontinuierlichen Issues Monitorings (Themenbeobachtung);

IST-Analyse: Analyse der gegenwärtigen Kommunikationssituation im Rahmen der PR-Konzeption;

IVW: Informationsgemeinschaft zur Feststellung der Verbreitung von Werbeträgern, die vierteljährlich die Auflagen von Medien ermittelt und veröffentlicht;

Konzeptionsplanung: Beschreibung der Ausgangssituation, der daraus resultierenden Festlegung einer Kommunikationsstrategie, des abgestimmten Einsatzes von Maßnahmen sowie der Budgetierung und Evaluation;

Krisenkommunikation/Krisen-PR: Abgestimmter Einsatz von Kommunikationsinstrumenten in einer Krisensituation;

Leitbild(-entwicklung): Unternehmensphilosophie und die daraus abgeleiteten Grundsätze eines Unternehmens;

Leitmedien: Medien mit einer hohen Reputation, die besonders häufig von anderen Medien zitiert werden;

Ligitation-PR: PR eines Unternehmens im Umfeld eines Gerichtsprozesses. Ligitation-PR zielt auf Image-Korrektoren, Vermeidung von Imageschäden und Meinungsbeeinflussung;

Lobbying: Interessen geleitete Kontaktpflege zu politischen Entscheidungsträgern im vorpolitischen Raum;

Location Based Services: Standortbezogene Internetdienste für mobile Empfangsgeräte; wichtigster Vertreter ist Foursquare (Stand 2012/2013);

Logo: Firmensignet eines Unternehmens, mit dem die Wiedererkennbarkeit gesichert werden soll;

Mailing: Persönlich adressierter Werbebrief;

Marke: Fiktionales Vorstellungsbild über ein Produkt oder Unternehmen beim Verbraucher; geschützte Kennzeichnung von Waren;

Marketing: Kommunikationsmaßnahmen, die vorrangig zum Absatz von Produkten eingesetzt werden;

Marketing-Mix: Kombination verschiedener Marketing-Instrumente, um Absatzziele zu erreichen;

Marktforschung: Empirische Verfahren zur Marktsegmentierung und Marktbeobachtung;

MashUp: Kombination mehrerer Quellen zu einem neuen Informationsstrom, wozu die Schnittstellen von Anwendungen im Internet genutzt werden;

Mediaplanung: Prozess zur Planung des Werbemitteleinsatzes;

Medienresonanzanalye: Quantitative und qualitative Bewertung des Medienaufkommens;

Me-too-Produkte: Produkte, die als Nachahmerprodukt einem Originalprodukt gleichen und fast identische Produkteigenschaften besitzen;

Meinungsführer: Person mit besonders hoher Fachkompetenz oder Reputation, um im Meinungsbildungsprozess eine exponierte Stellung einzunehmen;

Merchandising: Verkauf von zusätzlichen Produkten und Dienstleistungen rund um ein Hauptprodukt (Sport, Kinofilme u.a.);

Microblogging: Blog-Anwendungen, bei nur sehr kurze Texte in umgekehrt chronologischer Reihenfolge publiziert werden dürfen; wichtigster Vertreter: Twitter;

Monitoring: Beobachtung von Themenfeldern, Personen, Entwicklungen meist durch die systematische quantative wie qualitative Analyse von Medien;

Multimedia: Kombinierter Einsatz verschiedener Medien, um viele Sinnesorgane über Text, Bild, Ton, Video, Grafik vielfältig anzusprechen;

Multiplikator: Personen und Medien, die eine Botschaft an eine größere Anzahl von Personen weitertragen;

Netiquette: Verhaltens- und Benimmregeln im Netz, v.a. in Diensten wie Newsgroups, Foren, Blogs;

Newsletter: Regelmäßig erscheinender Mediendienst, der heute zumeist per E-Mail an einen festen Empfängerkreis versandt wird, von dem er bestellt wurde;

Nonprofit-PR: Öffentlichkeitsarbeit für Nonprofit-Organisationen, d.h. Organisationen ohne vorrangige Gewinnabsicht;

One-to-One-Marketing: Zielgruppenspezifische individuelle Kundenansprache;

Opinion Leader: siehe Meinungsführer

Opt-In: Verfahren zur Online-Anmeldung für einen E-Mail-Newsletter; dabei sind Single-Opt-In, Confirmed-Opt-In und Double-Opt-In zu unterscheiden;

Opt-Out: Möglichkeit der Austragung aus einem Newsletter;

Permission Marketing: Marketing, das auf der ausdrücklichen Zustimmung des Werbeempfängers im Vorfeld des Versands beruht; Konzept geht auf das Buch von Seth Godin zurück: »Permission Marketing: Turning strangers into friends, and friends into customers« (1999);

Pitch: Wettbewerbspräsentation um einen Kommunikationsetat;

Podcast: Kunstwort aus iPod und Broadcasting; beschreibt Erstellung von Audio- und auch von Video-Dateien und Bereitstellung im Internet, meist per RSS abonnierbar;

Podosphäre: Gemeinschaft der Podcaster und Podcasts;

Positionierung: Abgrenzung eines Unternehmens oder eines Produkts gegenüber dem Wettbewerb durch Zuweisung unverwechselbarer Eigenschaften und Alleinstellungsmerkmale;

Pressegespräch: Informeller Austausch von wichtigen Unternehmens- mit ausgewählten Medienvertretern in einer kleinen Runde;

Pressemitteilung (auch Presseinformation): Schriftliche Mitteilung an Print-, TV-, Radio- oder Online-Medien;

Pressespiegel: Sammlung von Veröffentlichungen als Element der medialen Erfolgskontrolle;

Presseverteiler: Datenbank mit für das Unternehmen relevanten Medienvertretern inkl. Kerninformationen;

Pro-Bono-Anzeigen: Auch Freianzeigen, Leer-, Füll- oder Kulturanzeigen genannt. Gratis-Werbeformate speziell für Nonprofit-Organisationen;

Product Placement/Themen-Placement: Sichtbare und hörbare Einbindung von Produkten und Themen gerade in TV-Formate und Kinofilme;

Prosumer: Kunstwort aus Produzent und Konsument, das den User im Social Web bezeichnet, der sowohl Inhalte konsumiert als auch selbst produziert;

Public Affairs: Politische und gesellschaftliche Kommunikation eines Unternehmens;

Pull: Bereitstellung von Informationen zum selbstständigen, individuellen Abruf;

Push: Gezielte Übermittlung von Informationen, um Empfänger über Neuigkeiten zu informieren;

Ranking: Position einer Webseite bei bestimmten Suchbegriffen in den Ergebnislisten einer Suchmaschine;

Relaunch: Überarbeitung, Verbesserung und Neupositionierung eines Produktes;

Reputation Management: Managementansatz, um sich systematisch einen guten Ruf aufzubauen und zu erhalten;

Return on Investment (RoI): Zeitpunkt, an dem aus einer Investition (Produkt, Marketing, PR, Werbung) ein betriebswirtschaftlich messbarer Gewinn für ein Unternehmen entsteht;

Risikokommunikation: Einsatz von präventiven Kommunikationsinstrumenten vor einer Krise;

RSS: Abkürzung für »Really Simple Syndication« oder seltener »Rich Site Summary«; unabhängiges Ausgabeformat auf XML-Basis für den standardisierten Austausch von Web-Inhalten, die abonniert werden können;

Search Engine Advertising (SEA): bezeichnet bezahlte Keyword-Werbung (paid listings), bei der für Suchbegriffe Textanzeigen gebucht werden, die zur Suchanfrage passend eingeblendet werden; wichtigster Vertreter: Google AdWords

Seach Engine Marketing (SEM): Subsumiert alle Maßnahmen von SEO und SEA, die für eine möglichst hohe Position einer Website in Suchmaschinen sorgen;

Search Engine Optimization (SEO): Oberbegriff für alle Maßnahmen, die darauf ausgerichtet sind, das Ranking einer Online-Publikation in der Suchmaschine zu verbessern; dabei ist zu unterscheiden zwischen OnPage-Maßnahmen (Optimierung der Webseite selbst) und OffPage-Optimierung (Verbesserung der Backlink-Struktur);

Sitemap: Grafische Darstellung der gesamten Struktur einer Website wie eine Landkarte;

Slogan: Einprägsam formulierte Werbebotschaft, die die Positionierung einer Marke, eines Produktes, einer Dienstleistung unterstützt und für Wiedererkennung sorgt;

Small World Phenomen: Ergebnis eines Experimentes des Sozialpsychologen Stanley Milgram im Jahre 1967, dass jeder Mensch über durchschnittlich sechs Bekannte mit jedem anderen Menschen bekannt ist; bildet heute die Basis für soziale Netzwerke;

Social Bookmarking: Portale, auf denen sich die eigenen Bookmarks speichern, verwalten und mit anderen Usern teilen lassen; als Gegenstück zum Algorithmus von Suchmaschinen entsteht so ein Verzeichnis menschlich bewerteter Websites;

Social Media: Oberbegriff, unter dem Soziale Netzwerke und Netzgemeinschaften verstanden werden, die als Plattformen dem gegenseitigen Austausch von Meinungen und Informationen dienen und die gemeinsame Entwicklung von User Generated Content ermöglichen;

Social Media Monitoring: Systematische Beobachtung, Analyse und Auswertung der Konversationen auf den Social Media Plattformen; siehe auch Monitoring;

Social Media Newsroom: Pressebereich 2.0, der den klassischen Pressebereich mit Social-Media-Ansätzen in Text, Bild, Video kombiniert, um nicht nur Journalisten, sondern auch anderen Multiplikatoren Informationen bereit zu stellen;

Social Software: Anwendungen zum Aufbau von sozialen Netzen, um die Kommunikation und Interaktion von Usern im Internet zu fördern;

Social Web: Bezeichnet einen grundlegenden Wandel im kommunikativen Umgang mit dem World Wide Web. Unter dem Schlagwort »Mitmachnetz« beschreibt es vielfältige

Optionen der partizipativen Dialogkommunikation, die die bisherige massenmediale Form der Einwegkommunikation ergänzt und teils auch ersetzt;

Spam oder **Spam Mail**: Unerwünschte, unaufgeforderte Werbung über E-Mail;

Special-Interest-Medien: Medien, die sich zwar an ein breites Publikum richten, sich aber auf ein spezielles Interessengebiet – z.B. Reise, Sport – konzentrieren;

Spin Doctor: Einflussreiche Person, die im Auftrag von Unternehmen, Verbänden oder Parteien gezielt Gerüchte streuen und politische Entscheidungsträger und Journalisten beeinflussen;

Sponsoring: Finanzielle, personelle oder sachbezogene Unterstützung von Projekten, Personen, Veranstaltungen auf der Basis von Leistung und Gegenleistung; wichtige Bereiche sind Sport-, Kultur-, Umwelt-, Sozial- und Wissenschaftssponsoring;

Stakeholder: Anspruchsgruppen eines Unternehmens (Mitarbeiter, Kunden, Kapitalgeber, u.a.);

Storytelling: Erzählstrategie, um eine Marke, Produkte, ein Unternehmen glaubwürdig sachlich und/oder emotional beschreiben;

Strategie (in der PR): Systematische Planung des Einsatzes von Kommunikationsinstrumenten zur Erreichung – meist – langfristiger Kommunikationsziele;

Streisand-Effekt: Ausdruck für einen typischen Effekt im Internet: Versucht ein Unternehmen, bestimmte Informationen aus dem Internet zu entfernen, kann dies oft dazu führen, dass die Inhalte von Usern stattdessen noch stärker verbreitet werden;

SWOT-Analyse: Bestandteil einer PR-Konzeption zur Beschreibung von Stärken/Schwächen, Chancen/Risiken;

Targeting: Punktgenaue Zielgruppenansprache von Werbung als wichtiger Schlüsselfaktor;

Testimonial: Meist prominenter Fürsprecher eines Produktes oder einer Marke;

Third-Party-Strategy: Einsatz von Dritten als Botschafter eines Unternehmens (Experten, Multiplikatoren, Key-Accounts, Prominenten u.a.);

Usability: Bezeichnung für Nutzerfreundlichkeit von Anwendungen wie z.B. Internet-Auftritten;

Usenet: Öffentlich zugängliches Netzwerk für Diskussionsforen jeglicher Art; ähnlich einem schwarzen Brett im Internet;

Unique Selling Proposition (USP): Alleinstellungsmerkmal steht im Gegensatz zum UCP (Unique Communication Proposition) als einzigartiger Kommunikationsvorteil;

Vlog: Kunstwort aus Video und Weblog;

W3C: World Wide Web Consortium (W3C), das seit 1994 die Entwicklung des WWW beaufsichtigt;

Web 2.0: Sammelbegriff für die neuen Techniken, Dienste und interaktiven, kollaborativen Elemente im Internet sowie die Partizipation der Besucher; wird oft synonym mit Social Web verwendet;

Weblog: Kunstwort aus »Web« und »Logbuch«, siehe Blog;

Whitepaper: Dokument, das auf mehreren Seiten in Form einer Analyse, konkreten Anwenderbeschreibung oder Fallstudie ein hochspezifisches Thema ohne Marketingsprache behandelt;

Wiki: Online-Umgebung, deren Inhalte von jedem Leser verfasst, verändert und erweitert werden können; populärstes Wiki ist die frei zugängliche Enzyklopädie Wikipedia;

Wikipedia: Frei zugängliche, von Jimmy Wales initiierte Enzyklopädie im Internet, in der Nutzer nicht nur Beiträge lesen, sondern eigene beisteuern bzw. vorhandene verändern können; alle Texte dürfen frei, aber nicht kommerziell verwendet werden;

World Wide Web (WWW): Beliebtester Internet-Dienst durch seine einfach zu bedienende, grafische Benutzeroberfläche; 1989 vom britischen Informatiker Tim Berners-Lee erfunden.

Zielgruppen: Personenkreis im Umfeld z. B. eines Unternehmens, auf den sich die Marketing- und Kommunikationsinstrumente richten;

Zielgruppenaffinität: Eine Person, ein Produkt, ein Unternehmen kann eine besondere Affinität (Wesensverwandtschaft, Nähe, Übereinstimmung) zu einer bestimmten Zielgruppe haben; Affinität ist damit eine wichtige Messgröße für die Erreichbarkeit einer Zielgruppe.

Stichwortverzeichnis